Le grand livre
des sciences et techniques

503
M751

Le grand livre des sciences et techniques

Texte original de :
Edward Brace, Julia Brailsford, Judith Dresner, William Gould, Keith Hitchin, John Illingworth,
Robin Kerrod, Peter Lafferty, Bill Lax, Elizabeth Martin, John Scott, Stella Walker

Adaptation française de :
Danielle Blanc

GRÜND

Crédits photographiques

All-Sport 31, British Airways 207, British Leyland 172 en haut, British Steel Corporation 20-21, Department of the Environment 90, Fleumer 196, G. Heilman 109 en haut, IBM UK Ltd 173, Japan Information Service 167, Kodak Ltd 165, Ministry of Agriculture, Fisheries and Food 166, NASA/Washington 213, National Coal Board, London 197, The Octopus Group Picture Library 218 en haut, Orion Press 73, Photri 109, Rex Features 206, Royal Navy Photographs 205, Clive Sawyer 122, Science Photo Library/CERN 186, S.P.L./Jerry Mason 170-171, Singer Company (UK) 172, Sony UK 160, V. Stapelberg 184, The Telegraph Colour Library 221, Timex Corporation 29, Thorn EMI/Ferguson 161, Woodmansterne Ltd/NASA 212, Woodmansterne Ltd/Nicholas Servain 218 . **Premier plat de jaquette. The Telegraph Colour Library**

Illustrations de : John Batchelor, Ralph Coventry, Gordon Davies, Peter Fitzjohn, Eric Jewell Associates, Linden Artists (Clive Spong, Craig Warwick), Ken Ody, Oxford Illustrators, Bill Stallion, Peter Thornley, Carlo Tora, Tudor Art Agency, Brian Watson, Whitecroft Designs, George Woodman.

Remerciements

Les éditeurs tiennent à remercier monsieur Jean-Pierre Dauliac pour ses précieux conseils.

GARANTIE DE L'ÉDITEUR
Pour vous parvenir à son plus juste prix, cet ouvrage a fait l'objet d'un gros tirage. Malgré tous les soins apportés à sa fabrication, il est malheureusement possible qu'il comporte un défaut d'impression ou de façonnage. Dans ce cas, ce livre vous sera échangé sans frais.
Veuillez à cet effet le rapporter au libraire qui vous l'a vendu ou nous écrire à l'adresse ci-dessous en nous précisant la nature du défaut constaté. Dans l'un ou l'autre cas, il sera immédiatement fait droit à votre réclamation.
Librairie Gründ – 60 rue Mazarine – 75006 Paris

Adaptation française de Danielle BLANC

Texte original d'Edward Brace, Julia Brailsford, Judith Dresner, William Gould, Keith Hitchin, John Illingworth, Robin Kerrod, Peter Lafferty, Bill Lax, Elizabeth Martin, John Scott, Stella Walker

Première édition française 1991 par Librairie Gründ, Paris
© 1991 Librairie Gründ pour l'adaptation française
ISBN : 2-7000-5280-3
Dépôt légal : Août 1991
Édition originale 1990 par Reed International Books Ltd sous le titre original Hamlyn all-colour Science encyclopedia

© 1990 Reed international Books Ltd
Photocomposition : P.F.C. Dole
Imprimé à Hong Kong

Loi n° 49-956 du 16 juillet 1949 sur les publications destinées à la jeunesse

Sommaire

7	**Introduction**	68	Le rayonnement
		70	Les basses températures
8	**Les éléments de notre Univers**		
10	Atomes et molécules	72	**La lumière**
10	Les changements physiques et chimiques	74	La lumière solaire
12	La dilatation	74	Les ombres
14	Corps simples et composés	78	L'œil
16	L'atmosphère	80	Le spectre
18	Acides, bases et sels	82	Réfraction et absorption de la lumière
20	Les métaux	84	Les couleurs
22	Le carbone	86	La couleur des objets
		88	La réflexion
26	**Les mesures**	90	Les surfaces réfléchissantes
26	La longueur	92	Les miroirs courbes
28	Le temps	94	La réfraction
30	La vitesse et l'accélération	96	Les lentilles
32	Le poids	98	Les instruments d'optique
34	La température	100	Les microscopes
		102	Les lunettes à réfraction
38	**Le mouvement**	104	Les lunettes à réflexion
38	Les forces	106	La photographie
40	La gravité	108	Les lasers
42	La flottabilité		
44	Forces centrifuge et centripète	110	**Les sons**
46	La rotation	112	Écho et acoustique
48	L'équilibre	116	Les tuyaux sonores
50	Les machines	118	Les sons musicaux
52	Le frottement	120	Le bruit
54	Ressorts et élasticité	122	Les ultrasons
56	La tension superficielle		
58	La pression	124	**Électricité et magnétisme**
		124	L'électricité statique
60	**L'énergie**	126	L'électricité atmosphérique
62	La conservation de l'énergie	128	Les courants électriques
64	Conduction et isolation	130	Tension et résistance
66	La convection	132	Conducteurs et isolants

134	Les résistances chauffantes	196	**Transports et industries**
136	Les piles sèches	196	Les combustibles
138	Les circuits	198	La roue
140	Piles sèches et électrolyse	200	La motorisation des transports
142	La batterie automobile	202	L'automobile
144	Le magnétisme	204	Les transports maritimes
148	L'électromagnétisme	206	L'aviation
150	L'induction électromagnétique	208	Les moteurs à réaction
152	Les générateurs électriques	210	Les fusées
154	Puissance et générateurs	212	L'exploration spatiale
156	Le courant de secteur	214	Les métaux
158	Les moteurs électriques	216	Les toiles et tissus
160	L'enregistrement sonore	218	Le verre
		220	L'imprimerie
162	**Ondes et électrons**		
162	Les ondes	222	**Les grandes découvertes**
164	Les rayons X		
166	Le microscope électronique	224	**Les grandes inventions**
168	L'électronique		
170	Les ordinateurs	226	**Glossaire**
172	Les tâches de l'ordinateur		
174	Les télécommunications	231	**Index**
176	La radio		
178	La télévision		
180	La vidéo		
182	Le radar		
184	La radioastronomie		
186	**La constitution d'un atome**		
186	Les particules élémentaires		
188	La radioactivité		
190	Les radio-isotopes		
192	La fission nucléaire		
194	La fusion nucléaire		

INTRODUCTION

Cet ouvrage se propose d'aider les jeunes d'aujourd'hui à se familiariser avec le monde immense et fascinant des sciences et techniques.

Abondamment illustré, il traite du contexte historique des découvertes et des inventions comme des plus récents progrès et développements scientifiques. Il décrit également un certain nombre d'expériences simples et sans danger que les jeunes « chercheurs » pourront effectuer seuls ou sous surveillance, selon le cas, ainsi que des maquettes ou des machines faciles à fabriquer servant à démontrer quelques principes scientifiques. Il contient en outre des tableaux et un index permettant de rechercher rapidement les informations nécessaires pour comprendre parfaitement les phénomènes les plus variés.

Peut-être certains jeunes lecteurs seront-ils tentés d'aller plus loin et d'étudier à fond l'un des sujets exposés ici et, pourquoi pas, de devenir à leur tour l'un de ces savants qui ont leur place dans ce livre.

Les éléments de notre Univers

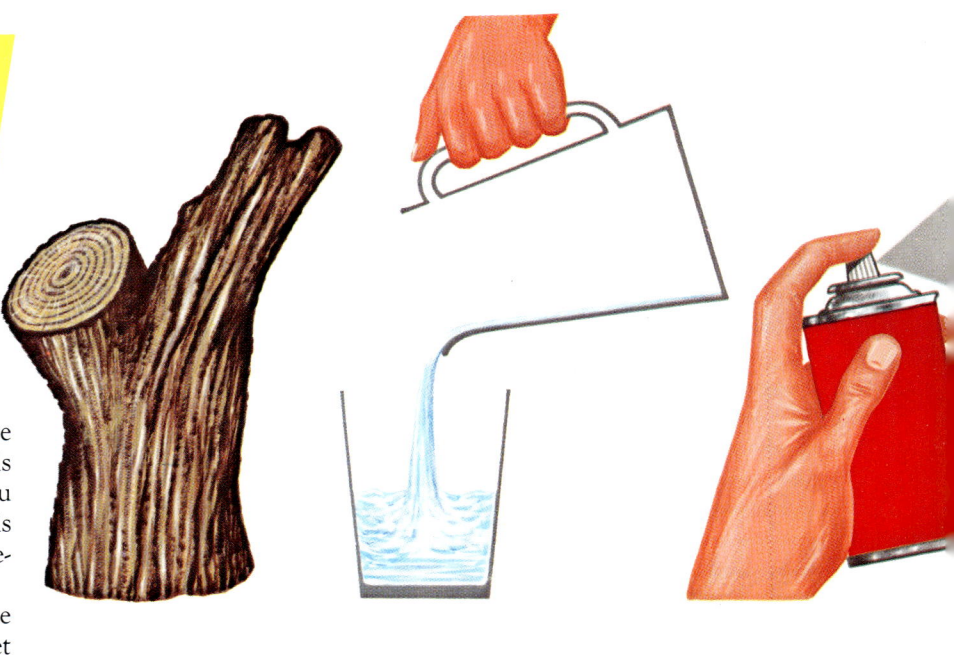

ATOMES ET MOLÉCULES

On appelle matière la substance de toute chose. Celle-ci peut être solide comme le bois ou le fer, liquide comme l'eau ou l'huile, ou gazeux comme l'air ou la vapeur. Ces trois formes (liquide, solide et gazeuse) sont appelées les états de la matière.

Si l'on chauffe doucement un cube de glace dans une casserole, il commence à fondre et devient liquide. Si l'on continue à chauffer, le liquide bout et se transforme en un gaz, la vapeur.

Solides, liquides et gaz

Les solides ont une forme précise et une dimension en volume bien définie. Il faut beaucoup d'énergie pour modifier la forme d'un solide. Son volume ne variera que s'il est chauffé ou refroidi. Les liquides ont aussi un volume déterminé mais ils prennent la forme du contenant dans lequel on les verse.

Les gaz n'ont ni forme ni volume définis. Ils occupent tout le volume disponible du récipient qui les contient. C'est pourquoi une fuite de gaz dans une pièce peut être repérée par l'odeur dans toute la maison.

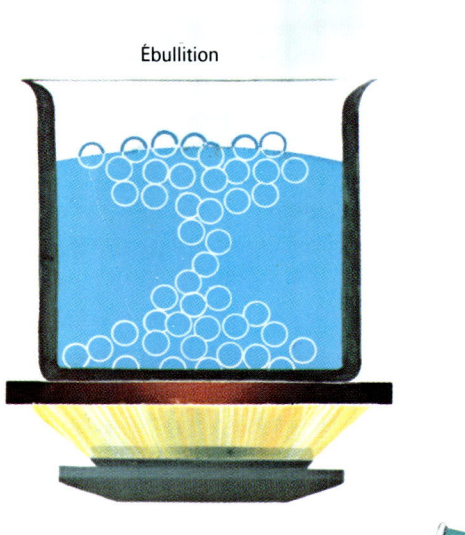

La théorie atomique

Dans l'Antiquité, les philosophes grecs estimaient que la matière était constituée par un nombre immense de particules minuscules appelées atomes. Le mot atome vient du grec et signifie « qui ne peut pas être divisé ». Des savants, comme Boyle et Newton, aux XVIIe et XVIIIe siècles, reprirent les idées des Grecs. En 1803, un Anglais, John Dalton, élabora une théorie atomique selon laquelle la matière est constituée par de petites particules appelées atomes qu'il est impossible de diviser.

Les différentes matières adoptent un comportement propre à la nature de leurs atomes. Ainsi le diamant se distingue-t-il de l'aluminium parce que ses atomes sont différents.

Les atomes d'une substance sont généralement regroupés dans des ensembles appelés molécules. La façon dont les atomes ou les

En haut Le bois est un corps solide. L'eau est un liquide : on peut le verser et changer sa forme. Le brouillard qui sort d'une bombe aérosol est constitué de minuscules gouttelettes de liquide propulsées par le gaz qui reste invisible.

Ci-dessus Si l'on chauffe les molécules d'un liquide, on accélère leur agitation. Certaines d'entre elles s'échappent au-dessus de la surface du liquide : c'est l'évaporation ou la vaporisation. Lorsque les molécules d'un gaz sont en contact avec une surface froide, le gaz se condense. C'est ce que vous observez lorsque vous voyez un miroir se recouvrir de buée.

A gauche Une expérience simple permet de démontrer que les atomes sont espacés. Prenez un récipient en verre gradué et remplissez-le d'eau jusqu'à un repère. Ajoutez du sel. Lorsque le sel est dissous, il n'y a pas d'augmentation de volume.

molécules sont unis les uns aux autres détermine l'état solide, liquide ou gazeux d'une substance.

Les atomes et les molécules s'attirent entre eux. Si l'attraction est forte, ils sont très proches les uns des autres et forment un solide. Dans cet état, les particules sont fixées les unes par rapport aux autres. C'est ce qui rend difficile toute modification de forme ou de volume.

Si les atomes et les molécules s'attirent moins fortement, ils peuvent changer de positions relatives en formant un liquide ou un gaz. Lorsque l'on chauffe un solide, les particules se déplacent alternativement en vibrant. Les vibrations augmentent jusqu'à ce qu'elles se séparent. Elles forment alors un liquide. C'est la fusion. La glace en fondant se transforme en eau.

Les particules d'un liquide peuvent se déplacer assez librement mais ne se séparent jamais complètement. Plus éloignées que les particules d'un solide, elles occupent donc un volume plus important.

Si l'on chauffe un liquide, ses particules acquièrent un mouvement de plus en plus rapide puis s'échappent à la surface du liquide pour former un gaz. C'est l'évaporation. Si l'on augmente encore la température, les particules s'échappent si rapidement et en si grand nombre que le liquide bout. C'est l'ébullition.

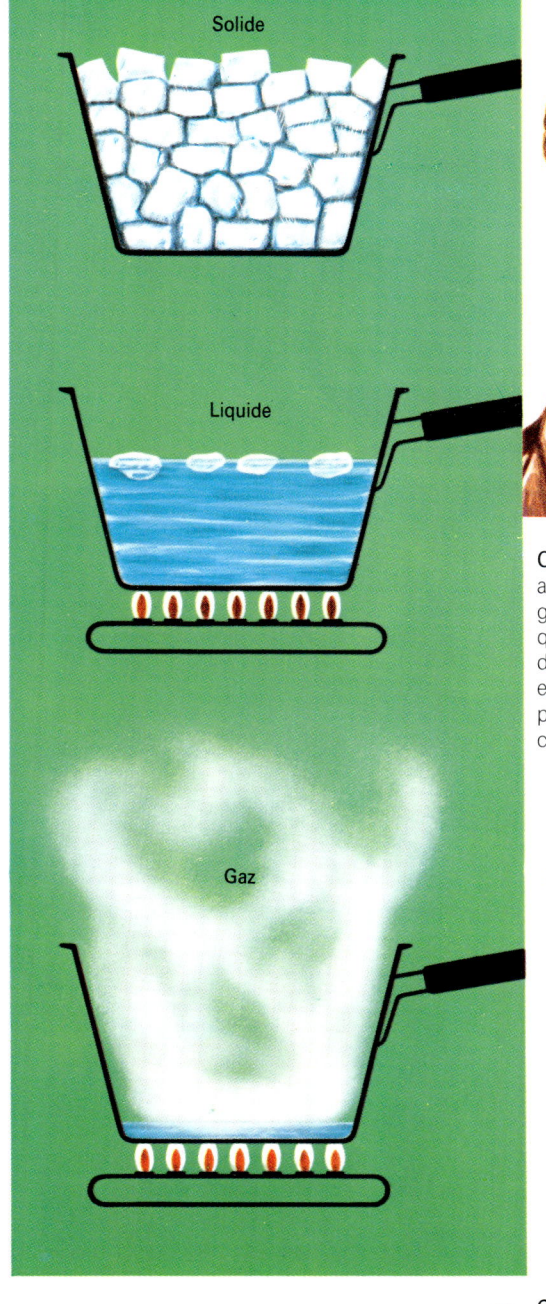

A droite Les trois états de l'eau : solide, la glace ; liquide, l'eau ; gazeux, l'air.

Ci-dessus Démocrite (Vᵉ siècle avant Jésus-Christ), un savant grec de l'Antiquité, émit l'idée que la matière était constituée par des atomes se déplaçant dans un espace vide. Il n'eut cependant pas les moyens de démontrer cette proposition.

Ci-dessus Dans un verre d'eau parfaitement tranquille, posez très doucement à la surface une goutte de lait ou d'encre. Après un certain temps, le lait ou l'encre se mélangent à l'eau à cause du mouvement des atomes.

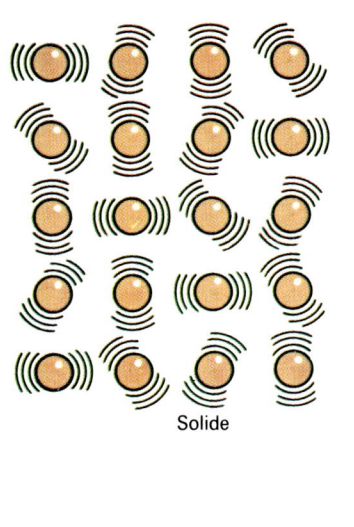
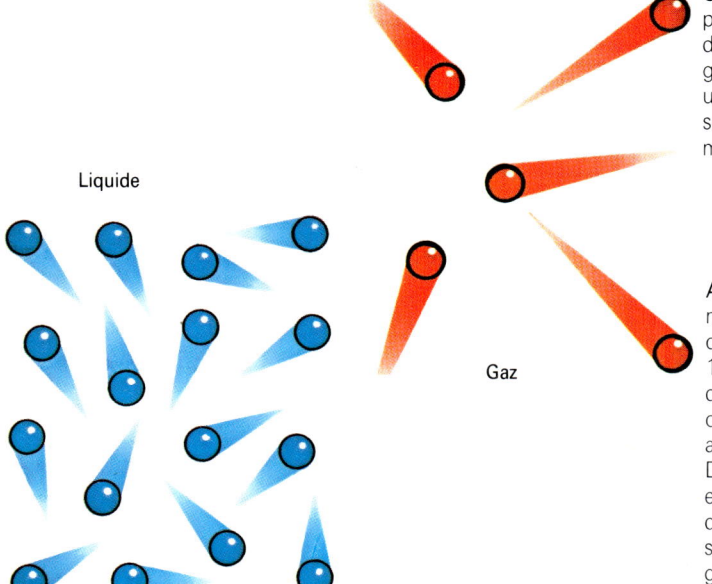

A gauche Les atomes sont minuscules. Un gramme de cuivre-métal contient environ 10 000 000 000 000 000 000 000 d'atomes. A l'état solide, ils occupent une position fixe autour de laquelle ils vibrent. Dans un liquide, ils se déplacent en restant assez proches les uns des autres. Dans un gaz, ils s'éloignent et se déplacent à grande vitesse.

LES CHANGEMENTS PHYSIQUES ET CHIMIQUES

La glace réchauffée se transforme en eau. C'est un changement d'état physique. Dans ce type de transformation, la matière change d'apparence et il est facile de revenir à l'état original en mettant cette eau au réfrigérateur. Chauffée à nouveau, elle redevient liquide. On dit que la transformation de l'eau en glace est l'inverse de la transformation de la glace en eau. Ce changement d'état est réversible. La transformation de l'eau en vapeur dans une bouilloire est un autre exemple d'un changement d'état physique. Lorsque la vapeur se refroidit, elle se condense en reformant de l'eau.

Mais si l'on fait brûler un morceau de papier, il se produit un type de changement très différent. D'abord, le papier brunit et devient friable. Puis il s'enflamme et dégage de

A droite Les changements physiques les plus connus sont ceux qui affectent l'état solide, liquide ou gazeux. L'eau se transforme en vapeur à 100 °C. Lorsque l'eau est refroidie à 0°, elle se change en glace. Ces deux changements d'état sont réversibles.

Ci-dessus Lorsqu'un morceau de papier brûle, il y a transformation chimique. Le papier et les cendres sont des substances différentes. L'eau, la glace et la vapeur sont différents états d'un même corps.

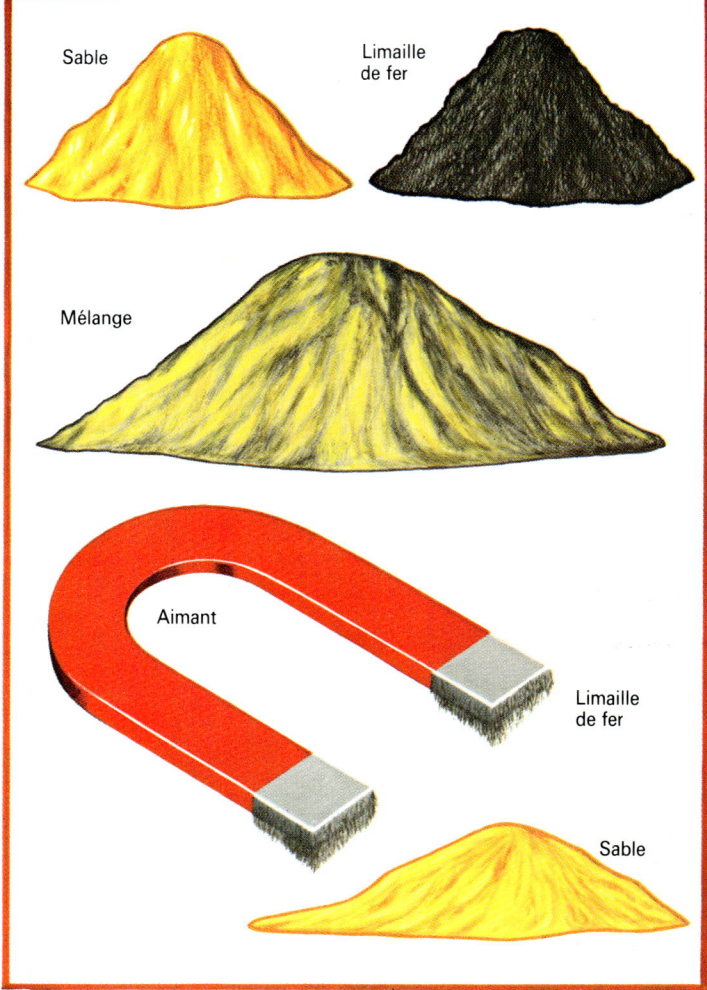

A droite Un mélange de sable et de limaille de fer peut être séparé avec un aimant. La formation du mélange est un changement physique. Le sable et la limaille de fer ne réagissent pas chimiquement entre eux.

la chaleur à son tour. Il finit par se transformer en cendres. Lorsque les cendres sont froides, il est impossible d'en refaire du papier. Une substance nouvelle s'est formée. Ce type de changement est appelé transformation chimique. En fait, le papier se transforme constamment et très lentement. Le très vieux papier devient cassant et jaunâtre.

Les transformations familières

Observez autour de vous des changements d'état pour savoir s'ils sont physiques ou chimiques. Par temps chaud, le beurre ramollit mais le froid le durcit à nouveau. Le changement est réversible : c'est une transformation physique. Lorsque le lait a tourné, il n'est plus possible d'en refaire du frais. Le changement est irréversible : c'est une transformation chimique. Si l'on mélange de la limaille de fer et du sable, le résultat paraît gris et il est facile de récupérer la limaille avec un aimant. Si l'on observe le mélange avec une loupe, on distingue bien les grains de sable des particules de fer. Une nouvelle substance n'est pas apparue. C'est un changement physique. Faites dissoudre du sucre dans de l'eau. La solution apparaît limpide et incolore. Mais on peut récupérer le sucre en laissant évaporer l'eau. Les cristaux de sucre se déposent. C'est un changement physique.

De nombreuses transformations qui surviennent naturellement sont chimiques. Par exemple, l'herbe mangée par une vache se transforme en lait. Mais il est impossible de refaire de l'herbe avec du lait. Les transformations résultant de la cuisson des aliments sont aussi d'ordre chimique. On ne peut plus refaire des pommes de terre avec des frites.

Ci-dessous à gauche Laissez reposer une solution d'eau sucrée dans une soucoupe. Au bout de quelques heures, l'eau s'évapore et laisse les cristaux de sucre. C'est un changement physique.

Ci-dessous L'une des transformations chimiques les plus spectaculaires est la combustion. Les alchimistes croyaient que les corps contenaient une substance appelée phlogistique qui s'échappait au moment de la combustion. Au XVIIIe siècle, Lavoisier démontra que le phlogistique n'existait pas et que, lors de la combustion, les corps s'unissaient à l'oxygène de l'air. Cette expérience démontra que rien ne pouvait brûler sans oxygène. Lorsqu'il n'y a plus d'oxygène, la bougie s'éteint.

A gauche Pour réaliser un jardin chimique, mettez un peu de sable dans un récipient et versez une solution de silicate de potasse. Incorporez quelques cristaux tels que du sulfate de fer ou de cuivre, de l'alun ou du bichromate de potassium. En quelques heures, se formeront des « pousses ». Attachez un minuscule cristal d'alun à un fil, suspendez-le dans un bocal contenant une solution d'alun, et observez l'expansion du cristal.

À droite Un thermomètre est constitué d'un fin tube de verre et d'une ampoule-réservoir à la base contenant du mercure ou de l'alcool. Lorsque le liquide chauffe, il se dilate et monte dans le tube. Le thermomètre sert à mesurer la température, indiquée par le niveau du liquide.

Ci-dessous Illustration montrant les températures des couches d'eau dans une mare gelée. L'eau atteignant sa densité maximale à 4 °C, elle est au fond à cette température. L'eau ne peut alors céder sa chaleur que par conduction. Mais comme elle n'est pas bonne conductrice, elle conserve pratiquement sa chaleur. C'est pour cette raison qu'il y a toujours sous la glace une couche d'eau où les poissons peuvent survivre.

Ci-dessous à droite L'eau se dilate en gelant. Si vous congelez de l'eau dans un bocal fermé, le verre se fendra sous la pression de la glace. C'est pour cela que l'on protège les canalisations d'eau du gel.

LA DILATATION

Lorsqu'elles sont chauffées, la plupart des substances occupent un volume supérieur, on dit qu'elles se dilatent. Si l'on verse de l'eau bouillante dans un gobelet de verre épais, celui-ci risque de se fendre car la paroi intérieure du verre va se dilater plus vite que la face extérieure plus froide.

Les matières se dilatent sous l'effet de la chaleur car un mouvement plus rapide anime leurs atomes ou molécules. Ils se heurtent de plus en plus aux particules voisines en les repoussant sans cesse. On ne peut observer ce phénomène à cause de la trop petite taille des particules. On peut en constater les effets : le volume de la matière augmente. Les diverses substances se dilatent différemment. Lorsque la température d'un corps s'élève de 1 degré, on appelle coefficient de dilatation, la valeur de l'augmentation du volume.

Le verre Pyrex possède un coefficient de dilatation très bas. C'est pourquoi les récipients en Pyrex ne cassent pas facilement sous l'effet de la chaleur.

Les solides

On peut couramment observer les effets de la dilatation. Si la température est élevée, les fils électriques pendent davantage car ils se dilatent en s'allongeant. En hiver, ils se contractent, raccourcissent et pendent moins. Si on les installait par temps chaud, les fils seraient trop tendus entre les points d'attache et pourraient casser en se rétractant sous l'effet du froid.

Les ponts composés de longues poutrelles d'acier reposent sur des rouleaux à une de leurs extrémités pour tenir compte de la dilatation. Si on fixait les deux extrémités, l'allongement déformerait le pont. Par temps chaud, les rails de chemins de fer se déforment et risquent de se toucher du fait de la dilatation. On en tient compte en laissant un petit espace libre ou en prévoyant des jonctions en sifflet (obliques). La dilatation peut être utile. Elle permet de libérer un bouchon de verre

coincé dans un goulot : faites couler de l'eau chaude autour du goulot, celui-ci se dilatera avant le bouchon qui sera alors libéré.

Les liquides

Les liquides se dilatent également lorsqu'on les chauffe. On le voit aussitôt en soufflant doucement sur un thermomètre. Le mercure du tube est chauffé. Ses atomes s'écartent les uns des autres et le liquide se dilate en montant dans le tube. L'eau suit un processus particulier. Si l'on prend de la glace fondante pour la chauffer doucement, celle-ci va se contracter (diminuer de volume) jusqu'à ce que sa température atteigne 4 °C. Puis le liquide va se dilater. Cela signifie qu'à 4 °C l'eau occupe un volume minimum ou possède une densité maximum.

Les gaz

Les gaz se dilatent plus que les solides ou les liquides. Soufflez dans un sac en plastique et fermez-le bien. Plongez-le dans de l'eau chaude : vous verrez alors que le volume a augmenté à cause de la dilatation de l'air contenu à l'intérieur.

Les moteurs d'automobiles utilisent le principe de la dilatation des gaz. Les gaz se dilatent fortement lorsque le carburant brûle et repoussent le piston dans le cylindre. Le piston fait tourner le vilebrequin. Celui-ci est relié aux roues de la voiture qui la font avancer.

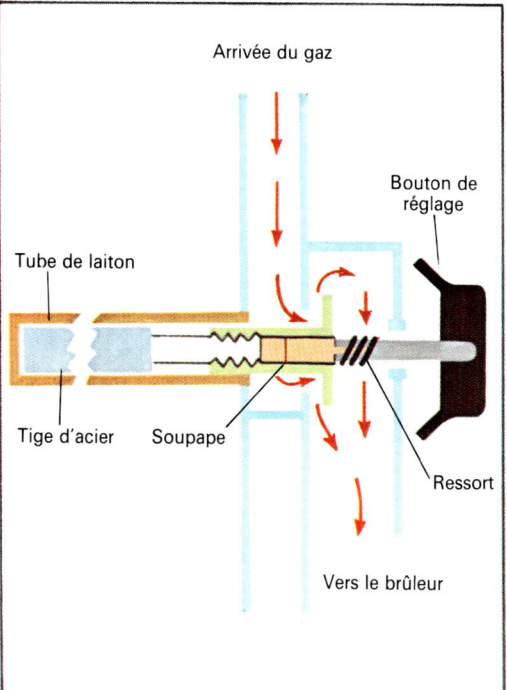

A gauche Coupe d'un thermostat de four à gaz. Le tube extérieur de laiton se dilate lorsque le four chauffe et tire la tige en acier. Celle-ci referme la soupape et réduit le débit de gaz. Lorsque le four refroidit, le tube de laiton se contracte, repousse la tige d'acier et rouvre la soupape.

Ci-dessus Lorsqu'un pont s'allonge par temps chaud et se contracte par temps froid, l'extrémité mobile roule sur les rouleaux de dilatation. Si les deux extrémités étaient fixes, le pont se déformerait par temps chaud.

A gauche Le moteur à combustion interne des automobiles utilise la dilatation des gaz. Lorsque la bougie fournit une étincelle, le mélange air-essence brûle très vite, les gaz se dilatent et repoussent le piston.

CORPS SIMPLES ET COMPOSÉS

Aristote

Mendeleiev

Les corps simples ou éléments

Le bois, l'eau, l'aluminium, le papier, les cendres, l'huile, le lait, le sucre et l'herbe sont quelques exemples parmi des millions de matières différentes.

Il y a plus de 2 000 ans, un célèbre philosophe grec, Aristote, croyait que toutes les matières étaient constituées par quatre éléments : la terre, le feu, l'eau et l'air. Ainsi pensait-il que le bois était un mélange de terre et de feu car en brûlant, il se transformait en cendres. Au cours des deux siècles précédents, on a découvert que ces millions de substances différentes n'étaient en fait composées que d'un peu plus d'une centaine de corps simples appelés aussi éléments. Un élément est donc une substance qui ne peut être divisée en plusieurs corps simples.

Certains éléments sont très répandus dans la nature, comme le fer ou l'oxygène, ce gaz invisible, qui est un des composants de l'air que nous respirons.

Ci-dessus Aristote, célèbre philosophe et savant grec naquit en 384 avant J.-C. Il vécut à Athènes et écrivit de nombreux ouvrages traitant des sciences naturelles.

Ci-dessus à droite Dimitri Ivanovitch Mendeleiev, chimiste russe, naquit en 1834. Il composa un tableau des éléments chimiques classant les corps ayant les mêmes propriétés en colonnes.

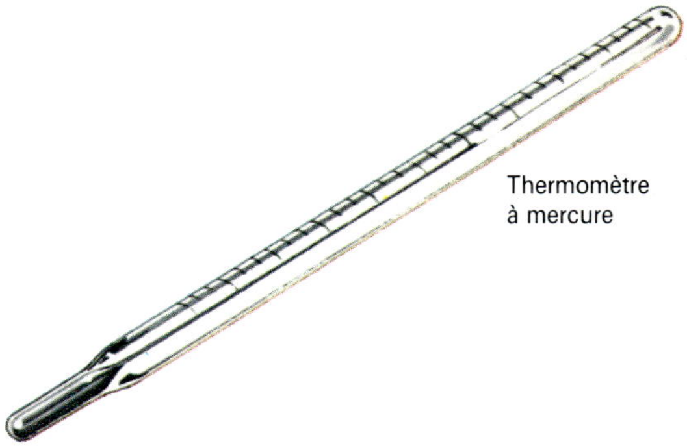

Thermomètre à mercure

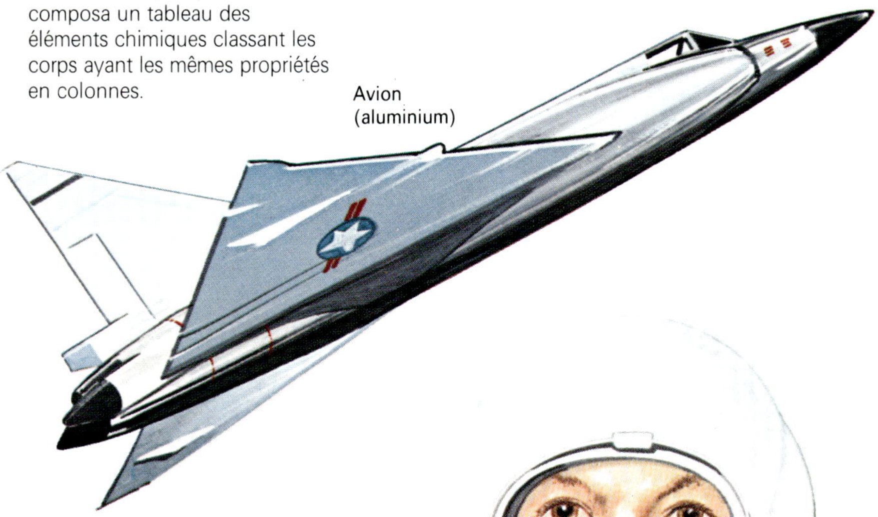

Avion (aluminium)

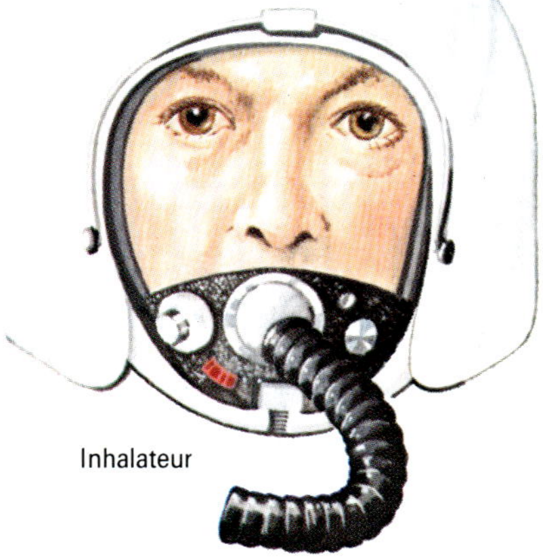

Les corps composés

Il est facile d'observer la rouille sur les vieilles boîtes de conserve, les rails, les carrosseries d'automobiles, etc. C'est une matière friable et rougeâtre, très différente du fer dur et brillant ou de l'oxygène, gaz invisible. La rouille n'est pas un élément car elle est composée d'un mélange de fer et d'oxygène. Les chimistes l'appellent oxyde de fer. L'oxyde de fer est un exemple de corps composé. Il est formé de deux éléments, le fer et l'oxygène. La transformation du fer et de l'oxygène en rouille

Inhalateur

A droite Voici certains corps chimiques communs. Le mercure est ce liquide argenté que l'on voit dans les thermomètres. L'aluminium est un métal blanc dont on fait de nombreux emballages. Très léger, il sert à fabriquer les avions. L'oxygène est un gaz invisible indispensable à la respiration. Le soufre est un corps jaune. En poudre, on l'appelle fleur de soufre.

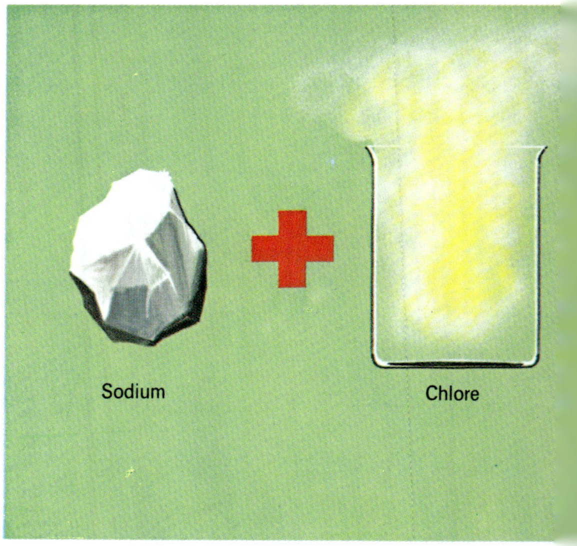

Soufre (fleur de)

Sodium + Chlore

(oxyde de fer) est un exemple de transformation chimique. La rouille est donc très différente des éléments qui la composent.

Il ne faut pas confondre les corps composés avec les mélanges. Ainsi, si vous mélangez de la poudre de fer avec des grains de sable, vous pourrez distinguer le sable et le fer dans le mélange. Une nouvelle substance ne s'est pas formée. Le mélange de fer et de sable est une transformation physique. L'air que nous respirons n'est pas non plus un corps composé. C'est un mélange de gaz, notamment d'azote et d'un peu d'oxygène.

Tous les éléments sont constitués par des milliards et des milliards de petites particules appelées atomes. Le fer est ainsi constitué de milliards d'atomes de fer, très différents des atomes d'oxygène, ce qui explique les différences existant entre ces deux corps. Lorsque le fer et l'oxygène se combinent pour former la rouille, les atomes de fer se joignent aux atomes d'oxygène pour constituer de petits groupes d'atomes. Ces groupes sont appelés molécules. La plus petite particule d'un élément est un atome. La plus petite particule d'un corps composé est une molécule. Le corps composé le plus répandu sur la Terre est l'eau. L'eau est constituée de deux éléments : l'oxygène et l'hydrogène, gaz invisible très léger. Les molécules d'eau sont faites d'atomes d'hydrogène et d'atomes d'oxygène. Tous les corps composés ne sont pas aussi simples que l'eau. Certains sont constitués de très grandes molécules comprenant de nombreux atomes.

Ci-dessus Un cristal de glace est formé par une disposition régulière des molécules d'eau. Chaque molécule d'eau est constituée de deux atomes d'hydrogène et un atome d'oxygène. Les forces qui s'exercent entre les molécules maintiennent la structure rigide du cristal.

Ci-dessous Le sodium est un corps gris argent. Le chlore est également un élément chimique. C'est un gaz nocif de couleur jaune-vert. Ces deux corps réagissent l'un avec l'autre pour former un composé appelé chlorure de sodium qui n'est autre que le sel de table.

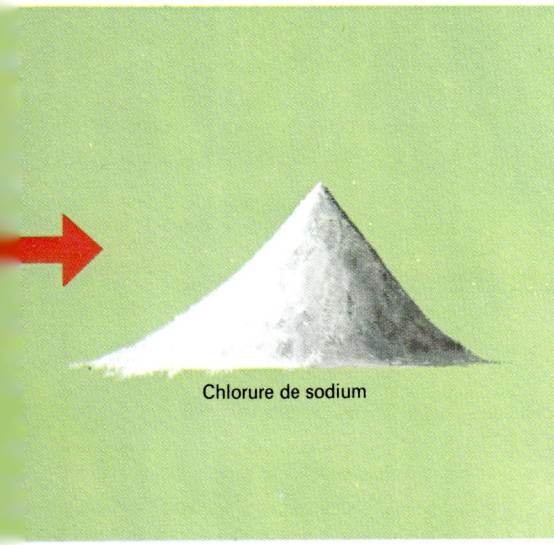

Chlorure de sodium

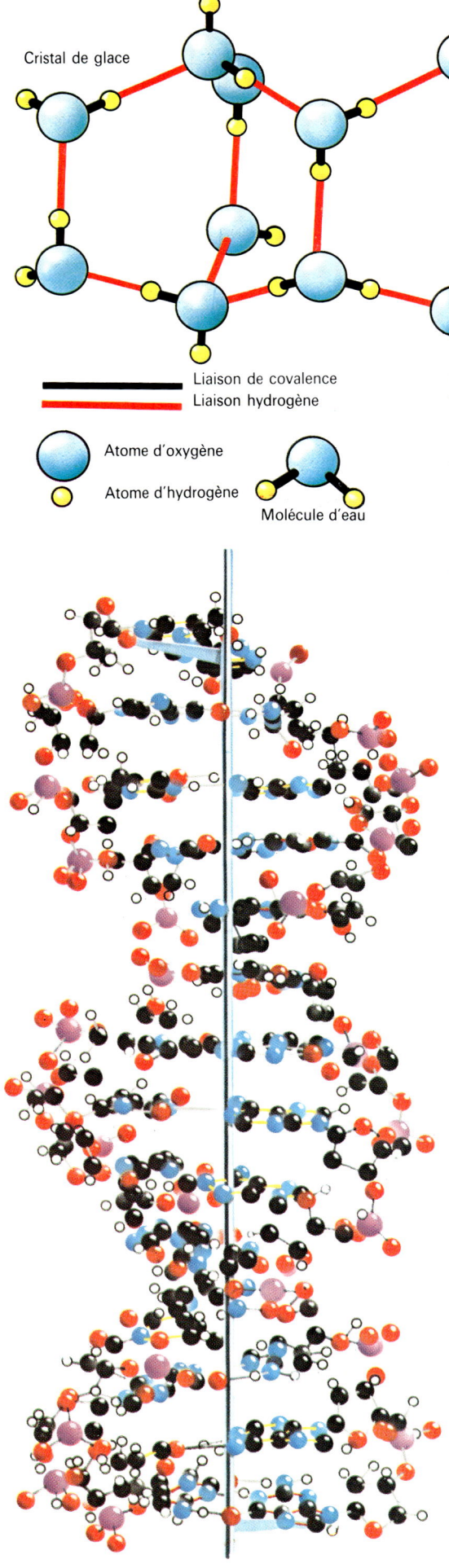

A gauche Certains composés chimiques sont très complexes et leurs molécules sont très grandes. On voit ici la représentation d'une molécule d'acide désoxyribonucléique (appelé ADN), substance que l'on trouve dans les cellules vivantes.

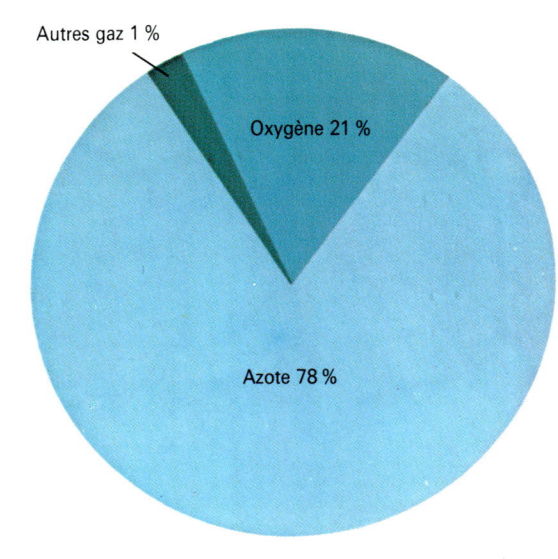

A droite Proportions des gaz dans l'atmosphère. On voit que l'azote ou nitrogène constitue la majeure partie de l'air ambiant.

Ci-dessous La constitution de l'atmosphère. Notez la faible hauteur de la troposphère.

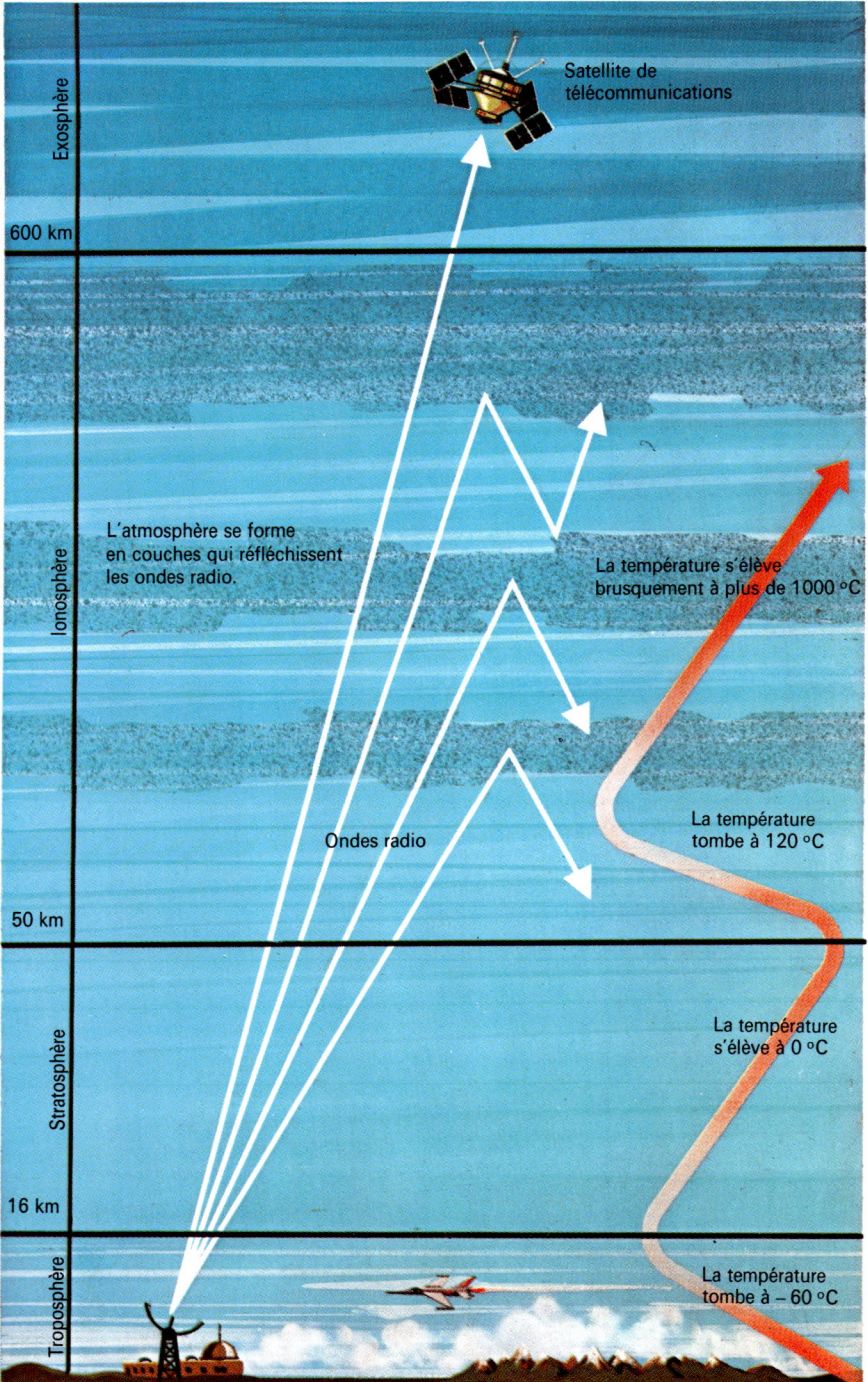

L'ATMOSPHÈRE

L'atmosphère est une couche de gaz qui entoure la Terre et s'étend sur environ 700 km dans l'espace. Elle est retenue par la gravité terrestre et la plus grande partie de sa masse se situe à moins de 16 km d'altitude. Au-delà de cette limite, la densité de la masse gazeuse décroît lentement avec l'altitude jusqu'à devenir presque nulle. C'est le commencement de l'espace intersidéral.

L'atmosphère protège la Terre des froids et des chaleurs extrêmes ainsi que des radiations dangereuses émises par le soleil. Elle retient et transporte l'eau et les gaz indispensables à la vie.

L'azote ou nitrogène est le gaz le plus abondant de l'atmosphère. Celle-ci contient aussi de l'oxygène et de petites quantités d'argon et de dioxyde de carbone ou gaz carbonique. Les plantes absorbent le dioxyde de carbone de l'air et rejettent de l'oxygène. Les êtres humains et les animaux font le contraire. L'oxygène permet la combustion : sans oxygène, rien ne peut brûler. L'atmosphère contient aussi, en quantités variables, de la vapeur d'eau qui tombe en pluie. On y trouve d'autres gaz, mais seulement en très faibles quantités.

L'atmosphère est également constituée de poussières : fines particules de suie (carbone), poussière cosmique provenant de la désagrégation des météorites, particules de sel provenant de l'évaporation de l'eau de mer et spores libérées par les plantes (ce qui assure leur reproduction). Des particules de vapeur d'eau peuvent se rassembler autour de ces éléments pour former des gouttes de pluie.

La couche inférieure de l'atmosphère est appelée troposphère. Là, l'air le plus proche de la surface terrestre est plus chaud que l'air des couches supérieures. En effet, l'air des couches inférieures est davantage réchauffé par la chaleur émise par la Terre que par celle venant directement du Soleil. La troposphère est la partie de l'atmosphère où se forment les climats. Au-dessus de la troposphère se trouvent d'autres couches, telles que la stratosphère et l'ionosphère. Dans ces zones, la température ne décroît pas en fonction de l'altitude.

La pression atmosphérique

La pression atmosphérique est la force que le poids de l'air entourant la Terre exerce sur la surface. Cette pression décroît avec l'altitude car à mesure que l'on s'élève la masse d'air exerçant cette pression diminue. Au niveau de la mer, l'atmosphère exerce une pression d'environ 1 kg par centimètre carré (ou 1 013,

A gauche Les gaz de l'atmosphère sont essentiels à la vie. Pour explorer les zones sans air, les hommes doivent emporter une atmosphère artificielle. Le scaphandrier porte un costume et un casque alimentés en air sous pression par un tuyau relié à la surface.

2 millibars, une unité de pression). Pour avoir une idée de cette force, levez un poids de 1 kg et imaginez que ce poids appuie sur chaque centimètre carré de votre corps. On ne ressent pas ce poids car les liquides contenus dans notre corps exercent une contre-pression.

La pression atmosphérique varie selon les endroits et selon l'altitude. Les vents, qui sont des masses d'air en déplacement, soufflent des zones de hautes pressions vers les zones de basses pressions. Les hautes pressions se forment généralement dans les zones froides ; les basses pressions apparaissent dans les zones chaudes.

Il était indispensable autrefois pour les premiers explorateurs de connaître les vents et les courants marins qui dirigeaient leurs bateaux à voiles. Les itinéraires ou routes maritimes étaient en effet déterminés par des vents et des courants réguliers, et les marins devaient les suivre s'ils ne voulaient pas se retrouver encalminés (arrêtés faute de vent).

Ci-dessous à gauche En respirant, les hommes et les animaux consomment l'oxygène de l'air. Mais les plantes remplacent l'oxygène perdu en absorbant le dioxyde de carbone rejeté par la respiration. Elles utilisent la lumière solaire pour le transformer, ainsi que l'eau, en oxygène et en éléments nourrissants. Ce processus est appelé photosynthèse.

Ci-dessous Zones de hautes et basses pressions de l'atmosphère terrestre et trajets des vents. Dans l'hémisphère Nord, les vents sont déviés vers la droite et dans l'hémisphère Sud vers la gauche en raison de la rotation de la Terre. C'est pour cette raison que les vents ne soufflent pas directement des hautes pressions vers les basses.

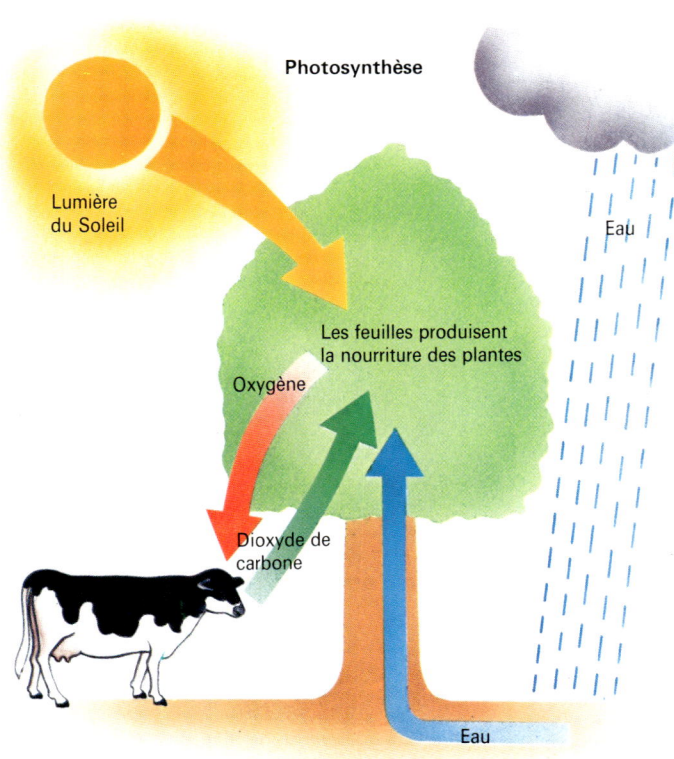

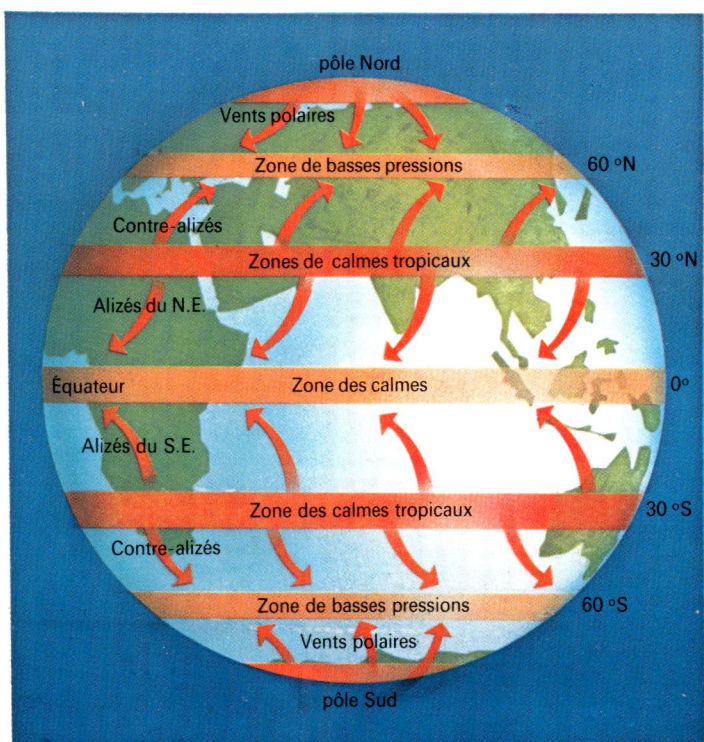

Ci-contre On trouve des acides dans le vinaigre, le jus de citron et les feuilles de rhubarbe.

A droite Certains animaux et certaines plantes possèdent des défenses naturelles à base d'acides et d'alcalis (bases).

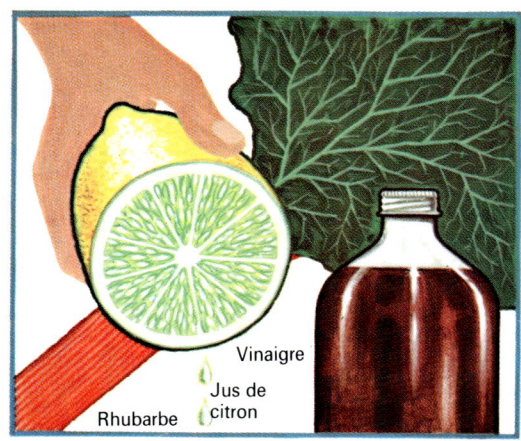
Rhubarbe — Vinaigre — Jus de citron

Abeille — Guêpe — Ortie — Fourmi

A droite Le réactif le plus connu est la teinture de tournesol qui rougit en présence d'acides et bleuit en présence d'alcalis.

A droite Tous les acides contiennent de l'hydrogène sous forme d'atomes d'hydrogène dans leurs molécules. L'acide chlorhydrique est un acide fort constitué d'hydrogène et de chlore. On l'appelle également chlorure d'hydrogène. La soude caustique est un alcali fort. Les alcalis qui contiennent des atomes d'oxygène et d'hydrogène sont souvent appelés hydroxydes. Lorsque le chlorure d'hydrogène est mélangé à l'hydroxyde de sodium, la réaction donne du chlorure de sodium et de l'eau. Les deux composés nouveaux sont neutres. Le chlorure de sodium est le sel de table.

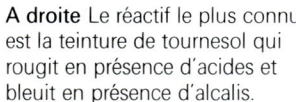
Acide — Neutre — Basique

Ci-dessous Il existe de nombreux sels différents et certains d'entre eux sont colorés. On a illustré ici quelques sels colorés ayant des applications utiles. L'alun de chrome sert en teinturerie et au tannage. Le sulfate de cuivre détruit les champignons. Le bichromate de potassium est la substance orange utilisée dans les ballons des alcootests. Le sulfate de fer sert à fabriquer de l'encre.

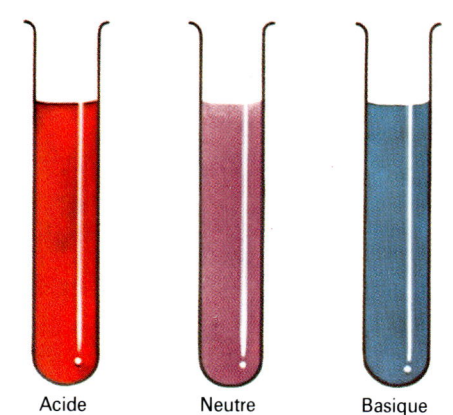

Chlorure d'hydrogène + Hydroxyde de sodium (soude caustique) → Chlorure de sodium (sel) + Eau

$HCl + NaOH \rightarrow NaCl + H_2O$

ACIDES, BASES ET SELS

Il existe des millions de composés chimiques légèrement différents les uns des autres. Cependant, il est possible de définir des groupes de corps composés présentant des caractéristiques communes. L'un de ces groupes s'appelle les acides.

L'acide sulfurique est utilisé dans les batteries automobiles. C'est un liquide nocif et dangereux qui attaque de nombreuses substances et brûle la peau. Les acides de ce type sont appelés acides forts. On dit qu'ils sont corrosifs.

Tous les acides ne sont pas aussi dangereux. Certains liquides familiers comme le vinaigre et le jus de citron ont aussi des propriétés acides. Tous les acides ont un goût piquant. Certaines plantes et certains animaux se défendent avec des substances acides. Les aiguillons des fourmis, des abeilles et des orties, sont acides. Le gaz que les êtres qui respirent rejettent est du dioxyde de carbone. Lorsqu'il se dissout dans l'eau, il forme un acide très faible et non corrosif. L'eau de Seltz est une eau contenant beaucoup de dioxyde de carbone.

Une autre famille importante de corps chimiques s'appelle les bases. Une base en solution dans l'eau devient un alcali. Les alcalis sont souvent dangereux et ils attaquent la peau.

Les cendres de bois (en anglais : *ash*) contiennent un alcali. Autrefois, on mélangeait la cendre avec de l'eau de manière à dissoudre l'alcali et à le séparer de la cendre. L'eau était ensuite mise à bouillir dans une marmite (pot) de fer et l'alcali se déposait. Cette méthode de fabrication de l'alcali, qu'on n'utilise plus aujourd'hui, a donné en anglais le mot *pot-ash* et en français potasse. On l'utilise en grande quantité pour fabriquer du savon. D'autres alcalis proviennent du citron et de l'aiguillon des guêpes. La salive est faiblement alcaline.

Les corps qui ne sont ni acides ni alcalins sont dits neutres.

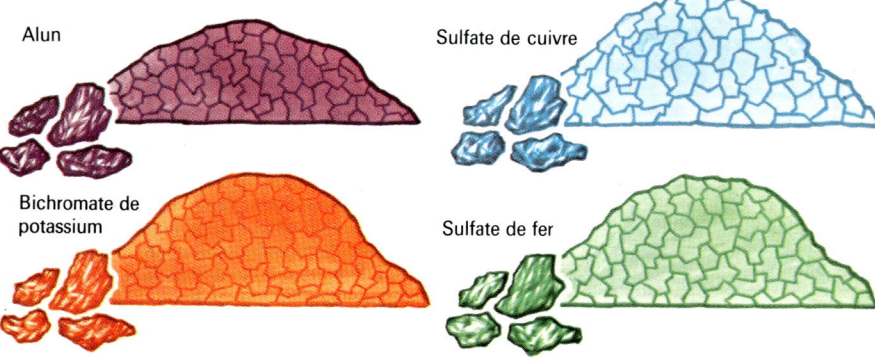
Alun — Sulfate de cuivre — Bichromate de potassium — Sulfate de fer

La couleur d'un grand nombre de fleurs et de fruits dépend de la nature alcaline ou acide du sol. Les hydrangelles bleues peuvent donner des fleurs roses si elles sont plantées dans un sol alcalin. D'autres substances changent de couleur en présence d'un acide ou d'un alcali (base). On les appelle des réactifs. Ils servent à indiquer si un liquide est acide ou alcalin (basique). Vous pouvez fabriquer vous-même du réactif et le tester sur des fruits ou des légumes de couleur foncée : cassis, betterave et même pétales de roses rouge foncé. Faites bouillir du chou rouge, par exemple, dans un grand volume d'eau et filtrez le liquide coloré après qu'il a refroidi. Si vous ajoutez une goutte de vinaigre à cette solution, elle deviendra rouge. Si vous additionnez un peu de savon, légèrement alcalin, à la solution, elle deviendra bleue.

Les sels

Quand on mélange un acide et un alcali (une base) une réaction chimique se produit et deux nouveaux corps sont formés. L'un d'eux est de l'eau, l'autre du sel : le chlorure de sodium. Il est combustible et on l'appelle usuellement sel alimentaire. Il existe de nombreux autres sels comme le carbonate de sodium (ou soude), le sulfate de magnésium et le calcaire (carbonate de calcium).

FABRIQUEZ UN EXTINCTEUR

Ne vous livrez pas à cette expérience sans l'aide d'un adulte. Le dioxyde de carbone est utilisé dans les extincteurs domestiques. Il peut éteindre un incendie car il est plus lourd que l'air. Il repousse donc l'air du point de combustion et rien ne pouvant brûler sans oxygène, le feu s'éteint. Voici comment le démontrer : Placez une petite bougie dans une boite de conserve et allumez-la. Pour produire du dioxyde de carbone dans une bouteille, versez du vinaigre sur une ou deux tablettes de bicarbonate de soude. Le vin attaque la soude et libère du dioxyde de carbone. Tout doucement, versez le dioxyde de carbone de la bouteille dans la boite au moyen d'un tube en papier. La bougie s'éteint car le dioxyde de carbone a chassé l'air et son oxygène hors de la boîte.

Ci-dessous L'identification des acides et des alcalis (bases). Les acides ont un goût sûr, les alcalis, saumâtre. Les acides réagissent avec les métaux, les bases avec les graisses. Les acides neutralisent les solutions alcalines (basiques) en les colorant en violet si elles contiennent de la teinture de tournesol ; les alcalis neutralisent les solutions acides (en les colorant en violet si elles contiennent du tournesol). Attention : ne goûter que les acides alimentaires (citron, etc.) les autres sont souvent des poisons dangereux. De nombreux alcalis sont nocifs : il ne faut jamais les goûter.

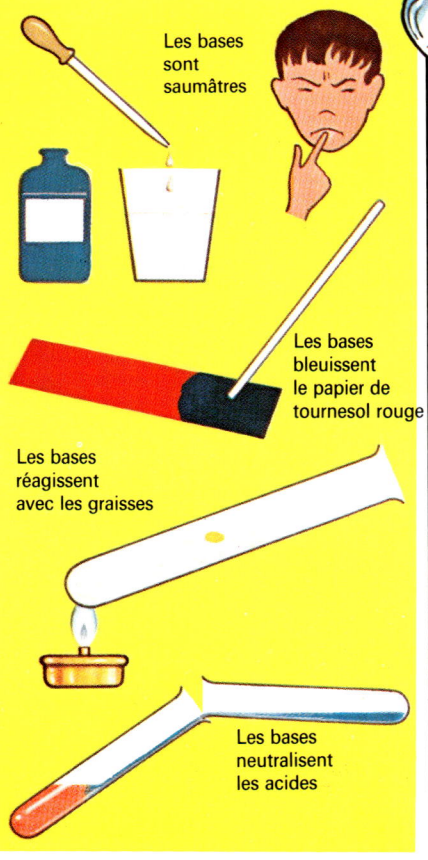

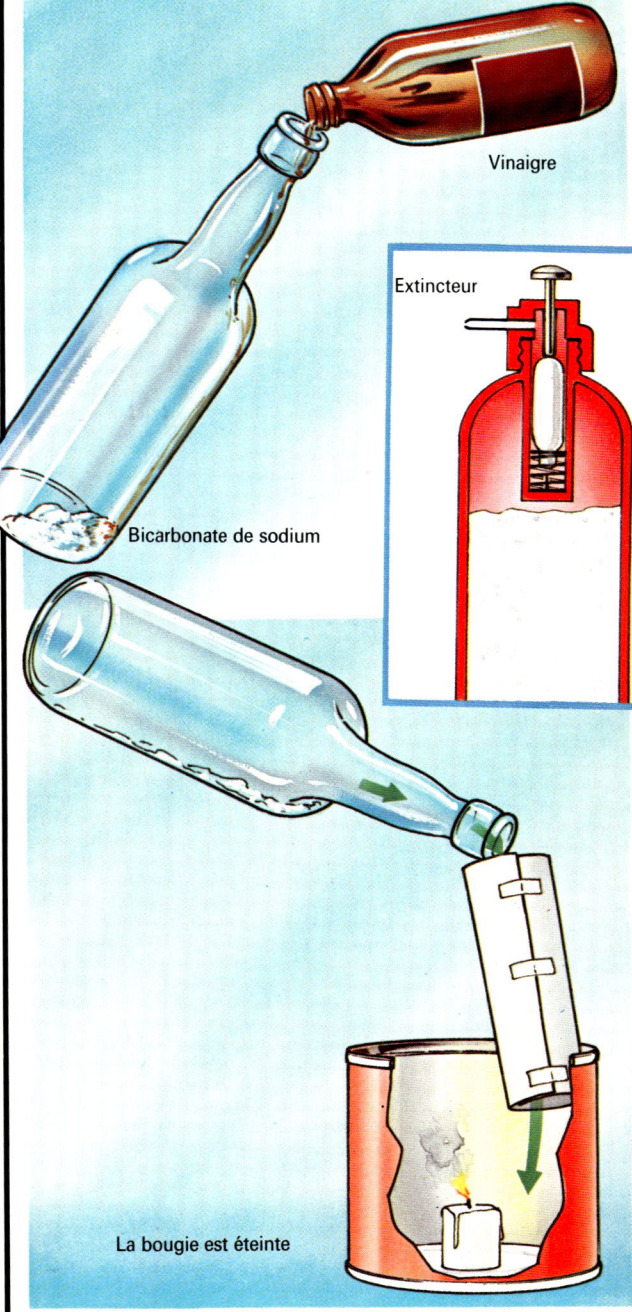

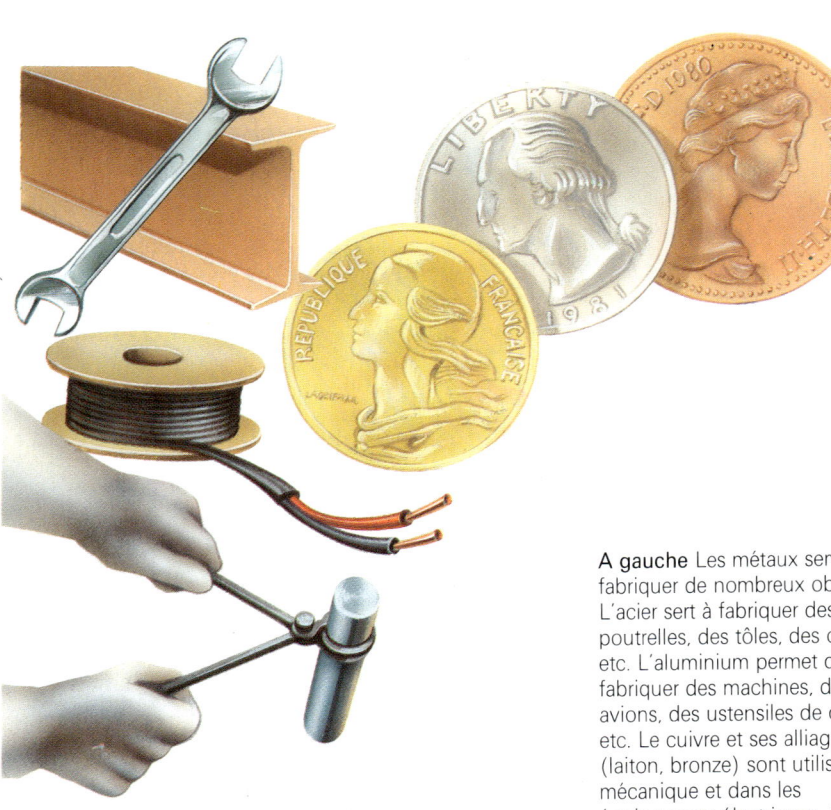

A gauche Les métaux servent à fabriquer de nombreux objets. L'acier sert à fabriquer des poutrelles, des tôles, des outils, etc. L'aluminium permet de fabriquer des machines, des avions, des ustensiles de cuisine, etc. Le cuivre et ses alliages (laiton, bronze) sont utilisés en mécanique et dans les équipements électriques. Le cuivre, avec du zinc et du nickel, sert aussi à faire des pièces de monnaie. Le mercure est utilisé dans les thermomètres et autres appareils scientifiques.

LES MÉTAUX

Il existe deux grandes familles d'éléments : les corps métalliques et les métalloïdes ou non métalliques. On peut les différencier par leurs propriétés physiques. Les mélanges de métaux sont appelés alliages. Ils possèdent généralement quelques propriétés de chaque compo-

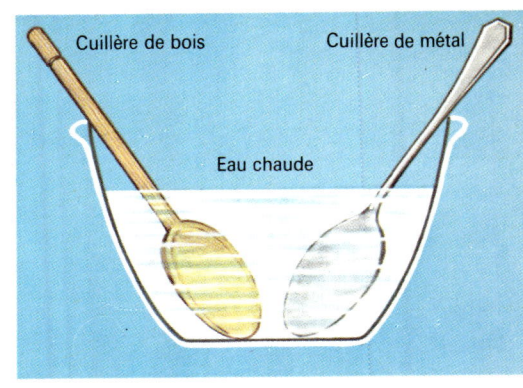

A droite Allumez une lampe de poche (torche) puis dévissez doucement le couvercle et constatez que l'ampoule est éteinte. Placez un morceau de papier ou de plastique entre le fond et les piles puis revissez le fond. L'ampoule ne se rallume pas car le papier ne conduit pas l'électricité. Si vous aviez mis une feuille d'aluminium à la place, l'ampoule se serait allumée car le métal laisse passer l'électricité.

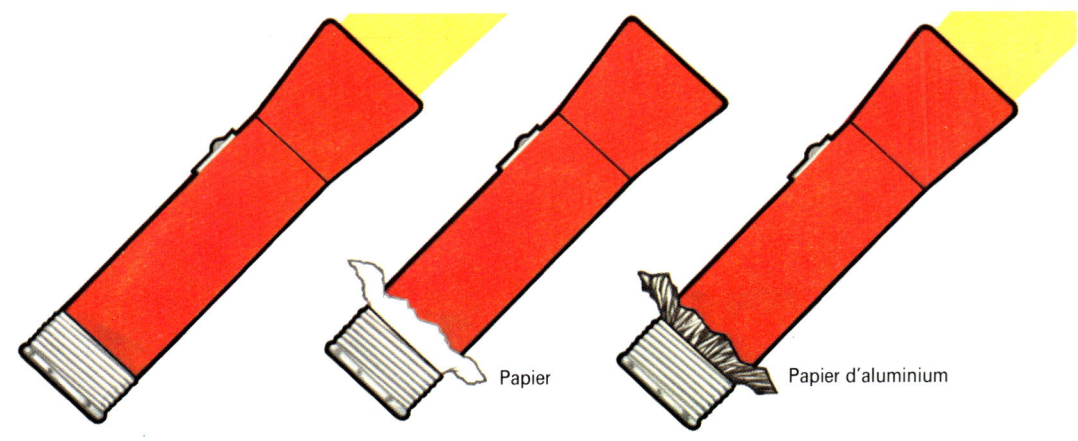

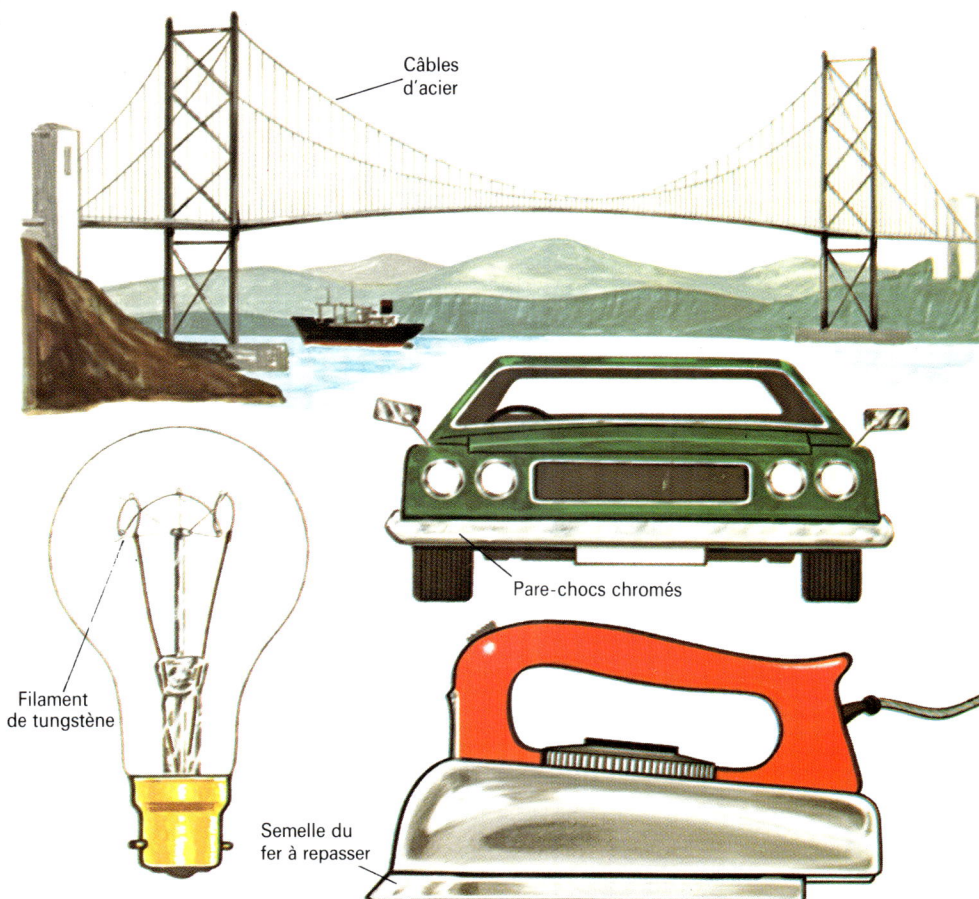

sant. Par exemple, le laiton ou cuivre jaune est un alliage de cuivre et de zinc.

La caractéristique la plus sûre pour identifier un métal est probablement son aspect. Un métal poli a un aspect brillant appelé éclat métallique. L'or, l'aluminium et même le mercure, un métal liquide, sont brillants. Certains corps non métalliques peuvent être polis, comme le soufre et le carbone, notamment sous forme de diamant, mais ils n'ont pas le même type d'éclat. Une autre expérience simple consiste à suspendre un morceau de métal ; en le frappant sèchement, il doit rendre un son clair et net comme une cloche. On dit que les métaux sont souvent sonores au choc.

Des expériences simples permettent de vérifier que les métaux transmettent aisément la chaleur et l'électricité. Cette propriété les fait désigner comme bons conducteurs de la chaleur et du courant. Il n'en est pas de même des corps non métalliques (ou métalloïdes) qui sont pour la plupart isolants.

Propriétés physiques

La caractéristique la plus intéressante des métaux est leur résistance. La plupart des métaux peuvent être forgés ou emboutis en forme ou étirés en fil. Les métalloïdes sont cassants ou friables. On utilise les métaux selon leurs propriétés physiques. Les métaux naturellement brillants comme l'or ou le chrome servent à l'ornementation ou à la protection. Les cloches sont en bronze, un alliage de cuivre et d'étain extrêmement sonore. L'aluminium et le cuivre sont parmi les métaux les plus conducteurs. C'est pourquoi les casseroles, qui doivent transmettre rapidement la chaleur, sont faites le plus souvent dans ces métaux. Les équipements électriques utilisent différents métaux pour conduire le courant. Les fils de cuivre sont sur de longues distances les meilleurs conducteurs. Un autre métal, le tungstène, sert à fabriquer le filament incandescent et résistant à la chaleur placé à l'intérieur des ampoules d'éclairage.

Le métal le moins cher est le fer. Il sert à renforcer les parois et planchers en béton des grands bâtiments et immeubles d'habitation.

Le fer mélangé d'un peu de carbone s'appelle l'acier. Il peut prendre à peu près n'importe quelle forme. Il est résistant et élastique. L'acier sert à faire des lames d'épée, des machines et des milliers d'autres choses. Pour faire des avions solides et légers, on utilise des alliages d'aluminium et de magnésium.

La plupart des métalloïdes, simples ou composés, ne possèdent pas ces propriétés mais ils ont d'autres qualités appréciables. Les poignées de casserole en bois ou en plastique isolent de la chaleur qu'elles transmettent mal. La porcelaine ou le verre peuvent servir à isoler les fils conduisant le courant électrique.

Les métaux sont, en général, chers à fabriquer mais leur résistance mécanique et autres propriétés les rendent très précieux. C'est pour cela qu'on recherche constamment de nouveaux alliages pouvant présenter des propriétés physiques intéressantes et utiles. Les chercheurs qui étudient les métaux sont appelés métallurgistes.

Ci-dessus L'acier et la fonte servent à construire des ponts résistants, comme un pont suspendu. Les pièces en acier d'une automobile sont généralement protégées par une couche de métal très brillant, du chrome, aux endroits où la peinture s'éliminerait trop vite. Le minuscule filament d'une ampoule électrique parcouru par un courant chauffe à blanc. Il est en tungstène. Un fer à repasser électrique doit avoir une semelle en métal pour chauffer rapidement. Le sommet et la poignée doivent être en matière isolante pour rester froids.

En haut à gauche Un haut fourneau dans une usine sidérurgique moderne. L'acier est une des matières premières vitales de notre époque. C'est un alliage de fer et de carbone contenant parfois une petite proportion d'autres substances.

A gauche Plongez une cuillère de bois et une cuillère de métal dans un récipient d'eau très chaude puis touchez les manches. La cuillère métallique chauffe beaucoup plus vite que la cuillère de bois car le métal conduit bien la chaleur alors que le bois est un isolant.

A droite La laine, le coton et le sucre sont des composés organiques. Ils contiennent du carbone. Le sel, le fer et la brique sont des composés inorganiques. Ils ne contiennent pas de carbone.

A droite Le polyéthylène sert à faire des plastiques. Il est fabriqué à partir du gaz éthylène dont les molécules contiennent six atomes. Dans le polyéthylène, les atomes de carbone se combinent pour former des molécules possédant plusieurs milliers d'atomes.

A droite Le graphite et le diamant sont tous deux des formes naturelles du carbone. La disposition de leurs atomes les distingue. Le graphite possède des atomes en couches. Il est mou et glissant, et ne laisse pas passer la lumière. Le diamant présente une disposition différente qui le rend très dur et transparent à la lumière.

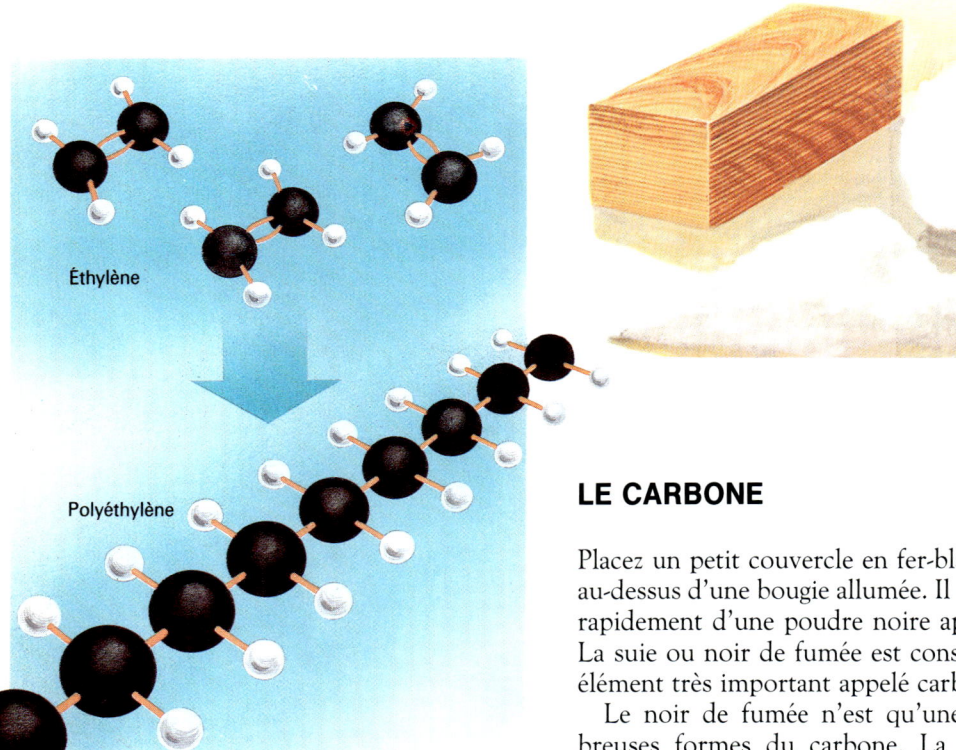

LE CARBONE

Placez un petit couvercle en fer-blanc brillant au-dessus d'une bougie allumée. Il se recouvre rapidement d'une poudre noire appelée suie. La suie ou noir de fumée est constituée d'un élément très important appelé carbone.

Le noir de fumée n'est qu'une des nombreuses formes du carbone. La mine d'un crayon ordinaire contient une sorte de carbone appelé graphite. Le bois calciné ou carbonisé en vase clos (sans air) se transforme en charbon de bois qui est une autre forme de carbone. Le noir de fumée et le diamant sont constitués par du carbone. Leur aspect et leurs propriétés sont très différents car les atomes de carbone sont disposés autrement.

Les atomes de carbone peuvent se lier aux atomes d'autres éléments pour former des composés. Le carbone est susceptible de former davantage de composés que tous les autres éléments entre eux. Toutes les plantes et tous les êtres vivants contiennent des composés de carbone. On le trouve donc dans le bois, le sucre et le coton (origine végétale) et dans le suif ou la viande (origine animale). Les composés carbonés dans les organismes vivants sont appelés composés ou substances organiques. Les substances qui ne contiennent pas de carbone comme l'oxygène, le verre, le calcaire sont appelés composés inorganiques.

A droite Représentation des molécules de méthane, existant dans le gaz naturel, et de butane, un combustible léger qu'on utilise dans les réchauds et pour les lampes de camping. Les grosses billes noires sont les atomes d'hydrogène.

A droite Représentation d'une molécule d'octane, un des constituants du pétrole.

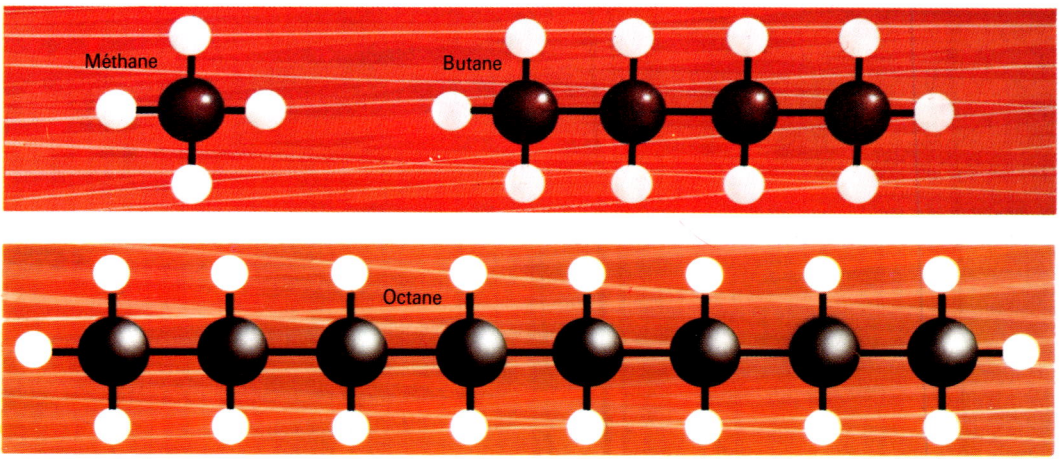

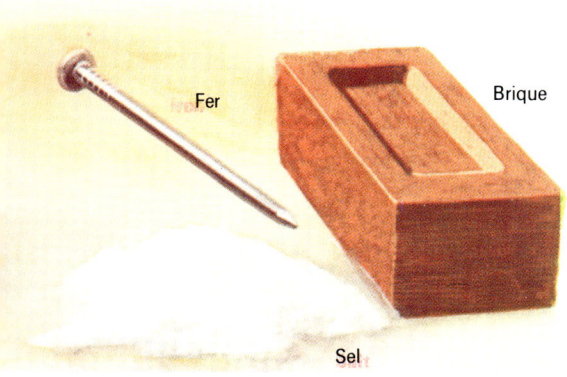

À gauche Tous ces objets en plastique ont été fabriqués à partir de composés carbonés.

Les composés du carbone

Certains composés du carbone comme le bois ou le coton sont constitués de grandes et complexes molécules. Les composés organiques les plus simples sont des combinaisons de carbone et d'hydrogène. Ces composés sont appelés hydrocarbones ou hydrocarbures.

Si un atome de carbone se combine à quatre atomes d'hydrogène, il forme une molécule de gaz méthane utilisé pour la cuisine et le chauffage.

Le gaz butane est un autre hydrocarbure utilisé comme combustible léger sous forme de gaz liquéfié. Une molécule de butane contient quatre atomes de carbone et dix atomes d'hydrogène. L'essence de pétrole est un des combustibles les plus importants. C'est un mélange d'hydrocarbures qui comprend de l'octane constitué de huit atomes de carbone pour dix-huit atomes d'hydrogène.

Tous ces hydrocarbures possèdent des atomes combinés en longues chaînes. Certains composés du carbone ont des atomes liés les uns aux autres en anneaux. En chauffant des composés carbonés sous pression, on peut obtenir de nombreuses substances intéressantes comme les plastiques et les fibres artificielles.

À gauche Colonne de distillation fractionnée dans une raffinerie de pétrole. Le pétrole brut est chauffé jusqu'à vaporisation. Les gaz s'élèvent et les parties les plus légères (ou fractions) arrivent les premières en haut de la tour où elles sont extraites. Ce sont les gaz combustibles et l'essence. Les parties les plus lourdes, comme le pétrole lampant, les combustibles liquides et les huiles de graissage sont prélevées dans les étages inférieurs de la colonne.

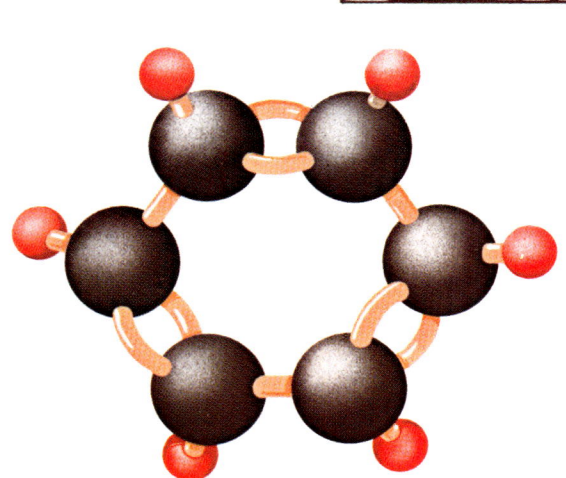

À gauche Représentation d'une molécule de benzène. Chaque atome d'hydrogène est uni à un atome de carbone par une liaison. Chaque atome de carbone est également uni à un atome de carbone par une liaison unique et à un autre atome de carbone par une double liaison. Imaginez que les atomes de carbone sont représentés par six singes et ceux d'hydrogène par six bananes. Chaque singe tient une banane dans une main et se sert de ses trois autres mains pour s'accrocher à ses congénères dans la ronde.

LES CONSTITUANTS DE LA MATIÈRE

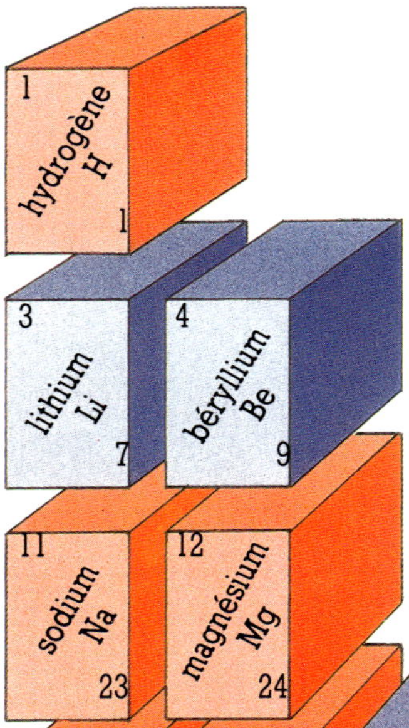

Observez tout ce qui vous entoure et demandez-vous combien de matières différentes vous pouvez identifier. Vous y parviendrez certainement pour le bois, le papier, l'acier, le polyéthylène et autres plastiques, le sucre, le coton, l'argile, l'eau, l'aluminium, le verre, etc. Le monde connaît ainsi des centaines de milliers de substances différentes qui présentent toutes des propriétés différentes.

Le monde extérieur semble ainsi incroyablement complexe, en apparence seulement. Si vous pouviez mettre en œuvre les procédés chimiques adaptés, vous montreriez que toutes les matières sont constituées à partir d'environ 90 éléments de base appelés éléments chimiques. Ce sont les constituants de la matière.

Les éléments sont reliés les uns aux autres chimiquement selon des schémas très différents. Ils forment un grand nom

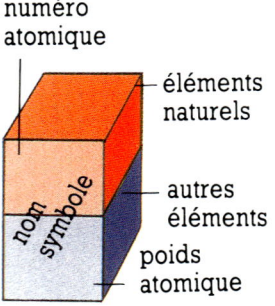

numéro atomique
— éléments naturels
— autres éléments
nom symbole
— poids atomique

Dans les années 1860, un savant russe, Dimitri Mendeleïev, classa les éléments chimiques sous forme d'un tableau périodique. On voit ici une version moderne de cette classification dans laquelle les éléments figurent dans l'ordre de leur numéro atomique (découlant du nombre de protons dans le noyau). Les éléments possédant des propriétés similaires se retrouvent dans la même colonne ou groupe. Les éléments, rangés horizontalement ou périodiquement, montrent une évolution graduelle de leurs propriétés. Les éléments occupent leur position en raison de la structure de leurs atomes. Les lanthanides (numéros atomiques 57-71) et les actinides (89-103) forment deux séries d'éléments si proches qu'ils figurent sous forme de blocs uniques dans le tableau (voir liste page opposée).

LES CONSTITUANTS DE LA MATIÈRE

NOM	ATOME		
	N°	SYMBOLE	MASSE
cerium	58	Ce	140
praseodymium	59	Pr	141
neodymium	60	Nd	144
promethium	61	Pm	145
samarium	62	Sm	150
europium	63	Eu	152
gadolinium	64	Gd	157
terbium	65	Tb	159
dysprosium	66	Dy	163
holmium	67	Ho	165
erbium	68	Er	167
thulium	69	Tm	169
ytterbium	70	Yb	173
lutetium	71	Lu	175
thorium	90	Th	232
protactinium	91	Pa	231
uranium	92	U	238
neptunium	93	Np*	237
plutonium	94	Pu*	242
americium	95	Am*	243
curium	96	Cm*	245
berkelium	97	Bk*	249
californium	98	Cf*	249
einsteinium	99	Es*	251
fermium	100	Fm*	253
mendelevium	101	Md*	256
nobelium	102	No*	253
lawrencium	103	Lw*	257

bre de composés chimiques. La majeure partie des substances que nous utilisons sont des composés chimiques.

Certaines sont des composés simples, contenant un petit nombre d'éléments. L'eau, par exemple, est un composé simple. On peut, avec un peu de courant électrique fourni par une pile, la décomposer en deux gaz, l'oxygène et l'hydrogène. Mais, ensuite, il est impossible chimiquement de décomposer chacun de ces gaz. Ce sont des corps simples, des éléments chimiques. Certaines substances familières ne sont pas des composés mais des corps simples : les métaux comme l'or, l'argent, le cuivre sont des éléments, comme le carbone. On peut les trouver dans la nature sous cette forme à l'état dit natif.

Tous les éléments chimiques ont des propriétés chimiques et physiques différentes. Les scientifiques les ont étudiés en détail et les ont regroupés dans un tableau.

Ci-dessus Ce tableau regroupe les éléments des séries des lanthanides et des actinides qui n'apparaissent que sous deux blocs dans le tableau périodique en raison de leurs similitudes. Tous les actinides sont radioactifs ; à partir du neptunium, les éléments sont artificiels.

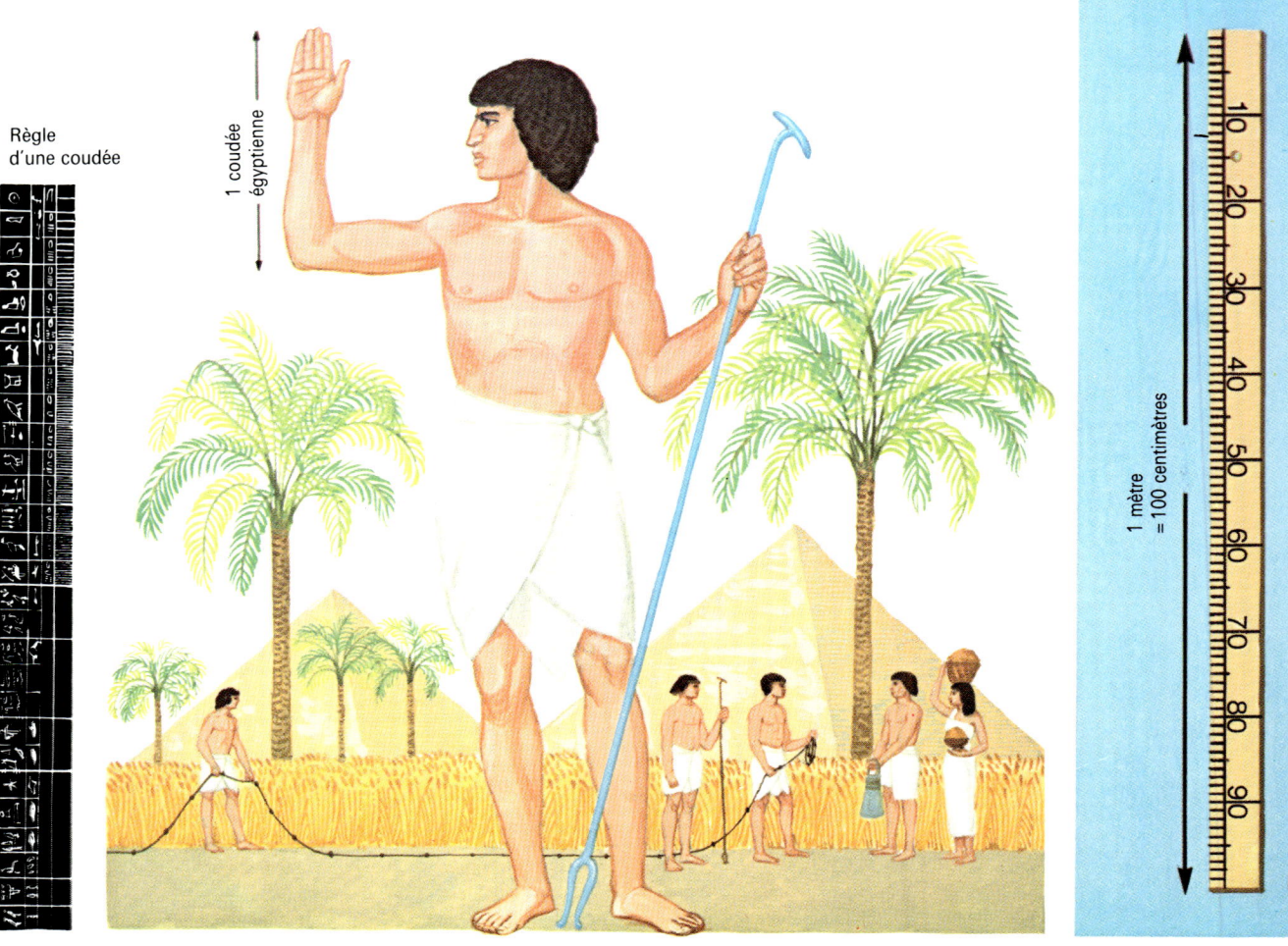

Règle d'une coudée

Ci-dessus La coudée est une ancienne unité de longueur représentée par la distance entre la pointe du coude et l'extrémité du majeur. D'après les mesures relevées sur les pyramides, nous savons que la coudée des Égyptiens valait environ 53 cm.

Ci-dessus à droite Un mètre est divisé en 100 centimètres et chaque centimètre en 10 millimètres. Les savants atomistes utilisent des unités beaucoup plus petites. Un millième de millimètre est appelé micron. Un millième de micron est appelé hanomètre. Un millième de hanomètre est appelé picomètre : c'est l'équivalent d'un millionième de millionième de mètre.

Les mesures

LA LONGUEUR

Lorsque l'on parle de dimension, on compare toujours une mesure à une autre qui sert de référence. Si vous dites que vous êtes plus grand qu'une autre personne, vous signifiez par là que la distance entre la plante de vos pieds et le sommet de votre tête est supérieure à cette même distance sur l'autre personne. Si vous voulez vérifier que vous êtes plus grand que quelqu'un qui n'est pas là, vous ne pourrez pas comparer vos tailles en vous plaçant dos à dos. Il faudra donc utiliser un moyen de référence comme une règle ou un mètre-ruban pour comparer vos hauteurs. Dans ce cas, chaque personne devra comparer (ou mesurer) sa hauteur avec la même unité de mesure standard, en l'occurrence le mètre. Il serait en effet impossible d'établir une comparaison entre vos tailles si l'unité de référence d'un lieu était différente de l'unité de l'autre lieu. Il est donc important de s'assurer que la longueur de référence, l'unité de mesure, est bien la même partout.

Les yards et les mètres

Il existe dans le monde deux grands systèmes de mesures standard : le système britannique ou impérial (unité : le yard) et le système métrique (unité : le mètre). En 1963, le yard fut redéfini en fonction du mètre.

C'est une légende qui veut que le yard ait correspondu à l'origine à la longueur séparant le nez du roi Alfred du bout de ses doigts, bras étendus.

Le premier yard de référence (yard étalon) fut fabriqué en 1878 sous la forme d'une barre en bronze, conservée par l'Etat anglais. Cet étalon original ou primaire était reproduit sous forme d'étalons secondaires déposés dans différents laboratoires. Mais, en 1960, on s'aperçut que l'étalon de référence raccourcissait chaque année d'environ 1/50 000 de mm. En 1963, on définit le yard comme équivalent à 0,91144 mètre. Le mètre est devenu l'unité de référence des pays européens et de la plupart des pays du monde. Il fut créé en 1790 par l'Assemblée constituante et calculé entre 1792 et 1799 sur la base de la dix millionième partie du quart du méridien terrestre mesuré entre Dunkerque et Barcelone. On l'institua légalement en 1799 et le rendit obligatoire comme mesure de référence à partir du 1er janvier 1840 en France.

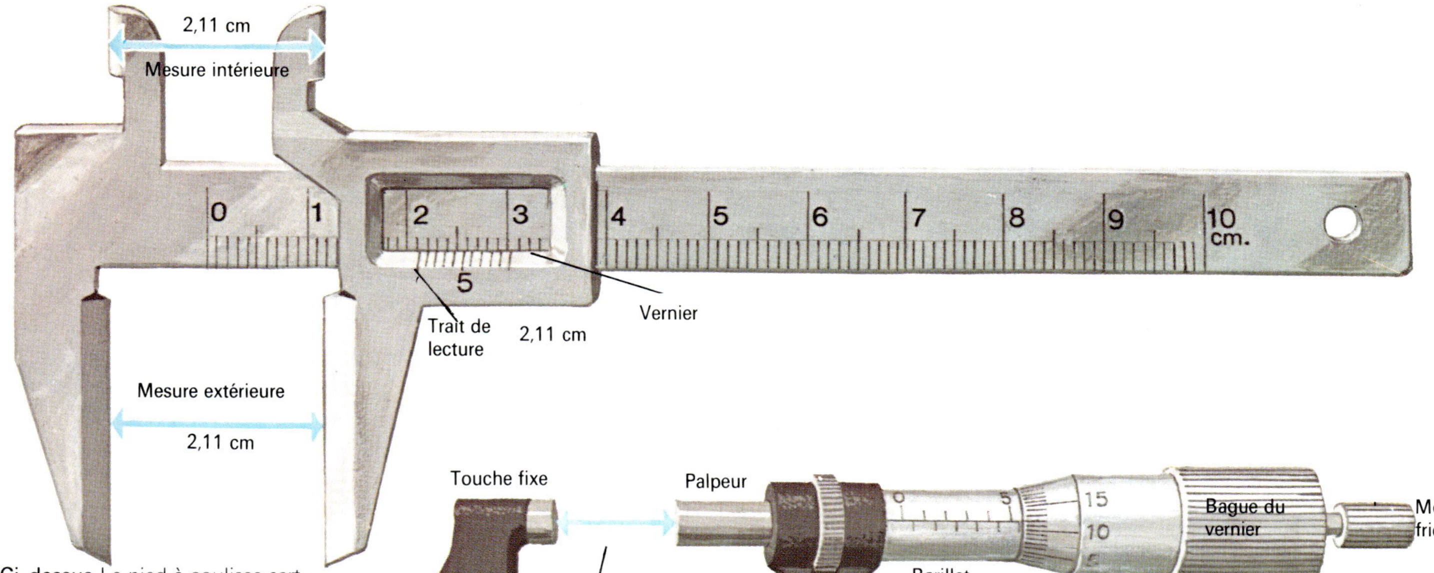

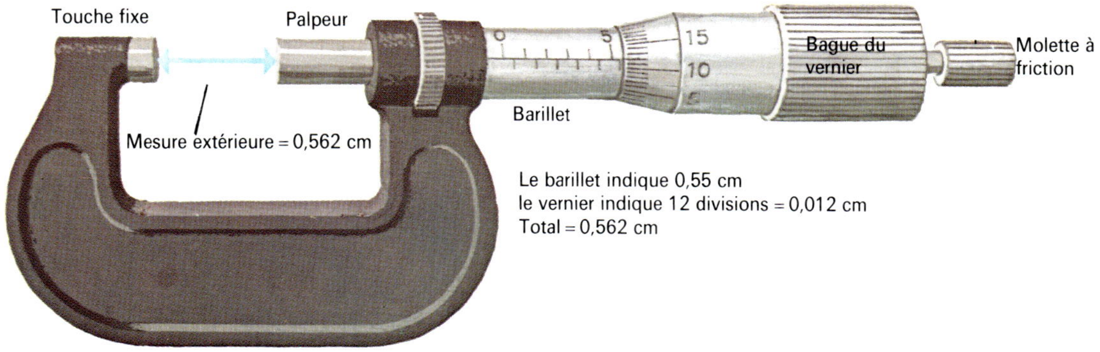

Ci-dessus Le pied à coulisse sert à mesurer les diamètres intérieurs ou extérieurs. On lit la distance entre les becs de mesure sur les graduations tracées sur l'instrument.

A droite Un micromètre sert à mesurer de très petites épaisseurs. Une douille filetée tourne en avançant jusqu'à ce que l'extrémité du palpeur entre en contact avec l'objet à mesurer. On lit l'épaisseur de l'objet sur l'échelle graduée gravée sur la douille.

Ci-dessous Le spectre électromagnétique. Les ondes radio ont des longueurs d'ondes supérieures à celles des ondes lumineuses, elles-mêmes plus longues que celles des rayons X et gamma. La partie visible du spectre est très étroite. Le schéma en bas de page illustre la vitesse de la lumière. Il indique le temps que met une onde électromagnétique pour parcourir la distance séparant Londres des lieux indiqués par le schéma.

En 1927, le mètre fut redéfini comme la longueur d'une barre de platine-iridium conservée à Paris, mais on découvrit que sa longueur subissait aussi de légères variations. En 1960, on adopta une nouvelle définition internationale du mètre, calculée à partir de la longueur d'onde de la radiation lumineuse émise par des atomes. Cette longueur est invariable : le même atome, dans les mêmes conditions, émet toujours une radiation lumineuse sur la même longueur d'onde. L'atome choisi est un isotope du gaz krypton. Le mètre est actuellement défini comme une longueur égale à 1 650 736,73 fois la longueur d'onde de la radiation émise par cet atome dans certaines conditions.

Les astronomes ont à leur disposition une autre méthode pour mesurer les distances entre les étoiles. Cette distance de référence est énorme et s'appelle l'année de lumière car elle correspond à la distance parcourue par la lumière en un an. La lumière se déplaçant à la vitesse de 300 millions de mètres à la seconde et l'année comptant environ 31,5 millions de secondes, une année-lumière correspond à 9,460 millions de millions de mètres.

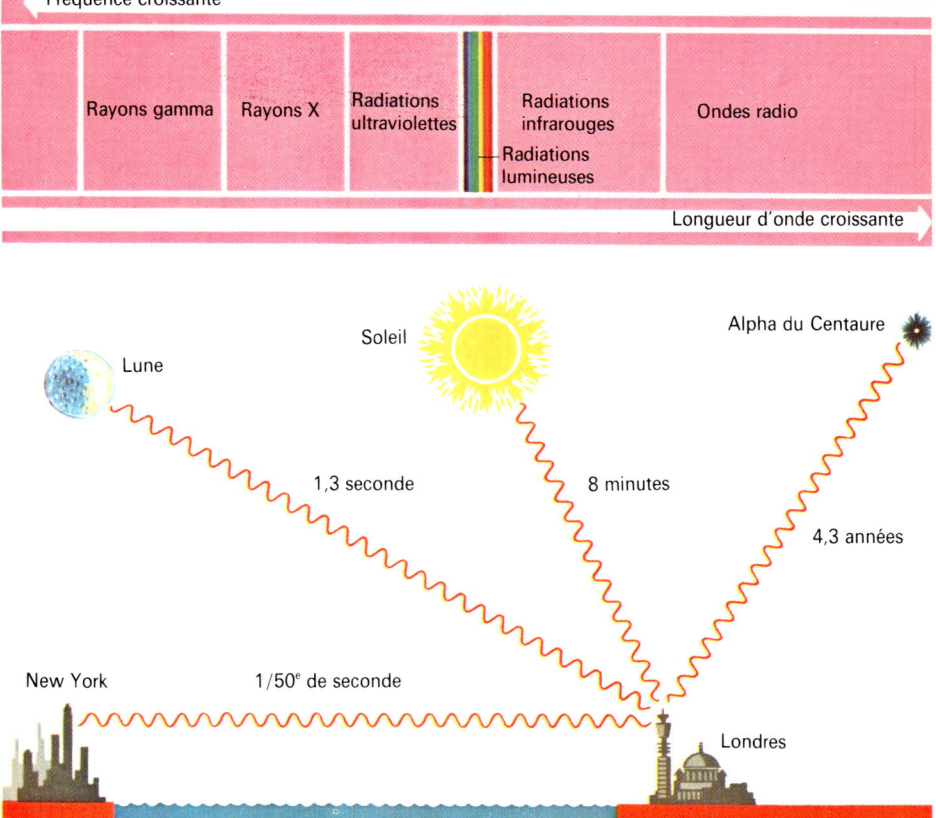

Ci-dessous En tournant sur elle-même et autour du Soleil, la Terre crée la nuit et le jour. Lorsque la moitié de la Terre est dans la nuit, l'autre reçoit la lumière du Soleil.

L'ORBITE DE LA TERRE

La Terre orbite autour du Soleil en 365 jours 5 heures 48 minutes et 46 secondes. Elle se déplace à la vitesse de 106 000 km/h.

Tout en tournant autour du Soleil, la Terre tourne sur elle-même en mettant environ 24 heures pour accomplir une révolution complète. Comme les rayons du Soleil viennent toujours de la même direction, la rotation de la Terre est la cause de l'alternance des jours et des nuits.

Le 21 juin – le pôle Nord est incliné vers le Soleil : c'est l'été dans l'hémisphère Nord, l'hiver dans l'hémisphère Sud.

LES SAISONS

Le 21 mars : printemps dans l'hémisphère Nord et automne dans l'hémisphère Sud.

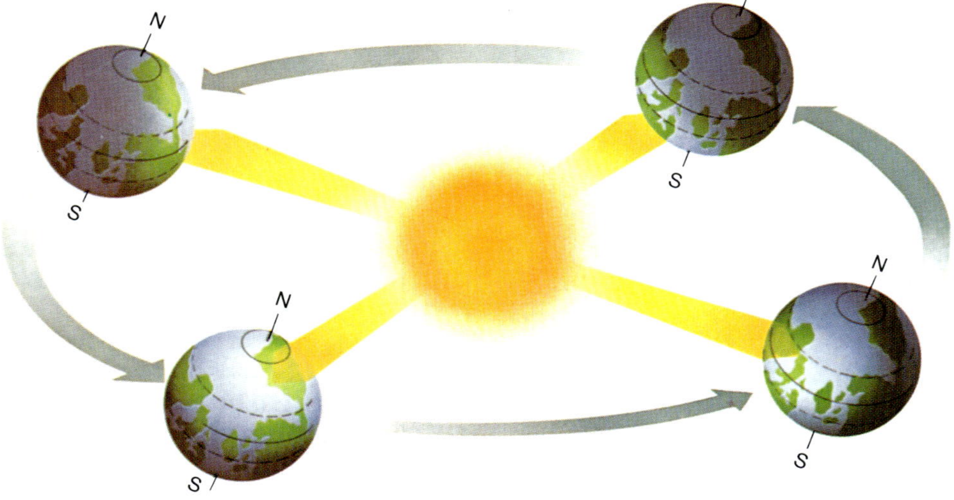

Le 23 septembre : automne dans l'hémisphère Nord et printemps dans l'hémisphère Sud.

Le 21 décembre : le pôle Sud est incliné vers le Soleil. C'est l'été dans l'hémisphère Sud.

LE TEMPS

Dans l'Antiquité, avant l'invention des horloges, les gens savaient que les saisons revenaient à intervalles réguliers, que le soleil se levait régulièrement et que son déplacement apparent créait le jour et la nuit. Dès la préhistoire, les hommes comprirent qu'ils pouvaient distinguer trois événements réguliers pour évaluer le temps : l'année, durée séparant deux étés, le jour, durée séparant deux levers de soleil, et l'apparition de la nouvelle lune, qui se situait environ tous les 30 jours. Le mot mois vient du latin *mensis*.

Nous savons maintenant que ces événements réguliers sont dûs aux mouvements de la Terre et de la Lune. La Lune tourne autour de la Terre et on peut observer que, pendant ce cycle régulier, sa taille augmente puis diminue. La Terre tourne sur elle-même en un jour, comprenant une journée et une nuit. En même temps, elle tourne autour du soleil. La durée de cette rotation est d'une année, exactement de 365 jours un quart pour un tour complet. C'est pourquoi, tous les quatre ans, on compte une année de 366 jours dite bissextile. Ce jour supplémentaire est le 29 février. Il permet de rattraper le décalage entre le calendrier terrestre et la position relative du Soleil et de la Terre.

Un jour est divisé en 24 heures. Chaque heure est divisée en 60 minutes et chaque minute en 60 secondes.

Les instruments de mesure

L'un des plus anciens systèmes pour estimer le temps est le cadran solaire. Il consiste à projeter l'ombre d'un objet éclairé par le soleil sur un repère. La longueur de l'ombre indique le temps écoulé. Les autres méthodes de mesure du temps font appel à un processus se déroulant à intervalles réguliers. Allumez une bougie et mesurez combien de temps elle met à se consumer sur une longueur connue. Si en 3 heures, 3 centimètres se consument, alors une heure équivaudra à un centimètre. Prenez une autre bougie et tracez un repère tous les centimètres. Allumez-la. Vous pourrez mesurer le temps qui s'écoule en décomptant les repères disparus. On peut aussi mesurer le temps avec un sablier. Cet appareil est constitué de deux récipients superposés communiquant par un petit orifice par où s'écoule du sable fin. On l'utilise pour cuire les œufs à la coque.

Le balancement régulier d'un pendule ou balancier, constitué par une masse suspendue à l'extrémité d'une tige ou d'un fil, permet aussi de mesurer le temps. Les pendules de même longueur mettent toujours la même

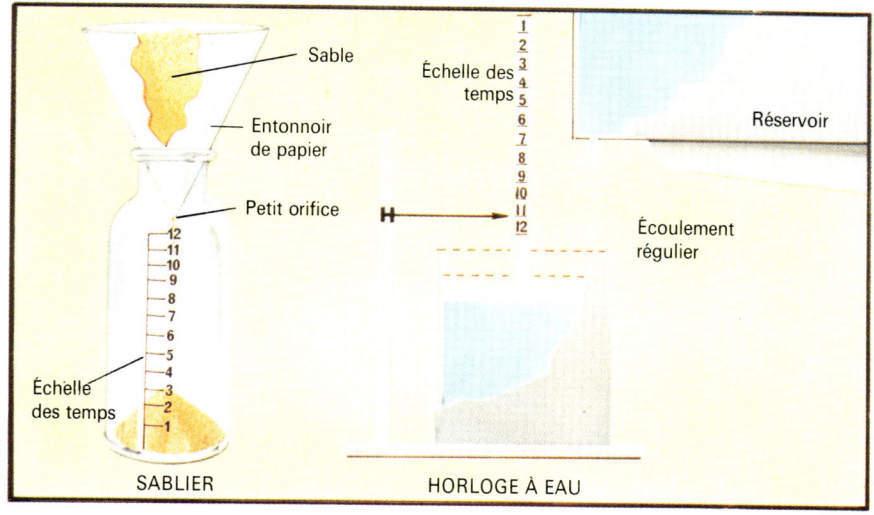

durée pour effectuer une oscillation d'une extrémité à l'autre quelle que soit la longueur de l'arc décrit. Pour obtenir différentes périodes d'oscillation, il faut des pendules de longueurs différentes. Un pendule d'environ 25 cm de longueur oscille en une seconde environ. Un pendule de 1 mètre met environ deux secondes. Le pendule de Big Ben à Londres met quatre secondes pour deux oscillations.

Les horloges que les savants utilisent pour mesurer le temps fonctionnent d'après les vibrations des atomes. Ces vibrations sont extrêmement régulières et les horloges atomiques ont une précision de l'ordre de la seconde sur 3 000 ans. Les montres digitales à quartz mesurent le temps en comptant les vibrations d'un cristal de quartz.

Ci-dessus à gauche Les appareils servant à mesurer le temps font appel à des processus de durée régulière et uniforme. Le sablier utilise l'écoulement régulier du sable par un petit orifice. L'horloge à eau fonctionne avec un filet d'eau s'écoulant d'un niveau à un autre en soulevant un flotteur.

Ci-dessus Cadran solaire du début du XVIIIe siècle.

A gauche Vous pouvez démontrer que la durée d'oscillation d'un pendule ne dépend pas de sa course. Attachez un poids à une ficelle et fixez celle-ci à un crochet. Faites-la osciller doucement et notez la durée de cinq oscillations. Notez ensuite la durée de cinq oscillations de plus grande amplitude et vérifiez que la durée est la même. Recommencez en changeant le poids : vous constaterez que la durée d'oscillation ne change pas. C'est la longueur du pendule qui détermine la durée. En raccourcissant la ficelle, la durée diminue, en l'allongeant, elle augmente.

Ci-contre Une montre digitale à quartz mesure la durée en comptant les vibrations des atomes d'un minuscule cristal de quartz.

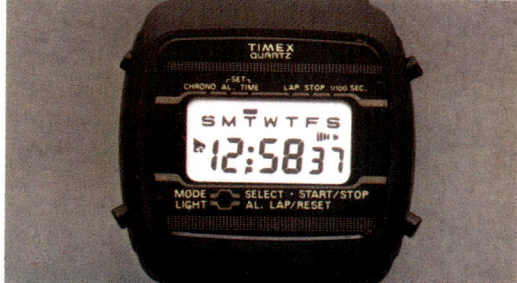

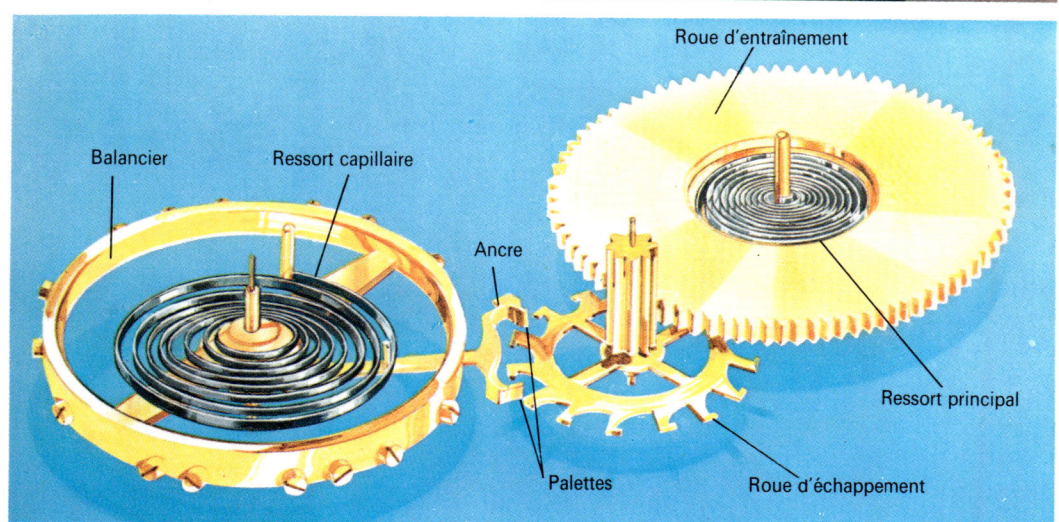

A gauche Dans les montres et les petites horloges, on remplace le pendule par un ressort spiral qui fait osciller un balancier à roue. Le mouvement du balancier est entretenu par la force d'un ressort principal contrôlée par la roue d'échappement.

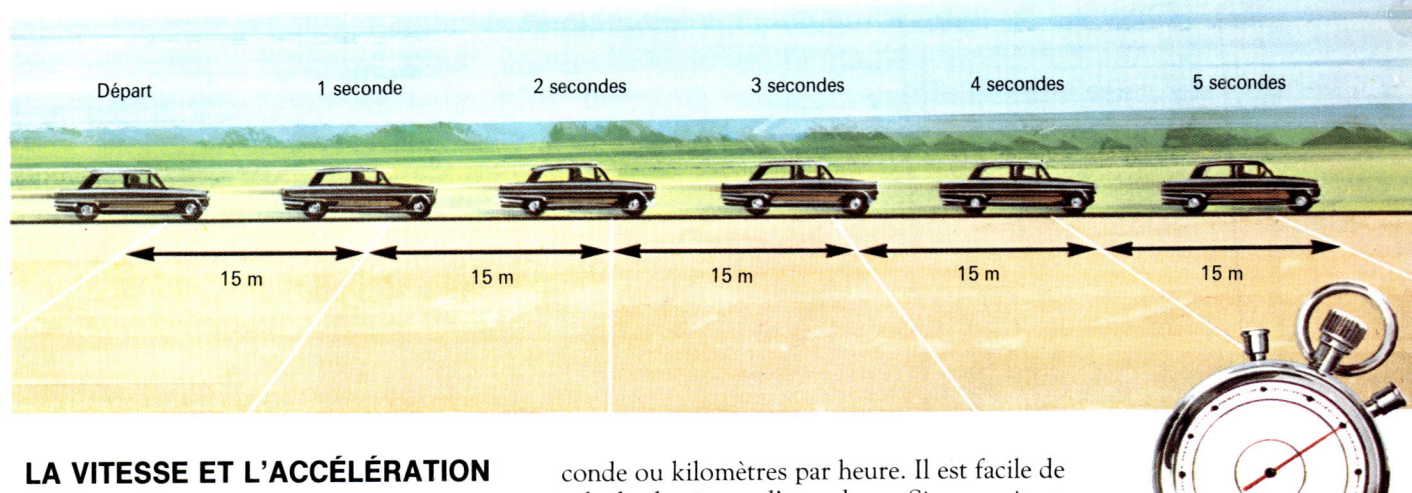

LA VITESSE ET L'ACCÉLÉRATION

Imaginez deux villes distantes de 100 km. Deux voitures parcourent cette distance. L'une roule constamment à 100 km/h et l'autre à 50 km/h. De toute évidence celle qui avance le plus vite atteindra la ville le plus rapidement.

La vitesse

Lorsque l'on dit qu'une voiture roule à 100 km/h, cela signifie qu'elle met une heure pour parcourir 100 km. La seconde voiture qui roule à 50 km/h n'aura donc parcouru que 50 km en une heure. Elle mettra donc deux heures pour parcourir les 100 km. On voit que la vitesse de la première voiture est supérieure à celle de la seconde et, dans ce cas, deux fois plus grande. La vitesse s'exprime par la distance parcourue par un objet pendant une unité de temps et traduit la rapidité du déplacement. Elle est mesurée en mètres par seconde ou kilomètres par heure. Il est facile de calculer la vitesse d'une chose. Si une voiture parcourt 200 km en quatre heures, quelle est la distance accomplie en une heure ? La réponse est 200 divisé par 4, soit 50 km. En d'autres termes, la vitesse de la voiture est de 50 km/h.

Au cours de votre prochain voyage en voiture, vous pouvez calculer la vitesse moyenne sur le trajet. Déterminez en regardant le compteur la distance parcourue. La vitesse est égale à la distance divisée par le temps. Divisez donc cette distance par la durée du voyage. Un trajet sur autoroute de 200 km peut demander deux heures. La vitesse moyenne est donc de 100 km/h. Un déplacement de 30 km en milieu urbain peut demander une heure. La vitesse moyenne est donc de 30 km/h.

Observez le compteur de vitesse pendant ces déplacements. Vous lirez parfois 100 km/h, parfois 50 km/h, et même 0 km/h lorsque la voiture est prise dans un encombrement. La vitesse à chaque instant varie

Ci-dessus La voiture parcourt la route. Avec un chronomètre, on peut mesurer le temps mis à couvrir une certaine distance. Au bout d'une seconde, elle a parcouru 15 mètres. Après deux secondes, 15 mètres de plus soit 30 mètres en tout. Vous constatez qu'elle parcourt 15 mètres par seconde. Sa vitesse est constante, soit environ 54 km/h.

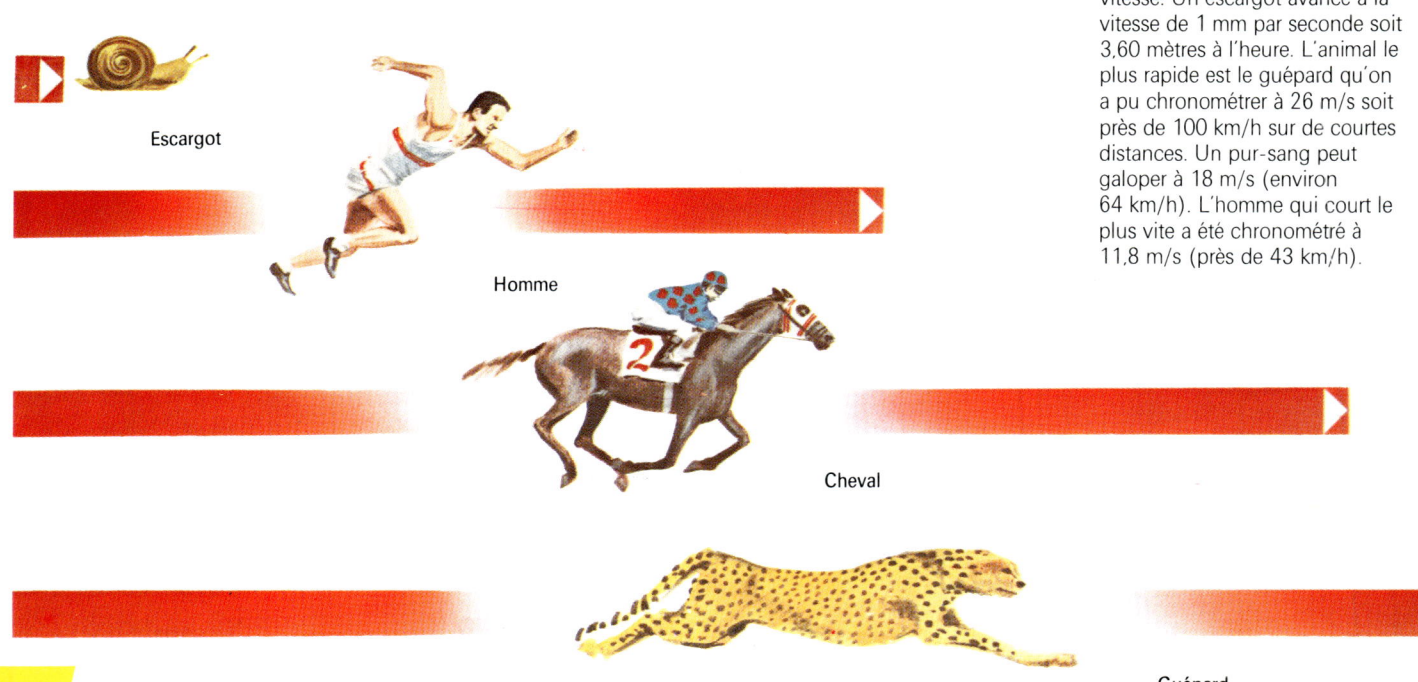

Ci-dessous Les animaux ne se déplacent pas tous à la même vitesse. Un escargot avance à la vitesse de 1 mm par seconde soit 3,60 mètres à l'heure. L'animal le plus rapide est le guépard qu'on a pu chronométrer à 26 m/s soit près de 100 km/h sur de courtes distances. Un pur-sang peut galoper à 18 m/s (environ 64 km/h). L'homme qui court le plus vite a été chronométré à 11,8 m/s (près de 43 km/h).

30

Ci-dessus La voiture démarre et au bout d'une seconde a parcouru 3 mètres. Au bout de deux secondes, elle a couvert 6 mètres de plus, soit 9 au total. Au bout de 3 secondes, elle a parcouru 12 mètres de plus, soit 21 mètres en tout. Vous voyez sur le schéma que la voiture va de plus en plus vite. C'est l'accélération.

A droite La plupart des voitures ordinaires roulent entre 120 et 170 km/h. Les voitures à turbine peuvent aller beaucoup plus vite. En 1983, le pilote britannique Richard Noble a porté le record de vitesse à 1 019 km/h avec sa voiture Thrust 2 illustrée ici.

donc souvent. Le compteur de vitesse indique la vitesse instantanée (à chaque instant). La vitesse de la voiture calculée sur la totalité du trajet est sa vitesse moyenne.

L'accélération

Une voiture arrêtée a une vitesse nulle. En démarrant, elle va de plus en plus vite. C'est ce qu'on appelle l'accélération. Une voiture dont la vitesse passe de 0 à 80 km/h possède une certaine accélération. Une voiture de course peut passer de 0 à 80 km/h très rapidement. Une voiture ancienne mettra beaucoup plus de temps à atteindre cette vitesse. L'accélération est l'accroissement de la vitesse d'un objet en mouvement. Le contraire s'appelle décélération ou taux de ralentissement.

A droite Donald Campbell a atteint 528 km/h au volant du canot Bluebird mais, quelques instants plus tard, il mourut au volant de l'engin.

Bluebird

LE POIDS

Prenez une brique dans une main et un morceau de bois de la même taille dans l'autre. La brique vous apparaîtra plus lourde. Son poids est supérieur à celui du bois parce que la pesanteur ou attraction terrestre attire la brique avec plus de force. Ce phénomène est dû au fait que la brique a une masse supérieure à celle du bloc de bois. En d'autres termes, la quantité de matière contenue dans la brique est plus grande que celle du bois. Il est facile de constater que des blocs de matières différentes ont des masses différentes alors que leurs dimensions sont les mêmes. Ainsi, la masse d'un cube d'or est près de vingt fois supérieure à celle d'un cube de glace de même dimension.

La densité

La légèreté ou le poids d'une matière pour un volume donné est appelé densité. Elle dépend de la façon dont les molécules sont regroupées pour constituer la matière.

Ainsi, on dit que la brique a une densité supérieure à celle du bois. Les particules de matière de la brique sont bien plus lourdes et plus serrées que celles constituant les fibres du bois.

Imaginez une cabine d'ascenseur. Lorsqu'elle est vide, sa densité est faible. Au fur et à mesure que les utilisateurs pénètrent dans l'ascenseur, sa densité augmente jusqu'à ce qu'il soit plein. A ce point, elle est maximale.

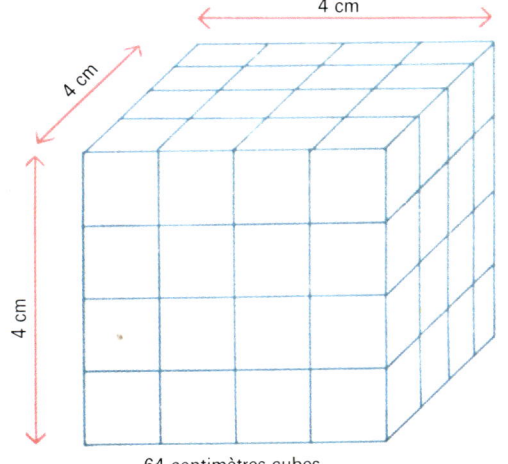

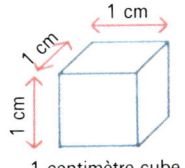

Mais la dimension de la cabine n'a pas changé alors que sa masse a augmenté.

La densité est la masse d'un volume donné de matière. Si un cube a 1 centimètre de côté, son volume est de 1 centimètre cube (ou cm^3). Un cm^3 d'eau pèse 1 gramme (g). On dit que sa densité est de 1 g par cm^3 ou simplement de 1. Un cm^3 de plomb pèse 11,3 g ; sa densité est donc de 11,3. Les molécules d'air ne sont pas très rapprochées les unes des autres. Leur densité est donc très basse, environ 0,0012 g/cm^3.

Imaginez un morceau de matière constitué de petits cubes de même dimension. Si vous connaissez le nombre de ces petits cubes et le poids de chacun d'eux, vous pouvez calculer le poids total du morceau. Le nombre de petits cubes de 1 cm représente le volume total du morceau.

Ci-dessus Ce petit cube mesure 1 centimètre de côté. Son volume est de 1 centimètre cube. Si sa masse est de 2 grammes, la densité de cette matière est de 2 grammes par centimètre cube. Le gros bloc mesure 4 centimètres de côté. Son volume est de $4 \times 4 \times 4 = 64$ centimètres cubes. On voit qu'il pourrait être constitué par 64 petits cubes. Sa densité est de 2 grammes par centimètre cube, c'est-à-dire que chaque centimètre cube pèse 2 grammes. En conséquence, la masse totale du bloc est de $64 \times 2 = 128$ grammes.

A gauche Dans les aéroports, on pèse les valises sur des balances à ressort. La densité de la valise est faible lorsqu'elle contient peu de vêtements. Si l'on ajoute des objets, la densité augmente. Lorsque la valise est pleine, la masse est supérieure, bien que le volume soit le même. Plus la valise est lourde, plus l'aiguille de la balance se déplace.

Des masses égales de matières différentes pourront avoir des volumes tout aussi différents.

Prenez une balance à plateaux et mettez un poids de 1 kg sur un des plateaux. Versez 1 kg de sucre sur l'autre. Vous constaterez qu'un kilogramme de sucre a un volume supérieur à un kilogramme de fer. C'est parce que le sucre a une densité très inférieure à celle du fer. Mesurez un kilogramme de différentes matières et notez les variations de volume. Plus le volume est faible et plus la densité est élevée.

Les substances moins denses que l'eau peuvent flotter. Ainsi, les icebergs restent à la surface de la mer car ils ont une densité moins élevée que l'eau. Les bateaux à coque de fer ont une densité moyenne globale inférieure à 1 g par cm³ car l'intérieur est creux et plein d'air. Ils peuvent donc flotter alors qu'un morceau de fer massif coule immédiatement. Le corps humain possède à peu près la même densité que l'eau : il peut flotter sans couler.

La densité d'une matière est très importante. On ne peut pas utiliser des matériaux très denses pour fabriquer des avions car ceux-ci seraient trop lourds. On utilise donc un alliage ou mélange de métaux. Ces alliages sont dits légers car ils sont à base d'aluminium qui n'est pas un métal très dense. Les autres métaux lui donne sa résistance. Les modèles réduits d'avion sont fabriqués en bois de balsa dont la densité est très basse. En revanche, on fixe au bout des lignes de pêche du plomb sous forme de petits grains car sa densité est élevée.

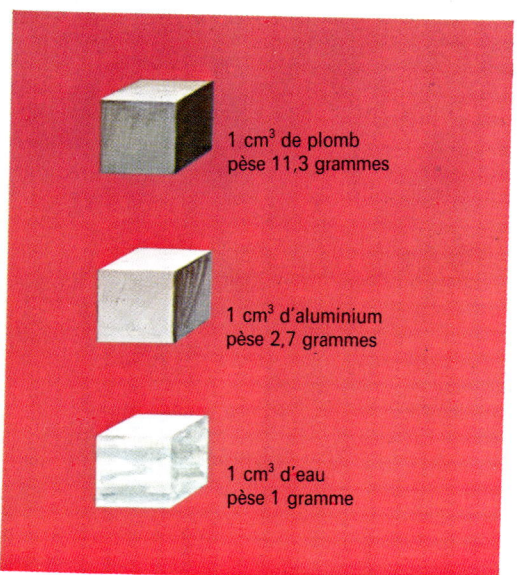

A gauche Pesez quelques objets ayant la même taille. Si les poids sont différents, les densités sont différentes.

A gauche Rassemblez des objets de dimensions différentes ayant le même poids. Des matières de densités différentes présentent des volumes différents pour un même poids. Par exemple, un kilo de plume ou de mousse de caoutchouc aura un volume beaucoup plus grand qu'un kilo de fer.

A gauche Certains corps s'enfoncent dans l'eau car leur densité est supérieure à celle de l'eau. D'autres flottent, ce qui indique que leur densité est inférieure à celle de l'eau.

A droite Plongez une main dans l'eau chaude et l'autre dans l'eau froide. Plongez-les ensuite en même temps dans l'eau tiède. La main sortant de l'eau chaude sentira du froid, celle sortant de l'eau froide, du chaud. Ceci montre qu'il est difficile d'estimer une température par le toucher.

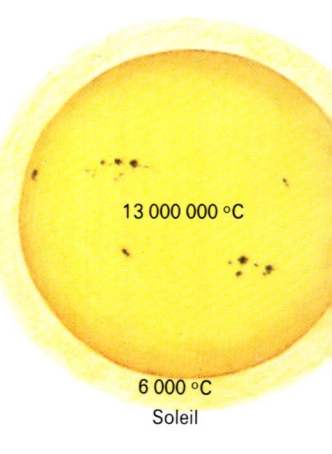

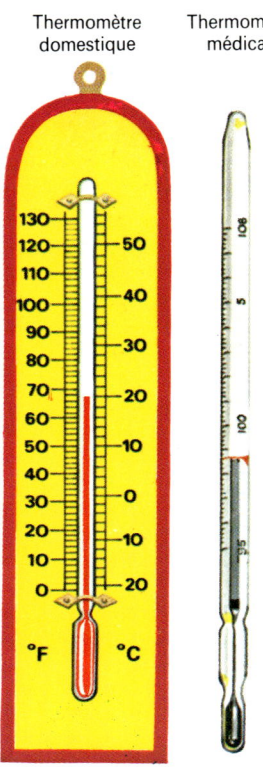

Ci-dessus Deux types de thermomètres. Le liquide rouge du premier est de l'alcool auquel on a ajouté du colorant pour le rendre visible. Le thermomètre médical contient du mercure. Mis dans la bouche, le mercure se dilate et monte dans le tube. Lorsque l'on retire le thermomètre de la bouche, la colonne de mercure se contracte à l'endroit où le tube est rétréci, ce qui fait que le mercure reste à la graduation correspondant à la température. Il faut secouer le thermomètre pour faire redescendre tout le mercure dans l'ampoule.

A droite Deux échelles de température : centigrade (°C) et Fahrenheit (°F).

LA TEMPÉRATURE

La température est un moyen de mesurer la chaleur ou le froid. Par temps froid, la température de l'eau est basse ; par temps chaud, la température est élevée. La glace est à une température inférieure à celle de l'eau bouillante. La température du Soleil, par exemple, est très élevée.

On peut mesurer la température par diverses méthodes. Le toucher permet d'estimer si les choses sont chaudes ou froides mais la peau n'est pas assez sensible pour estimer de faibles variations de température. Pour effectuer des mesures précises, on utilise des thermomètres. Les thermomètres ordinaires fonctionnent sur le principe de la dilatation des liquides qui se produit quand ils s'échauffent. Quand on peut visualiser la dilatation d'un liquide, on peut déterminer l'élévation de sa température.

Il existe plusieurs types de thermomètres. Les plus courants sont remplis d'alcool coloré ou de mercure. L'alcool est plus utilisable que le mercure dans les régions très froides car son point de congélation est inférieur. On peut l'utiliser dans des conditions où le mercure gèlerait. Les thermomètres à mercure sont souvent utilisés dans des laboratoires pour mesurer des températures très élevées. L'alcool possède en effet un point d'ébullition assez bas. Si l'on plonge un thermomètre à alcool dans l'eau chaude, l'alcool va bouillir et faire éclater le thermomètre.

Pour prendre la température du corps, il existe des thermomètres spéciaux dits médicaux, conçus et fabriqués pour que la température puisse être lue encore longtemps après la prise.

Les échelles des thermomètres

Pour disposer d'une échelle standard de repères ou graduations tracés sur un thermomètre, il faut d'abord déterminer deux points fixes extrêmes. Ces points correspondent à des températures faciles à obtenir. Le point de repère supérieur correspond à la température de l'eau bouillante. Le point de repère inférieur correspond à la température de la glace fondante. Dans l'échelle centigrade (° Celsius) la distance entre ces deux points est divisée en 100 parties ou degrés. Ainsi, la température de la glace est de 0 °C et celle de l'eau bouillante de 100 °C. Cette échelle porte le nom d'un savant suédois, Celsius. Sur l'échelle Fahrenheit, la température de la glace est à 32 °F et le

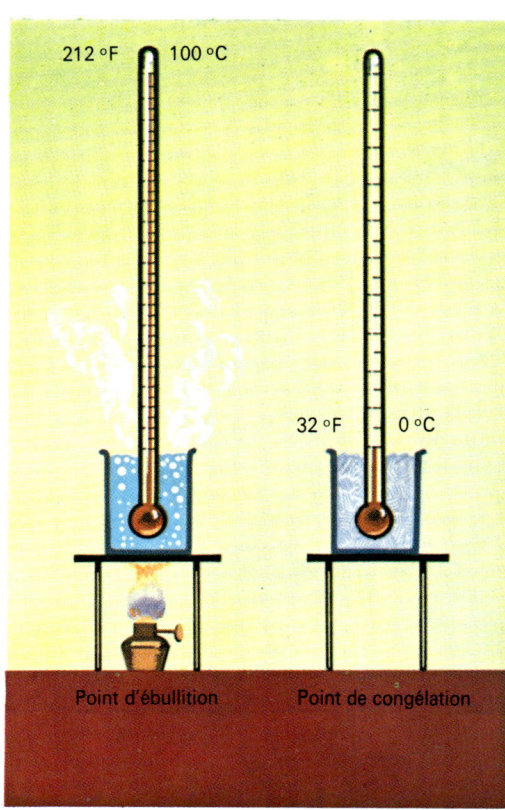

A gauche Quelques exemples d'objets familiers à des températures différentes.

Ci-dessous Lord Kelvin (1824-1907) est célèbre pour ses travaux sur l'électricité, le magnétisme et la chaleur. Il créa une échelle de température reposant sur le fait qu'il est impossible de descendre au-dessous d'environ −273 °C. Les scientifiques utilisent maintenant une échelle de température, l'échelle Kelvin, dans laquelle cette température est le zéro absolu et le point de congélation de l'eau est à 273,15 kelvins. Un kelvin équivaut à 1 °C.

repère supérieur (eau bouillante) à 212 °F. A notre époque, l'échelle centigrade est la plus utilisée, même par les scientifiques.

Température et chaleur

Il faut distinguer la température de la chaleur. Imaginez une aiguille à coudre chauffée au rouge et une bouilloire pleine d'eau bouillante. La température de l'aiguille est beaucoup plus élevée que celle de la bouilloire. Cependant, il y a beaucoup moins de chaleur dans l'aiguille que dans la bouilloire pleine d'eau. On peut le démontrer en laissant tomber une aiguille chauffée au rouge dans une bouilloire d'eau froide. La température de l'eau ne montera pratiquement pas.

La quantité de chaleur que dégage un corps ne dépend pas seulement de la température mais aussi de la quantité de matière qui le constitue.

Kelvin

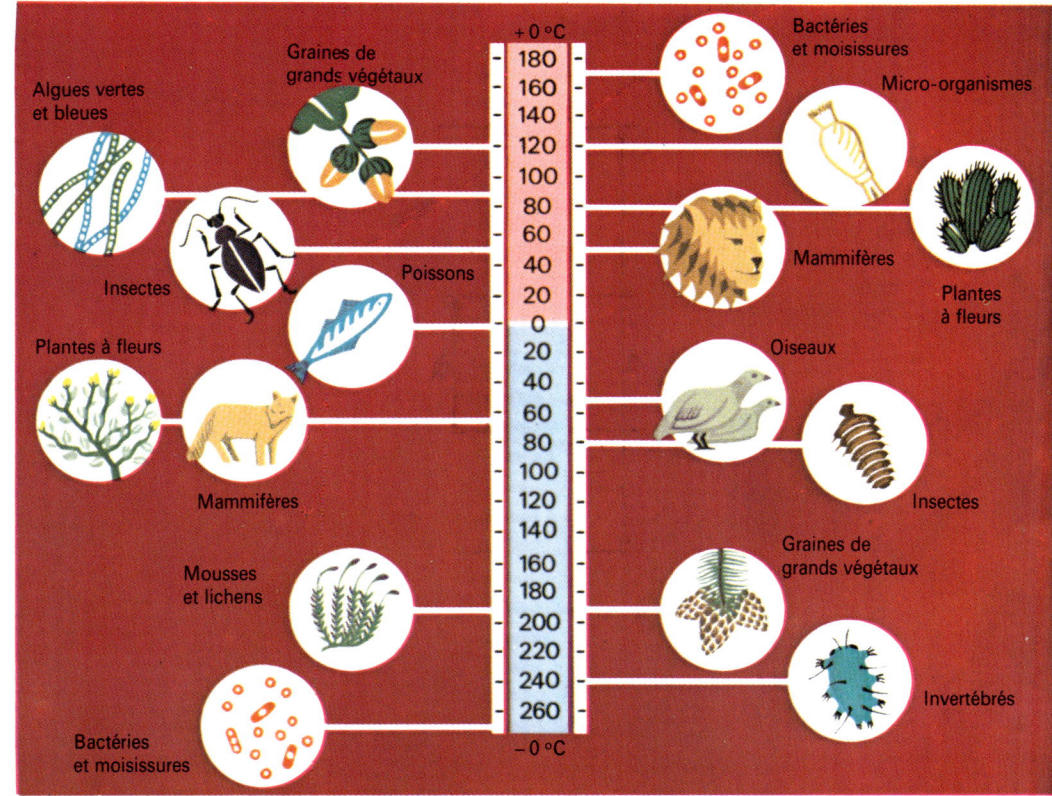

A gauche Les limites extrêmes de température que les animaux, plantes et bactéries, peuvent supporter. La vie est possible de −273 °C à 170 °C. Les mammifères ne peuvent vivre qu'entre −65 °C et +50 °C.

LA MÉTÉOROLOGIE OU L'ÉTUDE DU TEMPS

UN BAROMÈTRE

Matériel : un bocal de verre - un ballon - un élastique - une paille - de la colle

Un baromètre mesure la pression atmosphérique. Lorsque la pression de l'air s'élève, cela signifie souvent que le temps va s'améliorer. Lorsque la pression s'abaisse, la pluie n'est pas loin. Pour fabriquer un baromètre simple, fermez hermétiquement un bocal de verre avec un morceau de ballon en caoutchouc retenu par un élastique ou un fil de fer. Collez l'extrémité d'une paille au milieu du caoutchouc pour obtenir une aiguille indicatrice.

BAROMÈTRE

Lorsque la pression atmosphérique diminue, la pression de l'air contenu dans le bocal pousse le caoutchouc et le bout libre de l'aiguille s'abaisse. Lorsque la pression atmosphérique s'élève, elle appuie sur le caoutchouc et le bout de l'aiguille se relève.

UN PLUVIOMÈTRE

Matériel : un grand bidon - un bocal de verre - un entonnoir - la pluie

Par temps de pluie, vous pouvez mesurer la quantité d'eau déversée au moyen d'un pluviomètre. Prenez un grand bidon (5 litres minimum) — un grand pot de peinture en plastique bien nettoyé convient parfaitement. Il est possible de mesurer la précipitation avec une règle graduée en centimètres, mais il est préférable d'utiliser un bocal séparé que vous calibrerez d'abord.
Versez de l'eau dans le pluviomètre sur une hauteur de 5 cm. Versez ensuite cette quantité d'eau dans un bocal étroit avec un entonnoir, repérez la hauteur d'eau dans le bocal et tracez un trait repéré « 5 cm ». Divisez cette hauteur en parties égales pour constituer votre échelle de graduations. Placez ensuite votre bidon-pluviomètre dehors, loin des arbres ou des bâtiments. Après la pluie, versez l'eau recueillie dans le bidon dans le bocal afin de lire la quantité d'eau déversée.

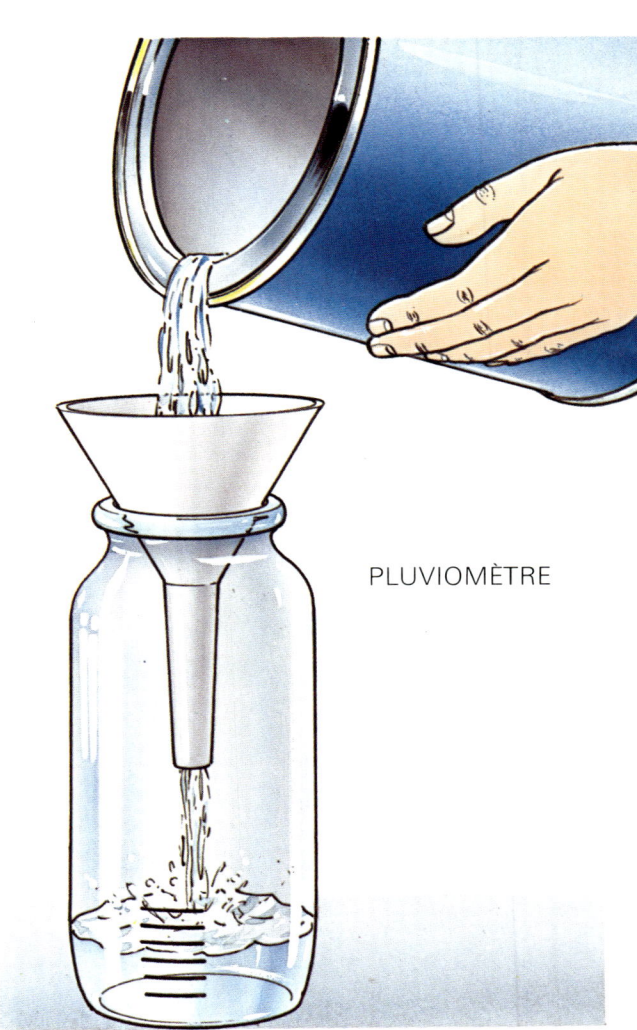
PLUVIOMÈTRE

UN HYGROMÈTRE

Matériel : un support en bois - une bobine de fil vide - une paille - un cheveu - une épingle - du ruban adhésif - du carton

La pluie arrive souvent lorsque l'humidité de l'air est importante. L'humidité se mesure avec un hygromètre. Demandez à un adulte de fabriquer un support en bois comme celui illustré ci-dessous. Prenez un long cheveu blond, les cheveux blonds s'allongent davantage, et fixez l'extrémité de ce cheveu en haut du support avec un morceau de ruban adhésif. Faites passer le cheveu sur la bobine en bois.

Fixez sur le support, sous la bobine, un carton. Épinglez la paille à l'une de ses extrémités sur le carton en vérifiant qu'elle peut pivoter librement. Attachez le cheveu à l'autre. Le cheveu s'allongera si l'air est humide et raccourcira dans l'air sec. Il fera alors monter ou descendre le bout de la paille. Il est possible de calibrer approximativement votre hygromètre ou d'y tracer des graduations en notant les indications lorsque l'appareil est placé près d'un radiateur (air sec, faible humidité) ou lorsqu'il est entouré d'une serviette mouillée chaude (air fortement humide).

COMBIEN Y A-T-IL D'EAU DANS LA NEIGE ?

Matériel : un bocal - de la neige

Après une forte chute de neige, on peut se demander ce qu'il advient de toute l'eau recueillie. Or, il y a beaucoup moins d'eau dans la neige qu'on ne le croit.

Lors de la prochaine chute de neige, remplissez un bocal de neige fraîche sans la tasser. Laissez fondre cette neige : vous constaterez que le volume d'eau recueillie est très faible. La neige est bien constituée de cristaux de glace séparés par de l'air.

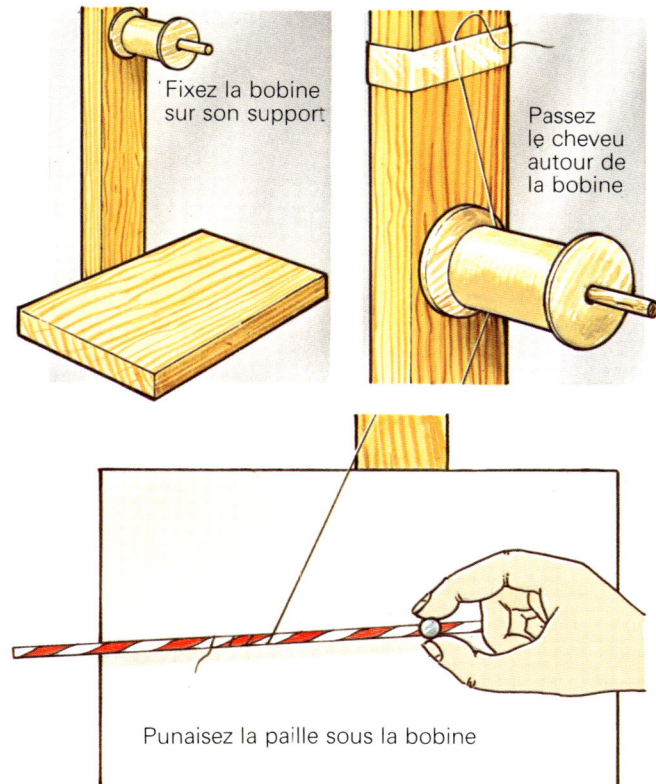

Fixez la bobine sur son support

Passez le cheveu autour de la bobine

Punaisez la paille sous la bobine

HYGROMETRE

Tracez une échelle de graduations

Le mouvement

LES FORCES

Nous savons par l'observation que les objets immobiles ne se déplacent pas spontanément. Par exemple, un ballon de football ne bouge que si on donne un coup de pied dedans. Les objets immobiles paraissent ne pas vouloir changer de place.

Posez en équilibre sur le bout de votre doigt une carte postale surmontée d'une pièce de monnaie. Si vous projetez brusquement la carte postale, la pièce restera sur votre doigt. Peut-être avez-vous déjà vu un tour de magie exécuté avec des assiettes posées sur une table recouverte d'une nappe. Certaines personnes sont, en effet, capables de retirer la nappe sans bouger les assiettes de place. Celles-ci semblent immobilisées. Mais n'essayez pas de réaliser vous-même ce tour : il faut énormément d'entraînement et certaines conditions spéciales ! Il y a de nombreux autres exemples de choses qui parviennent à conserver leur position. Observez les passagers d'un autobus. Lorsque le bus démarre, ils tendent à tomber vers l'arrière. C'est parce que, à l'arrêt, leur corps était immobile et qu'il veut conserver cette position. Si le bus freine brutalement, tout le monde tombe vers l'avant. Si rien ne les arrête, les passagers continuent leur mouvement vers l'avant. Si quelqu'un vous pousse, vous pourrez remarquer que c'est parce que son corps veut conserver son mouvement.

L'inertie

En général, les objets inertes résistent au déplacement ou bien conservent leur mouvement s'ils sont en déplacement. Cette tendance des choses à conserver l'immobilité ou le mouvement s'appelle l'inertie. Un petit chariot vide a très peu d'inertie. Il est facile de

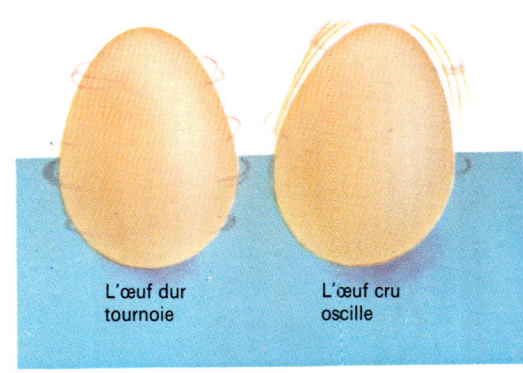

L'œuf dur tournoie — L'œuf cru oscille

A droite L'inertie permet de distinguer un œuf cru et un œuf dur sans avoir à le casser. Faites tourner les œufs. L'œuf dur tournera plus longtemps que l'œuf cru qui va osciller puis tomber. Faites-les tourner à nouveau puis immobilisez-les un court instant et relâchez-les. L'œuf dur va rester immobile alors que l'œuf cru va recommencer à tourner tout seul. La raison de cette différence est que le contenu de l'œuf possède à l'état liquide une inertie supérieure. La résistance à la rotation est d'abord plus grande mais une fois en mouvement, l'œuf cru continue à tourner un certain temps même si son mouvement a été arrêté.

Ci-dessus Les liquides mettent bien en évidence les effets de l'inertie. Tirez brusquement une tasse pleine d'eau. Une partie du liquide va rester en place à cause de son inertie ou passer par-dessus le bord de la tasse parce que son inertie tente de rester en place. Faites glisser une tasse d'eau jusqu'à un obstacle. Au moment de l'impact, la tasse va s'immobiliser mais l'eau va continuer son mouvement vers l'avant et déborder de la tasse.

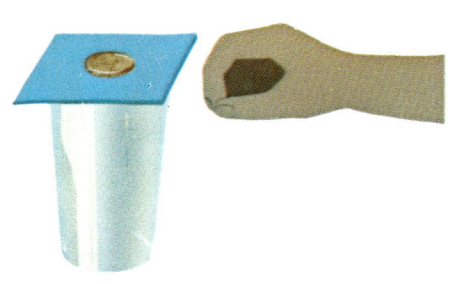

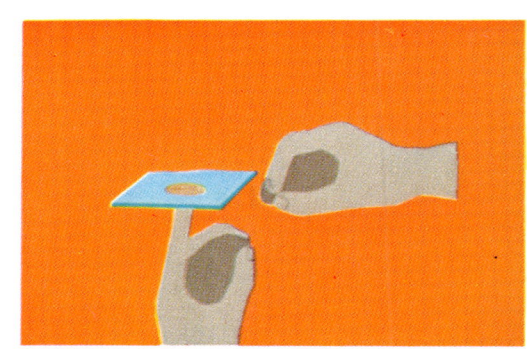

A gauche Posez un morceau de carton et une pièce de monnaie sur un verre. Demandez à quelqu'un de mettre la pièce dans le verre sans qu'il les touche. L'astuce consiste à tirer brusquement le carton pour faire tomber la pièce dans le verre. La pièce reste en place car l'inertie tend à lui faire garder sa position.

le déplacer et facile de l'arrêter quand il roule. Si vous le chargez d'objets lourds, son inertie va devenir beaucoup plus importante. Il sera plus difficile à pousser ou à arrêter car sa masse aura augmenté.

Pour déplacer ou arrêter des objets, il faut les pousser ou les tirer. Ces poussées ou ces tractions sont des forces. Si vous rapprochez deux aimants, vous pouvez sentir leur attraction ou leur répulsion. C'est encore un exemple de force.

Pour donner du mouvement à un corps ou supprimer ce mouvement, il faut exercer une force. En d'autres termes, la force s'oppose à l'inertie des corps.

Sir Isaac Newton décrivit les forces, le mouvement et l'inertie. Il établit qu'un corps demeure immobile tant qu'il n'est pas soumis à l'action d'une force. Il établit aussi que si un corps se déplace à vitesse constante, il continuera son mouvement tant qu'une force ne le modifiera pas.

Une balle de fusil ralentit peu à peu et tombe sur le sol parce que l'air offre une résistance à la balle en mouvement. Dans l'espace, où il n'y a pas d'air, la balle poursuivrait sa trajectoire. C'est la raison pour laquelle un vaisseau spatial hors de l'atmosphère continue à se déplacer sans que ses moteurs fonctionnent. Les fusées ne servent plus qu'à modifier le mouvement, c'est-à-dire à ralentir (décélérer), à augmenter sa vitesse (accélérer) ou à changer de direction. Newton émit l'idée que plus la force est grande, plus l'accélération (ou la décélération) produite est importante.

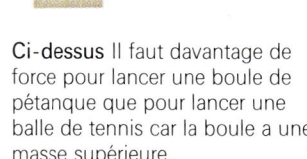

Ci-dessus Il faut davantage de force pour lancer une boule de pétanque que pour lancer une balle de tennis car la boule a une masse supérieure.

A gauche Les objets qui tombent au sol vont de plus en plus vite : c'est parce qu'il sont soumis à la force de la gravité (voir page 40). On croyait, auparavant, que si deux objets étaient lâchés de la même hauteur, le plus lourd atteignait le sol le premier. Un savant italien, appelé Galilée, prouva que c'était faux. Tous les objets tombent avec la même accélération. On dit qu'il établit cette loi en lâchant des pierres du haut de la tour penchée de Pise mais c'est probablement une légende. L'objet le plus lourd est soumis à une force supérieure qui l'attire vers le sol. Mais sa masse est supérieure et par conséquent son inertie aussi. Il tombe donc à la même vitesse que l'objet le plus léger.

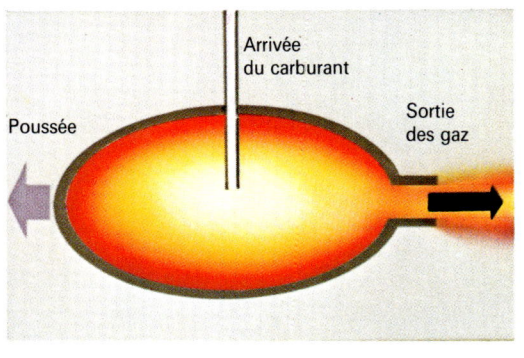

A gauche Newton montra que chaque fois qu'une force s'exerçait sur un objet il existait toujours une force de réaction égale et de sens opposé. C'est selon ce principe que fonctionnent les fusées. Les gaz chauds sont éjectés à l'arrière de la fusée. Une force égale sur la fusée (la réaction) la propulse vers l'avant.

A gauche Posez un carton en équilibre avec une pièce sur le bout de votre doigt. Chassez le carton d'une chiquenaude : la pièce reste sur votre doigt. En raison de son inertie, la pièce tend à conserver son immobilité.

A droite Tous les objets ne tombent pas à la même vitesse. Une pièce arrivera au sol avant une feuille de papier mais c'est à cause de la résistance de l'air qui freine le papier. Si vous posez le papier sur la pièce, ils atteindront le sol en même temps.

À droite La Terre attire les objets en raison d'une force d'attraction appelée gravité. La force de la gravité agit toujours vers le centre de la Terre.

Newton

Ci-dessus Sir Isaac Newton fut un des plus grands savants de tous les temps. Né en 1642 en Angleterre, il étudia les sciences et les mathématiques à l'université de Cambridge. Il mourut en 1727.

À droite Un champ de gravité nulle (0 g) peut être créé pendant quelques secondes en faisant accomplir à un avion un parcours particulier appelé trajectoire balistique. Lorsqu'un avion suit cette trajectoire, la force centrifuge équilibre la gravité et, en conséquence, le poids des corps intérieurs à l'avion devient nul. Ce type de vol en apesanteur fait partie du programme d'entraînement des cosmonautes. En apesanteur, les sujets volent ou nagent dans la cabine.

LA GRAVITÉ

Soulevez une brique et lâchez-la. Elle tombe au sol. Quelle est la cause de cette chute ? Les briques ne se déplacent pas sans être poussées ou tirées. Elles ne s'élèvent pas sans être lancées ou tirées par quelque chose. Si la brique tombe, c'est parce qu'une force la sollicite en l'attirant vers le sol. Il est facile de ressentir cette force en tenant un objet dans une main ou en essayant de soulever quelque chose du sol. Cette force, c'est le poids.

La gravité terrestre

La première personne qui découvrit pourquoi les choses ont un poids et pourquoi elles tombent sur le sol fut Isaac Newton. On raconte qu'un jour, se reposant dans le verger familial, il observa la chute d'une pomme. Il essaya aussitôt d'expliquer ce phénomène et sa théorie fut que la Terre et la pomme s'attirent réciproquement. La Terre exerce une attraction sur la pomme et la pomme sur la Terre. La Terre étant énorme, celle-ci ne subit pas l'attraction de la pomme ; mais celle-ci, très petite, est puissamment attirée par la Terre.

Cette force d'attraction des corps dans l'espace est appelée gravité. C'est la gravité qui retient tous les corps à la surface de la Terre et détermine leur poids.

Isaac Newton s'aperçut également que la force d'attraction entre les corps diminue en fonction de la distance qui les sépare. Les passagers d'un avion pèsent moins lourd dans l'air qu'au sol car ils en sont plus éloignés. La gravité est donc moins importante mais il est pratiquement impossible de ressentir cette différence de poids car dans ce cas elle est infime. Les astronautes d'un vaisseau spatial ressentent cette diminution de l'attraction terrestre lorsqu'ils s'éloignent de la Terre. Ils finissent par pouvoir flotter dans leur cabine sans poids. Ils peuvent aussi flotter en orbite terrestre car, dans ce cas, l'attraction terrestre est équilibrée par la force centrifuge (voir page 44).

Lorsque le vaisseau spatial s'éloigne de la Terre et se rapproche de la Lune, il commence à subir l'attraction lunaire. La gravité régnant sur la Lune est inférieure à celle de la Terre. Une personne pesant 60 kg sur notre planète ne pèse plus que 10 kg sur la Lune. Elle est

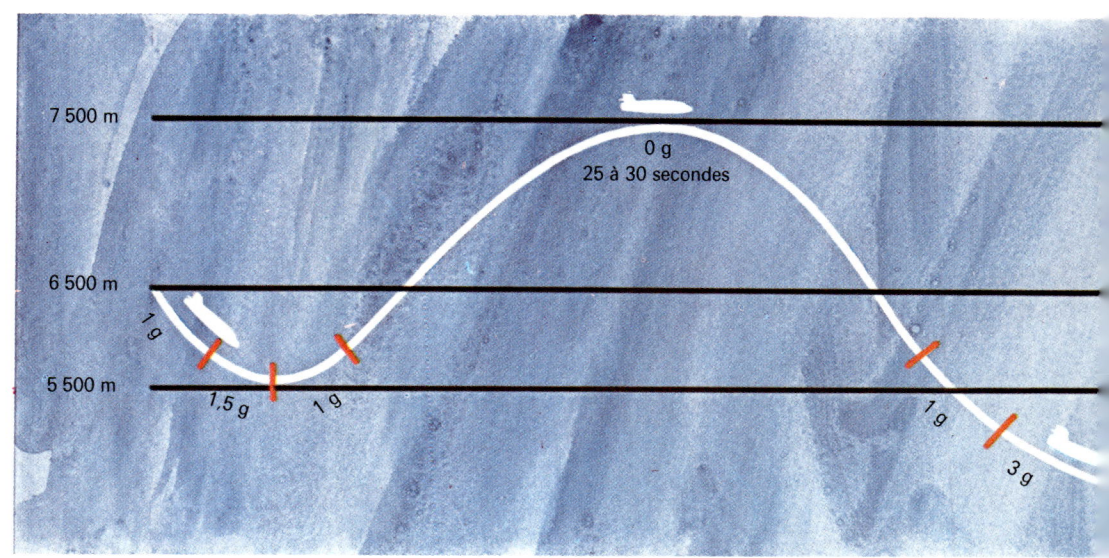

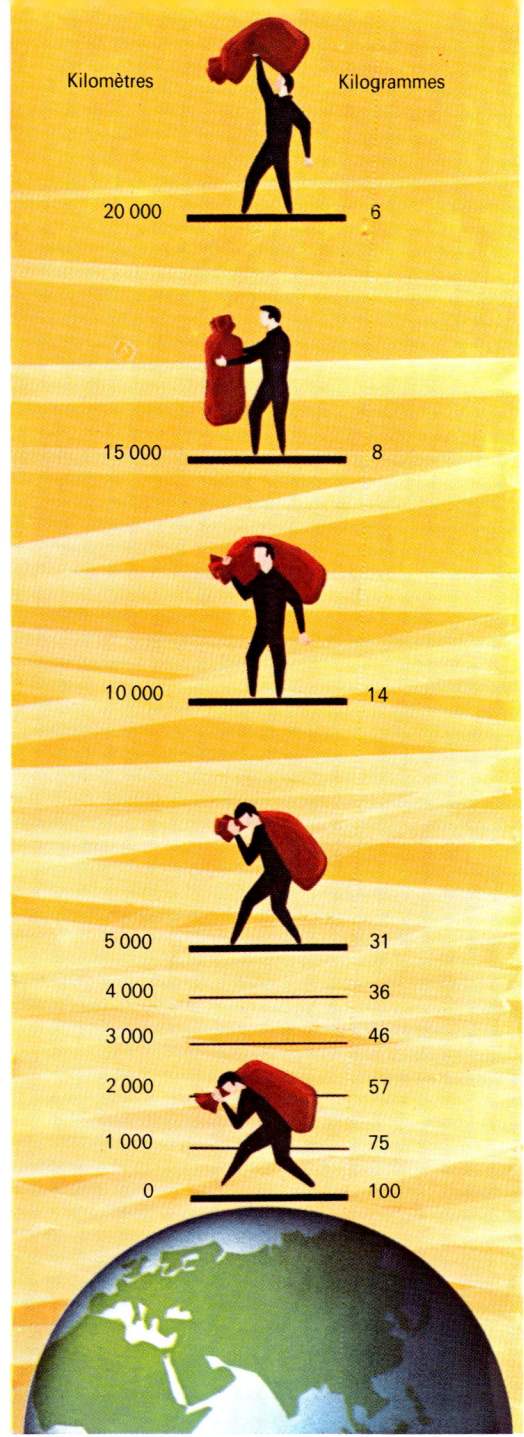

A gauche Une balle de cricket pèse plus lourd qu'une pomme car elle contient davantage de matière. On dit que sa masse est supérieure à celle de la pomme. Dans l'espace, la balle de cricket ne pèsera plus rien car elle ne sera plus soumise à la gravité terrestre. Cependant, sa masse sera la même. C'est la différence entre la masse et le poids. Le poids est une force qui varie d'un endroit à un autre. La masse est la quantité de matière et elle ne varie pas.

alors capable de lancer des objets beaucoup plus loin et de sauter beaucoup plus haut car la force d'attraction vers le sol lunaire est beaucoup plus faible.

Le poids des choses dépend aussi de leur dimension et de leur nature. Un kilo de plomb est-il plus lourd qu'un kilo de plumes ? Certaines personnes répondent oui sans songer que la question est stupide puisqu'un kilo est toujours un kilo. Ils pensent seulement au fait que les plumes sont plus légères que le plomb. Si vous tenez dans une main une boule de pétanque et dans l'autre un pamplemousse, la boule vous paraîtra beaucoup plus lourde alors que les dimensions sont à peu près semblables. C'est parce que la matière (le métal) de la boule est beaucoup plus serrée que la matière du pamplemousse. Les scientifiques disent que la densité de la boule est supérieure à la densité du fruit. Le plomb est plus dense que les plumes.

La quantité de matière contenue dans un corps est sa masse. La boule a donc une masse supérieure à celle du pamplemousse bien qu'ils paraissent être de la même taille. Un kilo de plumes a la même masse qu'un kilo de plomb, mais la dimension du tas de plumes sera bien supérieure à celle du morceau de plomb.

A l'extrême gauche En s'éloignant de la surface de la Terre, les effets de la gravité s'affaiblissent et le poids des corps diminue.

Ci-dessous Une balance genre peson mesure le poids d'un objet, c'est-à-dire la valeur de l'attraction qui s'exerce sur lui. L'allongement du ressort est proportionnel à la charge accrochée. Une balance à fléau compare les masses de deux objets. Lorsque le fléau est horizontal, l'attraction de la gravité est égale des deux côtés de la balance. La gravité sur la Lune est environ six fois moins élevée que sur la Terre. Si vous pesez un objet sur la Lune avec une balance à fléau, vous ne constaterez rien d'anormal. Mais sur une balance à ressort, le poids de l'objet sera égal au sixième de son poids sur Terre.

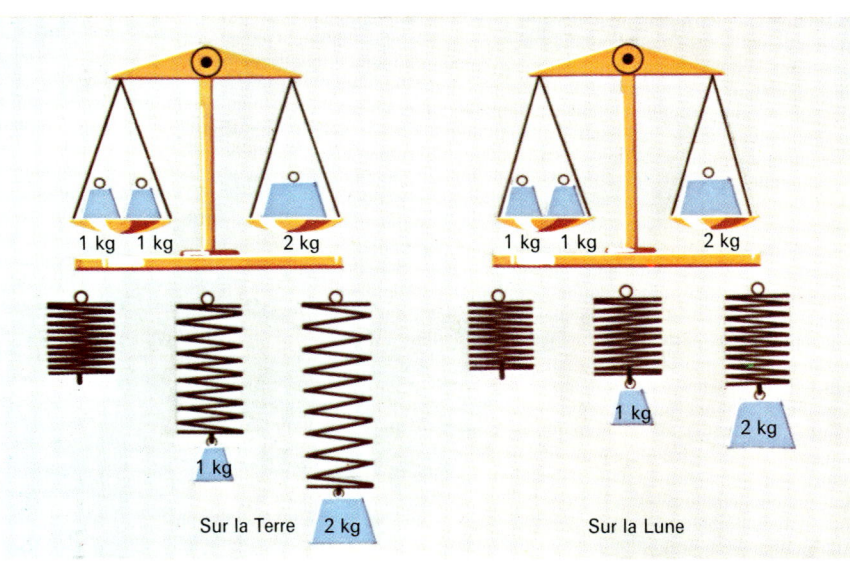

A droite Une brique coule car sa densité est supérieure à celle de l'eau. La poussée qui s'exerce sur elle est inférieure à son poids. Si vous enfoncez le morceau de bois, vous pouvez ressentir la poussée qui s'exerce en sens contraire vers le haut. En lâchant le morceau de bois, il remonte et flotte sur l'eau. Le niveau de flottaison est tel que la poussée verticale est exactement égale à son poids.

Archimède

Ci-dessus Archimède, savant mathématicien grec vivant au IIIe siècle avant J.-C., réalisa de nombreuses inventions restées célèbres. On dit qu'il eut l'idée de calculer le volume d'un objet en le plongeant dans l'eau alors qu'il prenait un bain dans une baignoire remplie à ras bord. Le volume de son corps était égal au volume d'eau qui avait débordé. Il était si heureux, à ce que l'on dit, qu'il s'élança nu hors de sa baignoire en criant « Eurêka ! » (en grec : J'ai trouvé !).

LA FLOTTABILITÉ

Lancez un caillou et un bouchon dans une mare d'eau : la pierre coule, le bouchon flotte.

Immergez doucement un morceau de bois dans l'eau. Il semble de plus en plus léger jusqu'à sembler n'avoir plus de poids du tout. Il est porté par l'eau et non plus par votre main. Le soutien de l'eau est appelé poussée verticale car l'eau repousse la partie inférieure du morceau de bois. Ainsi, lorsque la poussée exercée est égale au poids du bois, celui-ci flotte.

On constate aussi une poussée sur les corps qui ne flottent pas. Immergez doucement une brique dans l'eau. Elle semble devenir plus légère mais ne flotte pas pour autant.

Le principe d'Archimède

Un savant grec de l'Antiquité, Archimède, fut le premier à étudier la flottabilité. Il découvrit que la poussée vers le haut était égale au poids du fluide déplacé. C'est le célèbre principe d'Archimède. Il signifie que si un corps déplace 1 kg d'eau, il crée une poussée verticale du bas vers le haut, égale à un kilo, exercée sur le corps.

Supposez qu'une brique et un bloc de bois de la même dimension soient immergés en totalité. Ayant le même volume, ils déplacent le même volume donc le même poids d'eau. La poussée exercée sur les deux corps est donc identique. Mais la poussée sur le bois est supérieure à son poids : le bois remonte à la surface et flotte. La poussée sur la brique est inférieure à son poids : la brique coule.

Le fait qu'un corps flotte sur l'eau ou non dépend de sa densité. La densité est le poids de la matière divisée par le volume. Si son poids est supérieur au poids du même volume d'eau, le corps coule. Si le poids est inférieur au poids d'un même volume d'eau, il flotte. La brique, qui a une densité supérieure à celle de l'eau, ne flotte pas. Le bois le peut car sa densité est inférieure à celle de l'eau.

Il est possible de faire flotter un liquide sur un autre. Le pétrole flotte sur l'eau. C'est la raison pour laquelle le pétrole qui s'échappe des navires pétroliers reste en surface et vient polluer les rivages. C'est aussi pourquoi il est difficile d'éteindre un feu d'essence avec de l'eau car l'essence flotte sur l'eau en restant enflammée.

A droite
Les gilets de sauvetage et les canots en caoutchouc flottent parce qu'ils sont pleins de poches d'air. Cet air prisonnier fait que la densité globale de l'homme et du gilet de sauvetage est inférieure à la densité de l'eau. C'est la raison pour laquelle, il flotte bien au-dessus de la surface de l'eau.

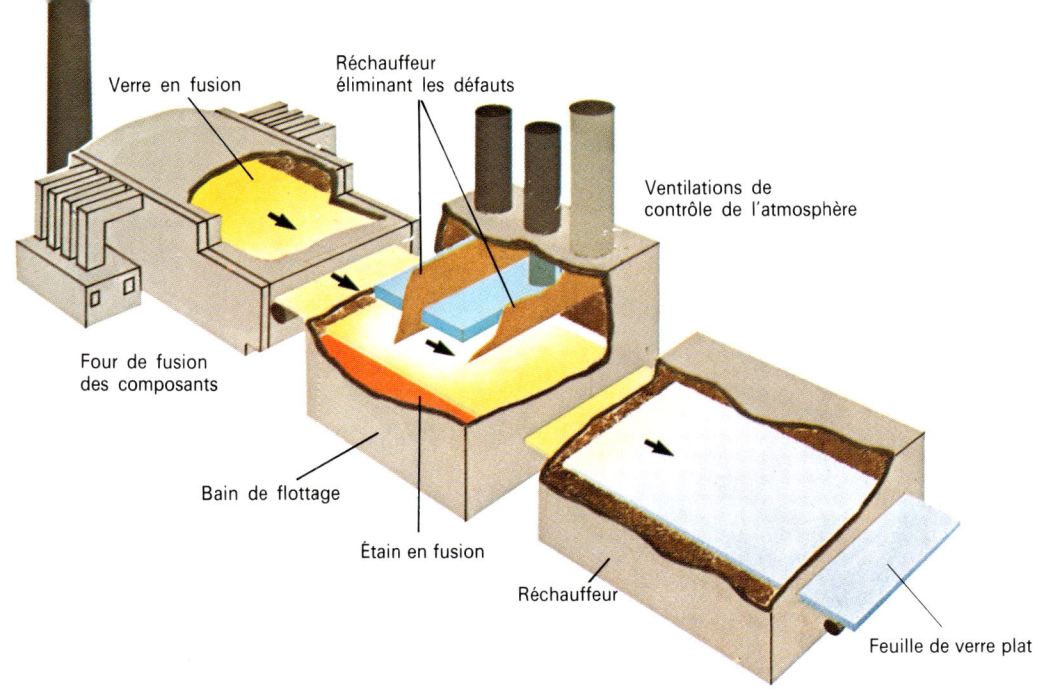

A gauche Le procédé du verre flotté permet de fabriquer des feuilles de verre parfaitement plates en faisant flotter du verre en fusion sur un bain d'étain liquide.

Ci-dessous à gauche Lorsqu'un sous-marin navigue à la surface, ses ballasts pleins d'air lui permettent de flotter. Pour plonger, on fait entrer de l'eau dans les ballasts ce qui augmente la densité globale du navire. On remplit les ballasts jusqu'à ce que le sous-marin reste en équilibre, sans monter ni descendre, à la profondeur voulue.

Le pétrole et l'essence flottent car ils sont moins denses que l'eau. Le mercure s'enfonce dans l'eau car sa densité est égale à 13 fois la densité de l'eau.

Un bateau flotte car sa coque contient un grand volume d'air et sa densité globale est inférieure à celle de l'eau. Si un bateau perce sa coque sur un rocher ou s'il est atteint par une torpille, l'eau remplit la coque. Sa densité augmente et il peut couler.

Certains corps, comme les dirigeables et les ballons, peuvent flotter dans l'air. C'est parce qu'ils sont remplis d'un gaz léger, l'hélium, moins dense que l'air.

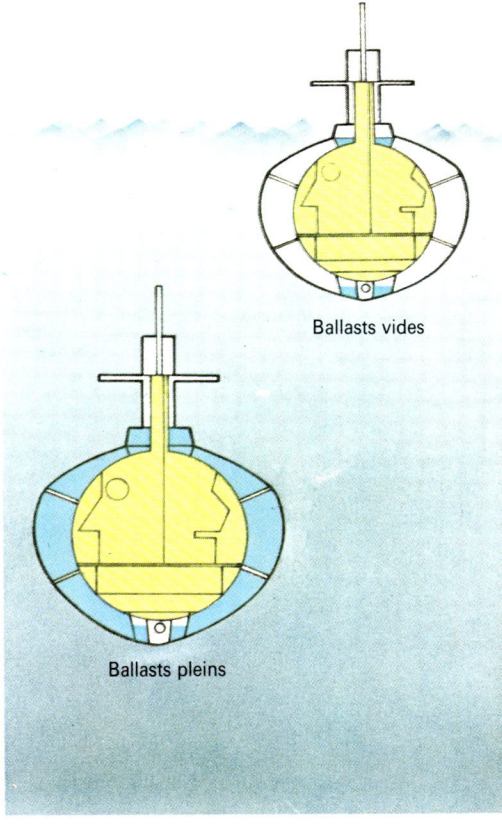

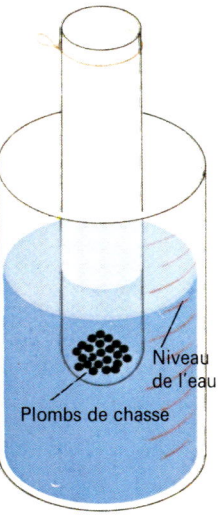

Ci-dessus Cette expérience démontre qu'un corps flottant déplace un poids d'eau égal à son propre poids. Repérez le niveau de l'eau dans un récipient gradué en cm^3. Faites flotter un tube à essais lesté. Lisez à nouveau le niveau de l'eau. La différence entre les deux niveaux indique le volume donc le poids d'eau déplacée puisqu'un cm^3 d'eau pèse 1 gramme. Retirez le tube à essais lesté, essuyez-le et pesez-le. Son poids doit être égal au poids de l'eau déplacée. Refaites l'expérience avec des lests différents dans le tube à essais.

A gauche Un dirigeable rempli d'hélium a une densité inférieure à celle de l'air. La poussée verticale ascendante qui s'exerce sur le dirigeable est supérieure à son poids : il flotte dans l'air.

FORCE CENTRIFUGE ET CENTRIPÈTE

La force centrifuge

Si vous faites tournoyer un petit seau d'eau au-dessus de vous assez vite, l'eau ne s'échappera pas du seau. Lorsque l'on fait décrire un cercle à un corps, celui-ci est soumis à une force dirigée vers l'extérieur du cercle à partir de son centre. C'est la force centrifuge. Elle résulte du fait que le corps en rotation cherche à suivre une ligne droite.

La force dépend de la vitesse de rotation. Plus la vitesse est élevée, plus la force est importante. Vous pouvez ressentir la force centrifuge qui s'exerce sur votre corps lorsque la voiture qui vous transporte prend un virage rapidement ou tourne autour d'un rond-point au sol très plat. A cet instant, la force peut être si puissante qu'il faut se cramponner pour rester en place. Le même principe permet de tourner contre le « Mur de la mort ». L'acrobate qui tourne se trouve repoussé contre le mur. En tournant assez vite, la force est suffisante pour l'empêcher de tomber quand le sol se dérobe.

Lorsque vous faites tourner un seau d'eau assez vite, la force est suffisante pour l'empêcher de tomber. Si cette force est supérieure au poids de l'eau, lorsque le seau est au-dessus de vous, elle ne tombera pas.

La force centripète

Il existe une autre force égale mais opposée en direction à la force centrifuge, appelée force centripète. C'est la force dirigée vers le centre du cercle qui maintient le seau en rotation. Si cette force centripète n'existait pas, le seau partirait en ligne droite.

Lorsque vous faites tourner le seau, vous ressentez une traction dans le bras. C'est ce qui crée la force centripète. La force centrifuge est dirigée du centre vers l'extérieur alors que la force centripète agit vers le centre de rotation.

Si vous faites tournoyer le seau plus lentement, vous observerez comment ces forces varient. Plus la rotation est lente, plus faible est la force. La force centrifuge qui repousse l'eau dans le seau sera donc moins élevée. Si cette force devient inférieure au poids de l'eau, l'eau commencera à tomber. En même temps, la force centripète, la traction sur votre bras, va diminuer.

Dans le système solaire, la force centrifuge équilibre les forces de gravité. La Terre et le Soleil constituent des masses importantes. Il y a donc entre eux une grande force d'attraction

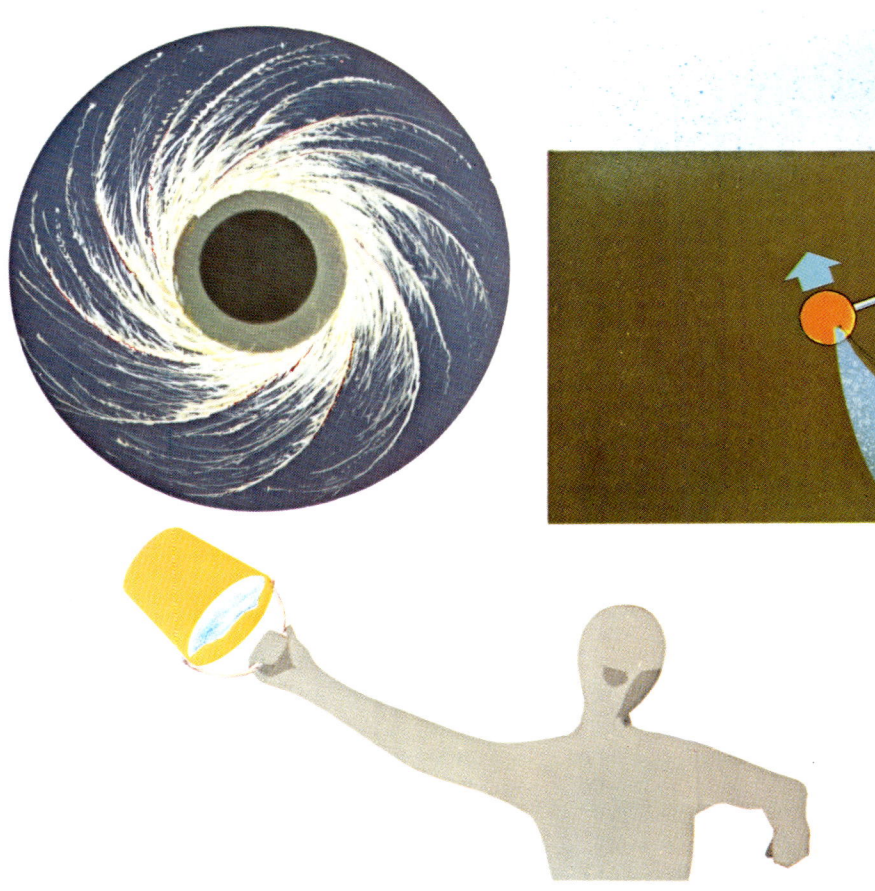

Ci-dessus Faites tournoyer un seau contenant de l'eau. Si la force centrifuge est supérieure au poids de l'eau, celle-ci restera dans le seau. Utilisez pour cette expérience un seau en plastique et une petite quantité d'eau pour éviter de vous mouiller.

A droite Attachez une bobine de fil à une ficelle. Serrez bien le nœud. Faites tourner la bobine de plus en plus vite, elle montera de plus en plus haut jusqu'à parcourir un cercle horizontal. La raison est que la force centripète équilibre peu à peu le poids de la bobine de fil.

(voir page 40). S'ils ne s'écrasent pas l'un contre l'autre, il doit y avoir une autre force qui les retient. C'est la force centrifuge créée par la rotation de la Terre sur son orbite autour du Soleil.

Ces deux forces s'opposent dans le système solaire. La force de gravité tient lieu de force centripète. S'y oppose la force centrifuge créée par le mouvement orbital des planètes autour du Soleil. Les planètes n'étant pas soumises à la résistance de l'air qui les ralentirait continuent leur mouvement en orbite.

De la même manière, la Lune et les satellites artificiels se tiennent en orbite autour de la Terre. L'attraction gravitationnelle entre la Terre et la Lune ou les satellites est équilibrée par les forces centrifuges.

A droite Le tambour d'essorage utilise la force centrifuge. En tournant, le linge et l'eau qu'il contient sont projetés contre les parois par la force centrifuge. Le linge est retenu alors que l'eau sort par les trous du tambour en laissant le linge presque sec.

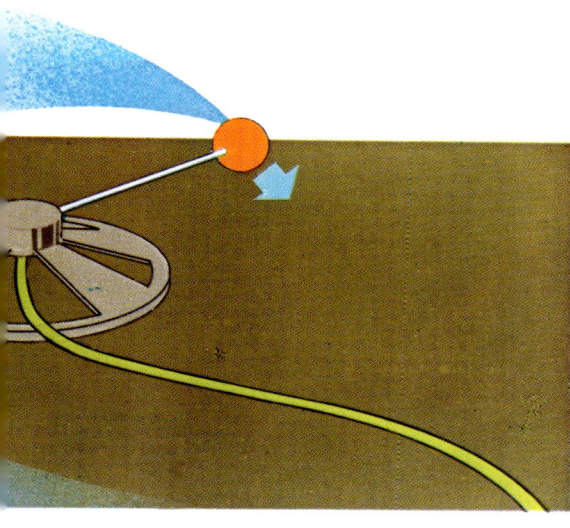

A gauche et à l'extrême gauche Un arroseur rotatif et un soleil de feu d'artifices sont des exemples d'application de la force centrifuge qui projette un cercle d'eau ou de feu autour de l'appareil.

A droite Un objet mis en orbite doit avoir une vitesse juste suffisante pour que la force centrifuge (qui tend à le lancer dans l'espace) puisse équilibrer la force gravitationnelle (qui tend à l'attirer vers la Terre).

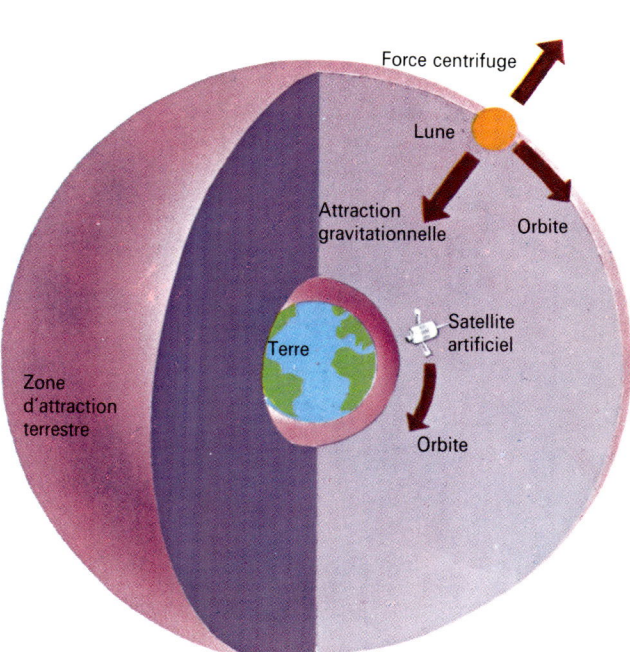

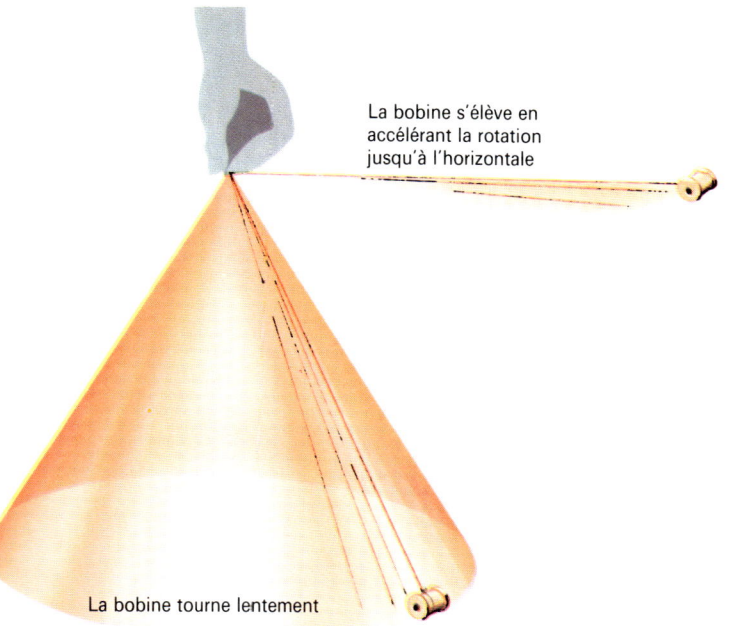

La bobine s'élève en accélérant la rotation jusqu'à l'horizontale

La bobine tourne lentement

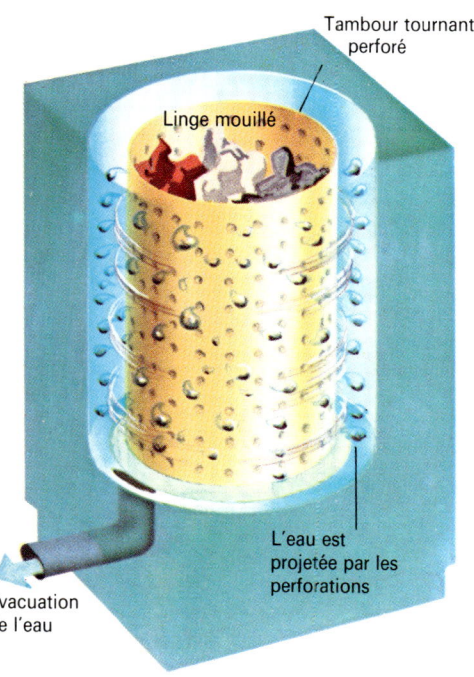

Tambour tournant perforé

Linge mouillé

L'eau est projetée par les perforations

Évacuation de l'eau

A droite Pour échapper à la gravité terrestre, un vaisseau spatial doit être mis en orbite autour de la Terre. Il doit accélérer jusqu'à ce que la force centrifuge due à son déplacement circulaire soit supérieure à la gravité qui l'attire vers la Terre. La vitesse à atteindre est appelé vitesse de libération. La gravité étant plus faible sur la Lune, la vitesse de libération est également inférieure.

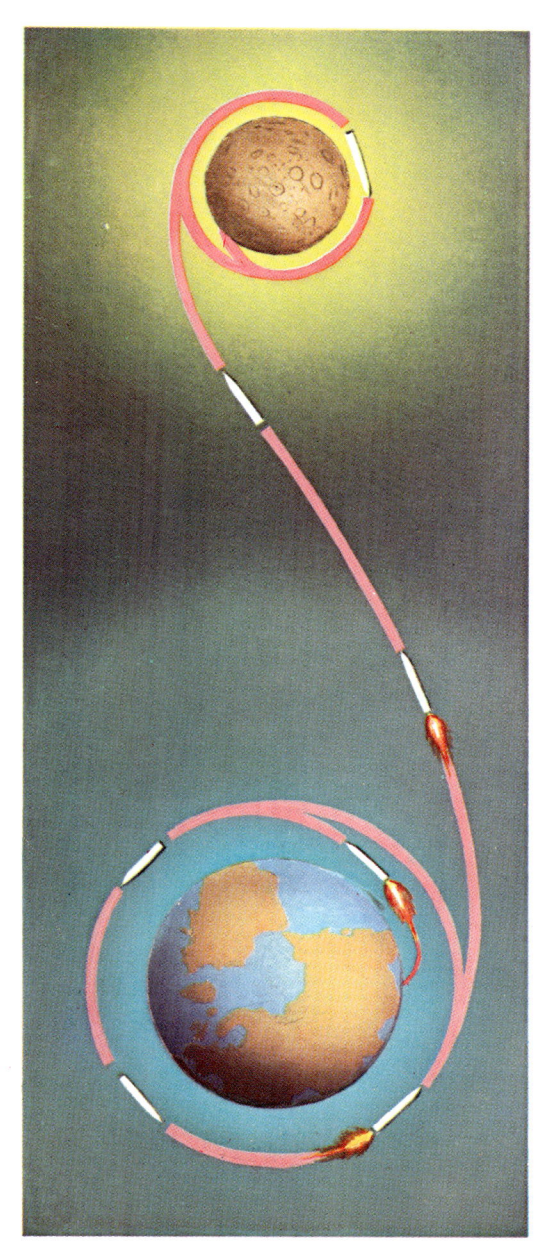

45

LA ROTATION

Si vous faites tournoyer une pièce de monnaie sur une table, elle aura deux sortes de mouvement. En premier, elle se déplacera sur la table ; en second, elle tournoiera autour de son axe. Ces deux mouvements sont tout à fait indépendants. De la même manière, une balle de golf lancée sur sa trajectoire tournoie sur elle-même tout en se déplaçant rapidement dans l'air.

Les objets en rotation rapide possèdent des caractéristiques particulières. La plus importante est qu'ils ont tendance à s'opposer à tout changement de direction de la rotation. Vous pouvez le constater en vous livrant à une petite expérience avec la roue avant d'une bicyclette. Levez cette roue au-dessus du sol et faites-la tourner très vite. Tournez alors le guidon d'un côté à l'autre. Vous pouvez constater alors qu'une force s'oppose à votre mouvement. C'est l'inertie de la roue qui s'oppose au changement de direction de l'axe de rotation. Pour la roue de la bicyclette, l'axe est celui du moyeu de la roue. Cette inertie des corps en rotation s'appelle l'effet ou l'inertie gyroscopique.

Les gyroscopes

Un gyroscope est une petite roue très lourde montée de telle sorte qu'elle puisse tournoyer quel que soit l'axe. C'est ce que l'on appelle un montage universel. La roue aura toujours tendance à tourner selon un axe initial dont la direction est invariable.

Le principe du gyroscope est utilisé dans le gyrocompas, appareil indispensable pour les bateaux et les avions. Une roue entretenue

Ci-dessus Levez et calez une bicyclette comme indiqué sur l'illustration. Faites tourner la roue avant très vite et essayez de changer la direction de l'axe de rotation. Vous constaterez que l'inertie de la roue oppose une certaine résistance.

Ci-dessus à droite Faites une petite toupie en traçant un cercle sur un morceau de carton épais. Découpez la rondelle. Percez un petit trou central et enfoncez une allumette après en avoir épointé l'extrémité. Lancez la toupie en rotation de préférence sur une surface bien lisse qui facilitera le mouvement.

A droite Lorsqu'une toupie tourne vite, l'axe reste vertical. En ralentissant, elle s'incline et l'axe décrit alors un cône. En parvenant à l'arrêt, le bord de la toupie touche le sol et la toupie roule alors dans la direction opposée.

Ci-dessous Certains bateaux utilisent des stabilisateurs gyroscopiques. Un gyroscope lourd monté dans la coque d'un bateau permet de lutter contre le mouvement de roulis.

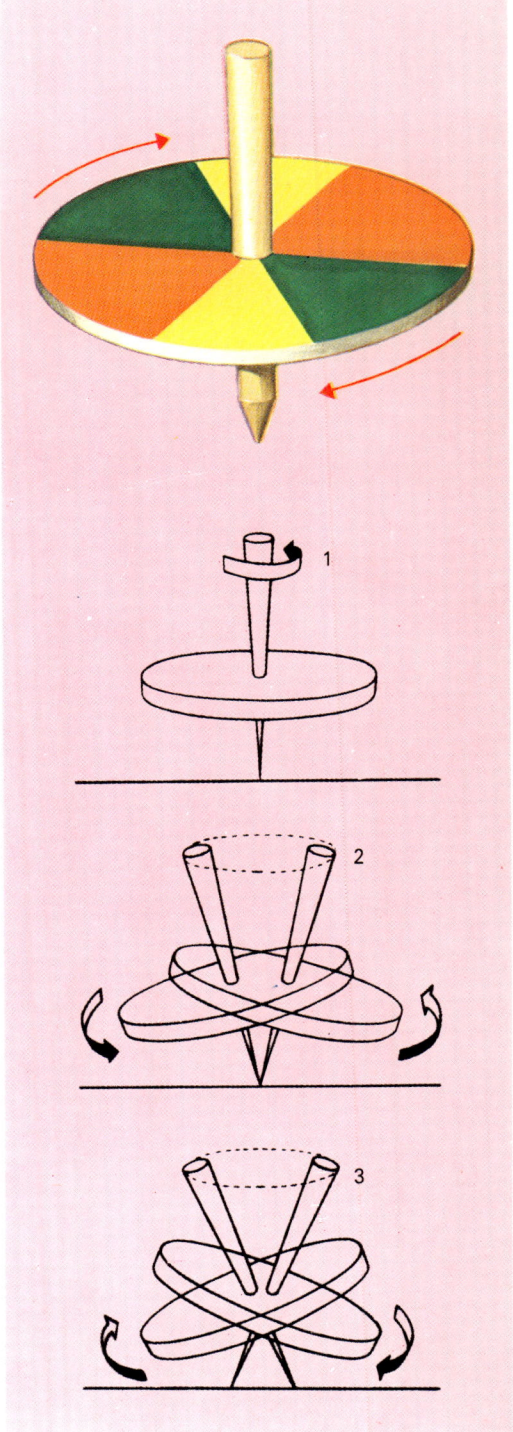

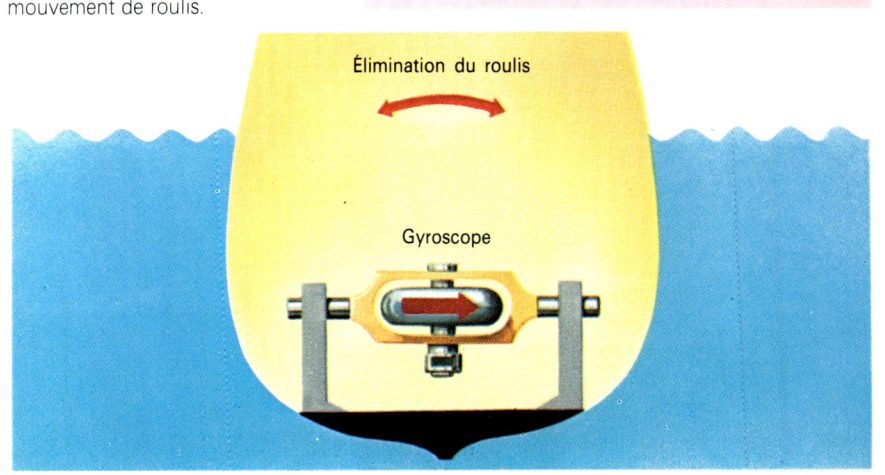

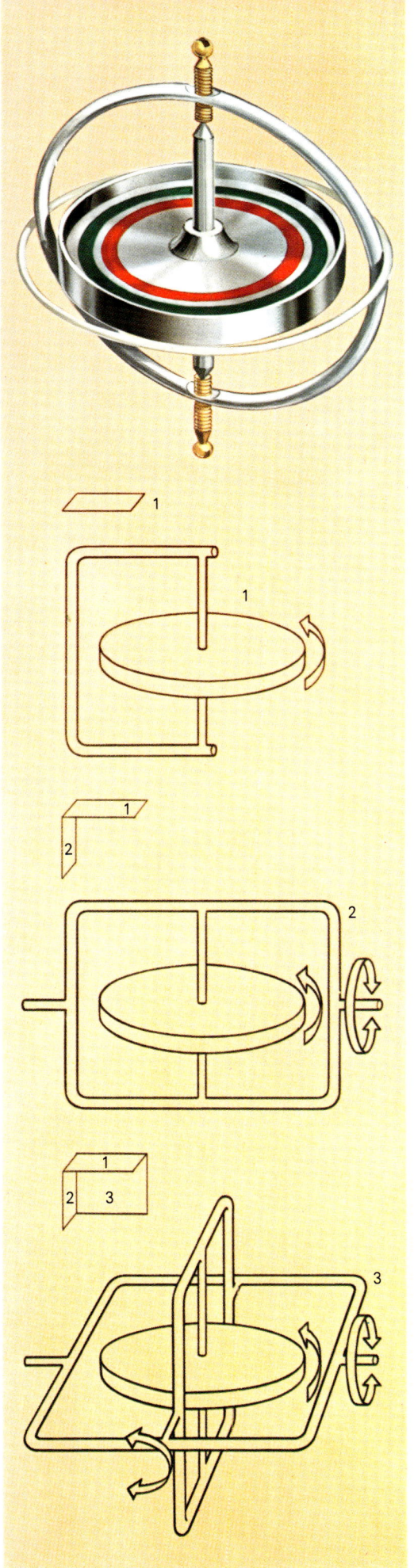
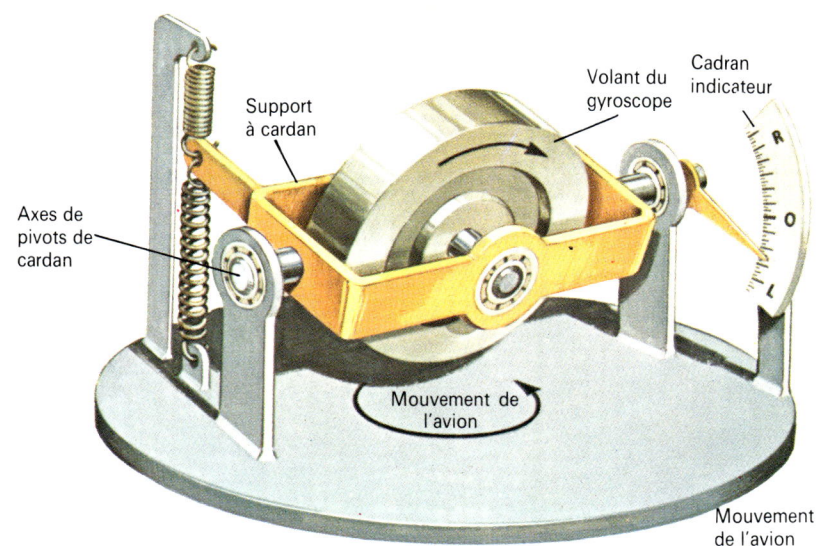

Ci-dessus Un indicateur de taux de giration d'un avion. Une roue en rotation appelée rotor de gyroscope est placée dans un support accroché à des ressorts. Lorsque l'avion tourne, le gyroscope tourne avec lui et subit une force d'autant plus grande que le taux de giration est élevé. Cette force est indiquée sur un cadran gradué qui traduit le taux de giration.

Ci-dessus à gauche Un gyroscope-jouet se lance en rotation au moyen d'une ficelle. Il a exactement les mêmes propriétés que les gyroscopes des grands navires.

A gauche Ce support de gyroscope lui donne trois niveaux de liberté. Le disque tourne selon un axe vertical (1). Celui-ci est suspendu de manière à pivoter selon un axe horizontal (2). Le cadre extérieur peut tourner selon un axe horizontal à angle droit par rapport aux deux autres axes (3). Les gyroscopes ont de nombreuses applications sur divers véhicules, des voiliers aux fusées spatiales.

électriquement en rotation est surmontée d'un compas (boussole). La roue du gyroscope en rotation, du fait de son inertie, n'est pas affectée par les changements de direction du bateau. Elle indique par conséquent constamment le nord.

Un appareil similaire s'appelle le gyropilote ou pilote automatique. Il permet de diriger automatiquement un navire. Il est réglé en fonction du cap à suivre. Tout changement de cap est détecté par le gyropilote car celui-ci reste orienté dans la direction initiale. Le gyropilote envoie alors une instruction au moteur de commande de la barre. Le gouvernail ramène alors le bateau sur le bon cap. Cette propriété des corps en rotation est appelé stabilisation en rotation. Un Frisbee tournoie rapidement lorsqu'on le lance en l'air. C'est la rotation qui entretient son déplacement horizontal. S'il ne tournait pas sur lui-même, il ne suivrait pas aussi longtemps cette trajectoire.

Vous avez peut-être vu des artistes de cirque faire tournoyer des assiettes à l'extrémité de longues baguettes. Les assiettes restent horizontales car elles sont stabilisées par leur rotation. Elles conservent un axe de rotation invariable en direction. Dès qu'elles ralentissent, la stabilisation en rotation diminue et elles risquent de tomber des baguettes. L'habileté du jongleur consiste à entretenir le mouvement des baguettes qui entretient la rotation des assiettes. Une toupie reste en équilibre pour la même raison. C'est la rotation qui la stabilise.

La Terre tourne aussi sur son axe. Cette rotation maintient cet axe dans la même direction dans l'espace, exactement comme la rotation du gyroscope maintient son axe dans la direction initiale.

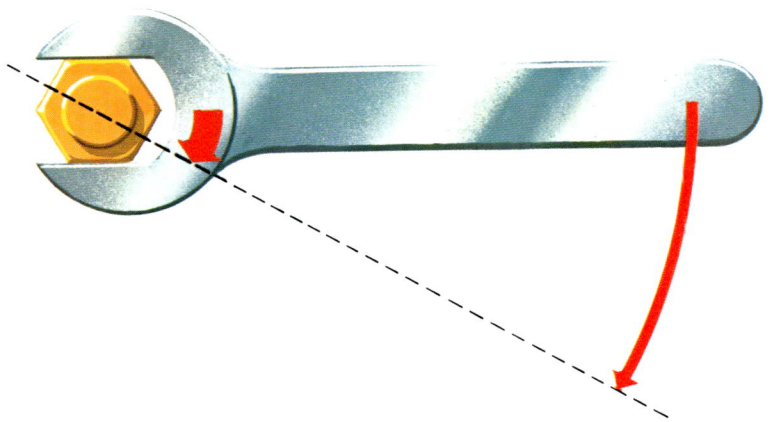

Ci-dessous Une clé plate fonctionne comme un levier en amplifiant l'effort exercé sur la poignée et reporté sur l'écrou. Celui-ci se trouve ainsi très fortement serré.

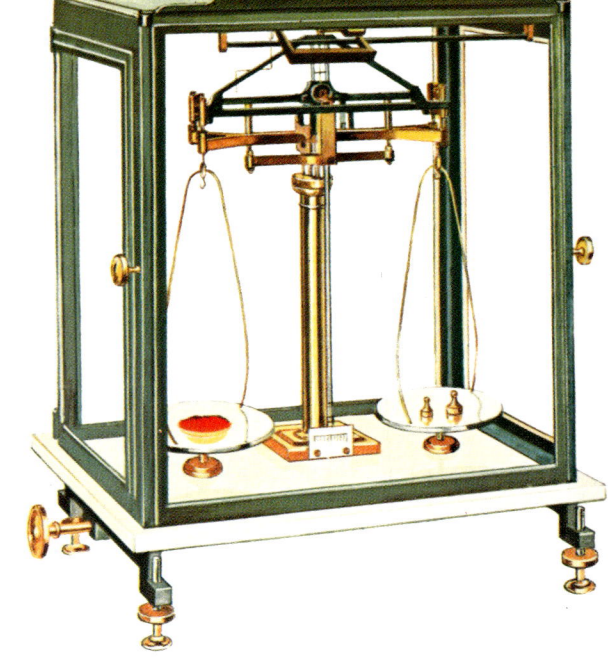

Ci-dessus Les joailliers utilisent des balances de ce type pour déterminer avec une grande précision le poids de substances précieuses. Ils placent les poids nécessaires sur un plateau et la quantité d'or à mesurer sur l'autre jusqu'à ce que la balance soit en équilibre.

L'ÉQUILIBRE

Placez une règle de 30 cm en travers sur un crayon posé sur une table. Vous constaterez que la règle est en équilibre lorsque le crayon est au niveau du trait de 15 cm. Placez maintenant une pièce de monnaie sur le trait 0 et une pièce identique sur le trait 30. La règle est toujours en équilibre. Vous pouvez aussi constater que la pièce située sur le trait des 7,5 cm est équilibrée par une pièce placée sur le trait 22,5 cm. La règle est en équilibre lorsque des poids égaux (ou des forces égales) sont placées à égale distance du centre.

Que se passe-t-il si vous essayez d'équilibrer une pièce au trait 0 avec des pièces placées au trait 22,5 cm ? Vous constatez que pour obtenir l'équilibre, il faut mettre deux pièces au trait 22,5 cm. Si la distance par rapport au centre est divisée par deux, le poids ou la force doit être doublé.

Le moment

Les pièces tendent à faire tourner ou osciller la règle. Cette pression du poids ou d'une force qui fait tourner un corps s'appelle moment. A partir de l'expérience de la règle, vous constatez que le moment ne dépend pas seulement de la grandeur de la force. Elle dépend aussi de la distance entre cette force et le point d'équilibre (ici le trait 15 cm) qu'on appelle point d'appui.

Le moment de la force est égal à la force multipliée par la distance séparant le point d'application de la force du point d'appui.

Lorsque la règle est en équilibre, les moments des deux forces doivent être égaux pour s'annuler réciproquement. Dans la dernière expérience, nous avons une pièce à 15 cm du centre. Le moment est donc de 1 × 15 = 15 unités. L'autre côté porte deux pièces à 7,5 cm du centre. Le moment est donc de 2 × 7,5 cm soit 15 unités. C'est pour cela que la règle est en équilibre. Essayez avec des poids différents et des distances différentes pour vérifier l'égalité.

Les moments sont utilisés pour les équilibres simples comme dans le cas d'une ancienne balance de cuisine. Un des plateaux porte les poids et l'autre les objets à peser. Les distances à partir du point d'appui sont les mêmes. Lorsque le poids correct est atteint dans le plateau, les moments sont égaux des

A gauche Ne réalisez cette expérience qu'avec l'accord d'un adulte et en sa présence. Transpercez une bougie à combustion lente avec un clou chauffé. Faites tenir en équilibre la bougie sur deux verres. Allumez les deux extrémités et observez le mouvement de bascule alternatif. En fondant, une des extrémités s'allège et monte. Puis c'est au tour de l'autre extrémité de s'alléger et ainsi de suite. Vous pouvez installer des personnages sur votre balançoire, que vous fabriquerez avec du papier d'aluminium et non pas du papier qui risquerait de prendre feu. Placez la balançoire sur un plateau en métal pour éviter les dégâts causés par la bougie fondue.

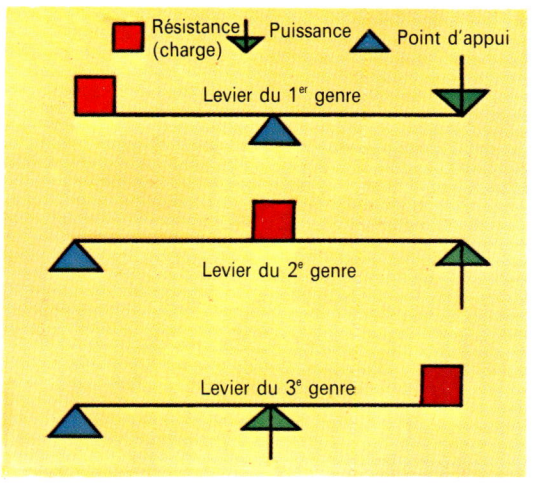

A gauche Schémas des trois genres de levier. Le point où s'équilibrent les forces appliquées à un levier est appelé point d'appui. La force à déplacer est la résistance et la force à exercer pour effectuer le travail est la puissance.

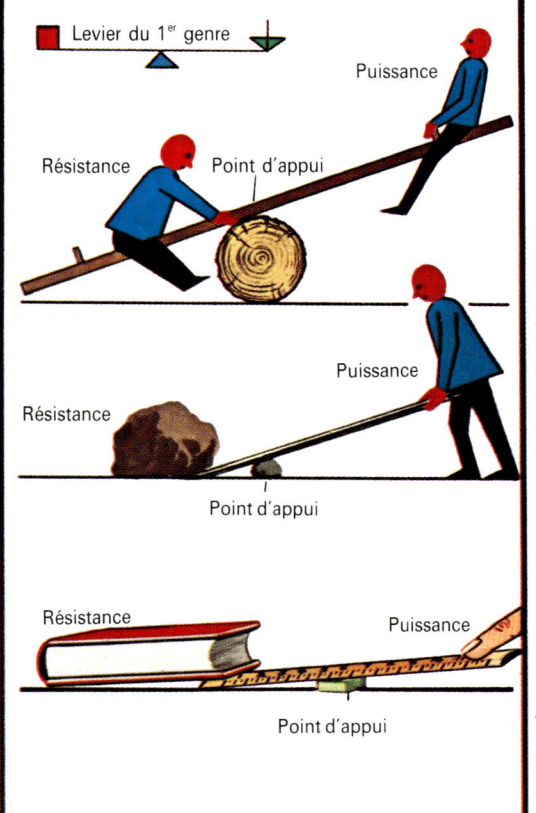

A gauche Ces trois exemples, la bascule, la pince-monseigneur et la règle sont des leviers. Une lourde charge peut ainsi être déplacée par une petite force. Ce sont des leviers du premier genre.

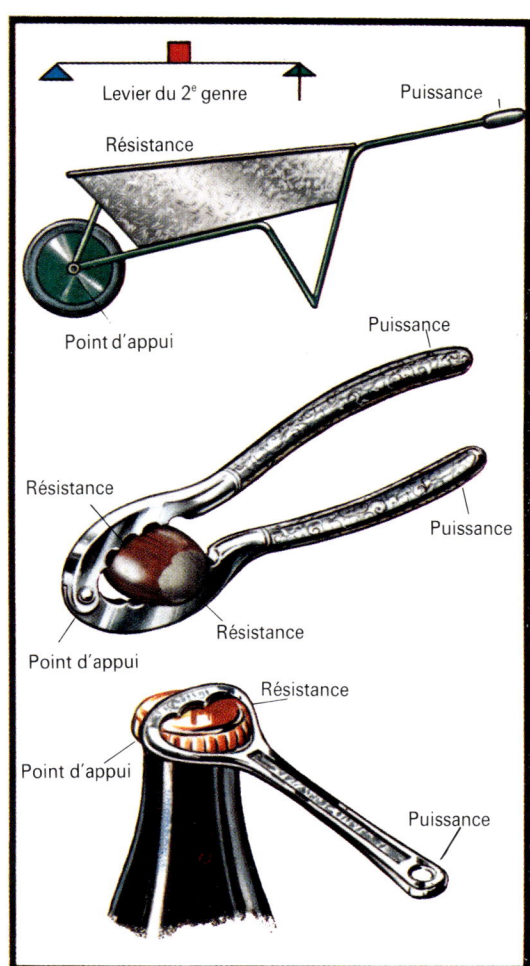

A droite La brouette, le casse-noix et l'ouvre-bouteille sont des exemples de leviers du deuxième genre : la résistance est placée entre la puissance et le point d'appui.

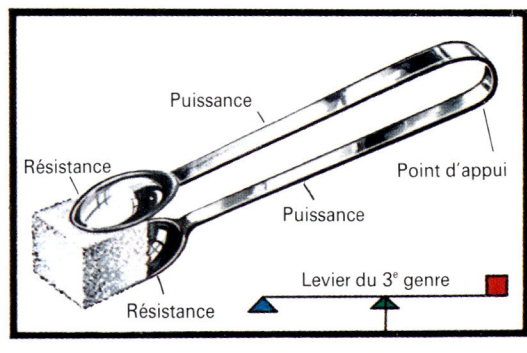

A droite La pince à sucre (ou les pincettes) sont des leviers du troisième genre. La puissance s'exerce entre le point d'appui et la résistance.

deux côtés de la balance. Le système est dit en équilibre.

Un levier fait appel également aux moments. Il faut souvent, pour extraire une roche du sol, utiliser une barre à mine. On place un caillou sous la barre à mine près de la roche. Le caillou sert de point d'appui. Il suffit alors d'engager un bout de la barre sous la roche et d'appuyer à l'autre extrémité qui se trouve à une distance bien plus importante du point d'appui que la roche. De cette façon vous créez une force supérieure à celle que vous pourriez exercer en essayant de soulever directement la roche du sol.

Le poids de la roche correspond à la résistance. La force appliquée s'appelle la puissance. Lorsque le moment de puissance est supérieur au moment de résistance, la roche se soulève.

Il existe trois catégories de levier appelées genres. Le levier du premier genre est la barre à mine dans lequel le point d'appui est placé entre la résistance et la puissance. Dans le levier du deuxième genre, le point d'appui est à une extrémité, la puissance à l'autre et la résistance entre les deux. Un exemple de ce type de levier est donné par la brouette. Dans un levier du troisième genre, le point d'appui est à une extrémité, la résistance est située à l'autre et la puissance est appliquée entre les deux. La pince à sucre ou les pincettes en sont des exemples familiers.

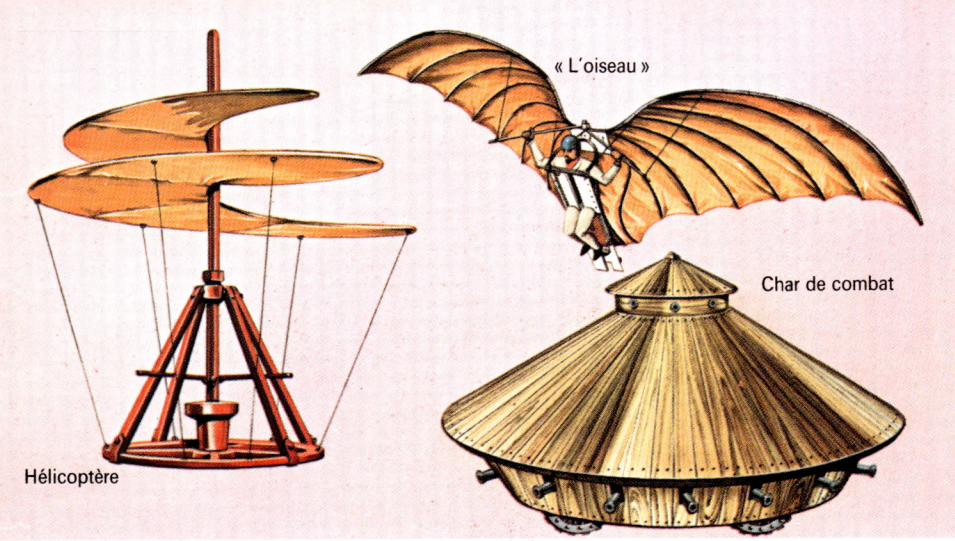

Hélicoptère   « L'oiseau »   Char de combat

Léonard de Vinci

Ci-dessus Léonard de Vinci (1452-1519), né en Italie et mort en France, fut musicien, peintre, sculpteur et ingénieur. Il conçut et dessina un grand nombre de machines complexes dont un aéroplane.

Ci-dessous Le couteau et le marteau arrache-clou démontrent que les leviers sont des outils permettant de vaincre des résistances. Ce sont des machines simples.

LES MACHINES

Leviers et poulies

Une machine est un dispositif mécanique qui permet de vaincre une résistance située en un point par l'application d'une force sur un autre point. Un couteau est un exemple de machine élémentaire. En appuyant sur le manche, on produit une force de coupe au niveau de la lame. Un arrache-clou en est un autre exemple. Ces deux machines sont des leviers.

La poulie est un autre type de machine simple. Une seule poulie permet de soulever une lourde charge en tirant vers le bas. Il est plus facile de soulever une masse lourde, comme un moteur d'automobile, en tirant vers le bas car on peut alors utiliser l'effet naturel de la gravité sur la masse du corps, le propre poids de l'opérateur.

Il est avantageux de pouvoir déployer une petite force pour lever une masse importante. Le rendement mécanique, comme on le désigne, est égal à la résistance divisée par la puissance. Plus la résistance à vaincre pour une puissance donnée est élevée, meilleur est le rendement mécanique. Les poulies permettent de soulever un poids important en n'employant qu'une force réduite. Mais il faudra, cependant, tirer une longueur de corde vers le bas supérieure au déplacement de la charge vers le haut. La puissance appliquée doit avoir un déplacement supérieur à la résistance. En réalité, le travail accompli par le soulèvement d'une charge avec une poulie n'est pas plus petit que le travail que nous accomplirions en la levant directement. En physique, le travail se définit comme la force appliquée à un corps multipliée par le déplacement de ce corps. Lever un moteur de voiture pesant 100 kg sur une hauteur de 2 mètres peut demander une force de 50 kg appliquée à une corde de poulie. Cette force devra se déplacer de 4 mètres. On dit que le travail effectué par la force est égal au travail effectué par la charge. En pratique, les chiffres n'ont pas valeur absolue car aucune machine n'a un rendement égal à 100 pour cent. En d'autres termes, la totalité du travail issu de la force appliquée n'est pas utilisée à soulever la charge. Une partie du travail est perdue à cause des frottements (voir page 52). Le rendement d'une machine est égal au travail effectivement appliqué à la charge, divisé par le travail effectué par la force initiale. Cette valeur est généralement multipliée par 100 de manière à pouvoir être exprimée en pourcentage. Le rendement ne sera alors jamais supérieur à 100 pour cent et il est le plus souvent bien inférieur.

Les vis et les engrenages

La vis est une autre machine simple dans laquelle la force effectue un déplacement supérieur à la résistance. Dans ce cas aussi, des forces importantes résultent de l'application de forces plus faibles. Pour chaque rotation du tournevis, la vis ne pénètre dans le bois que d'une petite quantité en compensant au passage de très grandes forces de frottement. Imaginez combien il serait difficile de faire pénétrer une vis dans le bois sans tournevis. Le cric d'automobile utilise le même principe. Avec cet outil, un grand mouvement de la poignée soulève la voiture d'une petite quantité.

Les engrenages sont aussi des machines. Ils peuvent fonctionner de deux façons : produire de grandes forces à partir de petites forces ou inversement.

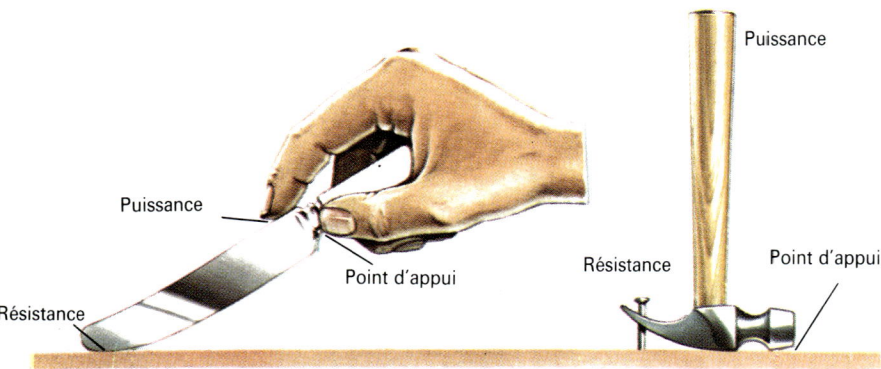

Puissance — Point d'appui — Résistance
Puissance — Résistance — Point d'appui

UN TREUIL ÉLÉMENTAIRE

Matériel : du fil à linge - deux bâtons - deux amis

Montrez votre force. Donnez à deux de vos amis un bâton. Attachez un fil à linge (ou une corde) à l'un des bâtons comme sur l'illustration. Demandez à vos amis de tirer sur les bâtons pour les écarter tandis que vous tirerez sur l'extrémité libre de la corde. Vos amis ne parviendront pas à écarter les bâtons et vous pourrez même les forcer à se rapprocher, quels que soient leurs efforts pour vous en empêcher. Ce n'est pas parce que vous êtes très fort que vous réussissez cet exercice. C'est parce que vous avez su transformer les bâtons et la corde en un système de poulies, une machine simple qui multiplie la force ou l'effort de traction. Une poulie vous a aidé à déplacer une lourde charge avec un effort modéré. Dans ce cas, vous avez pu vaincre les forces réunies de vos amis (la lourde charge) en tirant modérément (l'effort).

Dans le bâtiment ou la manutention, on utilise des systèmes de poulie pour soulever de lourdes charges avec des forces réduites. Ce système appelé palan est la partie principale des grues.

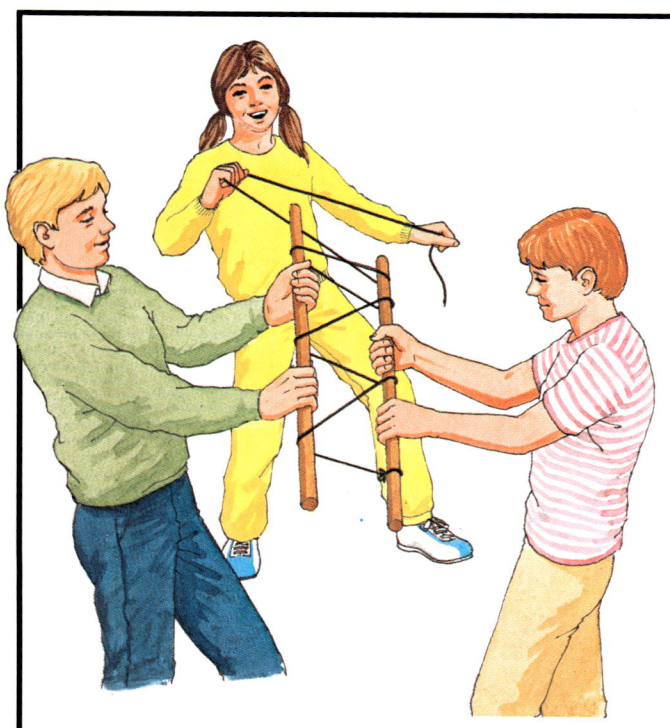

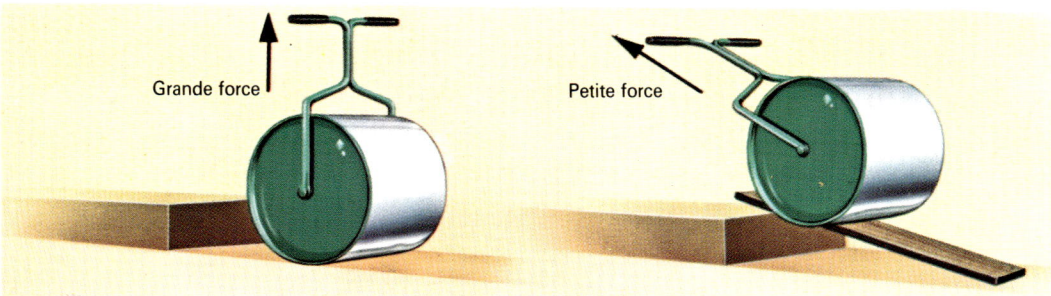

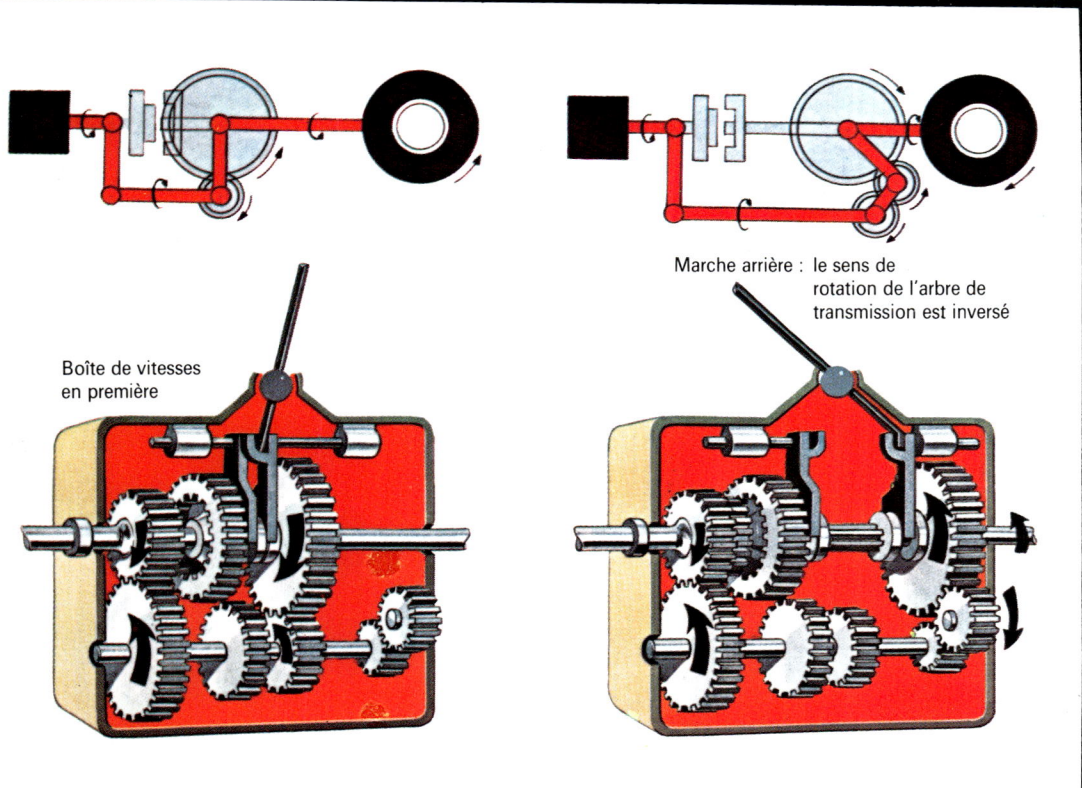

Ci-dessus Pour monter un rouleau de jardin, il y a deux méthodes simples. L'une consiste à le soulever : c'est difficile et peut être dangereux. Il vaut mieux le faire rouler sur une planche solide. Le plan incliné constitué par cette planche est une machine. Il permet de maîtriser une force résistante (le poids du rouleau) au moyen d'une force inférieure (suffisante pour lui faire gravir la planche). Mais le travail n'est pas diminué car le rouleau doit parcourir une distance supérieure.

A gauche Les pignons d'une boîte de vitesses d'automobile transmettent la force du moteur aux roues. Ils modifient également la valeur de cette force selon la résistance rencontrée. Au démarrage et dans les côtes, le moteur doit tourner beaucoup plus vite que les roues.

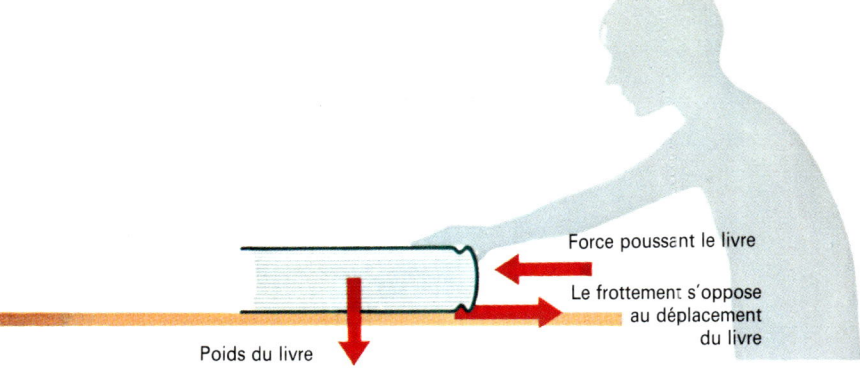

Force poussant le livre
Le frottement s'oppose au déplacement du livre
Poids du livre

La boîte d'allumettes glisse sur une faible pente du côté lisse

A droite On peut étudier les frottements en faisant un plan incliné avec une planchette ou du carton fort. Posez une boîte d'allumettes et inclinez la planchette jusqu'à ce que la boîte glisse. Commencez par le côté lisse puis posez la boîte sur le côté du frottoir. Vous constaterez qu'il faut, dans ce cas, incliner plus fortement la planchette.

Ci-dessus Posez un livre sur une table et essayez de le pousser. Le frottement s'oppose au déplacement. Empilez maintenant plusieurs livres sur le premier et poussez-le encore. C'est plus difficile de pousser la pile à cause du poids supérieur. La force qui appuie le livre contre la table est plus grande et le frottement est supérieur.

LE FROTTEMENT

Frottez votre doigt sur une surface lisse et polie puis sur une pierre ou une brique. Constatez-vous la différence ? Vous sentez, dans le second cas, une sorte de résistance au déplacement de votre doigt. Cette force s'appelle le frottement. Le frottement freine le déplacement relatif de deux surfaces glissant l'une sur l'autre.

Le frottement (ou friction) est plus important sur certaines surfaces que sur d'autres. Il est facile de glisser sur un plancher bien plat et ciré ou sur la glace, mais plus difficile sur une surface irrégulière. Le frottement est généralement plus important entre deux surfaces irrégulières qu'entre deux surfaces lisses.

Le frottement est parfois utile. Par exemple, les freins d'une bicyclette fonctionnent par friction. Des blocs de caoutchouc frottant contre la jante de la roue la ralentissent jusqu'à l'arrêter. La marche est une autre illustration du frottement. S'il n'y avait pas de friction entre vos semelles et le sol, vous ne pourriez pas avancer car vous glisseriez aussitôt.

La chaleur produite par frottement

Si vous vous frottez les mains pendant quelques secondes, vous constaterez qu'elles se réchauffent. La friction se traduit par un échauffement et ce phénomène est parfois utile. Par temps froid, se frotter les mains les

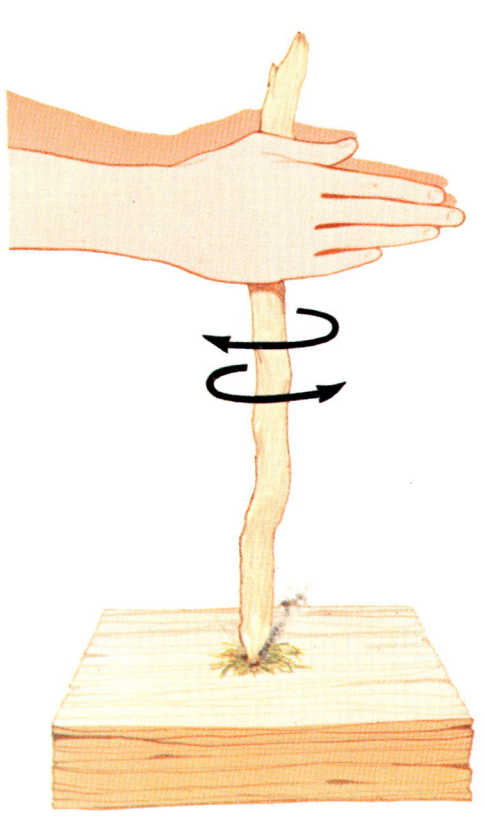

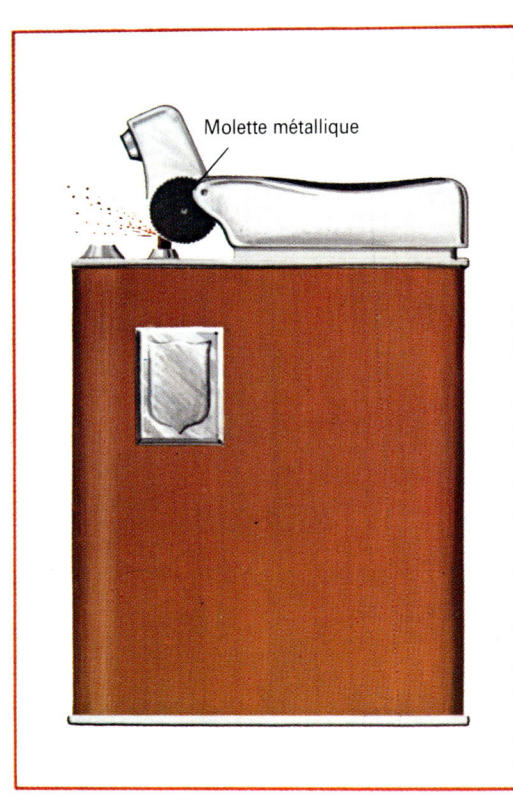

Molette métallique

A gauche Le frottement engendre toujours de la chaleur. C'est un très ancien procédé pour faire du feu. La pointe du bâton tournant très vite dans un morceau de bois devient brûlante et enflamme l'herbe sèche.

A droite Il existe un procédé plus moderne pour faire du feu mais celui-ci utilise toujours la friction. Lorsque l'on appuie sur un briquet, la molette tourne et frotte la pierre qui est en réalité un métal spécial appelé cerium. Des fragments s'en échappent mais le frottement les a chauffés à blanc. Ces étincelles enflamment le gaz.

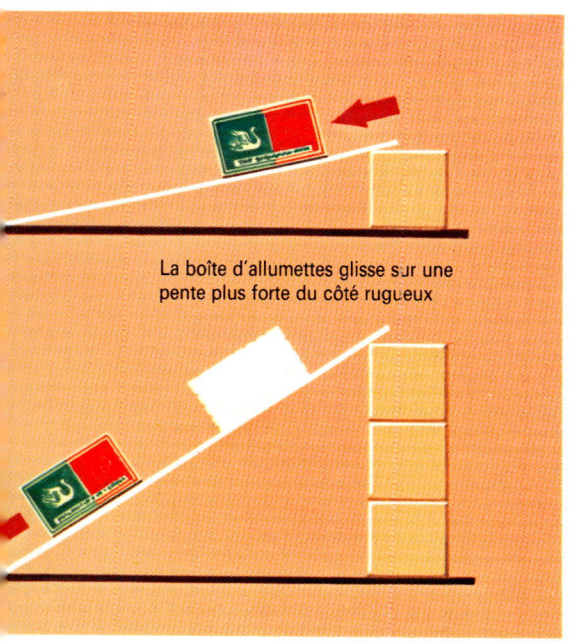

La boîte d'allumettes glisse sur une pente plus forte du côté rugueux

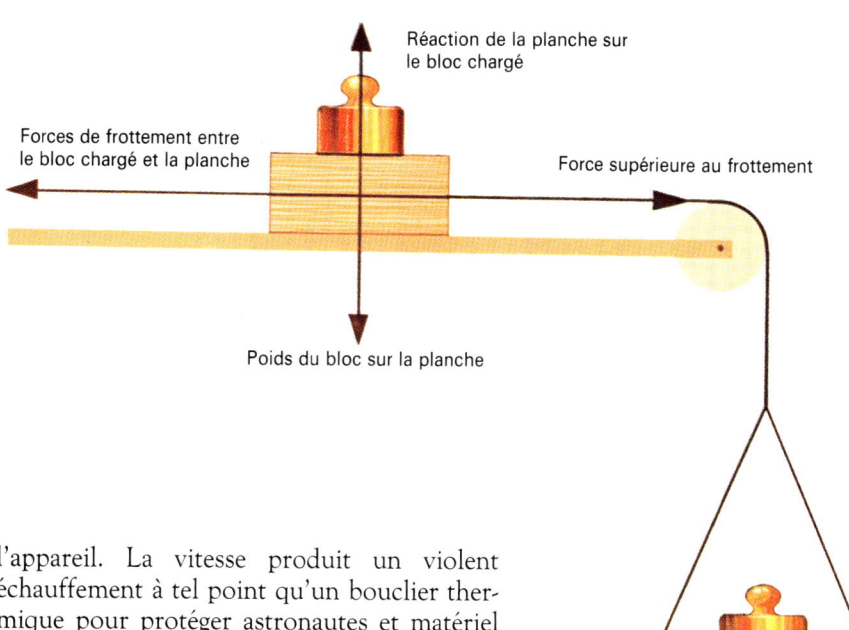

Réaction de la planche sur le bloc chargé

Forces de frottement entre le bloc chargé et la planche

Force supérieure au frottement

Poids du bloc sur la planche

Ci-dessus Cette expérience de laboratoire permet de mesurer les forces de frottement entre deux surfaces, ici entre la planchette et le bloc. Le frottement est égal au poids total du plateau et de sa charge divisé par le poids total du bloc et de sa charge. Vous pouvez étudier les variations du frottement :
a) pour des poids différents ;
b) pour des états différents de surface en utilisant divers types de bloc.

réchauffe rapidement. Les hommes primitifs savaient qu'en frottant deux morceaux de bois bien secs l'un sur l'autre, la friction produisait assez de chaleur pour produire une flamme. De nos jours, on obtient du feu en frottant une allumette. Gratter une allumette sur une surface irrégulière dégage assez de chaleur pour enflammer les substances chimiques du bout de l'allumette. Dans certains cas, la chaleur créée par le frottement peut être dangereuse. Lorsqu'un vaisseau spatial rentre dans l'atmosphère terrestre, il se produit un frottement de l'air sur la surface extérieure de l'appareil. La vitesse produit un violent échauffement à tel point qu'un bouclier thermique pour protéger astronautes et matériel est nécessaire.

Dans un moteur d'automobile qui fonctionne, de nombreuses pièces mobiles les unes par rapport aux autres sont susceptibles de causer énormément de frottements. C'est pourquoi on utilise des lubrifiants (huiles et graisses). Le lubrifiant dépose une pellicule entre les surfaces métalliques qui ne frottent plus les unes sur les autres. L'échauffement du moteur est alors limité ainsi que l'usure. On peut aussi éliminer les frottements en utilisant un système à roulement. Le frottement diminue beaucoup lorsque l'on fait rouler un corps au lieu de le faire glisser. De lourdes charges peuvent être déplacées en les poussant sur des rouleaux.

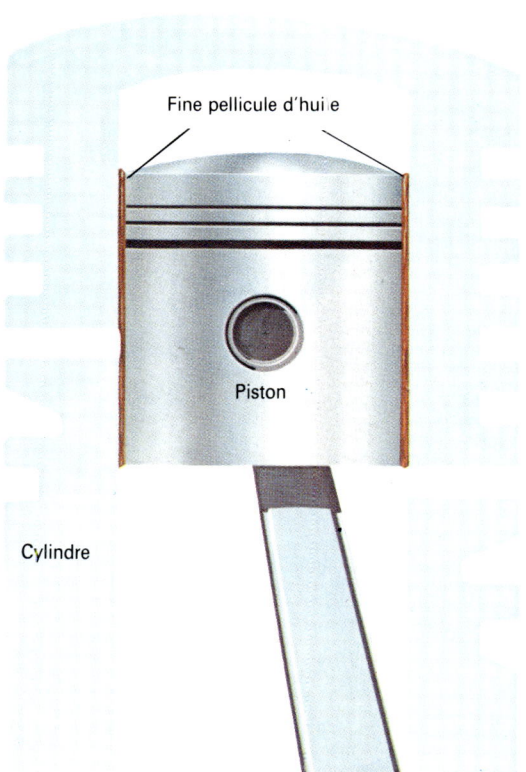

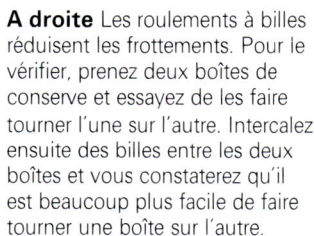

A gauche L'huile réduit les frottements en formant une pellicule très fine qui sépare les surfaces mobiles dans un moteur.

A droite Les roulements à billes réduisent les frottements. Pour le vérifier, prenez deux boîtes de conserve et essayez de les faire tourner l'une sur l'autre. Intercalez ensuite des billes entre les deux boîtes et vous constaterez qu'il est beaucoup plus facile de faire tourner une boîte sur l'autre.

RESSORTS ET ÉLASTICITÉ

Le caoutchouc est une matière élastique. On peut facilement l'allonger. Il retrouve sa forme initiale dès qu'on le relâche. Si vous contractez une balle de caoutchouc Mousse pour la rapetisser, elle reprend aussitôt son volume initial dès qu'elle est libérée.

La non élasticité

Les scientifiques appellent élastique une matière capable de reprendre sa forme et ses dimensions initiales après qu'une force a cessé d'agir. Le mastic et la pâte à modeler ne sont pas élastiques car ils ne reprennent pas leur forme initiale. On les dit non élastiques. Le cuivre et l'aluminium sont moins élastiques que l'acier et le verre, mais plus élastiques que le mastic et la pâte à modeler.

La compression

Pour changer la forme d'un corps, il faut appliquer une force. Plus cette force est importante, plus le corps se déforme en dimension ou en volume. Lorsque vous tirez sur un élastique, il s'étend et sa longueur augmente. Comprimer un bloc de caoutchouc réduit son volume. Vous pouvez courber une règle de bois d'une certaine longueur. La courbure est une combinaison de l'extension et de la compression. Si vous courbez la règle vers le bas, la face supérieure sera allongée (en extension) et la face inférieure comprimée (en compression).

Les propriétés élastiques

Les propriétés élastiques des matières ont été étudiées par un Anglais, Robert Hooke (1635-1703), un des plus grands savants du XVIIe siècle, qui inventa le ressort régulateur.

Il utilisa pour mesurer l'élasticité des corps un procédé simple qui consiste à les faire rebondir. Si vous lâchez une bille sur un sol très dur, elle rebondit assez haut. Plus sa vitesse d'impact est grande, plus le rebond est haut. Si vous faites une bille de pâte à modeler de la même dimension, vous constatez qu'elle ne rebondit pas du tout. Elle s'aplatit, car elle n'est pas élastique mais déformable. Lorsque la bille d'agate frappe le sol, elle est légèrement déformée aussi mais, du fait de son élasticité, elle reprend sa forme originale et rebondit.

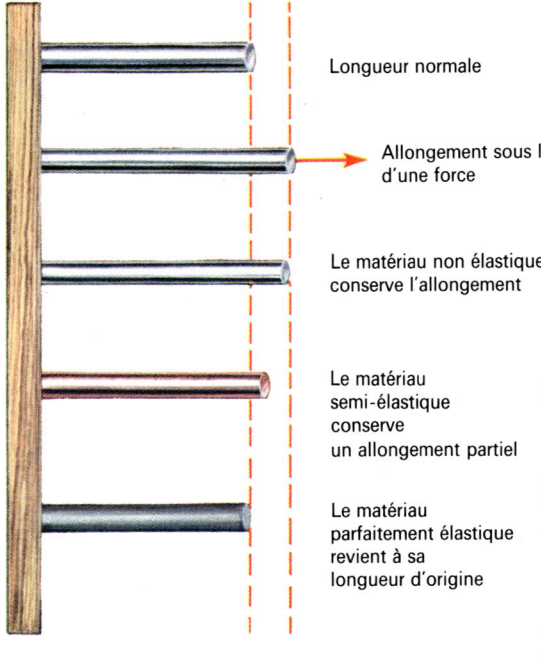

Longueur normale

Allongement sous l'effet d'une force

Le matériau non élastique conserve l'allongement

Le matériau semi-élastique conserve un allongement partiel

Le matériau parfaitement élastique revient à sa longueur d'origine

A gauche Cette illustration montre ce qui se produit lorsque l'on allonge une barre sous l'effet d'une force. Cette force est appelée contrainte. Lorsque la force n'agit plus, une matière non élastique demeure étirée. Les matières parfaitement élastiques reviennent à leur longueur d'origine. Les corps semi-élastiques conservent une déformation partielle permanente.

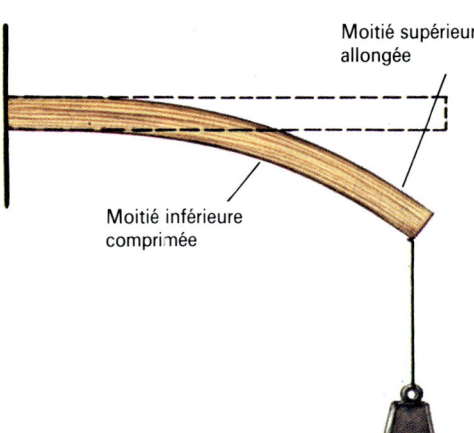

Moitié supérieure allongée

Moitié inférieure comprimée

A gauche Une barre portant un poids fléchit. La moitié supérieure de la barre est étirée, la moitié inférieure, comprimée.

Ci-dessous Des ressorts hélicoïdaux sont utilisés dans des balances automatiques pour mesurer le poids. Le ressort s'allonge d'une quantité qui dépend du poids. Par exemple, un poids de 10 grammes allonge le ressort deux fois plus qu'un poids de 5 grammes. Un index se déplaçant sur une échelle graduée indique le poids.

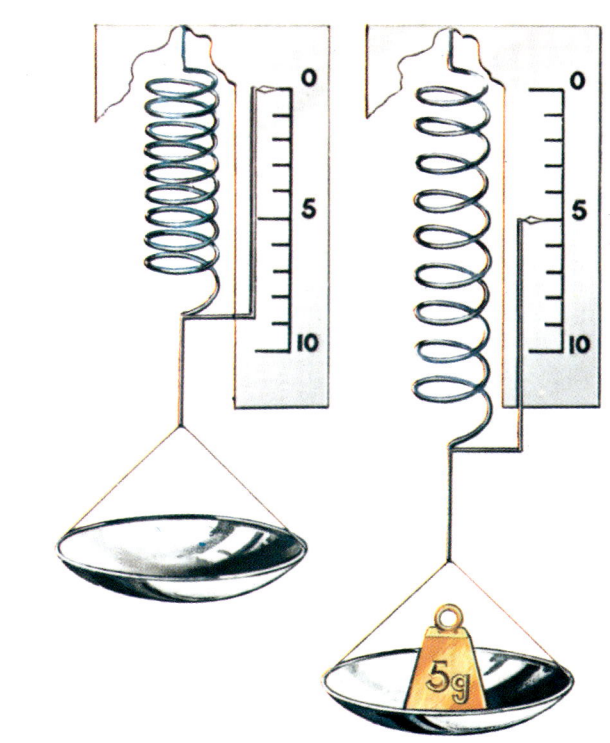

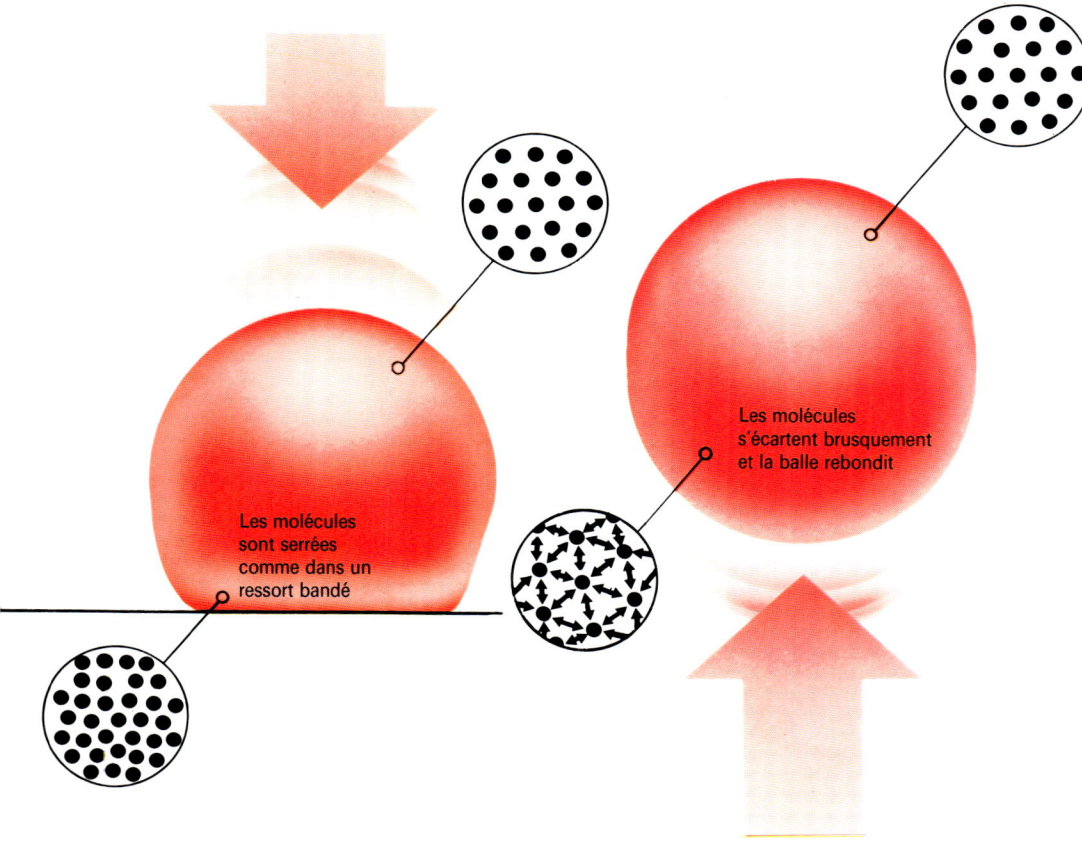

A gauche Une balle en caoutchouc contient des milliards de molécules réunies en paquet. Entre ces molécules, règne une force semblable à celle d'un ressort. Lorsque la balle frappe le sol, la partie inférieure est comprimée et les molécules se rapprochent les unes des autres. Les forces de liaison repoussent les molécules de nouveau. Les molécules périphériques en surface de la balle s'appuient sur le sol et renvoient la balle en l'air : c'est le phénomène du rebond.

Cependant, elle ne rebondit pas à la hauteur d'où elle a été lâchée. Une partie de son énergie a été perdue dans le choc.

Les matières élastiques ont de multiples applications. Ainsi un morceau de bois courbé qui reprend facilement sa forme originale sera utilisé pour fabriquer un arc à lancer des flèches. Un plongeoir aussi sera en matière élastique. Les ressorts en acier sont également très utiles. On les trouve dans les matelas, les fauteuils, les montres, les pendules et les systèmes de suspension des wagons, des automobiles et des camions. La suspension d'une automobile donne du confort en réduisant la violence des cahots. Les pneus gonflés d'air amortissent aussi les chocs. L'air, en effet, comprimé dans un petit volume est aussi très élastique. Lorsqu'une voiture passe sur une bosse, les pneus se déforment mais ils reprennent très vite leur forme originale.

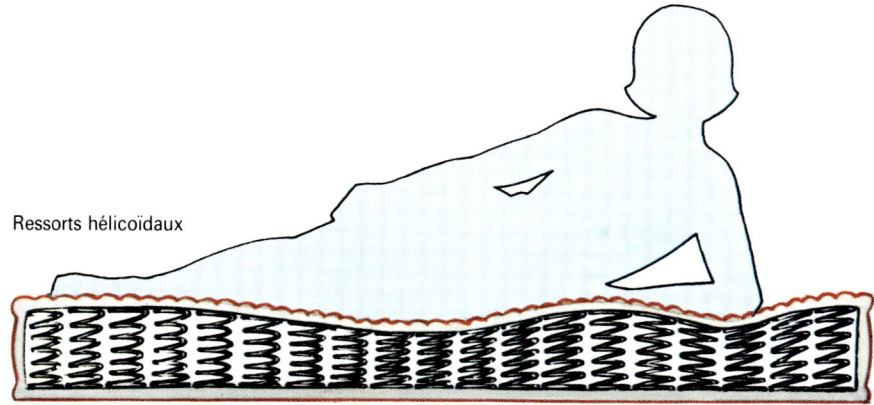

Ressorts hélicoïdaux

A gauche Trois utilisations des ressorts parmi des milliers d'autres. On trouve dans les matelas des ressorts à boudin (hélicoïdaux) qui se compriment sous le poids du corps. Les ressorts à lames servent beaucoup dans les suspensions d'automobile. Ils sont constitués par un empilement de feuilles d'acier et fonctionnent par flexion. Le ressort d'une pendule est une spirale plate que l'on resserre en la tendant. Elle se détend pour entraîner le mécanisme.

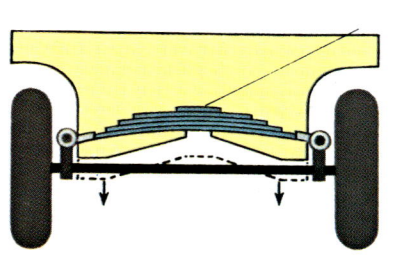
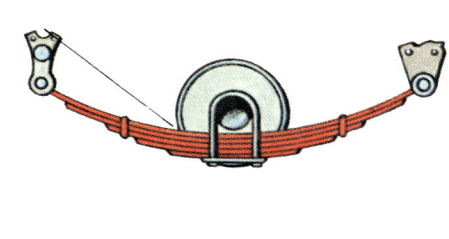

Ressorts à lames

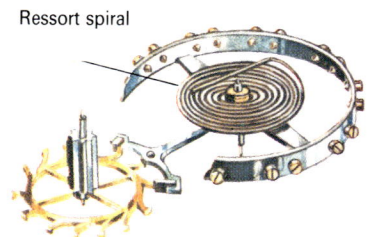

Ressort spiral

LA TENSION SUPERFICIELLE

EXPÉRIENCES SIMPLES

Posez une aiguille propre et sèche sur un morceau de papier buvard flottant dans un verre d'eau. Le papier va s'enfoncer peu à peu alors que l'aiguille flotte en surface. Remplissez un verre d'eau au maximum tout doucement. Vous constatez que la surface de l'eau dépasse le haut du verre et s'arrondit.

Ces deux expériences démontrent que la surface de l'eau semble avoir une « peau » un peu comme la paroi d'un ballon. Cette « peau » est constituée par la couche des molécules formant la surface que les autres molécules attirent vers le centre du liquide. La surface se contracte et se tend. On appelle cette contraction tension superficielle.

Il est important de noter que l'eau n'est pas recouverte d'une peau comme celle qui se forme sur du lait brûlant. C'est la couche superficielle de molécules qui produit cet effet.

Voici encore trois expériences.

LES ALLUMETTES ANIMÉES

Matériel : une cuvette pleine d'eau - des allumettes brûlées - une savonnette - du buvard

Sur l'eau de la cuvette, posez des allumettes comme les rayons d'une roue. Plongez une savonnette au centre. Les allumettes vont s'écarter. Plongez un morceau de buvard au centre. Les allumettes vont revenir.

Le savon dépose une fine pellicule sur la surface de l'eau. Celle-ci réduit la tension superficielle. Cette tension étant plus grande autour des limites de la pellicule savonneuse, les allumettes sont attirées vers l'extérieur. Le papier buvard comporte de nombreux interstices minuscules. L'eau remonte dans les interstices attirée par la tension superficielle. Ce phénomène est appelé capillarité. L'absorption de l'eau augmente la tension superficielle au centre, attirant les allumettes.

Les arbres et les plantes possèdent des petits vaisseaux très fins dans lesquels la sève (l'eau) circule par capillarité.

LES BULLES DE SAVON

Matériel : du fil de fer - du fil rouge - de l'eau savonneuse

Formez un anneau avec le fil de fer. Attachez le fil rouge en travers de l'anneau de manière lâche. Plongez l'anneau dans l'eau savonneuse. Si vous rompez la pellicule savonneuse d'un côté du fil rouge, la pellicule tend le fil parce que celle-ci se rétrécit. Formez une boucle avec le fil et rompez la pellicule dans la boucle. Vous constatez alors que celle-ci se forme en cercle par la tension superficielle de la pellicule savonneuse qui tend encore à se contracter.

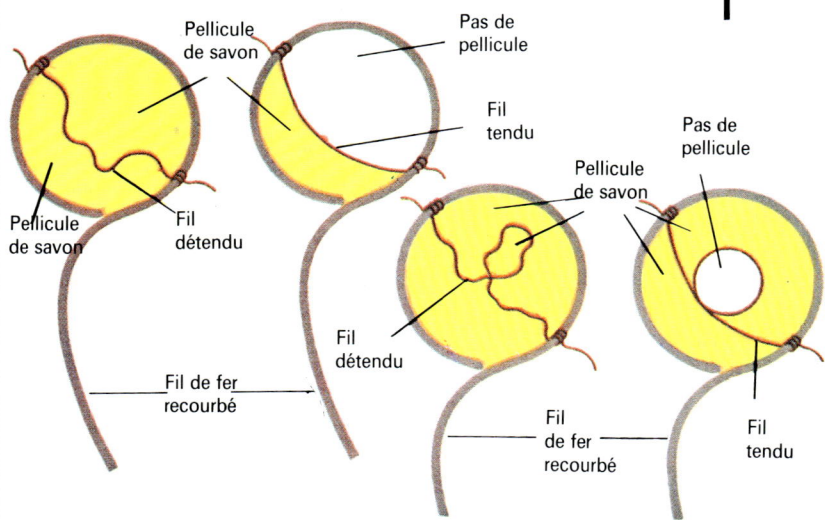

LES BATEAUX MAGIQUES

Matériel : un bac en plastique - une éponge ou du carton - du savon (détergent)

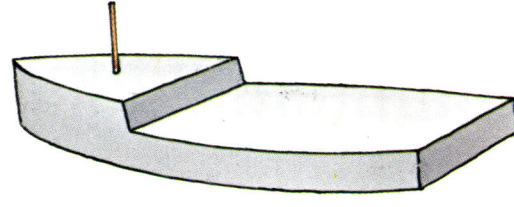

Fabriquez un bateau dans du carton épais ou une éponge, le bois étant trop lourd. Découpez une entaille dans la poupe (arrière) de la coque et coincez un petit morceau de savon. Remplissez d'eau un bac en plastique. Faites flotter votre bateau. Il va avancer tout seul.

En fait, ce n'est pas le savon qui fait avancer le bateau mais la tension superficielle de l'eau. Elle tire tout ce qui flotte à la surface. Comme le savon abaisse la tension superficielle, les forces de tension à l'arrière du bateau sont annulées au profit des forces agissant sur l'avant qui tirent le bateau.

Le savon et les détergents abaissent la tension superficielle de l'eau. De cette manière, ils augmentent le pouvoir mouillant et nettoyant de l'eau en améliorant le contact de celle-ci avec la saleté et la graisse déposées sur les surfaces à nettoyer.

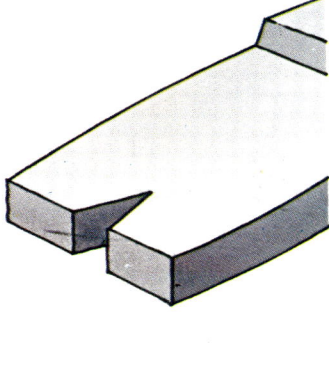

Morceau de savon

LA CAPILLÀRITÉ

Prenez un verre et remplissez-le avec un liquide coloré tel que du jus d'orange ou de cassis. Plongez-y deux pailles, l'une plus grosse que l'autre en diamètre. Vous constatez alors que le liquide monte plus haut dans la petite paille que dans la grosse.

Ci-dessous à droite Les gaz exercent une pression. Un gaz est fait de milliards de molécules qui s'agitent. La pression du gaz est causée par les molécules qui heurtent les parois du récipient. Le nombre de molécules est si élevé qu'elles exercent une pression continue. Si l'on met deux fois plus de gaz dans un récipient, il y aura deux fois plus de molécules. La pression sera donc double.

Ci-dessous Suspendez deux objets rapprochés l'un de l'autre à deux longs fils et soufflez au milieu. Ils devraient en principe s'écarter. En réalité, ils se rapprochent car, en soufflant, vous réduisez la pression de l'air entre eux. La pression de l'air normale et supérieure qui agit sur l'extérieur rapproche les objets.

LA PRESSION

La pression est une force qui s'exerce sur une surface donnée. Ainsi vos pieds s'enfoncent facilement dans le sable mou, mais si vous vous couchez à plat sur le même sable, votre corps s'enfonce moins. Et pourtant, dans les deux cas, la force d'appui sur le sable est la même puisque c'est votre propre poids. Lorsque la force s'exerce sur une surface correspondant à vos pieds, la pression est élevée. Lorsque cette force s'exerce sur une surface correspondant à votre corps, la pression est inférieure.

Haute et basse pression

Un couteau bien aiguisé coupe mieux qu'un couteau émoussé car la surface du bord coupant est beaucoup plus petite. La pression de la lame est donc supérieure.

Un liquide exerce sur les parois d'un récipient une pression due au poids de ce liquide. La pression augmente avec la profondeur. Ainsi la pression régnant au fond de la mer est plus importante qu'à la surface. Les plongeurs de haute mer doivent porter des combinaisons spéciales pour éviter que leur corps ne s'écrase.

La Terre est entourée d'une couche d'air appelée atmosphère. Nous vivons au bas de cette couche d'air. Cet air pèse sur nos corps avec une pression de 1 kg par cm^2 appelée pression atmosphérique. Si vous étendez la main, celle-ci est soumise à une pression d'environ 10 kg dirigée vers le bas. Mais vous ne pouvez pas le ressentir car une force égale s'exerce vers le haut sur l'autre côté de votre main et les deux s'équilibrent. La nature a tendance à équilibrer les pressions. Une pompe à bicyclette comprime de l'air et la pression devenant supérieure à celle qui règne dans le pneu, l'air pénètre dans le pneu.

Une pompe à bicyclette fonctionne par élévation de pression. Lorsque vous buvez à la paille en aspirant vous réduisez la pression.

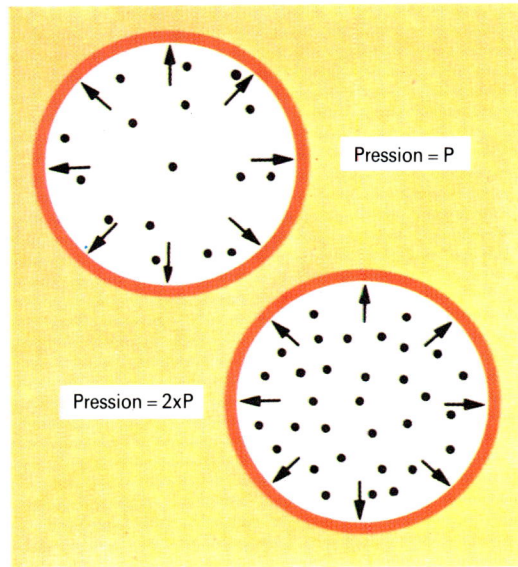

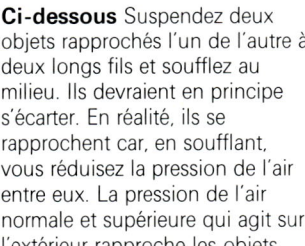

A droite Le baromètre qui mesure la pression atmosphérique sert à prévoir le temps. Le baromètre à mercure est très simple. Il mesure la quantité de mercure équilibrée par la pression atmosphérique. Lorsque la pression varie, la hauteur du mercure varie aussi. Un baromètre anéroïde est plus compliqué. Il comprend un boîtier métallique étanche à parois minces dans lequel règne le vide. Un ressort écarte les parois. Lorsque la pression extérieure augmente ou diminue, les parois du boîtier se rapprochent ou s'écartent. Le mouvement du sommet du boîtier est transmis par des leviers à une aiguille qui se déplace devant une échelle graduée.

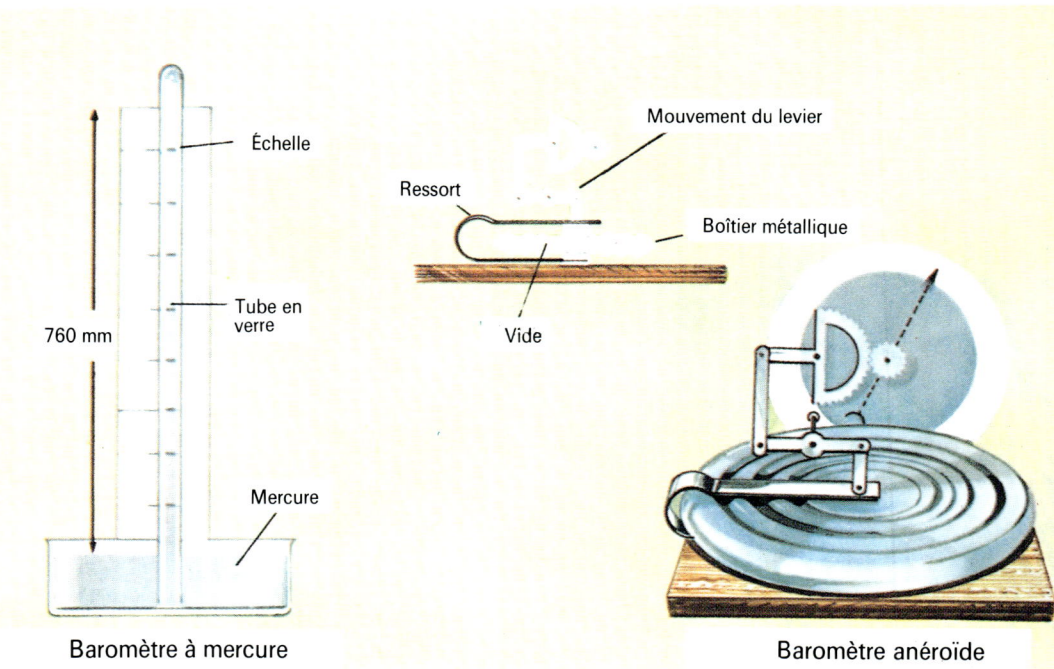

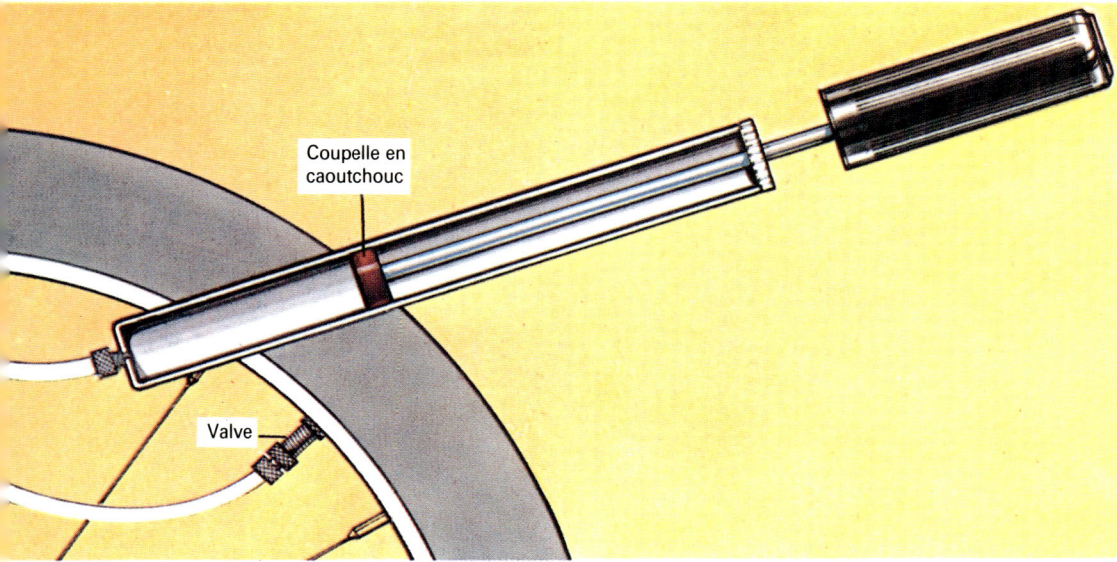

A gauche La pompe à bicyclette sert à comprimer de l'air dans une chambre à air. Une coupelle en cuir ou en caoutchouc formant piston glisse contre la paroi intérieure de la pompe. En poussant le piston, l'air est chassé dans la chambre à air où une valve le retient.

Ci-dessous à gauche Cette boîte remplie d'eau est percée de petits trous. Le jet d'eau inférieur est le plus puissant et le plus horizontal car la pression d'un liquide augmente avec la profondeur. L'eau du fond est à la pression maximale.

L'aspiration élimine l'air contenu dans la paille. Pour rétablir, comme avant, la pression, l'atmosphère repousse le liquide du verre dans la paille puis dans votre bouche. Vous pouvez continuer à boire en aspirant toujours, ce qui maintient la pression à l'intérieur de votre bouche à une valeur inférieure à la pression atmosphérique. Un aspirateur fonctionne selon le même principe. Un ventilateur abaisse la pression à l'intérieur de l'appareil au-dessous de la pression atmosphérique. L'air se précipite donc dans l'aspirateur en entraînant les poussières.

Si l'on s'élève au-dessus du niveau de la mer, la pression atmosphérique décroît. La cause en est la raréfaction des molécules d'air avec l'altitude. Les alpinistes qui grimpent sur les plus hauts sommets comme l'Everest doivent emporter avec eux une provision d'oxygène. L'air devient trop rare et ils doivent respirer grâce à des bouteilles d'oxygène. Les cabines des avions volant à haute altitude doivent aussi être alimentées en air. Sans équipement spécial, la cabine ne se maintient pas à une pression atmosphérique normale pour les passagers. Il faut la pressuriser.

L'ŒUF ET LA BOUTEILLE

Demandez à un adulte de vous aider.

Matériel nécessaire : un œuf dur écalé - une bouteille de lait propre et sèche - des morceaux de papier journal - une longue allumette

Prenez une bouteille de lait vide, bien rincée et séchée, dont le goulot sera légèrement plus petit que l'œuf. Mettez dedans quelques morceaux de papier journal et enflammez-les avec une longue allumette. Posez la bouteille et placez l'œuf sur l'ouverture.

Peu à peu, la bouteille va avaler l'œuf au moins partiellement si le papier s'arrête de brûler rapidement.

Cette absorption est due à la pression atmosphérique. Avant la combustion du papier, la pression de l'air à l'intérieur, sous l'œuf, est égale à celle de l'extérieur. Lorsque le papier brûle, il consomme l'oxygène de l'air de la bouteille. La pression commence à diminuer. L'air extérieur est alors à une pression supérieure : il commence à pousser l'œuf dans la bouteille. Si la différence de pression est faible, l'œuf s'arrête dès la fin de la combustion. Si la différence de pression est importante, l'œuf va se trouver projeté à l'intérieur de la bouteille.

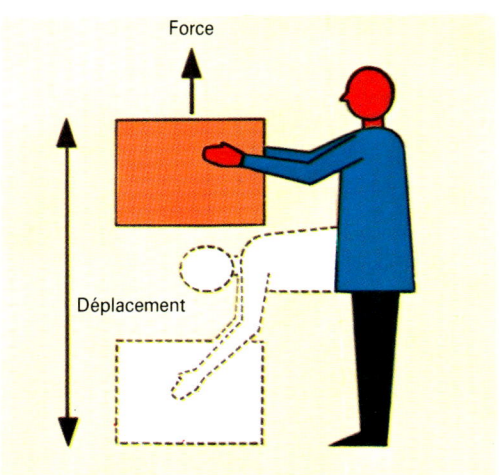

Ci-dessous et à droite En soulevant une caisse, vous exercez une force de manière à vaincre la gravité terrestre. Vous déplacez aussi cette force sur une certaine distance. En d'autres termes, vous effectuez un travail avec cette caisse. Si vous poussez la caisse sur le sol, vous devez aussi exercer une force pour vaincre les frottements entre le sol et la caisse.

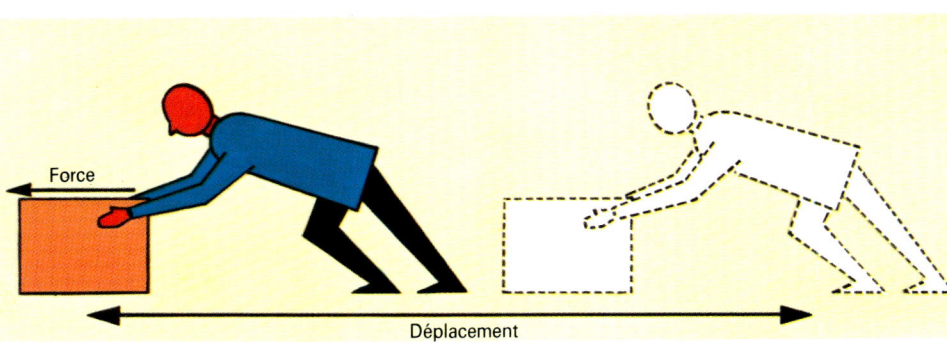

A droite En attachant une masse à l'extrémité d'une ficelle elle-même fixée à son autre extrémité, vous réalisez un pendule. Si vous déplacez la masse d'un côté, vous effectuez un travail car vous agissez contre la force de la gravité. Vous avez augmenté l'énergie potentielle de la masse. Lâchez-la. En se déplaçant, elle commence par augmenter sa vitesse jusqu'au point le plus bas de la course. Elle possède alors sa vitesse maximale et toute son énergie potentielle a été convertie en énergie cinétique. En remontant de l'autre côté, elle ralentit et son énergie cinétique a été retransformée en énergie potentielle. L'illustration montre un pendule en différents points de sa course au cours d'une oscillation.

A droite, page opposée Deux jouets utilisant l'énergie emmagasinée dans un élastique torsadé. Remontez le tracteur à bobine en tournant l'allumette. La bobine va rouler toute seule sur le sol en s'agrippant avec ses flasques crantés. Construisez ensuite une boîte roulante magique. En la roulant par terre, l'écrou remontera l'élastique. En la lâchant, elle roulera dans l'autre sens car l'élastique qu'on ne peut voir se déroule.

L'énergie

TRAVAIL ET ÉNERGIE

Un homme qui monte un sac de pommes de terre dans un escalier accomplit un travail. La quantité de travail qu'il accomplit dépend non seulement du poids du sac mais aussi de la hauteur qu'il atteint. Un homme qui monte un sac à 12 mètres accomplit un travail deux fois plus important qu'un homme qui transporte le même poids à 6 mètres. De même, un homme qui transporte 20 kilos à 6 mètres fait un travail double de celui d'un homme qui transporte 10 kilos à la même hauteur. Le travail est donc la résultante de la force et de la distance. Le travail accompli est égal à la force appliquée multipliée par la distance parcourue par le point d'application de la force. D'après ce principe, le travail n'est accompli que si la force se déplace.

Énergie potentielle et cinétique

Dans l'absolu, si vous placez un gros livre sur votre tête, aucun travail n'est effectué sur le livre car il ne se déplace pas. Néanmoins, un certain travail résulte de la contraction ou de l'extension de vos muscles. Si vous posez un objet sur une étagère, vous devez accomplir un travail pour le placer. Ce travail n'est pas perdu. L'objet possède davantage d'énergie que lorsqu'il était par terre. Cette énergie en réserve s'appelle énergie potentielle. Si l'objet tombe de l'étagère, il perd cette énergie potentielle. Il tombe de plus en plus vite, prend de la vitesse et acquiert une nouvelle forme d'énergie appelée énergie cinétique. L'énergie cinétique est l'énergie résultant du mouvement d'un corps.

Si ce corps tombe sur du sable ou un sol mou, il formera un creux à l'endroit de l'impact. L'énergie cinétique a servi à effectuer un travail sous forme d'un déplacement du sol. L'énergie d'un corps est sa capacité à accomplir un travail. L'énergie n'est jamais perdue car elle peut prendre successivement diverses formes.

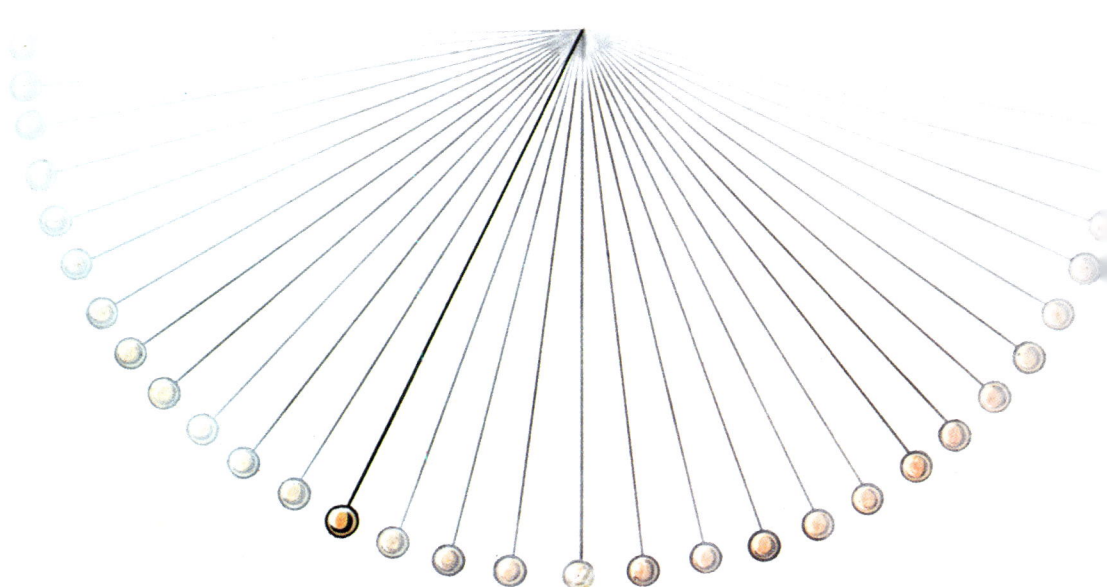

Les autres énergies

Que se passe-t-il lorsqu'un objet tombe sur le sol ? Que devient son énergie ? Une partie de l'énergie cinétique est transformée en bruit. Une autre partie peut causer une déformation de l'objet ou du sol. Le reste est transformé en une autre forme d'énergie appelée chaleur. L'objet devient légèrement plus chaud. Vous pouvez démontrer la transformation de l'énergie cinétique en chaleur en frappant un petit morceau de métal avec un marteau à plusieurs reprises. Le métal devient rapidement très chaud.

Bien entendu, frapper les objets n'est pas le meilleur moyen de les chauffer. La combustion est la meilleure méthode pour produire de la chaleur. Lorsque le charbon se consume, il dégage de la chaleur. Nous disons que le charbon est une source d'énergie. L'énergie est contenue dans le charbon qui, en brûlant, donne de nouvelles substances chimiques. Celles-ci possèdent moins d'énergie que le charbon. La différence a été transformée en chaleur. La chaleur produite par le charbon peut servir à produire de la vapeur qui entraînera un moteur. A son tour, ce moteur pourra accomplir un travail.

Lorsque vous accomplissez un travail tel que porter un sac ou pousser un chariot, vous consommez du combustible. Ce combustible n'est autre que les aliments que vous avez absorbés. Les transformations chimiques subies par les aliments produisent de l'énergie. L'énergie emmagasinée dans les aliments, le charbon, l'essence et le gaz, est appelée énergie chimique.

Il existe d'autres formes d'énergie. Par exemple, les matières en combustion dégagent de la chaleur et de la lumière. Une partie de leur énergie est transformée en énergie lumineuse. Dans un radiateur, l'énergie électrique produit de la chaleur et un peu de lumière.

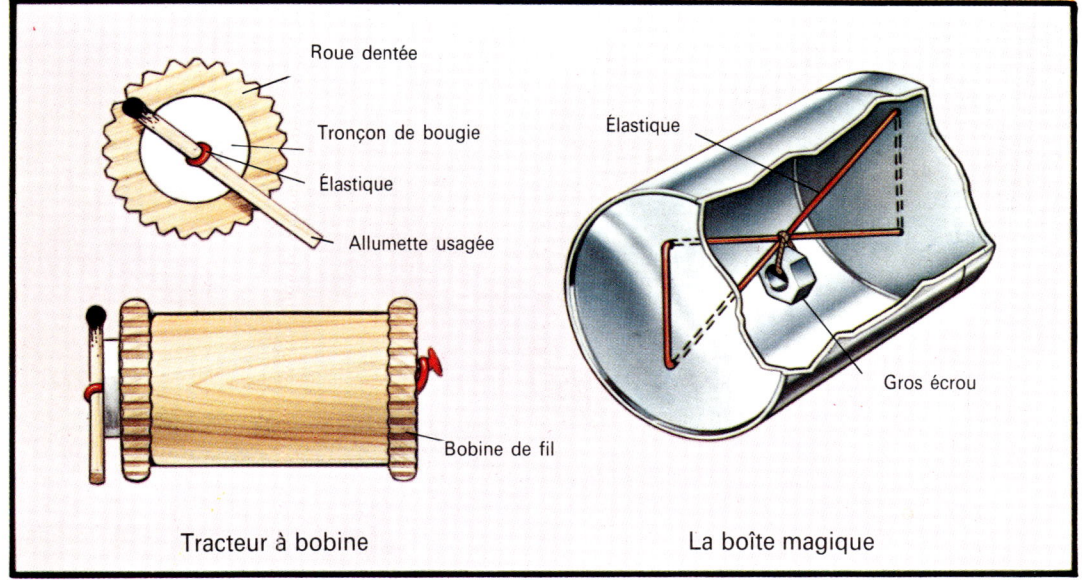

A gauche Lorsque la flèche est lancée, l'énergie potentielle de l'arc tendu est transformée en énergie cinétique de la flèche qui se déplace.

Watt

En haut James Watt (1736-1819), ingénieur et inventeur écossais, créa une machine à vapeur efficace dotée de nombreux perfectionnements peu de temps après que de telles machines furent inventées.

Ci-dessus Une machine à vapeur construite en 1788 par James Watt.

Roue dentée
Tronçon de bougie
Élastique
Allumette usagée
Bobine de fil
Tracteur à bobine

Élastique
Gros écrou
La boîte magique

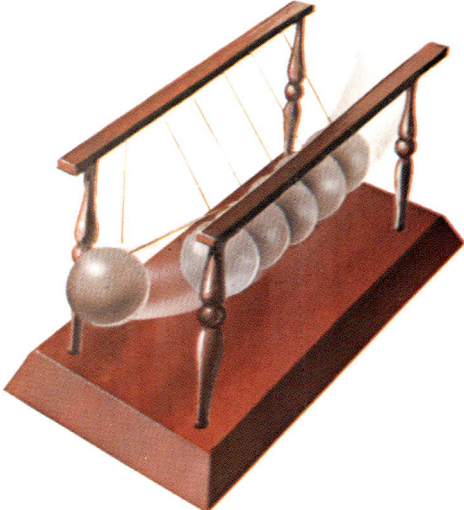

Ci-dessus Une des façons dont nous profitons de l'énergie solaire. La lumière du Soleil fait pousser les plantes. Les plantes sont consommées par les animaux qui assurent la nourriture des hommes, nous fournissant ainsi l'énergie nécessaire pour travailler.

A droite Le berceau de Newton. Lorsque la bille la plus à l'extrémité vient heurter l'alignement des billes immobiles, son énergie se transmet de l'une à l'autre, et l'autre bille d'extrémité se trouve projetée. Avec des billes d'acier parfaitement polies soutenues par des fils fins, la perte d'énergie est minime et le mouvement se poursuit longtemps sans que l'on doive l'entretenir.

Ci-dessous Dans un grille-pain électrique, le courant passe dans des filaments qui rougissent comme ceux d'un radiateur électrique. L'énergie électrique est transformée en énergie calorifique.

LA CONSERVATION DE L'ÉNERGIE

Imaginez une automobile qui roule et que le conducteur veuille l'arrêter rapidement. Il freine, c'est-à-dire qu'il applique une force sur les roues pour les empêcher de tourner. Si la voiture roule à 110 km/h, il faut, pour la stopper, une force supérieure à celle nécessaire à une voiture ne roulant qu'à 50 km/h. Imaginez un camion allant à 100 km/h. Il faudra pour l'arrêter une force plus importante que celle nécessaire pour stopper une voiture se déplaçant à la même vitesse parce que le camion est plus lourd que la voiture. On dit que la voiture et le camion possèdent un moment. L'énergie cinétique ne dépend pas seulement de la vitesse d'un corps mais aussi de sa masse. Un camion roulant à 100 km/h a plus de moment qu'une voiture allant à la même vitesse. Une voiture roulant à 100 km/h a plus de moment que si elle roule à 50 km/h. Le moment d'un corps est le produit de sa masse par sa vitesse.

Ci-dessous L'énergie de ce puissant laser est telle qu'elle peut percer un trou à travers une épaisse plaque d'aluminium. LASER est l'abréviation de l'expression « Amplification de Lumière par Émission Stimulée de Rayonnements » (voir page 108).

La loi de la conservation de l'énergie

La loi de conservation du moment est un des plus importants principes physiques. Il existe une loi similaire concernant l'énergie, qui établit que l'énergie ne se perd ni ne se crée mais qu'elle se transforme. On l'appelle loi de la conservation de l'énergie.

Le charbon brûlé dans une centrale thermique produit de la chaleur. Cette chaleur permet de produire de la vapeur qui entraîne une turbine. La turbine fait tourner un alternateur qui produit de l'électricité. Dans un radiateur électrique, l'électricité est transformée en chaleur. De cette manière, l'énergie chimique du charbon a servi à produire de l'énergie calorifique dans le radiateur électrique. Cependant, la totalité de l'énergie chimique du charbon n'atteint pas le radiateur électrique. Une partie de l'énergie est perdue en route. Ainsi, les frottements mécaniques dans la turbine et l'alternateur se transforment-ils en chaleur. Une partie de l'énergie électrique est perdue dans les câbles à haute tension des lignes de force qui chauffent. On n'utilise pas cette énergie mais, néanmoins, celle-ci n'est jamais totalement perdue. Elle est seulement transformée.

A l'époque préhistorique, la chaleur et la lumière du Soleil ont permis aux végétaux de croître. Ceux-ci avec le temps se transformèrent en charbon, pétrole et gaz naturel. En brûlant ces combustibles, nous extrayons une énergie emmagasinée par la Terre il y a très longtemps. Celle-ci a été stockée dans les combustibles sous forme d'énergie chimique.

Depuis un demi-siècle environ, les hommes ont découvert et exploité une nouvelle source d'énergie appelée énergie nucléaire (voir page 192).

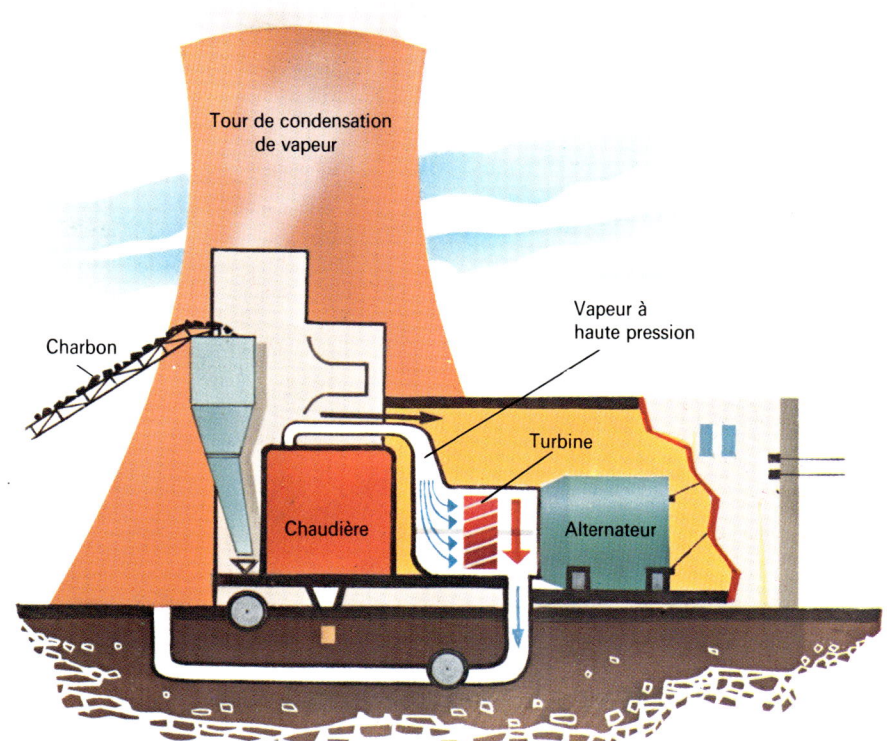

A droite Exploitation d'une mine de charbon à ciel ouvert. L'énergie du charbon, emmagasinée sous forme d'énergie chimique, est récupérée dans une centrale thermique sous forme de chaleur.

Ci-dessus Une centrale thermique électrique utilise l'énergie calorifique (la chaleur) du charbon ou du pétrole pour produire de l'électricité. Le combustible sert à produire de la vapeur qui entraîne les turbines des générateurs. Dans une centrale hydro-électrique, les turbines sont entraînées par un courant d'eau régulier. Elles utilisent l'énergie potentielle de l'eau retenue par un barrage ou celle d'une chute naturelle (voir page 154).

Ci-dessous Il existe une différence entre la puissance et l'énergie. Un magasinier met beaucoup de temps pour charger un grand nombre de caisses sur le camion. Le chariot-élévateur à fourche fait le même travail très rapidement. Dans les deux cas, la même quantité d'énergie est consommée mais la machine est plus puissante et travaille plus vite. La puissance est la quantité de travail effectué par unité de temps.

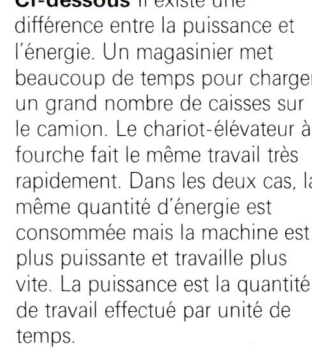

CONDUCTION ET ISOLATION

Enduisez de beurre une lame de couteau et placez la pointe de la lame dans la flamme d'une bougie : le beurre va fondre très rapidement ; d'abord au bout de la lame puis, peu à peu, jusqu'au manche. Ceci est dû au fait que la chaleur de la flamme se répand dans toute la lame. Le déplacement ou transfert de la chaleur dans un corps solide, comme le couteau, est appelé conduction.

C'est le mouvement des atomes et des molécules dans le solide qui est à l'origine de la conduction. Lorsque les molécules proches de la flamme s'échauffent, elles vibrent d'un mouvement alternatif plus rapide. En vibrant plus vite, leur énergie augmente. Elles entraînent les molécules voisines qui s'agitent aussi plus rapidement. Par la suite, toutes les molécules du solide vibrent plus intensément et augmentent leur énergie. Cette énergie est la chaleur qui se répand dans la lame, et fait augmenter la température du couteau.

Bons et mauvais conducteurs

Certains corps conduisent mieux la chaleur que d'autres. Des métaux comme le cuivre, l'aluminium et l'argent sont bons conducteurs. Les métalloïdes comme le verre, le bois, le caoutchouc et les plastiques sont mauvais conducteurs. Ce sont des isolants.

Les matières, comme le cuivre, qui conduisent bien la chaleur sont généralement aussi bonnes conductrices de l'électricité. Les bons isolants thermiques sont souvent de bons isolants électriques.

Lorsqu'un couteau est tenu dans la flamme, son manche ne chauffe pas car en général il est fait dans un matériau isolant de même que les poignées de casseroles. Ces dernières, par contre, sont en métal nu ou en métal émaillé afin que la chaleur passe bien de la cuisinière au contenu.

La plupart des liquides sont mauvais conducteurs. On peut mettre le lait au frais en été en plongeant la bouteille dans un seau d'eau froide. Les gaz, comme l'air, sont également mauvais conducteurs de chaleur. Les vêtements de laine réduisent aussi les pertes de chaleur du corps car ils retiennent de l'air entre les brins de laine. La couche d'air entre deux tricots ou entre les mailles d'un gilet diminuent la conductibilité. Ce caractère isolant empêche l'air froid de pénétrer et retient la chaleur du corps.

On utilise de bons conducteurs lorsque l'on veut que la chaleur circule rapidement. Les isolants au contraire ralentissent le flux de chaleur.

Ci-dessous Cette expérience montre que la chaleur se transmet lentement dans la lame en métal. Ne réalisez cette expérience qu'en présence d'un adulte.

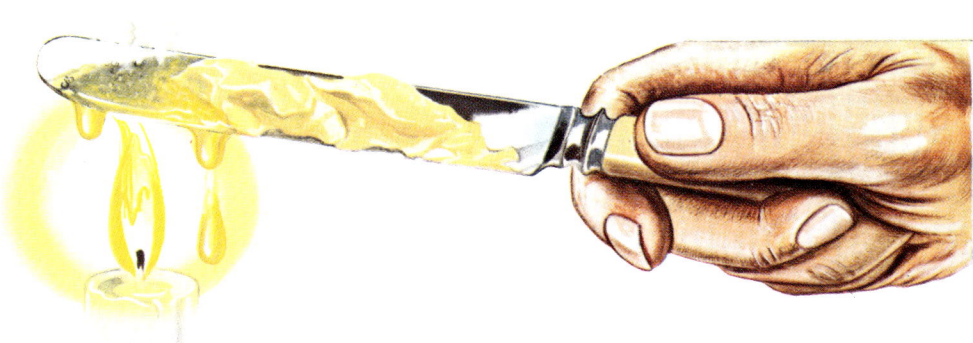

A gauche Pour empêcher la chaleur de se transmettre, nous employons des isolants. En cuisine, une cuillère de bois ne chauffe pas comme une cuillère de métal. Pour éviter le gel des tuyauteries d'eau, en hiver, on les entoure de matières isolantes. Isoler une toiture permet de retenir la chaleur dans la maison.

Un radiateur automobile est en métal. L'eau qui circule dans le moteur le refroidit en recueillant la chaleur en excès et la disperse dans l'air au moyen des ailettes métalliques du radiateur. Une bouillote en caoutchouc remplie d'eau bouillante peut rester chaude longtemps. Le peu de chaleur qui traverse la paroi chauffe le lit. Le lit lui-même reste chaud grâce à l'air emprisonné dans les couvertures. De même, on isole les tuyaux, les chauffe-eau électriques et les chaudières, en utilisant des corps mauvais conducteurs. Ceux-ci réduisent les pertes de chaleur du système de chauffage ou, au contraire, évite que les canalisations ne gèlent en hiver.

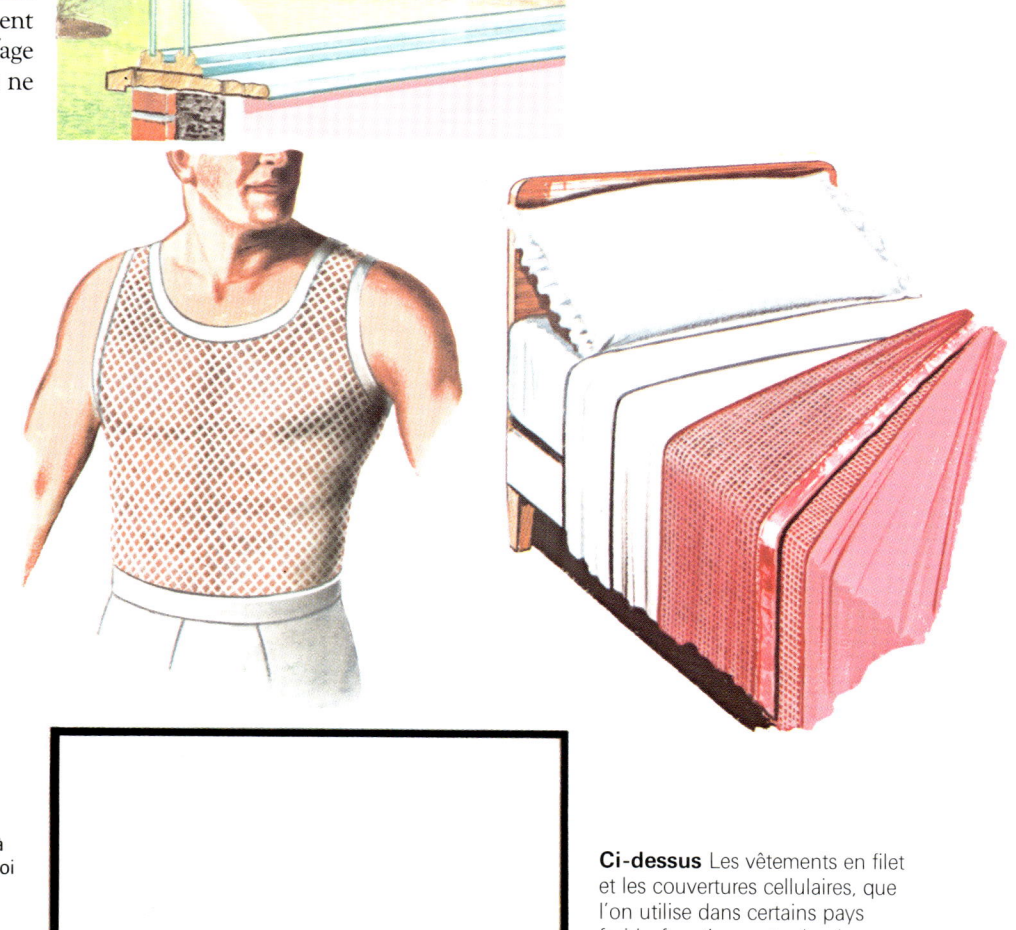

Ci-dessous Le vide ne conduit pas la chaleur en raison de l'absence de molécules. Un récipient isotherme à vide sert à conserver le contenu froid ou chaud. Un flacon de verre intérieur possède une double paroi de laquelle l'air a été retiré pour faire le vide. En plus, les parois sont argentées et polies pour empêcher les pertes de chaleur par rayonnement.

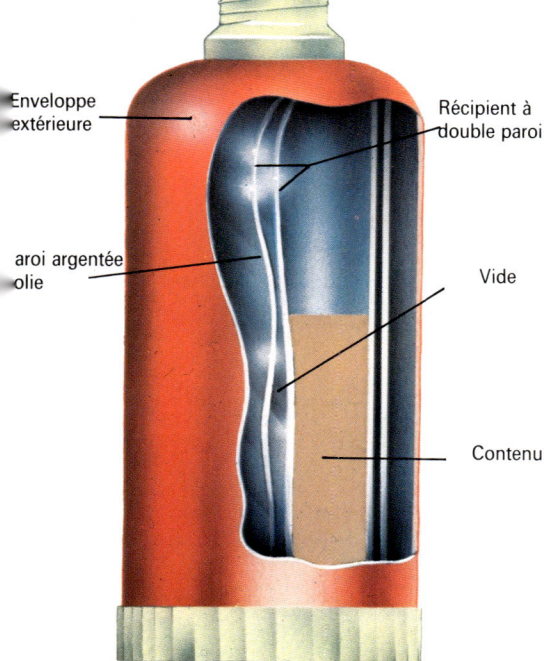

Enveloppe extérieure
Récipient à double paroi
Paroi argentée polie
Vide
Contenu

Ci-dessus Les vêtements en filet et les couvertures cellulaires, que l'on utilise dans certains pays froids, fonctionnent selon le principe de la mauvaise conductibilité de l'air. Une couverture cellulaire qui se place entre deux couvertures normales retient une couche d'air. Celle-ci arrête la perte de chaleur et maintient le lit chaud.

A gauche Ne réalisez cette expérience qu'en présence d'un adulte. Personne ne vous croira si vous affirmez que vous pouvez faire bouillir de l'eau dans une barquette en papier. Or c'est possible. En effet, l'eau prend la chaleur du papier et l'empêche de devenir suffisamment chaud pour qu'il s'enflamme. Si vous faites cette expérience, assurez-vous que la barquette en papier est suffisamment solide et qu'elle ne risque pas de craquer une fois mouillée. Ne laissez pas l'eau s'évaporer complètement car le papier sec prendrait feu.

LA CONVECTION

Si vous observez une casserole d'eau qui bout, vous constaterez que l'eau est agitée. Ces mouvements sont causés par l'eau chaude qui monte à la surface alors que l'eau froide descend au fond de la casserole. Le phénomène est appelé convection. Il se produit lorsqu'il y a un transfert de chaleur par la matière elle-même alors que dans la conduction, le déplacement de la chaleur s'effectue sans que la matière ne se déplace.

La convection se produit dans les gaz comme dans les liquides. Chauffez avec précaution, sans vous brûler, une tige métallique puis ôtez-la de la flamme. Placez alors l'autre main un peu au-dessus : vous sentirez l'air chaud qui s'élève de la tige. Si vous placez votre main au-dessous, vous ne sentirez pas de chaleur.

La convection est due au fait que les gaz et les liquides se dilatent lorsqu'on les chauffe. Cette dilatation réduit leur densité par rapport à la matière environnante. Plus légers, ils s'élèvent et leur volume est remplacé par du fluide plus dense venant de la partie supérieure. Ces déplacements de matière sont appelés courants de convection. Ceux-ci peuvent être relativement puissants. Placez un petit bout de serpentin au-dessus d'une lampe et observez sa rotation. C'est de la même façon que l'on produit un effet de mouvement dans certains tableaux illuminés et dans les imitations de bûches incandescentes.

Ce phénomène qu'est la convection empêche de rafraîchir un verre d'eau en le posant sur un pain de glace. L'eau du fond devient de plus en plus froide donc de plus en plus dense et par conséquent reste au fond. L'eau à la surface ne refroidira pas parce qu'elle restera toujours en haut.

A gauche Lorsque l'on chauffe un liquide, des courants de convection s'établissent dans son volume. L'eau la plus chaude monte en surface et l'eau la plus froide descend vers le fond où elle chauffe et remonte. Les frémissements montrent les mouvements de l'eau. Un phénomène identique se produit lorsque l'on refroidit un verre d'eau avec des glaçons. La glace refroidit l'eau de la surface qui descend au fond du verre tandis que l'eau plus chaude remonte du fond vers la surface.

Ci-dessous à gauche Il existe deux types de chauffage à convexion. Dans un radiateur à convexion naturelle, l'air froid entre par le bas, se chauffe au contact des éléments et ressort par le haut. Le courant d'air naturel entretient la circulation d'air. Dans un radiateur soufflant, qui peut être beaucoup plus petit, un ventilateur aspire l'air froid à l'arrière et le souffle sur les filaments chauffants.

Ci-dessous La ventilation (aérage) d'une mine de charbon. Le feu chauffe l'air qui se dilate, devient moins dense et s'élève dans la cheminée. L'air frais pénètre dans l'autre puits pour ventiler la mine.

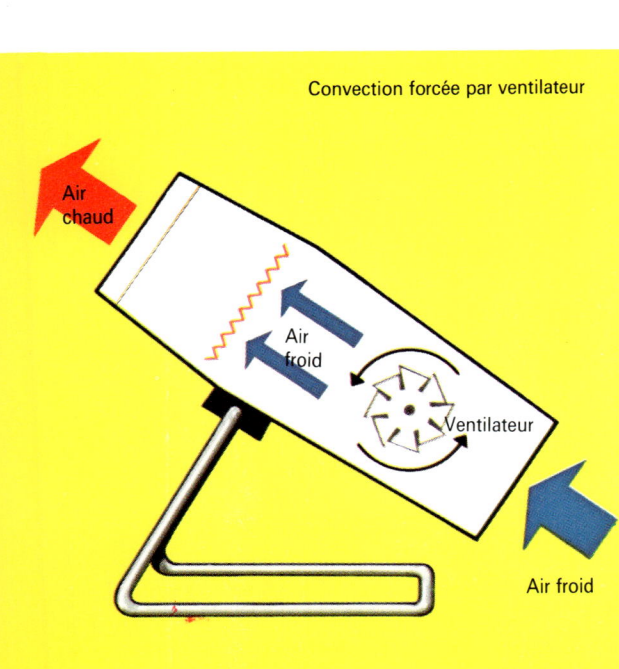

Les courants de convection

Dans les anciennes exploitations minières, les galeries étaient ventilées par des courants de convection. Deux tuyaux étaient enfoncés dans le sol et l'on allumait un feu à la base de l'un d'eux. L'air chaud sortait en haut de ce tuyau et l'air frais était aspiré par l'autre, ce qui ventilait la mine.

Les radiateurs à convection (ou convecteurs de chauffage) obéissent au principe selon lequel l'air chaud s'élève. L'air frais proche du sol est attiré et chauffé. Il s'élève par convection et sort en haut du radiateur. Un courant d'air chaud émerge constamment du radiateur. Les radiateurs soufflants et les sèche-cheveux transfèrent la chaleur par convection. Une résistance électrique réchauffe l'air et un ventilateur le souffle. La chaleur est transférée par le mouvement de l'air : il y a donc convection. Lorsqu'il y a un ventilateur, on force la convection.

Les courants de convection existent à l'état naturel dans l'atmosphère. Dans la journée, le soleil chauffe plus fortement la terre que la mer. L'air au-dessus de la terre s'échauffe, s'élève et l'air plus frais venant de la mer le remplace. Le jour, on constate donc une brise qui souffle généralement vers la terre. De nuit, la terre refroidit plus vite que la mer ce qui fait que celle-ci reste plus chaude que la terre. Un courant de convection s'établit dans l'autre sens. L'air de la mer plus chaud s'élève et l'air frais venant de la terre le remplace.

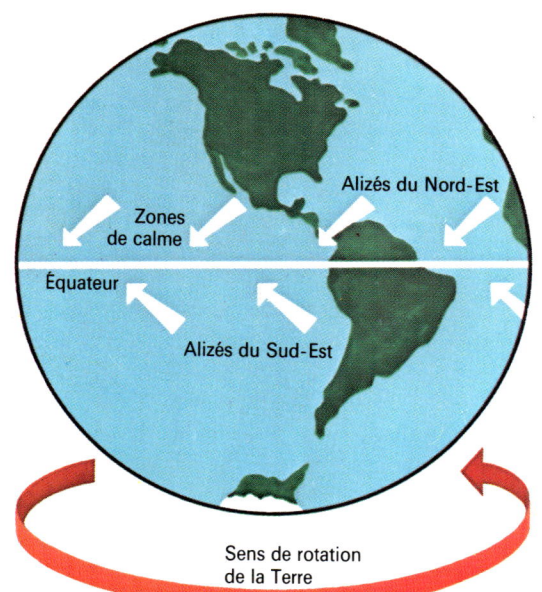

A gauche Les alizés sont des courants d'air frais prenant la place d'un air plus chaud. Ils soufflent obliquement en raison de la rotation de la Terre. Au voisinage de l'Équateur se trouve une zone dite « des calmes » où les voiliers étaient souvent arrêtés en raison de l'absence totale de vent. Les seuls mouvements de l'air s'effectuent verticalement par convexion.

Ci-dessous Établissement de brises de terre et de mer par courants de convection. Des brises soufflant dans une direction opposée mais à une altitude très supérieure complètent la circulation.

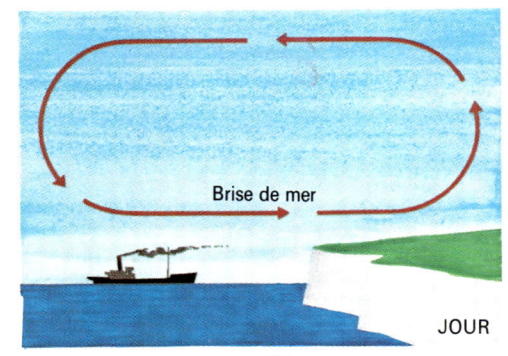 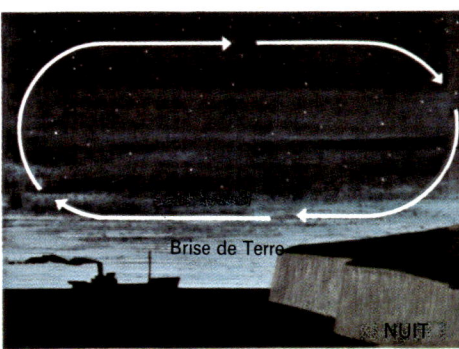

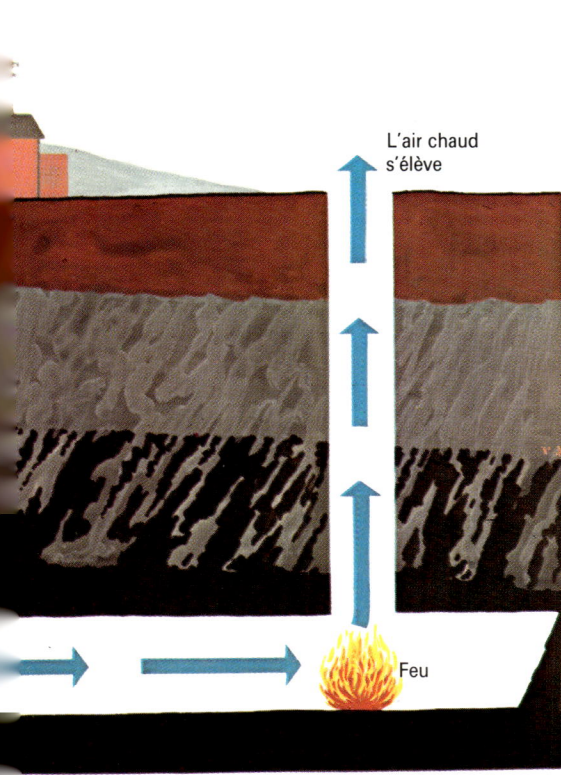

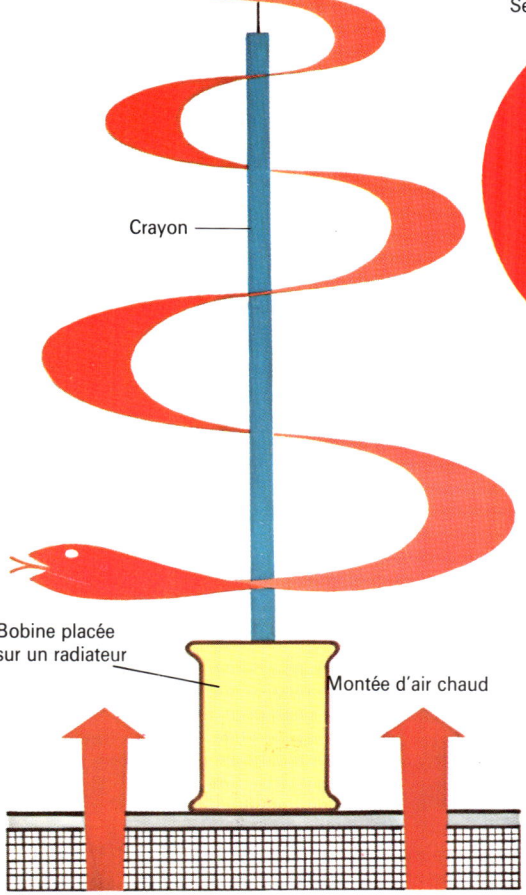

A gauche Fabriquez un moulin à vent vertical en forme de serpent que l'air chaud d'un radiateur fera tourner. Fabriquez un serpentin en découpant une spirale dans une feuille de carton que vous tirerez pour former une longue hélice. Collez une extrémité à un embout rigide tel qu'un dé à coudre ou une petite capsule de bouteille que vous fixerez à un crayon, ou une épingle, planté à la verticale dans une bobine de fil. Placez l'ensemble sur le radiateur. L'air chaud qui s'élève va peu à peu le faire tourner en agissant sur la spirale.

LE RAYONNEMENT

Lorsque vous restez exposé au soleil, vous éprouvez une sensation de chaleur. Mais si le soleil est soudainement masqué par un nuage, vous ne sentez plus sa chaleur. Cela est signe que le soleil peut vous réchauffer sans chauffer l'air, que la chaleur est transférée sans passer par la matière située entre vous et le soleil. Il faut aussi se rappeler qu'il n'y a plus d'air en dehors de l'atmosphère terrestre. La chaleur du soleil doit donc pouvoir passer à travers le vide (espace qui ne contient aucune particule). Elle le fait grâce à ce phénomène de transmission de la chaleur qui est appelé rayonnement. C'est ainsi que l'énergie se transmet à travers les espaces vides.

C'est de la même façon que la chaleur d'un élément de radiateur électrique est transférée. Si vous restez devant un radiateur électrique, vous profitez de sa chaleur. Si vous vous déplacez légèrement de côté, vous aurez moins chaud. Là encore, la chaleur est transférée indépendamment de l'air. Le feu renvoie la chaleur en ligne droite comme la lumière d'une lampe-torche. Si vous mettez la main devant la lampe, vous arrêtez la lumière. De la même façon, si quelqu'un se place entre vous et le radiateur électrique, la chaleur directe est arrêtée et vous ne la ressentez plus.

Lumière et chaleur radiantes

La lumière et la chaleur radiantes sont semblables : il s'agit dans les deux cas d'ondes électromagnétiques. Les radiations ne sont pas uniquement émises par des corps extrême-

Ci-dessous Ce four solaire construit dans les Pyrénées utilisait le rayonnement solaire. Son réflecteur qui mesurait 10 mètres de diamètre était composé de 3 500 petits miroirs qui concentraient les rayons du Soleil en un point. La température au foyer pouvait atteindre 3 000 °C.

Ci-dessus à droite En approchant de votre joue quatre boîtes de couleurs différentes remplies d'eau chaude, vous constaterez qu'elles rayonnent la chaleur différemment. La noire rayonne le plus, puis la marron, puis la blanche ; enfin la boîte brillante rayonne le moins.

A droite Dans certains hôtels, on trouve dans la salle de bains un porte-serviette. Il brille car il sert à chauffer les serviettes. Il ne chauffe pas la pièce par radiation. Dans un salon, on peint le radiateur d'une couleur sombre afin de rayonner un maximum de chaleur.

ment chauds comme le soleil ou les résistances électriques. Elles peuvent aussi être émises par des objets plus froids. Si on laisse une théière brûlante émettre trop de chaleur, le thé refroidit très vite. Si on la recouvre, on réduit les pertes de chaleur par radiation.

Certaines surfaces rayonnent mieux la chaleur que d'autres. Faites une petite expérience avec une boîte de conserve vide. Enlevez l'étiquette et peignez la moitié de la boîte en noir. Remplissez la boîte d'eau très chaude et approchez votre main d'abord du côté noir puis du côté brillant. Le côté noir vous semblera plus chaud. Une surface noire est en effet un bon radiateur car elle attire la chaleur. Une surface brillante est un mauvais radiateur. Répétez l'expérience avec une autre boîte en peignant une face en blanc l'autre en brun. En général une surface sombre irradie mieux la chaleur qu'une surface claire.

Après ces expériences, vous comprendrez mieux pourquoi une théière polie et brillante ne perd pas beaucoup de chaleur par rayonnement alors qu'une théière marron ou noire en perd beaucoup plus.

Si les surfaces irradient la chaleur, elles peuvent aussi la réfléchir ou l'absorber. Lorsqu'elle atteint une surface, la chaleur est partiellement réfléchie et partiellement absorbée comme la lumière. Les surfaces hautement irradiantes sont aussi hautement absorbantes de radiations. Les surfaces peu irradiantes tendent à réfléchir la chaleur au lieu de l'absorber.

Les habitants des pays chauds évitent de porter des vêtements qui absorbent la chaleur. Ils se couvrent des pieds à la tête de tissus blancs ou clairs, qui réfléchissent la chaleur. Les vaisseaux spatiaux possèdent une enveloppe extérieure à la surface extrêmement polie qui réfléchit les radiations calorifiques venant du soleil.

Le Soleil irradie de la chaleur et de la lumière vers la Terre. Les rayons lumineux émis sont visibles mais le rayonnement calorifique est invisible. On ne ressent que sa chaleur.

A gauche Dans les pays chauds, les habitants se protègent de la chaleur en portant des vêtements clairs et en vivant dans des maisons peintes en blanc de manière à réduire la quantité de chaleur absorbée.

A gauche Les pompiers portent des combinaisons brillantes de manière à réfléchir la chaleur et à ne pas l'absorber. Cette protection réduit la sensation de chaleur et facilite la lutte contre le feu.

Eau et glace à 0 °C

Glace et eau salée de −10 °C à −20 °C

LES BASSES TEMPÉRATURES

S'il est assez facile de produire de hautes températures, la réfrigération (ou production du froid) est difficile. L'une des méthodes courantes consiste à utiliser l'évaporation des liquides. Vous pouvez en faire la démonstration en mouillant une de vos mains et en l'agitant. Elle vous paraîtra plus froide que l'autre car l'eau s'est évaporée. Lorsque l'eau bout, elle absorbe de la chaleur pour se transformer en vapeur. De la même façon, l'eau sur votre main a besoin de chaleur pour s'évaporer. Cette chaleur a été empruntée à votre main qui s'est refroidie. Plus le liquide s'évapore vite, plus il consomme de chaleur. Effectuez la même expérience avec de l'alcool à brûler ou de l'eau de Cologne qui s'évaporent beaucoup plus vite que l'eau.

Les réfrigérants

A l'intérieur d'un circuit de réfrigérateur, il y a des tubes qui contiennent soit un liquide avec un point d'ébullition très bas, soit un gaz susceptible d'être facilement transformé en liquide par compression. Ces fluides, comme l'ammoniac, le chlorure d'éthyle et le Freon, sont appelés réfrigérants. Le réfrigérant est d'abord fortement comprimé dans un réservoir du réfrigérateur. A très haute pression, les molécules du réfrigérant sont serrées les unes contre les autres et le gaz est liquéfié. Le liquide comprimé est transféré par un clapet dans une zone de basse pression où il se retransforme en gaz. Cette évaporation rapide absorbe la chaleur à l'intérieur du réfrigérateur exactement comme l'eau absorbait la chaleur de votre main en s'évaporant. Le réfrigérant est alors à nouveau recomprimé pour revenir à l'état liquide et recommencer le cycle. La chaleur sort à l'arrière du réfrigérateur.

Les réfrigérateurs domestiques utilisent l'évaporation pour refroidir les aliments et produire de la glace.

Pour obtenir de très basses températures, on emploie une méthode légèrement différente. Elle repose sur le principe que lorsqu'un gaz se détend très vite, il se refroidit. Lorsque vous gonflez un pneu de bicyclette, vous comprimez de l'air et vous avez sûrement remarqué que, lors de cette opération, la pompe chauffe. Le contraire se produit quand un gaz à haute pression est brusquement ramené à basse pression.

On appelle cette chute à basse température l'effet Joule-Kelvin d'après James Prescott Joule et Lord Kelvin qui découvrirent ce phénomène. A partir de ce principe, on peut refroidir des gaz au point de les amener à l'état liquide. L'oxygène passe de l'état gazeux à l'état liquide à −183 °C. L'azote devient liquide à −195,8 °C.

Ces températures sont déjà bien basses mais il est possible d'en obtenir d'encore plus faibles en utilisant de l'hydrogène qui devient liquide à −259,14 °C ou de l'hélium qui se liquéfie à −268,9 °C. Cependant, il faut produire beaucoup d'énergie pour maintenir ces températures.

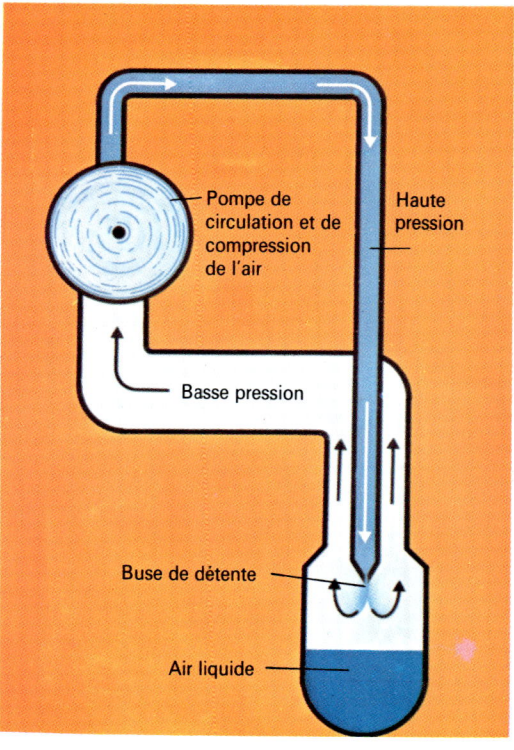

Pompe de circulation et de compression de l'air

Haute pression

Basse pression

Buse de détente

Air liquide

A gauche Voici un procédé pour obtenir une température basse. Mélangez de la glace pilée et de l'eau. La température est de 0 °C. Si vous versez du gros sel, le mélange refroidit. Sa température descend à −10 °C ou −20 °C. Avant que les réfrigérateurs n'existent, on utilisait cette technique pour fabriquer des crèmes glacées.

A gauche Comment fabriquer de l'air liquide. L'air est d'abord comprimé puis on le laisse se détendre dans une tuyère où il refroidit légèrement. Alors on l'utilise pour refroidir l'air qui arrive dans la tuyère et se refroidit encore plus en se détendant. Peu à peu, la température devient si basse que l'air se liquéfie.

A droite Le zéro absolu est la température à laquelle les mouvements moléculaire et atomique s'arrêtent. Les scientifiques utilisent souvent l'échelle de température Kelvin dans laquelle le zéro absolu est à 0° Kelvin. Le point de congélation de l'eau est à 273,15 kelvins et le point d'ébullition à 373,15 kelvins.

Le zéro absolu

La température des corps dépend de l'intensité du mouvement des atomes et des molécules. Si leurs mouvements sont lents, la température est basse. A la température la plus basse possible, les atomes et les molécules sont immobiles. On l'appelle le zéro absolu et il correspond à −273,15 °C. On sait produire des températures de l'ordre du million de degrés au-dessus du zéro absolu, mais pas atteindre ce dernier.

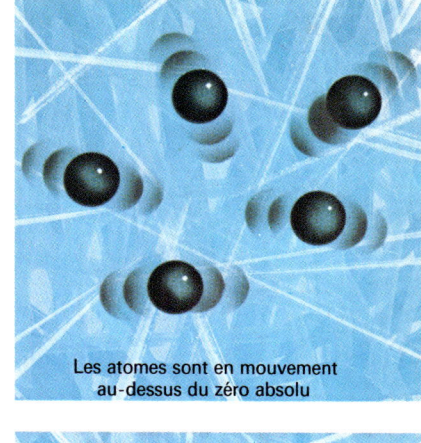

Les atomes sont en mouvement au-dessus du zéro absolu

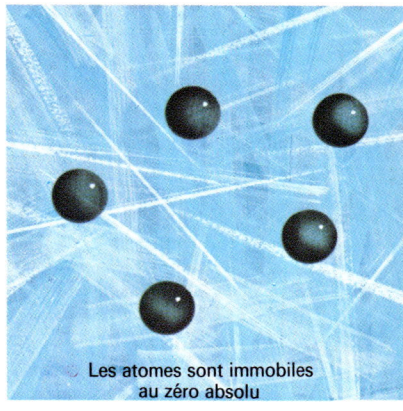

Les atomes sont immobiles au zéro absolu

UN RÉFRIGÉRATEUR A COMPRESSEUR

Dans un réfrigérateur domestique, la partie la plus froide est le freezer. Au-dessous de 0 °C, on l'utilise pour faire de la glace et pour conserver les produits congelés. Le reste du réfrigérateur est un peu au-dessus de 0 °C. Il sert à conserver les produits frais. Dans l'appareil, le réfrigérant est liquéfié par un compresseur puis libéré. Il passe par un détendeur, retourne à l'état gazeux et, en se refroidissant, emprunte de la chaleur au réfrigérateur et à son contenu.

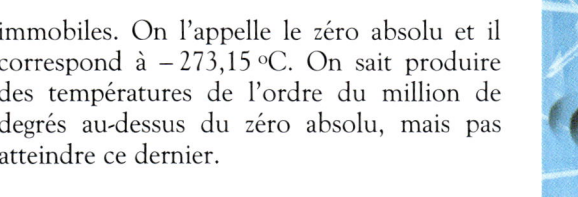

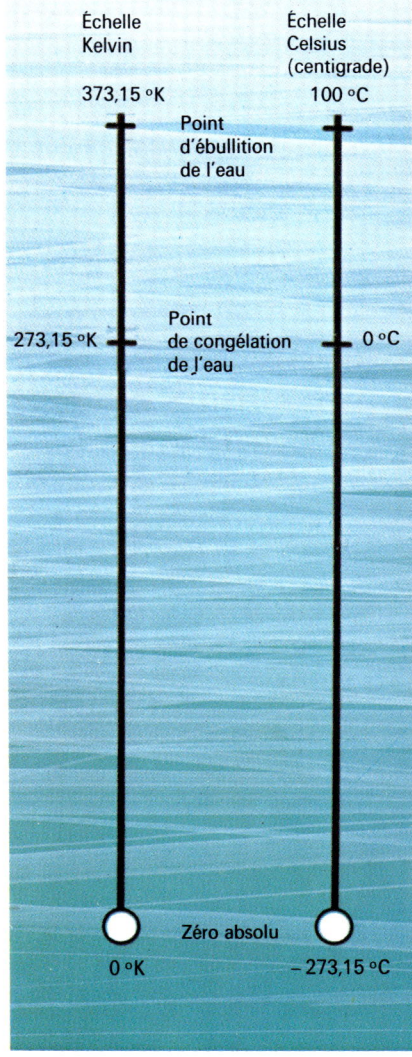

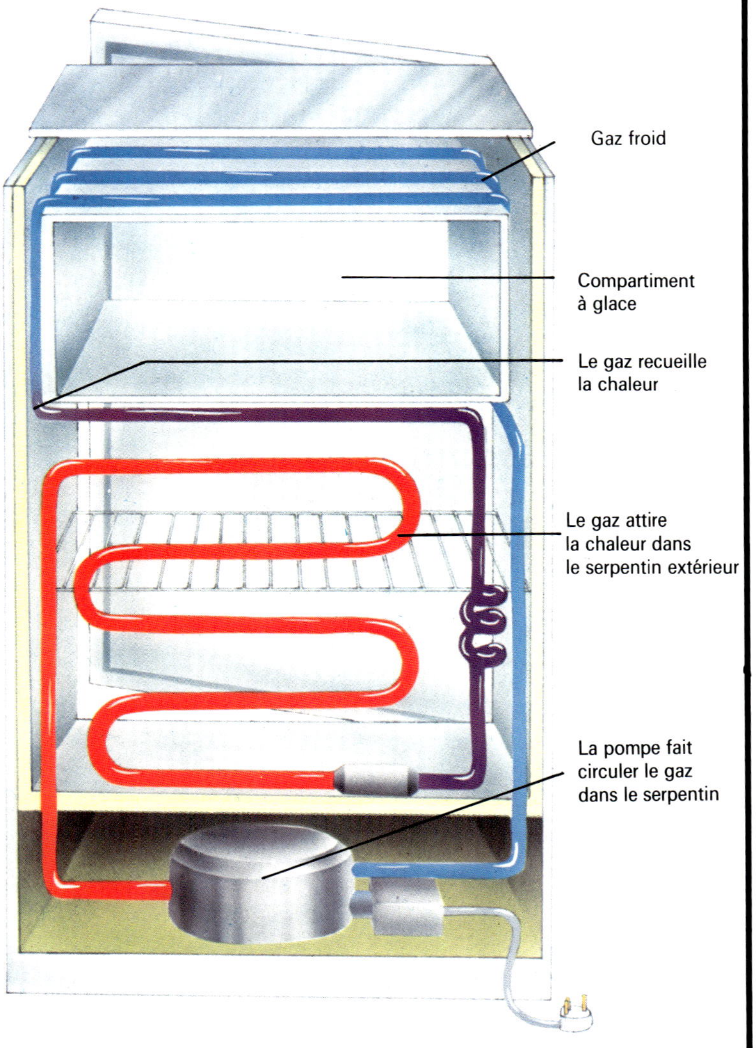

- Gaz froid
- Compartiment à glace
- Le gaz recueille la chaleur
- Le gaz attire la chaleur dans le serpentin extérieur
- La pompe fait circuler le gaz dans le serpentin

Échelle Kelvin / Échelle Celsius (centigrade)

- 373,15 °K — 100 °C : Point d'ébullition de l'eau
- 273,15 °K — 0 °C : Point de congélation de l'eau
- 0 °K — −273,15 °C : Zéro absolu

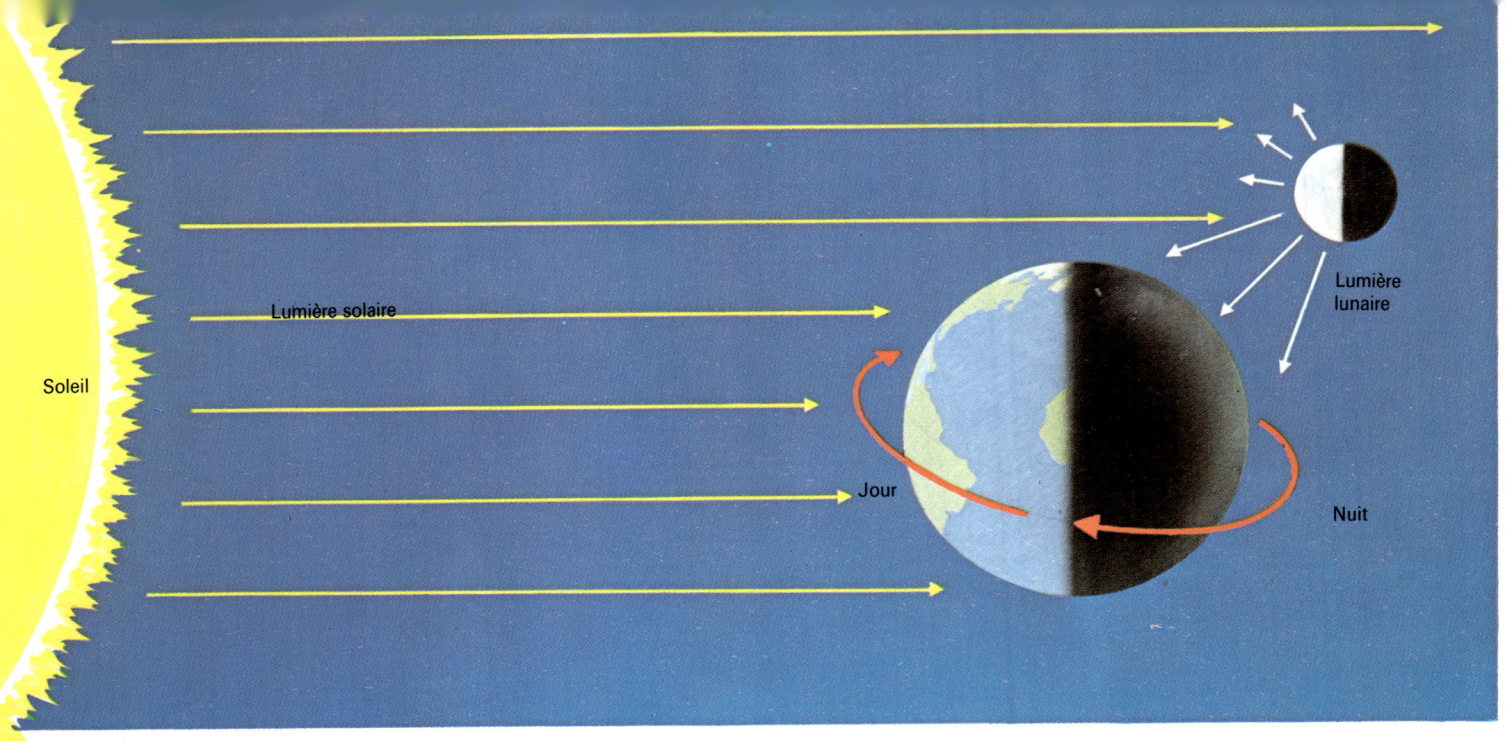

Lumière solaire
Soleil
Jour
Nuit
Lumière lunaire

La lumière

La lumière est une forme d'énergie à laquelle nos yeux sont sensibles. Elle nous permet de voir ce qui nous entoure. Le Soleil et les étoiles, les lampes électriques, les bougies, les feux, etc., sont des émetteurs de lumière. Ces sources de lumière, constituées d'atomes comme tous les corps, sont très chaudes. C'est pour cela que ses atomes émettent de la lumière.

La distance que peut parcourir la lumière émise par une source dépend de la brillance de cette source. Une allumette n'est visible qu'à quelques mètres. La lumière du Soleil parcourt près de 150 millions de kilomètres avant d'atteindre la Terre.

L'obscurité

L'obscurité est l'absence de lumière. Dans une pièce sans fenêtre ni ouverture laissant pénétrer le soleil ou une autre forme de lumière, tout est noir ou sombre. Il est impossible de rien voir.

Lorsqu'il fait jour en un point de la Terre, il fait nuit ou sombre de l'autre côté du globe. La Terre tourne sur elle-même en 24 heures tout en tournant autour du Soleil. La face de la Terre exposée au Soleil est éclairée et il y fait jour. La nuit survient lorsque cette zone terrestre n'est plus exposée au Soleil parce que la Terre a tourné.

Ci-dessus La Lune n'émet pas de lumière mais agit comme un réflecteur géant en renvoyant la lumière du Soleil vers la Terre. Selon sa rotation, nous voyons une proportion plus ou moins grande de sa surface éclairée par le Soleil.

Ci-dessous à droite L'ampoule électrique contient de fins filaments de tungstène qui émettent de la lumière lorsqu'ils sont parcourus par un courant électrique. Les lampes au sodium comportent une ampoule étanche remplie de vapeurs de sodium qui émettent de la lumière sous l'action d'un courant. On utilise aussi souvent les néons.

Ci-dessous Quelques lampes d'éclairage émettant de la lumière artificielle : de la petite flamme de la lampe à huile des Romains à la puissante lumière colorée des lampes au néon des villes modernes éclairées à l'électricité.

Lampe à huile romaine (env. 100 av. J.-C.)
Bougie de cire du XVIIIe siècle
Lampe à gaz du XIXe siècle
Lampe à pétrole fin XIXe siècle
Mèche
Réservoir de pétrole
Ventilateur à ressort

Lumière naturelle et artificielle

La nature produit beaucoup de lumière. Les sources principales de lumière naturelle sont le Soleil, les étoiles et la Lune. Les éclairs d'orage sont aussi sources de lumière. Le Soleil est l'étoile la plus proche de la Terre. C'est une énorme sphère de gaz tournoyants qui envoient des jets de flamme dans l'espace.

Outre le Soleil, on peut apercevoir les autres étoiles de nuit par temps clair. Comme lui, ce sont des sphères de gaz brûlants qui émettent de la chaleur et de la lumière. Cependant, comme elles sont beaucoup plus éloignées de nous, on ne les aperçoit que sous forme de minuscules points brillants scintillants dans le ciel.

Par une nuit claire, la pleine lune peut fournir assez de lumière pour nous permettre de voir suffisamment. La Lune n'est pas une étoile et, par conséquent, n'émet pas de lumière par elle-même. Elle ne réfléchit que la lumière du Soleil vers la Terre. Bien que la Lune soit considérée comme une source naturelle de lumière, la véritable source est donc le Soleil.

Une source de lumière créée par les hommes est appelée source artificielle. Autrefois, les hommes brûlaient du bois, de la cire, du suif ou du pétrole puis, plus tard, du gaz pour produire de la lumière. De nos jours, les ampoules électriques et les tubes fluorescents sont universellement utilisés.

Il existe deux principaux types de sources de lumière artificielle. Dans le premier, une matière solide ou liquide est chauffée. Un filament de lampe électrique, chauffé par l'électricité, brille intensément en produisant une lumière presque blanche. Le filament est un enroulement de fil métallique très fin, généralement du tungstène. Le magnésium peut brûler dans l'air en produisant une lumière blanche presque aveuglante. La couleur de la lumière émise par une matière dépend de sa température. Les matières les plus chaudes émettent une lumière blanc bleuté. Lorsque la température diminue, la brillance devient plus jaune, puis plus rouge et enfin s'éteint. Mais la température est toujours élevée.

L'autre type de source de lumière artificielle est constitué par un gaz chauffé de telle sorte que ses atomes et ses molécules deviennent brillants. C'est ce qui se produit dans les lampes d'éclairage public telles que les lampes aux vapeurs de sodium et de mercure.

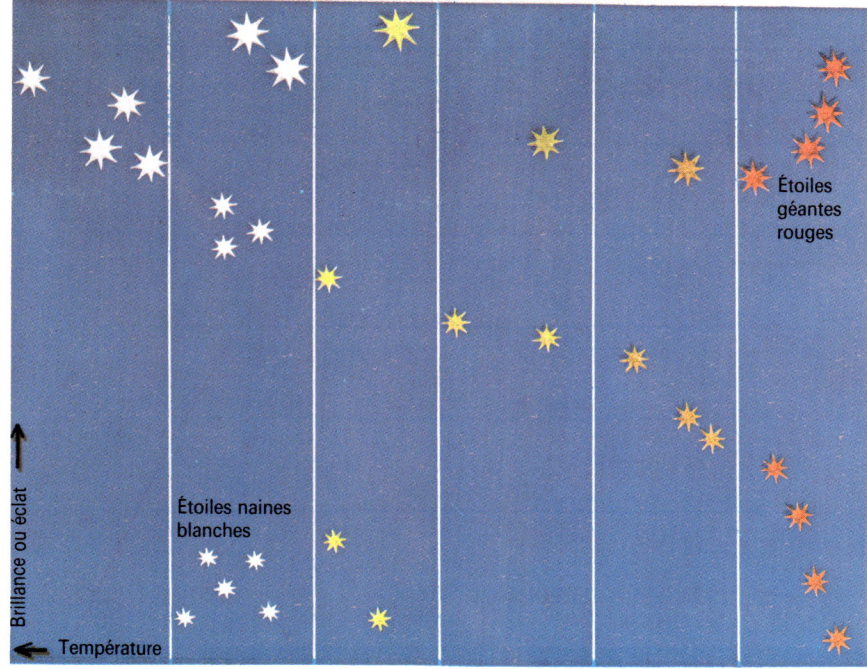

Ci-dessus La couleur de la lumière émise par les étoiles dépend de leur température. Les étoiles bleues et blanches sont très chaudes. Les étoiles orange et jaunes sont plus froides. Le Soleil émet une lumière jaune. Les étoiles rouges sont les moins chaudes. La brillance d'une étoile ne dépend pas seulement de la température. Certaines étoiles rouges, appelées étoiles géantes, sont plus brillantes que des étoiles blanches désignées étoiles naines.

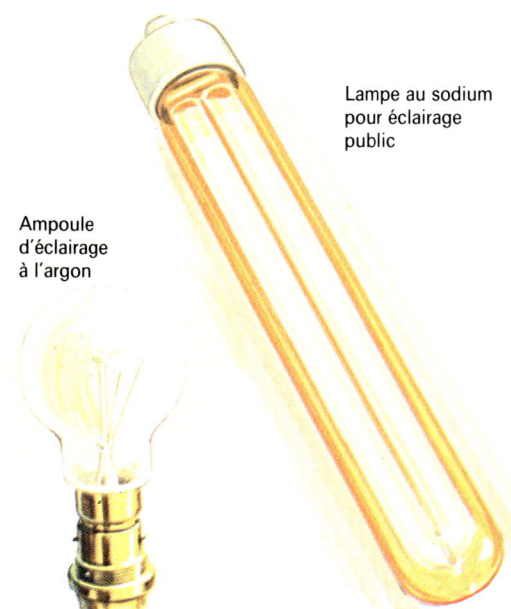

Lampe au sodium pour éclairage public

Ampoule d'éclairage à l'argon

73

LA LUMIÈRE SOLAIRE

Le Soleil, l'étoile la plus proche de la Terre, se trouve à environ 150 millions de kilomètres de notre planète. Il est constitué par une boule de gaz terriblement brûlants retenus par la gravité. La température à la surface est d'environ 6 000 °C. En son centre, elle atteint environ 14 000 000 °C. Le Soleil est la principale source de chaleur et de lumière de notre planète. Cette énergie est dégagée par des réactions complexes qui se produisent au centre du Soleil. Ces réactions sont dites thermonucléaires (voir page 194). Elles transforment l'hydrogène en hélium en dégageant une énorme quantité d'énergie.

Au cours de ce processus, le Soleil perd quatre millions de tonnes d'hydrogène par seconde. On pense que ces réactions nucléaires dureront encore des centaines de millions d'années. Une fois la réserve d'hydrogène consommée, le Soleil commencera à refroidir.

Actuellement, le Soleil dégage tellement d'énergie que s'il était entouré d'une couche de glace d'un kilomètre d'épaisseur, celle-ci fondrait en 90 minutes environ.

La chaleur produite au centre du Soleil se déplace vers la surface. Celle-ci est si chaude qu'elle émet une énorme quantité de lumière jaune clair. Cette lumière et cette chaleur rayonnent dans l'espace dans toutes les directions.

Infrarouge et ultraviolet

Une partie de l'énergie du Soleil est constituée par des radiations infrarouges. Celles-ci sont invisibles mais on peut les percevoir car tout ce qui absorbe ces rayons s'échauffe. Les radiations ultraviolettes représentent une au-

A gauche Sans la lumière du Soleil, les plantes ne pousseraient pas. Soulevez une bûche ou une pierre qui est restée un certain temps sur l'herbe, vous observerez que celle-ci est devenue vert pâle, presque blanche. La cause en est que cette herbe n'a pas reçu l'énergie lumineuse nécessaire à sa nourriture et à sa croissance.

A gauche La chaleur du Soleil peut être utilisée pour allumer un feu. Une loupe focalise les rayons du Soleil en un point où la concentration de la chaleur peut enflammer du papier, des brindilles, etc.

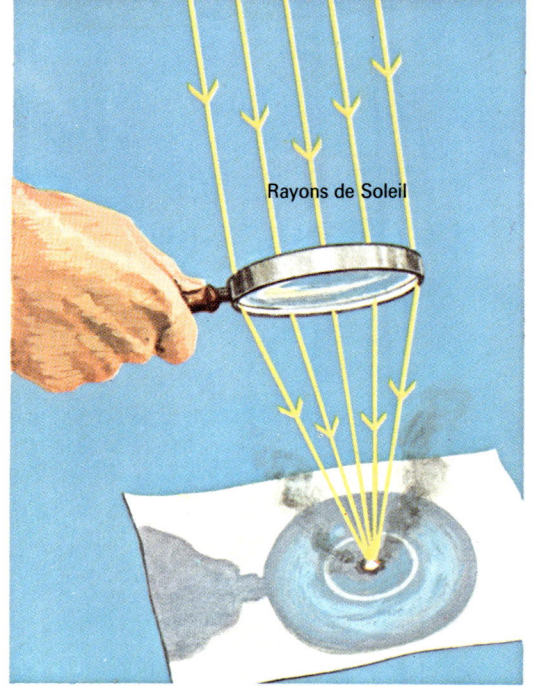

Ci-dessous Une serre fournit de la chaleur qui aide à la croissance des plantes. Les radiations infrarouges du Soleil traversent les vitres et chauffent l'air à l'intérieur. La chaleur ne peut repasser facilement à travers les vitres. L'air est alors plus chaud à l'intérieur qu'à l'extérieur. Certaines serres sont chauffées de l'intérieur.

tre forme d'énergie solaire. Au contraire de la lumière et des rayons infrarouges, la surface de la Terre reçoit peu d'ultraviolets mais ceux qui nous atteignent ont des effets bénéfiques sur notre santé. Certaines réactions chimiques ne peuvent se produire qu'en présence de rayons ultraviolets. La chaleur et la lumière du Soleil sont indispensables à la vie. Les rayons infrarouges maintiennent la Terre et l'atmosphère à une température qui lui est favorable. Le rayonnement lumineux qui nous permet de voir est indispensable à la croissance des plantes. Privée de l'énergie solaire, la Terre serait froide, sombre et inhabitée. En effet, ni nous, ni les plantes et autres formes de vie, dont nous tirons notre nourriture, ne pourraient survivre longtemps. Sans chaleur ni lumière solaires, la vie serait impossible.

La photosynthèse

Le processus par lequel la plupart des plantes sont capables d'absorber l'énergie solaire est appelé photosynthèse. La couleur verte des plantes est due à une matière colorante appelée chlorophylle. Cette substance absorbe et transforme la lumière solaire en énergie chimique. Les plantes absorbent le dioxyde de carbone et la vapeur d'eau qui les entourent. Elles utilisent l'énergie chimique produite par la chlorophylle pour transformer l'eau et le dioxyde de carbone en matière organique végétale. Durant ce processus, les plantes rejettent de l'oxygène, gaz indispensable à la survie des êtres vivants.

Sur la surface de la Terre, il existe suffisamment de chaleur, de lumière, d'air et d'eau pour assurer la survie des hommes. Ces conditions n'existent pas sur les autres planètes du système solaire. Aucune ne possède d'atmosphère contenant de l'oxygène ou des traces de vapeur d'eau. Les planètes plus proches du Soleil que la Terre sont extrêmement chaudes, alors que celles qui en sont plus éloignées sont beaucoup plus froides.

Ci-dessus Les radiations ultraviolettes fournissent à la peau les vitamines D nécessaires à la formation des os. Le bronzage est également le résultat de l'effet des rayons ultraviolets. Un excès d'exposition aux ultraviolets peut causer des brûlures ou entraîner des conséquences plus graves.

Ci-dessous Une piscine chauffée par le Soleil. Des systèmes de chauffage de l'eau par énergie solaire sont utilisés depuis longtemps dans les pays chauds. La plupart sont constitués par des plaques de métal de couleur noire portant des tubes dans lesquels l'eau circule. Les plaques sont couvertes d'une feuille de verre. Le métal sombre absorbe la chaleur du Soleil et la transmet à l'eau dans les tubes.

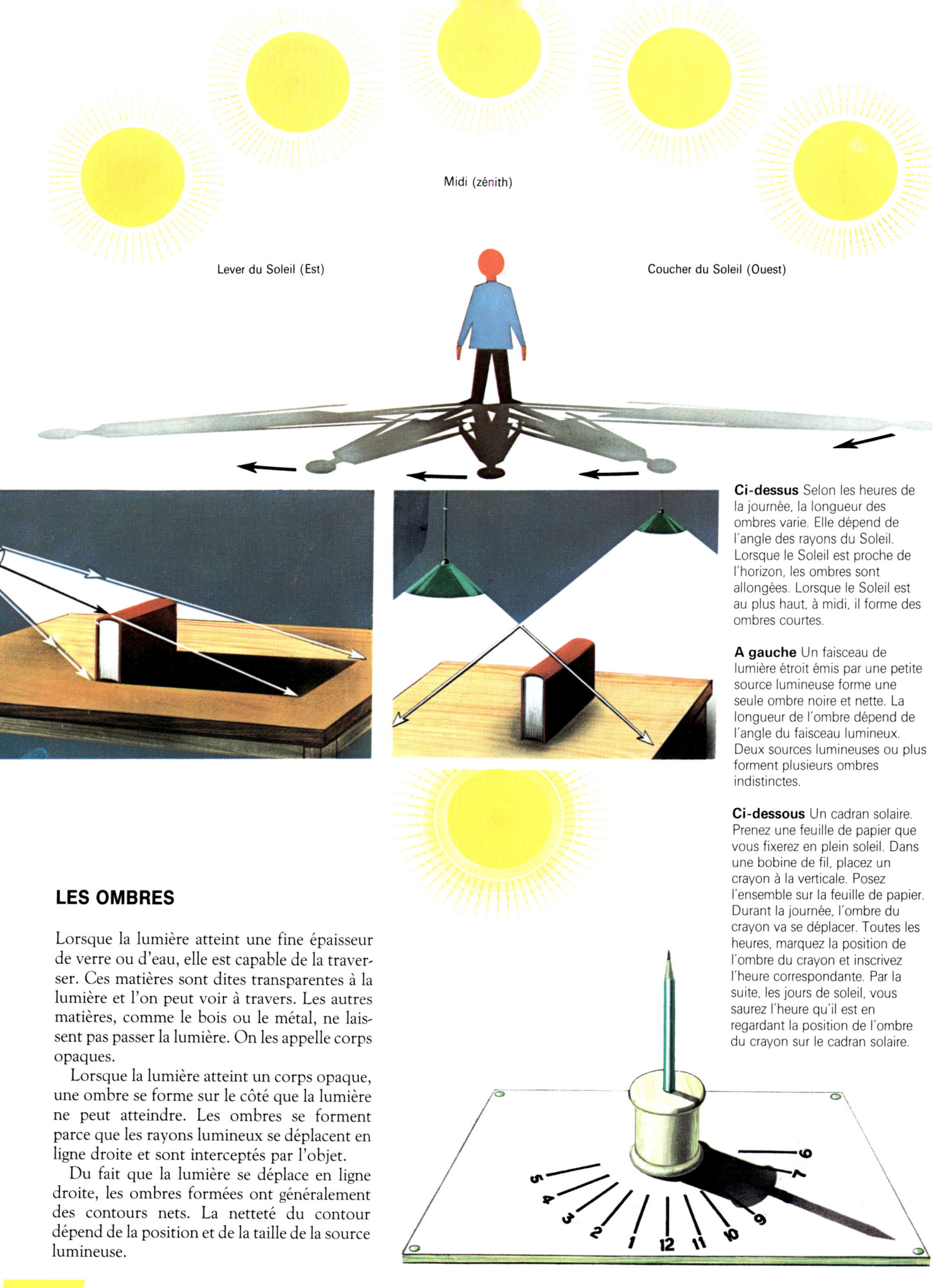

Ci-dessus Selon les heures de la journée, la longueur des ombres varie. Elle dépend de l'angle des rayons du Soleil. Lorsque le Soleil est proche de l'horizon, les ombres sont allongées. Lorsque le Soleil est au plus haut, à midi, il forme des ombres courtes.

A gauche Un faisceau de lumière étroit émis par une petite source lumineuse forme une seule ombre noire et nette. La longueur de l'ombre dépend de l'angle du faisceau lumineux. Deux sources lumineuses ou plus forment plusieurs ombres indistinctes.

Ci-dessous Un cadran solaire. Prenez une feuille de papier que vous fixerez en plein soleil. Dans une bobine de fil, placez un crayon à la verticale. Posez l'ensemble sur la feuille de papier. Durant la journée, l'ombre du crayon va se déplacer. Toutes les heures, marquez la position de l'ombre du crayon et inscrivez l'heure correspondante. Par la suite, les jours de soleil, vous saurez l'heure qu'il est en regardant la position de l'ombre du crayon sur le cadran solaire.

LES OMBRES

Lorsque la lumière atteint une fine épaisseur de verre ou d'eau, elle est capable de la traverser. Ces matières sont dites transparentes à la lumière et l'on peut voir à travers. Les autres matières, comme le bois ou le métal, ne laissent pas passer la lumière. On les appelle corps opaques.

Lorsque la lumière atteint un corps opaque, une ombre se forme sur le côté que la lumière ne peut atteindre. Les ombres se forment parce que les rayons lumineux se déplacent en ligne droite et sont interceptés par l'objet.

Du fait que la lumière se déplace en ligne droite, les ombres formées ont généralement des contours nets. La netteté du contour dépend de la position et de la taille de la source lumineuse.

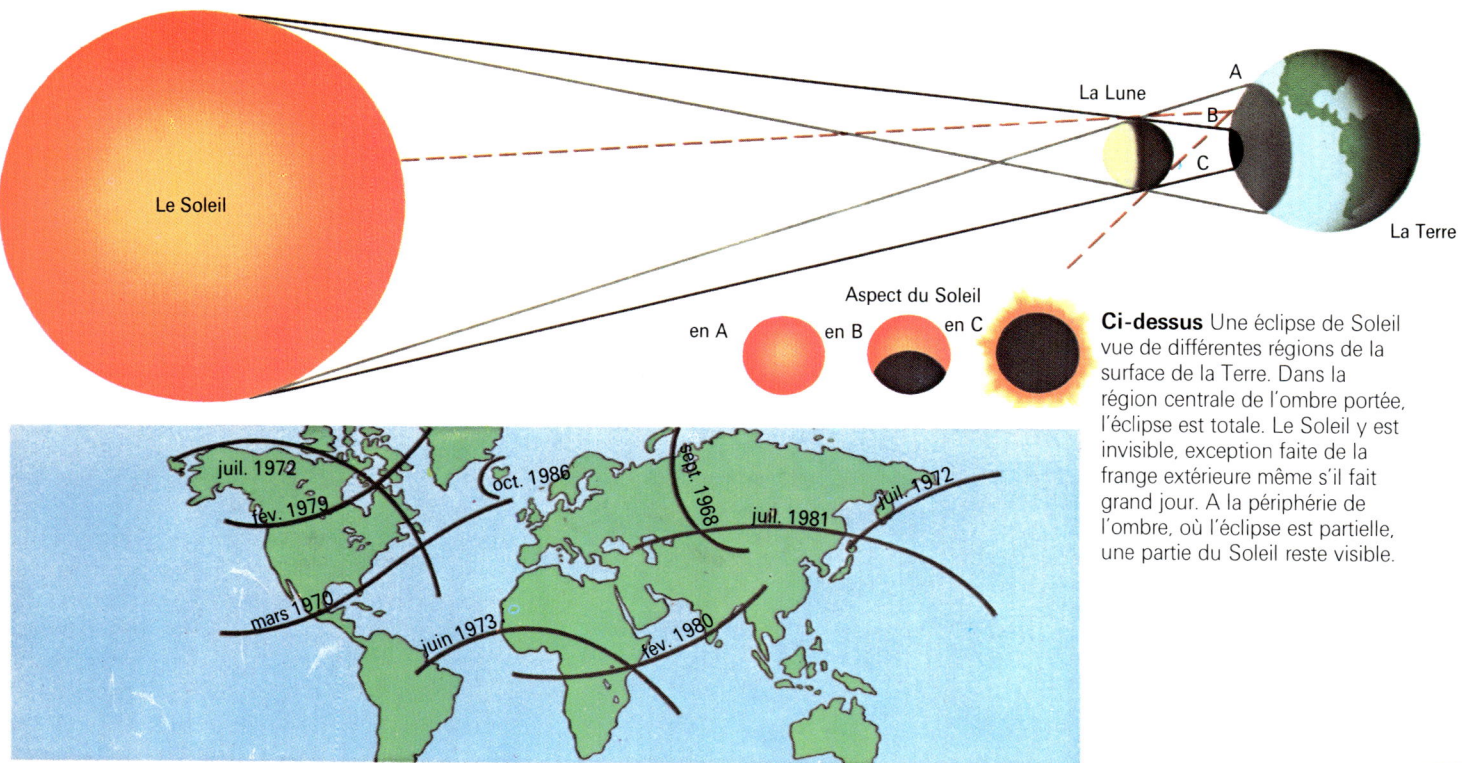

Ci-dessus Une éclipse de Soleil vue de différentes régions de la surface de la Terre. Dans la région centrale de l'ombre portée, l'éclipse est totale. Le Soleil y est invisible, exception faite de la frange extérieure même s'il fait grand jour. A la périphérie de l'ombre, où l'éclipse est partielle, une partie du Soleil reste visible.

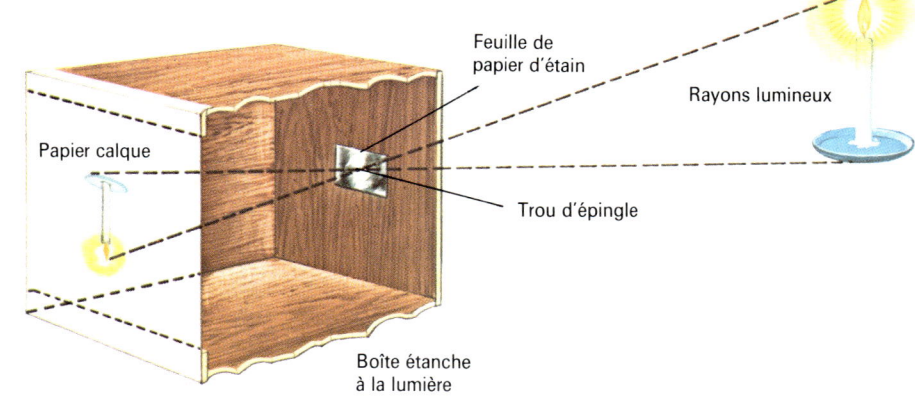

Une petite ampoule électrique très brillante projette une ombre nette derrière l'objet éclairé par le faisceau lumineux provenant d'une seule direction. Si les ampoules électriques sont multiples, la lumière provient de plusieurs points et les ombres sont peu distinctes. La longueur de l'ombre dépend de l'angle selon lequel la lumière frappe l'objet. Par une journée ensoleillée, la longueur des ombres varie au cours des différentes heures du jour en raison de la hauteur variable du Soleil. Le Soleil s'élève jusqu'à midi, heure où il est le plus haut, pour redescendre ensuite jusqu'à son coucher. La direction de l'ombre change également si bien que les ombres se projettent dans différentes directions selon les heures du jour. Ce changement d'orientation des ombres est utilisé dans les cadrans solaires pour indiquer l'heure.

L'éclipse de Soleil

La Lune tourne en orbite autour de la Terre. Généralement, la Terre, la Lune et le Soleil ne sont jamais alignés pendant le trajet orbital de la Lune. Mais la nouvelle lune passe quelquefois exactement entre la Terre et le Soleil. Elle projette alors une grande ombre sur une partie de la surface de la Terre. C'est ce que l'on appelle une éclipse de Soleil. Au centre de l'ombre, aucune lumière n'atteint la Terre et l'éclipse est totale. Au niveau des contours de l'ombre, un peu de lumière peut atteindre la Terre et l'éclipse est dite partielle. Lors d'une éclipse, le froid commence à se manifester car nous ne recevons plus de chaleur du soleil.

L'éclipse de Lune

A la pleine lune, la Terre peut se trouver directement placée entre le Soleil et la Lune. C'est ce que l'on appelle une éclipse de Lune. On ne peut la voir aux endroits où l'éclipse est totale. Elle est partiellement cachée là où l'éclipse est dite partielle. Cette expérience vous permettra de démontrer que la lumière voyage en ligne droite. Sur la face d'une boîte bien fermée, faites un trou et recouvrez-le avec du papier d'aluminium. Percez le centre avec une épingle. Découpez l'autre côté de la boîte et remplacez-le par une feuille de papier-calque fort. Placez, à une certaine distance, dans l'alignement de la face percée du trou d'épingle, une bougie allumée. Vous verrez alors se former l'image renversée de la bougie sur la feuille de papier-calque.

Ci-dessus à gauche Trajet de l'ombre de la Lune durant les éclipses du Soleil des années 1968-1989. Lorsque la Terre tourne sur elle-même, la partie sombre de l'ombre parcourt un trajet étroit sur la surface de la Terre. La vitesse moyenne de l'ombre est d'environ 5 600 km/h. On ne voit une éclipse totale que quelques minutes d'un endroit de la Terre.

Ci-dessus Une chambre noire. Ce sont les rayons de lumière émis par chaque point de la source et voyageant en ligne droite qui forment l'image. Ils passent par le trou d'épingle et atteignent l'écran de papier. L'ensemble de ces points reconstitue l'image.

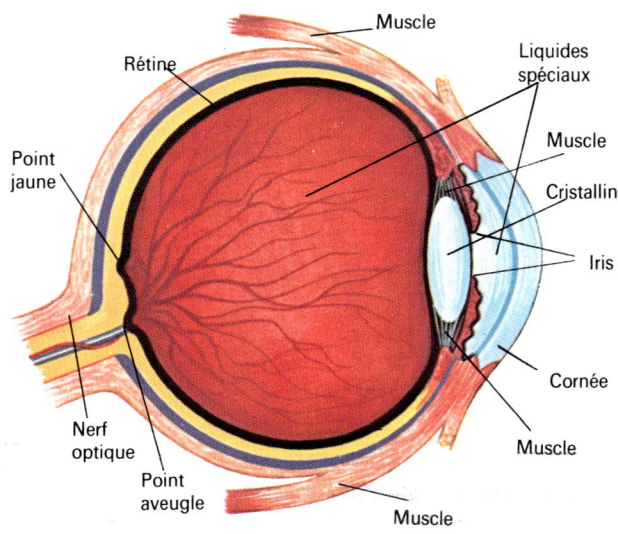

A droite L'œil. Le globe oculaire est couvert d'une couche dure et blanche. La paroi interne est noire pour éviter les pertes de lumière par réflexion ou les fausses impressions par réflexion interne. Le point jaune est plus sensible aux points lumineux. Une petite zone de la rétine appelée le point aveugle n'a aucune sensibilité à la lumière.

Ci-dessous Un film. Lorsque nous regardons un film, l'œil perçoit les variations de l'image comme un changement continu qu'il interprète comme un mouvement. Les perforations carrées sur le bord du film servent à entraîner la pellicule dans le projecteur.

L'ŒIL

L'œil a la forme d'une bille dont la plus grande partie est logée et protégée par la tête. Sur le devant de l'œil se trouve une couche transparente appelée la cornée. La partie colorée de l'œil appelée iris comporte au centre une zone noire, la pupille, qui est en réalité une ouverture. Celle-ci s'ouvre ou se referme automatiquement pour laisser passer plus ou moins de lumière.

Par la pupille, la lumière passe à travers le cristallin dont la forme change afin que les images des objets proches ou lointains soient nettes sur la rétine. La rétine est la membrane du fond de l'œil. Elle est recouverte de millions de cellules sensibles à la lumière : les cônes et les bâtonnets. Ces cellules transforment la lumière en signaux électriques que le nerf optique transmet au cerveau.

Les images projetées sur la rétine sont inversées mais le cerveau remet automatiquement les images dans le bon sens. Chaque œil reçoit du même objet une image légèrement différente. C'est cette différence, qui permet de voir les choses en relief ou en trois dimensions. Si nous n'avions qu'un œil au milieu du visage, les choses nous sembleraient beaucoup plus plates. Un appareil photo n'a qu'un objectif pour former une image et c'est pourquoi une photo apparaît en deux dimensions. Nos deux yeux nous permettent d'estimer la position relative des objets avec précision. Fermez un œil et tenez un doigt tendu verticalement et aligné avec un objet long et étroit, une règle par exemple, à quelque distance. Ouvrez l'œil et fermez l'autre en maintenant votre doigt dans la même position. Vous constatez que la règle n'est plus alignée avec votre doigt.

Un film est constitué d'une succession d'images. Chaque image est légèrement différente de la précédente et elle en est séparée par un petit espace noir. Lorsque vous regardez un film, vos yeux ne remarquent pas que les images sont distinctes les unes des autres parce que le film défile trop vite dans le projecteur. La cadence normale de projection est de 24 images à la seconde mais les yeux conservent l'image projetée un certain temps jusqu'à la suivante. Du fait des changements de position des objets d'une image à l'autre, nous avons l'impression du mouvement.

Les illusions d'optique

Notre cerveau utilise l'image formée sur la rétine de l'œil pour nous donner la vision du monde extérieur. Il arrive que le cerveau soit trompé et qu'il interprète mal l'information. C'est ce qu'on appelle une illusion d'optique. Les lignes droites peuvent sembler courbes. Deux traits identiques peuvent apparaître de longueurs différentes. L'œil peut être abusé par des éléments à proximité de ces lignes. Nous avons souvent une idée fausse du mouvement. Supposez que deux trains soient arrêtés en gare et que l'un commence à avancer. Les passagers de l'autre train ont souvent l'illusion que leur train démarre doucement. Dans l'attente du départ, la vue d'un mouvement leur faire croire que leur train se déplace.

A droite Cette image peut être vue de deux façons. Si vous regardez fixement pendant un certain temps, vous verrez un chandelier. Puis tout à coup vous verrez deux visages. Vous ne verrez pas le chandelier et les deux visages en même temps.

Ci-dessus La loi de la perspective. Lorsqu'un objet s'éloigne, il semble diminuer. De même, des parallèles comme les bords d'une route et les rails de chemin de fer donnent l'impression de se réunir au loin. Ils nous apparaissent en perspective.

En haut à droite Illusion optique du mouvement. Si vous fixez le centre de l'image, les lignes semblent bouger dans tous les sens. Vous pouvez même apercevoir des couleurs émanant du centre. Regardez ensuite rapidement une paroi blanche : vous continuerez à voir les mouvements des lignes pendant quelques secondes.

A droite Illusions d'optique. Sur les figures 1 et 2, les deux lignes rouges semblent être de longueur différente à cause de l'angle des lignes vertes. En réalité, elles ont exactement la même longueur. Sur les figures 3 et 4, les lignes rouges paraissent courbes. En réalité, elles sont droites

Ci-dessous à droite Que représente ce dessin ? Un canard à long bec ou un lapin aux oreilles en arrière ?

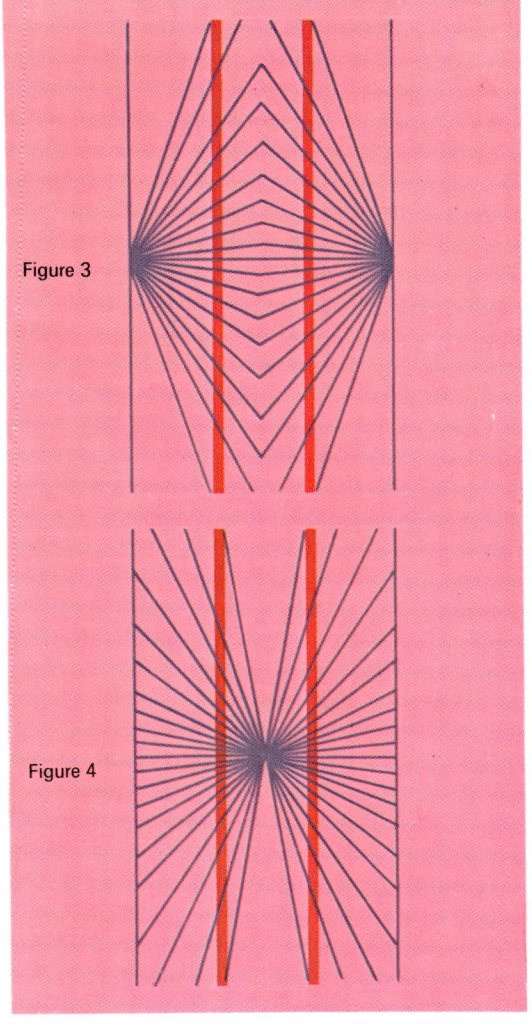

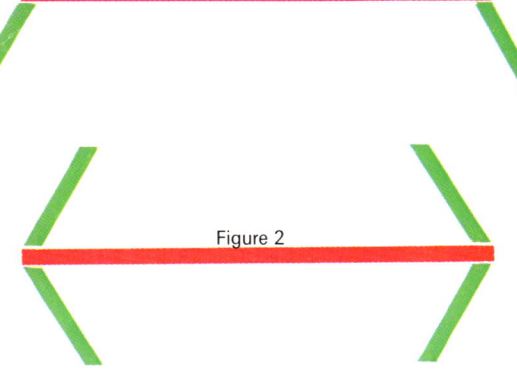

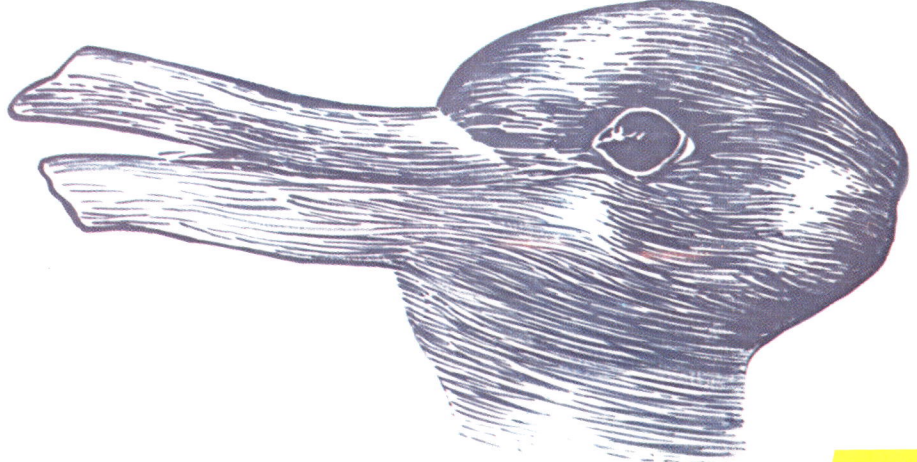

A l'extrême droite La célèbre expérience de Sir Isaac Newton sur la décomposition de la lumière en ses couleurs fondamentales fut réalisée pour la première fois en 1666 alors qu'il était âgé de 23 ans. Newton réalisa une expérience similaire avec deux prismes. Le second était dans une position inverse par rapport au premier. Le premier prisme décomposa la lumière en couleurs fondamentales, le second recomposa les couleurs en lumière blanche.

A droite Un lustre en cristal est un superbe mais coûteux appareil d'éclairage. Il est composé de centaines de pièces de cristal qui décomposent la lumière blanche qu'émettent des ampoules électriques.

A droite On utilise des prismes en verre dans les instruments d'optique tels que les jumelles et les périscopes.

LE SPECTRE

Observez un lustre de cristal allumé ou une pierre précieuse, comme un diamant. Vous verrez se refléter toutes les couleurs même si la lumière qui frappe le cristal ou le diamant semble blanche. Ce phénomène est dû au fait que le verre taillé, les pierres précieuses ou même les gouttes d'eau diffractent la lumière blanche en différentes couleurs. Ces couleurs qui reproduisent celles de l'arc-en-ciel constituent le spectre de la lumière blanche.

Sir Isaac Newton

Sir Isaac Newton, au XVIIe siècle, fut le premier à démontrer que la lumière pouvait être séparée en différentes couleurs. Newton fit l'obscurité dans une pièce en fermant tous les volets, puis il perça un petit trou dans l'un deux. Le soleil atteignit par ce trou un petit morceau de verre de forme triangulaire appelé prisme puis, par réflection, un écran. Le spectre recueilli sur l'écran apparut constitué de raies colorées en rouge, orangé, jaune, vert, bleu, indigo et violet. Newton comprit que le prisme avait décomposé la lumière blanche en sept bandes de couleur. La lumière blanche ordinaire, provenant du soleil ou d'une ampoule électrique, est constituée de milliers de couleurs, toutes légèrement différentes les unes des autres. Ces couleurs sont toutes voisines des sept bandes citées ci-dessus.

Il y a de nombreux exemples familiers de spectre de couleurs, dans la nature, comme l'arc-en-ciel. Celui-ci est visible lorsque le soleil brille à travers les milliers de gouttes d'eau d'une averse ou dans les embruns d'une cascade. Différentes sortes de lumière donnent des spectres différents. Observez à travers un bloc de verre non taillé. Regardez s'il y a une différence entre la lumière électrique ordinaire, la lumière fluorescente et celle émise par un éclairage public au sodium. Vous constatez que la lumière d'une lampe au sodium n'est pas décomposée car elle est d'un jaune presque pur. Une série de lignes fines très rapprochées peuvent produire un spectre.

On peut voir les couleurs du spectre en regardant obliquement un disque ou à travers une chevelure ou des cils vers une lumière brillante. De fines pellicules peuvent aussi décomposer la lumière blanche en différentes couleurs. Une mince couche d'huile sur de l'eau comme on en voit sur des mares après la pluie semble multicolore, comme les bulles de savon. Vous pouvez vérifier vous-même que la lumière blanche résulte en réalité de la combinaison de diverses lumières colorées en la reproduisant par mélanges de couleurs. L'expérience n'est pas difficile mais elle demande de l'attention. Dessinez un cercle peint de diverses couleurs comme sur l'image (à droite). Si vous faites tourner ce cercle, toutes les couleurs semblent se mélanger jusqu'à ce que le cercle apparaisse blanc-gris. Lorsque le cercle tourne très vite, il est impossible de distinguer chaque couleur séparément. On les voit toutes mélangées. Lorsque vous recevez de la lumière blanche, vous voyez en réalité toutes les couleurs de l'arc-en-ciel en même temps. Mais vos yeux ne peuvent pas les distinguer à moins que la lumière ne soit décomposée par une matière qui sépare les couleurs.

Ci-dessus Exemples de spectres observés quotidiennement. Les bulles de savon ou les gouttes d'huile sur une flaque d'eau produisent des spectres. Si vous observez une cascade en tournant le dos au soleil vous verrez un arc-en-ciel. Les gouttes d'eau décomposent la lumière du Soleil.

A gauche Tracez un cercle avec soin sur un morceau de carton blanc. Peignez-le en six couleurs comme sur le dessin et percez un trou au centre. Faites tourner le cercle en le plaçant sur un tourne-disques ou en passant un crayon à travers pour faire une toupie. En tournant, les couleurs se mélangent et le cercle apparaît blanc.

Ci-dessus Expérience de dispersion. Remplissez d'eau un verre et ajoutez quelques gouttes de lait. Éclairez la surface de la solution nuageuse avec une puissante torche. La lumière dispersée doit apparaître bleuâtre. Dirigez la lumière vers vous à travers le verre et la lumière apparaîtra rougeâtre.

RÉFRACTION ET ABSORPTION DE LA LUMIÈRE

Lorsque la lumière du Soleil atteint l'atmosphère terrestre, elle illumine les molécules d'air et les poussières en suspension dans l'air. Celles-ci réfractent (font dévier) ou réfléchissent (renvoient) la lumière dans plusieurs directions.

La réfraction de la lumière explique la couleur du ciel. La lumière blanche est un mélange de couleurs ayant des longueurs d'onde différentes (voir page 162). Toutes ces longueurs d'onde ne sont pas réfractées de la même façon. Les lumières bleues et violettes sont davantage réfractées que les autres couleurs. Dans la journée, le ciel est bleu parce qu'une plus grande proportion de lumière bleue est réfractée vers la Terre. Le matin et le soir, le Soleil est bas dans le ciel et sa lumière doit traverser une couche d'atmosphère plus épaisse pour arriver jusqu'à nous. La lumière est donc davantage réfractée et une partie du bleu et du violet est détournée de la Terre. Le rouge et l'orange qui ont des longueurs d'onde supérieures ne sont pas autant réfractées. Il en résulte que le ciel apparaît rougeâtre à l'aurore et au crépuscule.

Lorsque la lumière frappe une matière, une partie de cette lumière peut être réfléchie et une autre partie peut passer à travers. Le reste est absorbé par la matière. Cette quantité dépend de la nature de cette matière. Un matériau opaque comme le bois n'est pas traversé par la lumière. Il peut seulement en réfléchir une partie si la surface est brillante. La plus grande partie de la lumière est absorbée. Une matière transparente comme l'eau ou le verre laisse passer la plus grande partie de la lumière. La lumière, comme toutes les autres formes d'énergie, est absorbée par les atomes et les molécules de matière recevant la lumière. Les molécules sont des groupements d'atomes (deux ou plus). Les atomes peuvent absorber la lumière et plus particulièrement certaines couleurs spécifiques. Or, la lumière est composée de nombreuses couleurs dont chacune a sa propre longueur d'onde.

Lorsque la lumière blanche frappe une matière, les atomes absorbent une partie des couleurs qui compose cette lumière. Les autres couleurs sont réfléchies ou transmises. Les couleurs réfléchies, celles que perçoit l'œil, nous permettent d'identifier les coloris de notre environnement.

Fluorescence et phosphorescence

Lorsqu'un atome absorbe de la lumière, son énergie augmente. On dit que l'atome est excité. Un atome excité est instable et cherche à céder cette énergie supplémentaire. Il réagit en produisant ou en émettant une lumière d'une longueur d'onde identique ou supérieure. Certains atomes absorbent de la lumière et en émettent immédiatement. Ces atomes sont dits fluorescents et la substance

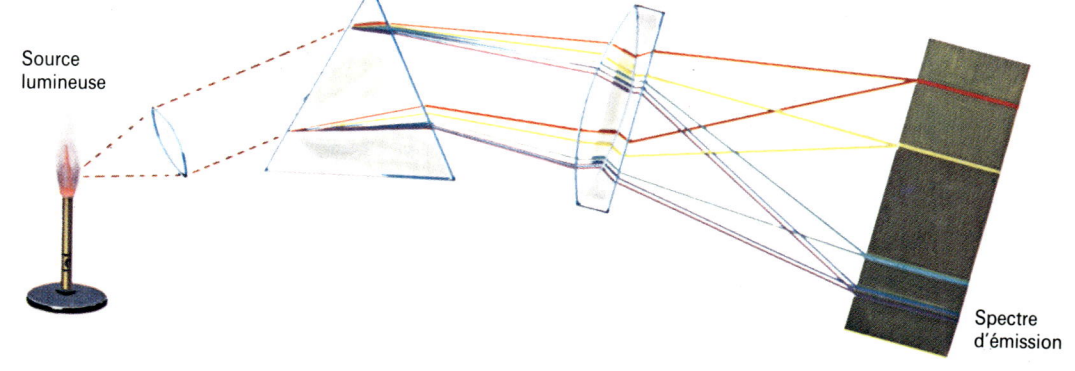

A droite Une matière peut émettre de la lumière par échauffement. La lumière émise forme un spectre d'émission en traversant un prisme dans un spectrographe ou spectroscope. Le spectre est constitué de lignes colorées qui correspondent aux longueurs d'ondes de la lumière émise.

devient fluorescente. Si un certain délai s'écoule entre l'absorption et la réémission, la substance est dite phosphorescente. Les substances phosphorescentes sont utilisées pour les écrans de télévision.

La spectroscopie

L'étude de l'absorption et de l'émission de lumière est appelée spectroscopie. Cette

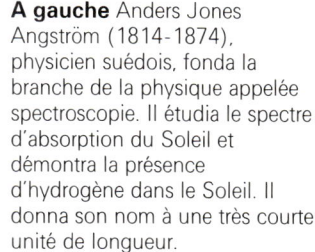

A gauche Anders Jones Angström (1814-1874), physicien suédois, fonda la branche de la physique appelée spectroscopie. Il étudia le spectre d'absorption du Soleil et démontra la présence d'hydrogène dans le Soleil. Il donna son nom à une très courte unité de longueur.

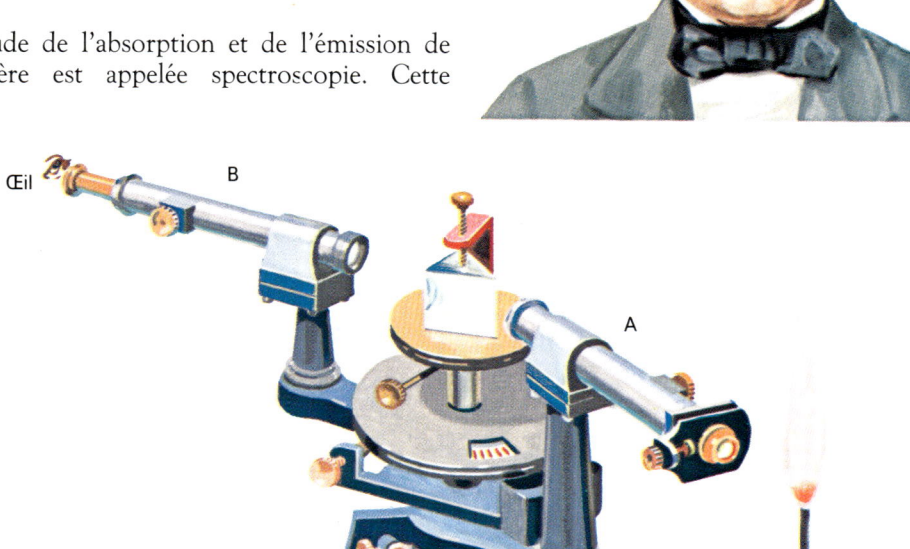

A gauche Un spectroscope utilisé pour étudier le spectre d'émission d'une source lumineuse. Un rayon lumineux émanant de la source passe par le tube A et atteint le prisme posé sur un tableau tournant au centre de l'instrument. La lunette B est orientée de telle sorte que la lumière émise, décomposée par le prisme, puisse être observée.

Ci-dessous Le spectre d'absorption du Soleil. Le Soleil émet toutes les longueurs d'ondes lumineuses. Lorsque la lumière traverse l'atmosphère solaire, les atomes de gaz absorbent certaines longueurs d'ondes. Le spectre solaire est par conséquent barré de nombreuses lignes sombres appelées lignes de Fraunhoper d'après le physicien allemand qui les observa le premier en 1814.

science sert à la recherche scientifique, à la médecine, à l'industrie et à l'astronomie. C'est un procédé d'analyse et d'identification des matières. Elle fournit de précieuses informations sur la structure des atomes et des molécules.

Un spectrographe est un appareil utilisé pour étudier l'émission et l'absorption de la lumière. Il décompose la lumière, au moyen d'un prisme, en ses différentes couleurs ou longueurs d'onde. La lumière est recueillie sur une plaque photographique et l'on obtient un spectre d'émission ou d'absorption.

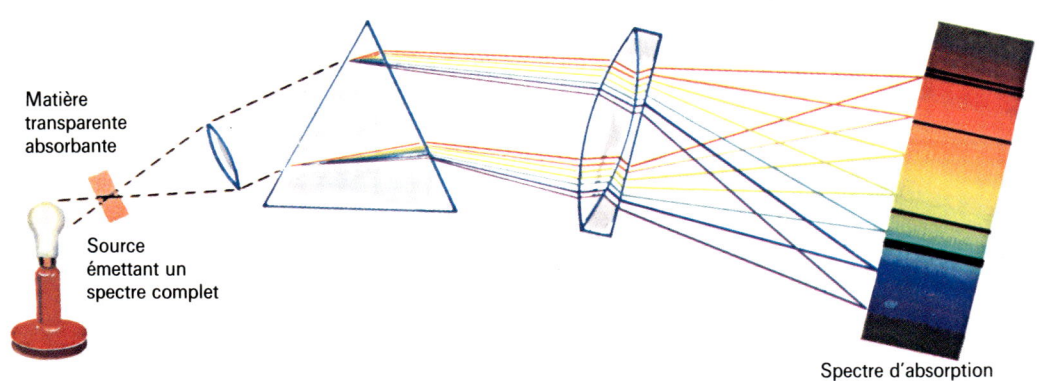

A gauche Pour produire un spectre d'absorption, on utilise une source lumineuse émettant toutes les longueurs d'ondes. Cette lumière traverse une matière qui absorbe certaines longueurs d'ondes. Lorsque le spectre est formé, les lignes sombres correspondent aux « trous » des longueurs d'ondes absorbées ou éliminées du faisceau lumineux.

A droite Il est facile d'expérimenter le mélange des lumières colorées dans une pièce sombre avec des torches et des papiers colorés. Il suffit que les faisceaux se croisent sur une feuille de papier blanc.

A droite Telles sont les couleurs que vous verrez sur le papier si les lumières verte, rouge et bleue, sont mélangées dans les bonnes proportions. Lorsque les trois couleurs se recoupent, la lumière est blanche. Lorsque deux couleurs primaires se superposent, la couleur formée est complémentaire de la troisième couleur primaire.

A droite Résultats obtenus par le mélange du cyan, du magenta et du jaune. Le jaune et le magenta donnent du rouge. Le jaune est un mélange de rouge et de vert. Le magenta est un mélange de bleu et de rouge. Lorsque le jaune et le magenta sont mélangés, vous mêlez en réalité du rouge, du vert et du bleu ; puis du rouge. Les trois premières donnent du blanc et la quatrième sert à former la couleur finale, le rouge. Pouvez-vous déterminer pourquoi le mélange du magenta et du cyan donne du bleu et celui du cyan et du jaune, du vert ?

LES COULEURS

La lumière du Soleil ou d'une ampoule électrique est appelée lumière blanche. La lumière blanche est en réalité un mélange de plusieurs couleurs que l'œil ne peut voir puisqu'il lui est impossible de décomposer la lumière blanche. Cependant, il arrive que la lumière soit décomposée en ses différentes couleurs par des gouttelettes d'eau ou des morceaux de verre. L'arc-en-ciel révèle des groupes de couleurs (rouge, orange, jaune, vert, bleu et violet) qui constituent la lumière. Ces mêmes couleurs peuvent être mélangées dans certaines proportions pour reconstituer la lumière blanche.

Les couleurs primaires

Il n'est pas obligatoire d'utiliser ces six couleurs pour reconstituer la lumière blanche. Il suffit de trois couleurs. Ces couleurs sont appelées couleurs primaires ou fondamentales. Ce sont le rouge, le vert et le bleu. Elles peuvent être mélangées dans certaines proportions pour donner de la lumière blanche. Si ces proportions varient, on obtient une lumière d'une autre couleur. Il est possible de fabriquer n'importe quelle couleur en utilisant le rouge, le vert, le bleu et en variant leurs proportions, on obtient des couleurs différentes lorsque l'on mélange des peintures, ces mélanges relèvent d'une technique différente (voir page 86).

Vous avez probablement déjà vu des effets de lumières au théâtre. Deux projecteurs colorés peuvent donner un cercle d'une troisième couleur, là où les deux faisceaux se superposent. Vous pouvez en faire l'expérience vous-même avec trois lampes-torches émettant des couleurs différentes. Pour obtenir les meilleurs résultats, faites l'expérience dans le noir et choisissez des faisceaux lumineux assez étroits. Pour obtenir des faisceaux colorés, placez des cellophanes de différents coloris devant chaque torche avec du ruban adhésif ou un élastique. Des emballages de bonbons conviennent très bien, mais peut-être devrez-vous essayer plusieurs nuances de couleurs pour obtenir un résultat satisfaisant.

Le mélange de deux des trois couleurs primaires peut déjà donner des résultats intéressants. Les lumières rouge et bleu donnent le magenta, un violet rosé. Le bleu et le vert donnent le cyan, un bleu vert. Plus surprenant, le rouge et le vert donnent une lumière jaune.

Les couleurs complémentaires

Deux couleurs quelconques qui, mélangées, produisent une lumière blanche sont dites complémentaires. La lumière jaune (mélange de lumières rouge et vert) est la complémentaire de la lumière bleue. Ensemble, elles donnent de la lumière blanche. De la même façon, le magenta est complémentaire du vert et le cyan est complémentaire du rouge.

Un mélange dans des proportions correctes de rouge, de vert et de bleu, donne de la lumière blanche. Lorsque l'on mélange des lumières jaune, magenta et cyan, on peut également obtenir de la lumière blanche. Ainsi ces trois couleurs peuvent-elles être considérées comme un ensemble de trois couleurs primaires. Le jaune et la magenta donnent ensemble de la lumière rouge, le jaune et le cyan une lumière verte, et le magenta et le cyan produisent du bleu. En utilisant du papier ou de la cellophane de ces couleurs, vous pourrez le démontrer.

La lumière blanche peut donc être considérée comme un mélange de trois couleurs primaires. Une lumière d'une coloration autre que blanche est obtenue en mélangeant dans certaines proportions des couleurs primaires. C'est le principe de base de plusieurs techniques dont la vision des couleurs et la télévision en couleurs (voir page 179).

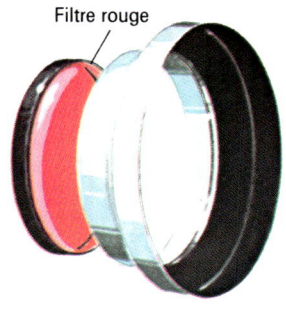

Ci-dessus Les filtres colorés utilisés pour prendre une photographie couleur sont constitués d'une pellicule ronde en matière transparente teintée appelée gélatine, maintenue par une bague spéciale en métal ou en plastique. On emploie aussi des verres teintés. Ces filtres sont montés sur l'appareil devant l'objectif.

A gauche Les filtres colorés servent à modifier la couleur de la lumière avant qu'elle n'atteigne la pellicule. Un filtre jaune laisse passer les lumières rouge et verte mais arrête le bleu. Un filtre rouge (ou vert) laisse passer le rouge (ou le vert). Les objets émettant des couleurs qui ne passent pas apparaissent plus sombres que la normale car la pellicule a reçu moins de lumière.

LA COULEUR DES OBJETS

Lorsqu'on mélange les mêmes couleurs, on obtient des couleurs différentes selon qu'il s'agit de lumière ou de peinture. Ainsi, en mélangeant des lumières bleu et jaune vous obtiendrez une lumière blanche alors que les peintures bleu et jaune donneront du vert. On est là en présence de deux processus de formation des couleurs.

Ci-dessus Les objets colorés absorbent certaines couleurs de la lumière et réfléchissent les autres. Les yeux ne perçoivent que la lumière réfléchie qui donne à l'objet sa couleur.

A droite Lorsque la lumière frappe le tableau noir, toutes les couleurs constituant la lumière sont absorbées et aucune n'est réfléchie. La craie blanche, au contraire, réfléchit toutes les couleurs de la lumière. C'est pourquoi la combinaison de toutes ces couleurs fait apparaître les traits blancs.

La lumière

La couleur des choses dépend des couleurs de la lumière qu'ils réfléchissent. Lorsque la lumière frappe une matière, celle-ci absorbe une partie des couleurs et réfléchit le reste. La lumière du soleil ou d'une ampoule électrique est un mélange de rouge, orange, jaune, vert, bleu et violet-indigo. Mais on peut la considérer comme un mélange de trois couleurs : rouge, vert et bleu (voir page 84). Ces trois couleurs forment un ensemble de couleurs primaires.

Si la lumière blanche frappe un objet qui absorbe le vert et le bleu mais réfléchit la lumière rouge, l'objet apparaît rouge. Nos yeux perçoivent les couleurs que les objets réfléchissent.

Ceci est vrai pour toutes les couleurs, pas seulement pour les couleurs primaires. On obtient la lumière jaune en mélangeant des lumières verte et rouge. Un objet jaune absorbe seulement le bleu de la lumière blanche et réfléchit le rouge et le vert, ce qui lui donne sa couleur.

Ci-dessus Faites un dessin avec des feutres rouge et vert. En lumière blanche, il apparaît sous ces couleurs. En lumière rouge, le papier blanc et les traits rouges reflètent la lumière rouge. Les traits rouges se fondent par conséquent au fond et on ne les voit plus. Comme il n'y a pas de lumière verte susceptible de se réfléchir, les traits verts semblent noirs.

Un objet noir apparaît sombre parce qu'il absorbe toute la lumière qui le frappe et ne réfléchit aucune couleur. Les objets blancs n'absorbent aucune couleur et réfléchissent toutes les lumières colorées qui les frappent. Lorsque les objets blancs sont éclairés par une lumière blanche, ils réfléchissent une lumière blanche. Si la lumière n'est pas blanche, la couleur de l'objet changera. Vous pourrez le remarquer en observant des gens vêtus de bleu éclairés, de nuit, par des lampes au sodium (jaune). En lumière blanche, les matières bleues absorbent le rouge et le vert. Sous le jaune du sodium, elles deviennent noires parce que la lumière du sodium ne contient pas de lumière bleue susceptible d'être réfléchie.

Encres, teintures et peintures

Le mélange des peintures n'a pas le même effet que celui des lumières. En peinture, les couleurs primaires sont le rouge, le bleu et le jaune. Le mélange égal de ces trois couleurs donne une teinte brun noirâtre. D'autres mélanges produiront d'autres couleurs mais il vous sera cependant impossible d'obtenir une peinture blanche.

Les encres de couleur ou les teintures servent à imprimer en couleurs ou à teinter les tissus. Les couches de couleurs primaires sont appliquées de manière à ce que le mélange soit celui recherché et donne les tons justes du motif ou de l'image à reproduire.

La photo en couleurs

La pellicule couleur est constituée de trois couches d'émulsion (voir page 106). L'image d'un objet rouge se forme sur une couche uniquement sensible à la lumière rouge, un objet vert sur une couche uniquement sensible à la lumière verte et un objet bleu impressionne la troisième couche sensible au bleu. Un objet jaune impressionne les couches sensibles au rouge et au vert. Les couleurs du négatif sont les complémentaires des couleurs réelles. L'objet rouge y apparaît bleu-vert, l'objet vert, rouge-bleu et l'objet bleu, jaune. De la même façon, les objets jaunes apparaissent bleus, les objets violets, verts, et les objets noirs apparaissent blancs et vice versa. Une couleur complémentaire comme le jaune, mélangée avec sa couleur primaire, le bleu, produit de la lumière blanche. Sur la photo finale, les couleurs complémentaires sont transformées en leurs couleurs primaires.

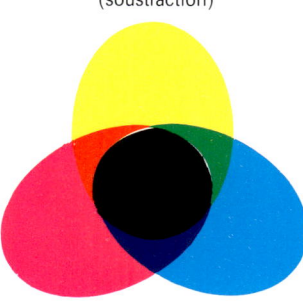

Mélange de lumières (addition)

Mélange de peintures (soustraction)

Ci-dessus à droite Différentes couleurs obtenues par le mélange des lumières colorées (en haut) et des peintures colorées (en bas).

A gauche Sur un négatif couleur, on voit les couleurs complémentaires de celles de la photo définitive. La vareuse du garde est bleu-vert (mélange de ces deux couleurs). Il se tient sur de l'herbe violette (mélange de bleu et de rouge). Le ciel est jaune (mélange de rouge et de vert). Sa coiffure et son pantalon sont blancs. La photo définitive est à droite.

A gauche Dans une impression en couleurs, les trois couleurs primaires – jaune, cyan (bleu) et magenta (rouge) – sont imprimées sur le papier sous forme de minuscules points d'encre. Ces points se fondent à l'œil pour former une image colorée. Une quatrième couleur (pour les imprimeurs), le noir, sert à assombrir certaines parties de l'image. Chaque couleur est imprimée séparément si bien que le papier doit passer quatre fois dans la machine.

A droite Première loi de la réflexion : l'angle d'incidence selon lequel la lumière de la bougie frappe le miroir est égal à l'angle de réflexion. Si la lumière arrive perpendiculairement sur le miroir, elle est réfléchie dans la même direction. Dans ce cas, les angles d'incidence et de réflexion sont nuls.

LA RÉFLEXION

Lorsque la lumière est repoussée par une surface, on dit qu'elle est réfléchie. Lorsque vous vous regardez dans un miroir, vous voyez une image de vous-même, votre reflet. Le reflet d'un corps vu dans un miroir s'appelle une image. Celle-ci ne sera parfaite que si le miroir est plan (plat). Si la surface réfléchissante est irrégulière, votre image sera déformée. Outre la planéité, une bonne surface réfléchissante doit être brillante. Un morceau de caoutchouc plat ne réfléchit aucune image. Le caoutchouc est un exemple de surface mate ou non réfléchissante. Le métal réfléchit bien la lumière mais il est rare que sa surface soit parfaitement plane. Néanmoins, les premiers miroirs étaient en métal pur ou en bronze. Ils donnaient une image imparfaite car leur surface était souvent bosselée. Il fallut attendre longtemps pour disposer de miroirs de qualité. Un miroir moderne est constitué par une surface de verre de fine épaisseur parfaitement plate. Une fine couche de métal brillant, l'argent ou l'aluminium, déposée au dos de la glace réfléchit la lumière. Pour empêcher que le métal ne soit écaillé ou griffé, on le protège par une couche de peinture.

La forme d'un objet et celle de son image reflétée par un miroir plat est la même. L'image garde également sa taille. Cependant, elle est latéralement inversée, ce qui signifie que le côté gauche de l'objet apparaît du côté droit de l'image et vice versa. Le reflet de votre main gauche dans un miroir apparaît comme votre main droite car vos deux mains sont les images réfléchies d'elles-mêmes. Il est impossible de se voir dans un miroir tel que l'on est dans la réalité.

On utilise les miroirs plans dans de nombreux instruments d'optique. Dans le microscope, ils dirigent la lumière sur l'objet. Dans le sextant, appareil de navigation, un miroir plan permet de déterminer la hauteur du soleil au-dessus de l'horizon.

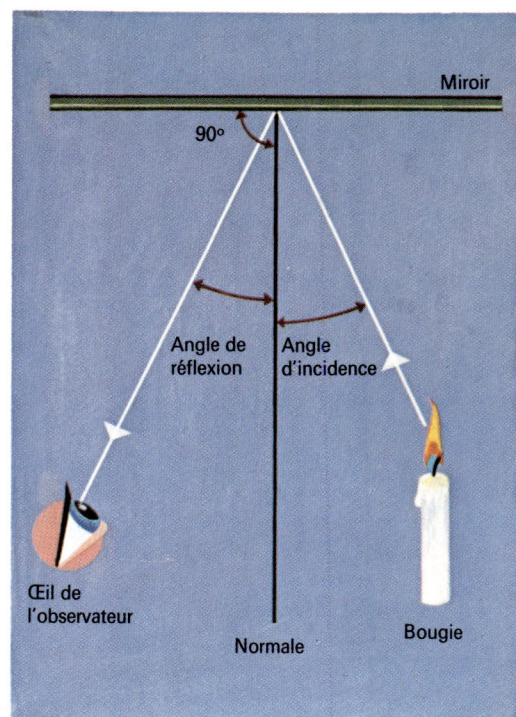

Angles d'incidence et de réflexion

Des lois dites de réflexion permettent de définir l'endroit où se forme l'image d'un objet placé devant un miroir. La première loi établit que l'angle selon lequel la lumière venant d'un objet frappe le miroir (l'angle d'incidence) est égal à l'angle formé par le rayon réfléchi (appelé angle de réflexion). Ces angles sont mesurés en fonction d'une ligne perpendiculaire à la surface du miroir appelée la normale. La deuxième loi établit que le rayon incident, la normale et le rayon réfléchi sont dans un même plan. On peut donc les tracer sur une même feuille.

Ces lois de la réflexion se vérifient facilement. Placez un crayon en face du côté gauche d'un miroir. Pour voir l'image du crayon, vous devrez bouger la tête vers la droite. Il apparaîtra lorsque les rayons lumineux émis par le crayon feront avec le miroir un angle égal à l'angle selon lequel votre œil regarde le miroir.

A gauche Écrivez quelques mots sur une feuille et placez-la devant un miroir. Vous voyez dans le miroir les lettres inversées. Observez l'écriture dans un second miroir. Celle-ci sera encore inversée et apparaîtra à la normale.

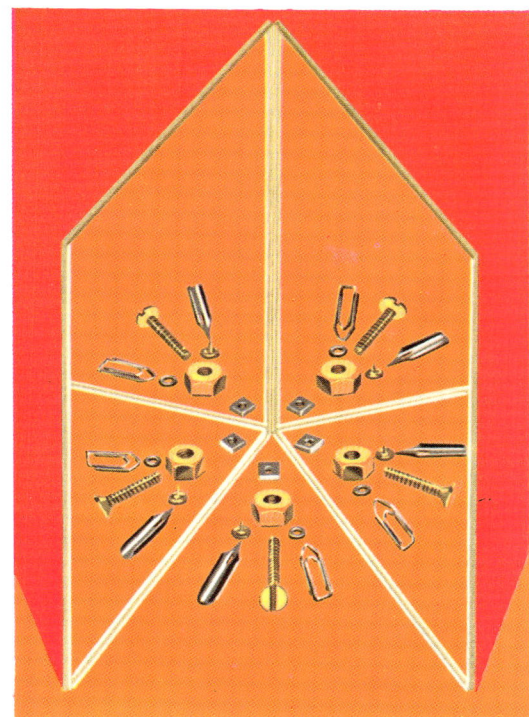

A l'extrême gauche Vous pouvez savoir comment les autres vous voient en regardant deux miroirs de table à maquillage placés à angle droit. L'image du second miroir est celle que les autres ont de vous. En réduisant encore l'angle des miroirs entre eux, vous pouvez observez plusieurs images de votre personne.

A gauche Disposez quelques petits objets sur une feuille de papier entre deux miroirs dont les bords se touchent. En observant les miroirs, vous verrez le motif répété plusieurs fois. Plus l'angle formé par les miroirs sera faible et plus l'image sera répétée.

UN KALÉIDOSCOPE

Matériel : 2 miroirs allongés - du carton - du scotch - du papier sulfurisé - du sucre cristallisé - une lampe-torche
Fixez deux miroirs selon leur plus long côté avec de l'adhésif. Formez un triangle en fermant le troisième côté avec un morceau de carton de la même dimension que les miroirs.

Collez avec l'adhésif un morceau de papier sulfurisé sur une des bases puis retournez le montage. Laissez tomber au fond quelques cristaux de sucre coloré ou quelques petits morceaux de papier de couleur. Recouvrez l'autre base de papier opaque et percez un petit trou. Éclairez avec une lampe-torche la base fermée par le papier sulfurisé et regardez par le trou. Vous verrez apparaître des motifs superbement colorés. Tournez, les motifs varieront à l'infini.

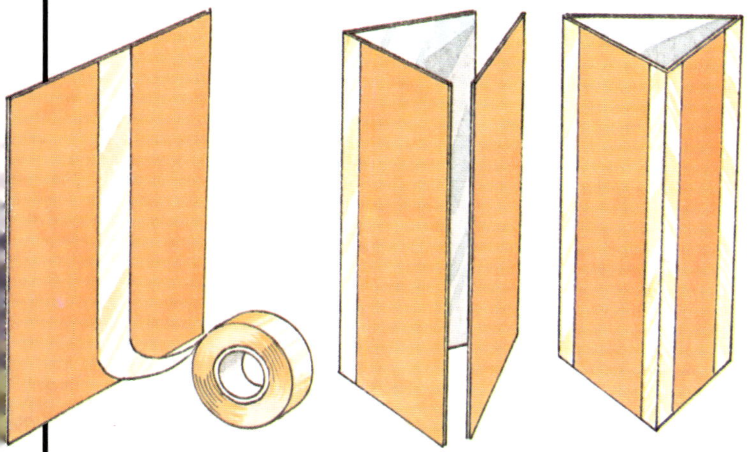

miroirs assemblés

côté en carton

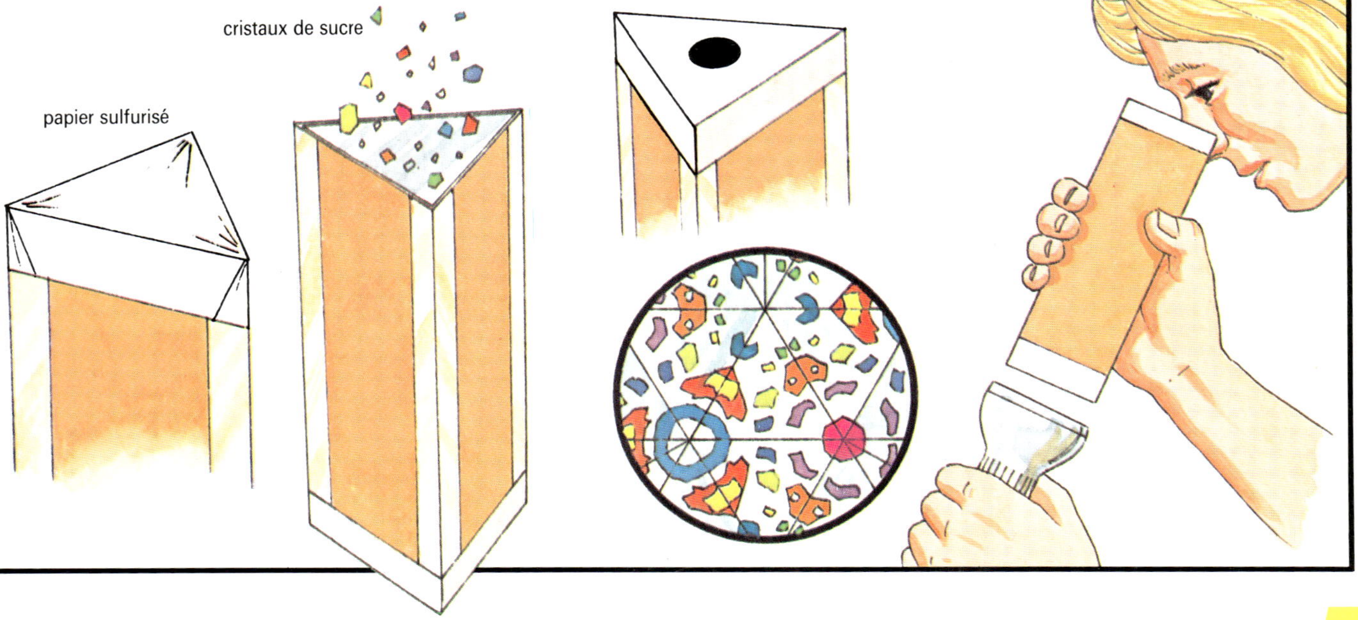

papier sulfurisé

cristaux de sucre

orifice d'observation

A droite Réflexion interne totale dans le prisme. Selon l'angle des rayons incidents et la forme du prisme, les rayons réfléchis peuvent être déviés de 90° (comme dans un périscope), retournés de 180° et renvoyés dans leur direction d'origine ou inversés les uns par rapport aux autres.

A gauche Les eaux calmes d'un lac peuvent réfléchir parfaitement les arbres et les maisons qui le bordent. Lorsque le vent agite la surface, la lumière se trouve réfléchie dans toutes les directions et l'image perd de sa netteté.

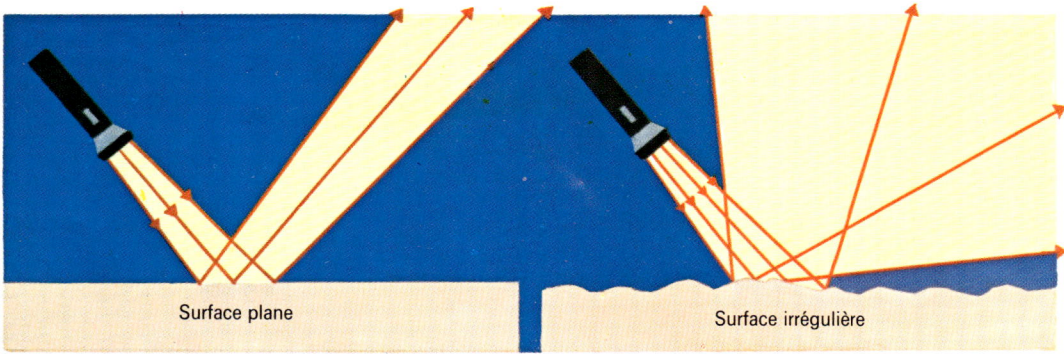

Surface plane   Surface irrégulière

A gauche Si l'on dirige la lampe de poche sur une surface lisse et brillante, le faisceau réfléchi reste très concentré. Si la surface n'est pas lisse, la lumière est réfléchie dans toutes les directions mais les lois de la réflexion sont toujours respectées.

A droite Vous pouvez observer votre reflet dans la glace d'une voiture ou d'un train. Ce reflet peut être très clair s'il fait nuit dehors.

LES SURFACES RÉFLÉCHISSANTES

Il existe bien d'autres surfaces réfléchissantes qu'un miroir argenté. Si vous savez nager, vous avez déjà peut-être regardé, alors que vous étiez sous l'eau, la surface. Elle semble très lumineuse car le ciel l'éclaire au-dessus. Comme un miroir, elle est réfléchissante. Vous pouvez voir le reflet des choses dans l'eau.

Vous pouvez aussi observer des réflexions sur la surface de l'eau. La netteté dépend du calme de l'eau. Au bord de la mer, l'eau est toujours agitée mais il est fréquent de voir le reflet déformé d'une mouette ou d'un bateau.

De nombreuses matières sont suffisamment polies pour bien réfléter la lumière mais on observe le plus souvent les reflets sur les métaux, le verre et les liquides tels que l'eau. Tout le monde a vu son propre reflet dans une glace de voiture ou de train. L'image est bien plus nette s'il fait nuit car aucune lumière ne traverse la glace. Dans les vitrines des magasins, des reflets gênent souvent pour voir les objets exposés. Certains magasins sont équi-

Ci-dessous Vous pouvez faire surgir un fantôme sur une scène de théâtre. Pour cela, placez une plaque de verre au milieu de la scène et cachez-vous dans les coulisses derrière un tissu noir. Votre image se réfléchira au centre de la scène. Essayez le même effet avec une bougie derrière un écran noir. Allumez-la et placez une bouteille emplie d'eau sur la scène. Vous aurez l'impression que la bougie est enfermée dans la bouteille. Éteignez la lumière, la bougie disparaîtra.

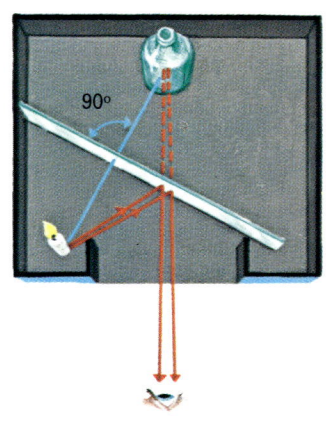

pés de glaces courbes ou obliques qui reflètent la lumière du soleil ou de l'éclairage public de telle sorte que leur image ne gêne pas l'observateur. Tous les corps reflètent un peu de lumière mais, à l'exception des surfaces polies, les réflexions se produisent dans toutes les directions.

Les pièces d'un bâtiment sont éclairées dans la journée même si le soleil ne les éclaire pas directement. C'est parce que le ciel et tous les objets renvoient la lumière dans toutes les directions. Lorsque le Soleil est caché par les nuages, sa lumière pénètre dans les nuages puis est réfléchie ou dispersée par les particules de vapeur d'eau dans toutes les directions. Une partie de cette lumière entre dans les bâtiments par les fenêtres et les portes ouvertes. Dans une pièce, le plafond et les murs renvoient une partie de la lumière. Il en résulte qu'aucune ombre nette ne peut être projetée et que la lumière est plus douce que celle du Soleil à l'extérieur.

La réflexion interne totale

Lorsque la lumière entre dans une matière transparente comme le verre ou l'eau, la plupart en ressort mais une partie peut être réfléchie par la deuxième surface. Si l'angle d'incidence du rayon par rapport à cette surface est supérieur à une valeur d'angle critique, aucune lumière ne peut traverser. Elle sera entièrement réfléchie. C'est ce que l'on appelle la réflexion interne totale. Un prisme est un morceau de verre triangulaire. Si l'angle selon lequel un rayon lumineux frappe un prisme est supérieur à l'angle critique, la réflexion interne est totale et le prisme se comporte comme un miroir.

On utilise les prismes comme réflecteurs dans les jumelles et dans les périscopes sous-marins. Un périscope permet de voir des objets qui ne sont pas placés en face de l'œil de l'observateur. Ils permettent de voir par-dessus une foule, un mur, etc.

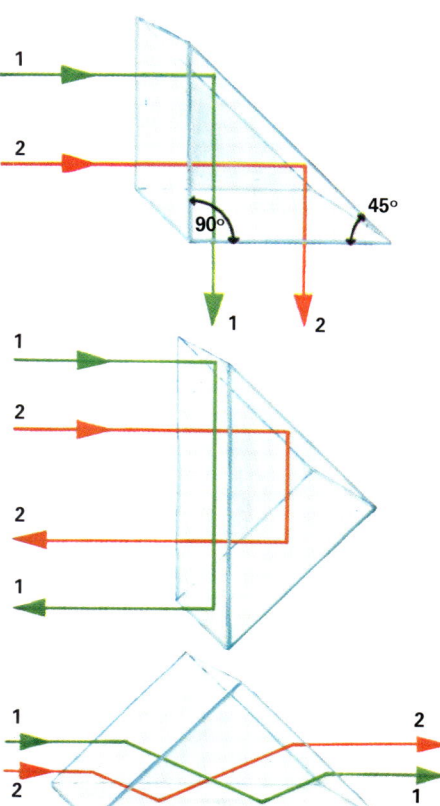

UN PÉRISCOPE

Matériel nécessaire : deux petites boîtes en carton - deux miroirs - du ruban adhésif

Les commandants de sous-marins utilisent un périscope pour observer la surface de la mer lorsqu'ils sont en plongée. Un périscope est constitué de deux miroirs. Celui du haut réfléchit la lumière sur celui du bas qui l'envoie vers l'observateur. Pour parvenir à ce résultat, il faut placer les deux miroirs à 45 degrés de la verticale soit la moitié de l'angle droit.

Prenez les deux boîtes et au fond de chacune d'elle fixez avec du sparadrap parallèlement les deux miroirs à 45°. Fixez les deux boîtes ensemble du côté de leur ouverture avec du gros scotch. A une extrémité du périscope, en face d'un des miroirs, découpez un rectangle. En face de l'autre miroir, découpez un cercle de la taille de l'œil. Vous pouvez maintenant regarder.

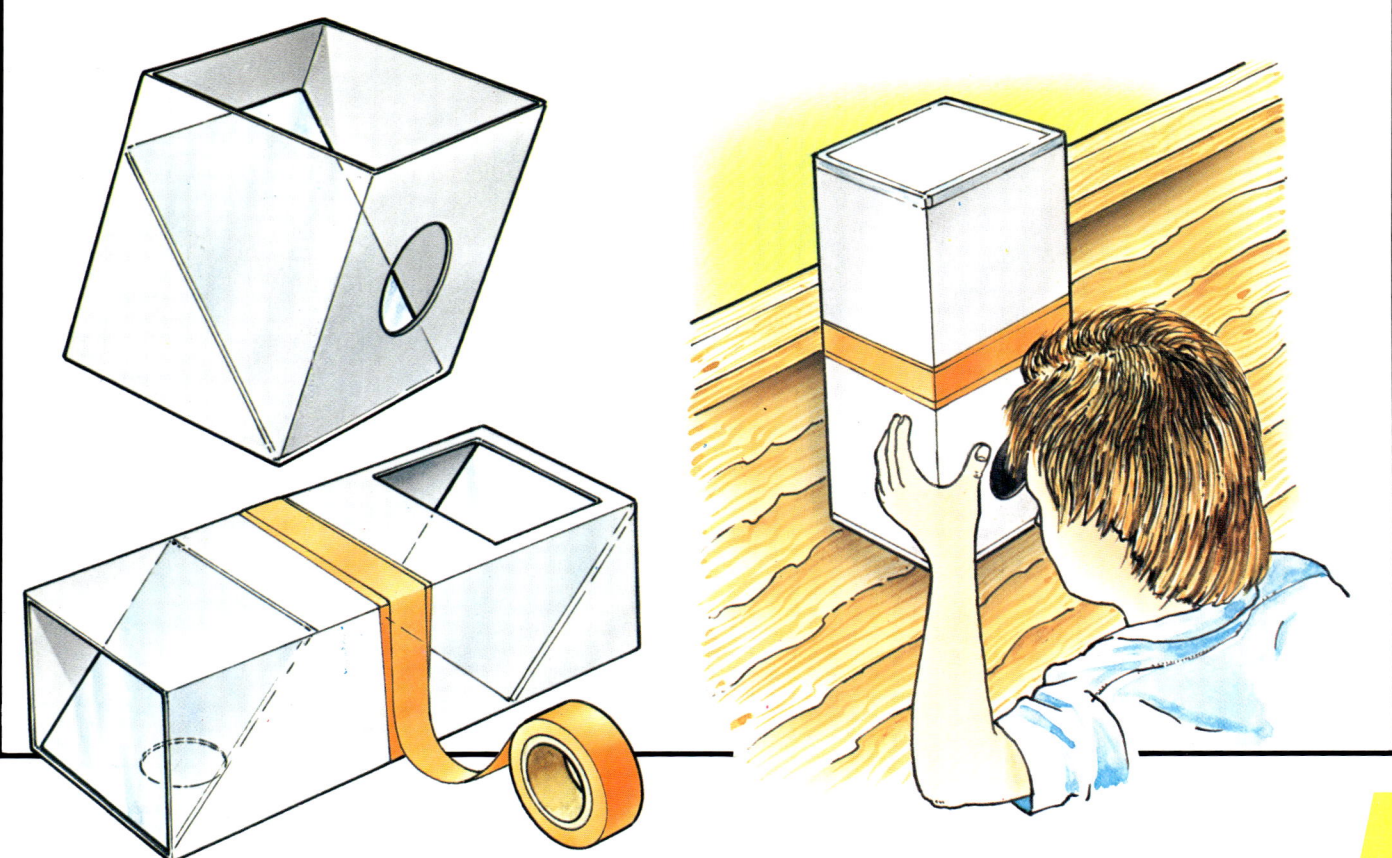

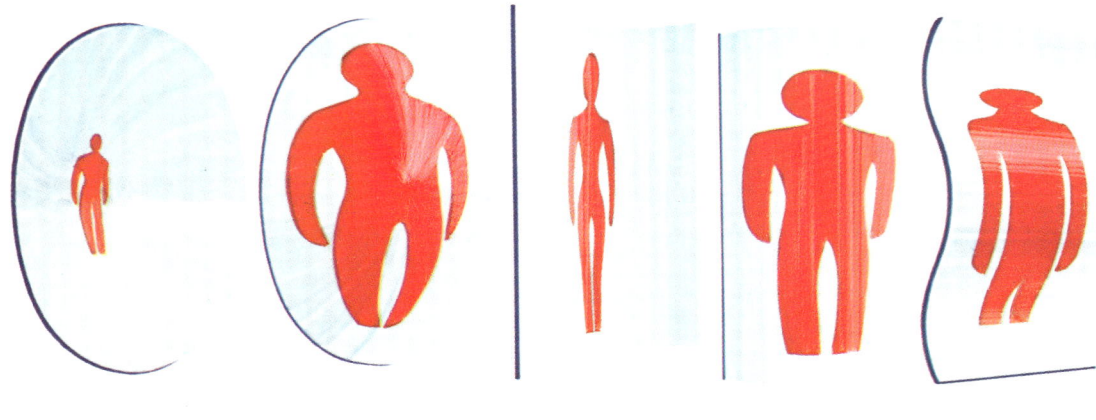

A gauche Le palais des glaces. Lorsque l'on combine des miroirs convexes et concaves en une seule pièce, on obtient des effets très amusants. Vous pourrez, ainsi, vous voir déformés, visages bras et jambes allongés ou raccourcis.

A droite Trajets des rayons. Les miroirs convexes font diverger les rayons provenant d'un objet éloigné de telle sorte qu'ils semblent provenir de derrière le miroir.

LES MIROIRS COURBES

Un miroir courbe est fabriqué comme un miroir plan mais sa surface en verre n'est pas plate mais bombée comme une partie de sphère géante. Un miroir concave est courbé vers l'intérieur, en creux, un miroir convexe, vers l'extérieur.

Les lois de la réflexion sont les mêmes pour les miroirs courbes que pour les miroirs plans (ou plats). Un faisceau de lumière parallèle est constitué par des rayons de lumière se déplaçant dans la même direction. Si des rayons parallèles frappent un miroir concave, ils sont réfléchis de telle sorte qu'ils convergent vers un point fixe appelé foyer du miroir. Ce foyer se situe sur l'axe principal ou axe optique du miroir. La distance séparant le foyer du centre du miroir est appelée distance focale. Les miroirs convexes ne concentrent pas la lumière vers un foyer mais dispersent les rayons comme s'ils provenaient d'un point situé derrière le miroir. Ce point s'appelle le foyer virtuel. Un miroir courbe peut rendre un objet plus gros ou plus petit. L'effet dépend de la position de l'objet. La position et la dimension de l'image dépendent du trajet des rayons.

Les miroirs concaves

Les miroirs grossissants sont concaves. Leur distance focale est d'environ 1 m. Une personne proche de ce miroir se trouve entre le foyer et le miroir. Les rayons lumineux provenant du visage de la personne forment une image dans le miroir, beaucoup plus grande alors que l'objet réel. En revanche, si le miroir est dirigé vers une lampe électrique éloignée, le miroir concentre la lumière reçue. Une image très petite et brillante de l'ampoule peut être recueillie sur un écran de papier placé au foyer à 1 m environ du miroir. Cette image est inversée.

Avec de tels miroirs, on peut également projeter sur un écran de papier des images en couleur de scènes extérieures brillamment

A droite Un objet situé entre le foyer et un miroir concave est agrandi par celui-ci. Tout rayon parallèle à l'axe principal doit passer par le foyer. L'image est formée par le croisement de deux rayons.

A droite Si l'objet est éloigné du foyer d'un miroir concave, une petite image inversée (de bas en haut) peut être formée sur une feuille de papier placée à proximité du miroir.

A droite Les miroirs convexes recueillent les rayons lumineux provenant d'une très vaste zone autour d'eux et renvoient une petite image non inversée. Comme cette image semble se former derrière le miroir, elle est dite image virtuelle.

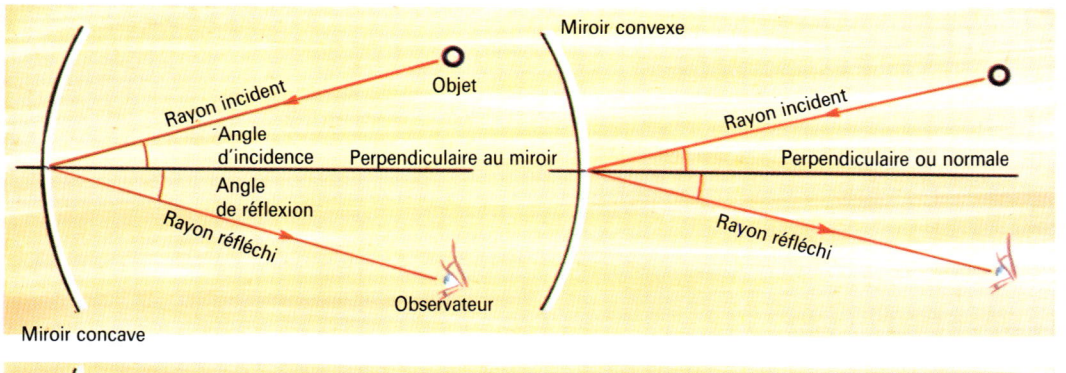

A gauche Les miroirs courbes obéissent aux mêmes lois de la réflexion que les miroirs plans, c'est-à-dire que l'angle d'incidence est égal à l'angle de réflexion.

A gauche Si l'on dirige un miroir concave vers le Soleil, les rayons parallèles provenant du Soleil sont concentrés au foyer où ils forment un point brillant et chaud. Par temps chaud, on peut de cette façon enflammer du papier ou des brindilles.

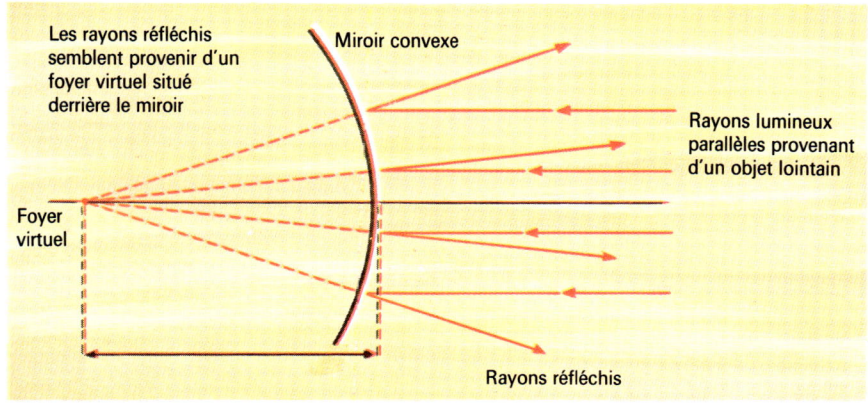

illuminées. On obtient le même effet avec la chambre noire. On utilise aussi de très grands miroirs concaves pour recueillir la lumière émise par des objets lointains en un point. C'est le principe des plus grands télescopes astronomiques. Pour avoir les résultats les plus performants, le miroir a la forme de l'intérieur d'une coquille d'œuf. Cette forme parabolique peut renvoyer la lumière et former une image parfaite. Les phares d'automobiles possèdent aussi des miroirs concaves. En plaçant l'ampoule au foyer du miroir, on obtient un faisceau de lumière parallèle.

Les miroirs convexes

Les miroirs convexes produisent des images différentes. Ils peuvent recueillir les rayons lumineux provenant d'objets très dispersés autour du miroir et les réfléchir en les concentrant. C'est pour cela qu'on les utilise pour faire des rétroviseurs. Le conducteur peut observer, grâce à ce petit miroir, une large portion de route.

Les miroirs convexes sont utiles pour observer un large espace d'un seul coup. Dans les autobus, ils permettent au conducteur de voir tout l'intérieur du véhicule. Un surveillant de supermarché ou de magasin s'en sert pour surveiller ses rayons et repérer les voleurs.

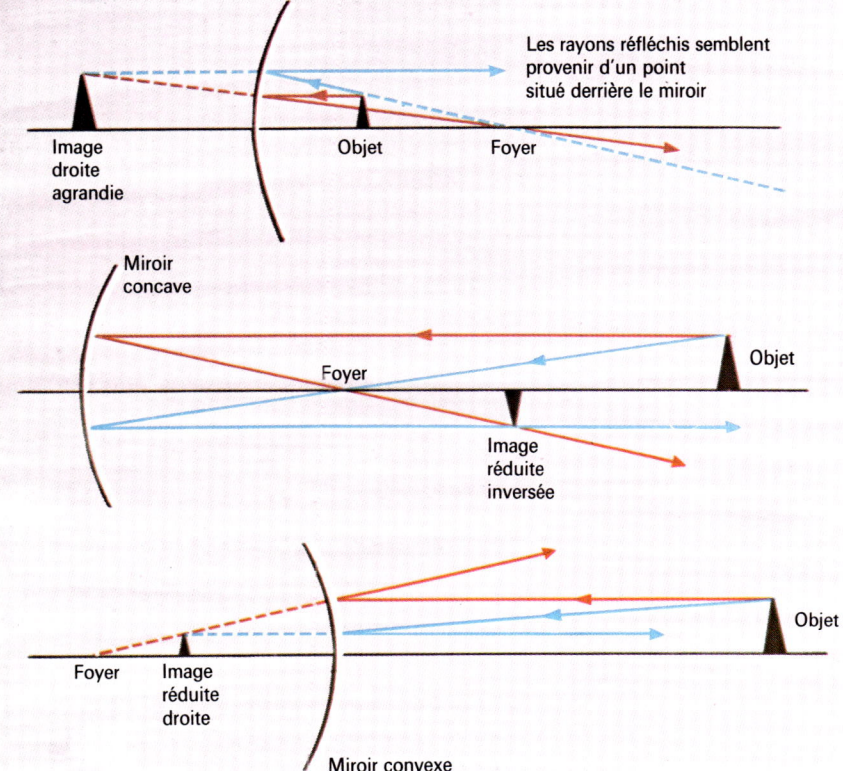

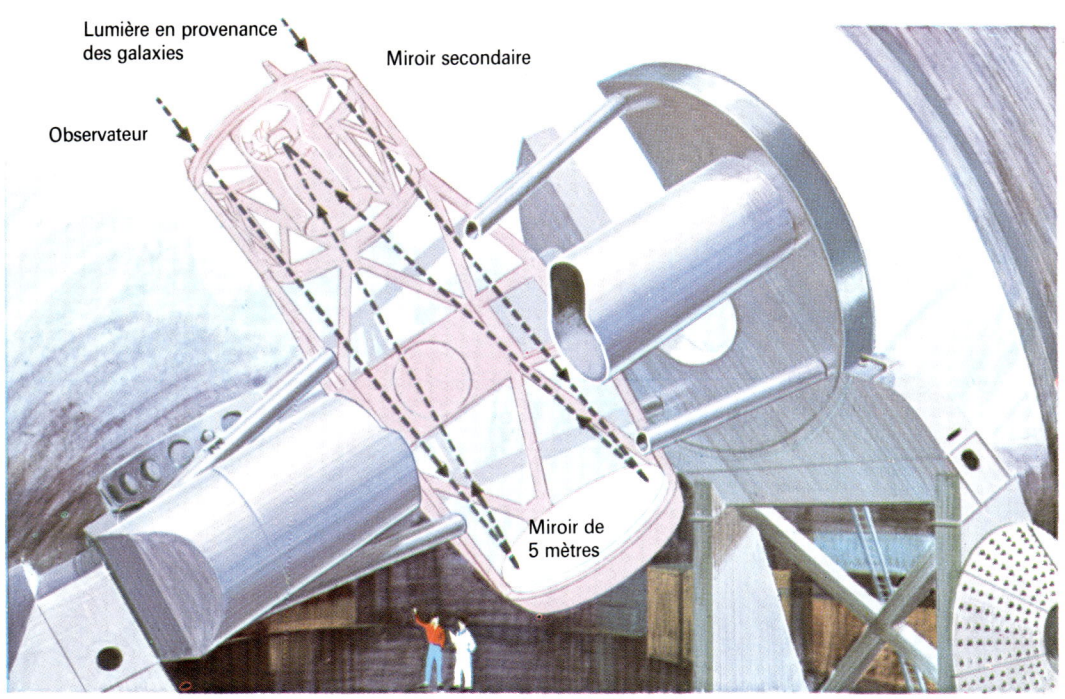

A gauche Un télescope astronomique à miroir parabolique recueille la lumière des étoiles et la concentre en un foyer très précis. Cette image nette peut alors être photographiée.

LA RÉFRACTION

Plongez un crayon dans un pot de confiture rempli d'eau et observez avec attention la forme du crayon dans l'eau. Sous certains angles, il semble tordu. Avec une lampe-torche émettant un étroit faisceau lumineux, essayez de le diriger dans l'eau. Dans une pièce sombre, vous verrez que le faisceau change de direction en passant de l'air dans l'eau. Le changement de direction de la lumière qui se produit dans cette expérience est appelé réfraction. La vitesse de la lumière varie selon la matière transparente traversée. De ce fait, lorsque la lumière passe d'une matière dans une autre, sa direction varie légèrement. C'est la réfraction qui cause cet effet de tremblement juste au-dessus du sol quand il fait chaud. La lumière se déplace dans l'air chaud proche du sol plus vite que dans l'air plus frais situé au-dessus et produit une brume de chaleur. Vous pouvez reproduire le même phénomène en projetant la lumière d'une torche puissante sur un mur plat juste au-dessus d'une bougie allumée. Des reflets et des ombres mouvantes apparaîtront sur le mur derrière la bougie.

Faites dissoudre une cuillère à café de sucre dans une petite quantité d'eau chaude. Versez cette solution dans un pot en verre presque rempli d'eau. Vous observerez un effet de tourbillon alors que la solution descend vers le fond. C'est parce que la lumière traverse plus lentement la solution sucrée que l'eau pure. La lumière traverse moins vite les matériaux plus denses. Le verre est plus dense que l'air. Si la lumière passe de l'air dans le verre, elle est détournée ou réfractée vers la normale. La normale est une ligne imaginaire perpendiculaire à la surface de réfraction. La lumière passant du verre dans l'air est réfractée en s'écartant de la normale. La lumière est toujours réfractée selon un angle bien défini qui dépend de l'angle d'incidence (angle selon lequel la lumière frappe la surface de la matière) et de la matière elle-même.

L'indice de réfraction

L'indice de réfraction nous permet de savoir à quelle vitesse la lumière traversera une certaine matière et, par conséquent, de combien elle sera réfractée. Il est égal à la vitesse de la lumière dans l'air divisé par la vitesse de la lumière dans la matière. Pour le verre, il est de 1,5 ; pour l'eau de 1,3. Plus la matière est dense, plus l'indice de réfraction est élevé.

Plongez une pièce de monnaie dans un verre rempli d'eau et observez-la du dessus. Tracez un repère à la craie sur le verre au niveau duquel vous pensez que se trouve la pièce.

Ci-dessus Un étroit faisceau lumineux est légèrement dévié vers le haut en passant de l'air dans l'eau. Lorsqu'il ressort de l'eau pour repasser dans l'air, il est dévié vers le bas. Il retrouve alors son angle primitif.

A droite Un effet de tourbillon peut être observé lorsqu'on verse un peu d'eau chaude sucrée (contenant du café) dans un bocal de verre plein d'eau. La lumière se déplace plus lentement dans la solution sucrée, plus dense que l'eau. La déviation des rayons lumineux qui en résulte produit ces tourbillons.

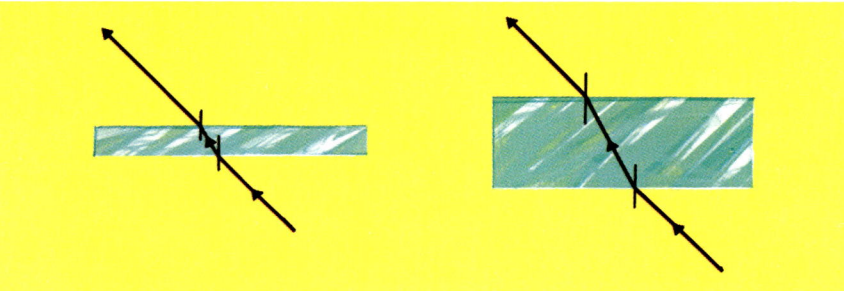

Ci-dessus Lorsqu'un rayon de lumière passe d'un milieu moins dense (l'air) vers un milieu plus dense (le verre), il est dévié vers la normale. Lorsqu'il passe d'un milieu plus dense vers un milieu moins dense, il est écarté de la normale. Le rayon de lumière qui sort du verre est parallèle au rayon entrant mais il est déplacé latéralement. La valeur de ce déplacement dépend de l'épaisseur du verre.

A droite Une pièce au fond d'un verre apparaît plus proche de la surface qu'elle ne l'est en réalité, à cause de la réfraction du rayon lumineux la reliant à votre œil. L'œil voit en effet l'image comme si le rayon avait voyagé en ligne droite. La profondeur réelle divisée par la profondeur apparente donne l'indice de réfraction de l'eau (1,5).

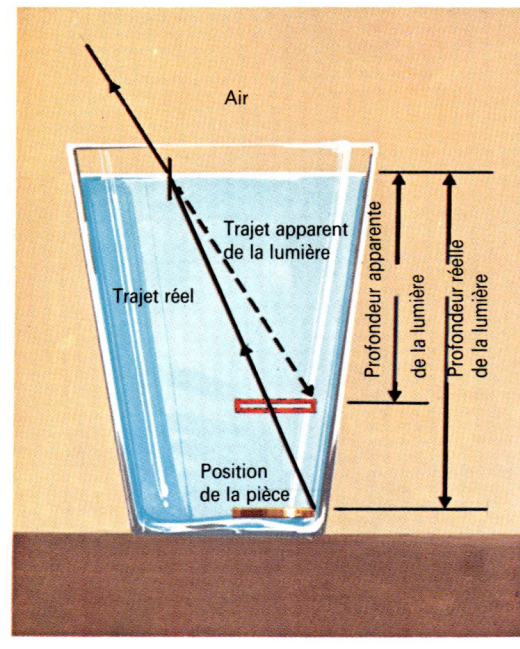

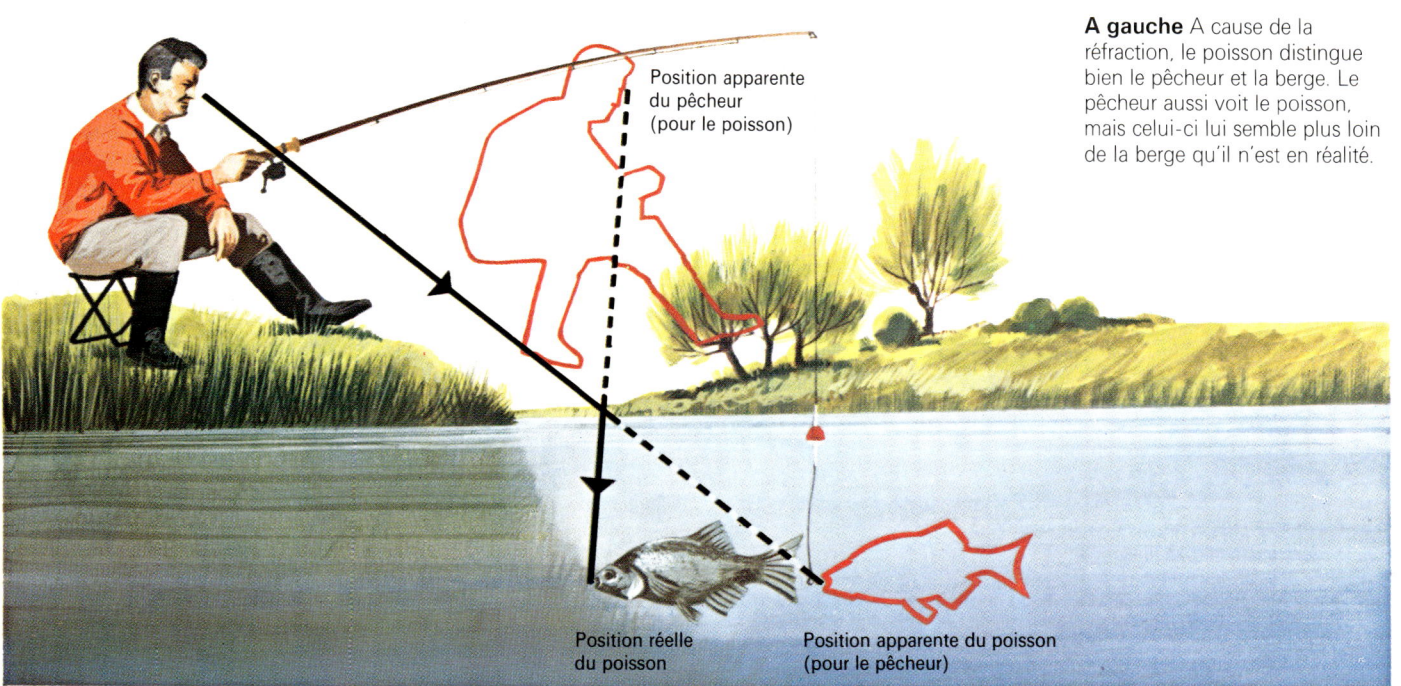

A gauche A cause de la réfraction, le poisson distingue bien le pêcheur et la berge. Le pêcheur aussi voit le poisson, mais celui-ci lui semble plus loin de la berge qu'il n'est en réalité.

Vous constaterez probablement que la pièce est beaucoup plus au fond que ce que vous croyiez. C'est aussi un effet de la réfraction. Les piscines et les rivières sont ainsi beaucoup plus profondes qu'elles ne le semblent à l'observateur qui voit le fond.

Les prismes et l'eau peuvent décomposer la lumière selon les couleurs de spectre (voir page 80). C'est parce que les différentes couleurs composant la lumière blanche sont diversement réfractées par le verre ou l'eau. Lorsque la lumière blanche passe de l'air dans le verre ou l'eau, la lumière violette est la plus réfractée et la lumière rouge la moins réfractée.

Dans l'arc-en-ciel, la lumière du Soleil est réfractée par les gouttes d'eau. Elle est réfléchie dans les gouttes et réfractée de nouveau quand elle en sort. La couleur que l'observateur verra dépendra de l'angle selon lequel il se trouve par rapport à chaque goutte de pluie.

Ci-dessous Lorsqu'un rayon de soleil frappe une goutte d'eau, la lumière est séparée en différentes couleurs. L'extrémité du spectre correspondant au violet est davantage réfractée que l'extrémité correspondant au rouge. Les couleurs sont réfléchies dans la goutte puis réfractées une fois de plus en sortant de l'eau.

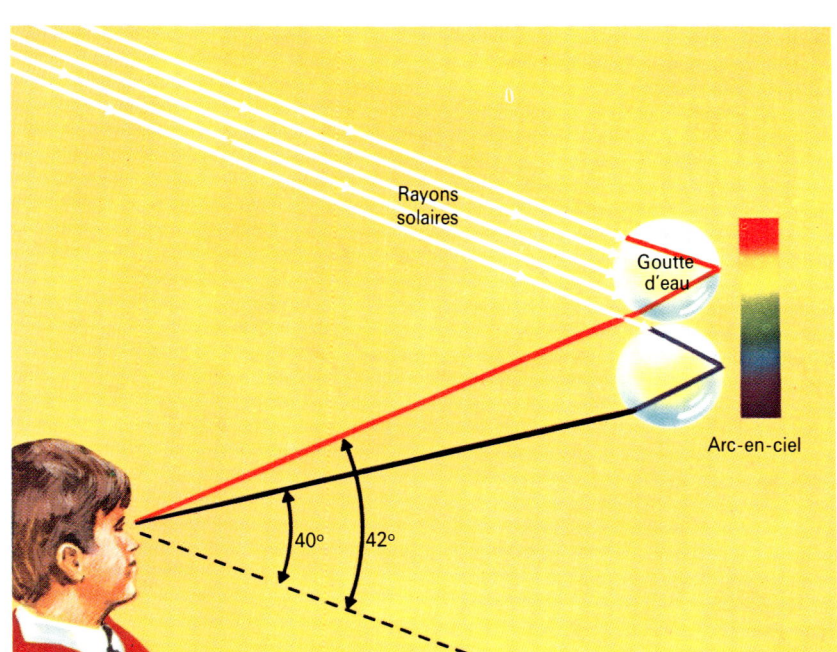

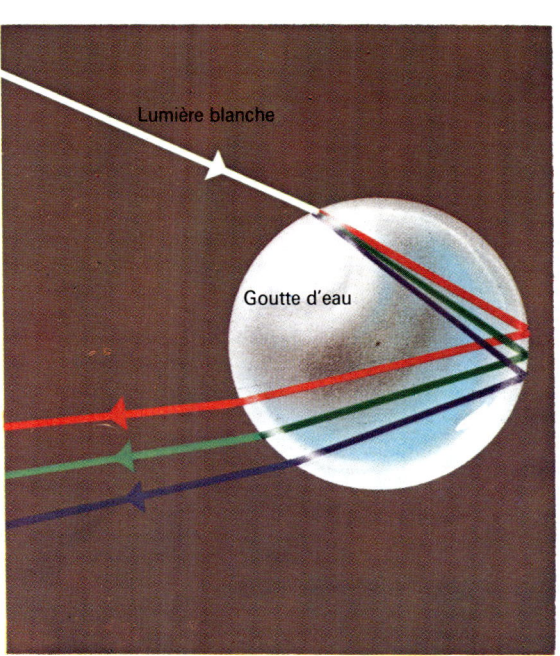

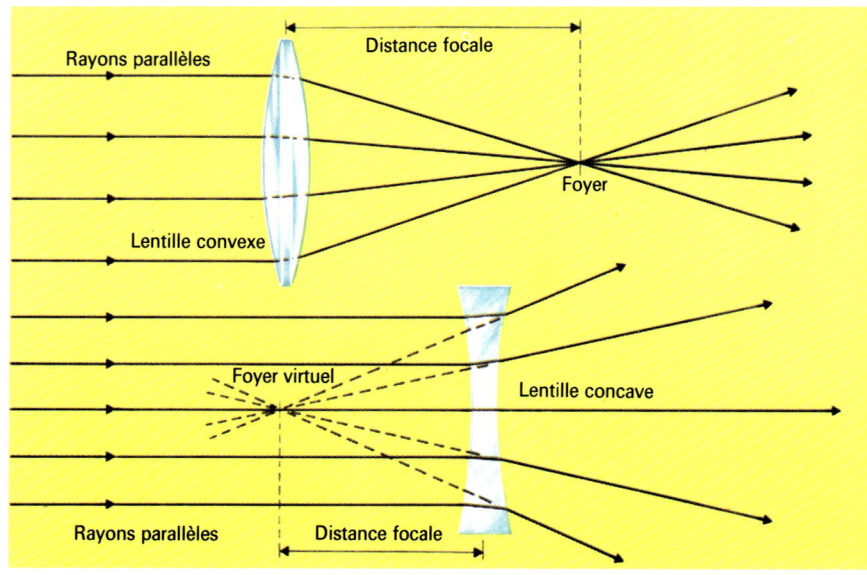

Ci-dessus Une lentille convexe fait converger en un point appelé foyer les rayons lumineux parallèles qui la traversent. Une lentille concave fait diverger les rayons parallèles qui la traversent comme s'ils provenaient d'un foyer virtuel.

Ci-dessous Trajets des rayons. Un objet placé entre le foyer et une lentille convexe semble plus grand lorsque vous l'observez à travers la lentille. Si l'objet est au-delà du foyer, vous ne verrez pas son image en regardant à travers la lentille. Vous pourrez recueillir une image inversée en plaçant une feuille de papier (écran) derrière la lentille.

Ci-dessous à droite Quelle que soit la position de l'objet, lorsque vous le regardez à travers une lentille concave, vous en verrez une petite image droite.

LES LENTILLES

Une lentille est un morceau de verre ou d'autre matière solide et transparente dont l'une des surfaces est une portion de sphère de grand diamètre.

Les lentilles servent à disperser les rayons lumineux (diverger) ou à les concentrer (converger) grâce aux phénomènes de réfraction.

Lorsque la lumière passe de l'air dans le verre, elle est réfractée vers la normale (ligne imaginaire perpendiculaire à la surface du verre). Lorsque la lumière émerge du verre, elle est réfractée à l'écart de la normale.

Lentilles convexes et concaves

Le trajet des rayons lumineux à travers une lentille dépend de la forme de celle-ci. On distingue deux types : les lentilles convexes bombées de chaque côté et les lentilles concaves dont les faces sont creusées vers le centre.

Les lentilles convexes font converger les rayons parallèles vers un point unique appelé foyer de la lentille. Les lentilles concaves font diverger les rayons parallèles qu'elles recueillent comme s'ils provenaient tous d'un même point appelé foyer virtuel. Dans les deux cas, la distance entre le foyer et le centre de la lentille est appelée distance focale de la lentille.

Une lentille convexe est une bonne loupe si l'objet est placé entre la lentille et le foyer. Vu de l'autre côté de la lentille, l'objet semble plus gros et plus loin qu'il ne l'est réellement. Si l'objet est au-delà du foyer, vous ne verrez aucune image. Cependant vous pouvez recueillir une image réelle inversée en plaçant un écran de papier de l'autre côté de la lentille, par rapport à l'objet, notamment si cet objet est aussi brillant qu'une ampoule électrique. Pour une lentille concave, la position de l'objet importe peu. L'image et l'objet sont du même côté de la lentille mais l'image est plus petite.

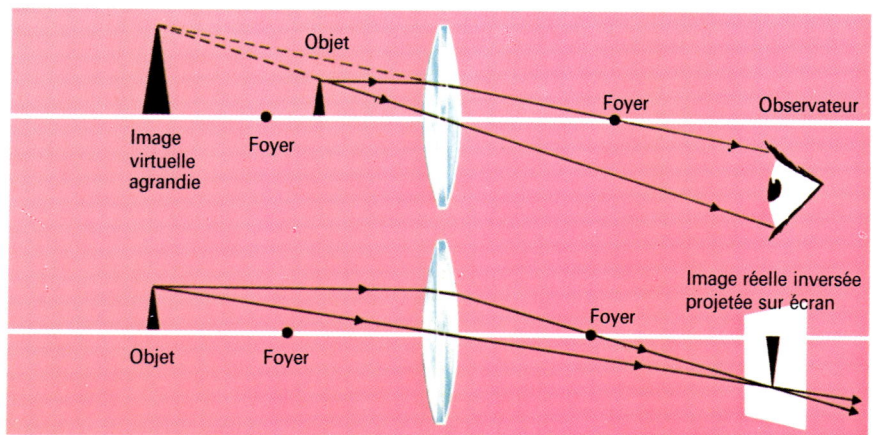
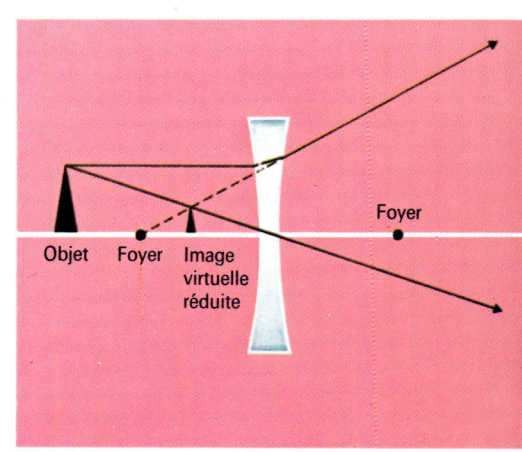

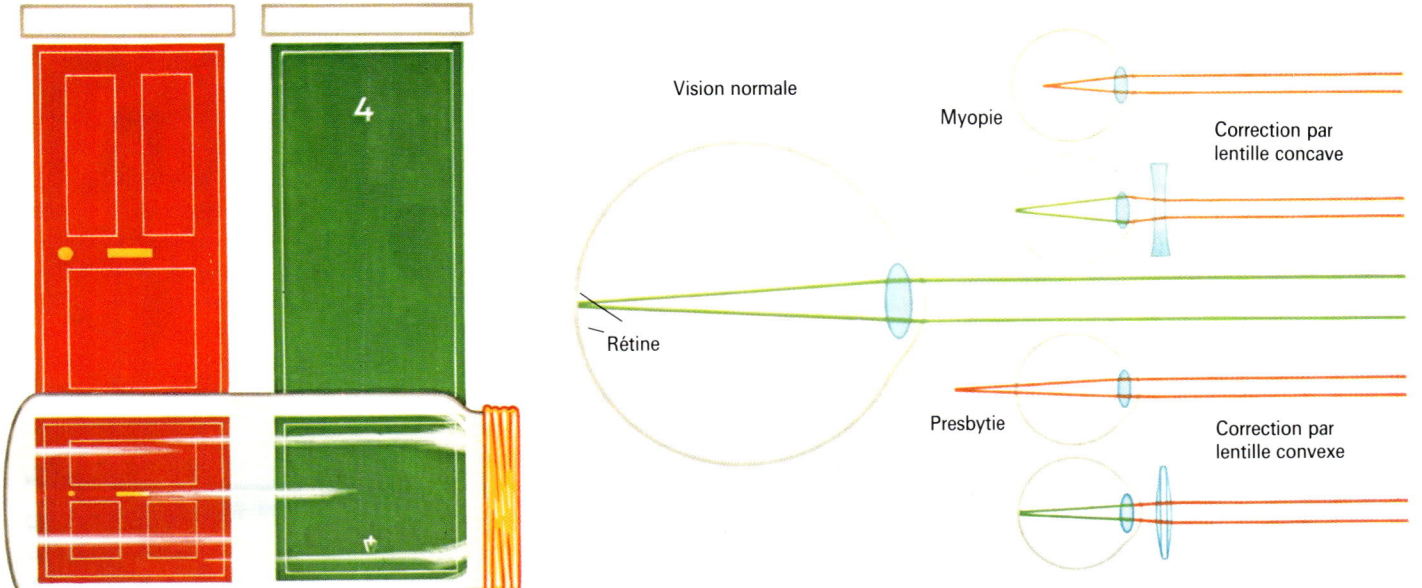

Le trajet des rayons

Pour déterminer la position de l'image formée par une lentille, on trace le schéma du trajet des rayons. Il ressemble aux schémas tracés pour les miroirs courbes (voir page 92). Un rayon lumineux parallèle à l'axe d'une lentille mince doit passer par le foyer. Si le rayon passe par le centre optique de la lentille, il ne change pas de direction.

L'œil humain comporte une lentille convexe qui focalise la lumière sur la rétine au fond de l'œil. Certaines personnes ont un cristallin qui focalise les rayons avant qu'ils n'atteignent la rétine. Ce sont les myopes. D'autres focalisent au-delà de la rétine, ils sont presbytes. Les lunettes sont des lentilles spécialement conçues pour aider le cristallin à focaliser sur la rétine de manière à former une image nette.

On trouve des lentilles dans de nombreux instruments d'optique tels que les appareils photographiques, les microscopes, les projecteurs, les jumelles et les télescopes. Pour les grands télescopes, on utilise des miroirs courbes car il est très difficile de fabriquer de très grandes lentilles qui, en outre, entraînent une distorsion des couleurs.

Toutes les lentilles dévient les rayons lumineux par réfraction. Les couleurs qui composent la lumière blanche sont diversement réfractées par le verre. La lumière qui émerge d'une lentille est par conséquent légèrement colorée. On peut réduire cette coloration en collant ensemble deux lentilles de forme et de type de verre différent. Cette combinaison, appelée achromat, est largement utilisée.

Ci-dessus à gauche Un bocal plein d'eau constitue une lentille convexe simple. La lumière du soleil ou d'une torche peut être concentrée au foyer de cette lentille. Si vous observez des objets à travers l'eau, ceux-ci sembleront déformés. Leur forme dépendra de la position du bocal, vertical ou horizontal.

Ci-dessus Un cristallin d'un œil normal focalise la lumière sur la rétine. Lorsqu'une personne est myope, la lumière est focalisée en avant de la rétine. Les lentilles concaves des lunettes font diverger la lumière de telle sorte que le cristallin puisse focaliser sur la rétine. Dans le cas d'une personne presbyte, les rayons sont focalisés au-delà de la rétine. Les lentilles convexes des lunettes aident l'œil à focaliser la lumière sur la rétine.

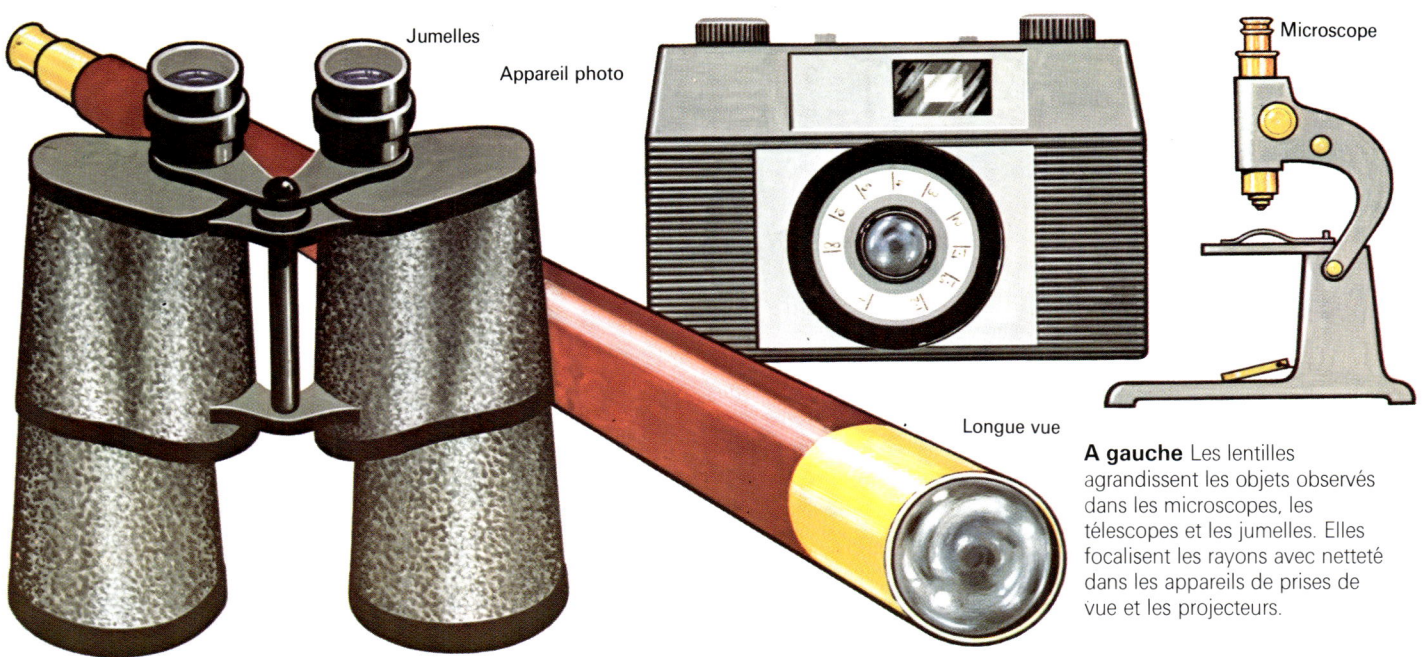

A gauche Les lentilles agrandissent les objets observés dans les microscopes, les télescopes et les jumelles. Elles focalisent les rayons avec netteté dans les appareils de prises de vue et les projecteurs.

Ci-dessus Un miroir plan donne une image inversée latéralement, c'est-à-dire que le côté droit de l'image semble être le côté gauche de l'objet et vice versa. Les miroirs ont depuis des siècles des applications pratiques et des qualités décoratives

A droite Instruments d'optique anciens. Le premier microscope de Leenwenhoerk (à gauche). Copie du microscope conçu par Hooke avant la publication de son livre sur la microscopie en 1665 (au centre). Appareil à lampe et condensateur conçu par Hooke (à droite).

Microscope de Leeuwenhoek

Microscope de Hooke

LES INSTRUMENTS D'OPTIQUE

Pour observer nettement un petit objet, nous devons l'approcher de l'œil. L'angle de vue alors plus large augmente la dimension apparente de l'objet. Or, une personne jouissant d'une vision normale ne peut approcher un objet à moins de 25 cm de l'œil. Plus près, il paraît flou.

Pour augmenter la dimension d'un objet minuscule ou lointain, sans fatiguer l'œil, il faut utiliser un microscope ou un télescope. Ces instruments utilisent les propriétés des lentilles et des miroirs pour voir les petits objets ou les objets lointains.

Le miroir est le plus ancien des instruments d'optique. On l'utilise depuis plus de 2 000 ans. Un miroir change la direction d'un rayon lumineux en réfléchissant la lumière sur une surface métallique brillante.

Le grossissement

La lentille est le principal élément utilisé dans les instruments d'optique. Elle change la direction d'un rayon lumineux en le réfractant

A droite Un appareil photo mono-objectif. Un seul système de lentilles sert à la fois à la visée et à la focalisation sur la pellicule. Le photographe vise le sujet à travers le viseur. Celui-ci est relié optiquement au jeu de lentilles au moyen d'un pentaprisme et d'un miroir. Le miroir peut basculer de telle sorte qu'il se soulève lorsque l'obturateur s'ouvre pour exposer la pellicule.

A l'extrême droite Une lentille composée. Les différentes parties de l'optique sont montées dans un support de haute précision qui peut tourner sans laisser pénétrer la lumière.

Ci-contre Un télescope ou lunette simple à réfraction comprenant un objectif à lentille convergente et un oculaire à lentille divergente composée.

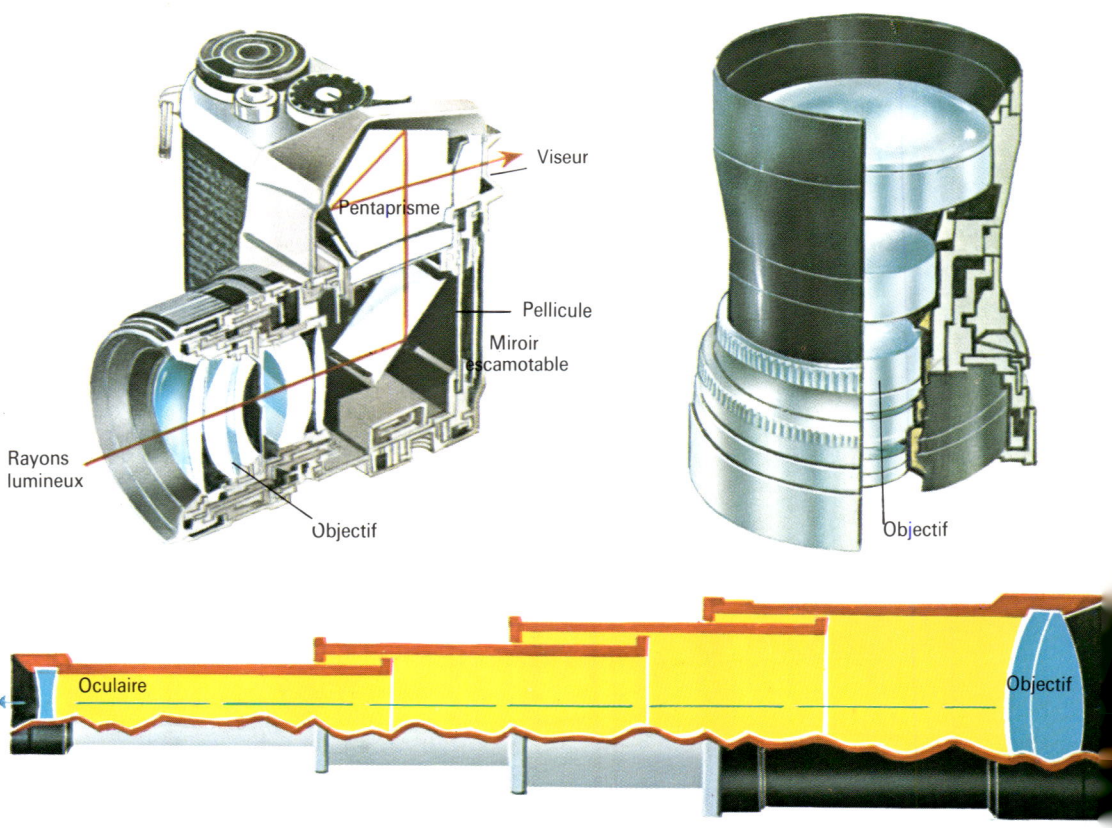

Lampe et condensateur

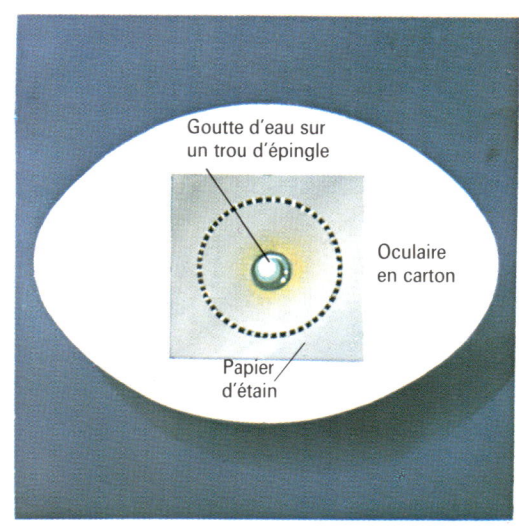

A droite Pour faire un microscope, découpez un morceau de carton ovale comme un monocle. Percez un trou, recouvrez-le de papier d'aluminium ou d'étain et percez un trou d'épingle. Mettez un peu de graisse autour du trou d'épingle et posez dessus une goutte d'eau. Placez le carton au-dessus d'un petit objet fortement éclairé comme un cheveu. Approchez le microscope de l'objet jusqu'à ce que vous voyiez une image très claire et agrandie.

quand il la traverse. Dans certaines positions, les lentilles peuvent donner une image agrandie de l'objet. Le pouvoir d'agrandissement ou de grossissement d'un instrument d'optique est égal à la dimension de l'image divisée par la dimension de l'objet. Une loupe, faite d'une simple lentille convexe, donne une image plusieurs fois supérieure à l'objet.

Il est possible de beaucoup augmenter le pouvoir d'agrandissement d'un instrument en multipliant le nombre des lentilles. Le simple télescope (page 102) et le microscope (page 100) comportent deux lentilles convexes séparées par une distance donnée, qui leur permettent de former une image très agrandie de l'objet. Les autres lentilles servent à améliorer la qualité de l'image.

L'appareil photographique est un autre type d'instrument d'optique. Il fixe une image en focalisant la lumière émise par l'objet sur une pellicule sensible. On utilise une ou plusieurs lentilles pour réaliser un cliché mais l'objectif peut être un assemblage très complexe.

La lumière polarisée

Certains instruments d'optique comportent une substance importante, appelée polariseur, qui transmet de la lumière polarisée. Normalement, la lumière vibre dans toutes les directions perpendiculaires au trajet lumineux. Elle est dite non polarisée. La lumière polarisée vibre dans une seule direction. Le polariseur élimine l'éblouissement dû à la dispersion de la lumière ou à ses reflets. On l'utilise pour les lunettes antisolaires, les filtres d'appareils photo et de nombreux appareils d'optique.

A droite On utilise des prismes dans certains instruments d'optique comme le périscope dans lequel les prismes jouent le rôle de miroirs. Ils reflètent les rayons lumineux en les déviant de 90° grâce à la réflexion interne. Un périscope de sous-marin possède aussi un système optique de lentilles qui agrandissent et focalisent l'image.

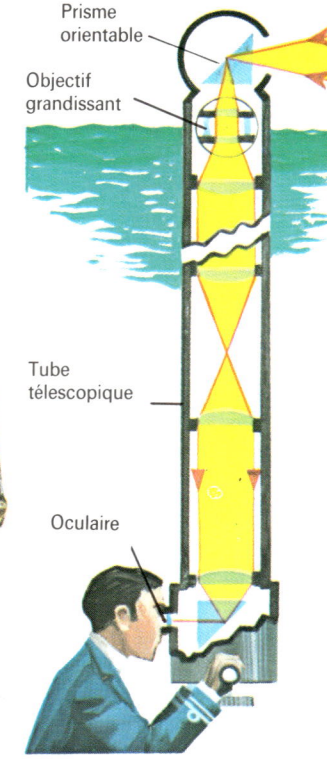

A gauche Les lunettes de soleil polarisantes suppriment l'éblouissement provoqué par des lumières dispersées ou réfléchies. Les lentilles sont faites d'une matière qui transmet les vibrations lumineuses dans une seule direction. La lumière non polarisée émet des vibrations dans toutes les directions.

LES MICROSCOPES

Certains objets sont si petits que l'œil ne peut les voir correctement. Un microscope peut donner une image très agrandie de ces objets. Le pouvoir grossissant d'un microscope est égal à la dimension de l'image divisée par celle de l'objet. Si le grossissement est de 100, l'image est 100 fois plus grande que l'objet.

Un microscope optique comporte des lentilles de verre qui agrandissent l'image. Le type de base est la loupe, constituée par une simple lentille convergente ou convexe dont le centre est bombé. On la place un peu au-dessus de l'objet et on l'avance vers l'œil jusqu'à ce que l'image soit claire et nette. L'image est alors au foyer.

Les microscopes que l'on utilise dans les laboratoires scientifiques sont plus complexes. Ils comportent plusieurs lentilles différentes dont deux seulement servent à l'agrandissement réel. L'objet ou le spécimen à examiner est placé sur une fine plaque de verre et fortement éclairé par-dessous. La lentille convexe placée au voisinage de l'objet est appelée objectif. Elle donne une image agrandie de l'objet comme le ferait une simple loupe. Cette image est formée entre l'objectif et la seconde lentille convexe, appelée l'oculaire. Cet oculaire agrandit encore plus la première image. Le grossissement total de l'instrument est égal au grossissement de l'objectif multiplié par celui de l'oculaire. L'image finale peut être plus de 1 000 fois plus grande

Ci-dessus Une loupe est particulièrement utile pour examiner les petits objets en détail comme les timbres, les insectes, les petits caractères d'un livre, etc.

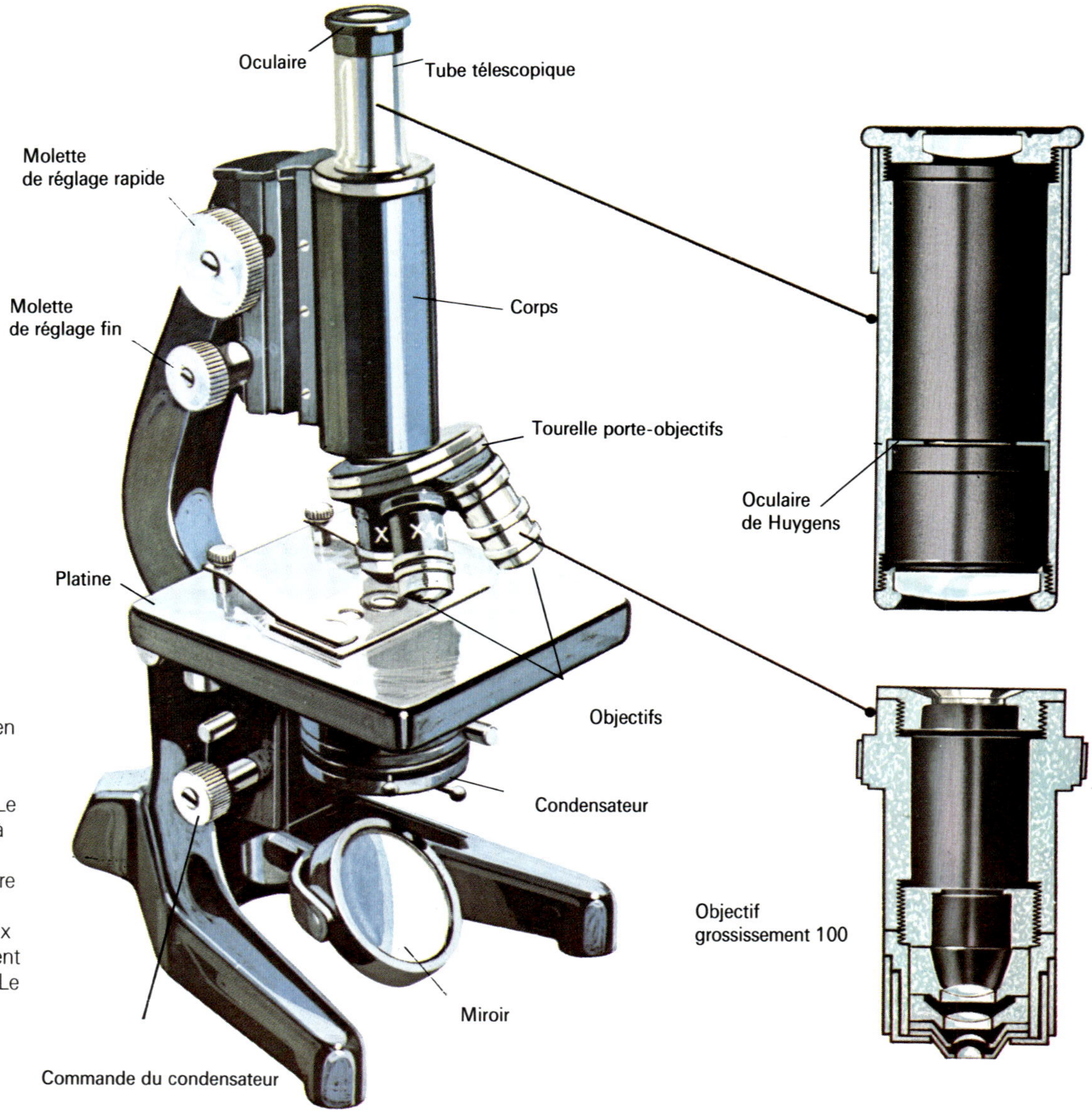

A droite Un microscope à tourelle. On peut utiliser trois objectifs différents tour à tour en faisant pivoter la tourelle. On dispose ainsi de plusieurs possibilités d'agrandissement. Le système optique de l'objectif (à droite) vu en coupe donne un grossissement de 100. L'oculaire de Huygens vu en coupe au-dessus est constitué de deux lentilles. Les oculaires grossissent généralement de 5 ou 10 fois. Le grossissement total d'un microscope est donné par le produit des grossissements de l'oculaire et de l'objectif.

Oculaire
Tube télescopique
Molette de réglage rapide
Corps
Molette de réglage fin
Tourelle porte-objectifs
Oculaire de Huygens
Platine
Objectifs
Condensateur
Objectif grossissement 100
Miroir
Commande du condensateur

que la taille de l'objet examiné. Ainsi, peut-on examiner les plus petits détails comme les organes des insectes, les cheveux, etc.

Limite d'agrandissement

On ne peut agrandir à l'infini. Les lois de la physique imposent une limite à l'agrandissement. Pour examiner un objet au moyen d'un microscope optique, il faut l'éclairer par un faisceau lumineux. La limite d'agrandissement est déterminée par la longueur d'onde de la lumière (voir page 162). Étant donné que la longueur d'onde est une valeur déterminée, le pouvoir maximum de grossissement d'un microscope optique le sera également. Pour examiner des objets extrêmement petits, il faut un microscope électronique (voir page 166) qui utilise un faisceau d'électrons (minuscules particules électriques) à la place d'un rayon lumineux.

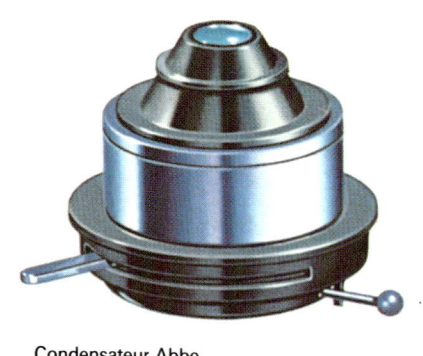
Condensateur Abbe

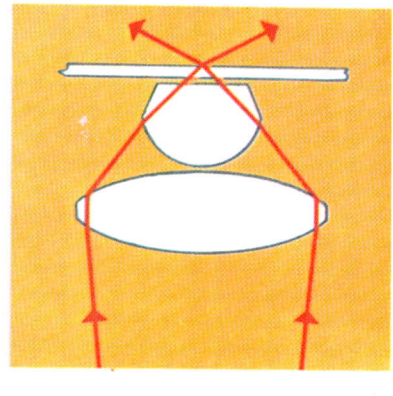

Miroir

A droite Le condensateur comporte des lentilles maintenues dans un bâti qui peut monter ou descendre sous le porte-objet du microscope. Le condensateur Abbe (en haut) n'a que deux lentilles. Celui du bas, appelé condensateur achromatique, en possède davantage. Le miroir (au centre) a une face concave mais son côté plat est utilisé en éclairage artificiel.

Condensateur achromatique

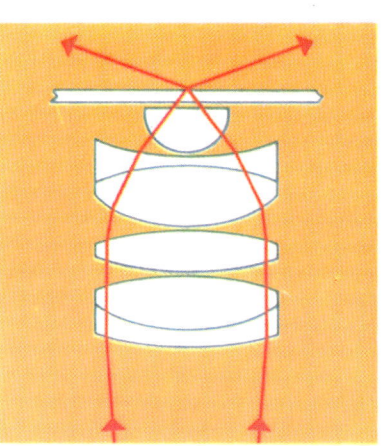

Ci-dessous Une puce éclairée. Pour que l'objet observé au microscope soit bien éclairé, il faut placer à 20 cm environ de l'instrument une lampe dont la lumière se réfléchisse dans le microscope. L'image est alors centrée (3) puis l'iris est ouvert de manière à remplir tout le champ de lumière.

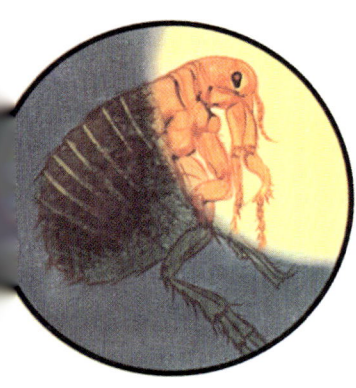  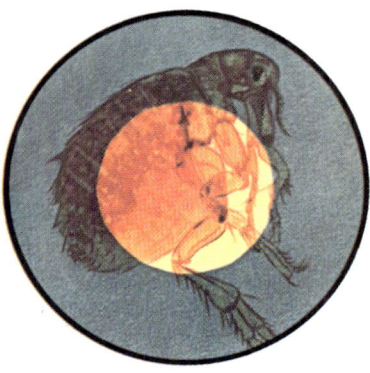 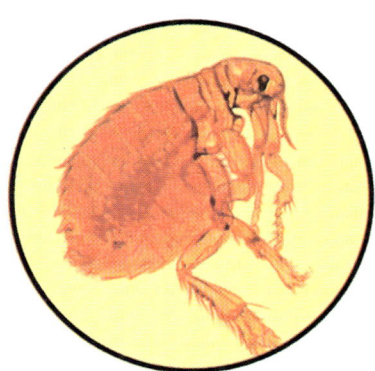

Ci-dessus Galileo Galilei, dit Galilée (1564-1642), fut un savant italien, astronome et mathématicien. Il perfectionna la lunette d'approche et l'utilisa pour observer le ciel. Il vérifia la théorie de Copernic selon laquelle le Soleil est le centre de notre univers et les planètes tournent autour de lui.

Ci-dessous Dans une lunette de Galilée, une lentille concave sert d'oculaire. Elle donne une image retournée de bas en haut.

LES LUNETTES A RÉFRACTION

Les lunettes ou télescopes sont des instruments d'optique servant à observer les objets lointains. Hans Lippershey aurait inventé la première lunette en 1608 en Hollande. Fabricant de lunettes, un jour qu'il examinait une paire de lentilles placées l'une devant l'autre, il remarqua que les objets lui semblaient plus près. En 1610, un Italien nommé Galilée fabriqua une lunette plus perfectionnée qui prit par la suite le nom de lunette de Galilée. Son rapport d'agrandissement était de 33. Savants et astronomes perfectionnèrent ensuite cet appareil.

Les lunettes d'approche qui utilisent des lentilles pour recueillir la lumière sont appelées lunettes à réfraction. La lumière est déviée par réfraction en traversant les lentilles.

Galilée utilisa sa lunette pour observer le ciel. Il découvrit les satellites de la planète Jupiter et observa aussi que la surface de la Lune était constituée de montagnes et de plaines. La lunette de Galilée avait deux lentilles : la lentille frontale convexe appelée l'objectif, l'autre près de l'œil appelée l'oculaire. C'est une lentille concave dans le cas d'une lunette de Galilée. Avec ce système optique, l'image et l'objet sont dans le même sens.

Ultérieurement les lunettes utilisaient deux lentilles convexes. L'objectif focalisait les rayons lumineux entre les deux lentilles. Une autre lentille convexe, l'oculaire, agrandissait cette image pour l'œil de l'observateur. L'image formée par ce type de lunette est inversée de haut en bas, ce qui n'est guère gênant en astronomie. On utilisa beaucoup ces lunettes pour observer les planètes et étoiles.

Les lunettes astronomiques

Les lunettes à réfraction sont souvent appelées lunettes astronomiques. Le plus grand appareil utilisé actuellement est le télescope de Yerkes dans le Wisconsin aux États-Unis. Sa longueur est supérieure à 18 mètres et la lentille de l'objectif a un diamètre de 1 mètre. Les premiers télescopes à réfraction ou lunettes avaient l'inconvénient de former des images dont les franges étaient colorées. Cela était dû au fait qu'une lentille focalise les lumières de diverses couleurs à des positions légèrement différentes. Elle décompose donc ces couleurs qui constituent la lumière blanche en franges colorées. C'est ce que l'on appelle l'aberration chromatique. On sait maintenant fabriquer des lentilles qui ne produisent plus cet effet. Tous les télescopes modernes utilisent ce type de lentille dit achromatique.

Les lunettes d'approche

Les télescopes ou lunettes à deux lentilles convexes sont mal adaptés aux observations terrestres car ils donnent une image inversée. Si l'on place une troisième lentille convexe dans le tube de la lunette, l'image finale est redressée.

Ce type de lunette utilisée pour l'observation porte le nom de lunette d'approche ou longue-vue.

La lunette de Galilée, utilisée pour les observations astronomiques, peut servir de lunette d'approche car elle offre une image normale. Lippershey, qui inventa la longue-vue, aurait aussi créé les premières jumelles en 1608, mais la perspective d'observer avec les deux yeux ne parut pas, à l'époque, intéressante. En 1823, les jumelles furent réinventées par un autre Hollandais appelé J. Voigtlaender.

Les jumelles de théâtre et les jumelles bon marché comportent deux lunettes de Galilée. Le pouvoir de grossissement est faible. Les jumelles à fort grossissement utilisent des lentilles convexes à la fois pour les objectifs et les oculaires. Des prismes redressent l'image.

Ci-dessus Johannes Kepler (1571-1630), astronome allemand, découvrit trois lois du mouvement des planètes qui expliquent les mouvements du Soleil, de la Lune et des planètes. Il inventa une lunette avec un objectif et un oculaire convexes.

A droite Un télescope équatorial du XVIIIe siècle avec un objectif de 106 mm construit pour l'observatoire de Shuckburgh. Un télescope achromatique du XIXe siècle avec un objectif de 82 mm (83 mm) composé de deux lentilles. Un télescope géant du XXe siècle avec un objectif de 660 mm. Ce télescope est au Naval Observatory de Washington (USA).

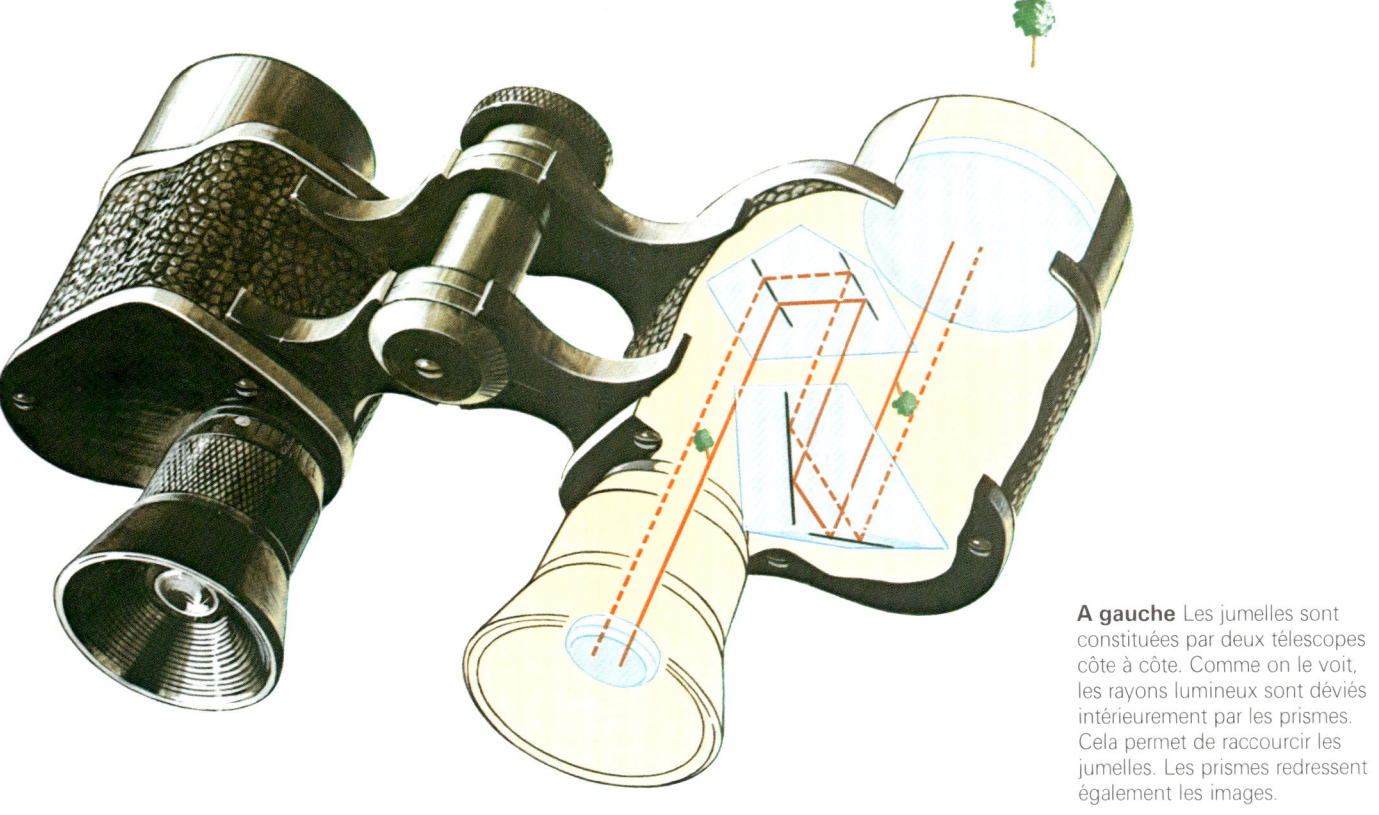

A gauche Les jumelles sont constituées par deux télescopes côte à côte. Comme on le voit, les rayons lumineux sont déviés intérieurement par les prismes. Cela permet de raccourcir les jumelles. Les prismes redressent également les images.

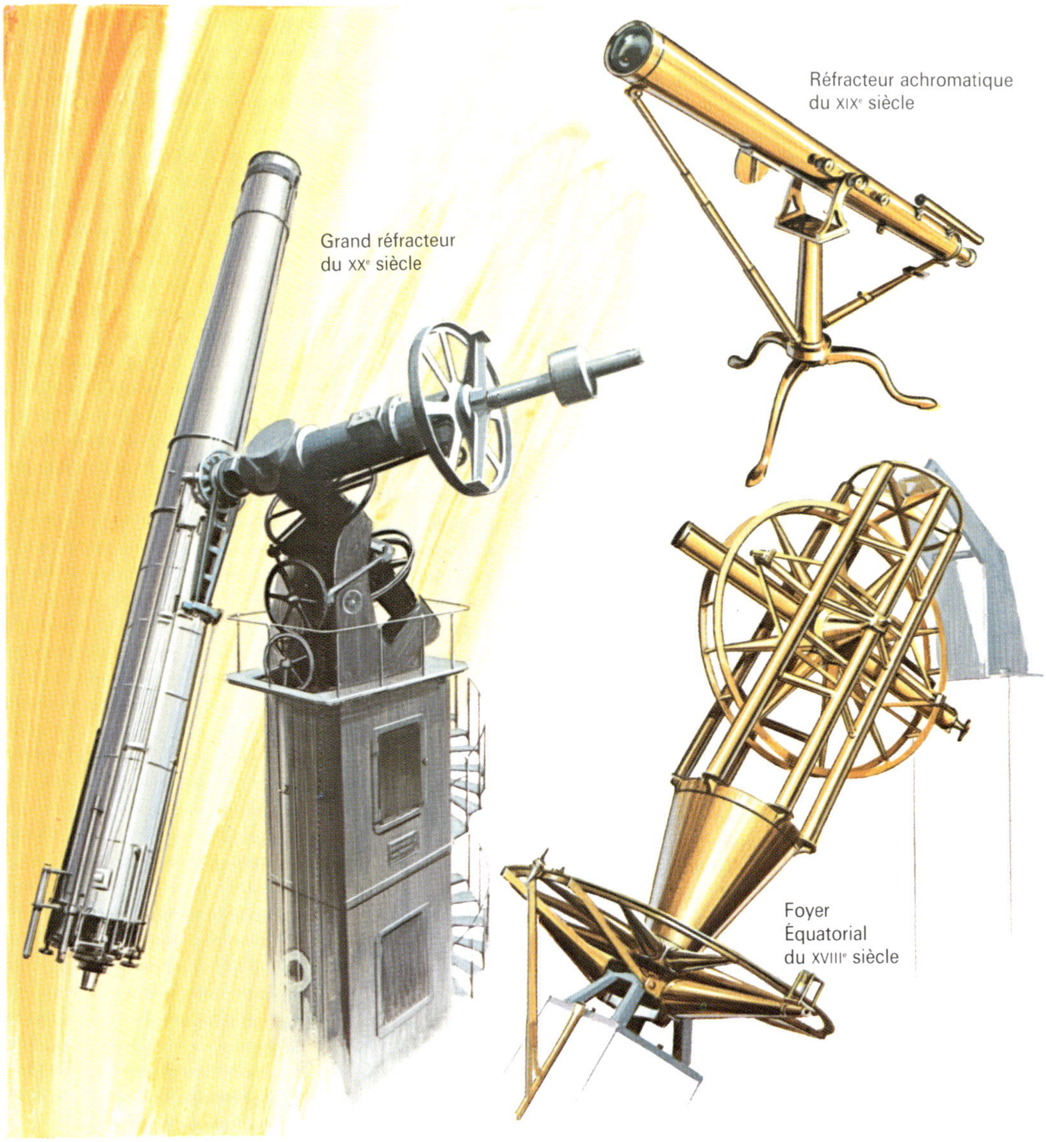

Réfracteur achromatique du XIXe siècle

Grand réfracteur du XXe siècle

Foyer Équatorial du XVIIIe siècle

LES TÉLESCOPES A RÉFLEXION

Les premiers télescopes à réfraction ou lunettes ne donnaient pas d'images claires et nettes car il était difficile de fabriquer de bonnes lentilles. En 1668, Sir Isaac Newton inventa le télescope à réflexion. Cet appareil ne possédait pas de lentille. Les rayons lumineux pénétraient dans un tube jusqu'à un grand miroir à courbure concave placé au fond. Ce miroir renvoyait la lumière vers le haut du tube sur un deuxième miroir plan placé obliquement. Celui-ci dirigeait les rayons vers le côté du tube sur la lentille grossissante de l'oculaire. Le télescope de Newton donnait une image plus claire et plus précise, débarrassée des aberrations chromatiques (voir les schémas ci-dessous).

Les plus grands télescopes du monde sont de ce type car les miroirs fournissent des images très nettes sans franges colorées. En outre, il est plus facile de fabriquer de grands miroirs que de grosses lentilles. La majorité des corps observés par les astronomes sont extrêmement lointains et faiblement lumineux. On ne peut les voir que grâce aux lunettes astronomiques susceptibles de concentrer beaucoup de lumière. Les grands télescopes modernes recueillent énormément de rayons lumineux et révèlent de très petits détails. Ils permettent d'observer des étoiles très lointaines et peu lumineuses.

Ces télescopes sont souvent équipés de chambres photographiques. Grâce à un long temps d'exposition, ils peuvent fournir une grande quantité d'informations sur les étoiles et les galaxies.

Aucun télescope actuellement n'est capable de montrer une étoile sous une autre forme qu'une tache lumineuse. Cependant, ils permettent d'observer les différentes couleurs des étoiles ainsi que les étoiles doubles ou quadruples (groupements de deux ou quatre étoiles rapprochées).

La photographie des galaxies

Les galaxies ou systèmes d'étoiles regroupent chacune des milliards d'étoiles. Outre la nôtre, il y aurait plus d'un milliard d'autres galaxies. On peut à l'œil nu en voir trois.

De nombreuses galaxies ont pu être photographiées avec des télescopes. Avec les télescopes visuels, il n'est guère possible de faire des observations précises. D'autres appareils plus performants nous permettent de mieux comprendre la formation des étoiles. L'un d'eux est le spectroscope (voir page 83).

Dans tous les grands observatoires du monde, on trouve un grand télescope à réflexion. Il y a plus de 300 observatoires sur la Terre, généralement construits dans des zones éloignées des lumières des grandes villes au climat pur et à l'atmosphère claire.

L'un des plus grands télescopes à réflexion du monde est celui de l'observatoire du Mont Palomar en Californie (USA). Le climat et l'atmosphère y permettent l'observation 300 jours par an en moyenne. Le miroir concave en verre est recouvert d'une fine couche d'aluminium pour lui donner un grand pouvoir réfléchissant. Son diamètre est de 5 mètres.

A droite Dans les télescopes de Newton, on utilise un miroir concave de grand diamètre de forme parabolique. Il renvoie les rayons lumineux parallèles en un point. Un petit miroir plan sert à réfléchir la lumière vers l'extérieur du télescope à travers un oculaire. Généralement, une chambre fixée à l'oculaire sert à prendre des photos.

A l'extrême droite Le télescope de Cassegrain est un instrument plus récent. La lumière est d'abord recueillie par le grand miroir concave puis réfléchie dans la direction opposée vers un oculaire par un petit miroir convexe.

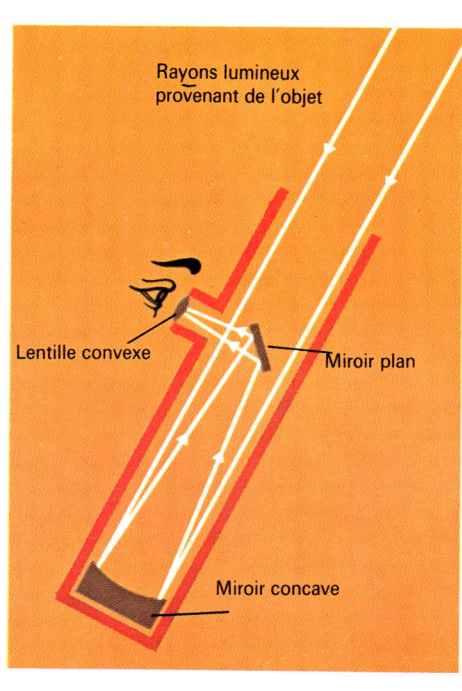
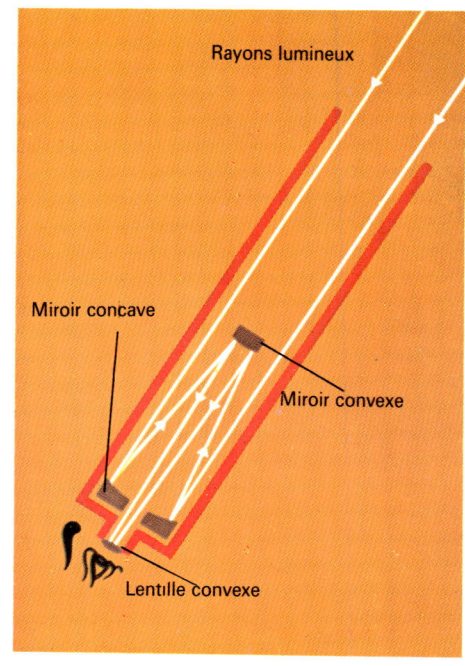

A droite Le télescope de Hale au Mont Palomar est installé sous une coupole. Le miroir concave possède un diamètre de 5 m. Il est monté à la base d'un tube à structure d'acier. L'astronome est assis dans une petite cage située à l'extrémité supérieure du tube pour effectuer ses observations.

Ci-dessus Tycho Brahe (1546-1611), astronome danois, fonda des observatoires très bien équipés à Uraniborg et Stjerneborg près de Copenhague. Il est célèbre pour ses observations très précises des planètes. Il donna des informations utilisées par Kepler lors de la formulation des lois sur le mouvement des planètes.

A droite L'un des plus grands télescopes est celui installé dans l'observatoire du Mont Palomar en Californie. La coupole pèse 1 000 tonnes et comporte une fente recouverte d'un volet mobile par laquelle on pointe le télescope vers le ciel. Le dôme peut pivoter pour permettre l'examen du ciel dans toutes les directions.

Niepce

Daguerre

Fox Talbot

Ci-dessus Joseph Niepce (1765-1833) réalisa la toute première photographie (très floue en réalité) vers 1826. Il travailla longtemps avec Louis Daguerre (1787-1851) pour améliorer les procédés de développement. Daguerre continua ses travaux après la mort de Niepce. Fox Talbot (1800-1877) travailla selon un procédé différent et réalisa de petits négatifs en 1835.

Ci-dessus à droite Développement d'une pellicule dans une cuve étanche à la lumière. Dans l'obscurité totale, on engage la pellicule dans les rainures en spirale de la bobine de la cuve en tournant l'une des flasques. La bobine chargée est placée dans la cuve. On peut alors verser les produits de développement, d'abord le révélateur, puis l'eau et enfin le fixateur. Lorsque le film a trempé 45 minutes, on le retire de la cuve et on le sèche.

A droite Un agrandisseur. Cet appareil comporte une lentille convexe en verre servant de loupe (voir page 100). On place le négatif au-dessus de cette lentille ou objectif puis on l'éclaire par un coup de lumière par-dessus. Une image agrandie du négatif est envoyée sur le papier sensible placé sur la table de cadrage.

A droite Le négatif et le tirage positif de la photo prise avec une pellicule noir et blanc.

LA PHOTOGRAPHIE

Un appareil photographique focalise les rayons lumineux provenant d'une scène ou d'un sujet sur une pellicule photographique. Cette pellicule est recouverte d'une substance chimique qui réagit à la lumière, c'est-à-dire qu'elle est photosensible. La lumière transforme certains sels d'argent qui deviennent noirs après avoir été traités par des produits chimiques appropriés. Ces composés, notamment le bromure d'argent, servent à fabriquer des pellicules photographiques.

Il existe plusieurs types de pellicules photo qui possèdent toutes au moins une couche photosensible appelée émulsion. Sur une pellicule noir et blanc, une mince couche d'émulsion recouvre un support en plastique ou en verre. Elle contient de minuscules cristaux de bromure d'argent dans une substance ressemblant à un gel, appelée gélatine.

Lorsque l'obturateur de l'appareil est ouvert, la lumière qui provient du sujet est focalisée par l'objectif sur l'émulsion. Les rayons lumineux émis par les différentes parties du sujet transforment plus ou moins les cristaux de bromure d'argent ; plus la lumière est intense, plus vive est la réaction. Une image du sujet se forme sur l'émulsion, elle reste invisible jusqu'à ce que la pellicule soit développée. C'est une image latente.

Le développement

Pour que l'image apparaisse, il faut traiter la pellicule au moyen de produits chimiques. Cela se fait dans une chambre noire pour éviter que la pellicule ne reçoive de la lumière. On place le film un certain temps à 20 °C dans

Rainure ou spirale

Bobine de développement

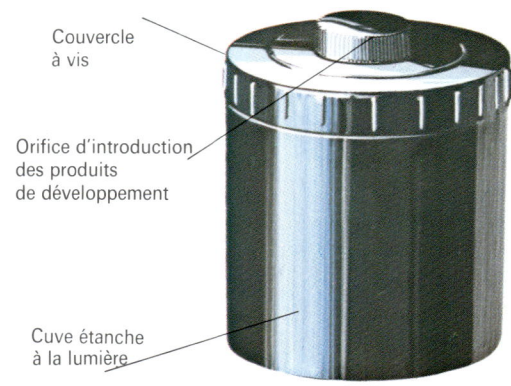

Couvercle à vis

Orifice d'introduction des produits de développement

Cuve étanche à la lumière

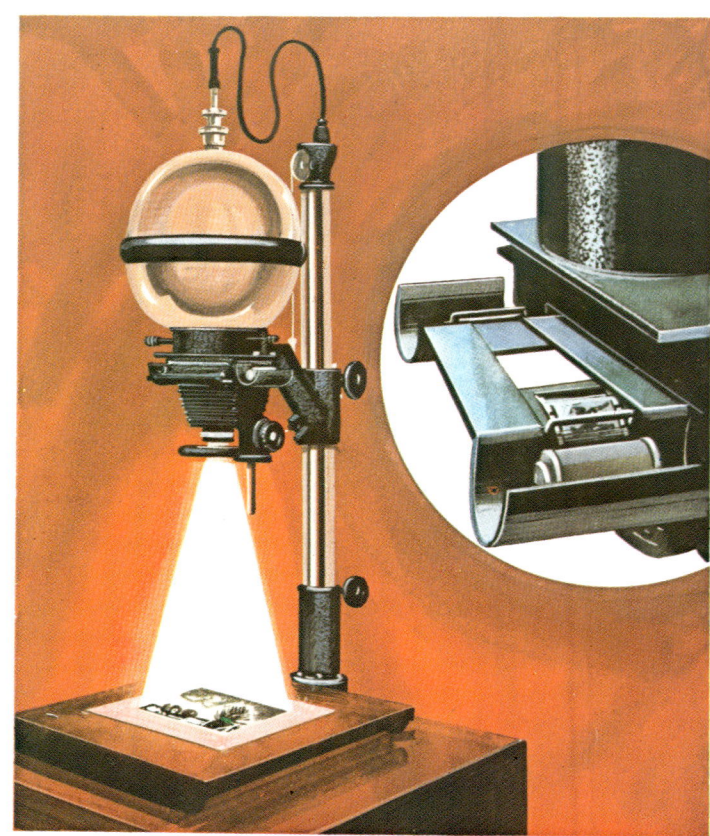

Épreuve négative

Épreuve positive

A droite Dans un appareil photo, les lentilles de l'objectif projettent une image de l'objet sur la pellicule. L'obturateur ne s'ouvre qu'une fraction de seconde pour donner une image d'un objet fixe. L'ouverture du diaphragme peut être modifiée de manière à laisser passer plus ou moins de lumière pour obtenir une photo bien exposée.

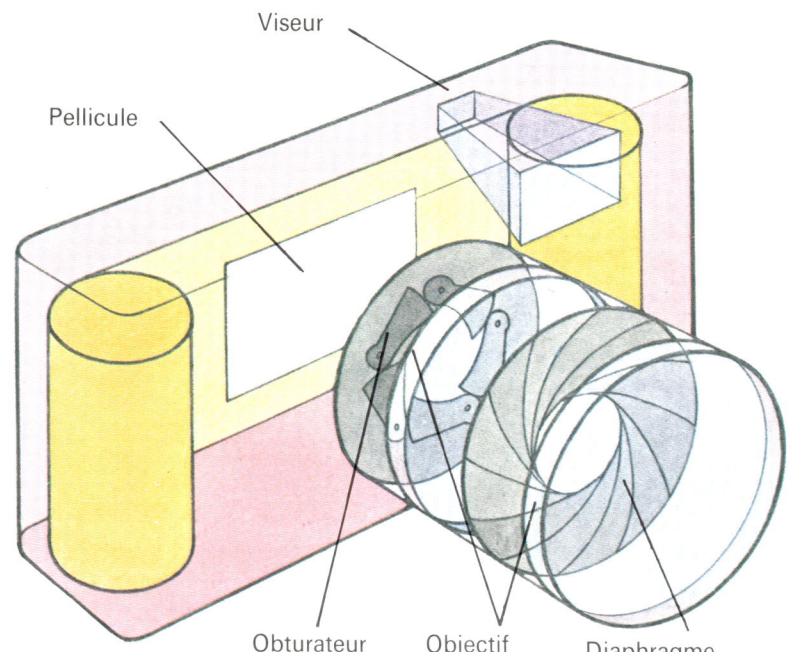

une cuvette ou une boîte contenant le révélateur. Ce produit transforme les cristaux soumis à la lumière en argent métal gris ou noir. Les nuances de gris ou le noir dépendent de la durée d'exposition à la lumière de la zone considérée. Sur l'image obtenue, les lumières et les ombres sont inversées. Les zones sombres du sujet original apparaissent claires (sur la pellicule transparente) alors que les parties claires semblent noires. Cette image sur pellicule est appelée négatif du sujet.

Après avoir passé la pellicule dans l'eau, on la plonge dans un autre produit appelé fixateur qui dissout et élimine les bromures d'argent non exposés et fixe l'image obtenue. La pellicule est alors lavée et séchée.

Le tirage d'une photographie

Pour obtenir une photographie à partir d'un négatif, on le place contre un papier photographique spécial recouvert d'une couche de cristaux photosensibles. Le papier et le négatif sont exposés quelques instants à la lumière. Les parties sombres du négatif ne laissent passer que peu de lumière sur le papier. Les zones claires, elles, en acceptent beaucoup plus. Le papier photographique est ensuite développé et fixé comme la pellicule. L'image reproduite sur le papier est claire dans les zones correspondantes aux parties sombres du négatif et vice versa. Elle est donc semblable à l'image du sujet photographié.

Les pellicules sont maintenant de format beaucoup plus petit qu'autrefois. Si le négatif est placé directement en contact avec le papier on obtient une petite photo de la dimension du négatif. Pour agrandir le format ou un détail de cette photo, on se sert d'un agrandisseur.

L'appareil Polaroïd utilise une pellicule spéciale développée instantanément dans l'appareil lui-même. On obtient ainsi des photos en noir et blanc 10 secondes après l'exposition.

Les photos en couleurs sont obtenues au moyen de pellicules comportant trois couches d'émulsion. Des pellicules peuvent être rendues sensibles aux rayons X (voir page 164).

Ci-dessus Une photo infrarouge d'arbres effeuillés, prise du ciel. Ceux-ci apparaissent bleuâtres alors que les arbres sains sont rouge violacé. On peut fabriquer des pellicules sensibles aux radiations infrarouges invisibles. Tous les objets chauds émettent ou réfléchissent des rayons infrarouges en quantité variable. Elle détermine la couleur. L'herbe et les feuilles réfléchissent fortement l'infrarouge qui traverse la brume atmosphérique. On peut donc ainsi voir les objets lointains sur ces photos.

A gauche Vous pouvez prendre une photographie sans appareil. Placez un objet plat, comme une feuille, sur une feuille de papier sensible très lent. Pressez le tout entre une planchette et une feuille de verre. Exposez au soleil jusqu'à ce que le papier devienne violet foncé. Enlevez le papier, fixez et vous obtiendrez une épreuve pâle de la feuille. Les veines plus épaisses apparaîtront en blanc car elles laissent passer moins de lumière.

À droite, page ci-contre Un rayon laser possède tellement d'énergie qu'on peut le voir très distinctement. Ici, une partie du faisceau est réfléchie sur le verre du bocal et une partie est réfractée à l'intérieur.

Ci-dessous Dans un laser à rubis, un cristal de rubis est entouré par un puissant tube à décharge. Le tube est mis sous tension et la lumière s'accumule en rebondissant entre les miroirs placés aux extrémités. Après un court délai, une impulsion de lumière s'échappe par le trou de l'un des miroirs (à droite) en formant un étroit rayon de lumière laser cohérente.

A droite page ci-contre Grâce à un rayon laser, on a pu calculer avec une très grande précision la distance de la Terre à la Lune.

LES LASERS

Le laser est un procédé d'émission d'un faisceau lumineux très concentré (L.A.S.E.R. vient de l'anglais et signifie « amplification de lumière par émission de radiations stimulées »). Cette appellation indique que le laser excite ou stimule des atomes pour amplifier ou renforcer une émission de lumière.

Le premier laser

Le premier laser fut conçu en 1960 par un Américain, Théodore Maiman. Il utilisa un petit cylindre de rubis artificiel entouré d'un tube à éclairs hélicoïdal. A chaque extrémité du rubis se trouve un miroir dont l'un est percé d'un trou central. Pour activer le laser, le tube à éclairs mis en marche baigne le rubis de lumière. Les atomes du rubis absorbent la lumière puis, après un court délai, ils s'excitent et émettent en même temps (en phase) des ondes lumineuses. L'impulsion s'amplifie par réflexion sur les miroirs jusqu'à ce que la lumière sorte par le trou du miroir et forme un faisceau étroit et rectiligne qui donne une lumière cohérente qui ne se disperse pas comme la lumière ordinaire. Elle peut donc parcourir de très longues distances avec une extrême précision. Le faisceau peut être aussi extrêmement puissant. On utilise toujours les lasers au rubis mais il en existe maintenant de nouveaux à gaz (dioxyde de carbone, hélium) ou à liquides remplaçant le rubis. Les lasers ont différentes puissances. Le plus performant peut traverser les matières les plus dures comme le diamant. Les lasers ont de multiples applications domestiques, industrielles ou médicales. Un lecteur de compact-disque comporte un laser à faible puissance. Le faisceau laser « lit » la musique sur le disque à la place de la pointe de lecture des tourne-disques ordinaires.

Les petits creux dits micropuits de la surface du disque réfléchissent le faisceau laser et les variations de lumière sont traduites en sons reproduisant les sons originaux. Les lasers sont aussi utilisés pour les vidéo-disques. Les chirurgiens emploient des lasers pour effectuer de délicates opérations sur l'œil. Les ingénieurs s'en servent pour mesurer des distances avec une extrême précision. On a pu ainsi déterminer précisément la distance de la Terre à la Lune. Dans le système de télécommunications par fibres optiques, dans lesquelles des faisceaux lumineux parcourent des fils de verre, ils servent aussi à transmettre des conversations téléphoniques ou des images de télévision.

Les hologrammes

Un laser permet de réaliser un hologramme, une image en trois dimensions produite grâce à une lumière laser. Si vous déplacez légèrement la tête en regardant un hologramme, vous verrez l'image selon un angle légèrement différent.

Pour produire un hologramme, on envoie un rayon laser sur l'objet à photographier.

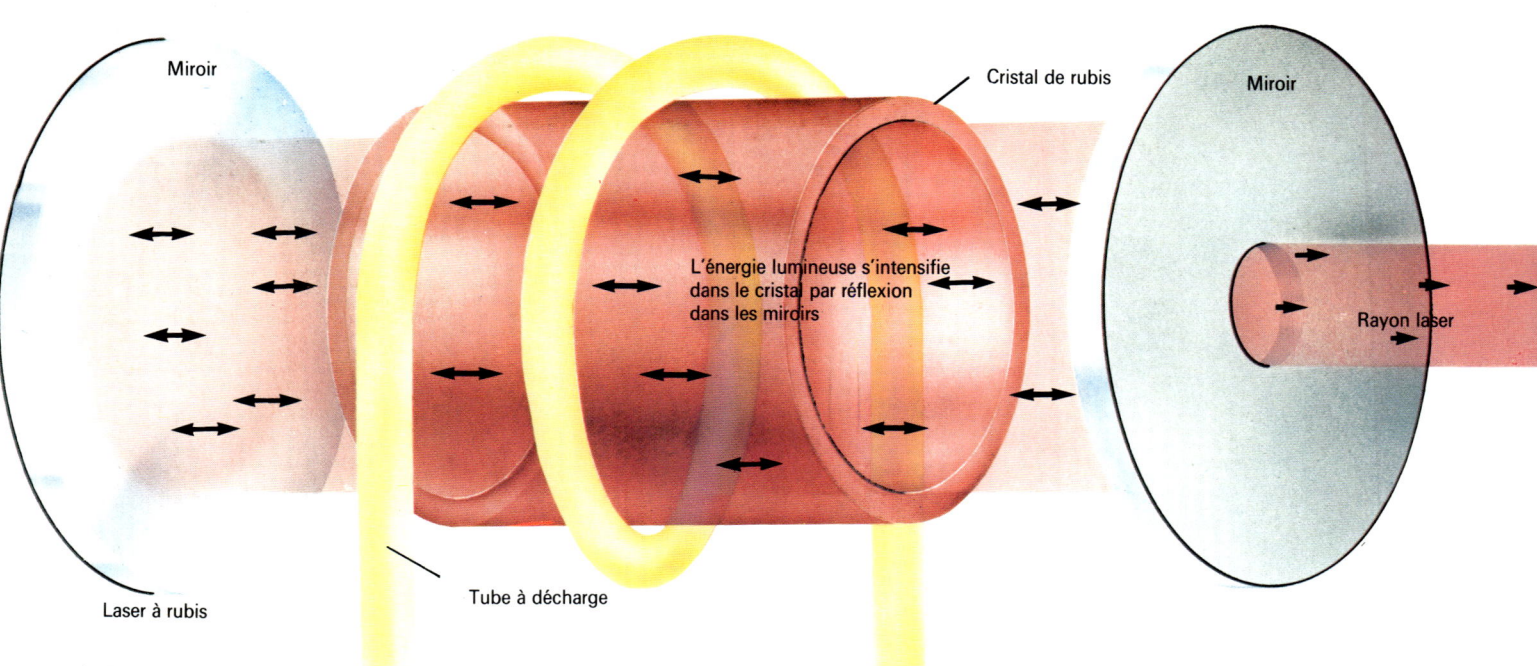

Miroir — Cristal de rubis — Miroir
L'énergie lumineuse s'intensifie dans le cristal par réflexion dans les miroirs
Rayon laser
Laser à rubis — Tube à décharge

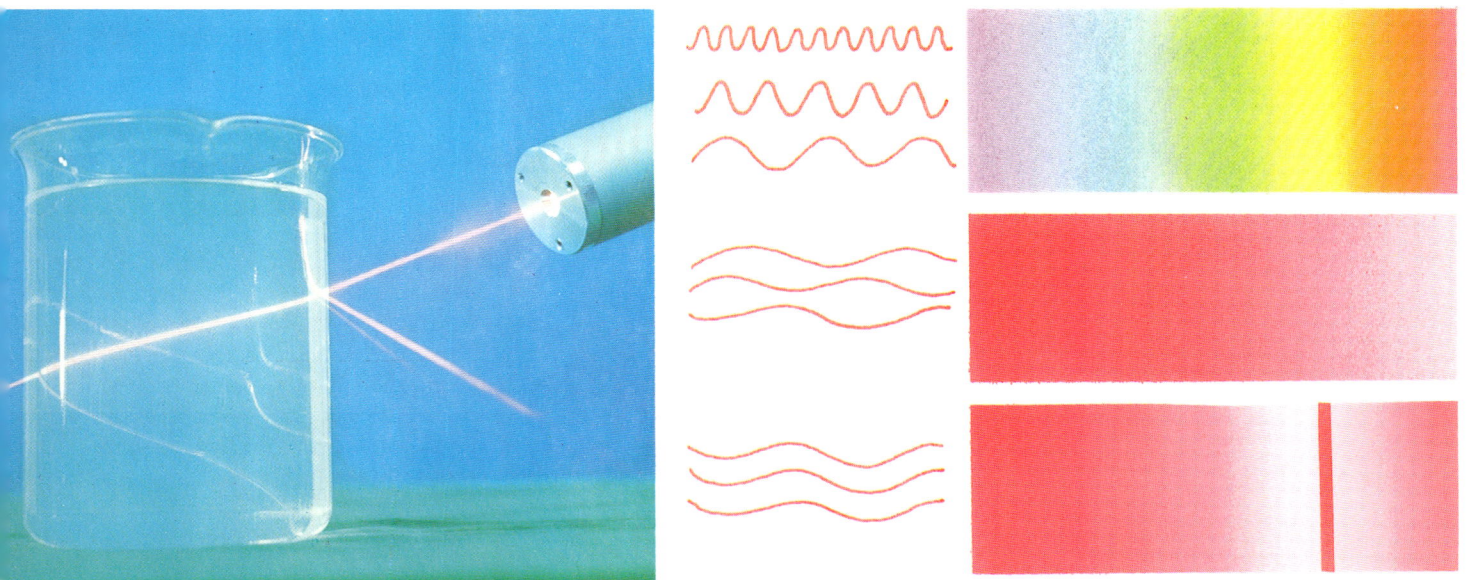

L'objet réfléchit la lumière sur une plaque photographique. En même temps, on projette la lumière du laser directement sur la plaque photo. Les deux rayons de lumière atteignant la plaque forment une image composée de franges d'interférence enregistrées sur la plaque. Par la suite, si l'on projette de la lumière cohérente (non polarisée) sur la plaque, l'hologramme renvoie une image en trois dimensions visible par l'observateur. On imprime des hologrammes sur les cartes de crédit car ils sont très difficiles à falsifier. On envisage de les utiliser sur les cartes d'identité. Les médecins s'en servent aussi pour surveiller la formation du cal osseux après une fracture ou planifier les opérations plus aisément.

Ci-dessus La lumière du Soleil est constituée d'un mélange de couleurs ayant chacune sa propre longueur d'onde (en haut). Les ondes ne sont pas en phase : la lumière diffuse donc dans plusieurs directions (au centre). Dans un rayon laser, (en bas), toutes les ondes sont en phase avec la même longueur d'onde. Le faisceau reste étroit et intense.

Les sons

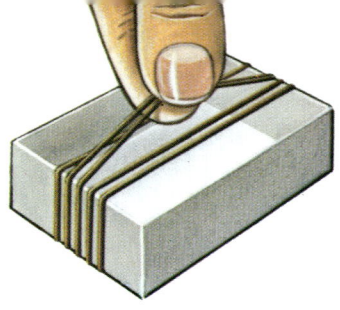

Ci-dessus L'élastique produit un son vibrant si l'on tire dessus et le lâche brutalement. Ce son est causé par le choc de l'élastique contre les molécules de l'air qu'il frappe alternativement.

A droite Si l'on place une sonnerie électrique sous une cloche dans laquelle on a fait le vide, on n'entend rien. On voit le marteau frapper le timbre sans produire de son puisqu'il n'y a pas d'air pour le transmettre.

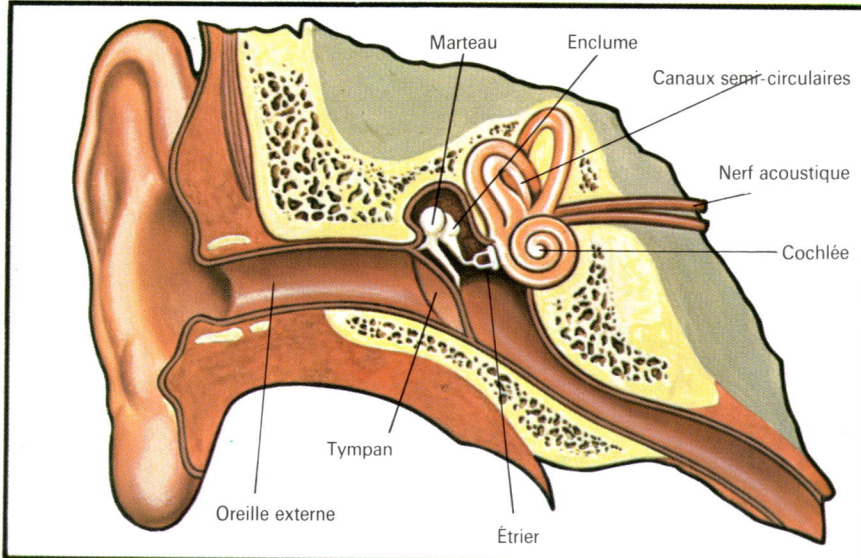

Ci-dessus L'oreille comprend trois parties : l'oreille externe, l'oreille moyenne et l'oreille interne. Dans l'oreille moyenne, les vibrations du tympan actionnent trois os minuscules dont le nom rappelle leur forme : le marteau, l'enclume et l'étrier. Ils transmettent les sons au limaçon situé dans l'oreille interne.

A droite Un tambour est un instrument à percussion fait d'une peau animale, ou plastique (synthétique), tendue sur un cadre en bois ou en métal. La grosse caisse est le plus volumineux des instruments de fanfare ou d'orchestre. En général, on en joue avec des baguettes garnies de feutre.

Le son est toujours produit par un déplacement, ainsi lorsqu'on frappe sur une table avec la main ou pince une corde de guitare. Il y a de nombreuses sortes de sons qui peuvent être agréables ou désagréables. On apprécie généralement la musique qui possède un rythme. Le bruit est un son désagréable à celui qui le perçoit. Il n'est pas, d'une manière générale aussi rythmé que la musique.

Un objet en vibration produit un son, les vibrations sont des mouvements alternatifs rapides. L'énergie ou la puissance des vibrations est transmise aux molécules d'air ambiant qui se mettent aussi à vibrer. Plus les vibrations sont fortes, plus le son l'est. Pour faire vibrer les molécules, il faut de l'énergie. Plus le son porte loin et plus le nombre de molécules qui vibrent est important. L'énergie des vibrations est par conséquent peu à peu consommée et le son perd de sa force. C'est ce que l'on appelle l'atténuation du son.

Les ondes sonores

Les vibrations qui traversent l'air sont appelées ondes sonores. Elles sont invisibles mais leur mouvement ressemble à celui des blés dans le vent qui semble parcourir tout le champ alors qu'en fait chaque épi se penche légèrement.

Les ondes sonores déplacent les molécules d'air l'une contre l'autre. Chaque molécule heurte sa voisine et ainsi de suite. Les molécules se regroupent puis s'écartent de nouveau. Lorsqu'elles se rapprochent, la pression augmente. Lorsqu'elles s'écartent, la pression décroît.

Une onde sonore provoque donc dans l'air un changement de pression lors de son déplacement. S'il n'y avait pas d'air, comme dans l'espace extra-atmosphérique, ce son ne pourrait pas se propager et l'on n'entendrait alors rien.

L'onde sonore ne se transforme en son que lorsqu'elle atteint l'oreille. Le pavillon de l'oreille externe est une sorte d'entonnoir qui recueille les ondes sonores. Celles-ci font vibrer le petit tube conduisant au tympan puis les très petits os à l'intérieur de l'oreille. Ceux-ci transmettent le son à l'oreille interne dans laquelle les vibrations sont transformées par un organe, en forme de coquille, appelé limaçon, en signaux électriques que les nerfs transmettent au cerveau.

La musique

Il y a plusieurs manières de produire des sons musicaux. Les instruments à percussion émettent un son lorsqu'on frappe leur surface d'une certaine façon. C'est un lourd battant qui frappe une cloche. La plus vieille cloche du monde à été trouvée près de Babylone. Elle a plus de 3 000 ans. La plus grosse est appelée « Tsar Kolokol » (Roi des Cloches) ; fondue en 1734, elle pèse 196 tonnes et se trouve à l'endroit où elle tomba alors qu'on la hissait en place, au Kremlin à Moscou. On peut voir la plus ancienne cloche française (1203) au musée de Bayeux. Celle du Sacré-Cœur de Montmartre pèse 18,85 tonnes. La cloche américaine la plus connue est Liberty Bell à Philadelphie.

Ci-dessus Les réveils peuvent être mécaniques (à remontoir) ou électriques. Celui-ci possède des timbres sur le dessus. Le plus souvent, ils sont à l'intérieur. Le marteau placé entre les timbres se met à vibrer à l'heure prévue grâce à un mécanisme spécial.

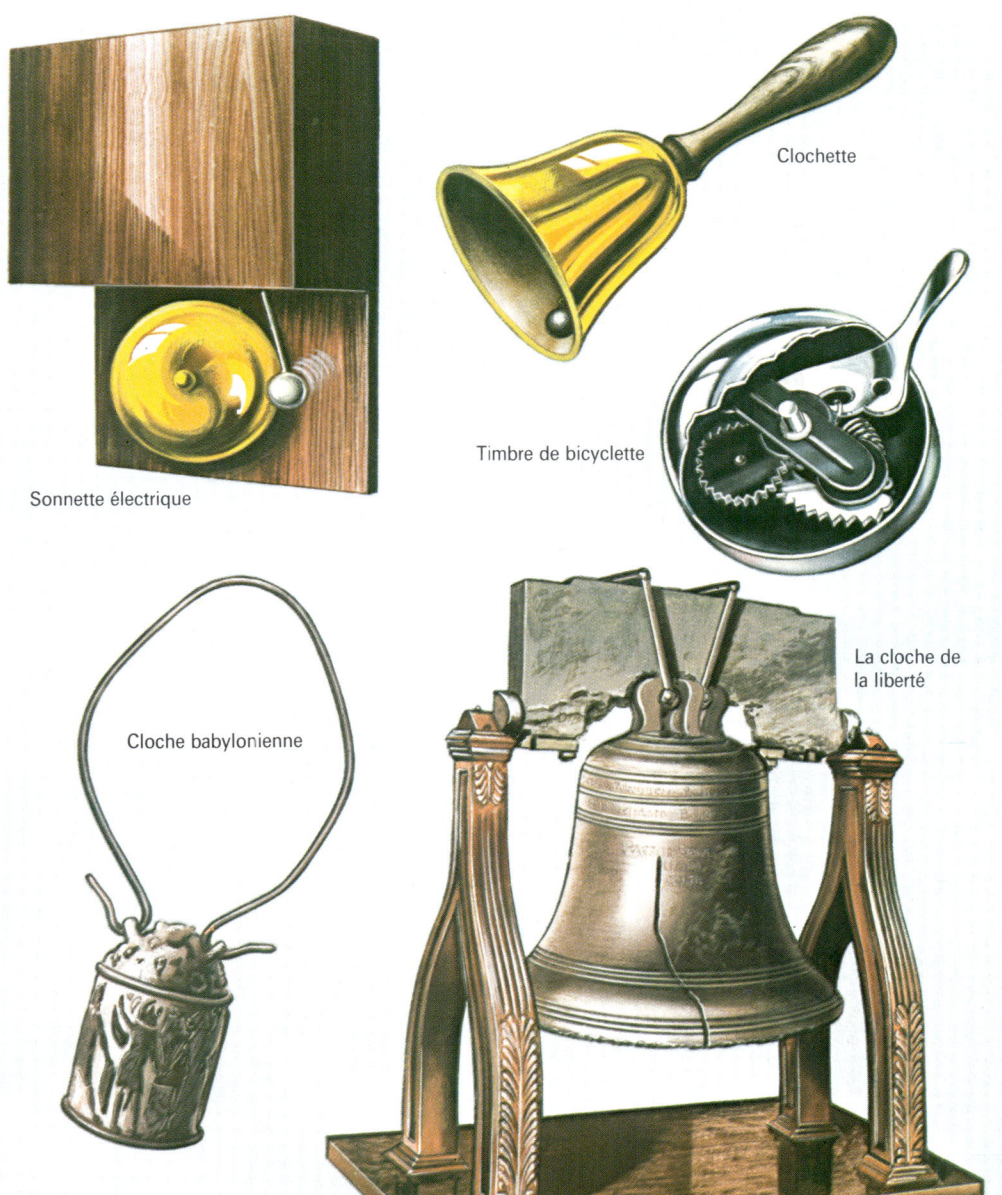

A gauche Différents types de timbres ou de sonneries. Lorsque l'on appuie sur le levier d'une sonnerie de bicyclette, on fait tourner un balancier intérieur qui vient frapper la paroi de la cloche et produit le son. Il faut secouer une clochette à main pour que le battant frappe l'intérieur. Dans une sonnerie électrique, le courant fait vibrer le marteau. Il existe au monde deux cloches célèbres : la cloche de Babylone, la plus ancienne connue, et la cloche de la Liberté que l'on fit sonner lors de la signature de la Déclaration d'Indépendance des États-Unis en 1776.

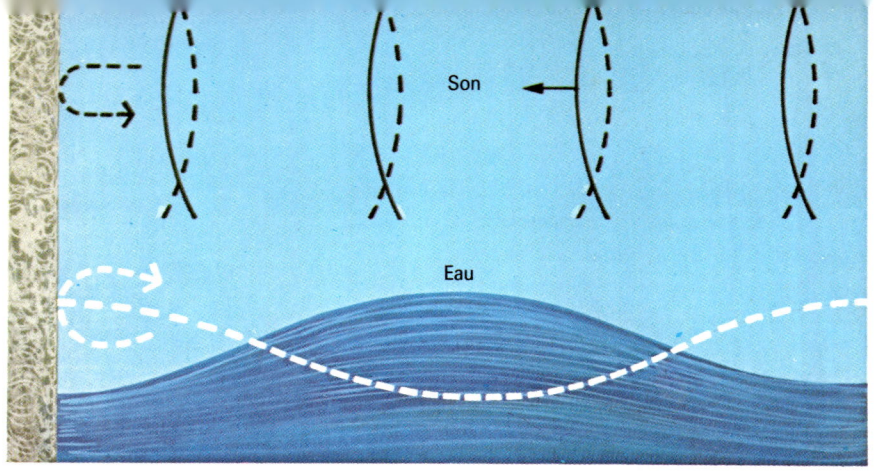

Ci-dessus L'onde sonore d'un écho a rebondi en se réfléchissant comme les vagues contre un mur.

ÉCHO ET ACOUSTIQUE

Lorsque les ondes sonores atteignent un obstacle comme une paroi rocheuse, elles produisent un écho. Les ondes rebondissent et le son est répété. C'est un son réfléchi. Le temps qui s'écoule entre le son et son écho est celui que met l'onde sonore pour atteindre l'obstacle et revenir vers l'émetteur. L'onde sonore perd de l'énergie dans son déplacement et l'écho est moins fort que le son original. Les baleines, les marsouins, les chauves-souris se dirigent et localisent leur proie au moyen d'échos. Ils émettent des sons dans toutes les directions. L'écho en retour leur signale la position des obstacles et des proies.

Les pêcheurs eux aussi utilisent les échos pour détecter les bancs de poissons, les géologues pour découvrir des gisements de minerais dans le sol.

L'acoustique est la science qui étudie les sons et leur comportement. On y prête particulièrement attention dans les lieux où la perception des sons doit être parfaite pour les auditeurs.

LA RÉVERBÉRATION

Dans une grande pièce aux murs lisses, nus et en matériau dur, le son se répercute sur les parois. Les auditeurs n'entendent qu'un brouhaha qui rend impossible l'écoute d'un conférencier, même s'il s'exprime clairement et lentement. C'est la réverbération. On peut l'atténuer en recouvrant les murs de tissu, en installant des rideaux et en choisissant des sièges bien rembourrés. Ces éléments absorbent une partie des sons et les échos s'affaiblissent. Dans une salle pleine, les spectateurs absorbent également les sons.

Certaines salles sont conçues de telle façon que chaque spectateur puisse entendre clairement tous les sons. Une partie d'entre eux est directement perçue, les murs et le plafond réfléchissent les autres. Les architectes calculent alors les distances parcourues par les deux

A droite Vue en coupe d'un gisement de pétrole souterrain. Une explosion dans le sol envoie des sons vers les couches inférieures. Le pétrole réfléchit un certain type d'écho recueilli par un instrument très sensible appelé sismographe. Le géologue peut alors localiser le pétrole et déterminer le meilleur emplacement pour le forage du puits.

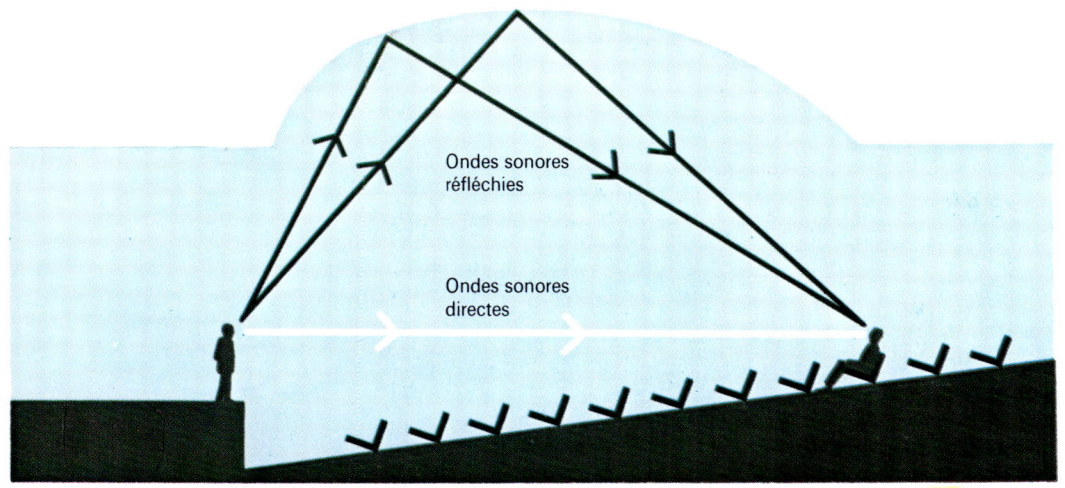

A gauche Acoustique d'une salle avec un toit en dôme. La perception du discours est la plus nette lorsqu'un retard de 1/20e de seconde sépare l'onde réfléchie de l'onde directe. L'onde réfléchie doit ainsi parcourir 20 mètres de plus que l'onde directe. Pour la musique, le retard doit être de 1/15e de seconde donnant une différence de trajet de 27 mètres.

ensembles sonores afin de rendre la perception claire.

Le son doit emprunter un milieu, c'est-à-dire l'air. Les molécules de ce milieu transmettent les vibrations de la source sonore jusqu'aux oreilles des auditeurs. Les liquides et les solides véhiculent également les sons et parfois mieux que l'air.

Les ondes sonores se déplacent selon une vitesse qui dépend du milieu ambiant. Elles se déplacent plus vite dans un milieu dense, comme l'eau ou le verre, que dans l'air. On peut calculer la vitesse du son dans l'air en faisant exploser une charge à 1 km des instruments de mesure. Un appareil enregistre l'éclair de l'explosion. Quelques secondes plus tard, un second appareil en enregistre le bruit. Le son se déplace moins vite que la lumière. Le temps mesuré entre l'éclair et le bruit est de 3 secondes. C'est le temps que met le son pour parcourir 1 km dans l'air. Lors d'un orage, on voit toujours l'éclair avant le bruit du tonnerre parce que la lumière se déplace beaucoup plus vite que le son. Comptez le nombre de secondes qui s'écoulent entre la lueur de l'éclair et le premier roulement du tonnerre et divisez le temps par 3. Vous saurez alors (en kilomètres) à quelle distance éclate l'orage.

Ci-dessus On peut calculer la profondeur d'un océan en mesurant le temps qui s'écoule entre l'envoi d'un signal sonore et la réception de son écho réfléchi au fond. La moitié de ce temps multipliée par la vitesse du son dans l'eau de mer donne la profondeur. Il est ainsi possible d'effectuer de nombreuses mesures en peu de temps.

A gauche La Galerie des murmures de la cathédrale St-Paul à Londres. Lorsque l'on murmure contre un mur en un point de la galerie, on peut entendre le son réfléchi par la paroi, de l'autre côté de la galerie.

Jouez avec les sons

LE TÉLÉPHONE A FICELLE

Matériel : deux boîtes de conserve - de la ficelle - un marteau - un clou - un ami

Lorsque vous parlez à quelqu'un, vous émettez une suite d'ondes sonores. Celles-ci sont des vibrations ou mouvements alternatifs de l'air. Lorsqu'elles atteignent les oreilles de votre interlocuteur, elles font vibrer ses tympans et celui-ci entend vos paroles. Si vous parlez doucement, votre voix ne porte pas très loin. Il faut un téléphone.

Un téléphone très simple peut être improvisé avec deux boîtes de conserve et de la ficelle solide. Utilisez des boîtes avec couvercle, et non celles qui nécessitent un ouvre-boîte et dont les bords sont coupants et dentelés. Avec un clou et un marteau, faites un trou dans le fond de chaque boîte. Enfilez la ficelle dans les trous et faites un nœud à chaque extrémité pour retenir la ficelle. Votre téléphone est prêt. Donnez une boîte à votre ami et éloignez-vous avec l'autre jusqu'à ce que la ficelle soit tendue. Lorsque votre ami parle lentement dans sa boîte, écoutez dans l'autre. Vous entendrez distinctement ce qu'il dit. La ficelle tendue transmet les vibrations jusqu'à la vôtre car les corps solides, comme la ficelle, conduisent ou transmettent les ondes sonores mieux que l'air. C'est pourquoi votre voix porte plus loin lorsque vous utilisez un téléphone.

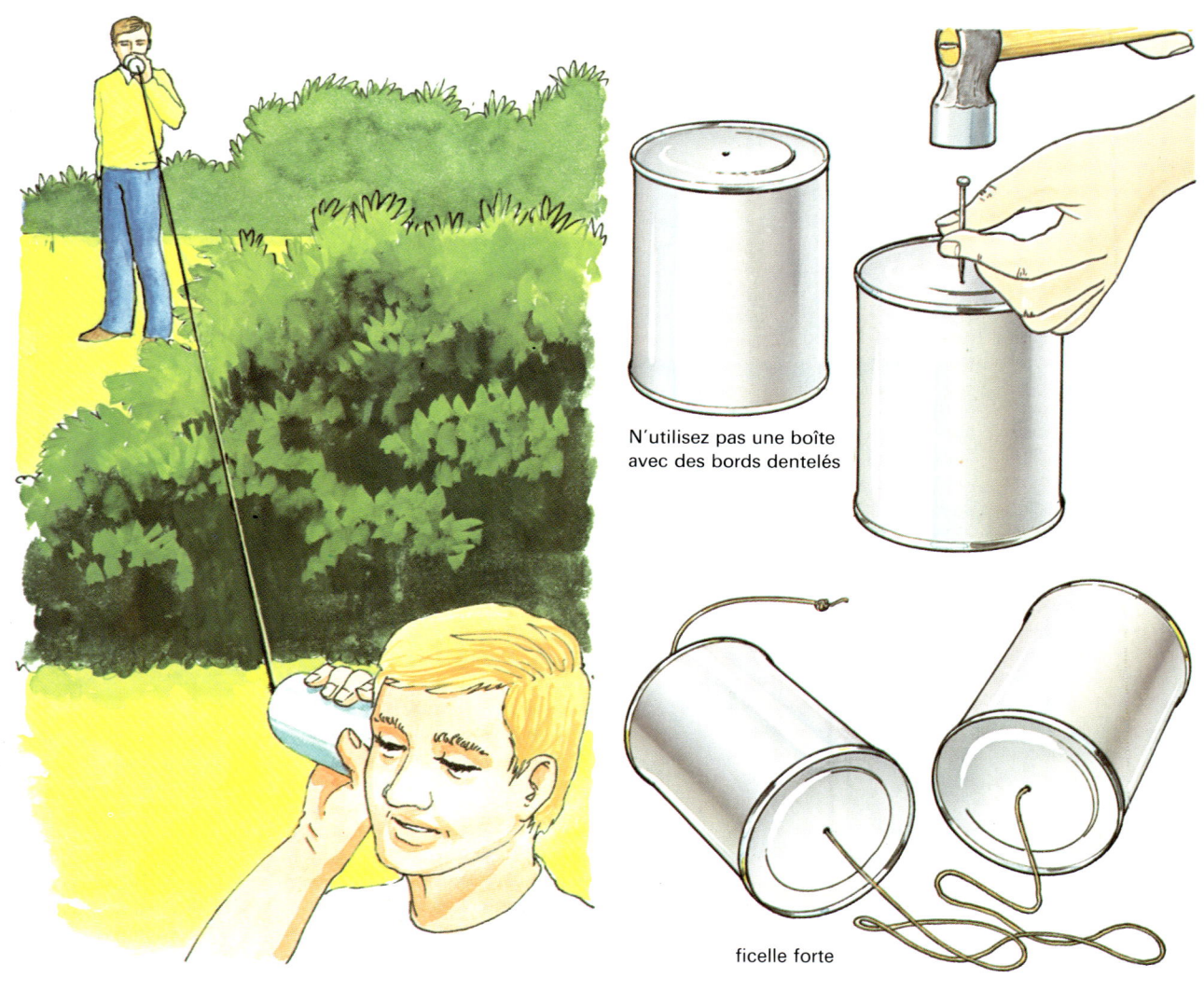

N'utilisez pas une boîte avec des bords dentelés

ficelle forte

COMMENT ENTENDRE MIEUX

Matériel : une montre - une table en bois

Avez-vous une bonne audition ? Êtes-vous capable d'entendre une montre située à un mètre ou plus de votre oreille ? Probablement pas, si votre oreille est séparée de la montre par l'air. L'air, en effet, ne transmet pas très bien les ondes sonores. Posez maintenant la montre à l'extrémité d'une table et votre oreille à l'autre. Vous entendrez distinctement son tic-tac. Ceci prouve que le bois conduit mieux les sons que l'air. Les métaux sont encore meilleurs transmetteurs. Vous pouvez envoyer des messages dans toute la maison, en tapant sur des tuyaux.

LA FABRICATION D'UNE GUITARE

Matériel : une boîte à chaussures - des bracelets élastiques - des punaises - du bois

Découpez un trou dans le couvercle de la boîte. Choisissez quelques élastiques d'épaisseurs différentes et punaisez-les sur la boîte comme sur l'illustration. Placez un tasseau de bois sous les élastiques. Et maintenant, jouez ! Les vibrations des élastiques font vibrer l'air contenu dans la boîte. Les cordes et l'air entrent en résonnance, ce qui rend les sons plus forts et plus beaux que ceux émis par les élastiques seuls.

Le ton d'une note est défini par son caractère grave ou aigu. Il dépend du nombre de vibrations qui affectent l'élastique par seconde. Plus il y a de vibrations par seconde, plus le ton est haut (aigu).

Vous constaterez que si vous pincez un élastique mince, le son sera plus haut qu'avec un élastique épais. Lorsque l'on tend un élastique, il s'amincit et par conséquent le ton s'élève. Pincez un élastique tendu et notez le ton. Posez fermement un doigt au milieu de l'élastique, pincez-le et notez le ton. Plus l'élastique pincé est court et plus la note est élevée. Si vous pincez fortement les élastiques de votre guitare, ils produiront des sons plus forts que si vous les pincez doucement. Vous pourrez émettre un son de même hauteur qu'un sifflet de locomotive mais vous ne parviendrez pas à le chanter aussi fort. La force d'un son dépend de la quantité d'énergie utilisée pour le produire. En pinçant fortement les cordes, vous dépensez davantage d'énergie et obtenez des notes plus fortes.

LA VITESSE DES ONDES

Les sons se déplacent dans l'air relativement lentement, à la vitesse de 1 200 km/h environ. Dans un métal comme l'acier, ils se déplacent à l'étonnante vitesse de 24 000 km/h ! L'eau est aussi bonne conductrice des sons. C'est pourquoi les navires et les sous-marins utilisent les ondes sonores pour communiquer dans l'eau. On appelle ce procédé de communication le sonar.

LES TUYAUX SONORES

A droite Un tuyau sonore comporte une arête tranchante. Cette arête oblige le flux d'air à passer d'un côté ou de l'autre. Les ondes sonores sont produites à l'extérieur du tuyau et dans la colonne d'air intérieure. Elles donnent une note de musique.

Ci-dessous Schéma d'une onde sonore. A l'intersection de la ligne horizontale les molécules sont immobiles. Ce point s'appelle un nœud. Lorsque la courbe s'écarte au maximum, les molécules vibrent avec la plus grande amplitude et la plus grande énergie. Ce point est appelé ventre. La longueur d'onde est la distance qui sépare deux nœuds ou deux ventres.

En bas à droite Les ondes sonores. La plus grande longueur d'onde correspond à la note fondamentale qui possède donc le ton le plus bas ou la plus basse fréquence. La fréquence des harmoniques est toujours un multiple entier de la fréquence de la note fondamentale.

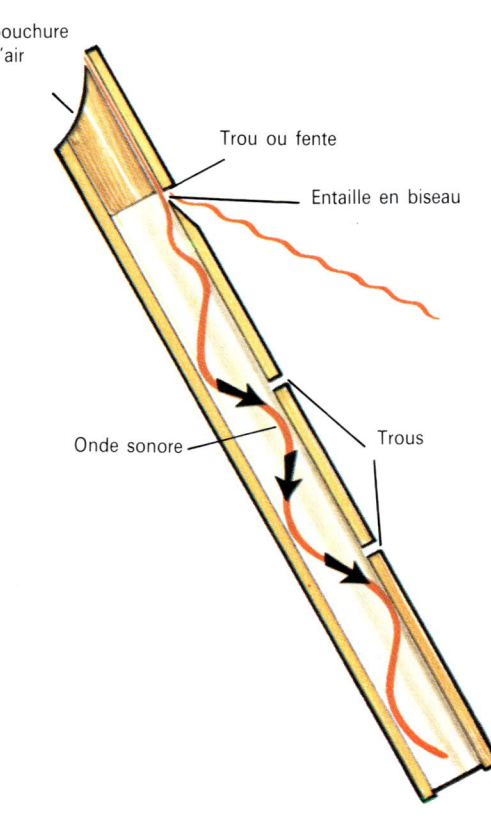

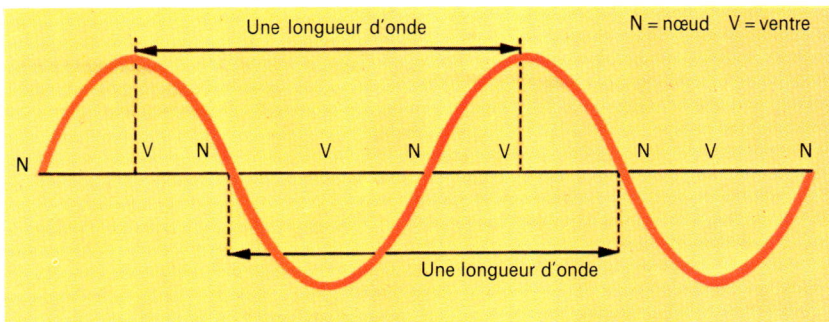

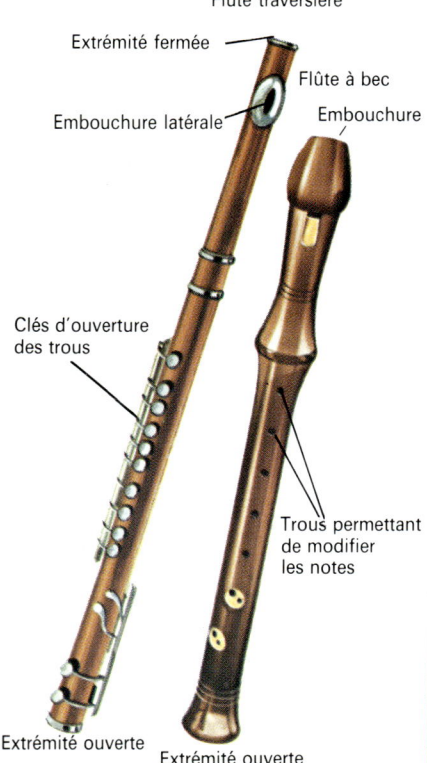

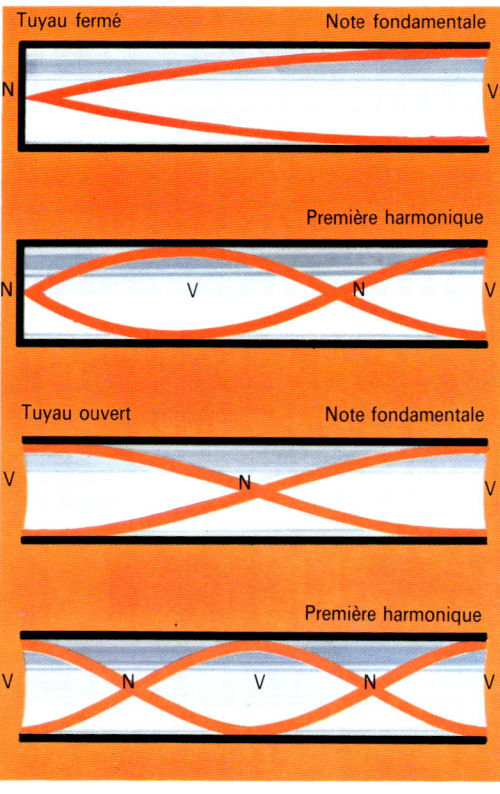

Les instruments à vent de la catégorie des tuyaux sonores sont le trombone, la trompette, le cor, le tuba, la flûte, le piccolo, la clarinette et le saxophone. Lorsque l'on souffle dedans, la colonne d'air vibre à l'intérieur et produit un son.

En soufflant sur une pièce taillée en forme de sifflet, l'air peut être mis en vibration à l'entrée du tuyau. Le sifflet crée des ondes dans la colonne d'air. Si on pouvait les voir, elles ressembleraient aux vagues d'un drapeau flottant au vent.

La fréquence (nombre de vibrations par seconde) des vibrations dépend de la longueur de la colonne d'air dans le tuyau.

Plus la colonne d'air est courte, plus la fréquence et la hauteur du son produit sont élevées. En ouvrant ou en fermant les trous répartis sur la longueur du tube, on change la longueur de la colonne vibrante et par conséquent la hauteur de la note. Les tuyaux sonores sont dits ouverts si les deux extrémités sont ouvertes et fermés si l'une des extrémités est fermée. Des tuyaux ouvert et fermé de même longueur produisent des notes différentes. Dans un tuyau ouvert, la fréquence et, par conséquent, la hauteur du son sont le double de celles d'un tuyau fermé de même longueur. C'est parce que les ondes sonores se comportent différemment dans les deux tuyaux. A une extrémité ouverte, les molécules d'air subissent les vibrations les plus importantes, à une extrémité fermée, elles ne vibrent pas du tout.

Les ondes, à l'intérieur des tuyaux, peuvent avoir différentes longueurs d'onde pour autant qu'il y ait un nœud (pas de vibrations) à une extrémité fermée et un ventre (fréquence maximale de vibrations) à une extrémité ouverte. Lorsque les longueurs d'onde se réduisent, la fréquence (ou hauteur de la note) s'élève. Cela signifie aussi que lorsque vous soufflez dans un tuyau sonore, vous produisez une note principale, appelée note fondamentale, en même temps que d'autres notes moins fortes de fréquence plus élevée. Ces notes sont dites harmoniques. Ces harmoniques donnent à l'instrument sa sonorité particulière.

L'orgue est le plus grand des instruments. Il couvre la plus grande plage de fréquences et peut rendre la plus large variété de sons. L'air, autrefois, était envoyé dans les tuyaux au moyen de soufflets manuels et maintenant par des ventilateurs mécaniques. Les tuyaux d'orgue les plus longs et les plus gros produisent les sons graves, les tuyaux courts et minces, les aigus.

En bas à gauche La flûte à bec, apparue au XVIᵉ siècle, peut mesurer jusqu'à 4 mètres de long. On joue en soufflant dans l'embouchure placée à un bout. Les différentes notes sont obtenues en ouvrant et en fermant les trous percés tout le long du corps de l'instrument. La flûte traversière est un instrument à vent à embouchure latérale. Les trous sont ouverts ou fermés au moyen de clés actionnées par les doigts. Les notes obtenues sont très pures et très claires.

A droite Un orgue. L'encadré montre un orgue romain de l'Antiquité datant du IVᵉ siècle. L'autre image représente un orgue moderne construit en 1959 à l'Université de Valparaiso aux États-Unis.

FABRIQUEZ UN CHALUMEAU

Il est facile de fabriquer un simple chalumeau avec un morceau de bambou et du bois tendre. Coupez une entaille dans le bambou. Taillez un petit cylindre de bois tendre et coupez un des côtés pour former un à-plat. Engagez-le dans le tuyau en avant de l'entaille pour former une embouchure, sans laisser d'espace. Taillez un autre cylindre de bois tendre pouvant glisser assez librement dans l'extrémité ouverte du tuyau et collez-le à un crayon. Soufflez dans l'embouchure du tuyau et vous produirez un sifflement. L'air frappant le bord de l'entaille se met à vibrer dans le tuyau. En tirant et en poussant le cylindre de bois avec le crayon, vous produirez des notes différentes en modifiant la longueur de la colonne d'air.

UN ORGUE A BOUTEILLES

Remplissez d'eau huit bouteilles identiques de volumes d'eau différents. Soufflez sur chaque bouteille : plus il y a d'eau, plus la note est élevée. En réglant la hauteur de l'eau dans chaque bouteille, vous obtiendrez une gamme. Vous pouvez utiliser l'air rejeté par un aspirateur pour souffler sur les goulots.

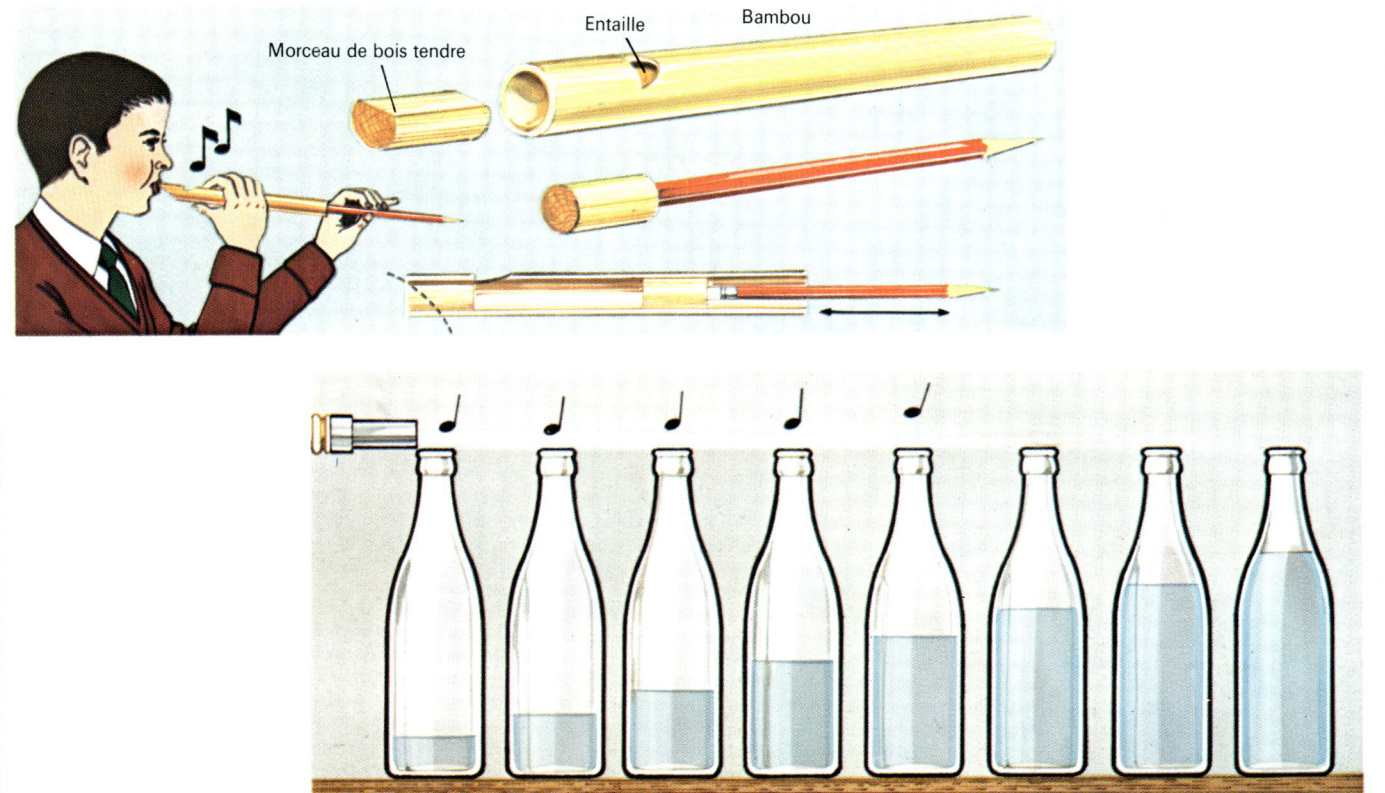

LES SONS MUSICAUX

Un son considéré comme agréable à l'oreille peut être appelé son musical. La musique est le son que produit un instrument de musique, un orchestre, un chanteur ou une chorale. Les Grecs de l'Antiquité furent les premiers à étudier la musique scientifiquement. Ils regroupèrent les sons musicaux en séries ascendantes (vers l'aigu) ou descendantes (vers les graves) pour constituer des gammes.

Les instruments de musique

On distingue quatre grandes familles d'instruments de musique : les cordes, les percussions, les vents et les instruments électroniques. La sonorité varie en fonction de la forme, de la conception et des matériaux utilisés. Un violon fabriqué dans des bois épais et de qualité donnera des sons différents de ceux émis par un violon d'aspect identique mais fait de bois mince et médiocre. Deux autres facteurs sont également importants : la taille de l'instrument et le talent du musicien qui ne doit jouer que les vibrations voulues. Si la vibration possède la bonne fréquence et la bonne amplitude (puissance), il est possible de reconnaître la note émise, comme le « la » de la gamme.

Les notes et les gammes

Chaque note de musique a une hauteur ou fréquence bien définie qui est la même pour chaque instrument. C'est la fréquence fondamentale. Le « la » du piano possède la même fréquence fondamentale que celui d'une guitare ou d'une flûte. Elle est donnée pour 440 vibrations de la corde ou, pour un instrument à vent, de la colonne d'air.

Aucun instrument de musique ne produit une note parfaitement pure d'une fréquence absolue. Il émet plusieurs harmoniques moins fortes en même temps que la note fondamentale (voir page 116). Ces harmoniques peuvent avoir deux, trois, quatre, cinq ou six fois la fréquence de la note de base. Les différents instruments produisent une partie ou la totalité de ces harmoniques. C'est ce qui leur donne une sonorité particulière et identifiable.

Les gammes sont des séries de douze sons appelées demi-tons disposés selon des intervalles convenus et allant du grave à l'aigu. Chaque série de sons forme une octave. Chaque son de l'octave possède une fréquence qui est 1,0595 fois supérieure à celle de la note située immédiatement au-dessous. Si vous multipliez 1,0595 par lui-même 12 fois (puis-

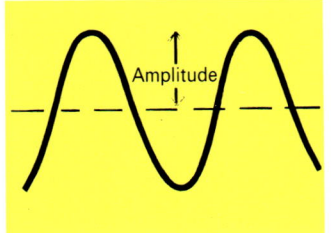
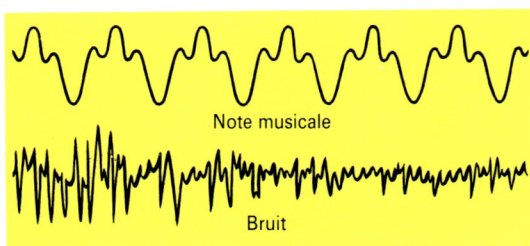

Ci-dessus Les sons musicaux sont constitués d'ondes à égales distances ou régulières. Ils ont aussi la même force ou le même schéma représentatif d'amplitude. L'amplitude est donnée par la plus grande distance qui sépare la courbe de la ligne médiane droite. Elle traduit la valeur de l'énergie des vibrations. Les sons désagréables ou bruits ont une courbe irrégulière.

A droite Formes des ondes de notes émises par différents instruments. Les formes d'ondes sont obtenues par addition des amplitudes de la fondamentale et des harmoniques. Plus les harmoniques sont faibles, plus petites sont les amplitudes. Chaque instrument présente une forme d'onde différente en fonction des différentes harmoniques produites.

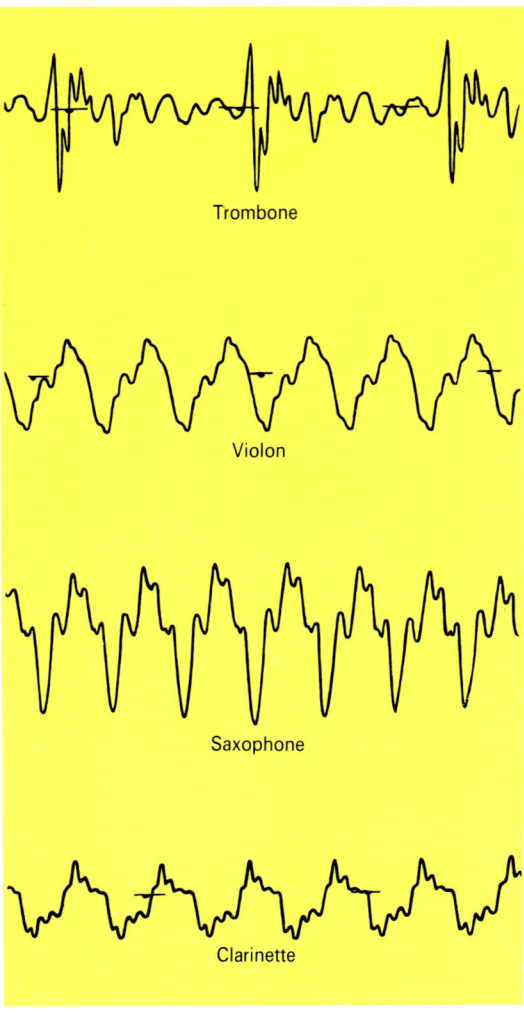

A droite Une série de notes de musique constituant une octave ou gamme. C'est la gamme de « do » majeur sans dièse ni bémol (les touches noires). La dernière note de la gamme, do, est plus haute d'une octave par rapport à la première. Les douze demi-tons complètent l'octave sont donnés par les 7 touches blanches et les 5 touches noires entre « do » et « si ».

A droite Si vous chantez les notes de la gamme en do, vous entendrez la gamme familière « do-ré-mi-fa-sol-la-si-do ».

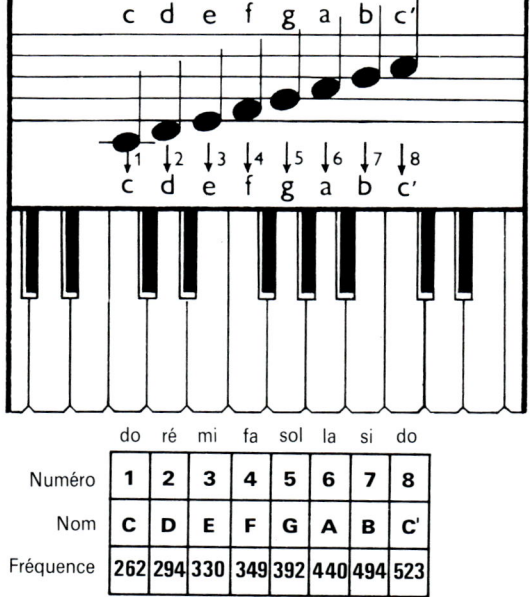

	do	ré	mi	fa	sol	la	si	do
Numéro	1	2	3	4	5	6	7	8
Nom	C	D	E	F	G	A	B	C'
Fréquence	262	294	330	349	392	440	494	523

sance 12) vous obtenez 2. Cela signifie qu'une note située à l'octave d'une autre possède une fréquence double. La fréquence du « do » aigu est de 523,2 vibrations par seconde, soit deux fois celle du « do » moyen (261,6). Lord Rayleigh, un des plus grands savants britanniques, inventa une nouvelle méthode pour mesurer la puissance et l'amplitude (force) des vibrations sonores. Il écrivit la *Théorie des sons*, qui décrit le mode de fonctionnement des objets sonores et comment ils font vibrer l'air ambiant.

A gauche On joue de la musique dans le monde entier sur une extraordinaire variété d'instruments. Le tambura est une sorte de luth à long manche dont on pince les cordes pour produire un son nasillard. Le vina et le sitar sont aussi des variantes du luth mais ce dernier se joue à l'archet, alors que les cordes sont pincées par les doigts qui en se déplaçant font glisser les notes.

Ci-dessous Quelques instruments de musique africains. La maraca est utilisée dans tous les pays de ce continent. Le tambour sablier peut être serré pour changer la hauteur du son. On peut jouer de la corne d'ivoire en soufflant sur le côté au lieu de l'extrémité. Les xylophones vont des plus gros instruments posés sur des fosses aux plus petits suspendus au cou du joueur.

LE BRUIT

Un son désagréable, qualifié de bruit par certains, peut sembler agréable à quelqu'un d'autre. En termes scientifiques, un bruit est un son produit par une série d'ondes irrégulières. Il en existe beaucoup qui rendent notre environnement désagréablement, voire dangereusement, bruyant, comme les décollages d'avions à réaction, les marteaux-piqueurs et la circulation dense. Un bruit trop fort est nuisible et la loi interdit de produire des bruits au-delà d'un certain seuil (niveau sonore).

Vous avez sûrement constaté qu'un avertisseur de voiture ou une sirène de voiture de pompiers semble émettre une note plus aiguë lorsque le véhicule se rapproche que lorsqu'il s'éloigne. Cet effet est donc plus perceptible lorsque le véhicule est à votre hauteur. A ce moment-là, le son de la sirène ou de l'avertisseur redescend soudainement de plusieurs tons.

Les ondes sonores émises atteignent votre oreille avec la vitesse du son plus celle de l'émetteur. Lorsque le véhicule se rapproche, vous percevez à chaque seconde une quantité d'ondes sonores supérieure à la normale. Leur fréquence est donc plus élevée à ce qu'elle serait si le véhicule était à l'arrêt. La hauteur du son est donc également supérieure. Lorsque le véhicule vous a dépassé, les ondes sonores vous parviennent à la vitesse du son moins celle de l'émetteur. La fréquence ou le nombre d'ondes sonores par seconde est donc inférieure à ce qu'elle serait si le véhicule était arrêté. La hauteur du son est donc inférieure et c'est pourquoi cette hauteur de ton diminue brusquement lorsque le véhicule s'éloigne.

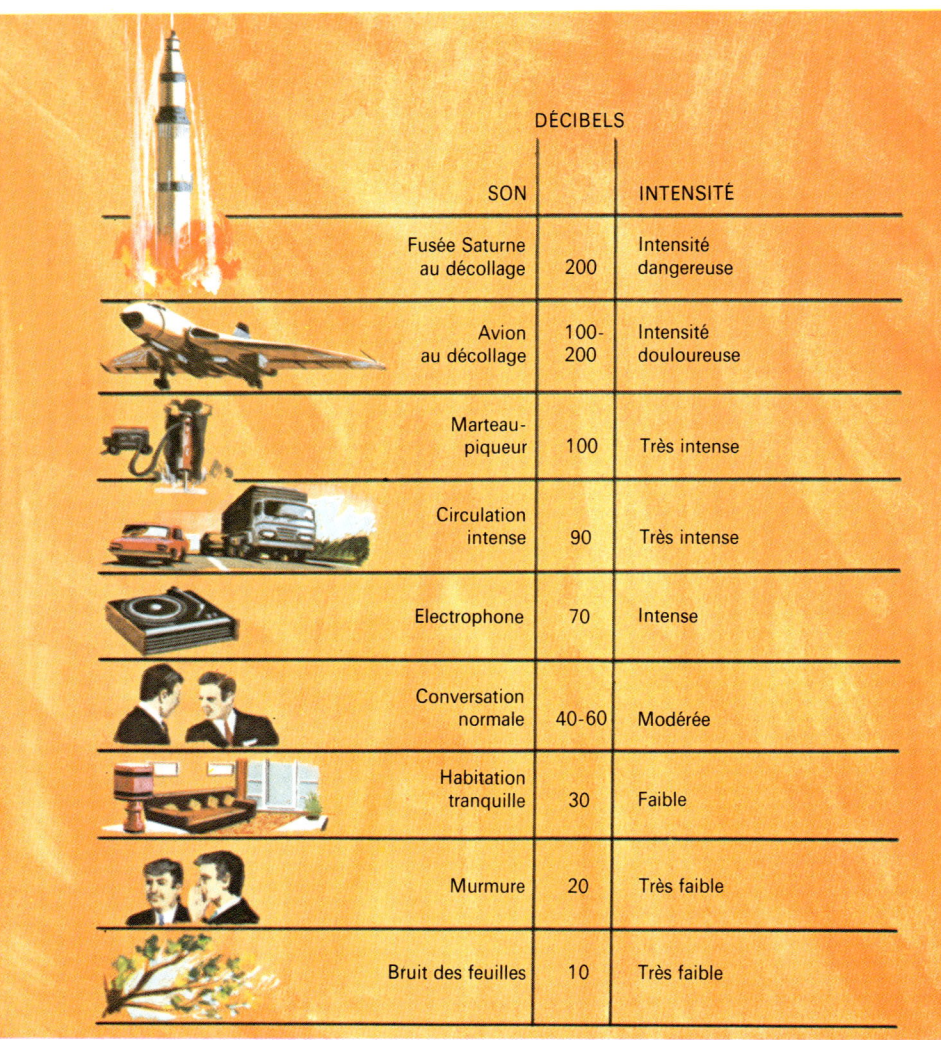

SON	DÉCIBELS	INTENSITÉ
Fusée Saturne au décollage	200	Intensité dangereuse
Avion au décollage	100-200	Intensité douloureuse
Marteau-piqueur	100	Très intense
Circulation intense	90	Très intense
Electrophone	70	Intense
Conversation normale	40-60	Modérée
Habitation tranquille	30	Faible
Murmure	20	Très faible
Bruit des feuilles	10	Très faible

Ci-dessus L'échelle des bruits. La force d'un bruit est donnée par la mesure de l'énergie sonore de l'onde. On l'exprime généralement en décibels. Un bruit de zéro décibel est trop faible pour être perçu par l'oreille humaine. Les camions font un bruit d'environ 90 décibels. Les sons supérieurs à 140 décibels sont dangereux pour l'ouïe si l'oreille n'est pas protégée.

A droite Les ondes d'une note musicale et d'un bruit. La figure A montre la forme d'onde d'une note de piano. Les ondes ont un motif régulier et la note se traduit par un son agréable. La figure B montre les ondes produites lorsque l'on appuie sur la pédale du piano. La forme du motif est irrégulière et le son, devenu désagréable, est un bruit.

Ci-contre L'effet Doppler. Lorsqu'une voiture de pompier s'éloigne de vous la quantité d'ondes sonores qui vous parviennent est inférieure à celle que vous percevez lorsqu'elle s'approche. C'est pourquoi la hauteur du son de la sirène diminue brusquement quand le véhicule vous dépasse.

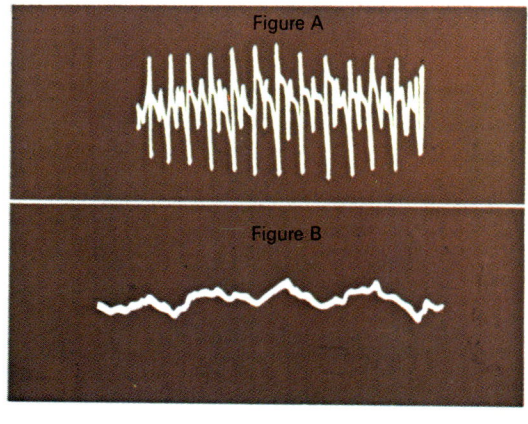

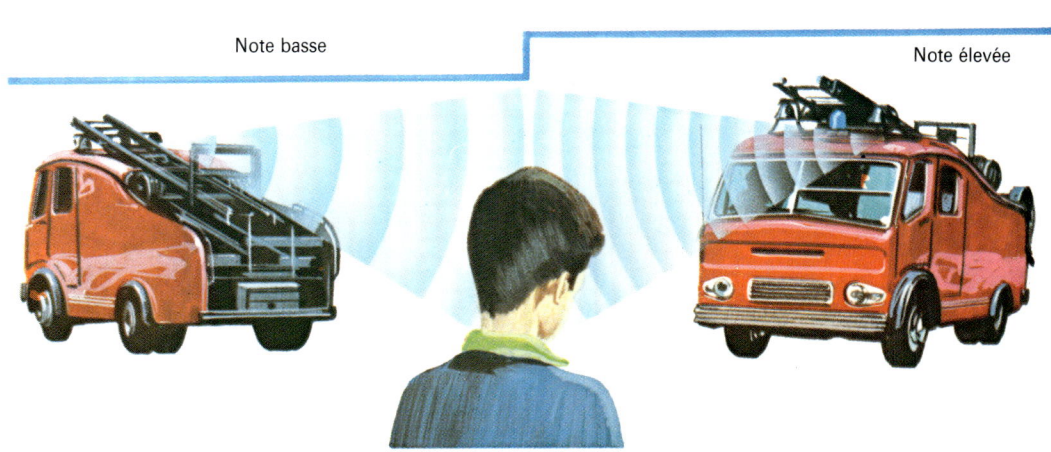

L'effet Doppler

Ce changement de ton, dû au déplacement de la source sonore, est appelé effet Doppler, d'après le nom de Christian Johann Doppler qui en étudia la cause en 1842. L'effet Doppler affecte aussi les ondes lumineuses.

Si une source lumineuse, comme une étoile, se dirige ou s'éloigne d'un observateur, la fréquence des ondes lumineuses augmente ou diminue, ce qui permet, en astronomie, de calculer la vitesse des étoiles.

Parmi les bruits modernes insolites, le bang sonique est produit par les avions supersoniques. En volant, un avion repousse devant lui des vagues d'air comme une proue de navire forme des vagues qui vont en s'écartant. Lorsque l'appareil vole plus vite, il les pousse l'une contre l'autre. Elles finissent par former une barrière ou mur d'air comprimé devant lui.

A 1 200 km/h, l'avion atteint la vitesse du son. A ce moment-là, la puissante onde d'air compressée par le nez de l'avion, laquelle se trouve perturbée, se transforme alors en onde sonore. Un bruit ressemblant à une forte détonation se fait entendre sous l'engin. C'est le bang sonique.

Ci-dessus Le bang sonique. Lorsqu'il vole au-dessous de la vitesse du son, l'avion comprime l'air à l'avant. A 1 200 km/h environ (vitesse du son), les ondes de pression sur le nez se transforment en ondes sonores. Il en résulte une onde de choc dans l'air perçu comme une explosion, le bang sonique ou mur du son.

A gauche Avion supersonique. Il existe un grand nombre d'avions qui peuvent voler plus vite que la vitesse du son. La plupart sont des avions militaires. L'avion à réaction le plus rapide du monde est le Lockheed SR-71. Cet avion américain a atteint la vitesse de 3 520 km/h. Le Concorde, étudié et réalisé conjointement par la France et la Grande-Bretagne, est le seul avion de ligne supersonique. Il peut voler à deux fois la vitesse du son, reliant Londres ou Paris à New York en 3 heures environ.

A droite Les ultrasons servent à repérer les gisements de pétrole ou de minerais au fond des mers. Les scientifiques étudient les images fournies par échos telle que celle illustrée ici.

LES ULTRASONS

L'ultrason est une vibration sonore dont la hauteur et la fréquence sont trop élevées pour être perçues. L'oreille humaine peut entendre des sons jusqu'à une fréquence d'environ 20 000 Hz (hertz) ou vibrations par secondes. Certains animaux comme les dauphins et les chauves-souris perçoivent des sons de hauteur et de fréquence supérieures. On a d'ailleurs démontré que les dauphins et autres cétacés communiquaient au moyen d'ultrasons. Les chauves-souris les utilisent pour attraper les insectes volants et éviter les obstacles. Certains moustiques nocturnes émettent aussi des ultrasons.

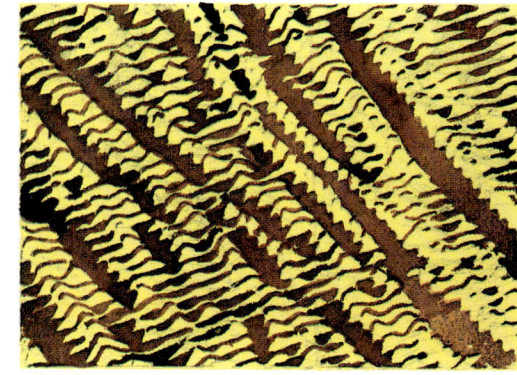

Le cristal piézo-électrique

Si nous n'entendons pas les ultrasons, nous savons les produire et les détecter au moyen d'un cristal piézo-électrique. Lorsqu'une onde sonore frappe un cristal piézo-électrique, le cristal est comprimé sous la pression de l'onde sonore et il produit une impulsion électrique. De cette manière, les cristaux peuvent détecter les ultrasons. Ils peuvent aussi en créer car, à très haute fréquence, ils vibrent lorsque l'on applique une tension électrique convenable sur ces cristaux.

Les ultrasons ressemblent beaucoup aux sons ordinaires. Comme eux, ils peuvent se réfléchir et produire un écho. Les ultrasons possèdent, cependant, une autre caractéristique. En raison de leur fréquence élevée, on peut émettre des faisceaux d'ultrasons très étroits qui se déplacent en ligne droite sans contourner les obstacles, ce qui leur confère une utilité particulière.

Le sonar

L'une des plus anciennes applications des ultrasons fut la détection des sous-marins. En envoyant des sons à haute fréquence dans l'eau, à partir d'un émetteur ou sondeur placé sous la coque du navire, on peut calculer la position d'un sous-marin grâce à la direction et au temps de retour des échos. Ce système est appelé SONAR (Sound Navigation and Ranging : Navigation et Détection par le son). De nos jours, les pêcheurs utilisent le sonar pour repérer les bancs de poissons et leur position en mer.

Dans l'industrie, les ultrasons servent à mesurer l'épaisseur des structures internes des objets métalliques. Une courte émission d'ultrasons est envoyé dans le métal. Le son ne le traverse pas mais rebondit comme un écho. Plus la tôle est épaisse, plus le temps séparant

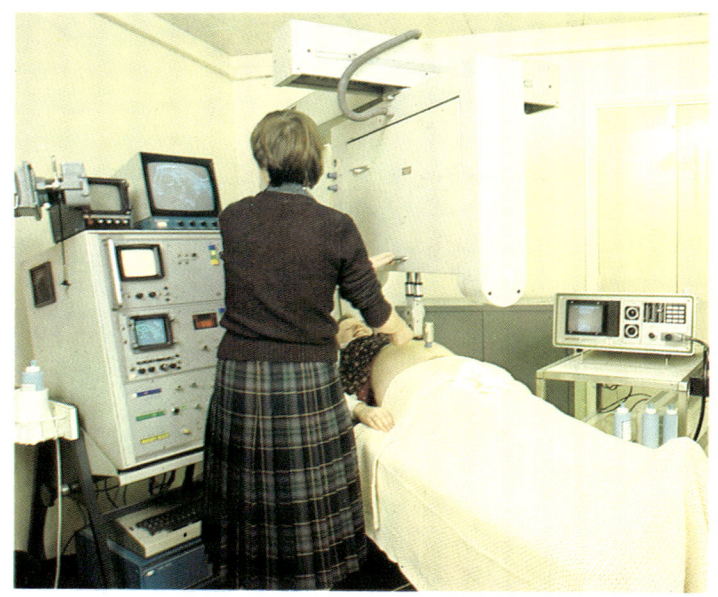

A droite Une femme enceinte examinée par un scanner à ultrasons. L'écran montre la silhouette du bébé.

A droite Comment fonctionne le sonar. L'émetteur-récepteur envoie une impulsion de son à haute fréquence réfléchie par le sous-marin. Les ondes renvoyées sont transformées en signaux électriques qui produisent une image sur l'écran du sous-marin.

l'émission de l'écho est long. S'il y a un défaut, une fissure par exemple, dans le métal, l'écho est modifié et l'on peut détecter la défectuosité. Les ultrasons servent aussi à dégraisser des objets, à compter des marchandises sur un convoyeur, à ouvrir des portes à l'approche de quelqu'un et à déclencher des systèmes de sécurité.

Dans les hôpitaux, des scanners à ultrasons permettent d'examiner les femmes enceintes pour voir si leur bébé se développe normalement.

On promène un petit émetteur d'ultrasons sur le corps de la maman. Les ultrasons traversent les tissus et se réfléchissent sur les différentes couches. Les sons réfléchis sont recueillis par un détecteur et convertis en une image visible sur un écran ressemblant à celui de la télévision. Certains systèmes donnent des images animées si bien que le médecin et la maman peuvent voir le bébé bouger. Les scanners à ultrasons sont absolument inoffensifs pour la mère et l'enfant alors que les rayons X présentent un léger risque.

Ci-dessous La chauve-souris possède des replis autour de la bouche grâce auxquels elle peut émettre des impulsions d'ultrasons. L'animal utilise ces impulsions pour localiser ses proies et éviter les obstacles.

Ci-dessous Lors d'une échographie, une sonde émet une impulsion d'ultrasons. Celle-ci est réfléchie par le bébé et par la matrice qui le contient. Les échos sont transformés en images par l'écran d'un ordinateur.

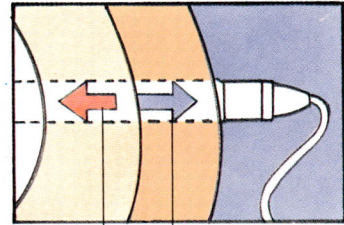
Sonde d'émission des ultrasons

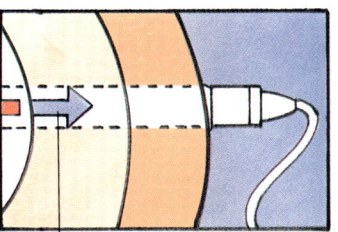
Écho de la matrice

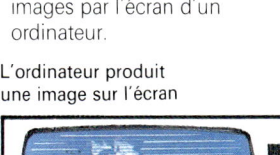
Écho du fœtus

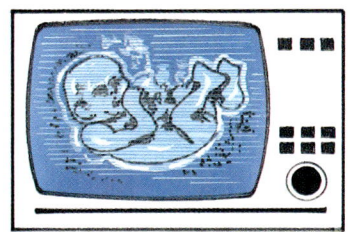
L'ordinateur produit une image sur l'écran

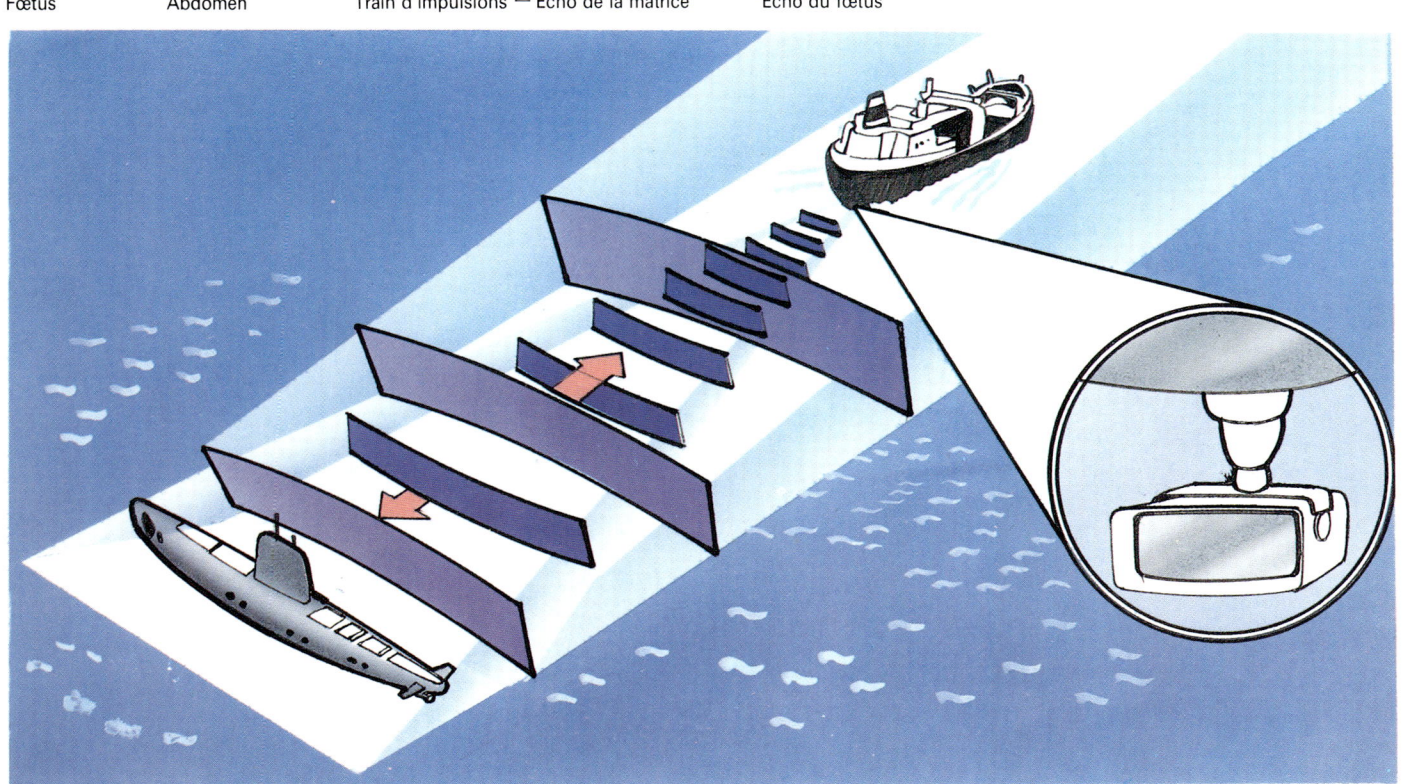

Électricité et magnétisme

L'ÉLECTRICITÉ STATIQUE

Quelque 600 ans av. J.-C., un philosophe grec nommé Thalès découvrit que l'ambre (en grec *élektron*), une résine fossile, après avoir été frotté avec une fourrure, attirait des petits fragments de laine ou de plume. Cette découverte établit les bases de toute la science de l'électricité. Le savant britannique William Gilbert (1544-1603) suggéra que le mot électricité (du grec *élektron*) serve à désigner cette force.

Si vous vous coiffez avec un peigne en plastique, vous constaterez que le peigne attire de petits morceaux de papier. On retrouve là l'observation de Thalès. D'où vient cette force d'attraction ? Jusqu'à la fin du XIXe siècle, on ignorait la réponse. Actuellement on connaît seulement une partie de la vérité.

Les charges électriques

Le noyau central d'un atome est constitué de protons et de neutrons. Les protons ont une charge électrique positive et les neutrons ne sont pas chargés électriquement. Autour du noyau central tournent les électrons. Chaque atome contient le même nombre d'électrons et de protons, mais la charge électrique d'un électron est égale mais opposée à la charge du proton. Ainsi, un atome n'a aucune charge : on dit qu'il est électriquement neutre.

Lorsque vous vous passez un peigne dans les cheveux, quelques électrons des atomes de votre peigne restent dans vos cheveux. Les protons de ces atomes ne sont plus équilibrés par les électrons. Il en résulte que le peigne est chargé positivement et qu'il peut alors attirer les électrons des atomes de papier. C'est l'origine de la force d'attraction entre le peigne et le papier. L'électricité produite par le peigne est appelée électricité statique. Le principe de base de l'électricité statique est que les charges opposées s'attirent et les charges identiques se repoussent. Une charge positive et une charge négative s'attirent mais deux charges positives ou deux charges négatives se repoussent toujours.

Si nous savons mesurer l'attraction et la répulsion des charges électriques, nous ignorons encore ce qu'est exactement une charge électrique et en quoi consiste la différence entre les charges positive et négative.

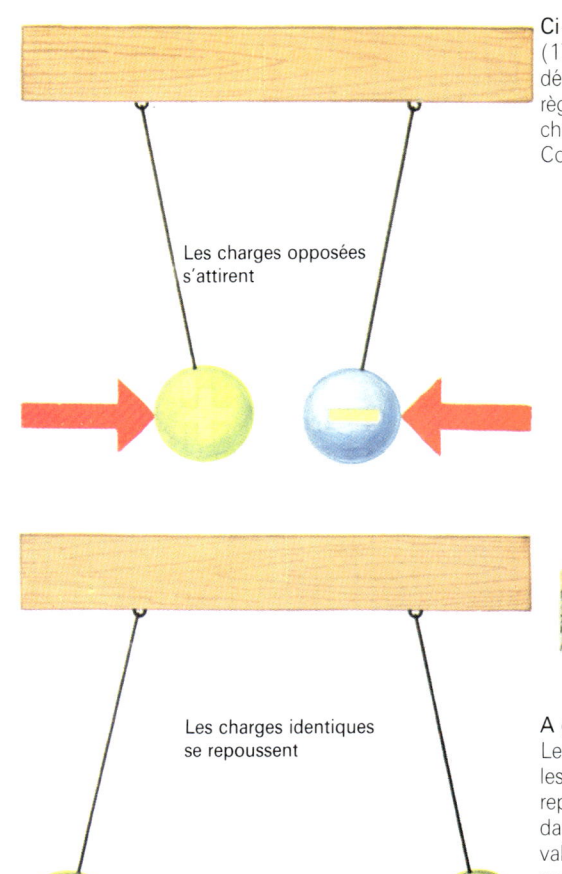

Ci-dessous Charles Coulomb (1736-1806), physicien français, découvrit la loi sur les forces régnant entre des particules chargées électriquement (loi de Coulomb).

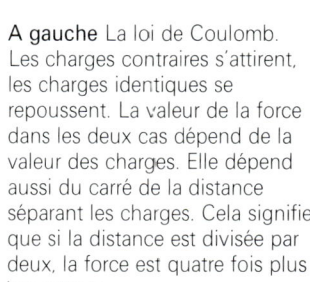

Coulomb

A gauche La loi de Coulomb. Les charges contraires s'attirent, les charges identiques se repoussent. La valeur de la force dans les deux cas dépend de la valeur des charges. Elle dépend aussi du carré de la distance séparant les charges. Cela signifie que si la distance est divisée par deux, la force est quatre fois plus importante.

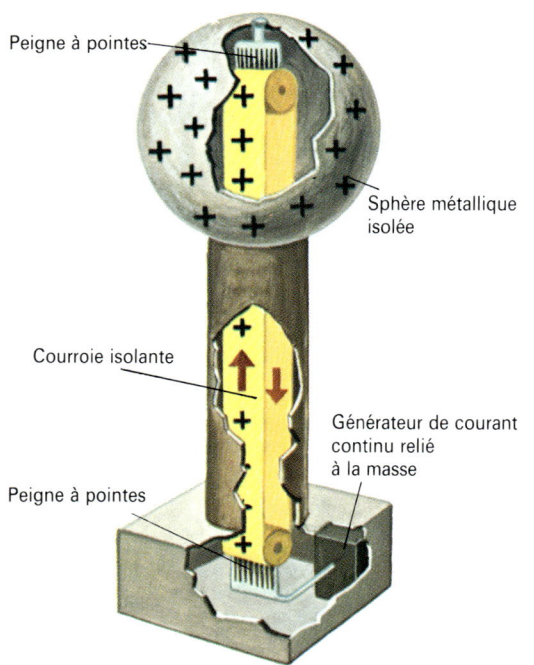

A gauche Un générateur de Van de Graaff sert à produire, en laboratoire, une charge électrique très élevée. Les molécules d'air sont brisées sur les pointes du bas. Une charge positive monte grâce à la courroie mobile. Elle est alors transmise à la sphère métallique isolée par le jeu de pointes du haut.

L'INVISIBLE ATTIRANCE

Matériel : un peigne - des morceaux de papier - des ballons

Peut-on tordre de l'eau ? Apparemment, c'est impossible, et pourtant ça ne l'est pas. Tentez l'expérience. Coiffez-vous vigoureusement pendant quelques secondes puis approchez le peigne d'un petit filet d'eau coulant d'un robinet. Vous verrez que l'eau dévie, attirée par le peigne. Le peigne peut aussi attirer d'autres éléments comme de minuscules morceaux de papier.

Il est possible de donner à d'autres matières une charge électrique statique en les frottant sur de la laine ou de la fourrure. On peut charger électriquement les ballons en les frottant sur un pull-over. Ainsi, pourront-ils coller aux murs ou au plafond. Les ballons chargés n'attirent pas toujours. Attachez ensemble, avec une ficelle, deux ballons que vous avez frottés sur votre pull-over. Vous verrez que les ballons s'écartent l'un de l'autre ou se repoussent. Cela est dû au fait qu'ils possèdent tous deux la même charge électrique.

Matériel : un vieux disque - un verre - un chiffon de laine - du papier d'argent

Chargez électriquement un vieux disque en le frottant vigoureusement avec un chiffon de laine. Placez-le sur un verre qui servira de support isolant en empêchant l'électricité statique de quitter le disque. Jetez quelques morceaux froissés de papier d'argent sur le disque (les petites billes argentées qui décorent les gâteaux conviendront très bien).

Les billes vont commencer à danser sur toute la surface du disque. Ce phénomène est dû au fait que les billes reçoivent une charge électrique en touchant le disque. Mais comme cette charge est identique, les billes se repoussent l'une l'autre. C'est ce qui crée ce mouvement.

Il est possible de contrôler les billes qui sautillent. Approchez un stylo en plastique et un peigne des billes. Que se passe-t-il ? Chargez le stylo et le peigne en les frottant sur vos cheveux ou sur votre pull-over. Comment réagissent les billes ?

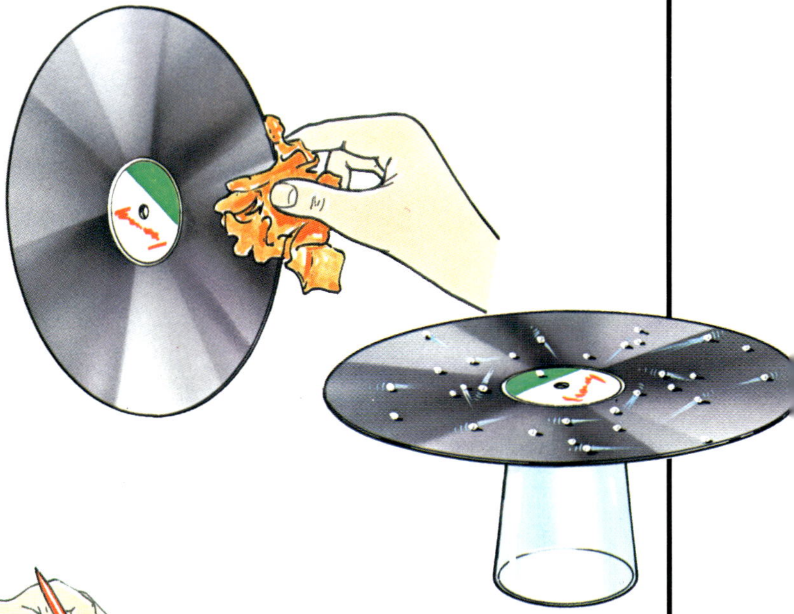

L'ÉLECTRICITÉ ATMOSPHÉRIQUE

Si vous vous coiffez dans l'obscurité et approchez le peigne de votre pouce, vous verrez jaillir une petite étincelle. La raison en est que l'énergie emmagasinée dans la charge électrique rend lumineux les atomes d'air situés entre votre pouce et le peigne. En 1708, un savant britannique appelé William Wall émit l'idée que l'éclair dans un ciel d'orage répétait ce phénomène à une grande échelle.

L'expérience de Franklin

Cinquante ans plus tard, un inventeur américain, Benjamin Franklin, réalisa une expérience afin de démontrer que la décharge d'un éclair était due, en fait, à l'électricité. Pendant un orage, il fit voler un cerf-volant auquel il avait fixé un fil de métal. Ce fil était attaché à un fil de soie que Franklin tenait à l'autre extrémité. Une clé en fer était attachée au fil de soie juste au-dessus de la tête de Franklin. Franklin lança le cerf-volant dans un nuage d'orage puis approcha un doigt de la clé. Une étincelle jaillit dans l'intervalle. Chaque fois que le cerf-volant pénétrait dans le nuage, Franklin obtenait une étincelle. Ceci démontrait que les nuages d'orage étaient chargés d'électricité et qu'une partie de la charge était conduite par le fil de soie jusqu'à la clé. L'accumulation de la charge dans la clé faisait jaillir une étincelle dans l'intervalle avec le doigt.

C'était une brillante expérience mais dangereuse puisque la personne suivante qui s'y livra fut tuée par la décharge. Franklin avait eu de la chance. Cependant, le risque pris se révéla des plus profitables. Après avoir démontré que l'éclair est dû à une décharge électrique, Franklin découvrit un moyen de protéger les bâtiments élevés des effets de la foudre. Cette invention découlait directement de l'expérience du cerf-volant. Il fixa une tige métallique au point le plus élevé d'un bâtiment et le relia à la terre par un fil métallique. Ainsi, lorsque la foudre frappait le bâtiment, la décharge électrique était conduite par le fil jusqu'à la terre.

Les dégâts dus à la foudre ont été grandement réduits grâce à l'utilisation des paratonnerres. Cependant, dans le monde entier, on compte encore en moyenne vingt personnes victimes de la foudre chaque jour.

La foudre peut passer d'un nuage à un autre ou entre un nuage et le sol. Dans les deux cas, un simple éclair est constitué généralement par un certain nombre (entre 5 et 10) de décharges suivant la même voie. L'intervalle entre ces

Ci-dessus L'expérience de Benjamin Franklin fut réalisée avec un cerf-volant. Il aurait pu s'électrocuter si le nuage orageux s'était déchargé sur la corde du cerf-volant. Un autre expérimentateur fut tué car la charge du nuage avait atteint un niveau tel que le courant qui le traversa avant d'atteindre la terre lui fut fatal. Il suffit d'un courant de 15 millièmes d'ampère pour tuer un homme.

A gauche Dans les nuages d'orage, la partie supérieure du nuage, plus froide, contient des particules chargées positivement. La partie centrale contient des particules négatives. La zone de formation de la pluie à la base du nuage est souvent positive. Lorsque l'éclair se produit entre la partie négative d'un nuage et la partie positive d'un autre nuage, l'éclair reste dans le ciel. Lorsqu'il s'établit entre un nuage et la terre, il prend le nom de foudre.

décharges n'étant que de quelques centièmes de seconde, elles semblent ne faire qu'un seul éclair. Le courant transmis par chaque décharge chauffe l'air et le dilate. Les dilatations et contractions répétées dues aux cinq ou dix décharges produisent d'énormes ondes sonores. C'est le tonnerre.

Comme la lumière possède une vitesse supérieure à celle du son, il s'écoule un certain temps entre la lumière de l'éclair et le bruit du tonnerre. La vitesse du son étant de 330 m par seconde, pour chaque seconde de retard entre l'éclair et le bruit, le tonnerre a parcouru 330 mètres.

Ci-dessous On appelle feux de Saint-Elme les lueurs bleuâtres qui se forment parfois au bout des ailes des avions traversant des zones orageuses. Les nuages de tempête sont très chargés électriquement à leur base. La charge statique accumulée aux extrémités des avions se décharge lorsqu'ils rencontrent un nuage de charge opposée en formant une lumière visible. Ce phénomène se produisait autrefois au bout des mâts des navires en bois. Il porte le nom de Saint-Elme, patron des marins de la Méditerranée.

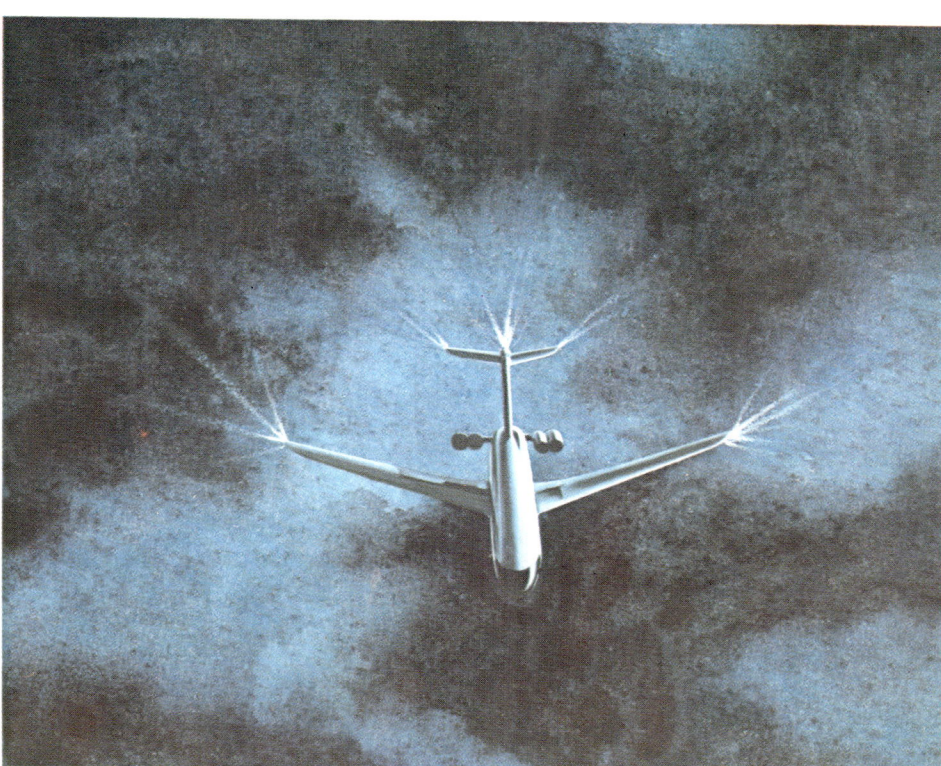

Ci-dessus Le paratonnerre métallique placé au sommet d'un clocher conduit l'électricité de la décharge jusqu'au sol par un conducteur en métal. Le paratonnerre a été inventé par Benjamin Franklin.

A droite Les lignes de force électriques à haute tension sont parfois frappées par la foudre car elles se dressent vers le ciel. Lorsque la foudre frappe un pylône, de fortes tensions atteignent les isolateurs et les brisent. Il faut alors réparer la ligne.

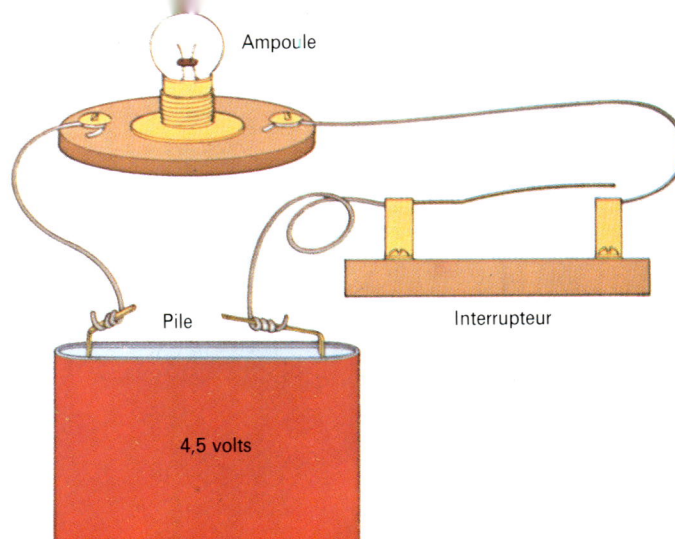

A gauche Un circuit électrique simple comprenant une ampoule de torche, une pile, trois morceaux de fil et un interrupteur. Lorsque la bande métallique et élastique de l'interrupteur touche la borne, le flux d'électrons parcourt le circuit et l'ampoule s'allume.

Ampère

Ampoule

Pile

4,5 volts

Interrupteur

Ci-dessus André Marie Ampère (1775-1836), savant et mathématicien français, a donné son nom à une unité de mesure du courant électrique, l'ampère.

A droite Un interrupteur simple fabriqué avec deux punaises et un trombone.

Ci-dessous Les noyaux atomiques sont constitués par de minuscules particules appelées protons et neutrons. Le proton est chargé positivement alors que le neutron n'est pas chargé. Autour du noyau se trouvent des électrons chargés négativement. Chaque atome possède autant de protons que d'électrons, dont les charges s'équilibrent. Dans le noyau d'hydrogène, on ne trouve qu'un seul proton. Tous les noyaux comportent des neutrons excepté celui d'hydrogène.

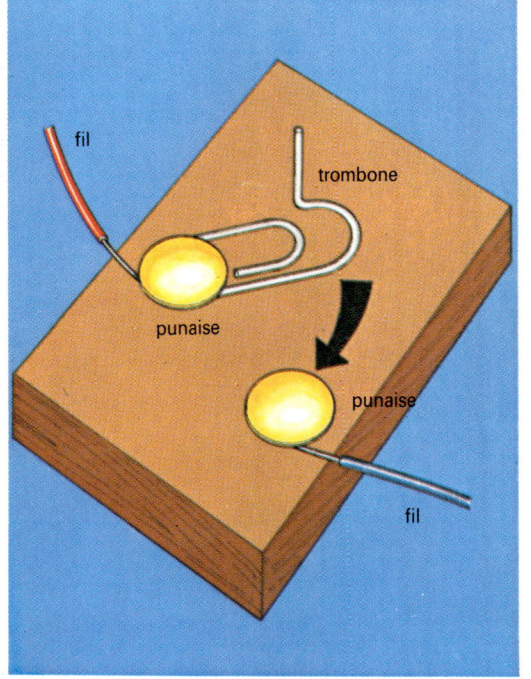

fil
trombone
punaise
punaise
fil

LES COURANTS ÉLECTRIQUES

Si vous branchez une ampoule de lampe de poche sur une pile au moyen d'un interrupteur, vous créez un circuit électrique simple. Lorsque l'interrupteur est ouvert, le courant ne circule pas. Lorsque vous fermez le circuit en coupant l'interrupteur, l'électricité de la pile passe dans les fils et l'ampoule s'allume. Quel est donc ce courant qui circule dans les fils lorsque l'interrupteur est fermé ? Un courant électrique est constitué par un flux d'électrons et c'est ce flux d'électrons que l'interrupteur arrête.

Noyau d'hydrogène

Noyau de carbone

6 protons
6 neutrons

Neutron

Proton

Ci-dessous Les 18 premiers éléments avec représentation des couches ou anneaux d'électrons. Au centre se trouve un noyau à charge positive. La charge du noyau est égale au nombre d'électrons qui gravitent autour de lui. Les propriétés chimiques de chaque élément dépendent du nombre d'électrons des anneaux extérieurs des atomes. Si les électrons deviennent libres, comme dans les métaux, l'élément peut devenir conducteur.

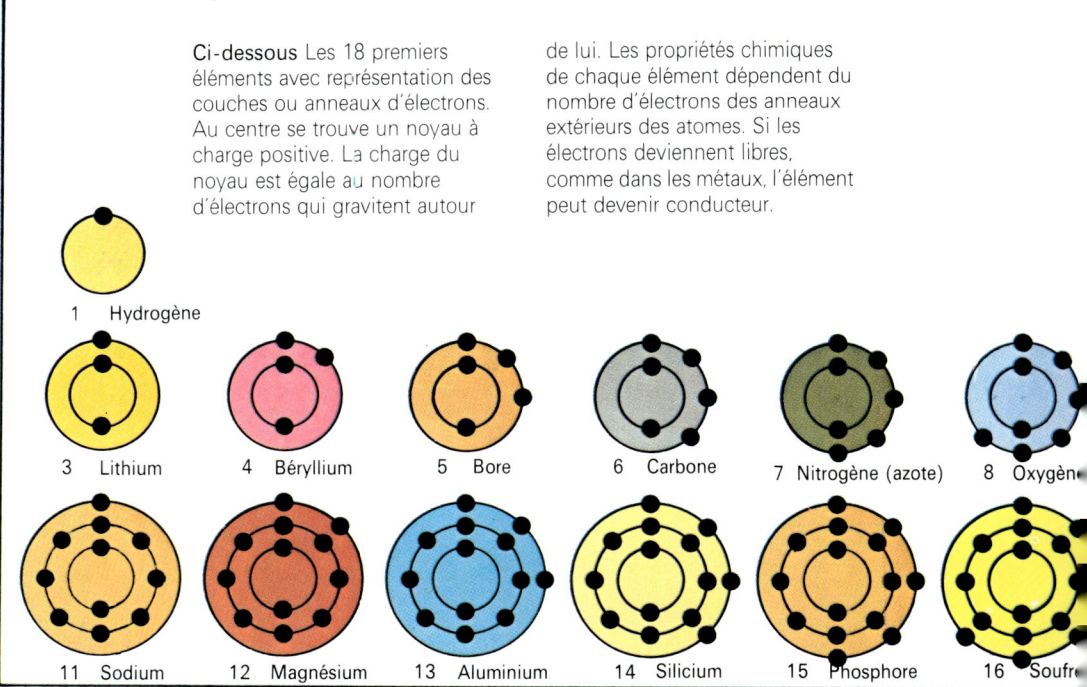

1 Hydrogène
3 Lithium
4 Béryllium
5 Bore
6 Carbone
7 Nitrogène (azote)
8 Oxygène
11 Sodium
12 Magnésium
13 Aluminium
14 Silicium
15 Phosphore
16 Soufre

Atomes et électrons

Un électron est une minuscule particule chargée d'électricité négative. Pour maintenir allumée une petite ampoule pendant 1 seconde, il faut un flux d'environ 1 million de millions de millions d'électrons. Ces électrons sont des éléments constitutifs des atomes. Chaque atome possède un noyau central autour duquel tournent les électrons à différentes distances du centre, en groupements sur orbite appelés anneaux.

L'atome le plus simple est l'atome d'hydrogène qui ne comprend qu'un seul électron tournant autour du noyau. Les atomes des divers éléments ont tous un nombre différent d'électrons.

Chaque anneau d'un atome peut regrouper un certain nombre d'électrons. La plupart des éléments ont des atomes dont l'anneau extérieur n'est pas complet (saturé). Les atomes se combinent les uns aux autres pour former des molécules. Ils tendent à se regrouper de telle sorte que les atomes situés aux extrémités présentent un anneau extérieur saturé. Les atomes dont la couche extérieure ne comporte que quelques électrons obéissent à cette loi en perdant leurs électrons extérieurs. Ces électrons se séparent du noyau et errent librement autour des atomes. Les éléments qui peuvent se combiner de cette façon sont désignés métaux. Ils sont conducteurs de l'électricité car ces électrons libres peuvent se déplacer facilement.

Le rôle de la pile dans le simple circuit décrit ci-dessus consiste à pousser ces électrons libres dans le fil métallique de telle sorte qu'ils se déplacent tous dans la même direction. Lorsque l'interrupteur est ouvert, la pile est débranchée et les électrons ne sont plus repoussés. Ils reprennent leurs mouvements d'errance.

Lorsque l'interrupteur de la lampe de poche est fermé, les électrons qui circulent dans le fil traversent celui de l'ampoule, appelé filament. Ce filament est si fin que les collisions entre électrons libres et atomes se multiplient. Il en résulte un accroissement de la température du filament et les atomes deviennent lumineux (voir page 73). Le filament rougit puis, devenant plus chaud, émet de la lumière blanche.

Les électrons ne circulent pas seulement dans les fils métalliques mais également dans les nerfs de corps vivants. Par exemple, lorsque vous voyez un objet, une impulsion électrique circule entre votre œil et votre cerveau. Les impulsions sont des flux d'électrons qui suivent le nerf optique depuis la rétine de l'œil jusqu'au centre de la vision dans le cerveau. Les muscles sont aussi commandés par un flux d'impulsions électriques venant du cerveau par les nerfs.

Thomson

Ci-dessus Sir Joseph John Thomson (1856-1940) de Cambridge découvrit les électrons en 1897, ce qui permit de comprendre la nature du courant électrique.

Bragg

Ci-dessus Sir Henry William Bragg (1862-1942), savant britannique, reçut le prix Nobel de Physique en 1915. Il participa à la découverte de la structure de l'atome et des cristaux et mit au point le spectromètre à rayons X.

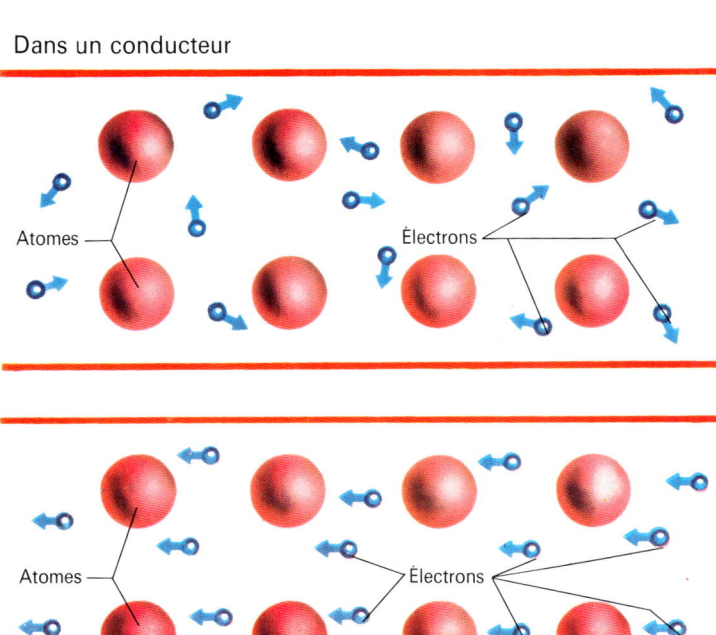

Dans un conducteur

A gauche Dans un fil métallique, les électrons extérieurs se déplacent de façon aléatoire entre les atomes. Lorsque le courant circule, ces électrons se déplacent tous dans la même direction.

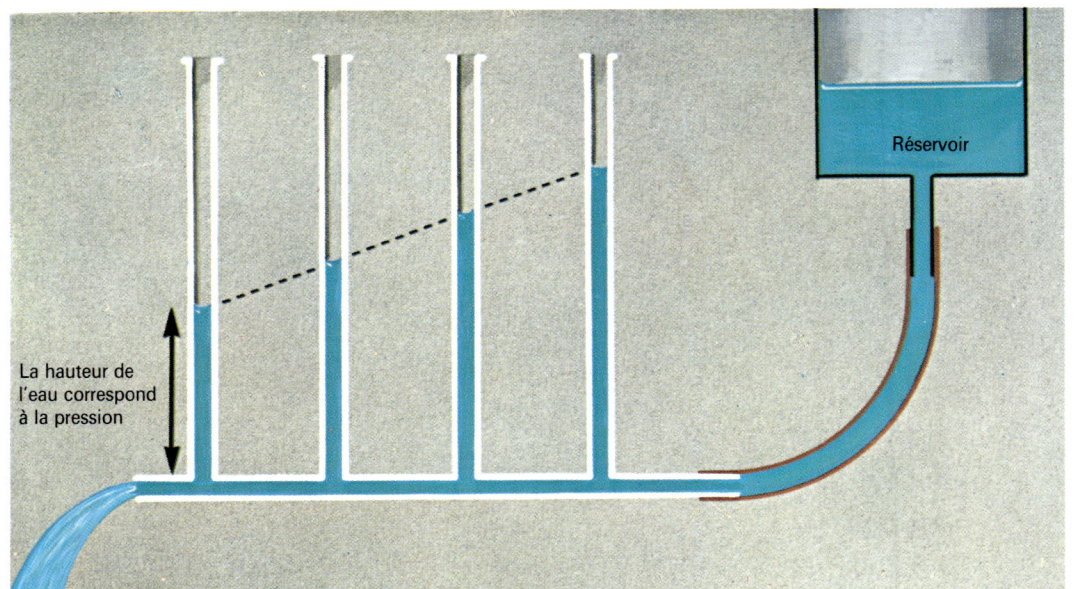

A gauche Le passage du courant dans un conducteur ressemble à la circulation de l'eau dans un tube. L'eau d'un réservoir s'écoule dans un tube horizontal. En raison des frottements entre l'eau et les parois du tube, la pression diminue de plus en plus. On peut le montrer en branchant des tubes verticaux sur la partie horizontale. La hauteur de l'eau dans chaque tube correspond à la pression dans ce tube. De même, le voltage chute dans un conducteur à cause de sa résistance. Le courant est assimilable à la quantité d'eau qui coule et la différence de potentiel (voltage) à la pression.

TENSION ET RÉSISTANCE

Les électrons ne circulent pas dans les fils comme un fluide ou comme l'eau dans un tuyau. Cependant, par certains aspects, on peut comparer un courant électrique à la circulation de l'eau. Dans les deux cas, une certaine énergie est nécessaire pour entretenir ce flux : le poids de l'eau ou une pompe dans le cas d'une canalisation, une pile ou le secteur dans le cas d'un courant électrique.

Imaginez un courant d'eau régulier traversant un petit tube horizontal. En branchant des tubes verticaux sur le tube horizontal, vous pourrez mesurer les changements de pression. En réalisant cette expérience, vous constaterez que la pression diminue dans le tube entre les orifices d'entrée et de sortie. Le flux d'eau dépend de la différence de pression entre les deux extrémités du tube.

La loi d'Ohm

La différence de pression électrique qui fait circuler le courant dans un conducteur est appelée différence de potentiel (dp). Le courant électrique dépend de la différence de potentiel entre les extrémités du conducteur. Cette relation, découverte par Georg Ohm, est appelée loi d'Ohm. Elle établit que le courant croît ou décroît en fonction de la différence de potentiel. La valeur de cette différence de potentiel est exprimée en volts, unité baptisée d'après le nom d'un savant italien, Volta. Dans un tuyau, la pression diminue à cause du frottement de l'eau sur les parois. De même, dans le cas d'un courant électrique, constitué par un courant d'électrons, celui-ci rencontre une résistance causée par les électrons qui se heurtent aux atomes ou entre eux. La résistance d'un conducteur est égale à la différence de potentiel divisée par le courant mesuré en ampères. C'est une autre façon d'exprimer la loi d'Ohm. L'unité de résistance est appelée ohm. La loi d'Ohm sert à calculer la résistance des fusibles de la maison. Un fusible permet de protéger un appareil électrique si l'isolant cède quelque part et laisse passer le courant où il ne faut pas. Supposez que vous faites tomber une lampe allumée et que l'ampoule se casse. Il est possible que les deux fils reliés à l'extrémité du filament se touchent créant un court-circuit. Un très puissant courant va passer dans le fil car il ne sera plus freiné par la résistance élevée du filament de l'ampoule. Si ce courant fort persiste un certain temps, le fil va chauffer terriblement pouvant même provoquer un incendie. Pour éviter ce risque, la quasi-totalité des appareils électriques comportent une prise avec fusible incorporé. Il s'agit d'un fil fin calculé pour fondre et couper le circuit si la valeur du courant devient dangereuse. La haute résistance du fusible restreint la valeur du courant passant. Il est important d'utiliser des fusibles ayant une résistance adaptée à l'appareil à protéger.

Ci-dessus Georg Simon Ohm (1789-1854), savant allemand, découvrit que le courant est proportionnel à la différence de potentiel (loi d'Ohm). Il donna son nom à l'unité de résistance : l'ohm.

Ci-dessus Le comte Alessandro Volta (1745-1827), savant italien, étudia le premier le courant électrique et réalisa la première pile.

A gauche et ci-dessous Certains types de fusibles sont montés dans des cartouches, d'autres sont des fils nus. Dans les maisons, les fusibles sont regroupés dans des coffrets à fusibles. Chaque prise doit avoir son propre fusible.

Porte-fusible

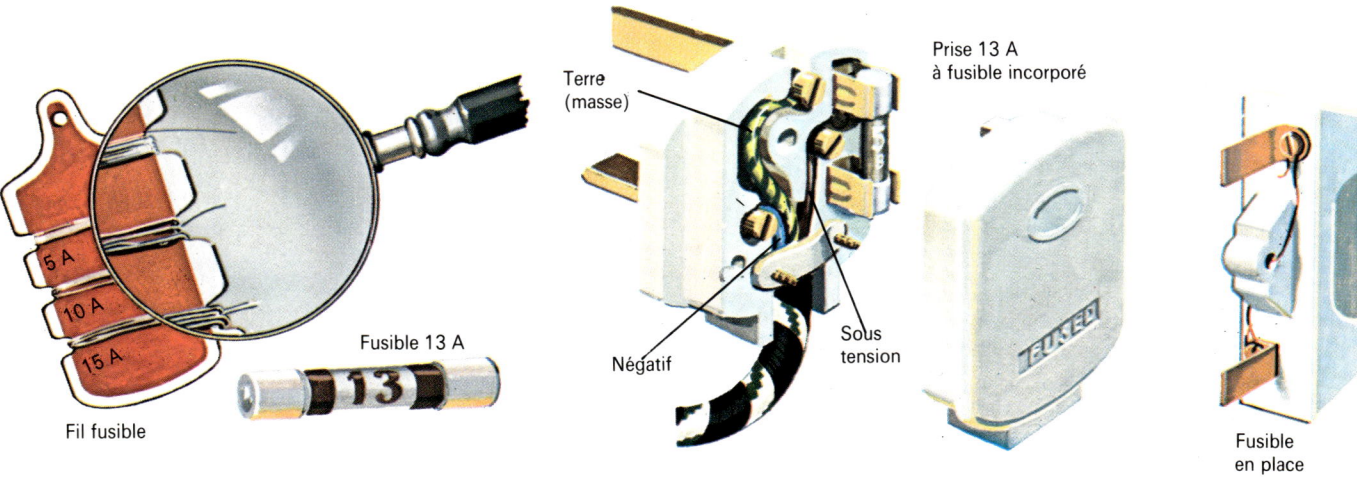

Fil fusible

Fusible 13 A

Terre (masse)

Négatif

Sous tension

Prise 13 A à fusible incorporé

Fusible en place

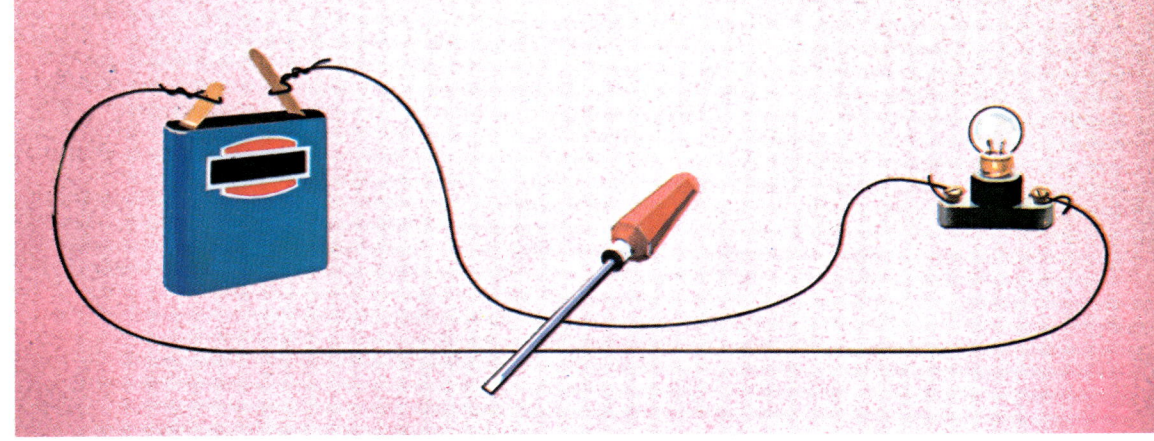

A droite Démonstration simple d'un court-circuit. Branchez une petite ampoule sur une pile avec un fil nu. Posez un objet conducteur, comme une lame de tournevis, entre les deux fils et observez l'affaiblissement de l'ampoule. Le tournevis a produit un court-circuit. Le courant passe par sa lame plutôt que par l'ampoule car le tournevis, dont le diamètre est plus gros, a une résistance inférieure à celle du petit filament de l'ampoule.

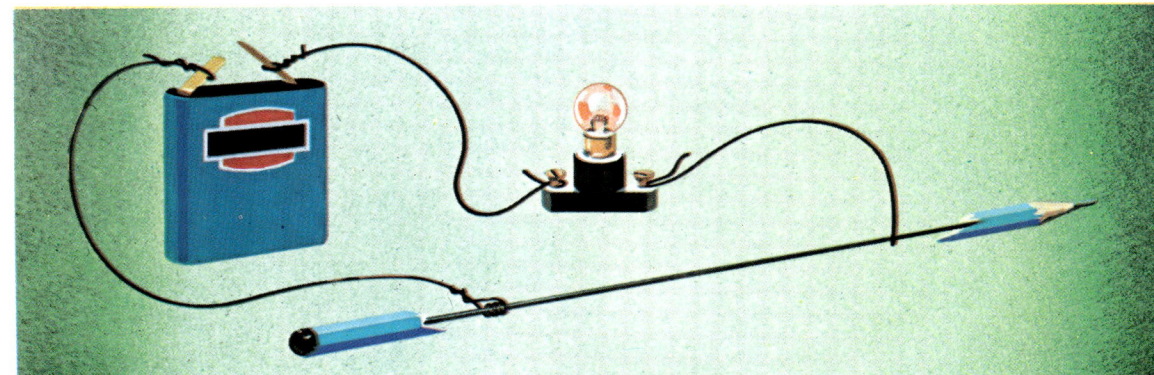

A droite Une résistance variable est appelée rhéostat. Vous pouvez en réaliser une avec une mine de crayon. Attachez les fils à chaque extrémité de telle manière que l'un d'eux puisse coulisser le long de la mine. En augmentant la longueur de la mine dans le circuit, vous augmentez la résistance et l'ampoule brille de moins en moins.

CONDUCTEURS ET ISOLANTS

Dans les métaux, comme le cuivre, les atomes se combinent entre eux pour constituer des cristaux dans lesquels les électrons des anneaux extérieurs sont libres. Lorsque ces électrons libres circulent dans le même sens, ils créent un courant électrique (voir page 129). Dans les métalloïdes (non-métaux) comme le soufre, il n'y a généralement pas d'électrons libres et aucun courant ne peut circuler. Ces matières sont appelées isolants. La plupart des corps composés sont des isolants et certains, comme le caoutchouc, en sont d'excellents. Les conducteurs servent à transporter l'électricité là où c'est utile et les isolants servent à empêcher le courant de fuir vers des endroits qu'il ne doit pas atteindre. Les fils sont généralement recouverts de caoutchouc ou de plastique pour qu'on puisse les manipuler. L'une des fonctions principales des isolants consiste à nous protéger du courant électrique parce que le corps humain peut être bon conducteur de l'électricité, surtout s'il est mouillé.

Si, par mégarde, vous touchez un fil sous tension non isolé, vous recevez un choc très désagréable. Si vos mains sont mouillées, ce choc peut être mortel. Ne touchez jamais un appareil électrique, une prise ou un interrupteur avec les mains humides : si l'isolation est défectueuse, il y a danger absolu. Ne mettez pas non plus d'appareils électriques dans la salle de bains.

L'épaisseur de l'isolant nécessaire pour protéger un conducteur ne dépend pas de la quantité de courant qui le parcourt mais de la tension ou voltage qui déplace les électrons dans le fil. Si le voltage est élevé, comme dans les fils de bougies des moteurs d'automobile, l'isolant doit être épais car la tension est de plusieurs milliers de volts. L'isolant des fils d'une lampe de poche peut être mince car la tension est de 4,5 volts seulement.

Les semi-conducteurs

Il existe, entre les conducteurs et les isolants, des corps appelés semi-conducteurs. Dans ce cas, certains électrons peuvent, sous certaines conditions, se libérer des atomes. Il en est ainsi du silicium, du germanium et du sélénium. Un des procédés pour les rendre conducteurs consiste à les chauffer. Il est plus efficace d'y ajouter certaines impuretés. Si l'on ajoute de l'arsenic au germanium, des électrons libres apparaissent dans le cristal parce que l'anneau extérieur (ou orbite de valence) des atomes de ces éléments contient normalement huit électrons. L'atome de germanium en possède quatre sur son anneau extérieur et l'arsenic cinq. Lorsque les atomes se combinent, il y a

A gauche Le paratonnerre et son câble de mise à la terre fournissent une voie sûre à la décharge électrique de l'éclair qui suit le métal plus facilement que le bâtiment, lequel pourrait prendre feu.

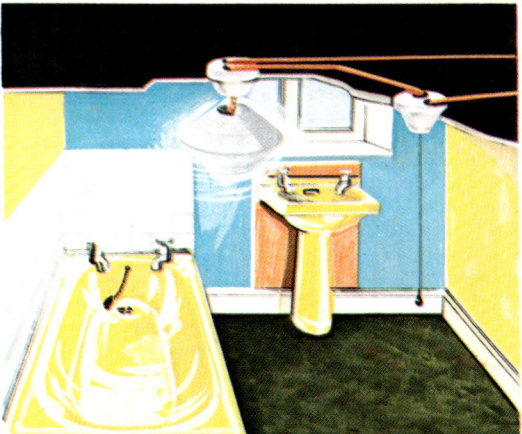

Ci-dessous à gauche Dans les salles de bains et parfois dans les cuisines, on utilise parfois des interrupteurs de plafond commandés par une ficelle. Ainsi on évite tout risque de s'électrocuter même si l'on actionne l'interrupteur avec les mains mouillées. Les fils conducteurs sont noyés dans le plafond ou dans les parois. La ficelle est un isolant.

Ci-dessous Les câbles électriques sont faits de fils de cuivre, métal très bon conducteur, ou d'aluminium, moins coûteux. Les câbles sont généralement, de nos jours, isolés en PVC, une matière plastique. Ceux qui arrivent de la centrale électrique transportent un courant à haute tension et doivent, de ce fait, être recouverts d'une isolation spéciale.

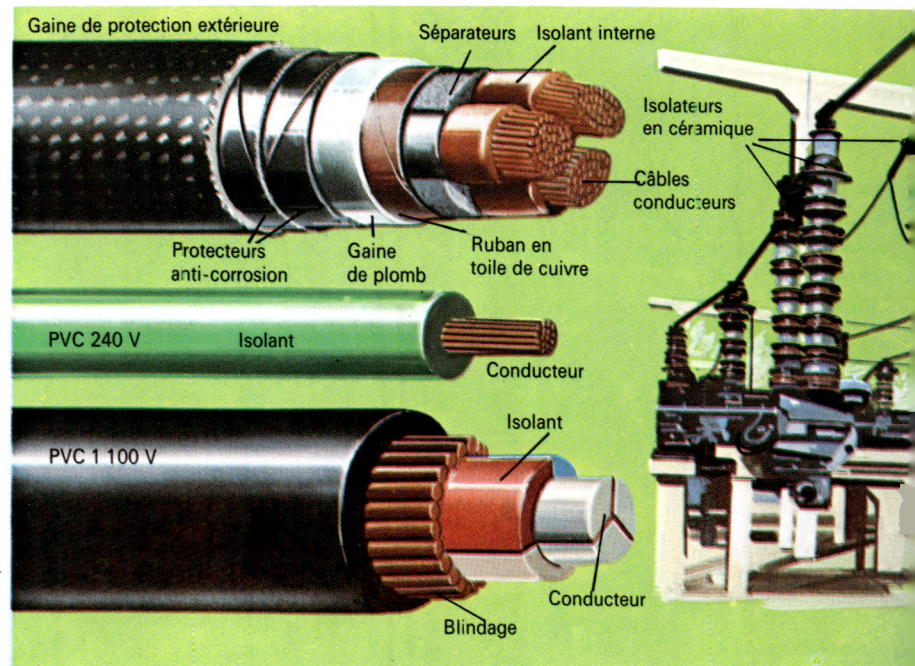

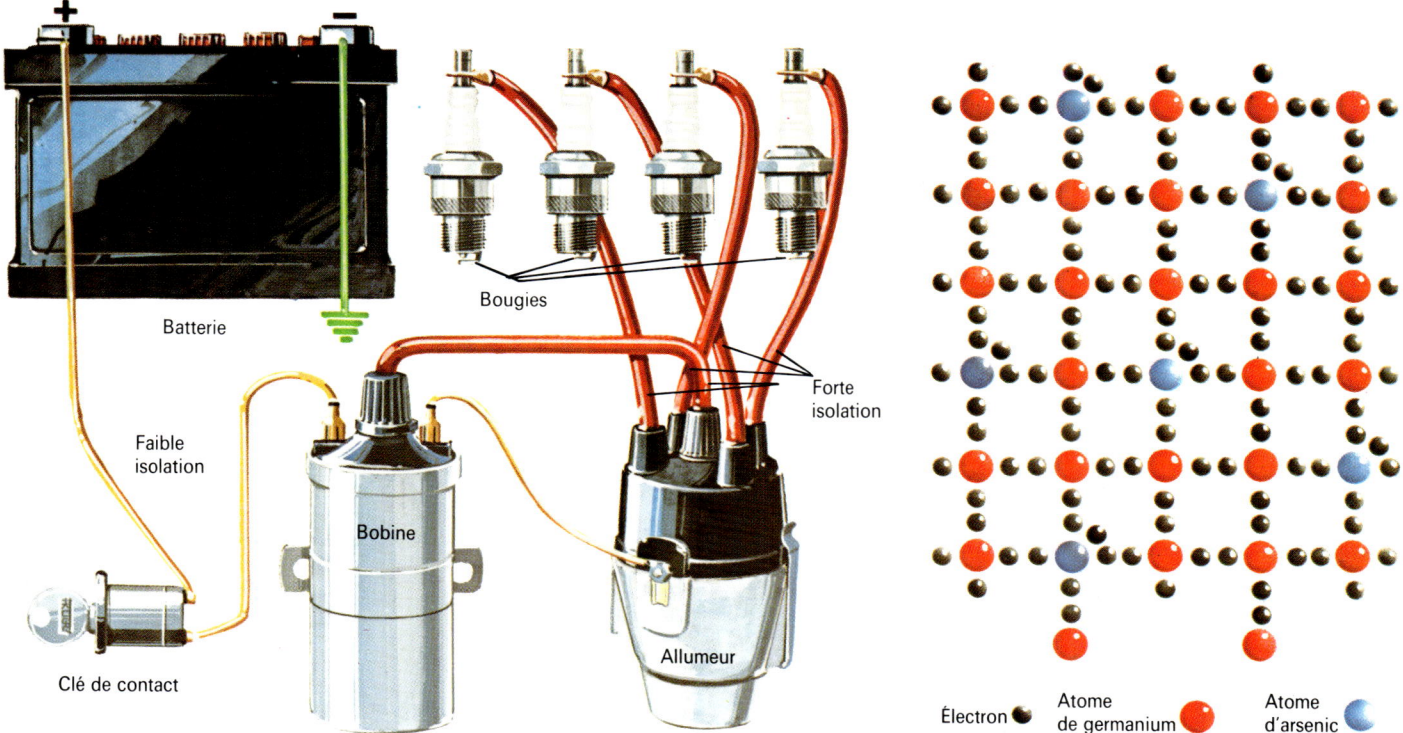

Batterie — Bougies — Forte isolation — Faible isolation — Bobine — Allumeur — Clé de contact

Électron ●   Atome de germanium ●   Atome d'arsenic ●

Ci-dessus Sur un moteur d'automobile, le voltage de la batterie (12 volts) est fourni à la bobine. Ce fil n'est que faiblement isolé par du caoutchouc ou du plastique. La bobine transforme cette basse tension en courant à haute tension pour produire une étincelle. Pour cette raison, les câbles reliant la bobine à l'allumeur et l'allumeur aux bougies sont recouverts d'un isolant épais en caoutchouc ou en plastique.

Ci-dessus à droite Un cristal de germanium contenant une petite proportion d'arsenic possède un électron libre pour chaque atome d'arsenic. Cet électron peut se libérer du noyau et voyager dans le cristal permettant le passage d'un courant. Ce type de semi-conducteur sert à fabriquer des transistors.

un électron de valence en trop. Celui-ci peut être utilisé pour la conductibilité. Si l'on applique une tension, l'électron libre quitte l'atome et se déplace comme les électrons dans un métal. Ce type de courant faible est dit de type n (négatif).

Si l'on ajoute au germanium un autre élément appelé indium, on obtient un nouveau type de courant faible. L'indium n'a que trois électrons de valence et lorsqu'il se combine au germanium, il en manque un. Cet électron manquant ou « trou », comme il est désigné, peut devenir conducteur. C'est une conductibilité de type p (positive). La fabrication des transistors fait appel à différents types de matières semi-conductrices.

Les supraconducteurs

Il existe aussi des corps supraconducteurs, c'est-à-dire qu'ils n'offrent aucune résistance au passage du courant électrique. Ces matières doivent être refroidies à très basses températures pour présenter cette curieuse caractéristique. Le mercure, l'étain et le plomb deviennent supraconducteurs s'ils sont refroidis à $-268,9$ °C, température de l'hélium liquide. On a découvert récemment des céramiques qui deviennent supraconductrices à -180 °C, température supérieure à celle de l'azote liquide.

A droite Les appareils ménagers électriques et les outils servant à réparer les circuits électriques sont munis de poignées isolantes en caoutchouc ou en plastique. Néanmoins, il faut toujours prendre des précautions contre les chocs électriques. Débranchez toujours un appareil avant de le réparer. Ne touchez jamais un appareil ou un fil électrique avec des mains humides car l'eau est conductrice.

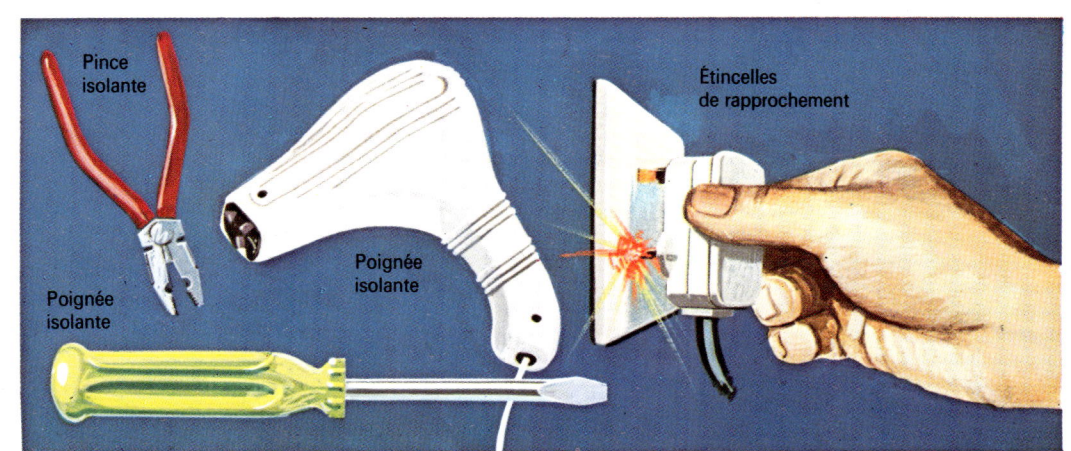

Pince isolante — Poignée isolante — Poignée isolante — Étincelles de rapprochement

133

A droite Un fer à repasser est chauffé par une résistance constituée d'un fil conducteur enroulé autour d'une plaque isolante. Un thermostat coupe le courant lorsque le fer atteint une certaine température. Un type de thermostat dit à languette bimétallique utilise une bande faite de deux métaux. Lorsqu'ils chauffent, ces deux métaux se dilatent différemment en courbant la bande. A la température voulue, la bande est assez recourbée pour ouvrir l'interrupteur. Le courant est alors interrompu et l'élément chauffant refroidi.

Ci-dessous Un sèche-cheveux électrique. Lorsque vous le faites fonctionner, les enroulements chauffants situés derrière la sortie d'air commencent à chauffer. En même temps, un moteur fait tourner le ventilateur de la soufflerie. Un flux d'air est aspiré par les côtés et envoyé dans la buse de sortie. Ce courant d'air est chauffé au passage des résistances.

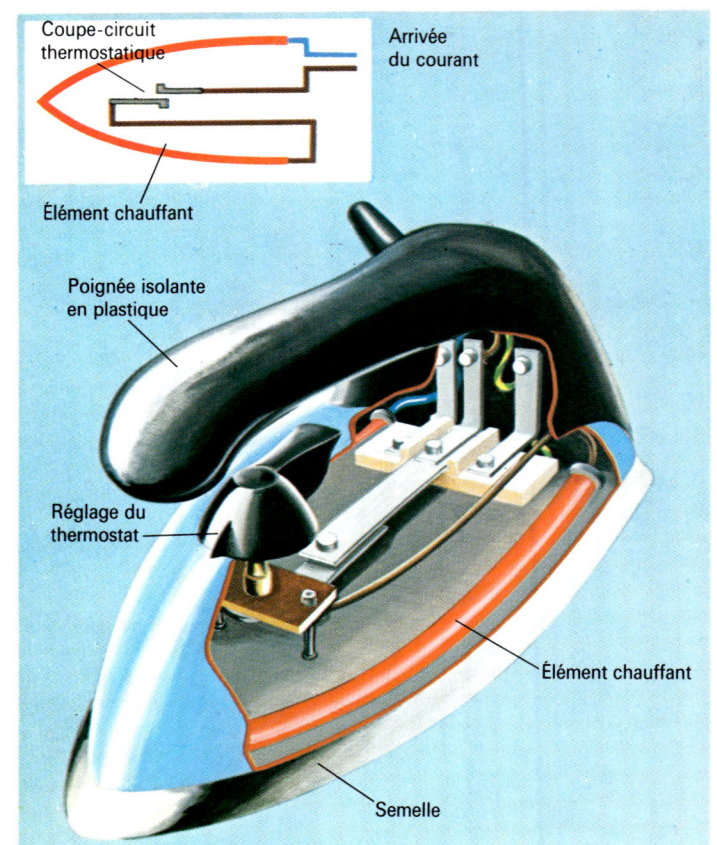

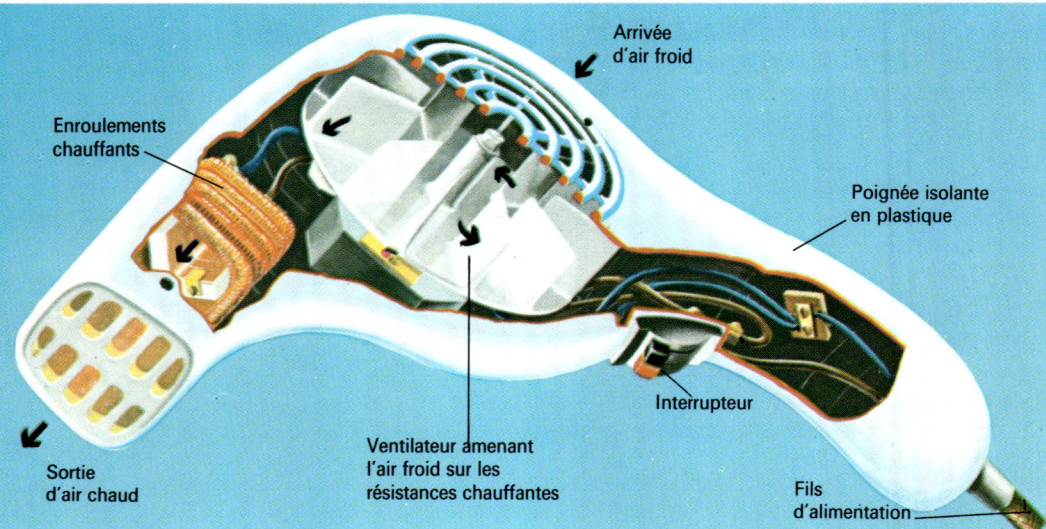

Ne bouchez pas les entrées d'air lorsque le sèche-cheveux fonctionne car, sans circulation d'air, les résistances seront de plus en plus chaudes et risqueraient de faire fondre le corps de l'appareil.

A l'extrême droite Un thermocouple. Deux fils en métaux différents tels que du cuivre et du fer sont reliés l'un à l'autre pour former une boucle. Un ampèremètre très sensible, servant à mesurer le courant, est connecté dans l'un des fils. L'une des connexions est chauffée par une bougie, l'autre est refroidi par de la glace. L'ampèremètre indique le passage d'un courant maximum lorsque la différence de température est maximale. Enlevez la flamme ou la glace et le courant va diminuer. Ce courant est trop faible pour faire briller une petite ampoule mais il peut servir à la mesure des températures.

A droite Les thermocouples peuvent servir à mesurer la force des rayons du Soleil. Deux hémisphères de verre sont disposés de telle sorte que celui du haut soit exposé au soleil et celui du bas soit dirigé vers le sol. Chaque hémisphère de verre est sur un disque noir. Entre les deux disques, on dispose une série de thermocouples de telle sorte que l'une des séries de connexions soit chauffée par les rayons directs du Soleil et l'autre par les rayons réfléchis. La différence de température entre les deux séries de connexions produit un courant qu'on peut mesurer. Relevez ces mesures, et vous verrez les variations de l'intensité du Soleil pendant le jour.

A droite L'inverse du thermocouple se produit quand un courant parcourt des fils de métaux conducteurs différents. Une connexion est refroidie et l'autre réchauffée.

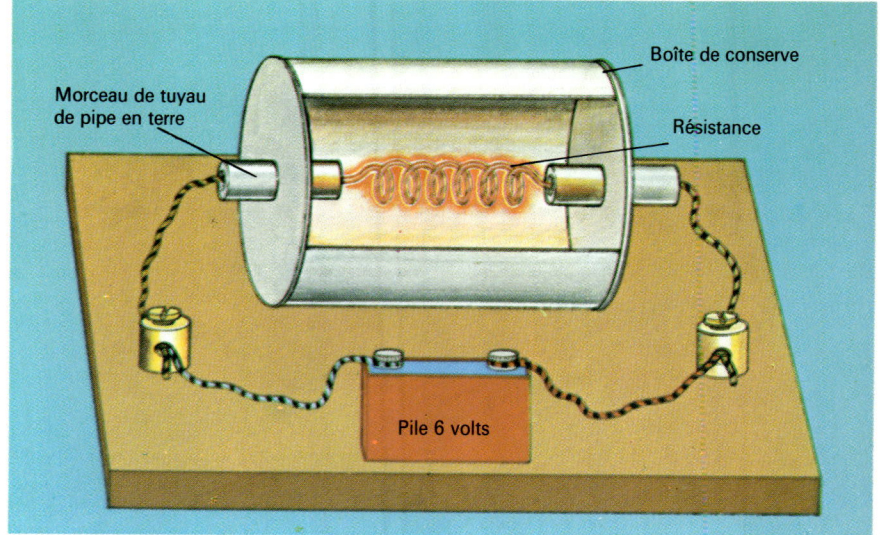

A droite Un radiateur électrique improvisé. Pour réaliser cet appareil, lire l'encadré ci-contre.

LES RÉSISTANCES CHAUFFANTES

Le courant électrique passant dans un fil conducteur doit vaincre une résistance. A la température normale, tous les conducteurs offrent une résistance, celle-ci étant parfois très faible pour certains d'entre eux. L'électricité produit de la chaleur en forçant le passage dans une résistance. Plus la résistance est élevée, plus grande est la chaleur dégagée. Le conducteur peut être tiède, très chaud ou brûlant comme dans un radiateur électrique et même parfois chauffé à blanc dans une ampoule d'éclairage.

Les gros fils de cuivre sont peu résistants. Au contraire, les fils fins constitués de mélanges de métaux appelés alliages sont très résistants. Pour produire de la chaleur, on utilise de grandes longueurs de fil fin enroulé en bobine de manière à occuper moins d'espace. Les résistances chauffantes servent dans les radiateurs électriques, les fers à repasser, les grille-pain et les bouilloires.

Dans un fer à repasser électrique, la résistance chauffe mais ne rougit pas afin de ne pas brûler les vêtements. Dans un radiateur électrique ou un grille-pain, la résistance chauffante (ou élément) devient rouge.

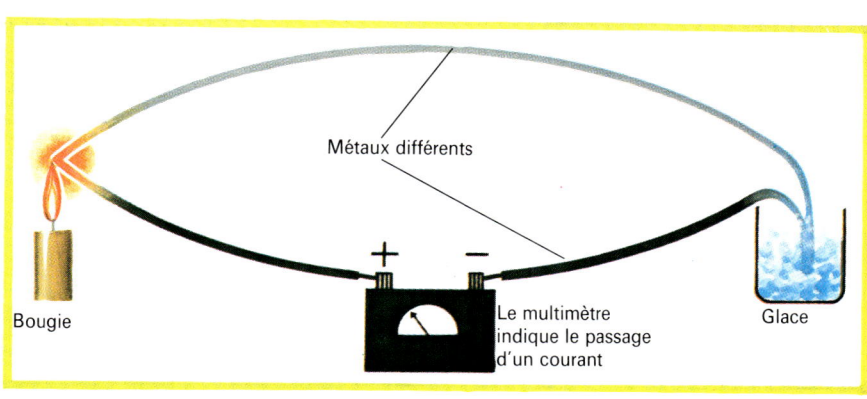

Le thermocouple

Les résistances électriques chauffantes permettent de transformer l'énergie électrique en chaleur. Pour produire de l'électricité à partir de la chaleur, on peut utiliser un thermocouple. Un thermocouple est constitué de deux fils de métaux différents connectés en deux points de manière à former une boucle métallique. Si les deux connections sont à des températures différentes, un faible courant va parcourir les fils. Ce courant dépend de la différence de température entre les connections. Plus la différence est grande, plus le courant est élevé. Ce phénomène fonctionne également dans l'autre sens. Si un courant parcourt la boucle et les deux connections bimétalliques, l'une d'elle sera refroidie et l'autre réchauffée. L'effet est trop faible avec des métaux pour présenter un intérêt mais on peut le renforcer en utilisant deux types de semi-conducteurs.

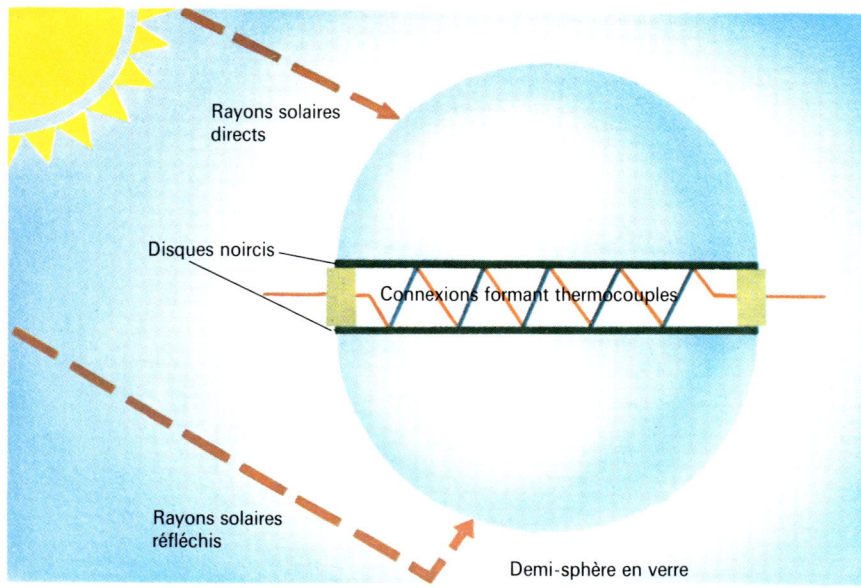

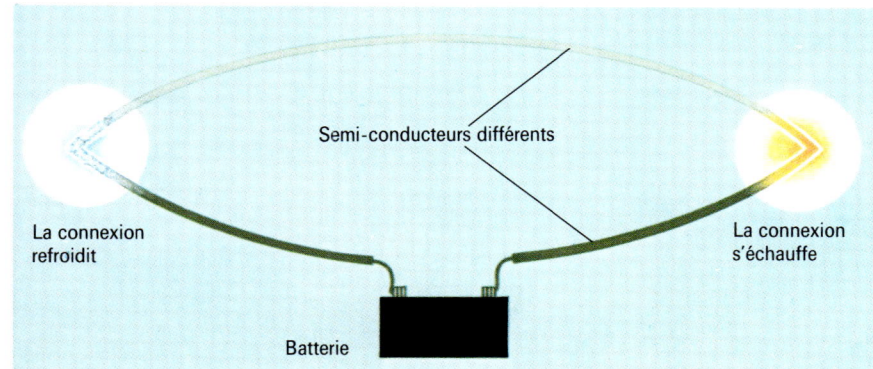

FABRIQUEZ UN PETIT RADIATEUR ÉLECTRIQUE

Matériel nécessaire : une boîte de conserve d'environ 10 cm de diamètre et 12 cm de hauteur - un tuyau de pipe en terre - 30 cm environ de fil nickel-chrome de 0,5 mm de diamètre - un socle en bois à deux bornes - une pile de 6 volts - des clous

Ne réalisez ce montage qu'avec un adulte. Coupez environ 1/3 de la paroi de la boîte comme illustré à gauche. Percez au centre de chaque fond de la boîte un petit trou. Insérez un petit morceau de tuyau de pipe en terre dans chaque trou pour servir d'isolant au fil. Enroulez le fil de nickel-chrome autour d'une aiguille à tricoter pour faire une bobine.

Enlevez l'aiguille et faites passer les extrémités du fil dans les trous des morceaux de pipe. Connectez ces extrémités aux deux bornes du socle en bois. Enfin, clouez la boîte sur le socle. Connectez les bornes à une pile de 6 volts : l'élément va chauffer au rouge et se refléter dans l'intérieur de la boîte.

LES PILES SÈCHES

En ouvrant une lampe de poche, vous trouverez à l'intérieur une ou plusieurs piles sèches. Une pile comprend un boîtier en zinc qui constitue une des bornes. Au centre de l'extrémité supérieure, se trouve une capsule de laiton qui forme l'autre borne. Cette capsule se prolonge au-dessous par un cylindre de carbone. La capsule de laiton et la tige de carbone forment la borne positive, le boîtier en zinc, la borne négative. Nous savons qu'un courant électrique se déplace de la borne positive vers la borne négative par un circuit extérieur. La tige de carbone est entourée par une charge chimique contenant du bioxyde de manganèse dans du papier microporeux. Entre la bioxyde de manganèse et l'enveloppe de zinc se trouve une autre substance chimique, du chlorure d'ammonium. Une réaction lente qui se produit entre ces substances crée une différence de potentiel qui allume l'ampoule de la lampe lorsqu'elle est reliée à la pile. Lorsque les produits chimiques sont épuisés, la pile s'affaiblit et doit être changée.

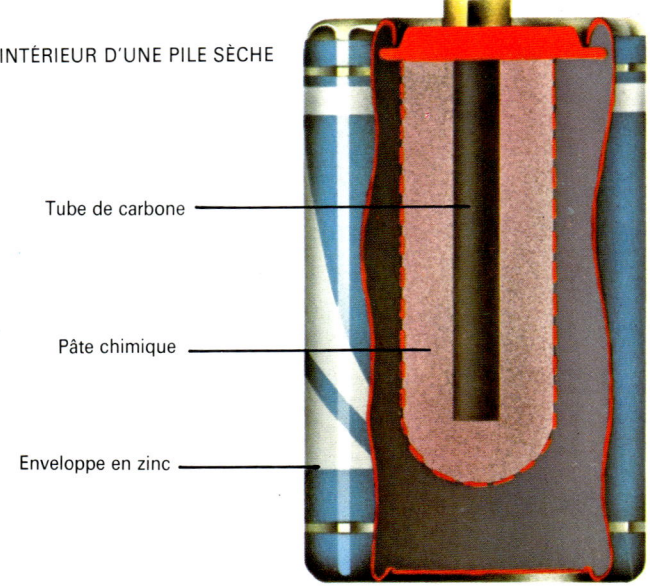

INTÉRIEUR D'UNE PILE SÈCHE
- Tube de carbone
- Pâte chimique
- Enveloppe en zinc

Ci-contre Les piles peuvent avoir des voltages différents car elles sont constituées d'éléments simples branchés en série. Une pile de 4,5 volts est faite avec trois éléments de 1,5 volts ; une pile de 9 volts de 6 éléments.

En haut Une pile sèche. Ce modèle dérive de la pile de Leclanché inventée par le chimiste français Georges Leclanché (1839-1882). Cette pile utilisait des liquides, ce qui était peu pratique et difficilement transportable. La pile moderne contient, à la place du liquide, une pâte de chlorure d'ammonium.

A gauche Le branchement en série de deux piles de même voltage double le voltage. Le branchement en parallèle de ces deux piles double le courant disponible. Pour avoir un courant de 30 volts à partir d'une pile sèche, il faut 20 éléments de 1,5 volts branchés en série.

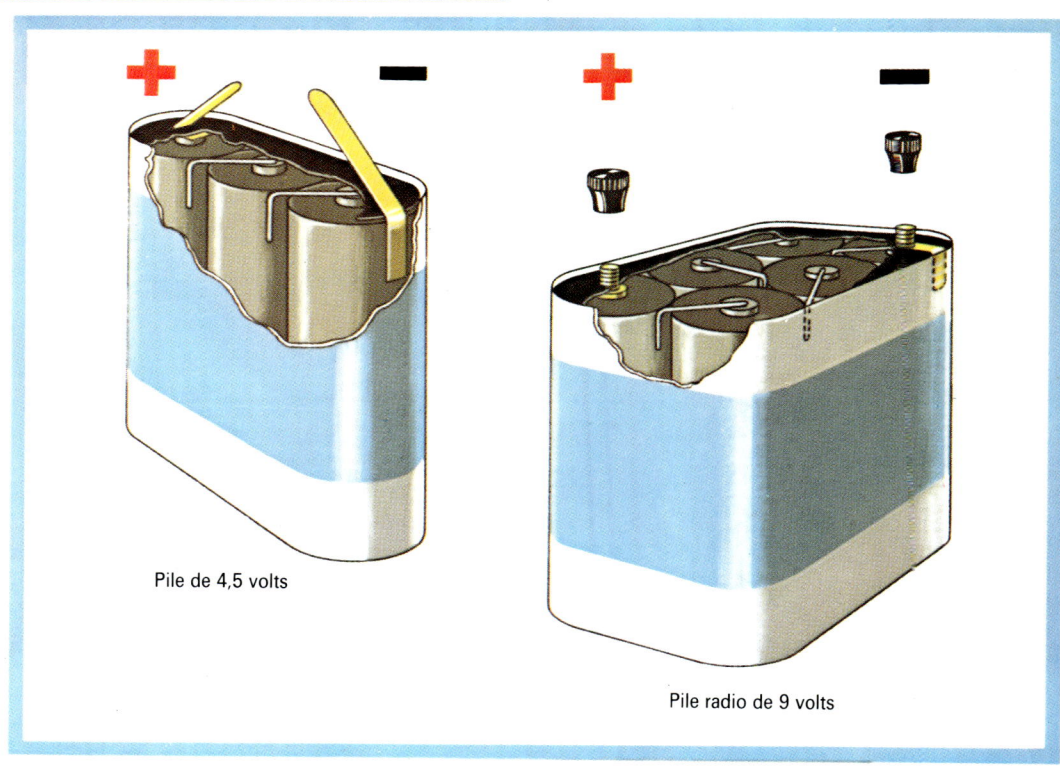

Pile de 4,5 volts

Pile radio de 9 volts

La pile élémentaire

Ce type de pile est dit élémentaire. Une pile sèche normale présente une différence de potentiel ou voltage fixe d'environ 1,5 volt. Une petite lampe contenant une seule pile n'éclaire pas très loin. Une lampe plus grosse peut avoir deux ou trois piles en série. Le voltage atteint 3 ou 4,5 volts et la lampe fournit un éclairage plus puissant.

Certaines piles offrant un voltage plus élevé, 10 ou 20 volts, sont en fait un assemblage de piles élémentaires.

On peut assembler les piles de deux façons. Si elles sont connectées de telle sorte que la borne positive en laiton de l'une touche la base négative en zinc de l'autre, les piles sont montées en série et les voltages s'additionnent. Si les bornes positives sont reliées les unes aux autres et si les bases négatives sont connectées entre elles, les piles sont montées en parallèle. Dans ce cas, la différence de potentiel est celle d'une pile, soit de 1,5 volt, mais la quantité de courant disponible dépend du nombre de piles.

Les piles servent à alimenter de nombreux appareils : radios portatives, lecteurs de cassettes, jouets, outillages, etc. Certains moteurs d'entraînement sont alimentés par des piles connectées en parallèle.

Les piles au mercure

Des appareils consommant peu de courant peuvent être équipés de très petites piles : appareils photo, jouets, rasoirs électriques, appareils acoustiques ou cardiaques. On utilise souvent un type de pile appelé pile à mercure. Certaines sont rechargeables. Les brosses à dents électriques en sont souvent équipées. La brosse se range sur un vibreur contenant les piles. Hors utilisation, le vibreur se monte sur un chargeur.

Ci-dessous Une grosse torche utilise deux piles en série. L'ampoule est appuyée sur la borne positive en cuivre de la pile du haut. Le boîtier en zinc formant borne négative de la pile du bas est relié par un ressort à une languette de laiton, elle-même reliée à l'interrupteur latéral de la lampe. Celui-ci relie la languette à une autre languette de laiton en contact avec le culot de l'ampoule. Dans certaines torches, le corps est en métal au lieu d'être en plastique et il sert de conducteur.

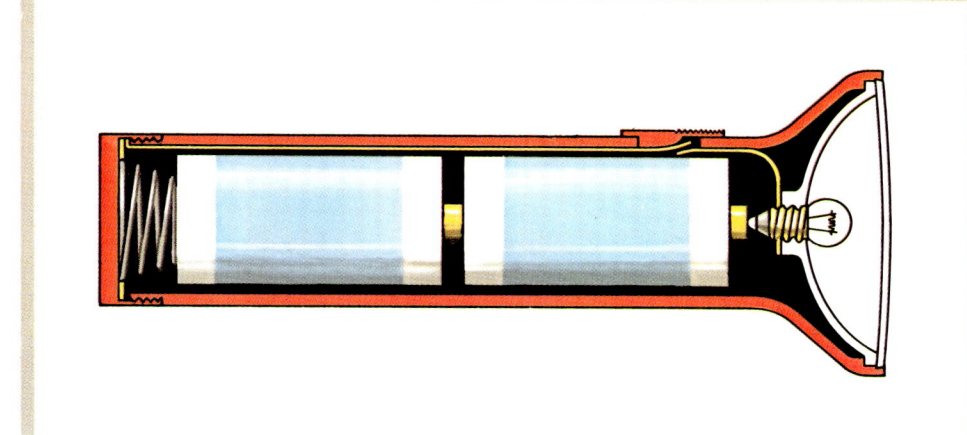

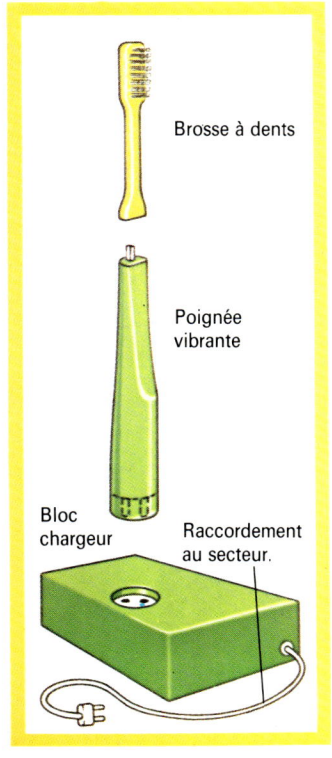

Brosse à dents

Poignée vibrante

Bloc chargeur

Raccordement au secteur.

A gauche Une brosse à dents sans fil électrique. La brosse se monte sur une poignée vibrante actionnée par une pile. Cette pile est de type rechargeable. Hors utilisation, la poignée se branche sur un élément de charge.

Ci-contre Une radio portable. Les transistors d'un poste de radio fonctionnent sous de très faibles voltages. Il suffit donc d'une ou deux petites piles.

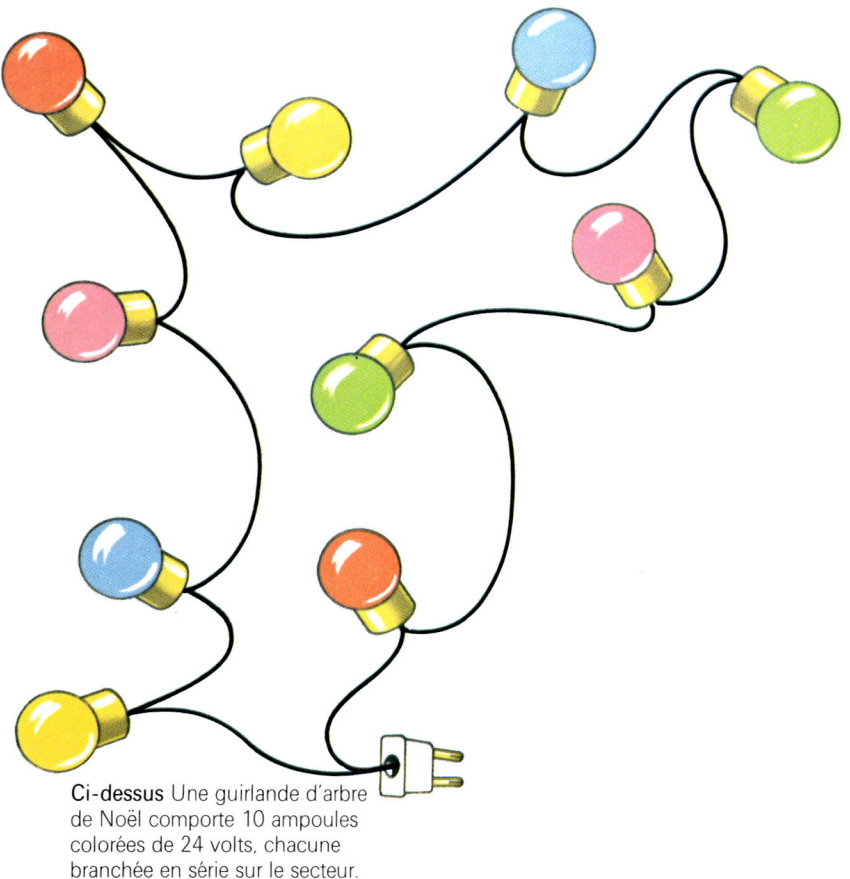

Ci-dessus Une guirlande d'arbre de Noël comporte 10 ampoules colorées de 24 volts, chacune branchée en série sur le secteur. Si l'une des ampoules claque, le circuit est coupé et tout s'éteint.

A droite Une maquette de feux de carrefour. Branchez trois ampoules de lampe de poche à un interrupteur à trois voies fait de quatre punaises et d'un trombone. Branchez les trois ampoules ensemble et reliez-les à une pile de 4,5 volts. Branchez l'autre borne de la pile à l'interrupteur. Peignez les ampoules en rouge, orange et vert. Comme ces ampoules sont branchées en parallèle, on peut les allumer séparément.

Ci-contre Une maquette d'éclairage public. Fabriquez une rangée de lampadaires en bois. Attachez une ampoule à chaque lampadaire. Branchez les ampoules en parallèle de telle manière que si l'une des ampoules claque, les autres restent allumées. Branchez-les à une pile au moyen d'un interrupteur à trombone.

LES CIRCUITS

La meilleure façon d'étudier les circuits électriques consiste à en fabriquer avec des piles. Un circuit est un chemin en boucle fermée que

LE MONTAGE D'UN INTERRUPTEUR

Matériel nécessaire : un morceau de bois - 4 punaises en laiton - un trombone - une pile

Enfoncez deux punaises en laiton dans le bois. Redressez un trombone et attachez-le à une des punaises. Pour fermer le circuit, appuyez simplement le trombone sur l'autre punaise.

Reliez par un fil l'une des punaises de l'interrupteur à l'une des bornes de la pile. Connectez l'autre punaise à une ampoule de 4,5 volts puis à l'autre borne de la pile. Appuyez sur l'interrupteur, l'ampoule doit s'allumer.

L'ÉCLAIRAGE

Matériel nécessaire : une pile de 4,5 volts - deux ampoules de 4,5 volts avec un support - deux ampoules de 2,5 volts - un interrupteur - du fil

Branchez dans le circuit élémentaire une ampoule supplémentaire de telle sorte que le

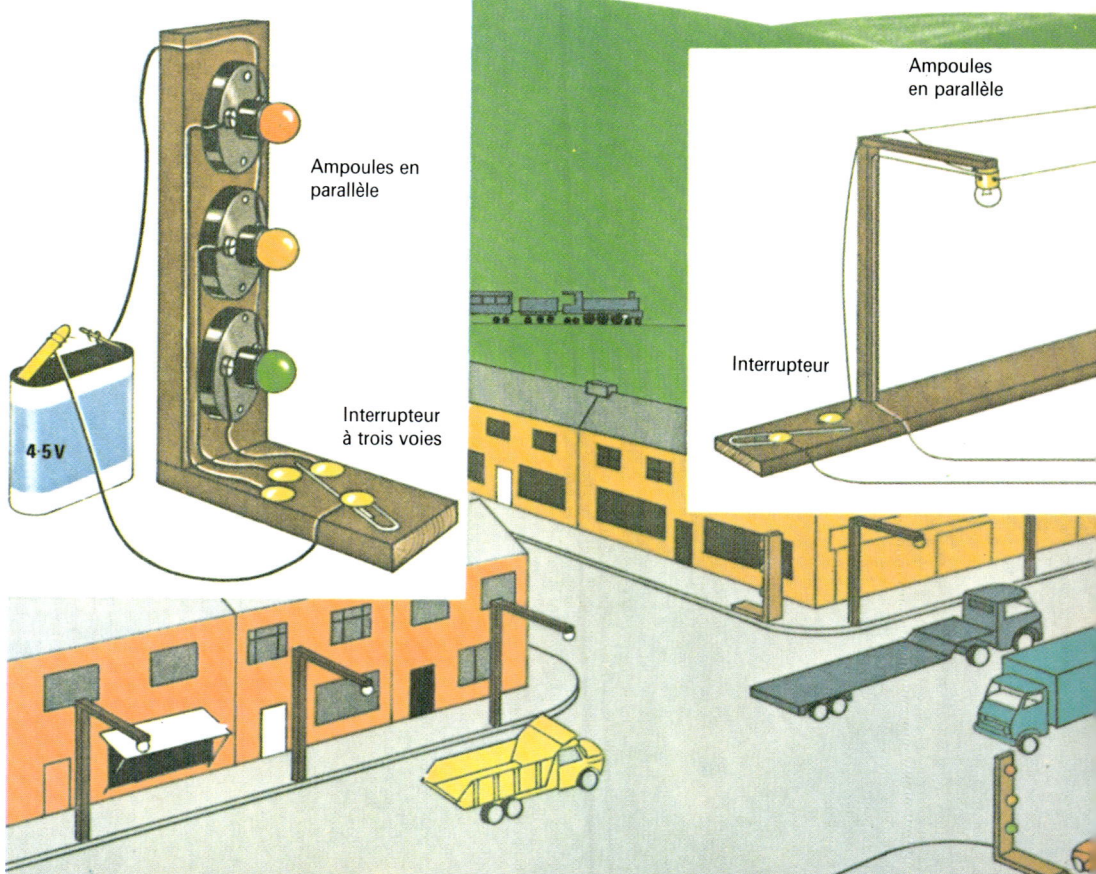

Ampoules en parallèle

Interrupteur à trois voies

Ampoules en parallèle

Interrupteur

parcourt le courant électrique, comme une voiture sur un circuit. Vous trouverez dans l'encadré des instructions de montage.

courant passe d'abord dans une ampoule de 4,5 volts puis dans l'autre. Ces ampoules sont branchées en série. Appuyez sur l'interrupteur et remarquez que le degré de brillance est très inférieur à celui de l'ampoule unique. C'est parce que les deux ampoules partagent les 4,5 volts.

Remplacez alors les ampoules de 4,5 volts par celles de 2,5 volts. Remarquez combien les ampoules brillent. Elles reçoivent, en effet, cette fois le voltage qui leur correspond. Branchez maintenant les deux premières ampoules en parallèle. Constatez combien elles brillent bien qu'elles soient alimentées par la même pile. Avec un tel branchement, la batterie qui débite deux fois plus de courant ne peut durer longtemps. Les deux ampoules qui reçoivent la totalité des 4,5 volts de la pile brillent normalement.

Si on a besoin, dans une pièce, de plusieurs ampoules, on les branchera alors en parallèle, ce qui permettra de les allumer en même temps. Celles-ci brilleront autant que les autres lumières de la maison. Testez ces différents circuits que vous pouvez utiliser pour fabriquer des éclairages.

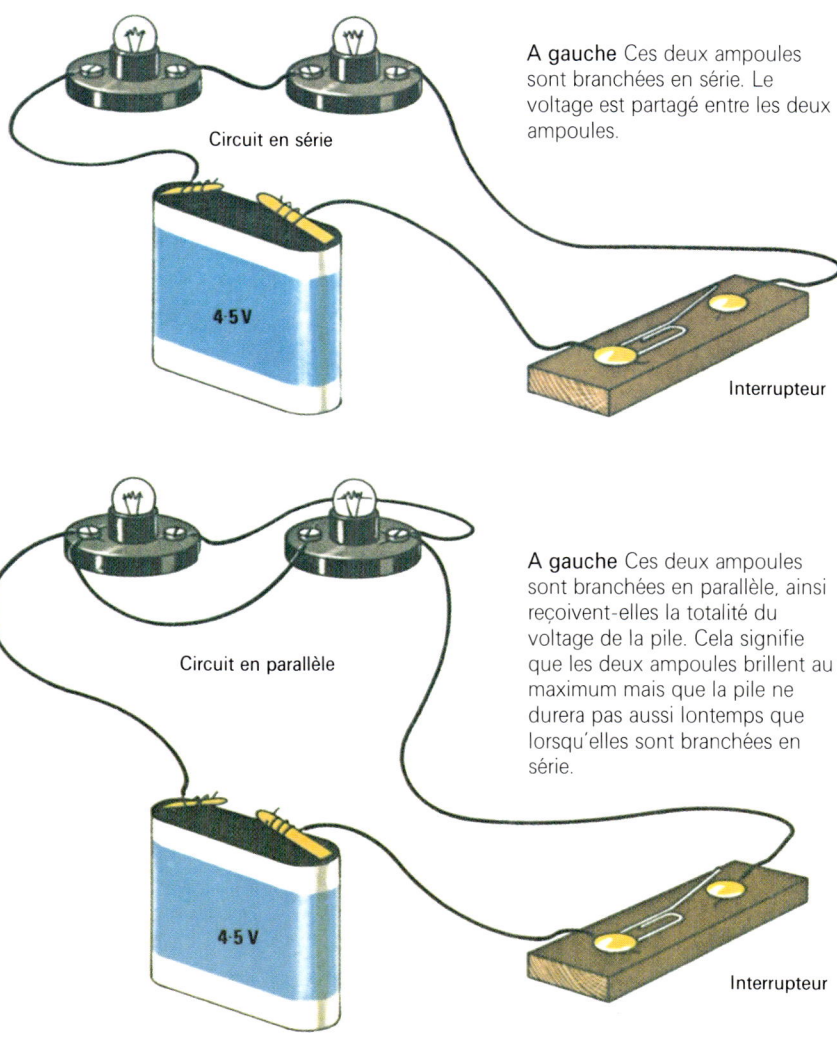

A gauche Ces deux ampoules sont branchées en série. Le voltage est partagé entre les deux ampoules.

A gauche Ces deux ampoules sont branchées en parallèle, ainsi reçoivent-elles la totalité du voltage de la pile. Cela signifie que les deux ampoules brillent au maximum mais que la pile ne durera pas aussi lontemps que lorsqu'elles sont branchées en série.

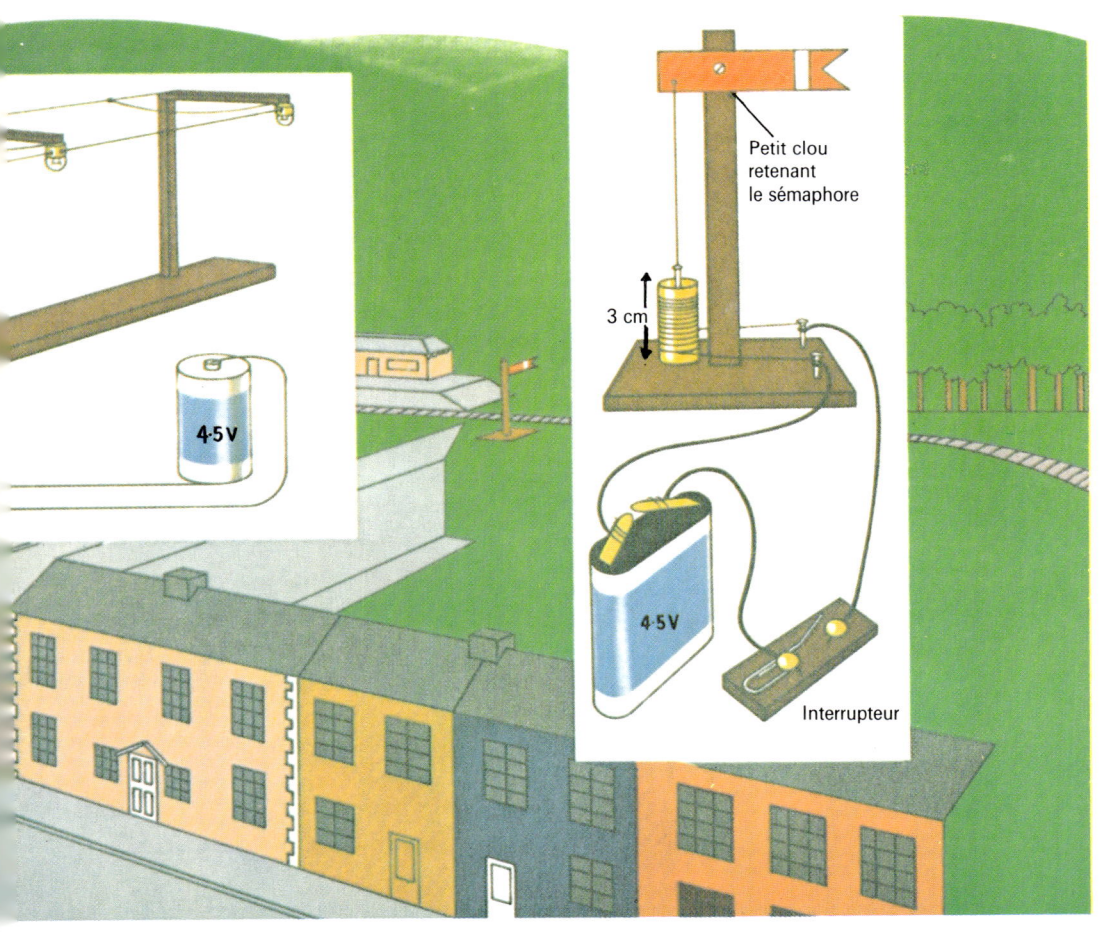

A gauche Un signal pour un train miniature. Prenez du fil de cuivre fin isolé de 2/10 mm de diamètre et enroulez-le autour d'un petit tube, comme celui d'un stylo à bille. Faites environ 1 000 tours sur environ 3 cm de longueur. Cela constituera la première partie de l'électro-aimant qui actionnera votre signal. Prenez un socle en bois et fixez le bras du sémaphore de telle sorte qu'il puisse se relever ou s'abaisser facilement. Collez l'enroulement sur le socle près du poteau vertical. Fixez un petit fil à l'autre bout du bras du signal et attachez un clou à ce petit fil. La longueur de ce fil doit être telle que le clou plonge et ressorte de l'enroulement en faisant osciller le bras. Branchez ensuite les deux extrémités du fil enroulé à deux clous sur le socle. Reliez les deux clous à un interrupteur simple et à une pile de 4,5 volts.

PILES SÈCHES ET ÉLECTROLYSE

Les piles sèches utilisées dans les lampes de poche sont des piles élémentaires qui produisent de l'électricité à partir d'une réaction chimique. Le plus ancien type de pile élémentaire est appelé pile voltaïque du nom de son inventeur, le comte Alessandro Volta. Elle est constituée d'une tige de cuivre et d'une tige de zinc trempant dans une solution d'acide sulfurique. Cette solution est appelée électrolyte et les tiges sont les électrodes. Si l'on relie l'électrode de cuivre à l'électrode de zinc à l'extérieur de l'électrolyte, on produit un courant électrique. Pour comprendre ce qui se passe, il faut penser aux structures des atomes et des molécules. Un atome de zinc contient un noyau constitué de protons et de neutrons. Les protons qui sont chargés positivement rendent le noyau positif. Les électrons qui tournent autour du noyau sont tous chargés négativement. Le nombre de protons est égal au nombre d'électrons et l'atome est électriquement neutre.

Si un atome de zinc perd un électron, il aura davantage de protons que d'électrons et ne sera plus neutre mais chargé positivement. Les atomes chargés (ou polarisés) sont appelés ions. Lorsqu'un atome récupère un électron, il a davantage d'électrons que de protons et présente une charge négative. Il est devenu un ion négatif. Les ions positifs et négatifs produisent le courant électrique des piles.

Dans la pile voltaïque, la tige de zinc est

En bas page ci-contre Dans une pile voltaïque, l'électrode de zinc est négative et est appelée cathode. L'électrode de cuivre est positive et est appelée anode.

En bas à droite, page ci-contre Dans une pile voltaïque, une réaction chimique produit un courant électrique. Dans le même temps, si un courant électrique passe dans l'électrolyte, cela produit une réaction chimique appelée électrolyse. Ici, un courant passe à travers une solution de sulfate de cuivre. La cathode se recouvre d'une fine épaisseur de cuivre. A l'anode, l'oxygène est recueillie. Le signal fonctionne. En fermant l'interrupteur, il se relève.

LA DÉCOMPOSITION DE L'EAU

Matériel nécessaire : une pile de 9 volts - deux électrodes de carbone (prises dans de vieilles piles) - deux éprouvettes - une cuvette d'eau - une grosse allumette

N'EFFECTUEZ JAMAIS CES EXPÉRIENCES SANS LA PRÉSENCE D'UN ADULTE.

Les chimistes appelle l'eau H_2O : c'est sa formule chimique. Elle montre que l'eau est constituée d'hydrogène (H) et d'oxygène (O), et qu'il y a deux fois plus d'atomes d'hydrogène dans l'eau que d'atomes d'oxygène.

Vous pouvez le démontrer en effectuant l'électrolyse de l'eau. L'électrolyse permet de décomposer des corps en éléments chimiques au moyen de l'électricité. Utilisez une pile de 9 volts (ou similaire) comme source de courant.

N'UTILISEZ JAMAIS DU COURANT DE SECTEUR. C'EST TRÈS DANGEREUX.

Branchez les fils des deux bornes de la pile aux deux électrodes (charbons de pile). Celles-ci amèneront le courant et le feront ressortir de la cuvette d'eau. Sur les électrodes, placez des éprouvettes pleines d'eau.

Lorsque la pile est branchée, vous constatez l'apparition de bulles de gaz le long des électrodes.

Les gaz se rassemblent au fond des éprouvettes. Après un certains temps, vous constaterez que l'un des tubes contient deux fois plus de gaz que l'autre. Lorsque la quantité de gaz semble suffisante, identifiez-les avec une allumette enflammée. Faites-vous aider par un adulte. Débranchez la pile, sortez de l'eau le tube le plus plein de gaz et plongez-y une allumette enflammée. Une petite explosion et une courte combustion montrent que ce gaz était de l'hydrogène. Sortez le second tube et plongez l'allumette rougeoyante. Celle-ci va s'enflammer prouvant que ce gaz était de l'oxygène.

Repérez quelle est l'électrode qui a produit tel ou tel gaz. L'hydrogène a été dégagé à la cathode, l'électrode reliée à la borne – de la pile. L'oxygène a été recueilli à l'anode, l'électrode reliée à la borne +.

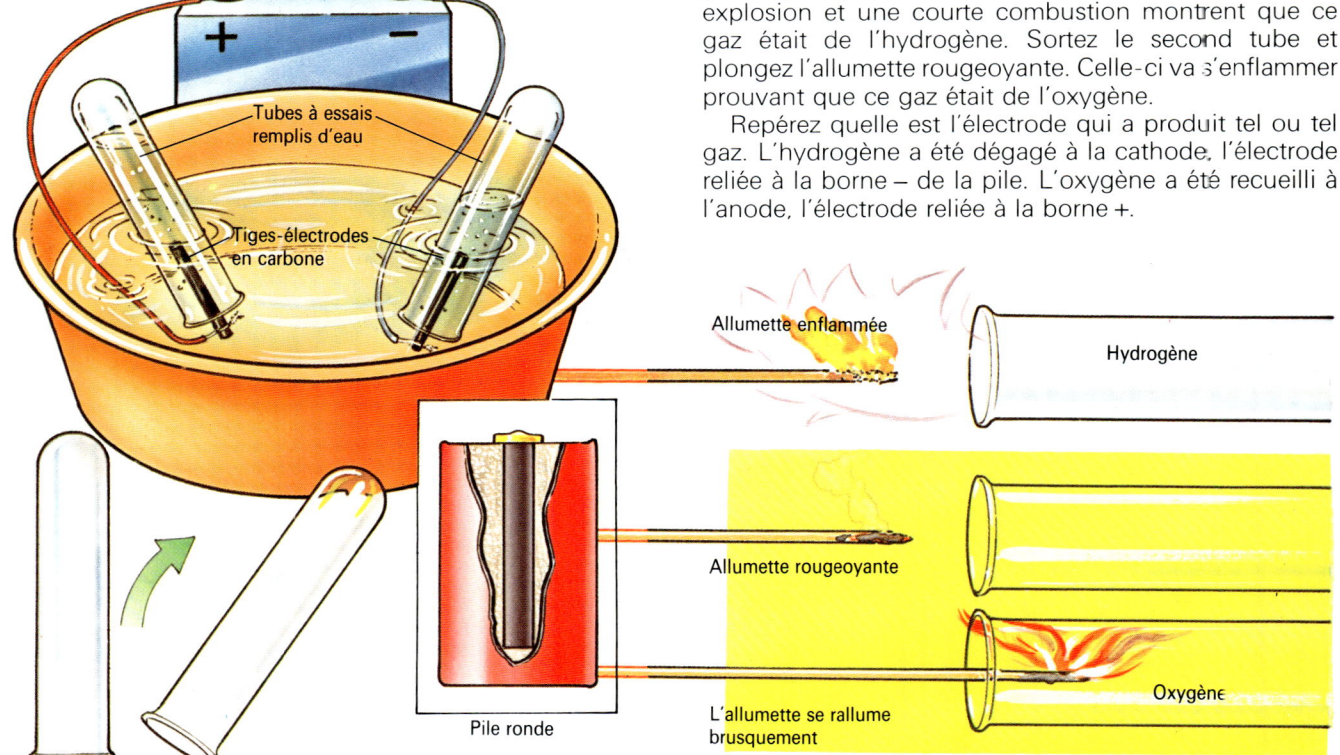

constituée par des atomes de zinc. Certains d'entre eux se transforment en ions de zinc positifs et passent dans la solution d'acide sulfurique. Les électrons restent dans la tige de zinc qui présente alors une charge négative. Du côté du cuivre, se produit un processus différent. Dans la solution, l'acide sulfurique donne des ions hydrogène positifs. Ceux-ci se combinent aux électrons de la tige de cuivre pour donner des atomes d'hydrogène.

C'est pourquoi des bulles d'hydrogène se forment sur la tige qui, en perdant ses électrons, se charge positivement. Ainsi la tige de zinc contient davantage d'électrons que de protons et la tige de cuivre a moins d'électrons que de protons. Lorsqu'on les relie par un fil à l'extérieur de la solution, les électrons du zinc rejoignent le cuivre en passant par le fil. En d'autres termes, il se crée un courant électrique.

Anodes et cathodes

Dans la pile, la tige de zinc se dissout dans l'acide sulfurique pour libérer des ions zinc. L'acide sulfurique est un corps composé appelé parfois bisulfate d'hydrogène.

Il perd son hydrogène sous forme de gaz. L'électricité est produite par une réaction chimique au cours de laquelle le zinc et le bisulfate d'hydrogène se transforment en sulfate de zinc et en hydrogène. Le cuivre ne subit pas de transformation mais il est indispensable pour fournir des électrons aux ions hydrogène. Dans la pile voltaïque, le cuivre constitue l'électrode positive, ou anode, et le zinc, l'électrode négative ou cathode.

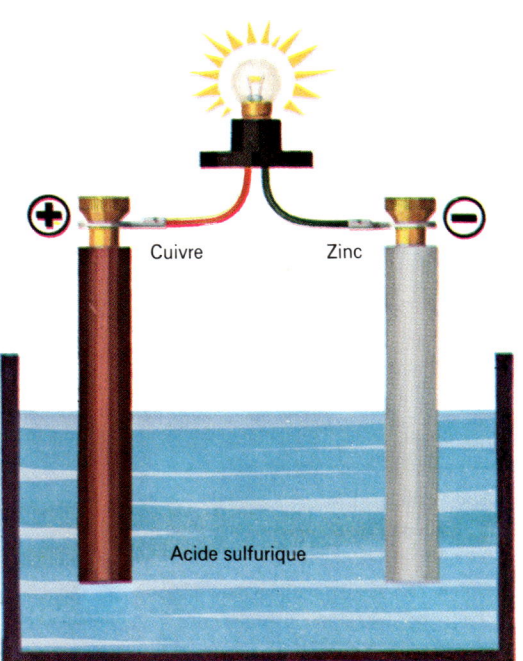

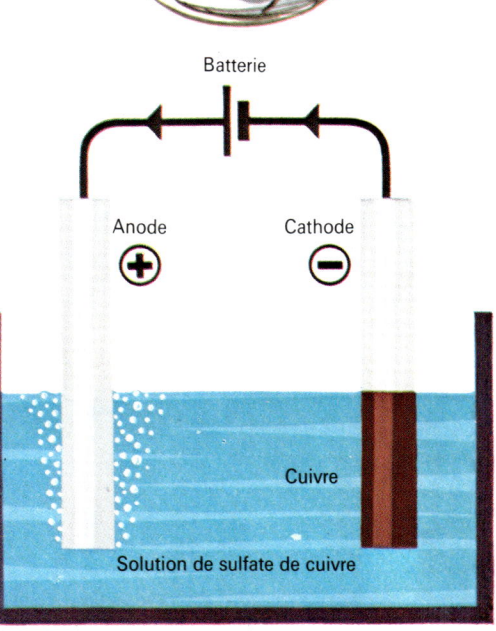

Ci-dessus L'électrolyse est utilisée pour recouvrir des objets métalliques d'une couche mince d'un métal différent. On voit ici quelques objets ayant reçu ce traitement superficiel. La pièce à recouvrir est plongée dans un bain d'électrolyte où elle sert de cathode. L'anode est constituée par le métal à déposer. Lorsque l'on fait passer un courant électrique, le métal de l'anode se dépose en couche mince sur l'objet. C'est ce que l'on appelle un dépôt électrolytique. Généralement, les objets traités sont recouverts d'un métal très cher comme l'or, l'argent, le cuivre ou le chrome. Les pare-chocs d'automobiles sont en acier recouvert de chrome pour les protéger de l'oxydation et leur donner un aspect brillant.

Ci-contre Dans une batterie d'automobile, les électrodes sont des plaques de plomb et l'électrolyte est une solution d'acide sulfurique. Lorsque la batterie est déchargée, les plaques sont recouvertes d'une mince couche d'un composé de couleur rougeâtre appelé sulfate de plomb. Pour recharger la batterie, on fait passer un courant électrique par la borne positive, le bain d'acide sulfurique et la borne négative. Une réaction chimique se produit. Le sulfate de plomb des plaques positives se transforme en un autre composé appelé peroxyde de plomb. Sur les autres plaques, le sulfate de plomb donne du plomb et la solution acide devient plus concentrée.

A droite Lorsqu'une batterie se décharge, une réaction contraire se produit. Sur les plaques négatives, le plomb se retransforme en sulfate de plomb. Sur les plaques positives, le peroxyde de plomb redonne du sulfate de plomb. La solution d'acide sulfurique devient moins concentrée. Notez que lorsque la batterie fournit du courant, celui-ci va dans un sens contraire à celui du courant de charge.

Ci-dessous Chaque couple de plaques dans un accumulateur peut donner un courant d'environ 2 volts. La plupart des batteries d'automobiles possèdent 6 couples de plaques soit 6 éléments branchés en série. Le voltage total est donc de 12 volts.

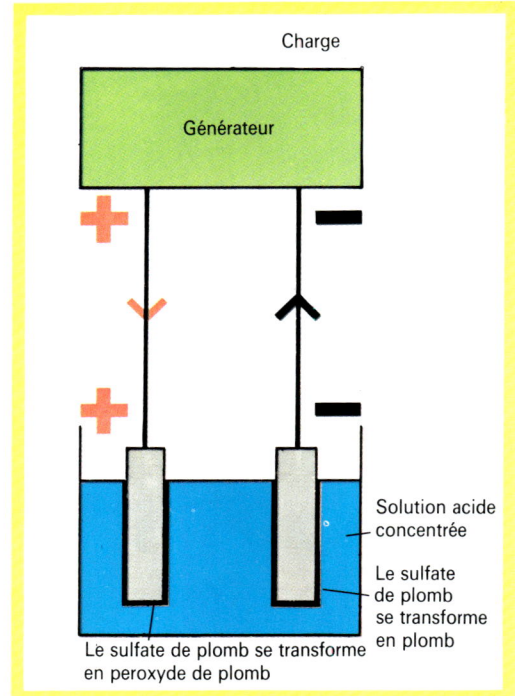
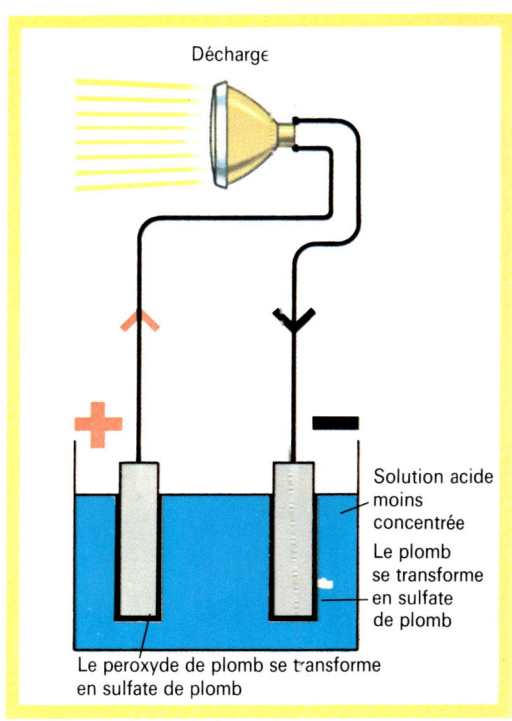

LA BATTERIE D'AUTOMOBILE

Dans une pile sèche normale, les substances chimiques qui produisent de l'électricité se consomment peu à peu. On jette la pile lorsqu'elle ne fonctionne plus. C'est ce que l'on appelle une pile élémentaire ou élément. Chère, si on en consomme beaucoup, elle ne peut pas non plus produire de courants forts. Pour cela, on a mis au point un élément capable d'emmagasiner de l'énergie électrique extérieure, pouvant être délivrée à la demande sous forme d'un courant. Ce type d'élément est appelé accumulateur ou, comme sur une automobile, batterie d'accumulateurs.

Les accumulateurs

Dans un accumulateur, deux plaques de plomb servent d'électrodes dans une solution d'acide sulfurique. Lorsqu'un courant passe dans les plaques de plomb, celles-ci subissent une transformation chimique, la solution d'acide sulfurique se concentre et les accumulateurs emmagasinent de l'électricité. C'est la charge de la batterie. Lorsqu'on arrête de charger la batterie, elle peut alimenter des appareils, comme une ampoule par exemple. Le courant circule alors de l'anode vers la cathode. La transformation chimique qui se produit pendant la charge est alors inversée, puisque l'accumulateur débite du courant. Cependant, les substances de l'accumulateur ne sont pas consommées mais simplement transformées. Par conséquent, le processus complet peut recommencer. Lorsque l'accumulateur débite du courant, c'est la décharge.

L'accumulateur ne produit pas d'électricité comme le fait une pile élémentaire, le courant doit être emmagasiné avant d'être consommé. On peut tirer d'un accumulateur autant d'électricité qu'il en a été introduit dans les éléments.

Sur une voiture à moteur à essence, la batterie sert à fournir les étincelles qui allument les gaz dans le moteur. Elle fournit aussi le courant des phares et des clignotants, du ventilateur de chauffage, des essuie-glaces et de l'avertisseur. La batterie est rechargée par un alternateur ou une dynamo mis en mouvement par le moteur.

De nos jours, si l'air est pollué c'est en grande partie à cause des automobiles et notamment des puissants camions qui rejettent par l'échappement des gaz nocifs.

Les véhicules électriques de livraison ne polluent pas l'air. Ils utilisent un moteur

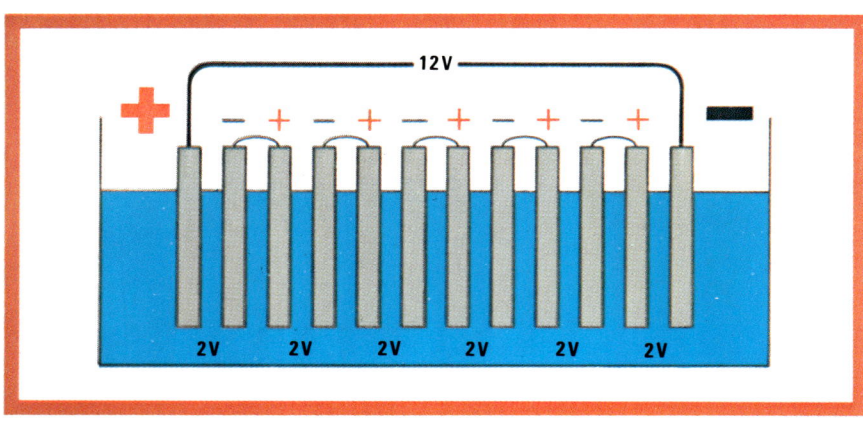

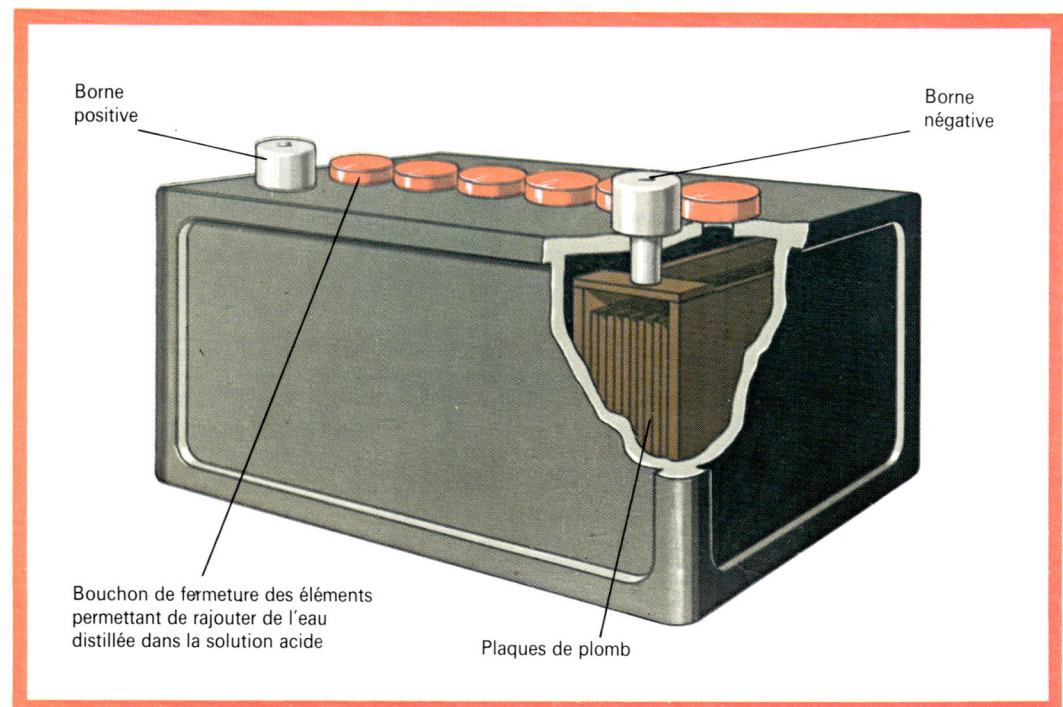

A gauche Représentation en vue-fantôme d'une batterie d'automobile ou accumulateur. On voit le jeu de plaques de plomb immergées dans la solution électrolytique composée d'eau et d'acide sulfurique. A chaque extrémité de la batterie se trouve un élément de connexion ou borne où se branchent les câbles.

électrique qui les propulse à la place d'un moteur à essence ou Diesel. La puissance est fournie par de grosses batteries qui se rechargent pendant la nuit. Comme ils ne brûlent pas de carburant, il n'y a pas d'échappement ni de gaz nocifs. Plusieurs constructeurs étudient des véhicules à propulsion électrique destinés à circuler dans les villes. Ils doivent cependant résoudre le problème du poids car le stockage d'une grande quantité d'électricité impose un nombre important de lourdes batteries. Des progrès dans ce domaine ont été déjà accomplis mais les études se poursuivent toujours.

A gauche Différents types de véhicules mus par l'électricité.

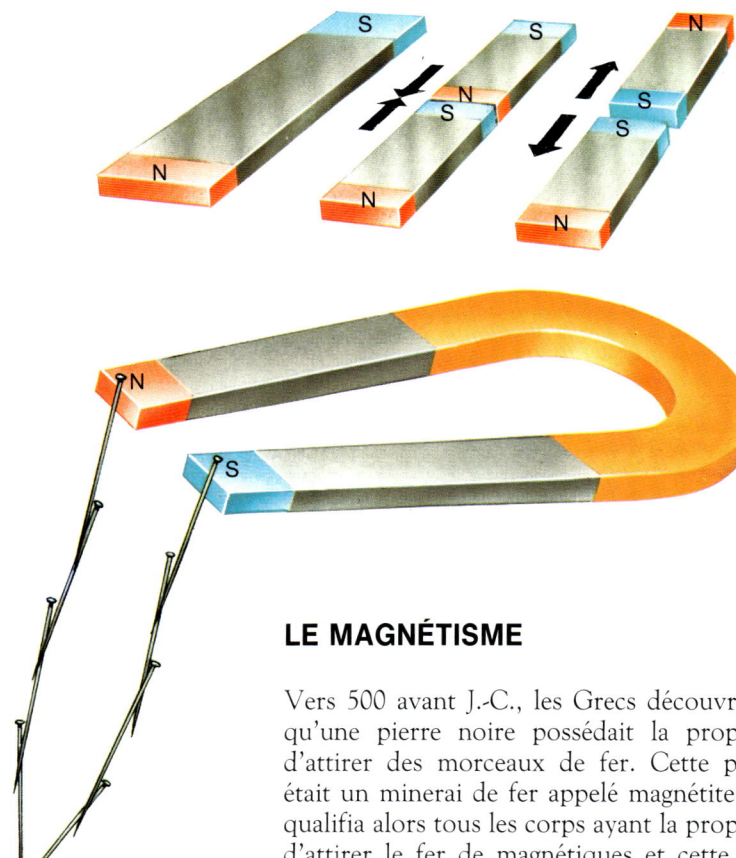
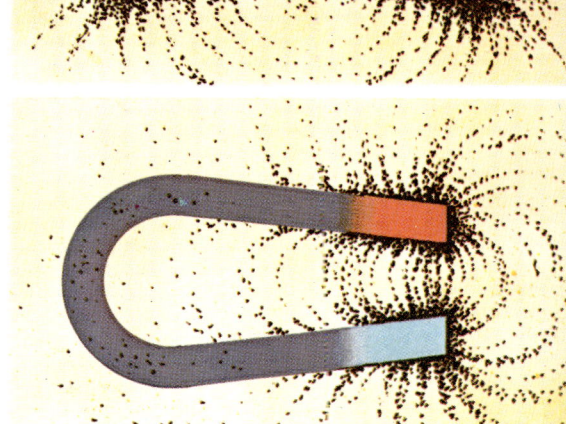

LE MAGNÉTISME

Vers 500 avant J.-C., les Grecs découvrirent qu'une pierre noire possédait la propriété d'attirer des morceaux de fer. Cette pierre était un minerai de fer appelé magnétite. On qualifia alors tous les corps ayant la propriété d'attirer le fer de magnétiques et cette propriété elle-même est appelée magnétisme.

La magnétite est un oxyde de fer. Les aimants ordinaires sont en fer ou en acier. Un corps magnétique ou aimant peut avoir n'importe quelle forme mais on le trouve le plus souvent sous forme de barre ou de fer à cheval.

Les Grecs croyaient que les morceaux de fer collaient à l'aimant grâce à de minuscules crochets. Il est facile de démontrer qu'il n'en est rien en approchant un aimant d'une épingle : celle-ci va sauter sur l'aimant. Il est même possible d'attirer des objets et de les retenir à travers une feuille de papier.

Les champs magnétiques

Deux corps peuvent être attirés magnétiquement sans forcément se toucher. Comment s'attirent-il ? Comment l'épingle « sait »-elle que l'aimant est proche ? Pour les scientifiques, l'aimant agit dans l'espace qui l'entoure sur les autres aimants ou sur les corps magnétiques qui s'y trouvent. Cet espace est appelé champ de force ou champ magnétique.

On peut mettre en évidence un champ magnétique en recouvrant un aimant d'une feuille de papier sur laquelle on répand de la limaille de fer. En tapotant le papier, les grains de limaille se rassemblent selon une disposition particulière appelée spectre magnétique. Les grains se regroupent dans les zones où l'aimant a le plus d'influence, c'est-à-dire là où le champ magnétique est le plus puissant. Vous constatez en effet que la limaille se rassemble de préférence au voisinage des extrémités ou pôles de l'aimant. Elle se forme également selon des lignes courbes reliant les pôles de l'aimant. Ce sont les lignes de force, lignes imaginaires unissant un pôle à l'autre. Elles montrent la direction suivant laquelle l'aimant agit lorsqu'un corps pénètre dans son champ. L'influence d'un aimant diminue lorsqu'on s'en éloigne. On dit qu'il s'affaiblit.

Les boussoles

L'une des plus anciennes applications des aimants fut d'indiquer la direction. Cette utilisation repose sur le fait que la Terre possède un champ magnétique et se comporte comme un énorme aimant droit. Imaginez que la Terre tourne selon un axe imaginaire dont l'une des extrémités est le pôle Nord et l'autre le pôle Sud. Ce sont les pôles géographiques de la Terre.

La Terre se comporte comme un gros aimant droit disposé selon cet axe. Un aimant suspendu dans le champ s'alignera selon les lignes de force. L'aiguille d'une boussole est un petit aimant qui s'aligne toujours selon la direction nord-sud. La pointe de l'aimant dirigé vers le nord est désignée pôle nord. L'autre est le pôle sud.

En réalité, l'aiguille d'une boussole ne pointe pas vers le pôle Nord géographique. Elle se dirige vers le pôle nord magnétique situé à plusieurs centaines de kilomètres du pôle Nord géographique.

Les navigateurs doivent toujours tenir compte de cette différence et le problème se complique du fait que la situation du pôle

En haut Les pôles semblables se repoussent, les pôles contraires s'attirent.

Ci-dessus Une chaîne d'épingles peut être suspendue à un pôle d'aimant. Chaque épingle se transforme en un petit aimant comme on le voit ici. Notez cependant que le pôle nord du barreau aimanté induit un pôle sud au bout de l'épingle qu'il touche.

Ci-dessus à droite Pour mettre en évidence un champ magnétique, on se sert de limaille de fer. On voit ainsi les lignes de forces qui s'établissent entre les pôles de l'aimant.

magnétique change légèrement chaque année. En outre, l'aiguille de la boussole est parfois faussée par la proximité de matières magnétiques telles que du minerai de fer dans le sol ou une masse d'acier. Il est possible d'isoler une boussole des champs magnétiques erratiques avec un écran en fer doux.

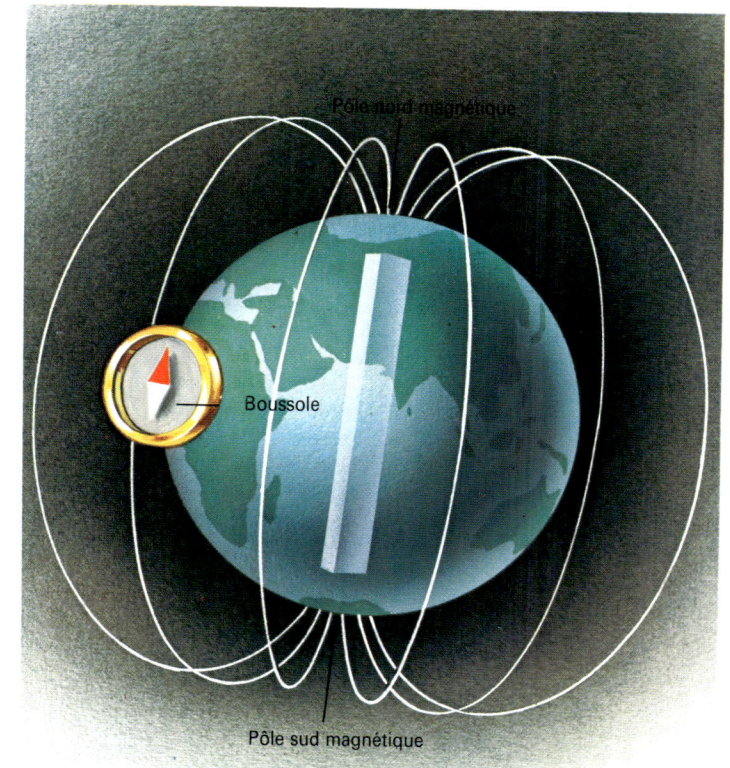

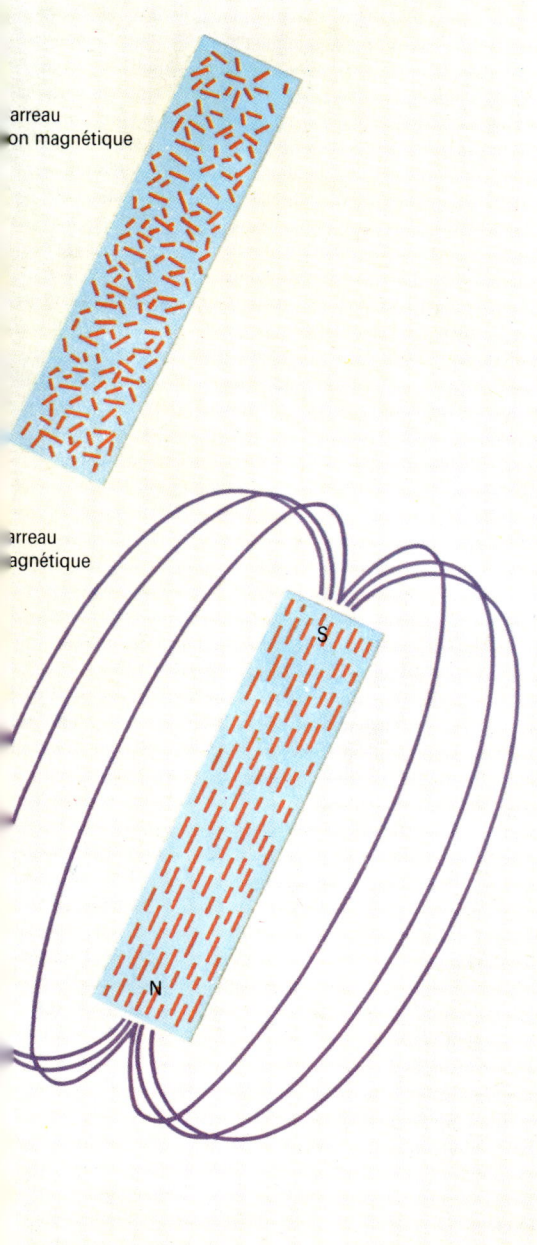

Ci-dessus La Terre possède les propriétés d'un énorme aimant : c'est pourquoi l'aiguille de la boussole peut indiquer le nord et le sud. L'aiguille est un petit aimant en équilibre sur un pivot qui revient toujours au repos parallèlement aux lignes de force. En réalité, le champ magnétique terrestre n'est pas symétrique, contrairement à l'illustration. Il est dévié par l'influence du magnétisme du Soleil.

A l'extrême gauche Dans les corps magnétiques comme le fer, les atomes se comportent comme de petits aimants. Souvent, ils sont orientés dans des directions différentes et, dans ce cas, le métal n'est pas magnétique. Dans un aimant, les atomes magnétiques sont tous orientés dans la même direction. Si on l'approche d'un métal non magnétisé, il oblige les atomes magnétiques à s'aligner et transforme le métal en aimant. Lorsque l'on chauffe les aimants, ils perdent leurs propriétés magnétiques car la chaleur dérange les atomes. Un aimant peut aussi être démagnétisé par martelage ou par la trempe.

A gauche Une aurore boréale. Ce phénomène, visible la nuit dans les régions arctiques, est causé par les particules chargées électriquement provenant du Soleil et retenues par le champ magnétique terrestre. Dans l'Antarctique, on observe de même des aurores australes.

LES AIMANTS MAGIQUES

LES AIMANTS FLOTTANTS

Matériel nécessaire : deux aimants droits - une boîte en carton - des bâtonnets d'esquimaux - une boussole

Suspendez les aimants à un fil. Laissez-les s'immobiliser. Vous constatez qu'ils adoptent tous deux la même direction. Avec une boussole, vous verrez qu'ils s'alignent sur la direction Nord-Sud. Écrivez N ou S sur les extrémités des aimants pour repérer les pôles.

Posez l'un des aimants sur le dessus d'une boîte en carton. Tracez le pourtour de l'aimant avec un crayon et collez les bâtonnets d'esquimaux verticalement sur ce trait. Placez les aimants au centre, les pôles du même nom l'un au-dessus de l'autre. Observez l'aimant supérieur qui semble flotter dans l'air.

Cette expérience montre que les pôles du même nom se repoussent. Si vous inversez la position de l'aimant supérieur, il colle immédiatement à l'autre, les pôles Nord et Sud s'attirant.

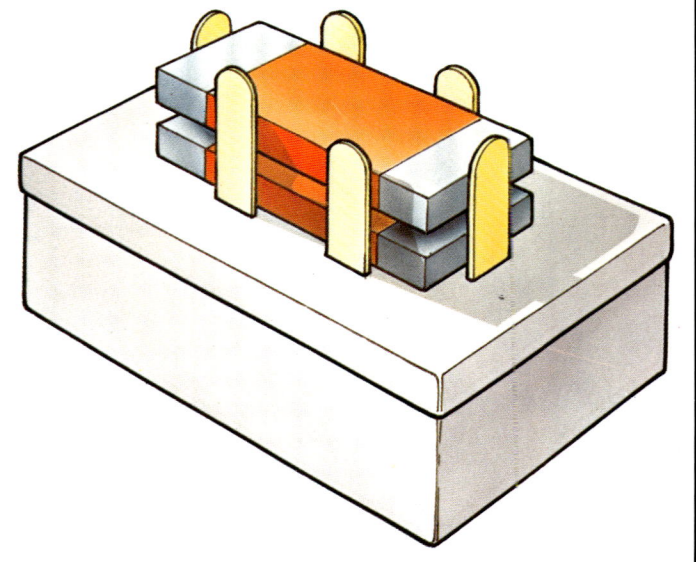

COMMENT FAIRE UNE BOUSSOLE

Matériel nécessaire : du carton - un aimant - du ruban adhésif - une aiguille - du liège - un verre d'eau - du détergent

Il est facile de fabriquer une boussole simple avec une aiguille à coudre. Il faut d'abord la magnétiser ou l'aimanter pour qu'elle s'oriente nord-sud. Collez l'aiguille sur un morceau de carton avec du ruban adhésif. Puis avec l'une des extrémités de l'aimant frottez l'aiguille du milieu vers une extrémité. Soulevez l'aimant à chaque retour pour frotter toujours dans le même sens et avec le même pôle de l'aimant.

Après avoir frotté une cinquantaine de fois, l'aiguille sera aimantée. Pour qu'elle puisse s'orienter librement dans n'importe quelle direction comme une aiguille de boussole, posez-la sur un morceau de liège que vous ferez flotter dans un verre d'eau. Ajoutez un peu de détergent liquide pour faciliter la flottaison. Vous remarquerez que l'aiguille s'oriente et s'immobilise toujours dans la même direction. Une extrémité indique le Nord, l'autre le Sud. Vous pouvez alors déterminer les autres directions avec votre boussole en dessinant une rose des vents indiquant les points cardinaux. Placez ce repère sous votre boussole.

LE DESSIN MAGNÉTIQUE

Matériel nécessaire : du carton - du fil de cuivre - du ruban adhésif - de la limaille de fer - une pile

Sur une feuille de carton, dessinez le profil d'un visage et reproduisez ce contour avec du fil de cuivre. Collez-le sur le carton. Recouvrez le fil avec du carton fin et saupoudrez de limaille de fer. Connectez les extrémités du fil aux bornes de la pile (jamais sur le secteur) et tapotez le carton. Le profil va apparaître, tracé par la limaille.

Cet effet est dû au courant électrique qui parcourt le fil en créant un champ magnétique. Le visage apparaît parce que la limaille de fer est attirée par le champ magnétique émanant du fil.

Cette relation entre le courant électrique et le magnétisme est essentielle. C'est le principe de base des moteurs électriques et des électro-aimants.

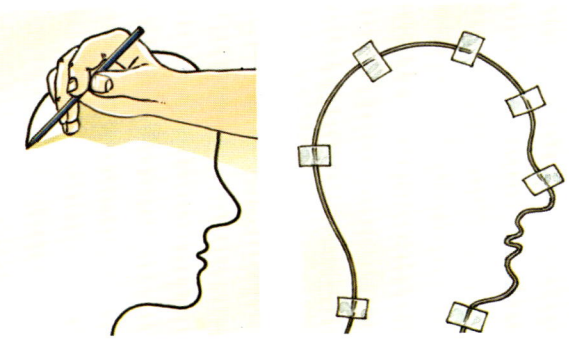

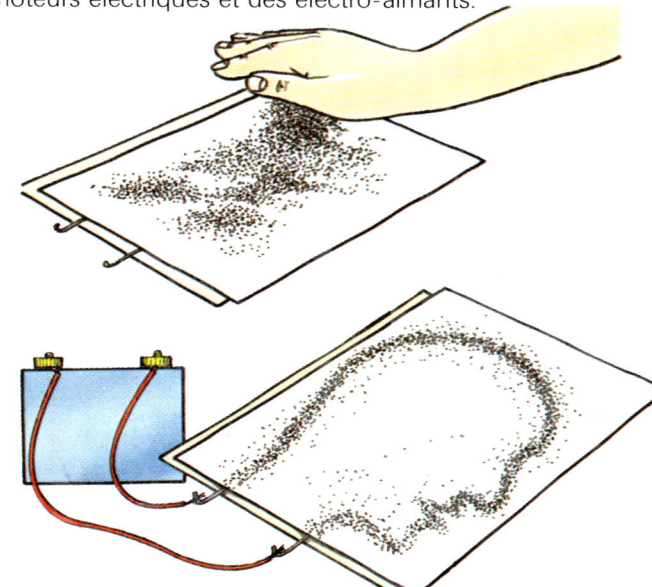

UN ÉLECTRO-AIMANT

Matériel nécessaire : du fil de cuivre - un gros clou ou un boulon - une pile - un interrupteur - des trombones

Vous pouvez fabriquer un électro-aimant avec un fil de cuivre et un gros clou (ou un boulon). Enroulez le fil autour du clou (plusieurs tours) et collez-le. Connectez les extrémités du fil aux bornes d'une pile au moyen d'un interrupteur simple (voir page 138). Branchez. Approchez la tête du clou des trombones, punaises, etc., et observez l'attraction qu'elle exerce. En bobinant le fil sur le clou, vous avez fabriqué un aimant appelé dans ce cas un électro-aimant.

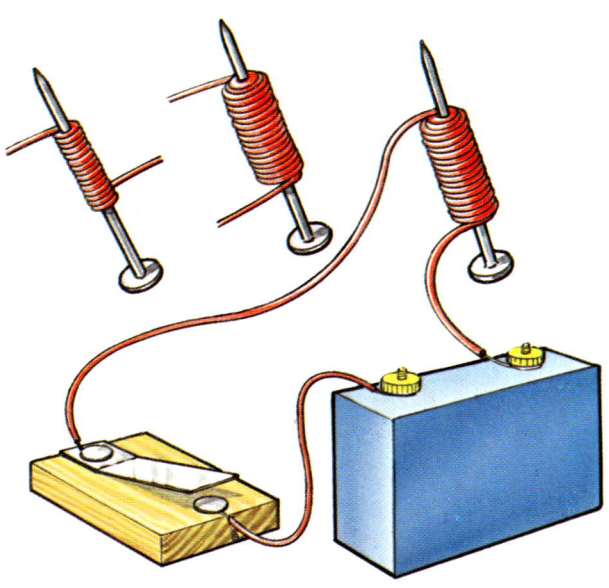

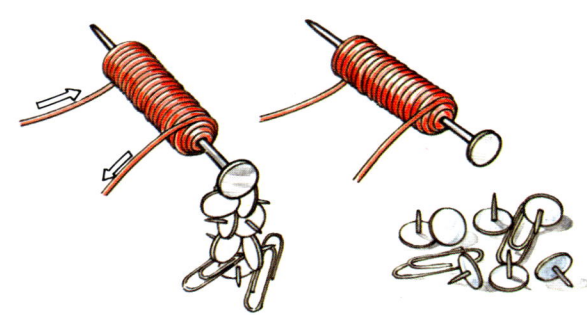

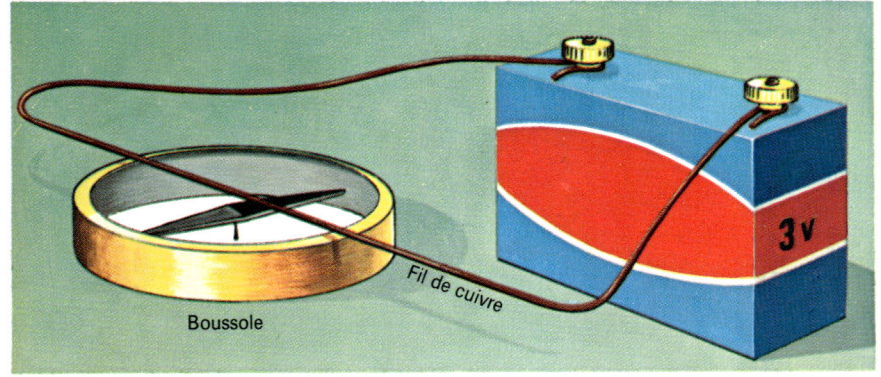
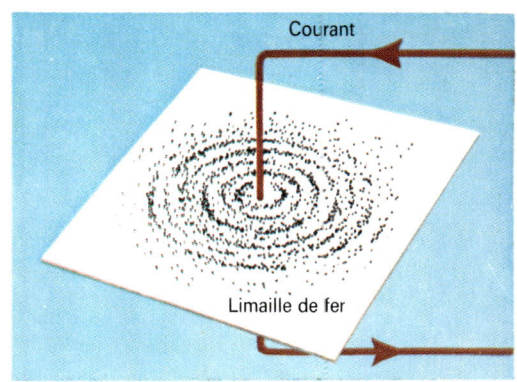
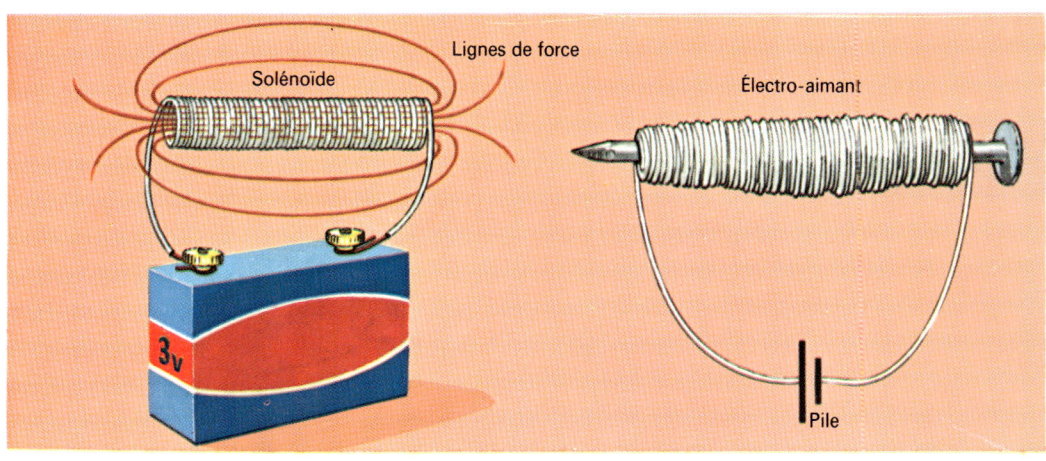

Ci-dessus Cette expérience simple montre la formation d'un champ magnétique par un fil conducteur. Losque l'on branche la pile, l'aiguille de la boussole se déplace.

Ci-dessous
Un savant danois, Hans Christian Oersted (1777-1851), émit l'hypothèse d'une relation entre le magnétisme et l'électricité. Il découvrit les effets magnétiques du courant électrique en 1820.

Oersted

Ci-dessus Modèle d'appareil utilisé par Hans Oersted pour démontrer l'effet magnétique d'un courant électrique sur une aiguille de boussole.

L'ÉLECTROMAGNÉTISME

En 1820, un savant danois, Hans Christian Oersted, fit une découverte très importante. Il établit qu'un aimant était affecté par le passage du courant dans un fil.

Il est facile de réaliser une expérience similaire. Prenez une pile de 3 volts, une longueur de fil de cuivre et une petite boussole. Connectez le fil à l'une des bornes de la pile et faites-le passer au-dessus de la boussole. Touchez ensuite l'autre borne avec l'autre extrémité du fil. L'aiguille de la boussole va tourner. En déconnectant le fil, l'aiguille reprend sa position originale. Ne branchez pas longtemps la pile sinon elle s'épuisera très vite.

Cette expérience montre qu'un courant passant dans un fil crée un champ magnétique. La forme de ce champ n'est pas la même que celle d'un barreau ou d'un aimant en fer à cheval mais il en a les mêmes propriétés. En réalité, il est possible d'obtenir d'un courant dans un conducteur les mêmes effets qu'un aimant ordinaire.

L'expérience de la page 147 montre comment réaliser un électro-aimant. L'enroulement de fil autour d'un noyau central tel que le clou est appelé solénoïde. Faites passer un courant et approchez tour à tour chaque extrémité d'une aiguille de boussole. Vous constaterez que l'une des extrémités du solénoïde attire le pôle Nord de l'aiguille et que l'autre la repousse. Le solénoïde possède un pôle nord et un pôle sud comme un barreau magnétique. Constatez ce qui se passe lorsque vous inversez le sens du courant en changeant les branchements sur la pile.

Les électro-aimants

Le magnétisme créé par un courant électrique est appelé électromagnétisme. Lorsque vous enroulez du fil autour d'un gros clou pour le brancher sur une pile, vous réalisez un puissant électro-aimant.

Si vous débranchez la pile, vous constaterez probablement que le clou se comporte toujours comme un aimant. Il a été aimanté par les effets du courant. Les aimants de ce type sont appelés aimants permanents. Si vous remplacez le noyau d'acier doux par du fer doux, vous constaterez que le magnétisme disparaît lorsque le courant est coupé. Cette expérience est difficile à réaliser car il n'est pas facile de trouver du fer doux. Il est possible

A gauche La limaille de fer peut aussi mettre en évidence le champ d'un courant dans un fil unique. Cette expérience qui demande un fort courant ne peut être réalisée avec une pile.

A gauche Un enroulement de fil semblable à celui-ci est appelé solénoïde. Il se comporte comme un aimant. Vous pouvez fabriquer un bon électro-aimant en enroulant une bobine de fil autour d'un noyau en acier doux ou en fer. Notez que plus le nombre de tours est élevé, plus fort sera l'aimant. Le fil de la bobine doit être recouvert par un isolant.

Ci-dessus Un puissant électro-aimant monté au bout d'une flèche de grue permet de déplacer facilement des morceaux de ferraille et de fonte. Pour laisser tomber la charge, le grutier coupe simplement le courant dans les enroulements de l'électro-aimant.

d'en faire en chauffant au rouge un clou et en le laissant refroidir doucement. Le fer doux ne conserve pas l'aimantation comme l'acier. C'est un aimant temporaire.

Les électro-aimants ont de nombreuses applications : sonnettes électriques, haut-parleurs, moteurs électriques, générateurs, etc.

Le fait qu'un courant électrique puisse créer un champ magnétique explique l'origine du magnétisme des aimants permanents.

Dans un morceau de matière magnétique, les atomes se comportent tous comme de petits aimants (voir page 144). Un courant électrique passant dans un fil est un flux d'électrons qui crée un champ magnétique. Nous savons que les atomes comprennent des électrons en mouvement. Ainsi nous pouvons constater que le magnétisme d'un aimant permanent est dû au mouvement des électrons de ses atomes.

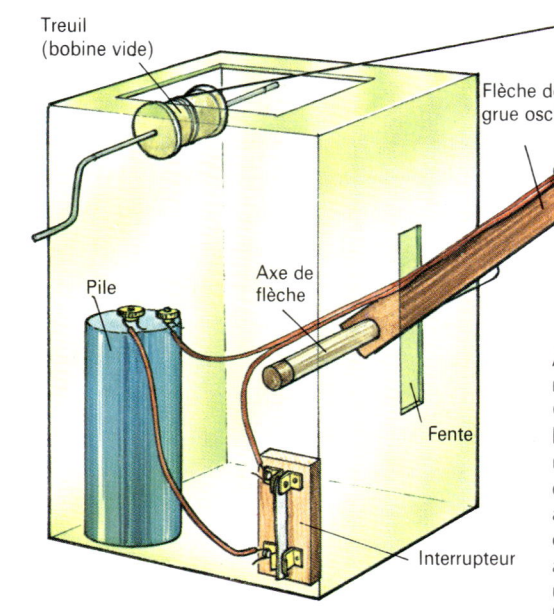

A gauche Fabrication d'une maquette de grue électrique. Construisez d'abord une boîte en bois pouvant contenir une pile et un petit treuil fait d'une bobine de fil en bois. Ce treuil élève ou abaisse la flèche de la grue oscillante. Réalisez un circuit avec une pile, un interrupteur et une longue boucle de fil suivant la flèche de la grue. Enroulez le bout de la boucle autour d'un boulon en acier pour faire un électro-aimant. Lorsque le courant passe dans le fil, le boulon se magnétise et peut ramasser des fragments de métal.

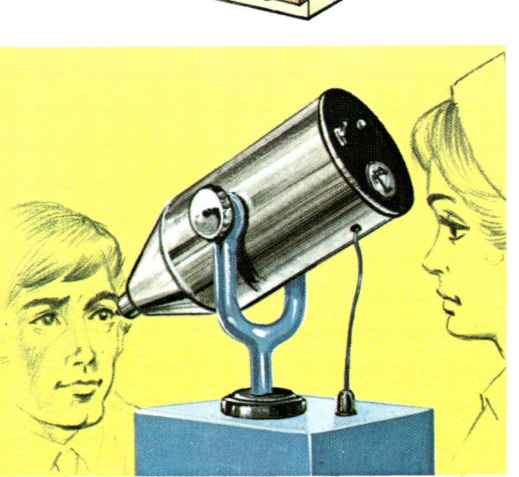

A gauche Pour extraire des morceaux de limaille d'acier de l'œil, on utilise un puissant électro-aimant.

L'INDUCTION ÉLECTROMAGNÉTIQUE

A la suite d'Oersted qui avait démontré qu'un courant électrique pouvait créer un champ magnétique (voir page 148), les scientifiques se demandèrent s'il était possible de se servir d'un champ magnétique pour produire un courant électrique. Il y eut de nombreux essais infructueux jusqu'aux années 1830, où Michael Faraday commença une série d'expériences à base d'aimants et d'enroulements.

Certains appareils détectent le courant électrique, le plus ancien est le galvanomètre. C'est une sorte de boussole entourée par un long enroulement vertical de fil. Lorsque le courant parcourt le fil, il crée un champ magnétique qui fait dévier l'aiguille de la boussole.

Faraday réalisa aussi des expériences sur l'effet inverse. Lorsqu'un fil est soumis à un champ magnétique et qu'il est parcouru par un courant électrique, il se déplace. Une force est créée, cela est dû aux effets réciproques du courant et du champ. Nous constatons ainsi que lorsqu'un fil se déplace dans un champ magnétique, il est parcouru par un courant. C'est le principe de base des générateurs d'électricité (voir page 152). Si un fil parcouru par un courant est soumis à un champ magnétique, il est déplacé. C'est le principe de base des moteurs électriques (voir page 158).

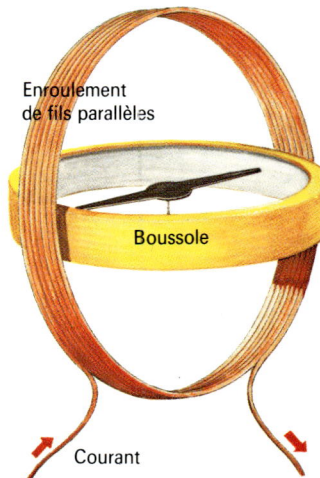

Ci-dessus Dans un galvanomètre simple, le courant qui passe dans l'enroulement crée un champ magnétique. La déviation de l'aiguille de la boussole qui en résulte permet de détecter le passage du courant.

Les expériences de Faraday

L'une des expériences de Faraday consista à prendre une grande bobine de fil (solénoïde) et à la relier à un galvanomètre. Lorsqu'un barreau aimanté était placé près de l'enroulement de fil, le galvanomètre n'indiquait rien. Aucun courant n'était créé par l'aimant. Cependant, lorsque l'aimant était introduit dans le solénoïde, l'aiguille du galvanomètre bougeait légèrement avant de revenir en position. Lorsqu'on retirait l'aimant, l'aiguille oscillait dans le sens opposé. Faraday en déduisit qu'un courant électrique était créé lorsque l'aimant se déplaçait. Le sens du courant dépendait du sens du déplacement de l'aimant. On appelle cet effet induction électromagnétique. Le mouvement de l'aimant induit un courant électrique dans le solénoïde.

Cette découverte eut une immense importance car, jusqu'alors, les courants électriques étaient produits par des piles. On put, dès lors, transformer l'énergie d'un mouvement (énergie mécanique) en énergie électrique.

Ainsi, si l'on donnait à l'aimant un mouvement alternatif dans le solénoïde, un courant électrique était induit dans un sens puis dans l'autre, produisant un courant alternatif. Si l'on utilisait un moteur mécanique pour déplacer l'aimant, on réalisait un générateur élémentaire.

Le courant électrique est induit dans le solénoïde lorsque l'aimant se déplace à cause de la variation du champ magnétique. De même, si un fil se déplace dans un champ magnétique, il est parcouru par un courant électrique. Là aussi, le fil traverse les lignes de force.

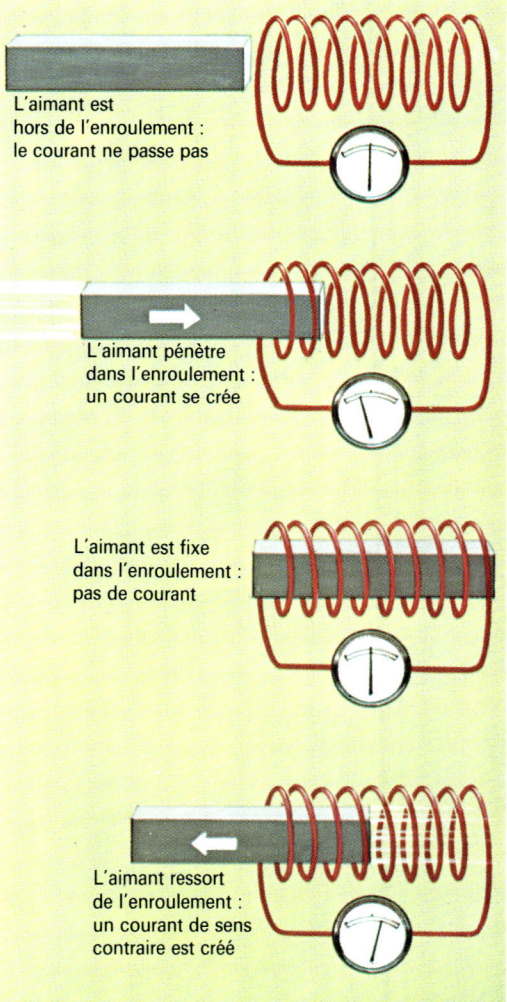

L'aimant est hors de l'enroulement : le courant ne passe pas

L'aimant pénètre dans l'enroulement : un courant se crée

L'aimant est fixe dans l'enroulement : pas de courant

L'aimant ressort de l'enroulement : un courant de sens contraire est créé

A gauche Lorsque l'aimant pénètre dans l'enroulement, l'aiguille du galvanomètre dévie dans un sens. Lorsqu'on retire l'aimant, l'aiguille dévie dans la direction opposée. Le courant ne circule que lorsque l'aimant se déplace.

Maxwell

Ci-dessus James Clerk Maxwell (1831-1879) fut un brillant physicien et mathématicien écossais. Il exprima une théorie mathématique des champs magnétiques.

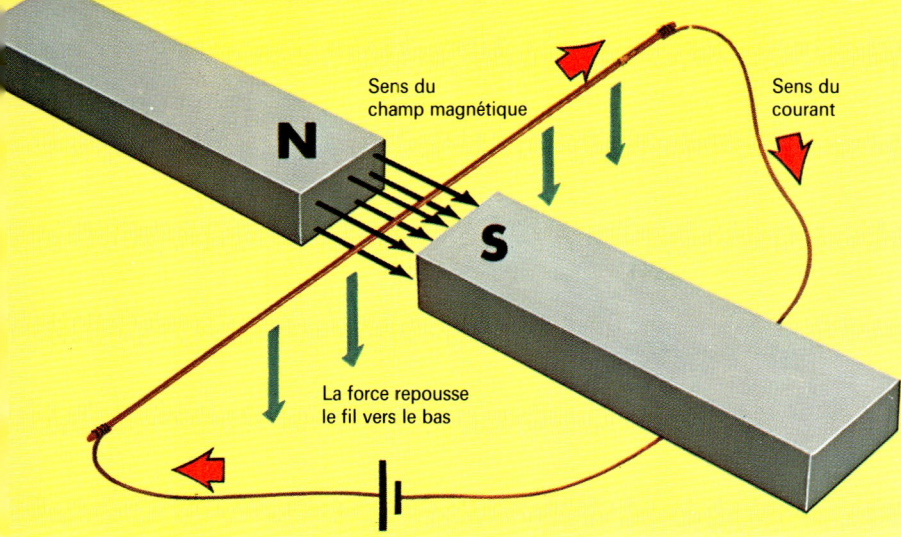

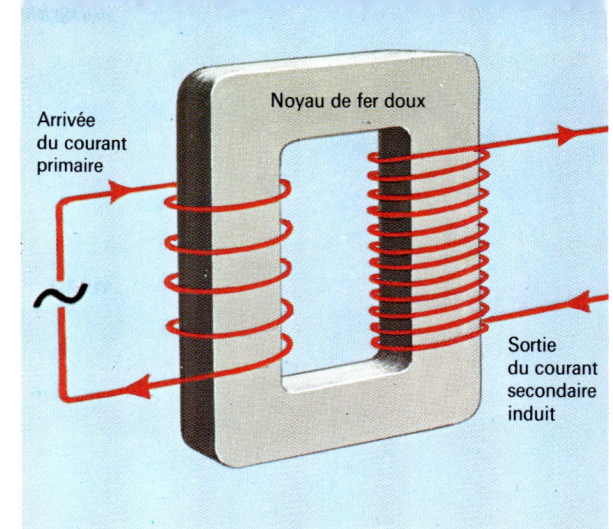

Ci-dessus à gauche Un phénomène d'induction électromagnétique se produit lorsqu'un conducteur se déplace dans un champ magnétique. On utilise le phénomène inverse dans les moteurs électriques. Un courant circulant dans un fil le fait se déplacer.

Ci-dessus Les transformateurs fonctionnent aussi selon le principe de l'induction électromagnétique. Ils servent à transformer un courant alternatif d'un certain voltage en un courant alternatif d'un autre voltage. Le courant à transformer passe dans un premier enroulement. Comme il croît et décroît, il crée un champ magnétique qui, lui aussi, croît et décroît. Ce champ magnétique variable induit un courant dans un second enroulement possédant un nombre de spires différent. La différence du nombre de tours entraîne une différence de voltage.

A gauche Un puissant transformateur d'une centrale électrique. Les deux enroulements de fil sont bobinés sur le même noyau de fer doux, l'un au-dessus de l'autre. Le premier enroulement possède davantage de spires que le second. C'est pourquoi le voltage induit dans le second enroulement est inférieur au voltage primitif. Ce type de transformateur est dit abaisseur de tension car il diminue le voltage. Il existe aussi des transformateurs élévateurs de tension.

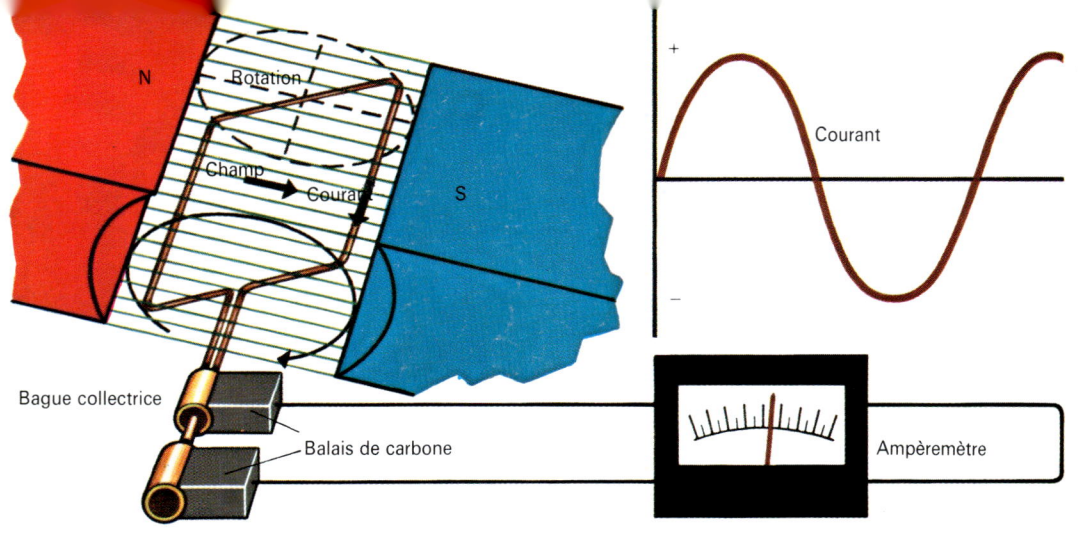

A gauche Si l'on fait tourner un enroulement de fil dans un champ magnétique, on induit un courant dans le fil. La direction de ce courant varie avec la rotation de l'enroulement. Le premier demi-tour produit un courant dans un sens, le second demi-tour, un courant de sens inverse. Cela se traduit par une courbe en forme de vagues ou d'ondes. Le courant varie de zéro à un maximum (ou un minimum) et revient à zéro lors de chaque demi-cycle et la force du courant induit dépend du nombre de lignes de force magnétiques que coupe l'enroulement.

LES GÉNÉRATEURS ÉLECTRIQUES

Il existe deux méthodes principales pour produire de l'électricité. La première consiste à générer du courant dans un élément à partir de réactions chimiques. La seconde consiste à l'induire à partir de l'effet électromagnétique au moyen d'une machine rotative. Les machines rotatives sont appelées générateurs ou dynamos.

Le principe du générateur fut découvert par Michael Faraday qui démontra qu'un fil conducteur déplacé dans un champ magnétique était parcouru par un courant. La façon la plus pratique de déplacer ce fil consiste à l'enrouler en bobine et faire tourner celle-ci entre les pôles d'un aimant permanent. C'est exactement ce que fit Faraday en 1831.

L'ensemble de nos conditions d'existence actuelles repose sur cette découverte. Sans électricité, la société moderne n'aurait pas progressé. Nous aurions beaucoup moins d'éclairage, moins de chauffage, moins de force motrice dispensée par ces millions de moteurs électriques qui actionnent les trains, les ascenseurs, les machines des usines, etc., sans citer les centaines d'appareils électriques que nous utilisons tous les jours.

Le premier générateur de Faraday

Le premier générateur électrique, conçu par Faraday, était une petite machine de laboratoire qu'il faisait tourner manuellement. Dans les centrales modernes, des machines puissantes entraînent les alternateurs. Dans les centrales thermiques à charbon ou à fioul et dans les centrales nucléaires, les alternateurs sont entraînés par des turbines à vapeur (voir page 155).

Les turbines sont accouplées directement aux alternateurs et l'ensemble donne un turbo-alternateur.

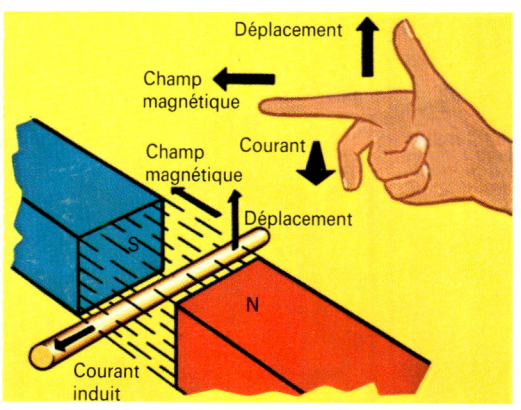

Ci-dessous Michael Faraday (1791-1867) fut un grand savant britannique. Il fit de nombreuses découvertes en électricité et magnétisme, et étudia les phénomènes d'électrolyse.

Faraday

A gauche La règle de la main droite est un moyen de se rappeler quelle est la direction d'un courant induit dans un conducteur se déplaçant dans un champ magnétique. Le pouce, l'index et le majeur sont étendus perpendiculairement l'un à l'autre. Si le pouce indique la direction du déplacement et l'index, la direction du champ magnétique (du nord au sud), le majeur indique le sens du courant.

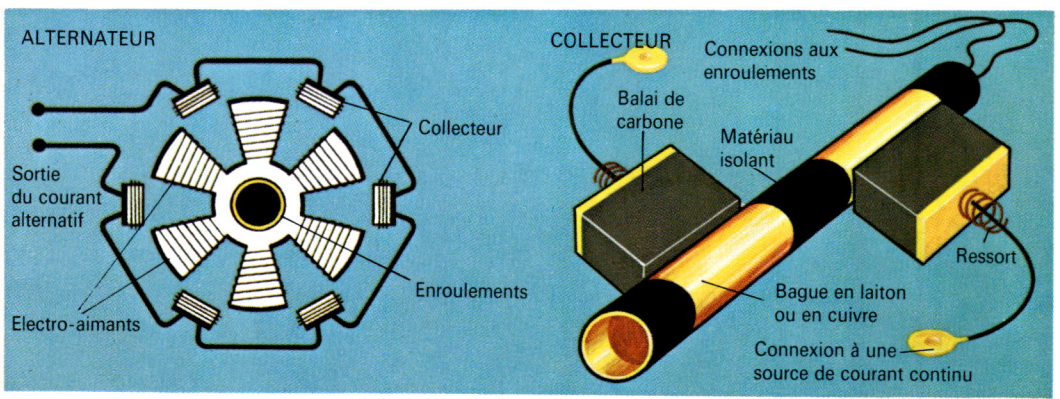

A gauche Dans une centrale électrique, les alternateurs comportent des électro-aimants tournants. Le courant nécessaire à l'excitation de ces électro-aimants leur est fourni par des balais en carbone frottant sur des bagues collectrices. Ce système a l'avantage de pouvoir induire de puissants courants et des voltages élevés dans les enroulements sans avoir besoin de contacts directs mobiles.

152

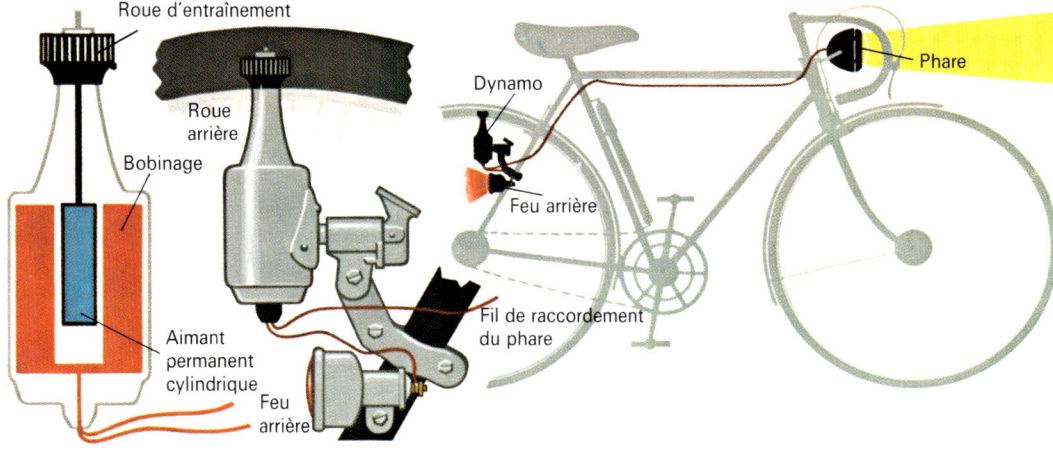

A droite La roue met en rotation une dynamo de bicyclette. La molette d'entraînement de la dynamo frotte contre le pneu et fait tourner dans la dynamo un aimant permanent cylindrique entouré d'un enroulement. Il suffit d'un seul fil pour alimenter le feu arrière et le phare avant car la dynamo est mise à la masse par le cadre de la bicyclette qui fournit le conducteur de retour. Il existe aussi des dynamos incorporées au moyeu de la roue.

Ci-dessous Karl Friedrich Gauss (1777-1855), mathématicien et savant allemand qui donna son nom à une unité de mesure de la force des champs magnétiques (le gauss).

Gauss

Dans une centrale hydroélectrique, une turbine hydraulique fait tourner l'alternateur. Ces centrales sont situées sur le cours des rivières, là où il y a une différence de niveau importante entraînant une chute d'eau naturelle. On y construit un barrage pour créer une retenue d'eau en réserve. De grosses canalisations conduisent l'eau au niveau inférieur où elle entraîne les turbines hydrauliques.

Dans tous les cas, le turbo-alternateur est un moyen de convertir l'énergie mécanique en énergie électrique.

Les trois doigts

Pour découvrir le sens du courant dans un conducteur déplacé dans un champ magnétique, il existe une règle dite des trois doigts de la main droite.

Si le conducteur forme une spire comme dans un enroulement, le courant doit donc changer de sens lorsque la spire tourne. Le courant produit par ce type de machine va donc varier de zéro à un maximum dans un sens puis redescendre à zéro lorsque la spire est verticale. Le courant change alors le sens et remonte à un maximum dans le sens opposé pour finalement redescendre à zéro. Cette série de phénomène donne un courant alternatif. Le nombre de fois par seconde (ou périodes) où le cycle s'inverse s'appelle la fréquence.

Dans les petits générateurs comme les dynamos de bicyclette, le champ magnétique est produit par un aimant permanent. Dans les puissants alternateurs, l'électro-aimant tourne à l'intérieur des bobinages à l'inverse des autres machines. Le résultat est le même. Le courant est induit dans le bobinage fixe (stator) par le champ magnétique variable produit par l'aimant tournant (rotor).

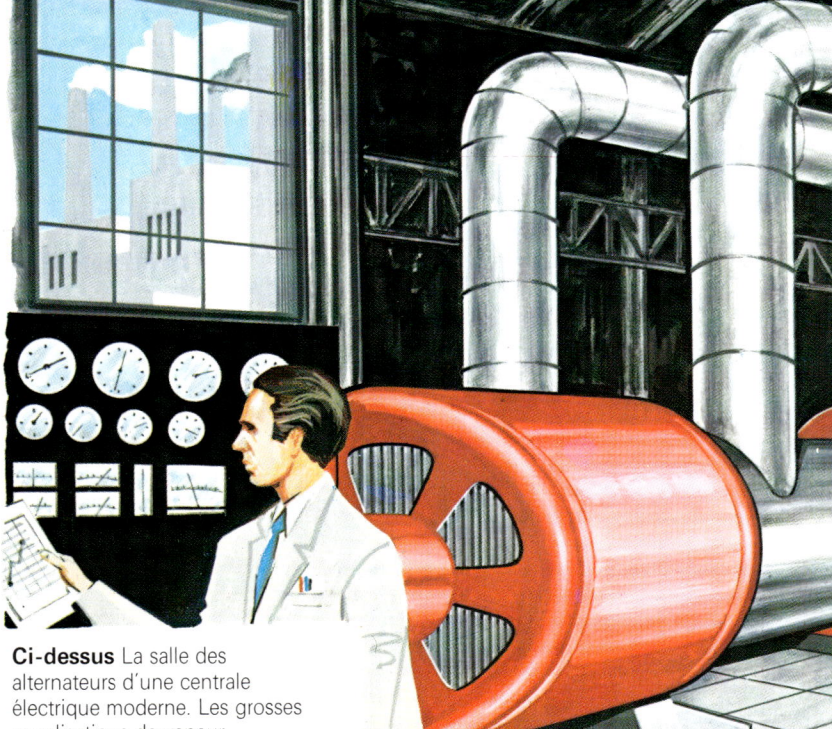

Ci-dessus La salle des alternateurs d'une centrale électrique moderne. Les grosses canalisations de vapeur alimentent les turbines qui font tourner les alternateurs au premier plan.

PUISSANCE ET GÉNÉRATEURS

Pendant des siècles, la roue à aubes et le moulin à vent furent pour les hommes les seules sources d'énergie mécanique. La roue à aubes était une grande roue entraînée par le courant d'une rivière. Le diamètre était très important et les rayons élargis et dépassant le pourtour formaient de grandes palettes. Le courant d'eau poussait les palettes et mettait la roue en rotation. Cette roue était installée contre le mur d'un moulin et son axe était relié à de grandes meules de pierre qui écrasaient les grains. En tournant, la roue entraînait la meule. Le moulin à vent fonctionnait selon les mêmes principes en transformant la force du vent sur les ailes en force de rotation sur un axe.

Les générateurs électriques

Au XIXe siècle, la simple roue à aubes se transforma en turbine d'un rendement bien plus grand. Dans une turbine, les palettes ou aubes de la roue sont creuses. L'eau qui arrive au-dessus de la roue remplit ces aubes, et son poids fait tourner la turbine. Lorsque les aubes arrivent au point bas, elles se vident automatiquement. Avec la découverte de l'électricité, on utilisa les turbines hydrauliques pour entraîner des générateurs de courant servant à l'éclairage, au chauffage ou au fonctionnement de certaines machines (voir page 152). Ce sont des générateurs hydroélectriques. L'alimentation en continu des centrales hydroélectriques est assurée par des barrages permettant de stocker de grandes retenues d'eau.

On a découvert d'autres énergies pouvant être transformées en électricité. Ainsi, le mouvement des marées et celui des vagues recèlent-ils de grandes quantités d'énergie. Dans les régions chaudes, l'énergie solaire peut être transformée directement en électricité. Dans les pays ventés, des centrales éoliennes peuvent produire assez d'électricité pour alimenter de petites agglomérations.

Cependant, de nos jours, on utilise surtout, pour produire de l'électricité, des combustibles : charbon et pétrole provenant de la transformation des plantes et des animaux fossilisés, et combustible nucléaire. Le charbon et le pétrole fournissent de la chaleur en brûlant. Les centrales nucléaires utilisent la

Ci-dessous Principe d'une centrale électrique thermique. Le charbon ou le fioul brûlés dans une chaudière produisent de la vapeur. Cette vapeur fait tourner une turbine qui entraîne à son tour un alternateur.

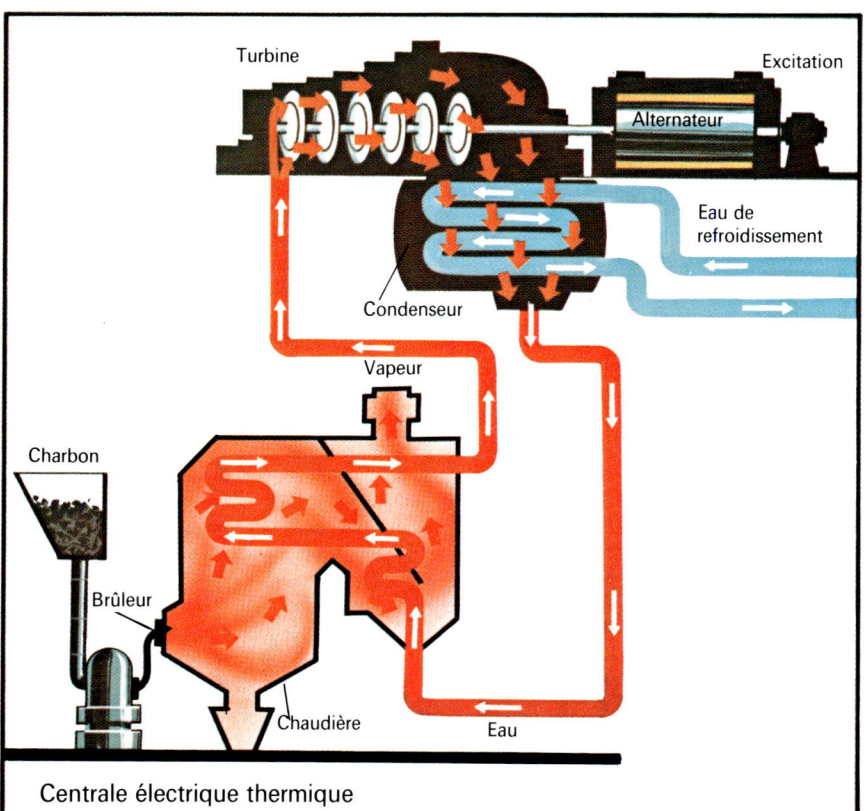

Centrale électrique thermique

A droite Panneaux de cellules solaires utilisés sur les engins spatiaux pour produire de l'énergie. La lumière du Soleil est transformée directement en électricité par ces éléments. Ces cellules solaires sont aussi utilisées dans les pays ensoleillés pour produire de l'eau chaude.

chaleur résultant de la division des atomes en deux parties. C'est ce que l'on appelle la fission nucléaire (voir page 192). C'est un processus comparable à celui de la bombe atomique, mais beaucoup plus lent et ne devant pas causer d'explosion. La chaleur du charbon, du pétrole ou du combustible nucléaire, sert à produire de la vapeur pour entraîner une turbine à vapeur. Celle-ci à son tour fait tourner un alternateur qui produit du courant.

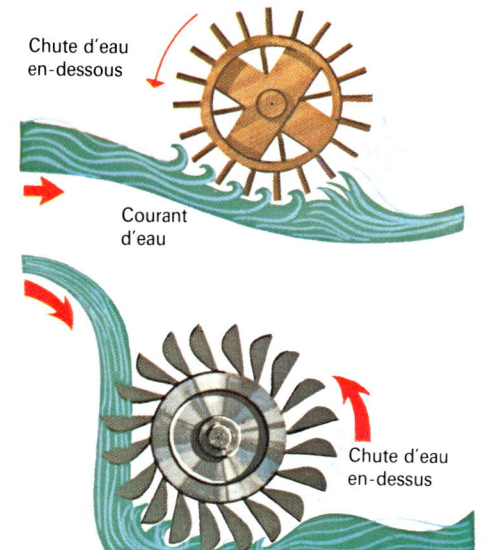

A gauche Une turbine hydraulique. Le type de turbine hydraulique le plus simple est appelé roue en-dessous : les aubes planes plongent dans le courant qui les pousse et fait tourner la roue. Les roues en-dessus ou roues de tête reçoivent l'eau en chute dans des augets ou petites cuves et la roue tourne sous l'effet du poids de l'eau retenue. Ce type de turbine exige une certaine différence de niveau dans le courant.

LA CONSTRUCTION D'UNE PETITE TURBINE HYDRAULIQUE

Matériel nécessaire : un bouchon - une aiguille à tricoter - six plumes en acier - du fil de fer - une bouteille en plastique - un clou - de l'eau

Enfilez le bouchon au milieu de l'aiguille à tricoter, en faisant attention car l'aiguille est pointue. Plantez 5 ou 6 plumes en acier régulièrement espacées et bien perpendiculaires au bouchon. Le rotor de la turbine est prêt. Faites un support de rotor avec du fil de fer en vous aidant d'une pince plate (attention à vos doigts). Posez le rotor sur son support : la turbine est prête à fonctionner.

Vous pouvez la placer sous un robinet mais elle fonctionnera encore mieux si vous envoyez un jet d'eau issu d'une grosse bouteille en plastique, dont le fond a été percé avec un clou. L'eau de la bouteille jaillit en jet fin que vous pouvez diriger bien perpendiculairement sur les plumes. De nombreuses centrales hydroélectriques fonctionnent sur ce principe.

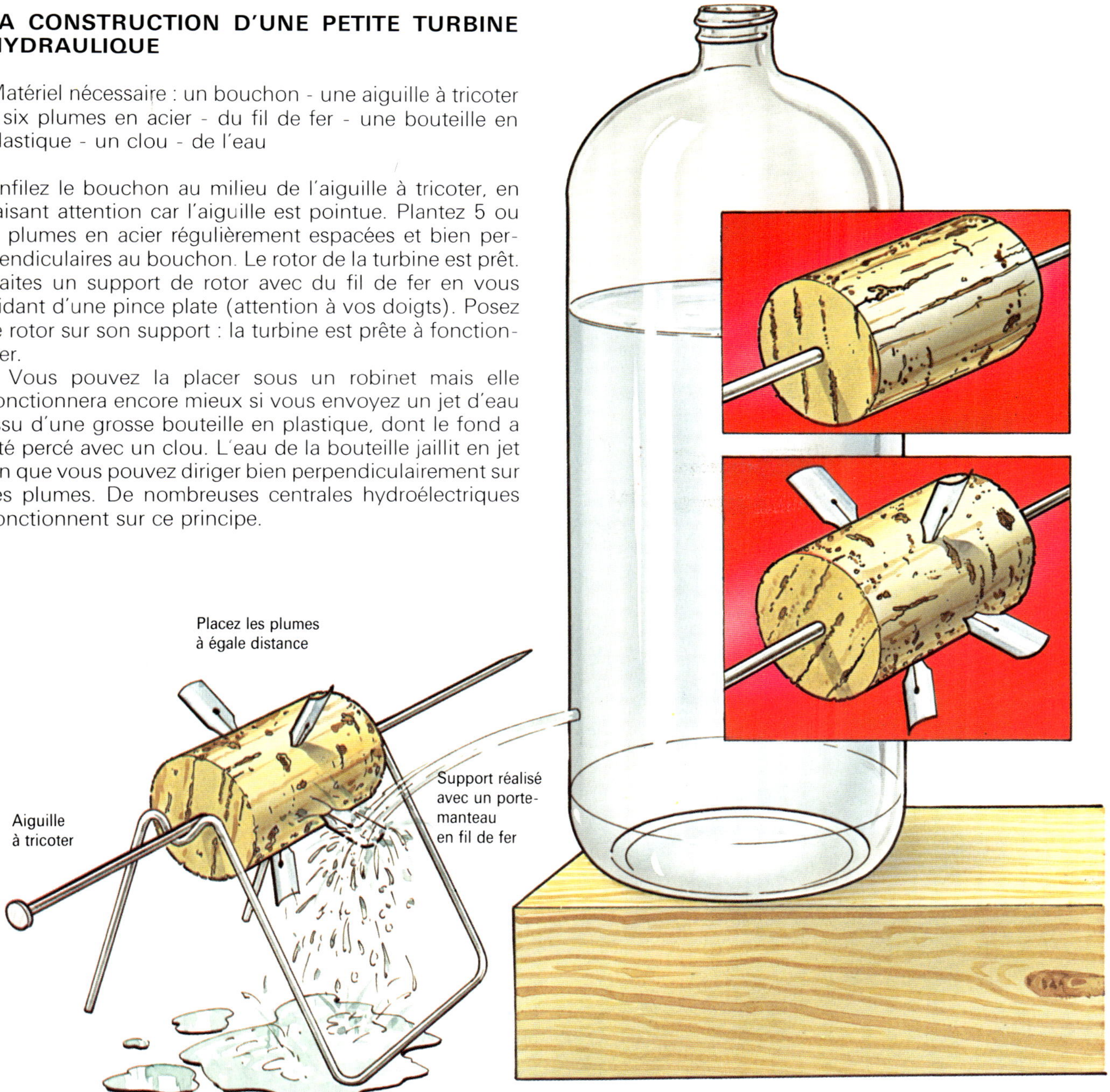

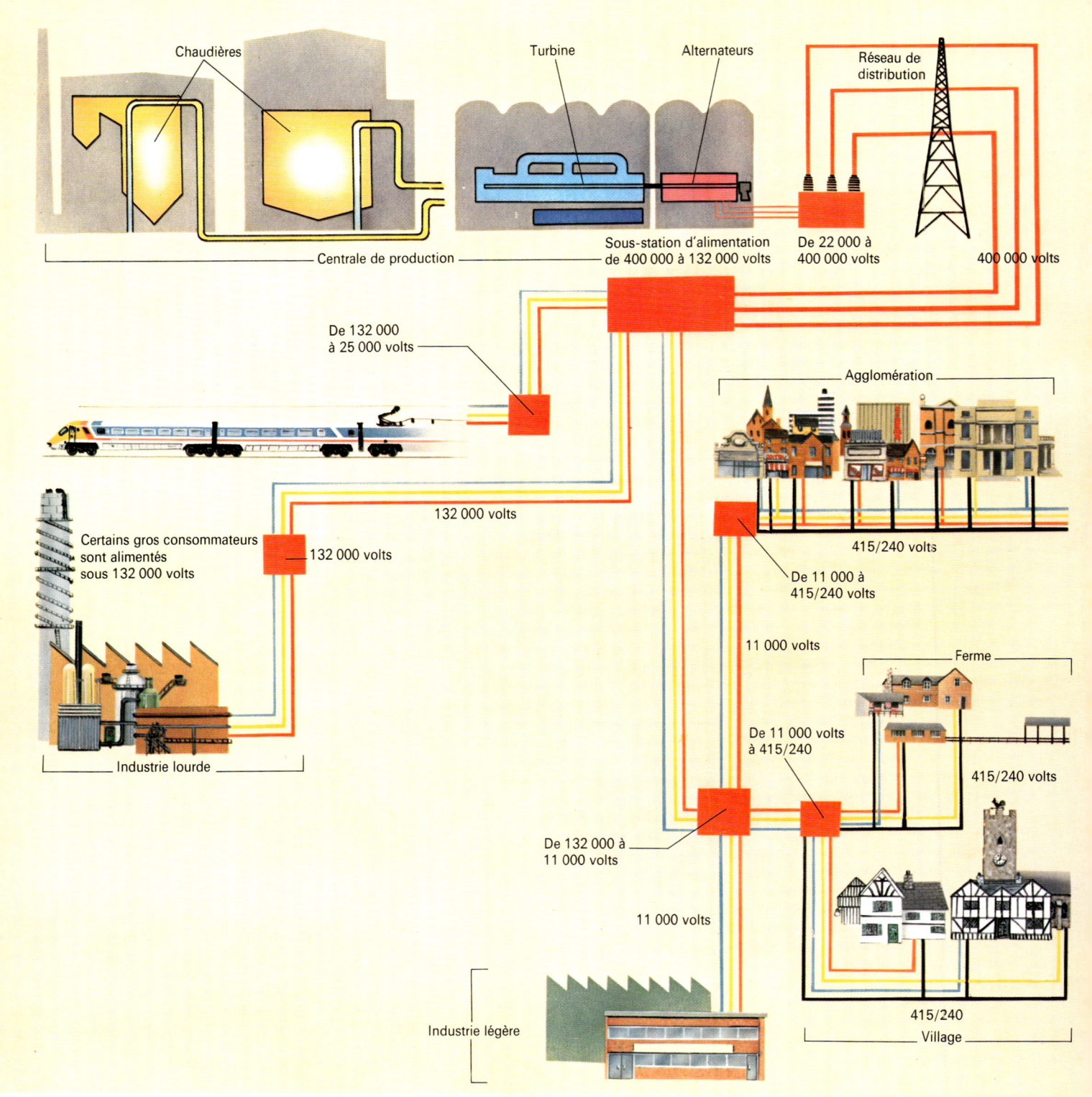

Ci-dessus Production et distribution de l'électricité. Dans la centrale électrique, la vapeur produite par les chaudières est envoyée dans les turbines qui font tourner les alternateurs. Après avoir été utilisée, la vapeur est condensée en eau et recyclée dans les chaudières. Les alternateurs produisent un courant de 22 000 volts envoyé vers la sous-station transformatrice de la centrale qui élève la tension jusqu'à 400 000 volts avant de l'envoyer dans le réseau de distribution car la perte de puissance électrique est moindre si la tension est élevée. Le voltage est ensuite abaissé par des sous-stations à 132 000 volts pour la distribution principale. La plupart des consommateurs reçoivent du courant abaissé à 380 240 volts par des postes transformateurs locaux.

LE COURANT DU SECTEUR

Nous utilisons chaque jour un très grand nombre d'appareils électriques : lampes, cuisinières et fours, machines à laver, mixeurs, perceuses, radiateurs, récepteurs de radio et de TV, etc. Tous ces appareils sont alimentés par le courant du secteur. Celui-ci est produit dans des centrales et transporté par des lignes de force à haute tension vers les maisons, les

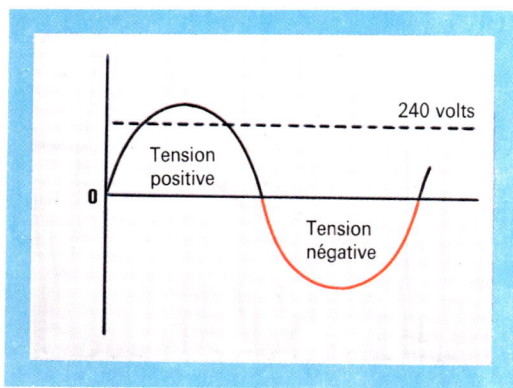

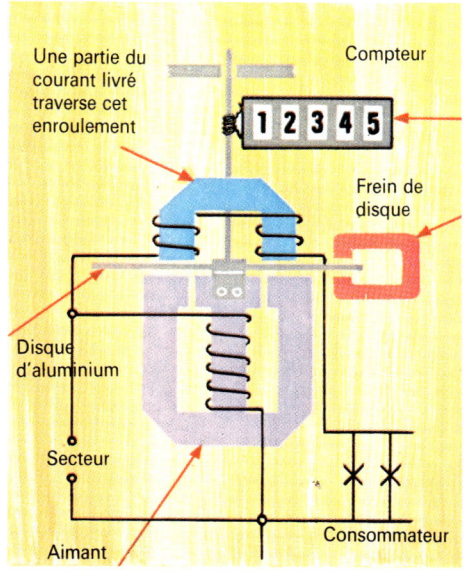

A gauche Les compteurs électriques sont un type particulier de moteur électrique qui entraîne un appareil de mesure. Celui-ci indique le nombre d'unités (kilowatts-heure) consommées. Le disque en aluminium du moteur ne doit pas tourner lorsque le courant ne passe plus. On utilise un frein magnétique pour arrêter le disque.

A gauche Le courant électrique du secteur distribué dans les maisons est de type alternatif. Cela signifie que le voltage croît de zéro à une valeur maximale d'environ 340 volts puis retombe à zéro. Ce cycle est désigné demi-phase ou demi-période. La demi-période suivante correspond à un voltage négatif dont le minimum se situe à – 340 volts. La tension moyenne de chaque demi-période est de 240 volts. Le nombre de fois où ce cycle se répète par seconde est appelé fréquence. En France, elle est de 50 périodes par seconde ou 50 hertz (1 hertz correspond à une fréquence d'une période par seconde), aux États-Unis de 60 hertz.

bureaux, les usines, etc. Le pays entier est parcouru par ces câbles qui constituent le réseau de distribution. Le voltage transporté par les lignes de force est très élevé (jusqu'à 400 000 volts). Ces lignes à haute tension sont supportées par des pylônes en acier. Les câbles à haute tension conduisent le courant à des sous-stations où le voltage est abaissé au moyen de transformateurs (voir page 151). Ce voltage réduit est ensuite livré aux utilisateurs par des fils enterrés ou aériens.

Alternatif ou continu

Dans la plupart des pays, le courant du secteur est alternatif (C.A. en abrégé). Cela signifie que le voltage croît et décroît périodiquement, et n'est pas stable comme celui du courant continu (C.C.). On utilise le courant alternatif car son voltage peut être modifié par un transformateur. Le courant continu n'est pas modifiable de cette façon.

Lorsque le courant parvient à l'utilisateur, un compteur estime la quantité consommée qui devra être payée. Un compteur n'est autre qu'une sorte de moteur relié à un appareil de comptage. Il comporte des cadrans indiquant le nombre d'unités consommées. A intervalles réguliers, dans l'année, un employé de l'E.D.F. vient relever les indications du compteur en vue d'établir une facture. Cette facture est calculée sur la base du nombre de kilowatts-heure consommés. Si vous faites fonctionner un radiateur de 2 kilowatts pendant une heure, vous paierez 2 kWh. Pour un radiateur de 3 kilowatts chauffant pendant 2 heures, la consommation sera de 6 kWh. Dans la plupart des pays, le prix de l'électricité varie selon le moment de la consommation : il est généralement moins élevé la nuit que le jour. C'est pourquoi certains radiateurs appelés radiateurs à accumulation consomment du courant pendant la nuit et restituent la chaleur pendant la journée.

Ci-dessous De nombreuses installations industrielles fonctionnent sur le courant du secteur. Les machines lourdes nécessitent des installations spéciales.

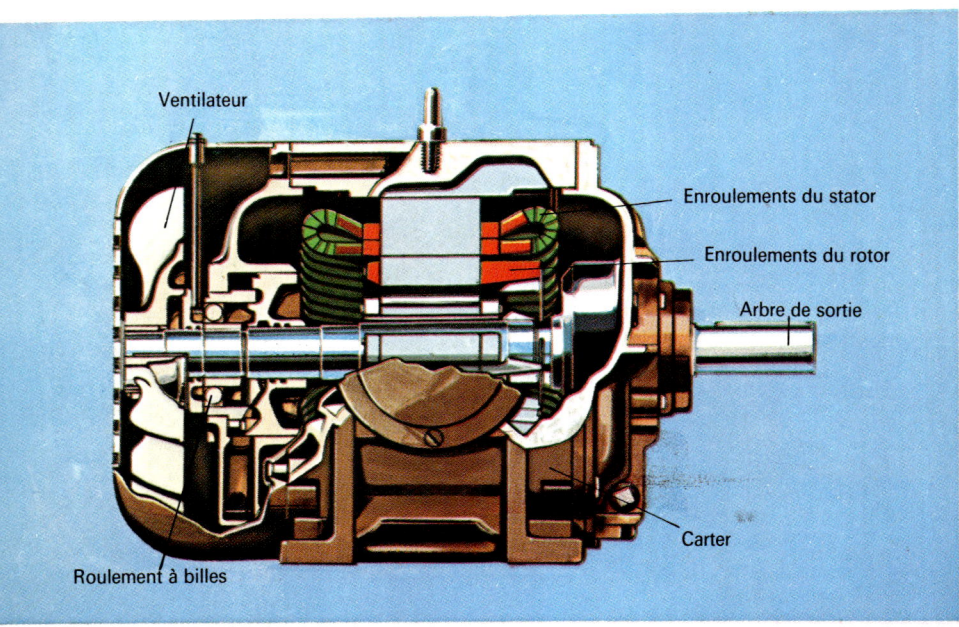

Ci-dessous Un sous-marin suédois de la classe Stöormen. Bien qu'il soit employé pour surveiller les zones côtières de proximité, ce type de sous-marin propulsé par des batteries peut naviguer en eaux profondes pendant de longues périodes.

Ci-dessus Un moteur électrique à induction. Le rotor et le stator possèdent des enroulements identiques. Les deux enroulements se comportent comme une sorte de transformateur. Le champ magnétique induit dans le rotor entraîne sa rotation et celle de l'arbre sur lequel il est calé.

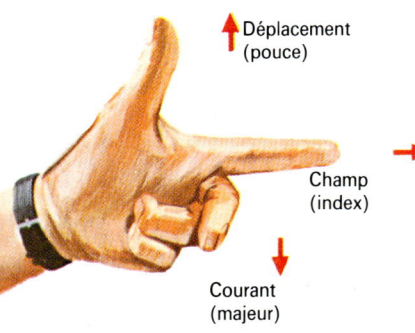

Ci-dessus La règle de la main droite indique le sens de rotation d'un moteur. L'index donne la direction du champ magnétique, le majeur, le sens du courant et le pouce celui du mouvement (rotation).

A gauche Un aspirateur utilise un moteur électrique pour aspirer la poussière. Le moteur entraîne un ventilateur qui aspire l'air à travers le sac à poussière. Le moteur est souvent de type synchrone à courant alternatif car les changements de régime ne sont pas nécessaires.

LES MOTEURS ÉLECTRIQUES

Les moteurs électriques fonctionnent selon les mêmes principes que le générateur inventé par Michael Faraday (voir page 152). Dans le générateur, un courant est induit dans un conducteur qui se déplace dans un champ magnétique. Dans un moteur, on fait passer un courant dans un conducteur placé dans un champ magnétique. Il se produit alors une force qui tend à faire tourner ce conducteur. Là encore, comme dans le générateur, la disposition la plus pratique consiste à former le fil en spires (enroulement) et à les placer entre les pôles d'un aimant.

Le collecteur

Le courant doit être transmis à l'enroulement par un organe appelé collecteur. Le collecteur inverse le sens du courant électrique après que l'enroulement a effectué un demi-tour. Sans ce collecteur, l'enroulement resterait immobile à l'horizontale après avoir fait un demi-tour. Le changement de sens du courant lui fait accomplir un autre demi-tour et ainsi de suite. Sur un gros moteur, on trouve plusieurs enroulements successifs chacun décalé de quelques degrés d'angle par rapport au précédent. C'est pourquoi le collecteur a plusieurs segments correspondant chacun à un enroulement. Le courant est transmis à chaque segment du collecteur par les balais de carbone qui appuient sur le collecteur.

Les moteurs électriques offrent une multitude d'utilisations, depuis les petits moteurs de rasoirs électriques jusqu'aux énormes groupes qui propulsent les trains et actionnent des installations industrielles. Certains mo-

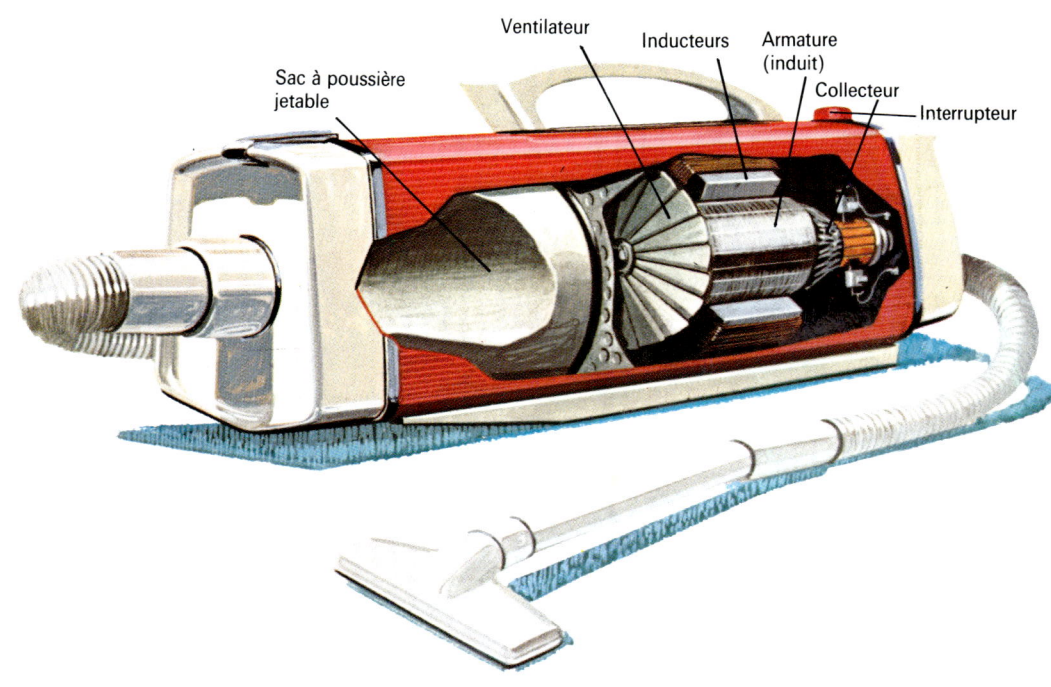

À droite Les trains électriques sont propulsés par de puissants moteurs électriques. Le métro de Paris est alimenté par un troisième rail latéral. Les trains sont alimentés par un fil aérien appelé caténaire sur lequel frotte le pantographe de la motrice.

teurs fonctionnent avec du courant alternatif, d'autres avec du courant continu ; enfin certains fonctionnent avec les deux, ils sont dits universels. Les moteurs continus utilisés pour les trains sont du même type que le modèle décrit ci-dessus mais l'aimant permanent est remplacé par un électro-aimant.

Les moteurs synchrones à courant alternatif tournent à vitesse constante en fonction de la fréquence du courant. Par conséquent, on ne les utilise pas lorsqu'il est nécessaire de pouvoir faire varier la vitesse dans d'assez grandes proportions.

Le moteur à induction à courant alternatif, très utilisé dans l'industrie, possède des enroulements rotatifs (le rotor) fort semblables aux enroulements fixes (le stator). Les deux enroulements se comportent plutôt comme un transformateur (voir page 151). Certains de ces moteurs ne démarrent pas seuls et doivent être équipés d'un moteur de lancement. Les moteurs électriques constituent un moyen très pratique de disposer d'une énergie mécanique. De plus, ils permettent de réduire la pollution : une voiture électrique ne produit pas, en effet, de gaz d'échappement nocifs et est beaucoup plus silencieuse qu'une voiture à moteur à explosion.

L'un des avantages des moteurs électriques réside dans le fait qu'ils fournissent directement un mouvement rotatif. Dans un moteur à explosion, on doit d'abord transformer le mouvement alternatif des pistons en mouvement rotatif. Certains moteurs électriques dits linéaires ne donnent pas de mouvement rotatif. Ce sont des moteurs à induction dans lesquels le stator et le rotor sont plats et parallèles. On utilisera peut-être ce type de moteur dans l'avenir pour propulser des trains interurbains, rapides mais économiques, sur monorail. Le véhicule portera un enroulement, l'autre sera intégré au rail unique.

FABRIQUEZ UN MOTEUR ÉLECTRIQUE ÉLÉMENTAIRE

Matériel nécessaire : un gros bouchon - du fil de cuivre isolé de 0,5 mm - des élastiques - des grosses épingles - une aiguille à tricoter - des clous - deux petits aimants plats - des boîtes d'allumettes vides

Prenez un gros bouchon de liège et enroulez sur la longueur 25 tours de fil de cuivre que vous ferez tenir avec des élastiques (2 ou 3 suffiront). Faites des connexions aux deux extrémités du fil au moyen de deux épingles solides qui dépasseront du liège de 2 cm environ. Traversez le centre du bouchon avec l'aiguille à tricoter (non métallique) et posez l'ensemble sur deux clous plantés en croix à chaque extrémité. Posez à quelques centimètres du bouchon deux barreaux aimantés sur les boîtes d'allumettes pour produire le champ magnétique. Connectez le bouchon à une pile de 6 volts : les épingles du bouchon doivent toucher les trombones fixés par des punaises et être reliés aux deux fils de la pile. Le moteur est prêt, pour le faire démarrer faites tourner le bouchon.

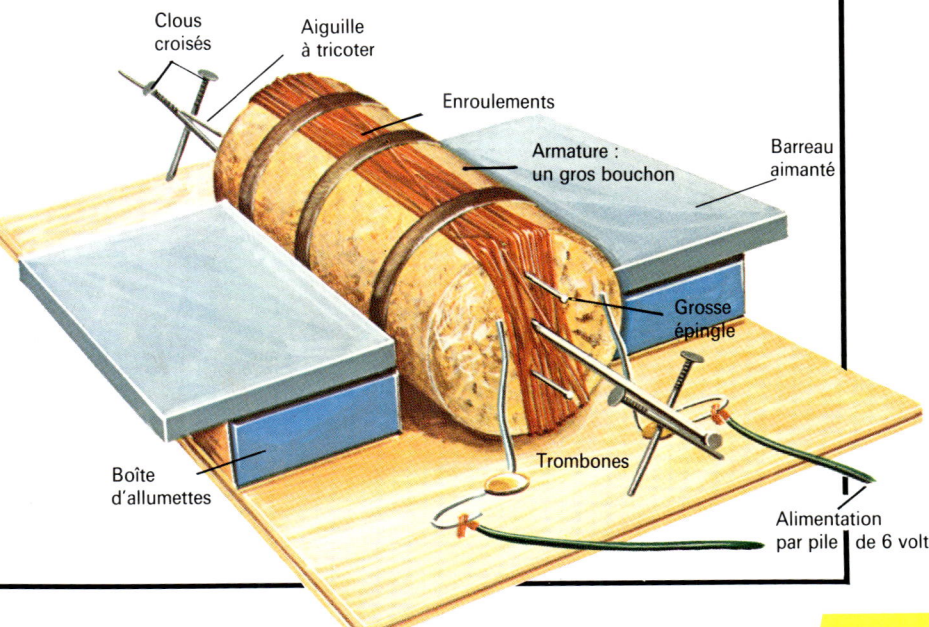

Ci-dessous Le phonographe original à feuille de fer blanc (étamé), inventé en 1877 par Edison, enregistrait la voix humaine en traçant des sillons crantés sur une feuille de fer recouverte d'étain et enroulée sur un cylindre de laiton. Il fallait faire tourner le cylindre à la main.

En bas Thomas Alva Edison, inventeur américain, né en 1847 et mort en 1931. Parmi ses nombreuses inventions figure la machine parlante rebaptisée plus tard de noms divers tels que gramophone, phonographe ou tourne-disques.

L'ENREGISTREMENT SONORE

L'une des nombreuses applications des aimants et de l'électromagnétisme se trouve principalement dans les magnétophones à bande.

Le premier enregistrement magnétique du son fut réalisé en 1898 par un inventeur danois, Valdemar Poulsen, qui employa une bobine de fil d'acier, et non, comme dans les appareils modernes, une bande. Celles-ci furent introduites dans les années 20.

Le magnétophone à bande

Dans un magnétophone à bande, on utilise un aimant pour enregistrer des sons sur la bande. Celle-ci est un ruban de plastique recouvert d'une poudre d'oxyde de fer, une matière magnétique. Pendant un enregistrement, un microphone transforme les variations de pression de l'air, qui forment le son, en variations d'un courant électrique. Celles-ci sont conduites par des fils jusqu'à la tête d'enregistrement où le signal électrique est enregistré sur la bande magnétique.

La tête d'enregistrement est une pièce bombée, en fer, entourée d'un bobinage de fil constituant un électro-aimant. L'extrémité de la tête porte une fente très fine. Lorsque le courant électrique parcourt la bobine, un champ électrique se crée dans la fente, entre les deux pôles de l'électro-aimant. Le ruban défile très près de ce champ. L'oxyde de fer de la bande est aimanté par le champ magnétique de la tête d'enregistrement. Lorsque le courant est fort, le champ magnétique est puissant. La bande est alors fortement aimantée. Lorsque le courant est faible, la bande est peu aimantée. De cette manière, les variations du courant sont enregistrées sur la bande. Lorsqu'on écoute l'enregistrement, la bande défile contre une pièce identique appelée tête de lecture. La couche aimantée de la bande produit un faible champ magnétique dans la tête de lecture. Le défilement de la bande fait varier ce champ magnétique qui induit un courant faible dans

A droite Les disques compacts sont lus par un rayon laser au lieu d'une aiguille. Il en résulte que rien ne touche jamais le disque excepté un rayon de lumière d'où sa très longue durabilité.

Edison

la bobine. Ce courant qui varie en fonction du champ est renforcé par un amplificateur. Ce courant variable est identique à celui que produit le micro pendant l'enregistrement. Lorsqu'il est transmis vers le haut-parleur, celui-ci reproduit le son original.

Disques et phonographes

Le premier appareil à reproduire la voix humaine, la machine parlante, était très différent du magnétophone. Inventée en 1877, par l'Américain Thomas Alva Edison, il est l'ancêtre du phonographe. Un disque moderne est une galette en plastique sur laquelle est gravé un sillon en spirale sur chaque face. Des empreintes ou gravures portées par le sillon représentent les sons enregistrés. A partir d'un disque père ou *master*, on peut produire des millions de copies. Le *master* comporte des crêtes (en positif) au lieu d'un sillon (en négatif). Les premiers disques produits en masse étaient en gomme-laque, obtenus par pressage à chaud. Le *master* était pressé contre la face des galettes en gomme-laque tendre sur laquelle il imprimait des sillons identiques à ceux qu'avait creusés l'enregistrement original. L'aiguille de lecture suit ces sillons dont les reliefs la font vibrer. L'aiguille vibre dans la tête de lecture qui transforme les vibrations en courants électriques variables. Ces courants sont envoyés à un amplificateur qui les renforce avant de les transmettre vers le haut-parleur. Les progrès de l'enregistrement, de l'électronique et des haut-parleurs (enceintes acoustiques) permettent d'obtenir une reproduction du son très proche du son original. Ce son est dit à haute fidélité (ou hi-fi).

Le disque compact

L'invention du disque compact a constitué un très grand progrès. Ces disques plus petits et d'aspect argenté sont lus comme les vidéodisques (voir page 181).

Ci-dessous Un magnétoscope ou lecteur enregistreur de vidéo-cassettes. Cet appareil enregistre les programmes de télévision, ce qui permet de les revoir ultérieurement. Les signaux électriques qui constituent les images et les sons des émissions de télévision sont transformés en signaux magnétiques par l'enregistreur. Ces signaux sont alors déposés sur une bande sous forme de particules magnétisées. Lorsque la bande repasse pour lecture, les signaux magnétiques sont retransformés en signaux électriques envoyés dans le récepteur de télévision qui fournit des images et des sons. Une cassette vidéo longue durée contient plus d'un demi-kilomètre de bande magnétique.

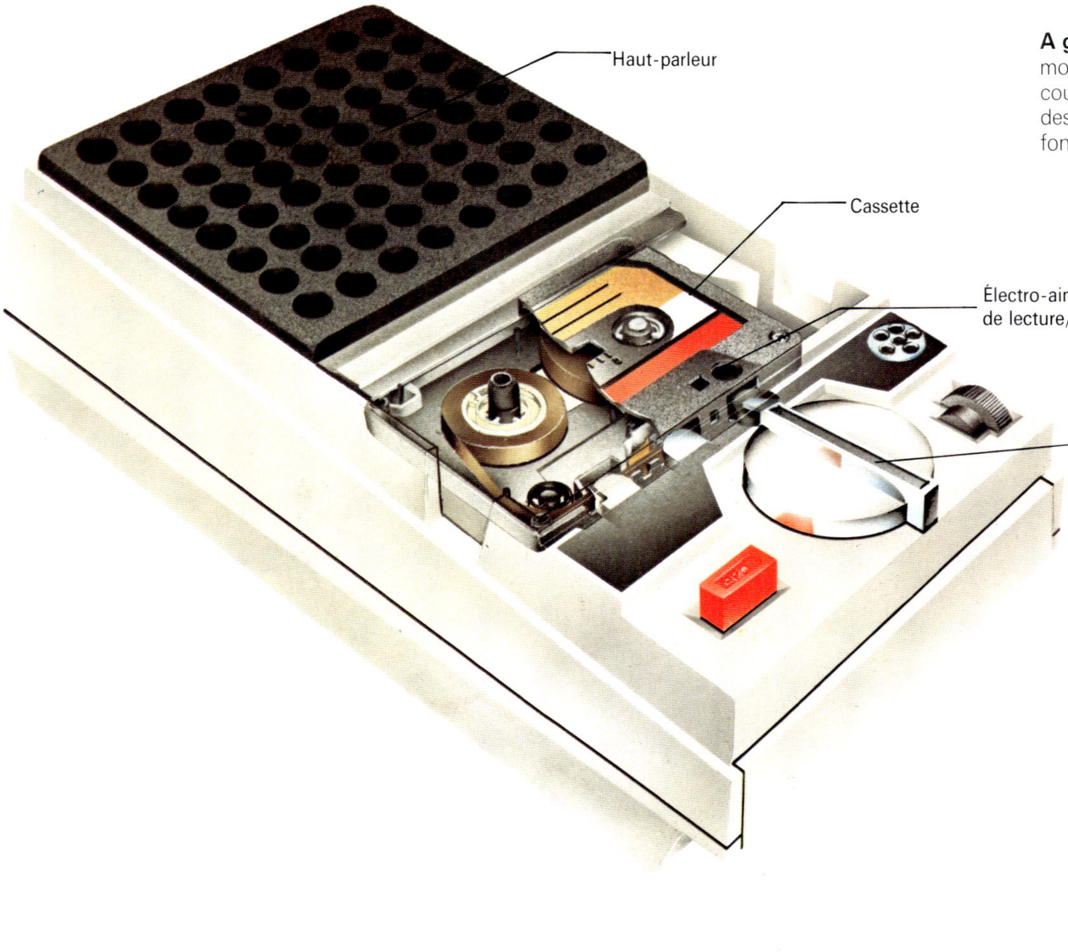

A gauche Un magnétophone moderne fonctionnant sur le courant du secteur. Il existe aussi des magnétophones portables fonctionnant sur piles.

Haut-parleur
Cassette
Électro-aimant et enroulement de lecture/enregistrement
Commande d'enregistrement de rembobinage et de lecture

Fresnel

Young

En haut La théorie des ondes lumineuses, proposée par le savant hollandais Christian Huygens (1629-1695) fut étudiée par le Français Augustin Fresnel (1788-1827) et l'Anglais Thomas Young (1773-1829). Young démontra la justesse de cette théorie en 1801.

Planck

Ci-dessus Max Planck (1858-1947), physicien allemand. De nombreux phénomènes y compris l'absorption et l'émission de lumière ne s'expliquent pas par la théorie des ondes. En 1900, Planck émit l'idée que les rayonnements électromagnétiques étaient dus à l'existence d'un courant de petites particules d'énergie appelées quanta. Chaque quantum, se déplaçant à la vitesse de la lumière, possède une énergie proportionnelle à la fréquence de la radiation. Un quantum de lumière est appelé photon.

Ondes et électrons

LES ONDES

La lumière est une forme d'énergie qui nous permet de voir et qui permet aux plantes de pousser. Un rayon lumineux peut traverser un espace libre et vide. Ainsi, cette forme d'énergie n'utilise ni l'air ni la matière qu'elle traverse pour se déplacer. L'énergie doit par conséquent être transportée par le rayon lui-même. En observant la netteté des ombres, on peut déduire que les rayons lumineux traversent l'air en ligne droite. Ils ne peuvent en effet changer leur direction.

On considère généralement les rayons lumineux comme des lignes droites, notion qui permit d'expliquer la réflexion et la réfraction. Mais en 1680, Huygens émit l'idée que les rayons lumineux étaient en réalité des ondes. Il fallut plus d'un siècle pour démontrer cette théorie.

Les longueurs d'onde

Si la lumière se propage dans une seule direction, le rayon lui-même croît et décroît en une suite de crêtes et de dépressions. Cette radiation ressemble à des vagues sur la surface d'un étang. En se déplaçant dans l'espace, la distance entre deux crêtes ou deux dépressions successives reste constante. Cette distance est la longueur d'onde. C'est une longueur extrêmement petite exprimée en fractions de mètre. La hauteur d'une crête ou la profondeur d'une dépression est appelée amplitude. Plus l'amplitude d'une onde est élevée, plus grande est l'énergie. Lorsque l'énergie décroît, l'amplitude s'atténue.

Lorsque l'onde a parcouru la distance d'une crête et d'une dépression, elle s'est déplacée d'une longueur d'onde. L'onde qui a effectué un cycle complet peut recommencer un cycle. Le nombre de cycles par seconde est appelé fréquence.

Les ondes se déplacent à des vitesses énormes. Cette vitesse est constante dans un milieu défini comme l'air mais elle décroît lorsqu'elles pénètrent dans un milieu plus dense comme le verre ou l'eau. Cette variation de vitesse détermine la réfraction du rayon lumineux qui augmente sa longueur d'onde. La vitesse d'une onde lumineuse dans n'importe quel milieu est égale à sa longueur d'onde multipliée par la fréquence. La lumière atteint sa vitesse maximale dans le vide tel que l'espace interplanétaire. La vitesse dans l'air est très proche de cette valeur maximale, soit 300 000 km par seconde. Aucun corps ne peut se déplacer dans le vide à une vitesse supérieure.

Chaque onde lumineuse possède une longueur d'onde propre et chaque longueur d'onde correspond à une couleur particulière. La lumière rouge possède une longueur d'onde presque double de celle du violet. Le jaune, le vert et le bleu ont des longueurs d'onde comprises entre ces valeurs.

Les radiations électromagnétiques

La lumière n'est pas la seule forme d'énergie qui se propage en ondes. Les ondes radio, les radiations infrarouges et ultraviolettes, les rayons X et gamma se déplacent sous forme d'ondes à la vitesse de la lumière. Ce sont toutes des radiations électromagnétiques et elles se comportent toutes comme des ondes électromagnétiques. Cependant, leurs longueurs d'onde (et par conséquent leurs fréquences) sont très différentes.

Ce sont ces différentes longueurs d'onde qui donnent à chaque type de radiation ses caractéristiques.

Le schéma illustrant les différentes variations électromagnétiques par ordre de longueurs d'onde croissantes (ou de fréquences décroissantes) constitue un spectre électromagnétique.

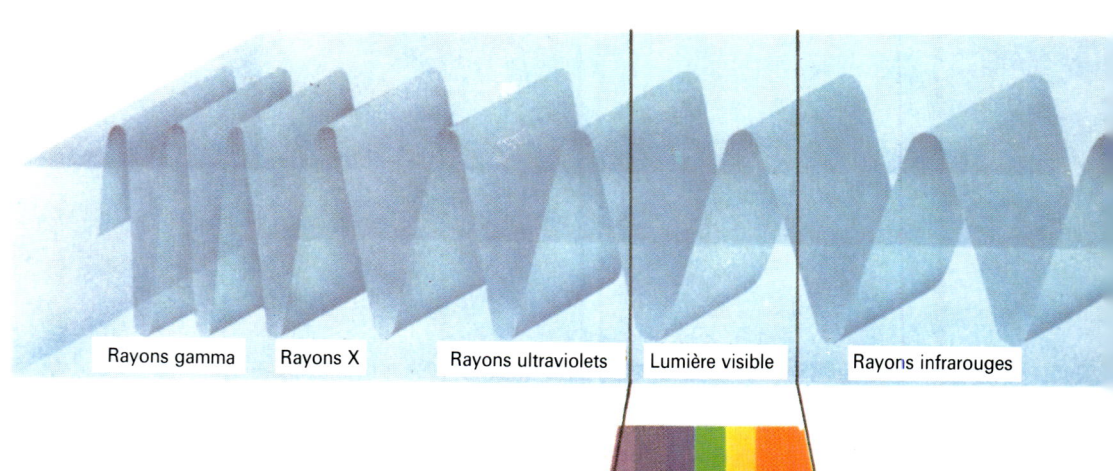

Rayons gamma | Rayons X | Rayons ultraviolets | Lumière visible | Rayons infrarouges

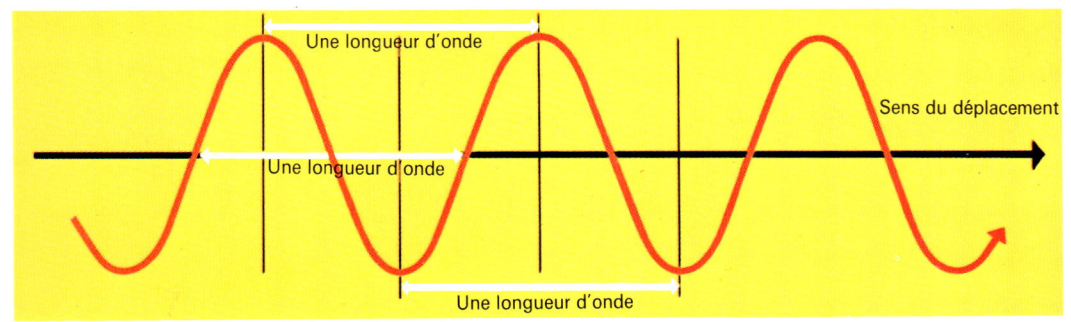

A gauche La longueur d'onde de la lumière rouge est presque deux fois celle de la lumière bleue. La fréquence est égale au nombre de cycles d'ondes complets par seconde. Lorsque la longueur d'onde augmente, la fréquence diminue. La lumière rouge a une longueur d'onde presque double de la lumière bleue mais sa fréquence est presque inférieure de moitié à celle du bleu.

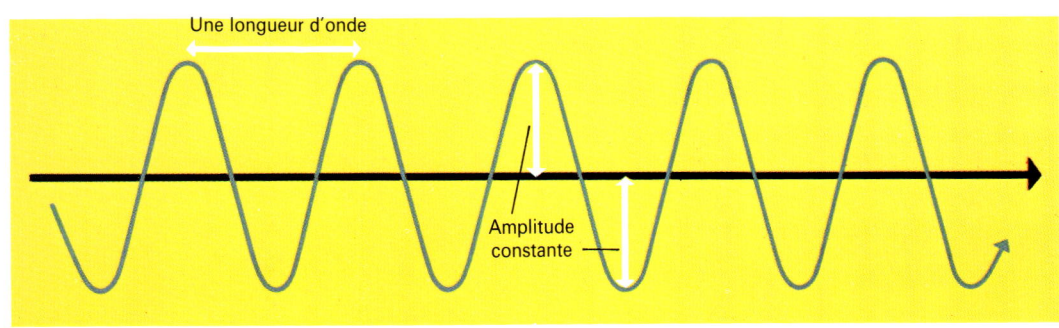

A gauche L'amplitude ou hauteur maximale d'une crête ou pointe reste égale si l'énergie de l'onde est constante. Si l'onde perd de l'énergie, l'amplitude décroît. Le carré de l'amplitude (produit de l'amplitude par elle-même) donne la valeur de l'énergie.

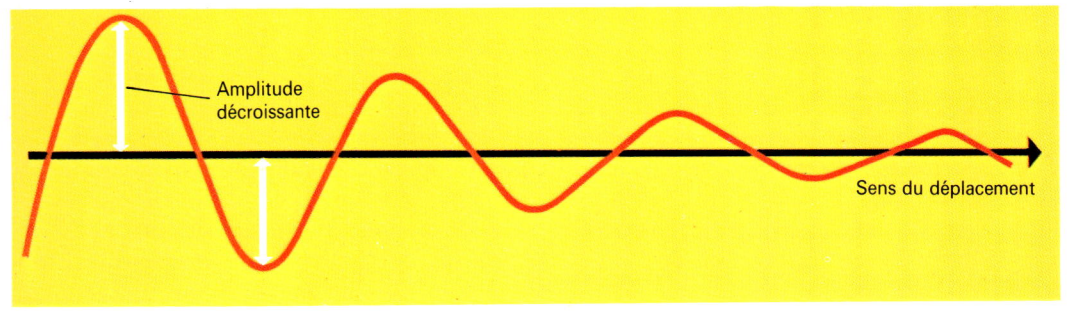

A gauche Le spectre électromagnétique. Les ondes radio ont une longueur d'onde bien supérieure à celle des ondes lumineuses qui, elles-mêmes, ont une longueur d'onde supérieure à celles des rayons X et gamma. Une très petite partie seulement du spectre est visible.

Ci-dessous Les ondes lumineuses, de radio, les radiations infrarouges et ultraviolettes, les rayons X et gamma se déplacent toutes comme des vibrations à la vitesse de la lumière. Leurs longueurs d'onde (et par conséquent leurs fréquences) sont très différentes ce qui leur confère des caractéristiques particulières. Le schéma montrant ces diverses radiations électromagnétiques par ordre de longueur d'onde (ou de fréquence) constitue le spectre électromagnétique.

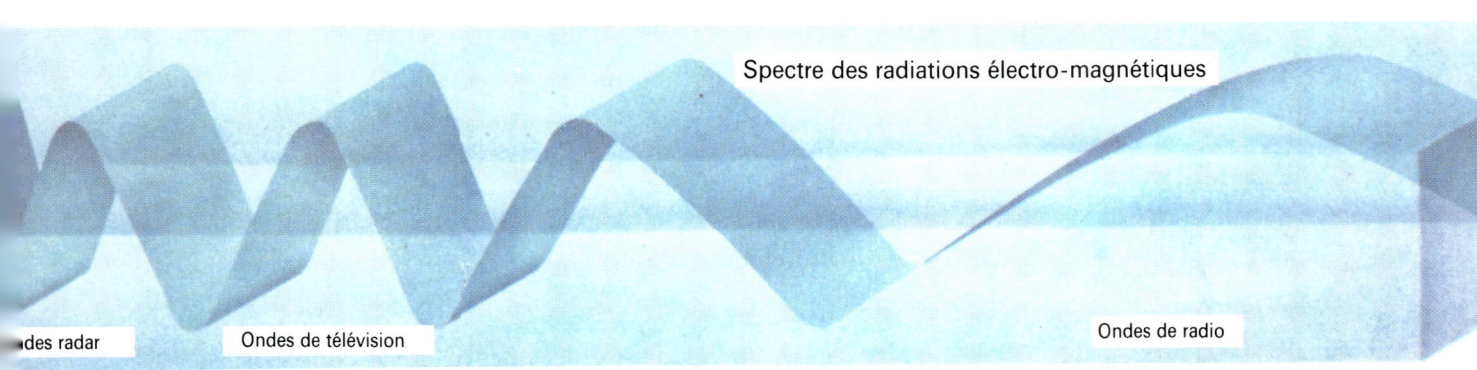

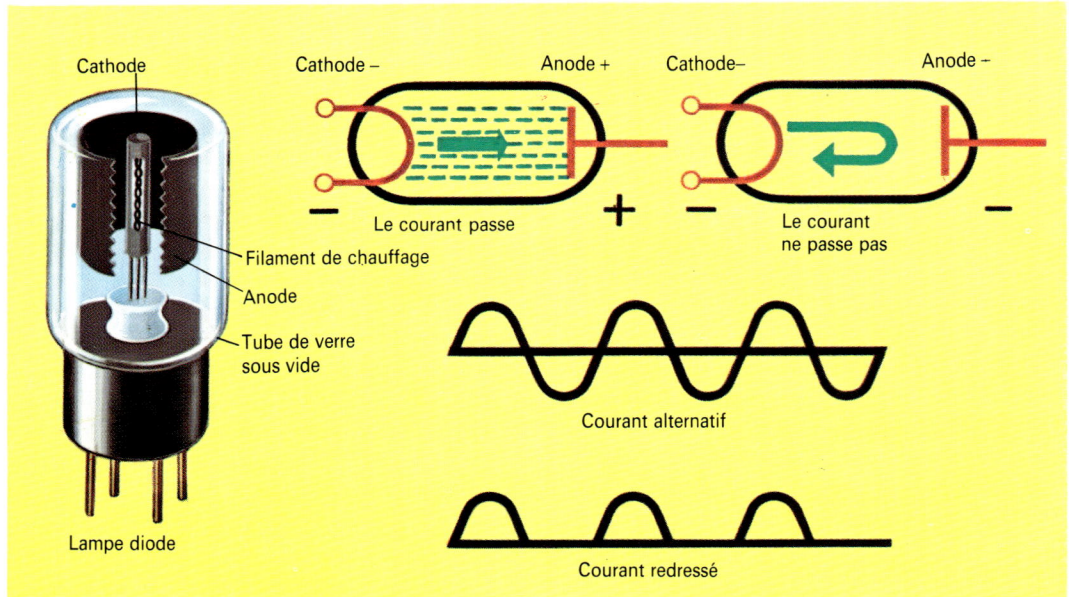

A gauche La diode. Un courant alternatif rend une anode positive puis négative au cours d'un cycle. Puisque le courant ne passe que si l'anode est positive, la partie négative du cycle est perdue. Le courant alternatif est ainsi transformé en courant continu. La diode se comporte donc comme un redresseur.

A droite Schéma d'un tube à rayons X. La cathode a une forme telle qu'un étroit faisceau d'électrons est dirigé vers le disque en tungstène de l'anode. Il en résulte un faisceau assez étroit de rayons X qui sortent du tube à travers une petite plaque de métal. L'énergie des rayons X dépend de la différence de tension entre l'anode et la cathode.

Ci-dessous Wilhelm Konrad Roentgen (1845-1923), physicien allemand, découvrit les rayons X en 1895 et étudia une grande partie de leurs propriétés. Cette découverte fut à l'origine d'une nouvelle ère de la physique et de la médecine.

Roentgen

Fleming

Ci-dessus Sir John Ambrose Fleming (1849-1945), physicien anglais, inventa la lampe diode en 1904 et contribua à la mise au point de l'éclairage électrique.

LES RAYONS X

Comme la lumière, les rayons X se déplacent sous forme d'ondes mais leur longueur d'onde est très inférieure. Au contraire des ondes lumineuses, ils sont invisibles. L'énergie des rayons X est très importante. Ils peuvent pénétrer dans les corps et parfois même les traverser.

Les rayons X sont produits par un tube à rayons X dans lequel un étroit faisceau d'électrons émis par une cathode chauffante se trouve fortement attiré par l'anode. Cette anode est soumise à un courant à haute tension. Il en résulte que les électrons, dotés d'une vitesse élevée en direction de l'anode, possèdent une grande quantité d'énergie. Cette anode comporte un petit disque de métal lourd tel que du tungstène. Lorsque les électrons frappent les atomes de tungstène, ils cèdent cette énergie à leurs électrons. Pour évacuer ce trop-plein d'énergie, les atomes émettent des rayons X.

Les rayons X ont diverses applications en médecine. Comme la lumière, les rayons X peuvent impressionner la pellicule photographique. Si on place quelqu'un entre une source faible de rayons X et une pellicule, on obtient la photo de son squelette, ce qui permet de détecter des fractures ou des malformations.

Le scanner tomographique

L'application la plus moderne des rayons X a donné lieu au scanner tomographique assisté par ordinateur. Un scanner tomographique comporte un ordinateur qui réalise des images hautement détaillées de l'intérieur du corps humain. Pour ce faire, la mémoire de l'ordinateur a emmagasiné des informations sur la façon dont les différents tissus du corps absorbent les rayons X.

Lorsque le patient est soumis au scanner, l'ordinateur compare ces informations aux quantités de radiations réellement absorbées par le corps du patient. L'ordinateur peut alors produire une image détaillée des tissus.

Pour réaliser cette image, les rayons X ne traversent qu'une tranche mince du corps examiné. On obtient ainsi une image plus claire. Le tube émetteur de rayons X tourne autour du patient en effectuant un million et demi de clichés par révolution. Des détecteurs très sensibles diamétralement opposés au tube à rayons X tournent en même temps. Ces détecteurs sont reliés à l'ordinateur qui produit l'image détaillée sur un écran type télévision. Actuellement les scanners peuvent examiner des tranches de tissus allant de 2 à 13 mm sans difficulté.

Le scanner à résonance magnétique nucléaire (R.M.N.)

Le scanner à R.M.N. résonance magnétique nucléaire utilise un autre système pour produire des images détaillées de l'intérieur du corps du patient. On entoure celui-ci d'un champ magnétique intense produit par un

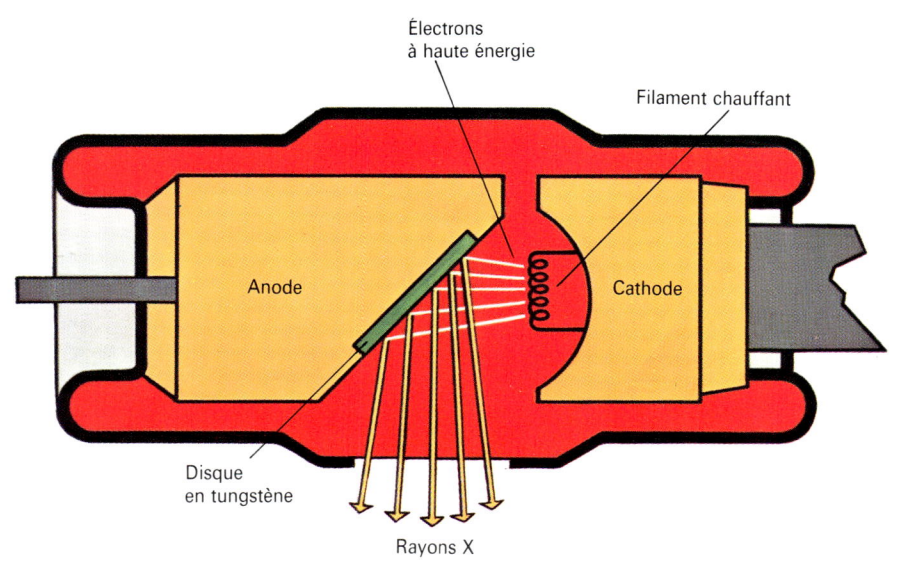

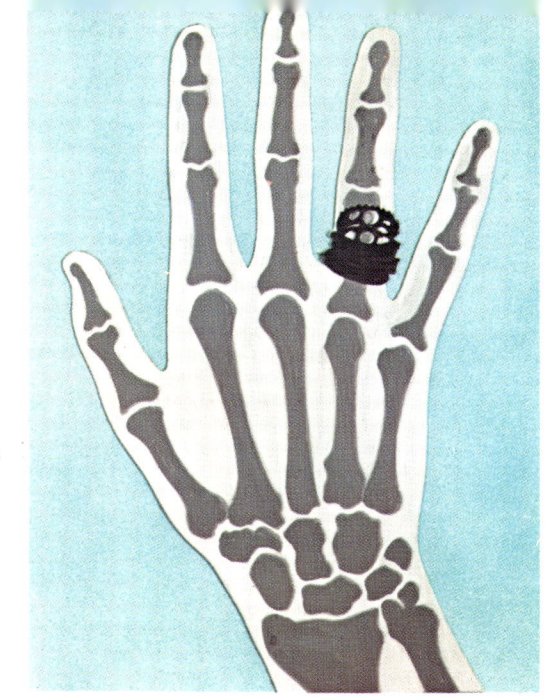

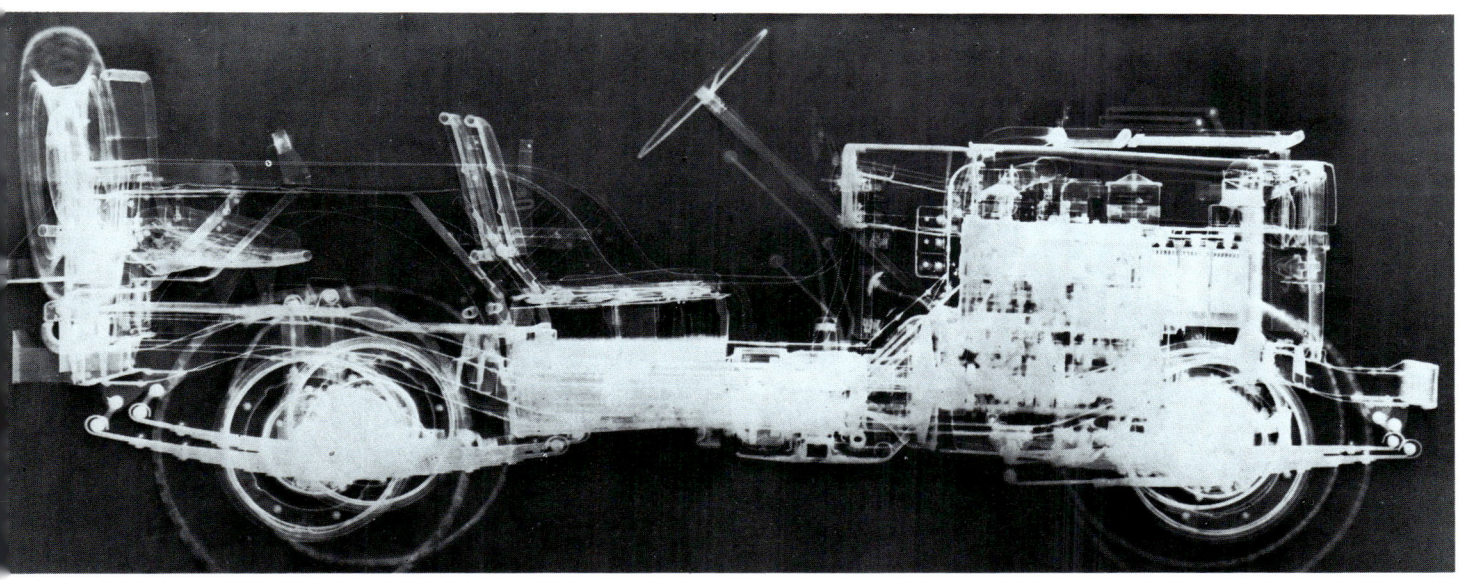

Ci-dessus Une Jeep photographiée aux rayons X. Les ingénieurs utilisent des clichés de ce type pour détecter les défauts de montage ou les défauts de matière.

courant électrique lancé dans une bobine supraconductrice. Des signaux radio sont envoyés en faisceaux dans la partie du corps à examiner. Les noyaux ou éléments centraux des atomes du corps émettent de très faibles signaux magnétiques recueillis par des détecteurs. Un ordinateur sert à construire une image de l'intérieur du corps à partir de ces signaux magnétiques.

Les rayons X sont également utilisés dans la recherche scientifique pour étudier les configurations d'atomes et de molécules formant les cristaux et leur groupement dans certaines molécules géantes du corps humain. Cette technique de recherche est appelée cristallographie par rayons X.

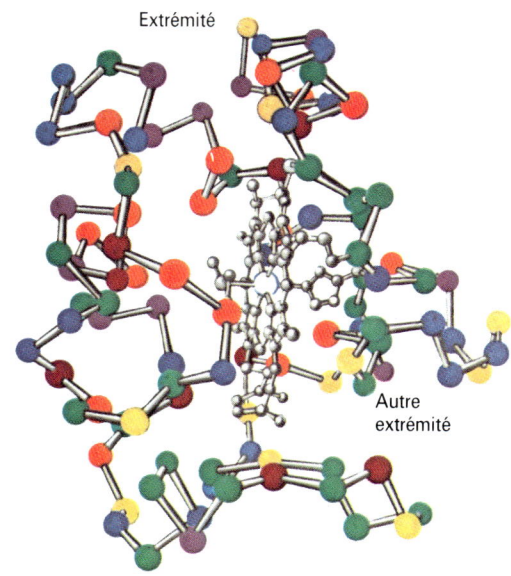

En haut à droite Une photo aux rayons X d'une main avec une bague. Les dentistes prennent des photos aux rayons X pour vérifier la croissance des dents et repérer les défauts, anomalies ou caries. Seuls les os et les dents apparaissent sur le négatif. La pellicule est noircie par les rayons X capables de traverser la peau comme l'atmosphère. Les os et les dents absorbant la majorité des rayons X apparaissent blanchâtres sur le négatif et noirs sur l'épreuve.

A gauche La structure chimique du cytochrome C, molécule géante présente dans les cellules vivantes. Sa structure complexe fut analysée grâce aux rayons X. Chaque boule de couleur représente un groupe d'atomes différents. La connaissance de sa structure aide les scientifiques à comprendre son fonctionnement.

LE MICROSCOPE ÉLECTRONIQUE

Le microscope électronique est un appareil puissant qui permet d'examiner des objets extrêmement petits. Au lieu d'utiliser la lumière pour éclairer l'objet, on envoie un faisceau d'électrons. Les microscopes électroniques sont suffisamment puissants pour donner des images de molécules isolées d'environ 30 millionièmes de millimètre.

De nombreux domaines scientifiques, tels que la médecine, la chimie et la physique, bénéficient de l'emploi du microscope électronique.

Différents types

Il existe différents types de microscope électronique : le microscope à bombardement d'électrons, le microscope à balayage électronique, le microscope à ions magnétiques et le microscope à balayage concentré.

Le microscope à bombardement d'électrons a été mis au point pour la première fois par un savant allemand, Ernest Ruska, en 1932. Il consiste à produire un faisceau d'électrons en chauffant à haute température un enroulement de fil fin. Celui-ci traverse une fine coupe de l'objet à étudier. Les électrons rebondissent sur les atomes et les molécules, et reproduisent la coupe. Ils sont alors focalisés par des lentilles magnétiques, sortes d'aimants spéciaux, pour former une image de l'objet sur un écran type télévision.

Dans le microscope électronique à balayage, un faisceau d'électrons balaye ou explore la surface de l'objet. Certains électrons rebondissent sur les atomes de la surface. Ils sont recueillis et focalisés par des lentilles magnétiques qui forment une image de cette surface sur l'écran du microscope.

Le microscope à ions magnétiques sert aussi à étudier la surface de l'objet. Le spécimen à examiner est d'abord découpé ou attaqué par des produits chimiques de manière à ce qu'il prenne la forme d'une pointe d'épingle. On le place dans un compartiment devant un écran fluorescent puis on introduit une petite quantité d'hélium dans le compartiment et l'on applique une haute tension à l'épingle. Les atomes proches de la pointe de l'aiguille perdent des électrons et reçoivent une charge électrique. L'écran attire les atomes d'hélium qui viennent reconstituer une image très agrandie de la pointe de l'épingle sur l'écran.

A droite La gigantesque usine CIBA en Suisse où l'on fabrique des médicaments. Des milliards de francs sont consacrés chaque année par les différents laboratoires pharmaceutiques à la recherche. De nouveaux produits sont constamment découverts et essayés. C'est une des raisons pour laquelle la médecine a été définie comme l'art qui fait appel à toutes les sciences.

Le microscope à balayage concentré utilise aussi une aiguille fine. L'aiguille survole la surface du spécimen à examiner. On crée une différence de potentiel entre l'aiguille et le spécimen et un courant électrique traverse l'espace entre ces deux éléments. Lorsque l'aiguille se déplace au-dessus du spécimen, le courant est maintenu constant par le déplacement vertical de l'aiguille. Ainsi l'aiguille peut reproduire les minuscules hauteurs et dépressions de la surface. Un ordinateur transforme les mouvements de l'aiguille en image des atomes à la surface du spécimen.

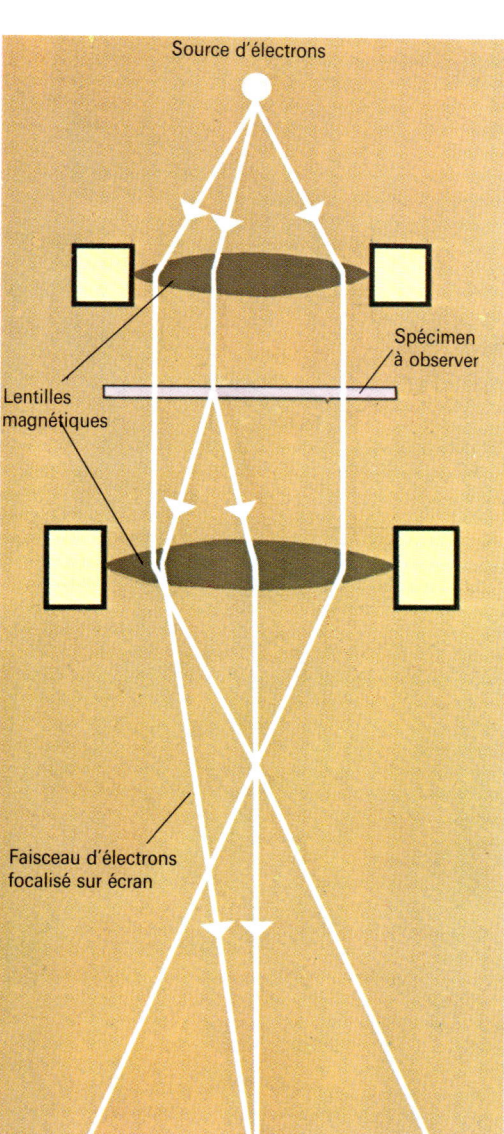

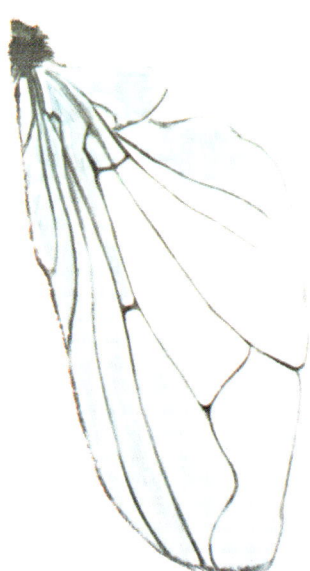

Ci-dessus Vue à travers un simple microscope, une aile de mouche apparaît 10 fois plus grande que sa taille réelle.

Ci-contre Schéma d'un microscope à transmission d'électrons. Il ressemble à un microscope optique mais le grossissement obtenu est bien supérieur. Une minuscule partie d'un animal peut être observée avec un fort grossissement des détails. Ce microscope permet d'observer les nerfs, les cellules du sang et les virus, de mieux comprendre dès lors comment fonctionnent les êtres vivants.

Ci-dessus Un gigantesque microscope électronique au Japon.

A gauche Globules rouges du sang agrandies 5 000 fois. Le sang contient un grand nombre de globules rouges ainsi que beaucoup d'autres substances. Un microscope électronique à balayage, dérivé un peu plus compliqué du microscope électronique ordinaire et donnant des images plus réalistes, a permis de les voir agrandis.

167

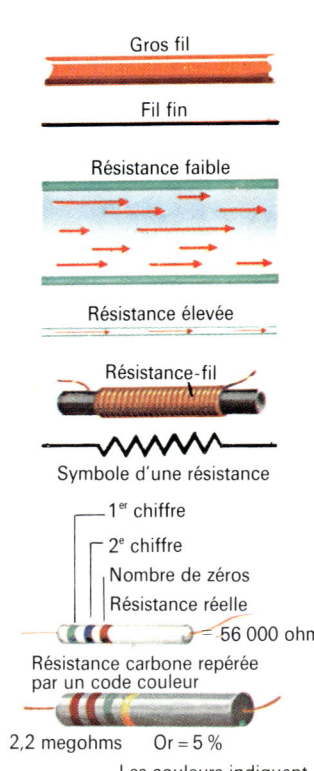

L'ÉLECTRONIQUE

L'électronique est la science qui étudie le comportement des électrons. Les circuits constituent des parcours fermés que les électrons empruntent pour accomplir du travail utile : leurs tâches vont de l'illumination d'une ampoule de lampe de poche au fonctionnement des plus grands ordinateurs. Ces circuits sont connectés à divers composants dotés chacun d'une fonction spécifique. Parmi ces composants, on trouve des valves-tubes électroniques, des transistors, des résistances, des condensateurs et des inducteurs.

Les tubes électroniques

Les tubes électroniques sont des ampoules scellées comprenant deux électrodes au moins entre lesquelles s'établit dans certaines conditions un courant. Le tube électronique à deux électrodes ou lampe diode comprend une cathode et une anode, logées dans un tube de verre scellé sous vide. Cette diode peut transformer un courant alternatif en courant continu et détecter des signaux de radiofréquence modulés.

Lorsqu'on chauffe la cathode, elle émet des électrons qui sont attirés par l'anode chargée positivement. Un courant traverse donc la diode mais seulement dans une direction, vers l'anode positive. Si l'anode se charge négativement, aucun courant ne passe.

La triode possède une anode, une cathode et une troisième électrode appelée la grille. Le flux d'électrons se dirigeant de la cathode vers l'anode est contrôlé par la charge de la grille. Lorsque la tension positive de la grille augmente, le nombre d'électrons qui peut la traverser augmente aussi. Le voltage appliqué à la grille commande par conséquent le courant passant de la cathode vers l'anode et peut donc aussi l'amplifier.

Les transistors

Vers le milieu du XXe siècle, les scientifiques découvrirent que le courant électrique passant

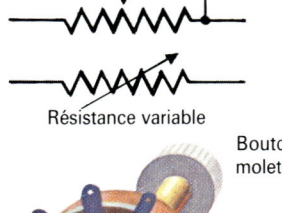

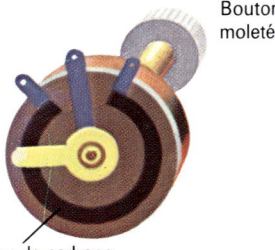

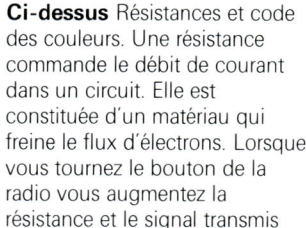

Ci-dessus Résistances et code des couleurs. Une résistance commande le débit de courant dans un circuit. Elle est constituée d'un matériau qui freine le flux d'électrons. Lorsque vous tournez le bouton de la radio vous augmentez la résistance et le signal transmis vers le haut-parleur s'affaiblit.

dans certaines matières solides appelées semi-conducteurs pouvait être contrôlé sans avoir recours au vide. Le matériau solide, germanium ou silicium, est épuré puis on y ajoute des quantités très précises de bore, d'arsenic, de phosphore ou d'indium. Le silicium est alors « dopé ». Ces impuretés modifient les caractéristiques électriques du matériau de base.

Ces dispositifs solides appelés transistors remplacèrent rapidement les tubes électroniques. Contrairement à ceux-ci, ils ne réclament pas de chaleur, sont peu encombrants et consomment beaucoup moins de courant. Ils sont si petits que des enveloppes en plastique ou en métal les protègent. Progressivement, les transistors devinrent minuscules et moins chers à fabriquer. On finit par les grouper en circuits intégrés ou puces.

Les puces

La mise au point du circuit intégré ou puce constitua un autre progrès car ce type de circuit est léger, durable, bon marché et fiable. Pour fabriquer une puce, le circuit est d'abord dessiné à très grande échelle avec l'aide d'ordinateurs. On le réduit ensuite, puis on le grave sur un fragment de silicium. On essaie ensuite les puces au moyen de très fines électrodes placées sous un microscope, puis on les place dans leurs enveloppes ou étuis.

La puce est connectée par des fils microscopiques en or ou en aluminium aux bornes périphériques. Celles-ci sont reliées aux connecteurs ou broches de l'étui et la puce est prête à fonctionner. Les calculatrices de poche furent une des premières applications des puces de silicium. Aujourd'hui, les circuits imprimés équipent de nombreux appareils.

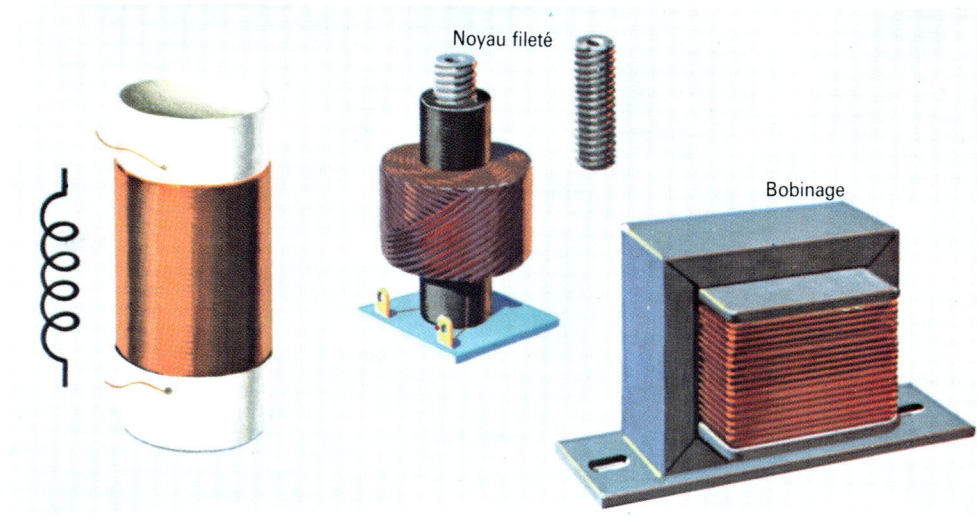

Ci-dessus Un enroulement ou inducteur est composé d'un fil enroulé en spires autour d'un morceau de métal ou de non métal. Il produit une inductance électromagnétique et a plusieurs applications : ainsi permet-il de supprimer les ondulations d'un courant émis par une lampe diode qui a transformé un courant alternatif en courant continu.

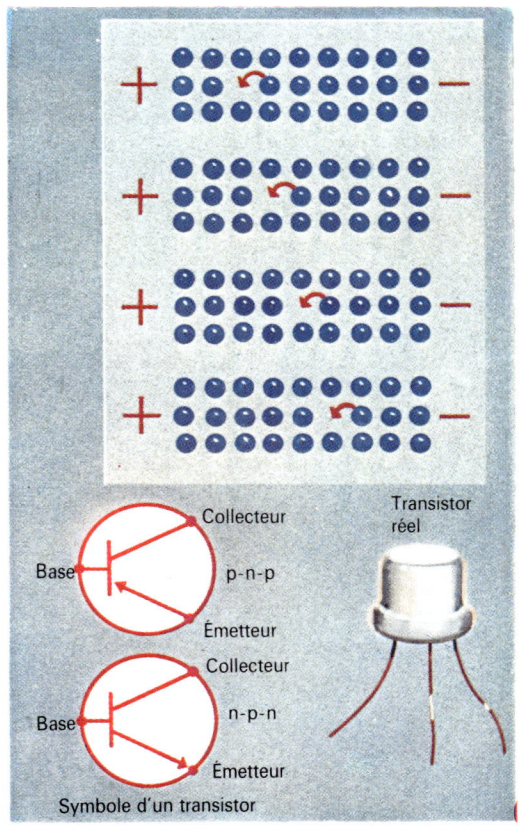

A gauche Un transistor est constitué de matières semi-conductrices superposées. Il existe deux types de semi-conducteurs : le type n qui laisse passer un flux d'électrons du négatif au positif et le type p dans lequel se produit un déplacement de trous dans la structure d'électrons du positif au négatif (en haut de l'illustration). Les transistors peuvent avoir une base de type n avec émetteur et collecteur de type p ou vice versa.

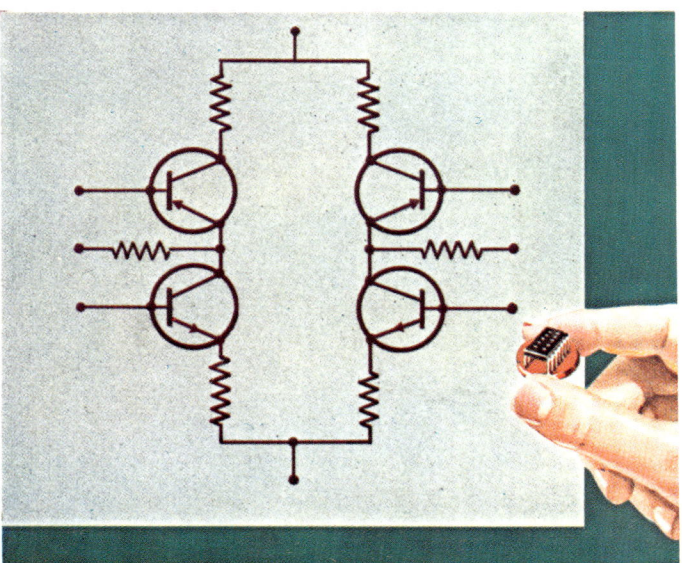

A gauche Les puces de silicium sont parfois plus petites qu'un timbre-poste.

A gauche Un circuit intégré. Les transistors et autres composants électroniques peuvent être maintenant fabriqués dans des dimensions extrêmement réduites. Des milliers de composants constituant plusieurs centaines de circuits peuvent être fixés en permanence sur un minuscule morceau de matière semi-conductrice. C'est ce que l'on appelle un circuit intégré. Très léger, durable et peu coûteux, ce type de circuit est universellement utilisé actuellement

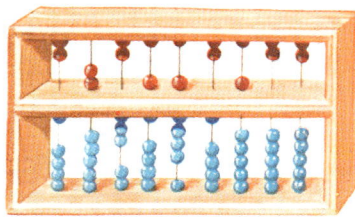

Ci-dessus Le boulier est constitué de billes pouvant coulisser sur des tiges. Sur cet exemple, chaque bille de la rangée supérieure vaut 5 lorsqu'elle est abaissée. Dans l'ensemble inférieur plus nombreux, chaque bille vaut 1 en position levée. Des compteurs au boulier bien entraînés peuvent calculer aussi vite que certaines machines.

A droite L'illustration du haut montre une règle à calcul, celle du bas explique le principe de la multiplication sur la règle. Les deux niveaux de la règle présentent des nombres disposés selon une progression logarithmique, c'est-à-dire irrégulièrement espacées. Ces graduations montrent le produit 3 × 5 = 15. Chaque nombre de l'échelle inférieure se trouve sous un nombre trois fois supérieur de l'échelle du haut. Une règle à calcul improvisée comme celle de l'illustration peut être utile mais elle n'aura jamais la même précision qu'une véritable règle à calcul du commerce.

Ci-dessous Charles Babbage (1792-1871), inventeur de la machine à calculer. Sa première réalisation était appelée machine différentielle. Le gouvernement anglais finança ses travaux mais s'en désintéressa au profit d'une réalisation plus perfectionnée appelée machine analytique. Celle-ci était un véritable calculateur. N'ayant pu mener ses travaux à terme, il mourut très déçu en 1871.

Babbage

LES ORDINATEURS

Depuis longtemps, les hommes ont utilisé des machines pour faciliter leurs calculs. L'un des plus anciens systèmes est le boulier, que les commerçants asiatiques utilisent toujours ainsi que certains banquiers pour effectuer leurs calculs avec une très grande rapidité. Il existe de nos jours des ordinateurs beaucoup plus élaborés, capables de résoudre des opérations extrêmement complexes.

Les premières machines

La plus ancienne machine à calculer mécanique est celle de Blaise Pascal qui date de 1645. Le premier calculateur moderne fut l'œuvre de Charles Babbage au début du XIXe siècle. Il fonctionnait mécaniquement, avec des cartes perforées et pouvait effectuer plusieurs opérations complexes successives en imprimant les résultats.

Ci-dessus Deux écrans de visualisation (VDU) par lesquels l'information transite du calculateur de l'ordinateur à l'opérateur.

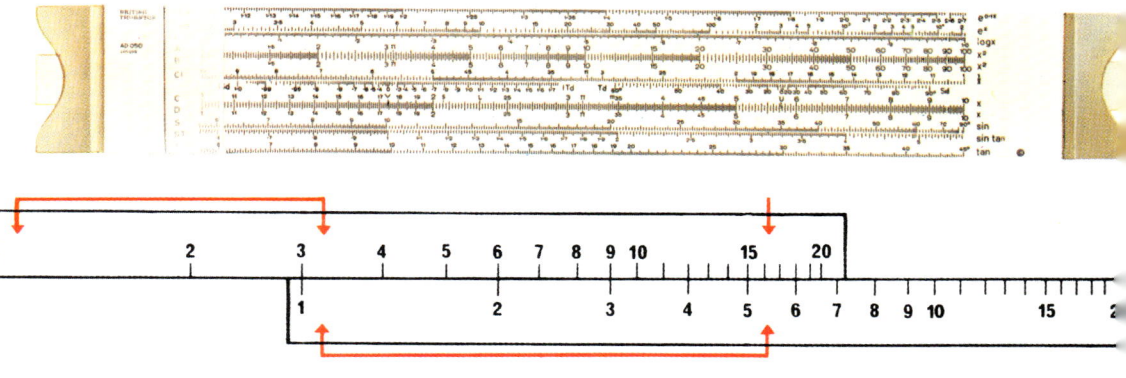

Nombres décimaux	Nombres binaires			
	2^3 (=8)	2^2 (=4)	2^1 (=2)	2^0 (=1)
1				1
2			1	0
3			1	1
4		1	0	0
5		1	0	1
6		1	1	0
7		1	1	1
8	1	0	0	0
9	1	0	0	1
10	1	0	1	0
11	1	0	1	1
12	1	1	0	0

Bande perforée

Les langages informatiques

Les ordinateurs doivent savoir exactement ce qu'ils doivent faire avec les informations reçues. Ce sont des professionnels, les programmeurs, qui rédigent le programme en utilisant des langages spéciaux appelés Basic, Fortran, Cobol et Algol. Ces langages ne sont pas interchangeables. Si le programmeur commet une erreur, l'ordinateur ne procédera pas comme espéré. Lorsqu'un ordinateur donne une réponse fausse, il n'en est pas responsable. Seuls le programme ou la saisie le sont.

Page opposée en bas Système binaire et ordinateurs. Un interrupteur élémentaire n'a que deux positions : ouvert ou fermé qu'on traduit dans les ordinateurs par 1 et 0. Les ordinateurs peuvent effectuer tous leurs calculs à l'aide de ces deux nombres (arithmétique binaire) plutôt qu'en employant les 10 nombres utilisés habituellement (arithmétique décimale). 2 s'écrit 10, 3, 11 et 4, 100.

Ci-dessous Les quatre organes principaux d'un ordinateur sont le clavier d'entrée par lequel l'information est donnée à l'ordinateur, la mémoire qui emmagasine l'information ainsi que le programme qui indique à l'ordinateur la manière de la traiter, l'unité de calcul centrale (CPU) qui traite les informations et donne les résultats, et l'unité de visualisation qui fournit les résultats sous une forme lisible et utilisable.

Les ordinateurs modernes utilisent des dispositifs électroniques. Le premier grand calculateur de ce type avait des lampes type radio qui furent remplacées plus tard par des transistors (voir page 168). La réalisation des circuits intégrés révolutionna l'industrie des ordinateurs.

Nous utilisons pour compter le système décimal fondé sur des groupes de 10 unités. Un ordinateur, parce qu'il fonctionne avec l'électricité, utilise le système binaire qui met en jeu deux éléments : le courant passe ou ne passe pas. Les ordinateurs sont essentiellement constitués des milliards de coupe-circuit qu'ils ouvrent ou ferment des milliers de fois pour effectuer les opérations.

Avant de pouvoir fonctionner, un ordinateur a besoin de connaître la liste des instructions qu'il aura à suivre : c'est le programme. Il doit aussi stocker les informations ou données à partir desquelles il va travailler. Ces éléments sont souvent fournis par des bandes ou des disques magnétiques. On utilise très souvent un système de clavier type machine à écrire pour donner des ordres à l'ordinateur. Ce clavier est en général connecté à un écran de visualisation qui permet à l'opérateur de voir ce qu'il fait.

Les données vont en premier à la mémoire de l'ordinateur. Chaque élément d'information est emmagasiné dans un endroit spécifique. C'est la mémoire adressable. Lorsque l'unité de contrôle fonctionne à partir des instructions reçues, elle prélève les données nécessaires. Les opérations sont effectuées par le calculateur ou unité logique. Lorsque le calculateur a traité les informations, le résultat est envoyé à l'unité de livraison : bande magnétique, disquette ou imprimante.

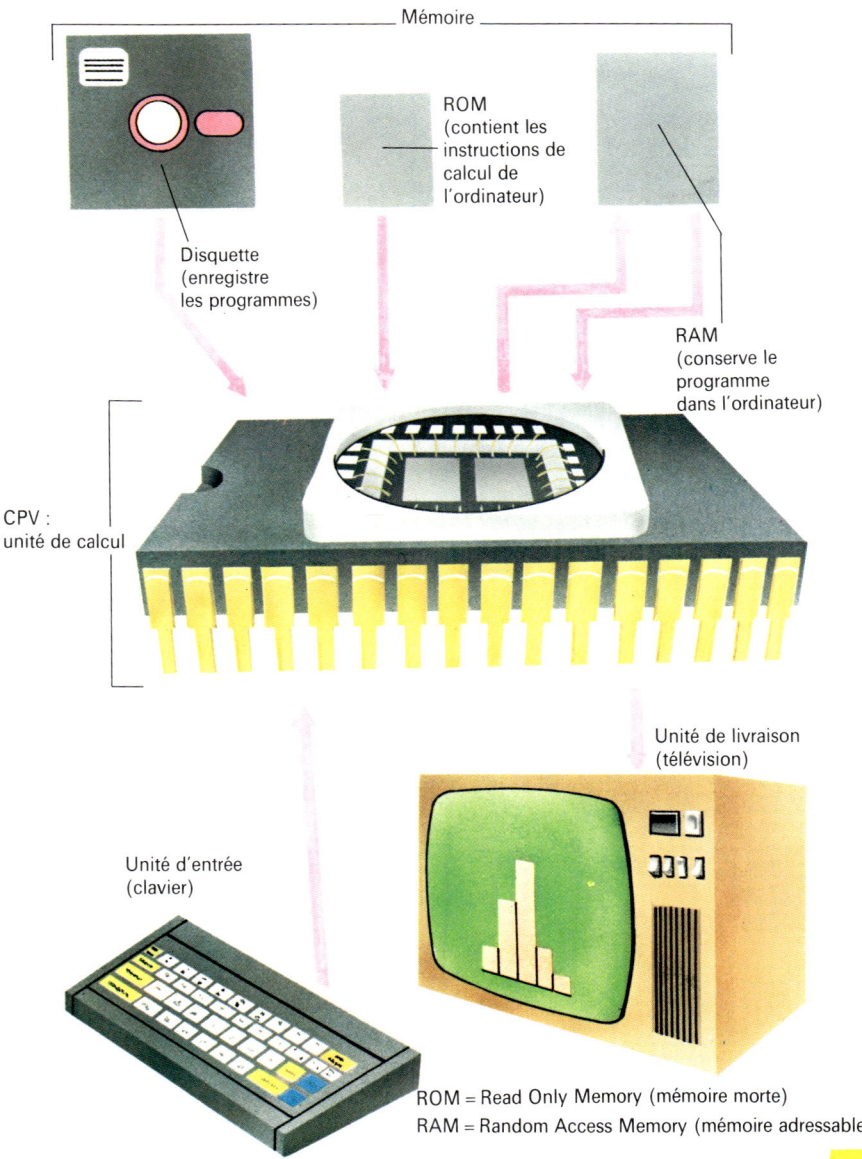

ROM = Read Only Memory (mémoire morte)
RAM = Random Access Memory (mémoire adressable)

LES TÂCHES DE L'ORDINATEUR

Dès que les circuits intégrés furent mis au point, leur emploi se généralisa très vite. Ils étaient en effet moins chers et plus fiables que les tubes électroniques. Grâce aux progrès techniques, on put fabriquer des puces plus puissantes et moins coûteuses. Actuellement, nombreux sont les bureaux et les usines équipés en micro-informatique à puces de silicium.

Les mémoires

Vous avez certainement déjà vu ou utilisé les jeux vidéo. Ceux-ci contiennent une puce programmée avec les instructions permettant de jouer. C'est la mémoire morte (ou R.O.M.). Une autre puce reçoit les informations que vous lui donnez : comme celle, au moyen du levier, d'avancer pour attaquer un monstre. C'est la mémoire adressable (ou R.A.M.). Cette information est traitée en une fraction de seconde par le microprocesseur ou puce de silicium et le résultat est transmis à l'écran de visualisation. L'ordinateur attend alors de nouvelles instructions.

Certains appareils ménagers utilisent maintenant des microprocesseurs. Une machine à coudre moderne comprend plus d'un millier de pièces. On peut remplacer un grand nombre d'entre elles, la moitié environ, par un microprocesseur. Du fait de la réduction du nombre de pièces en mouvement, l'usure sera moindre, la machine sera plus fiable et elle durera plus longtemps. La baisse des prix des ordinateurs les a mis à la portée des particuliers qui s'en servent pour jouer aux jeux vidéo, tenir les comptes de leur maison ou ceux de leur petite entreprise.

Dans les grandes entreprises, les ordinateurs traitent un énorme volume de données réunies en base de données. Les banques les utilisent pour suivre les comptes de leurs clients qui, eux-mêmes, peuvent retirer de l'argent ou consulter leurs comptes aux guichets automatiques équipés d'écran.

Les réseaux informatiques

Vous pouvez effectuer d'autres opérations à partir de ces terminaux. De nombreux magasins ont maintenant un terminal bancaire à la place d'un tiroir-caisse. Lorsque vous faites des achats, vous donnez une carte bancaire ou

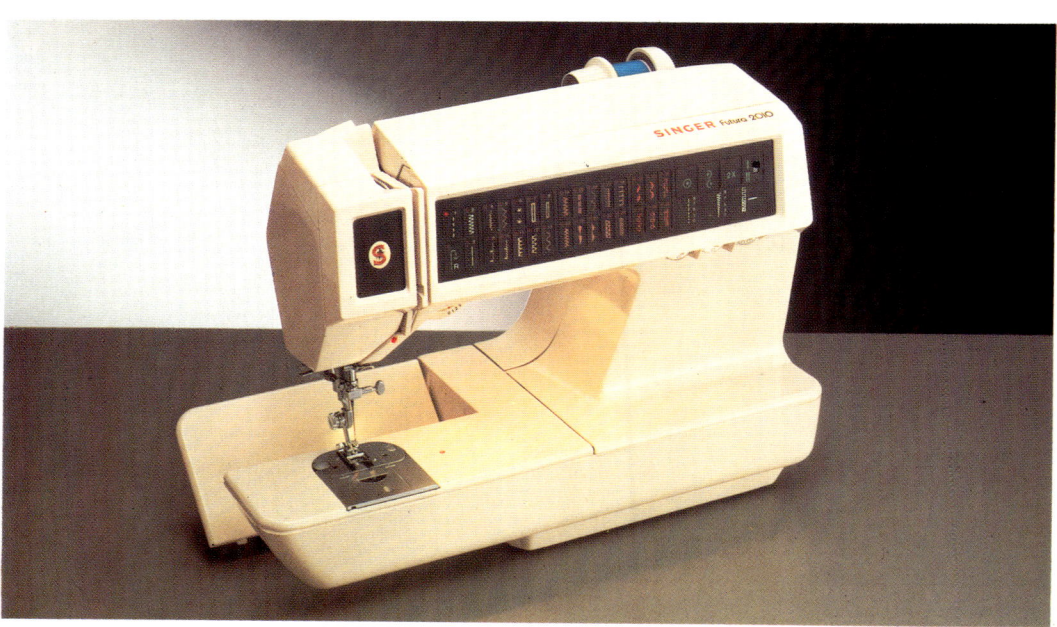

Ci-dessus Robots assembleurs commandés par ordinateurs dans une usine d'automobiles. Les robots qui peuvent être programmés en vue d'accomplir des tâches répétitives sont utilisés sur les chaînes de montage avec une surveillance humaine des plus réduites.

A droite Les machines à coudre modernes comportent des microcircuits qui permettent d'effectuer toutes sortes de points programmés à l'avance. Le microprocesseur réduit aussi de moitié le nombre de pièces mobiles.

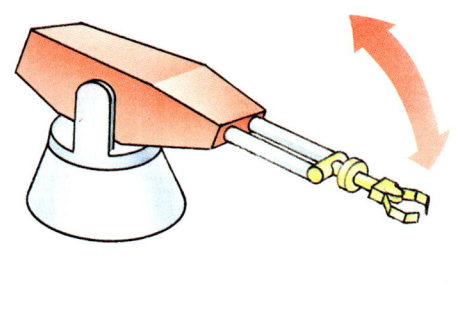
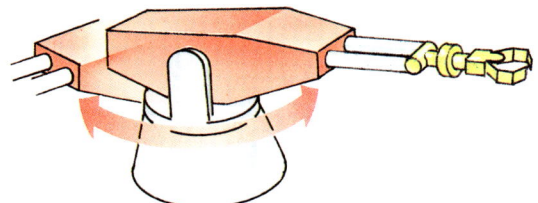
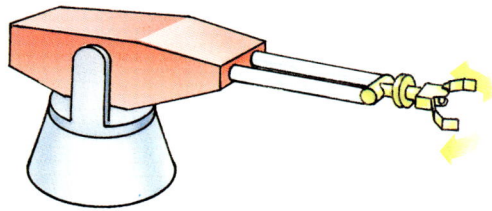
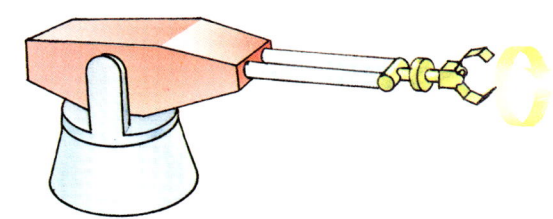

A gauche Un robot peut être programmé pour effectuer une grande variété de mouvements. Le bras peut sortir ou rentrer, monter ou s'abaisser et se déplacer latéralement. La main ou pince effectue aussi plusieurs mouvements.

un numéro et l'argent est transféré de votre compte à celui du magasin. Certaines boutiques, foyers et banques sont interconnectés et il est possible de commander et de payer des marchandises sans sortir de chez soi.

Les entreprises comme les particuliers ont déjà accès à de tels réseaux. Actuellement, de nombreux employés de bureau se servent d'ordinateurs, appelés traitement de texte, à la place de machines à écrire. Les messages tapés peuvent passer très vite d'un ordinateur à l'autre sans qu'il soit nécessaire d'écrire.

Dans l'industrie, les microprocesseurs dirigent les machines et déjà certaines tâches sont effectuées par des robots qui sont capables de répéter facilement le même travail sans jamais se tromper. Dans les usines d'automobiles, on équipe de plus en plus les chaînes de fabrication de robots qui assemblent et soudent les éléments de carrosserie et même accomplissent des tâches plus pénibles comme la peinture.

Les ordinateurs ont également révolutionné le commerce de détail. Autrefois, il était très difficile de suivre les stocks avec précision lorsqu'il y avait un gros débit. A l'heure actuelle, un scanner à laser installé aux caisses des magasins permet d'enregistrer, à partir des codes-barres que portent les objets, toutes les ventes sur un ordinateur. Celui-ci peut même passer les commandes dès que le seuil minimum du stock est atteint.

Ci-dessous à gauche Dans de nombreux bureaux, on n'utilise plus de papier. Chaque poste de travail est équipé d'un combiné informatique qui regroupe un téléphone, un ordinateur et un clavier. Le poste informatique est connecté à l'ordinateur central qui contient toutes les informations de l'entreprise ainsi qu'aux autres postes informatisés.

Ci-dessous Un code-barre. On les trouve sur les produits conditionnés, les journaux, les livres, etc. L'espacement et l'épaisseur des barres sont lus par un rayon laser pour identifier le produit. L'information est transmise à la caisse qui établit la facture du client et à l'ordinateur central qui contrôle les stocks.

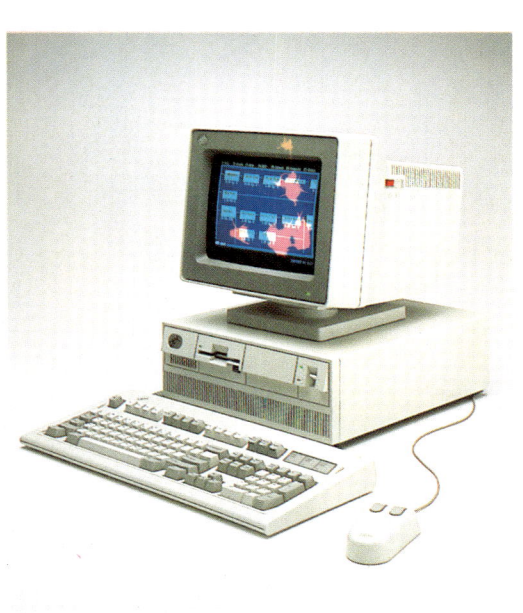

LES TÉLÉCOMMUNICATIONS

Depuis toujours, les hommes ont utilisé divers procédés pour faire passer des messages d'un endroit à un autre. En Afrique, les messages étaient transmis au moyen de tam-tams sur de courtes distances. Les Indiens d'Amérique du Nord utilisaient des signaux de fumée. Entre les bateaux, les communications s'effectuaient au moyen de pavillons, de signaux à bras, de lampes, etc.

Le télégraphe

De nos jours, les moyens de télécommunication ont bien évolué et permettent de communiquer sur de plus grandes distances. La première application pratique de l'électricité à la communication fut le télégraphe qui permettait de transmettre rapidement et à une certaine distance, un message transformé en signaux électriques. L'Américain Samuel Morse mit au point un code qui faisait correspondre à l'alphabet et aux chiffres un ensemble d'impulsions courtes et longues. Le code s'avéra pratique et rapide. On l'utilise encore aujourd'hui dans certaines liaisons radio.

Le télex

L'équivalent moderne du télégraphe est le système télex. Il s'agit d'une machine à écrire spéciale dont les touches envoient un signal correspondant à chaque lettre. Un récepteur à l'autre bout du fil reçoit le signal codé et frappe la lettre.

Le téléphone

En 1876, Alexander Graham Bell inventa le téléphone qui permettait de transmettre la parole directement par un fil. Au début, tous les téléphones étaient connectés entre eux. Lorsque le nombre d'utilisateurs augmenta, on relia chaque poste à un central qui envoyait l'appel vers le poste concerné. La première ligne téléphonique à grande distance fut établie en 1884 entre Boston et New York. Depuis, d'importants progrès sont intervenus dans les télécommunications. On peut maintenant téléphoner dans le monde entier très vite et à bon marché. Les câbles sous-marins relient les réseaux de tous les pays. Mais un téléphone n'a plus besoin d'être raccordé à un câble. Les téléphones sans fil utilisent des

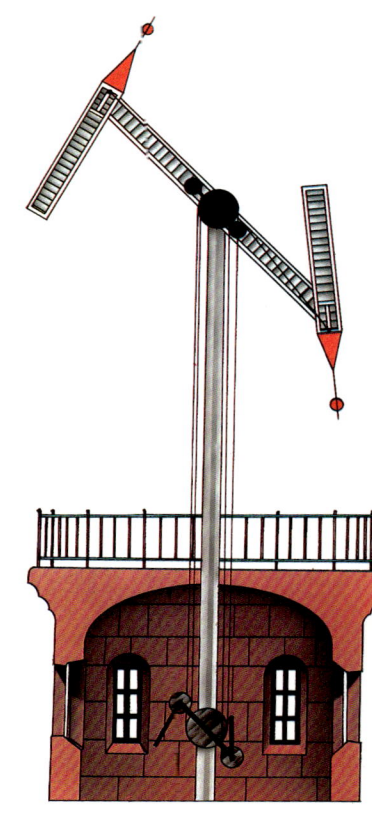

Le sémaphore télégraphique inventé par Claude Chappe en 1783.

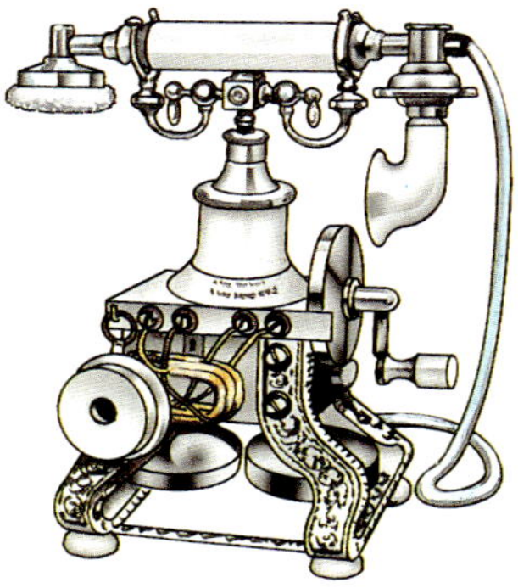

Depuis l'invention du téléphone par Alexander Graham Bell en 1876, une grande variété d'appareils a été créée et utilisée.

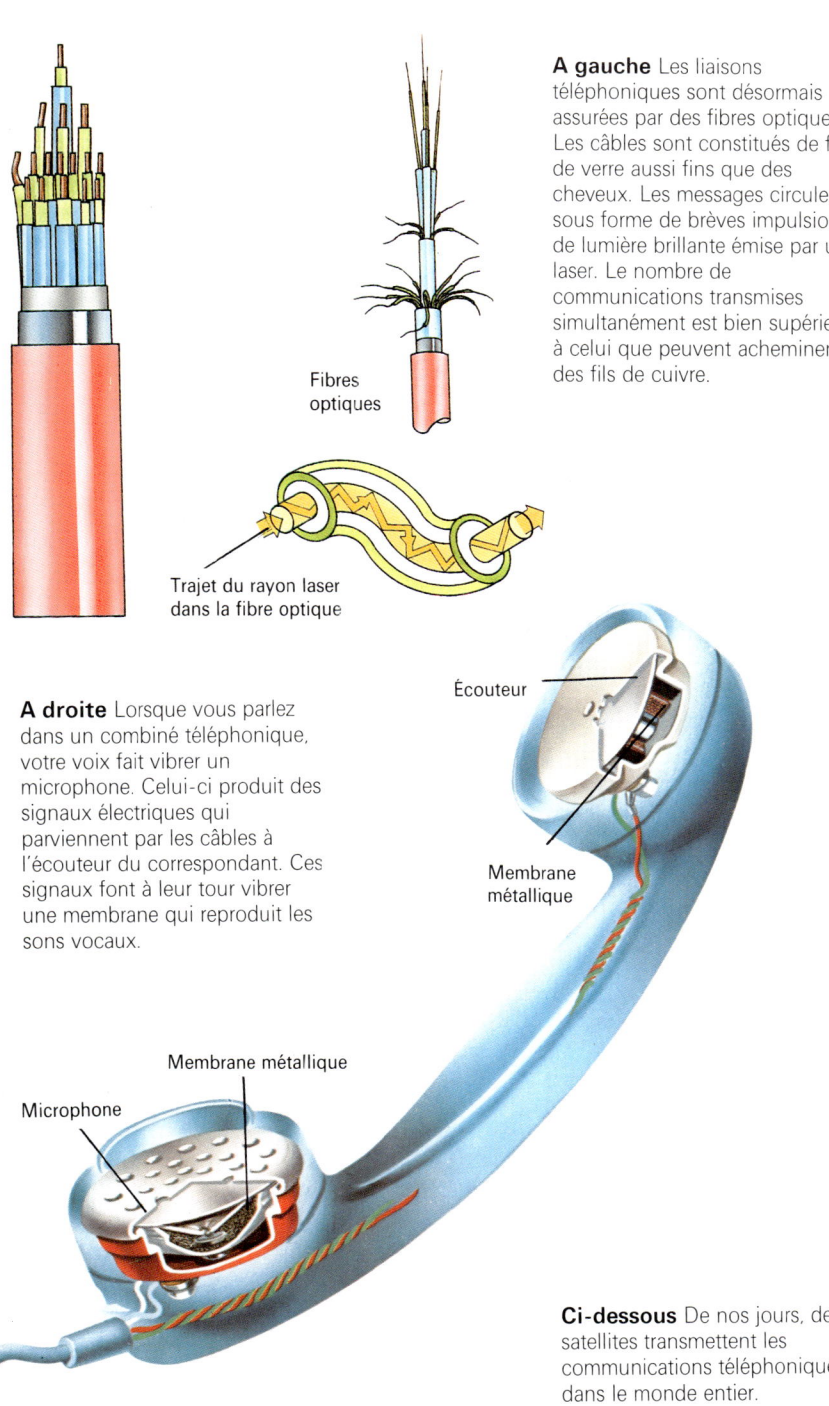

A gauche Les liaisons téléphoniques sont désormais assurées par des fibres optiques. Les câbles sont constitués de fils de verre aussi fins que des cheveux. Les messages circulent sous forme de brèves impulsions de lumière brillante émise par un laser. Le nombre de communications transmises simultanément est bien supérieur à celui que peuvent acheminer des fils de cuivre.

Fibres optiques

Trajet du rayon laser dans la fibre optique

A droite Lorsque vous parlez dans un combiné téléphonique, votre voix fait vibrer un microphone. Celui-ci produit des signaux électriques qui parviennent par les câbles à l'écouteur du correspondant. Ces signaux font à leur tour vibrer une membrane qui reproduit les sons vocaux.

Écouteur

Membrane métallique

Membrane métallique

Microphone

Ci-dessous De nos jours, des satellites transmettent les communications téléphoniques dans le monde entier.

ondes radio. De nombreuses communications téléphoniques sont actuellement transmises par radio. Les satellites de télécommunications, en orbite haute, servent de relais aux réseaux téléphoniques grâce aux ondes à haute fréquence.

Les téléphones sans fil à courte distance contiennent deux petits émetteurs radio, l'un dans le combiné portatif, l'autre dans le socle. Les radio-téléphones à longue distance, tels que ceux qui équipent les automobiles, n'ont pas besoin d'être connectés au réseau. Les signaux sont transmis par un réseau d'émetteurs radio. Chaque émetteur couvre une zone appelée cellule. Les communications passent d'une cellule à l'autre jusqu'à ce qu'elles atteignent l'émetteur le plus proche du destinataire.

L'utilisation de signaux digitaux pour la transmission par fil des communications téléphoniques a représenté un progrès important. Ces signaux sont constitués par de brèves impulsions. Le système digital transforme le signal électrique émis par le micro du téléphone en signal digital. Ce système donne une transmission plus claire exempte de friture sur la ligne.

Les câbles téléphoniques ont également changé. Les fibres optiques ont remplacé les anciens fils de cuivre. Ces fibres optiques sont des fils de verre très pur de la grosseur d'un cheveu. La parole est transformée en un rayon laser qui suit les fibres. Celles-ci ne sont pas affectées par les parasites électroniques qui gênent les communications téléphoniques normales. Elles permettent aussi de réduire le nombre de câbles nécessaires. Chaque fibre peut acheminer environ 2 000 conversations simultanées alors qu'un fil de cuivre ordinaire ne transmettait qu'une trentaine de communications en même temps.

Émetteur — Satellite de télécommunications — Signal — Récepteur

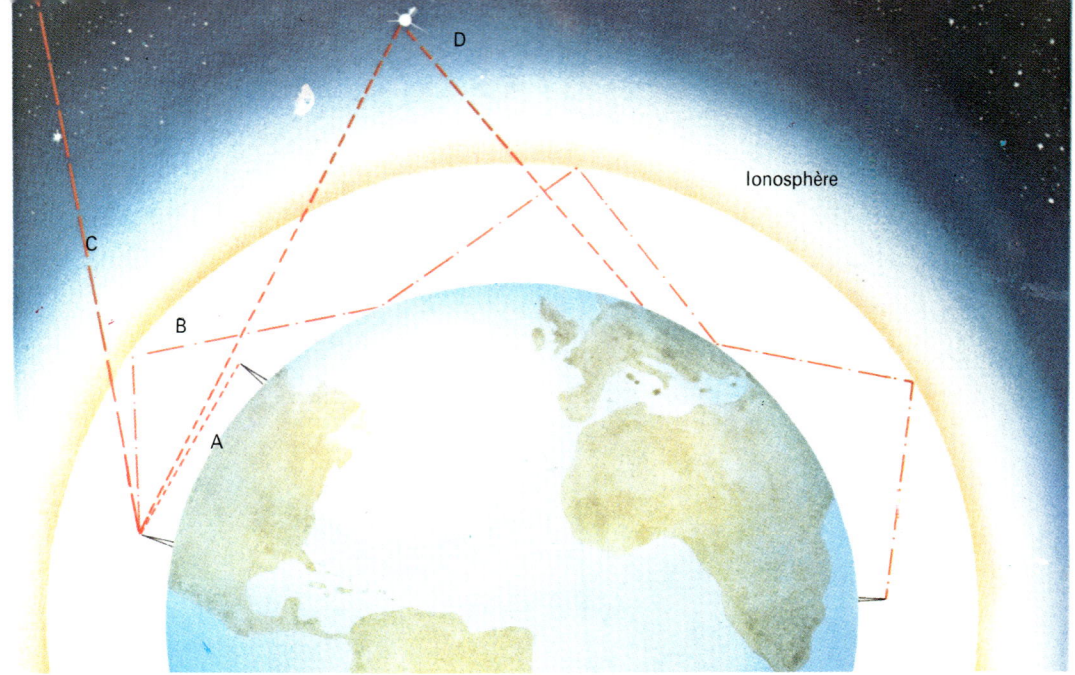

A droite La transmission des ondes radio. A- Ondes de surface suivant la courbure de la Terre sur des distances relativement courtes. B- Ondes réfléchies sur la ionosphère, à plus de 80 km d'altitude et renvoyées vers la Terre. La possibilité pour ces ondes de se réfléchir plusieurs fois permet de couvrir toute la surface de la Terre. C- Ondes traversant la couche ionisée. Celles-ci peuvent poursuivre leur route en s'affaiblissant peu à peu ou être captées et renvoyées par un satellite spécial de télécommunications. D- Un satellite de télécommunications relaie des ondes radio et les renvoie vers la Terre à travers l'ionosphère.

A droite Heinrich Hertz (1857-1894), physicien allemand, démontra l'existence des ondes radio en 1886. Il découvrit que les ondes radio se comportent à peu près comme les ondes lumineuses. Hertz joua un rôle fondamental en établissant les bases de la télégraphie sans fil.

Ci-dessous Guglielmo Marconi (1874-1937), physicien italien, qui fut le premier à établir une communication par télégraphie sans fil sur une distance de 14,5 kilomètres en 1897. En 1901, il réalisa la première liaison transatlantique par ondes hertziennes. En 1909, il reçut le prix Nobel de physique.

LA RADIO

A chaque instant sur la surface de la Terre, des millions d'ondes radio traversent l'atmosphère à la vitesse de la lumière soit 300 millions de mètres à la seconde. On peut les écouter avec un récepteur de radio qui transforme les signaux électriques, captés par l'antenne, en sons audibles émis par le haut-parleur. Ces ondes radio peuvent être transmises selon différentes fréquences ou longueurs d'onde.

Au début, les transmissions radio revêtaient la forme d'une suite de points et de traits représentant les lettres de l'alphabet morse. Puis l'invention du microphone, qui transforme les sons en ondes électriques et du tube électronique (voir page 168), permit de transmettre par radio la musique et la voix.

Les ondes radio

Il existe deux types d'ondes radio. Les ondes terrestres peuvent suivre la courbure de la Terre sur une courte distance n'excédant pas 350 km. On ne peut pas, par conséquent, les utiliser pour transmettre des émissions entre des pays lointains ou même deux points éloignés d'un même pays. D'autres ondes peuvent voyager sur de plus grandes distances après avoir été réfléchies sur une couche de l'atmosphère électriquement chargée. Cette couche, appelée ionosphère, est à un peu plus de 80 km du sol.

Lorsque des ondes courtes de radio sont émises, elles sont réfléchies par l'ionosphère et peuvent être captées par des récepteurs à des milliers de kilomètres de l'émetteur. Ces ondes peuvent rebondir successivement entre le sol et l'ionosphère et parcourir des milliers de kilomètres. C'est ainsi qu'une émission réalisée à Paris peut être captée par exemple à Tahiti dans le Pacifique.

Les satellites de télécommunication

Toutes les ondes ne sont pas réfléchies par l'ionosphère. Certaines ondes à haute fréquence (ondes très courtes) traversent l'ionosphère et atteignent l'espace. Si l'on veut les transmettre à grande distance, un satellite de télécommunication doit les réfléchir vers la Terre. Une émission de télévision est diffusée sur une grande distance grâce à un satellite de télécommunication qui renvoie les ondes à haute fréquence. Les radiotélescopes captent les ondes radio émises par des étoiles lointaines qui peuvent traverser l'atmosphère terrestre (voir page 184). Les émissions de radio diffusent des informations, de la musique et divers spectacles radiophoniques. La radio est devenue indispensable aux communications entre les avions et les contrôleurs au sol, et entre les navires et les bases à terre.

Ci-dessous L'onde de base émise par une station de radio est appelé onde porteuse. Elle est modifiée ou modulée par un autre signal. Avec la modulation d'amplitude (AM), la puissance de la porteuse varie. Avec la modulation de fréquence (FM), la fréquence de la porteuse est variable. Dans le récepteur, les signaux sont séparés de la porteuse et transformés en sons audibles.

Ci-dessous Un récepteur de radio élémentaire. Le signal émis par la station est recueilli par l'antenne de réception et accordé par le condensateur variable et l'enroulement appelé self. Ce signal passe ensuite par la diode qui détecte ou démodule le signal de manière à ce qu'il puisse être entendu dans les écouteurs.

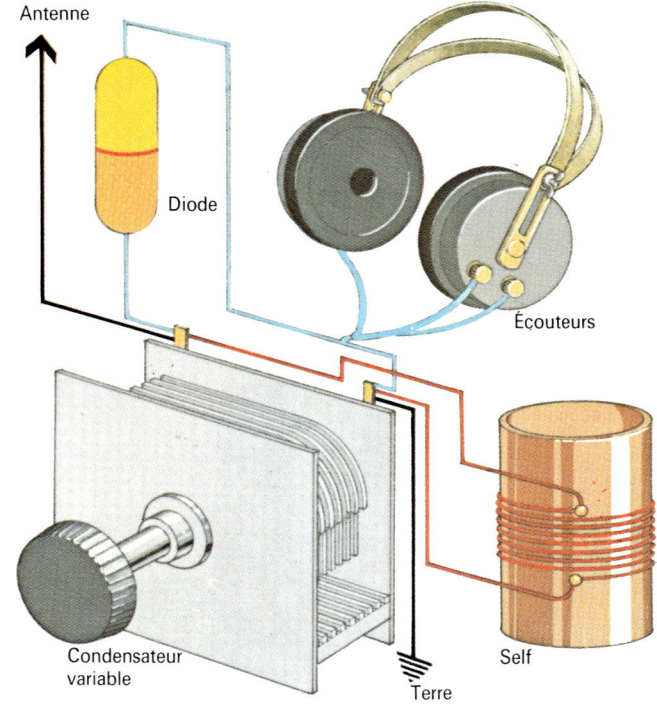

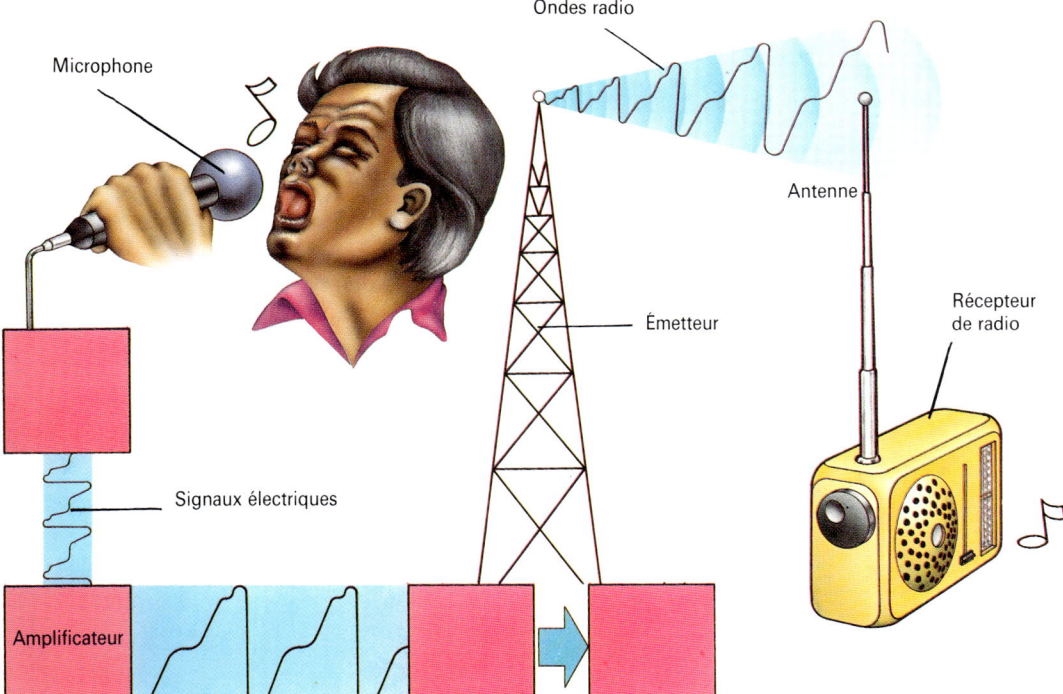

Ci-dessus La tour du Post Office au centre de Londres porte des antennes de radio et télévision. Une tour élevée est très utile pour poser des antennes car elles permettent de transmettre les ondes de surface beaucoup plus loin que des antennes basses.

LA TÉLÉVISION

La télévision transmet des images fixes. Si les images semblent bouger, c'est simplement parce qu'elles défilent l'une après l'autre à une certaine vitesse : entre 20 à 30 images par seconde.

La télévision en noir et blanc

Chaque image est divisée en un certain nombre de lignes, le plus souvent 625. En noir et blanc, chaque ligne est faite de plusieurs milliers de point lumineux ou sombres. Pour obtenir une image fidèle, les lignes sont composées de minuscules points (environ 200 000 en tout). La caméra de télévision comprend une plaque analyseuse recouverte de points photosensibles. Chaque point correspond à chacun des 200 000 points du récepteur. Un faisceau d'électrons balaye la plaque ligne par ligne et transmet les signaux correspondants aux points. Les points les plus lumineux créent un signal plus puissant que ceux des points plus sombres. Les signaux sont amplifiés puis émis. Dans votre récepteur, les signaux sont captés, amplifiés et envoyés sur le tube image (tube cathodique). Dans ce tube, on émet un autre faisceau d'électrons de telle sorte qu'il balaye l'écran 625 fois en suivant 625 lignes. A chaque extrémité d'une ligne, le faisceau revient en arrière et rebalaye la ligne suivante. Ces 625 lignes, appelées trame, sont balayées en 1/30e de seconde. Lorsque le faisceau vient frapper l'intérieur du tube cathodique, il varie en intensité en accord avec les signaux recueillis à partir des points photosensibles de l'analyseur de la caméra. Le tube cathodique porte sur sa face intérieure une couche fluorescente qui devient lumineuse lorsqu'elle est soumise au faisceau d'électrons. Plus le faisceau d'électrons est puissant, plus la luminosité de la couche est intense. Le récepteur possède aussi un haut-parleur pour diffuser le son et un système de synchronisation pour conserver la simultanéité du son et de l'image.

A gauche John Logie Baird naquit en 1888 et mourut en 1946. Ayant dû abandonné ses activités d'ingénieur électricien pour raisons de santé, il se consacra à l'étude des procédés de télévision et réalisa le premier système pratique. Après une courte période d'utilisation, on mit au point de meilleures solutions et son procédé, qui utilisait les rayons infrarouges, fut abandonné.

Ci-dessous Le tube-images ou tube cathodique comporte un canon à électrons qui émet le faisceau d'électrons et plusieurs enroulements électromagnétiques qui guident le faisceau pour obtenir un balayage correct de l'écran. Cet écran est recouvert intérieurement d'une couche électroluminescente qui émet de la lumière lorsqu'elle est frappée par le faisceau d'électrons.

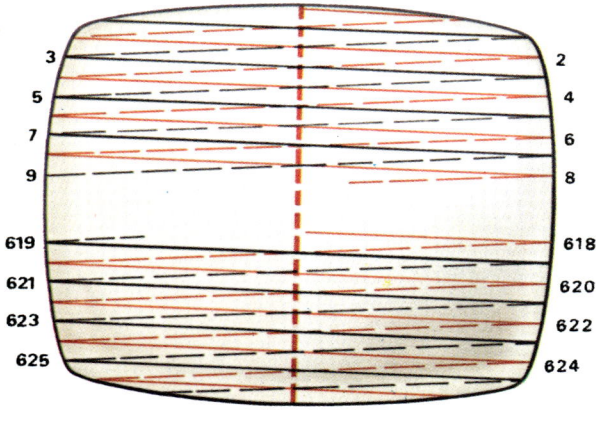
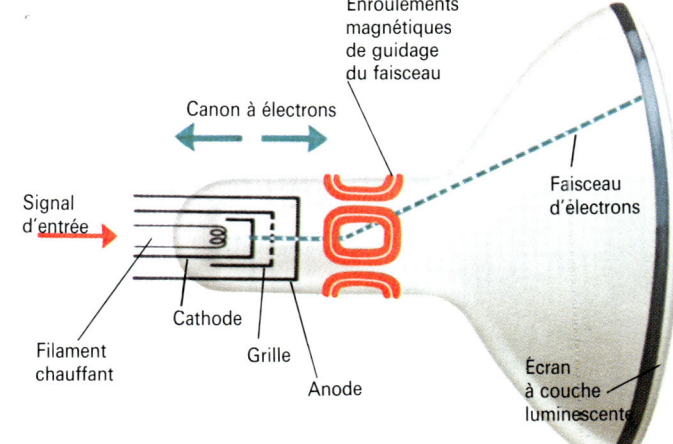

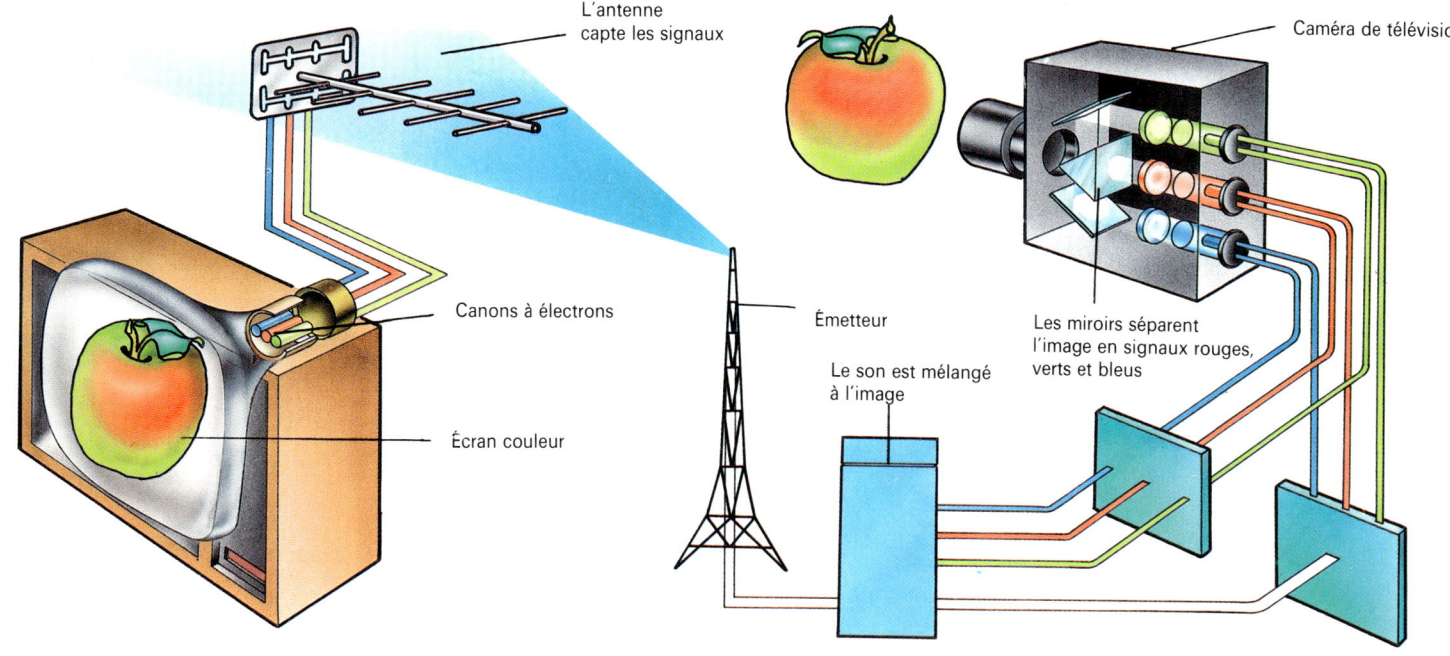

Ci-dessus Dans la télévision en couleur, la lumière est séparée en trois couleurs, rouge, bleu et vert, dans les justes proportions au moyen de filtres et de miroirs spéciaux. Les miroirs réfléchissent leur propre couleur et laissent passer les autres. Les filtres ne laissent passer que leur couleur. Chaque couleur, recueillie par un tube spécial de la caméra, est alors transformée en signaux électriques.

La télévision en couleur

La télévision en couleur fonctionne selon les mêmes principes, mais trois faisceaux d'électrons transmettent chacun les signaux correspondant à l'une des trois couleurs de base : rouge, bleu et vert. L'écran du tube cathodique est recouvert de 1 250 000 minuscules points luminescents ou lumiphores réunis par groupes de trois. Un lumiphore est une substance qui émet de la lumière lorsqu'elle est soumise à un faisceau d'électrons. Chacun des trois lumiphores d'un groupe émet l'une des trois couleurs de base, rouge, bleu ou vert. Le lumiphore bleu émet une lumière bleue lorsqu'il est frappé par le signal bleu transmis par le faisceau électronique, etc. Ces trois couleurs peuvent se combiner en proportions diverses pour donner toutes les nuances de la scène originale (voir page 84).

La télévision par câble

Au lieu d'être retransmises par les ondes, les émissions peuvent être envoyées par câbles. Les usagers connectent leur récepteur au centre émetteur au moyen d'un câble après avoir payé une redevance pour recevoir les programmes. Le choix des programmes est vaste car le câble peut transmettre en même temps de nombreuses émissions.

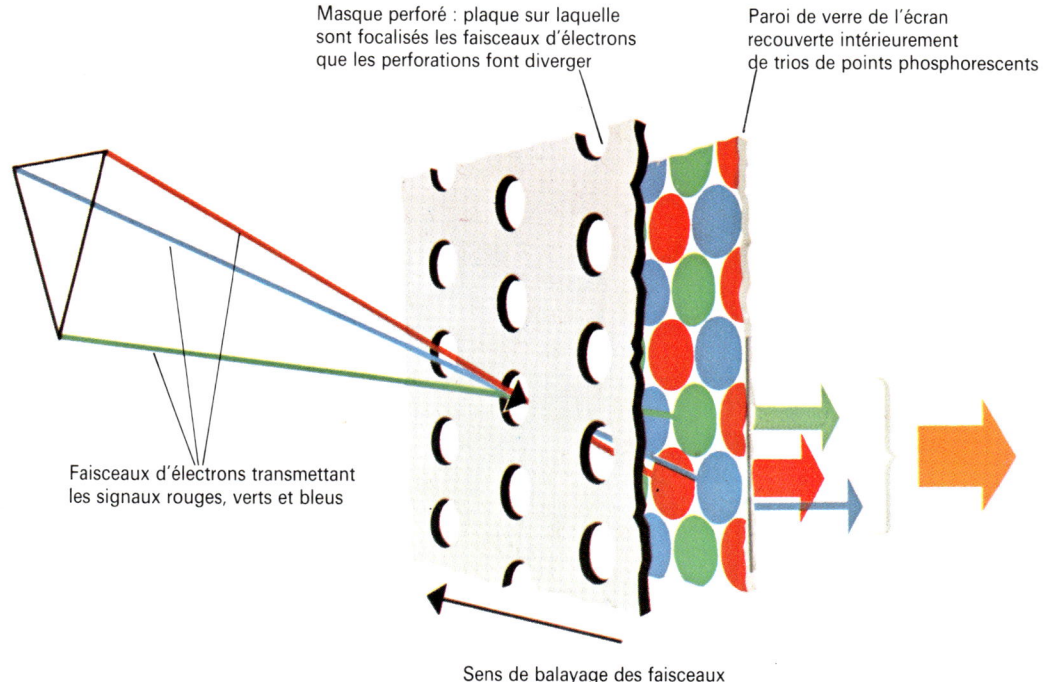

A droite Un écran de télévision en couleur est recouvert de points phosphorescents groupés par trois. Le faisceau d'électrons portant les signaux rouges est dirigé sur le point de chaque trio qui émet de la lumière rouge. Le faisceau bleu est dirigé sur les points bleus et il en est de même pour le vert. Ces trois couleurs sont perçues par l'œil comme un seul point de lumière colorée.

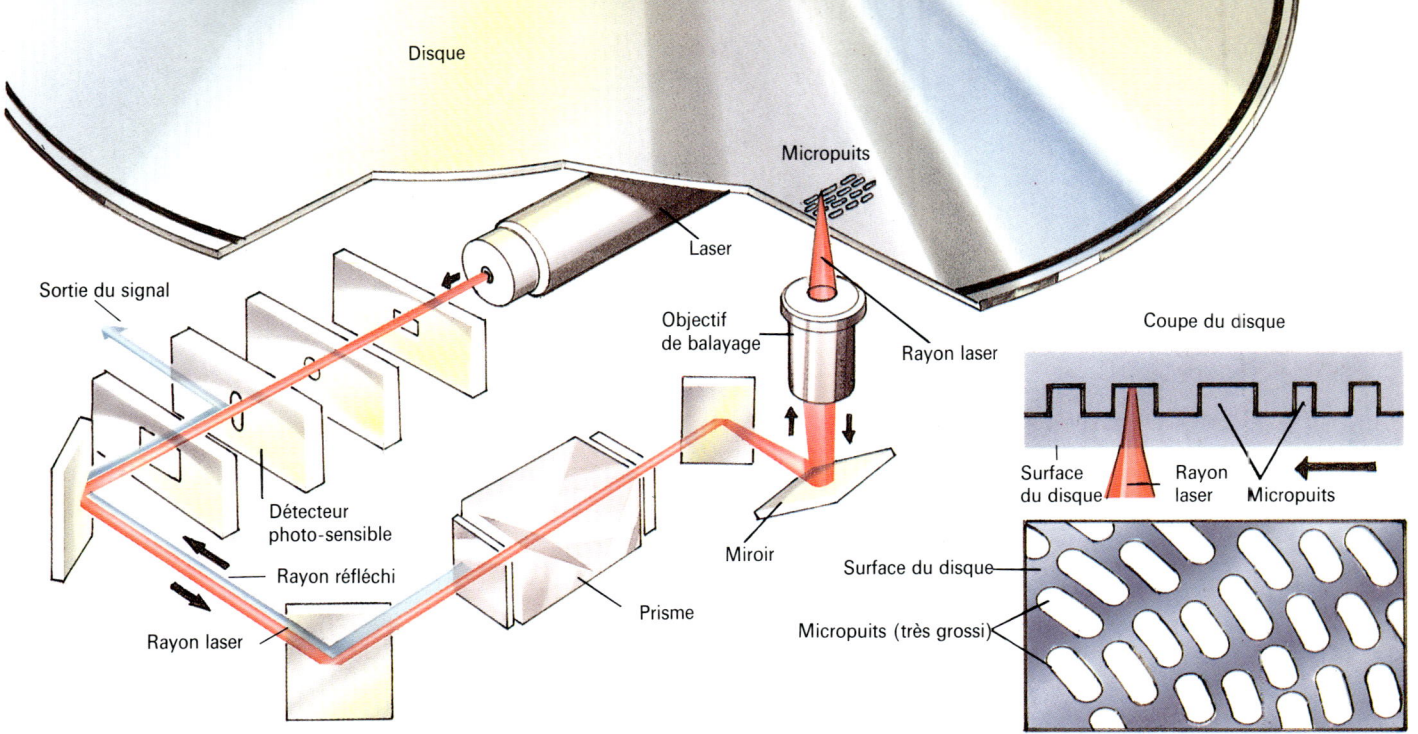

LA VIDÉO

Le mot vidéo signifie en latin « je vois ». Un disque vidéo est un moyen d'enregistrer des images et du son qui seront restitués par un récepteur de télévision. John Logie Baird, savant écossais qui inventa un des premiers systèmes de télévision, inventa aussi un enregistreur vidéo qui emmagasinait des images sur un disque semblable à un disque acoustique. Les lecteurs vidéo modernes utilisent des bandes magnétiques appelées bandes vidéo. Les images peuvent aussi être enregistrées sur des disques semblables aux disques compacts.

Les magnétoscopes

Pour enregistrer des images sur une bande vidéo, il faut les traduire en signaux électriques. Cette phase est effectuée par une caméra vidéo. La lumière, captée par la caméra, pénètre dans un tube de verre appelé tube vidicon. A l'extrémité de celui-ci, elle est focalisée sur une plaque plane. A l'autre extrémité, un canon à électrons envoie un faisceau d'électrons sur la plaque. Lorsque ce faisceau balaye la plaque, il est converti en signaux électriques qui traduisent la scène. Ils sont envoyés à l'enregistreur qui les transmet à la bande.

Les bandes vidéo

Les bandes vidéo comme les bandes magnétiques sonores (ou audio) sont en plastique recouvert d'une mince couche de particules à base d'oxyde de fer en forme de fines aiguilles. Les signaux électriques émis par l'image aimantent plus ou moins les particules de fer de la bande qui stocke ainsi la représentation magnétique de la scène.

Ci-dessus Un vidéodisque comprend une surface brillante recouvertes de petits trous ou micropuits. Un rayon laser « lit » ce schéma de micropuits et le traduit en signaux image et son.

Ci-dessous Dans un magnétoscope enregistreur de vidéo-cassettes, une série de galets guident la bande. Avant d'enregistrer, la bande passe sur la tête d'effacement qui élimine les images et les sons précédemment enregistrés. Puis, la bande passe sur le tambour vidéo qui enregistre les signaux images sous forme de pistes disposées en diagonale sur la bande. Le son est enregistré parallèlement au bord supérieur de la bande par la tête audio.

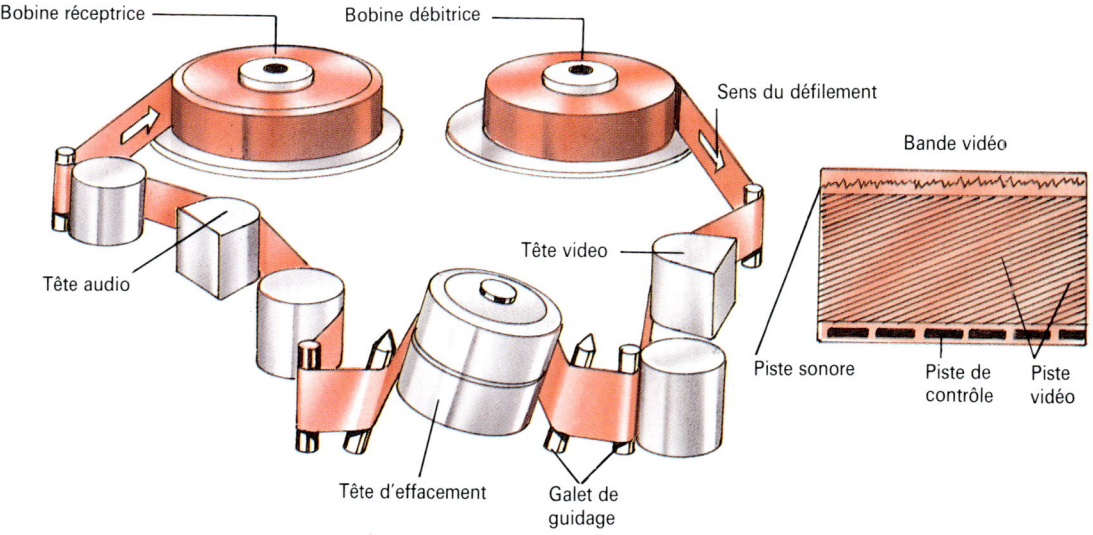

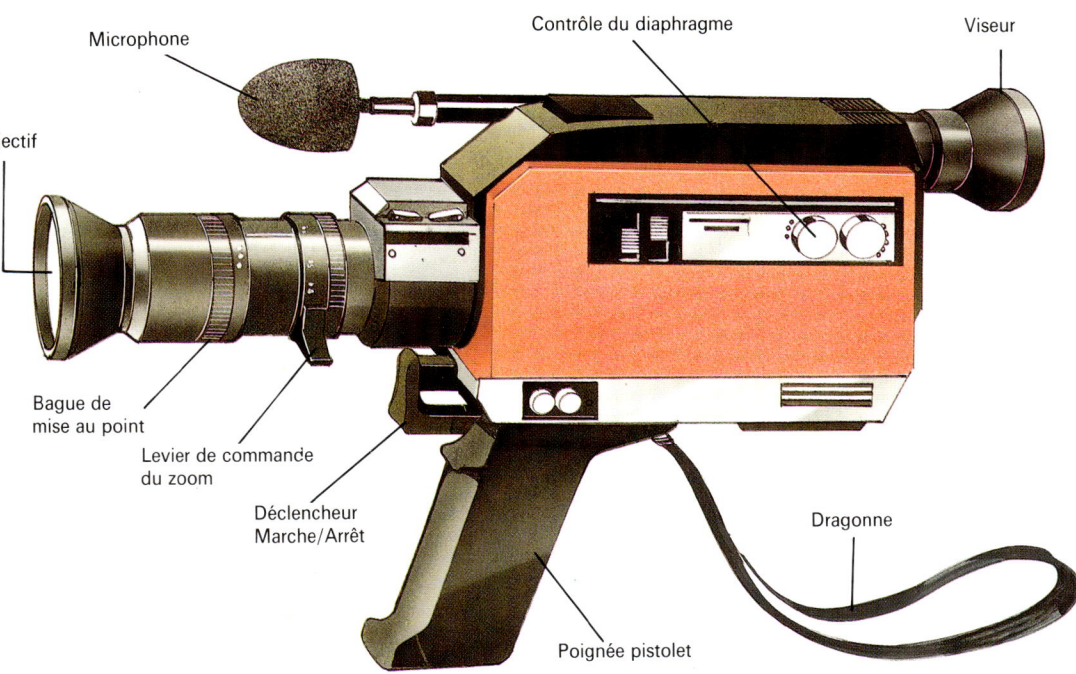

A gauche Les caméras vidéo sont faciles à utiliser. La plupart possèdent une mise au point et un diaphragme automatiques. Un micro enregistre les sons. Elles n'ont qu'un minimum de commandes.

La bande vidéo est plus large que la bande audio car elle enregistre beaucoup plus d'informations produisant une image et non pas seulement un son. Les signaux vidéo sont enregistrés sur des lignes obliques transversales à la bande qui peut ainsi emmagasiner davantage de signaux. Si l'enregistrement était linéaire, un programme d'une heure demanderait 33 kilomètres de bande.

Pour regarder un enregistrement vidéo, il faut mettre la cassette dans le magnétoscope. La charge magnétique de la bande crée des signaux électriques lorsqu'elle défile contre les têtes de lecture vidéo et audio. Ils sont traduits par le récepteur de télévision en images et sons.

Les vidéodisques

Un vidéodisque contient des images enregistrées par le fabricant, un particulier ne peut pas encore réaliser lui-même un enregistrement. Les images sont gravées sous forme de petits creux ou micropuits répartis sur la surface argentée du disque. Lorsque le disque est placé dans le lecteur, un très fin rayon laser « lit » les micropuits et reproduit les images. Les vidéodisques sont très utiles pour stocker un très grand nombre d'informations, comme celles contenues dans des encyclopédies ou catalogues, car ils permettent de retrouver rapidement un élément partiel.

Plus récemment l'électronique moderne a fourni un nouveau moyen de stocker les images : le C.C.D. ou puce à charge couplée. Il s'agit d'un microprocesseur ou puce constitué de couches alternées de silicium et de métal. L'image est enregistrée sous forme d'un dépôt superficiel de charges électriques. Les C.C.D. sont tellement sensibles que les astronomes s'en servent pour enregistrer la lueur imperceptible des étoiles lointaines.

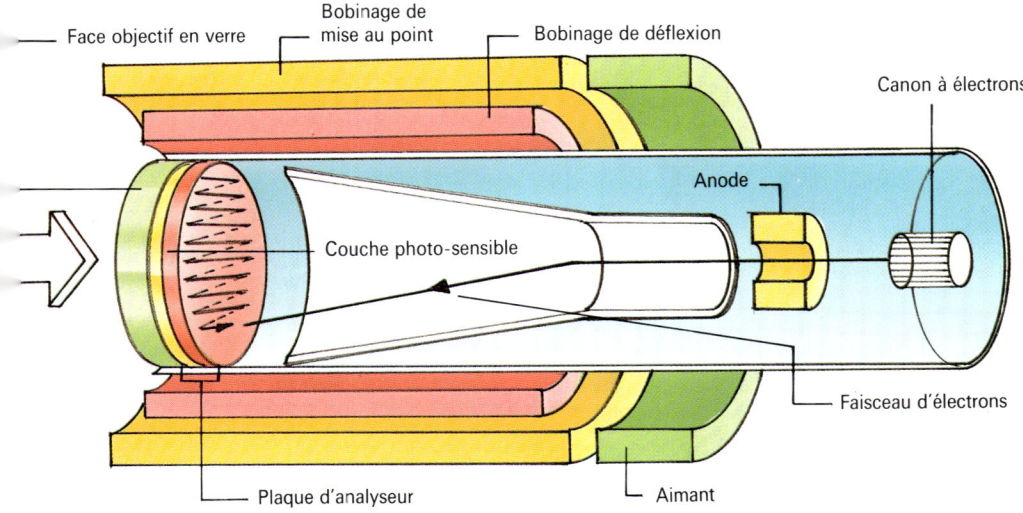

A gauche Un tube vidicon. La lumière de la scène à enregistrer est focalisée sur la plaque objectif à l'avant du tube. Un faisceau d'électrons balaye l'image guidé par les bobinages qui entourent le tube. Le signal électrique varie en fonction de la quantité de lumière qui frappe la plaque objectif.

LE RADAR

Le mot radar vient de l'anglais : *Radio Detecting and Ranging* (détection et télémétrie par radio). Le radar est un dispositif d'émission et de réception qui utilise des ondes radioélectriques de quelques centimètres de longueur d'onde.

Les ondes sont dites ultracourtes. Elles sont émises par une antenne spéciale complétée par un réflecteur parabolique qui peut être dirigé dans toutes les directions. Les signaux reçus sont au maximum lorsque l'antenne est dirigée vers la source de réflexion des ondes radio. Généralement, les antennes radar tournent automatiquement à vitesse constante en décrivant des cercles complets, si bien qu'elles émettent et reçoivent des signaux dans toutes les directions.

Le fonctionnement du radar

Les ondes radio ordinaires sont si longues qu'elles contournent les objets. Les ondes ultracourtes du radar ont tendance à se réfléchir sur la plupart des objets. On utilise cette propriété pour déterminer la distance de l'objet, et dans le cas d'un objet mobile, sa direction et sa vitesse. Toutes les ondes radio émises par la station frappent un objet et sont réfléchies vers l'antenne en une fraction de seconde. Au cours de ce délai très bref, l'émetteur ne fonctionne plus alors que l'antenne reçoit les ondes réfléchies qui sont transmises à un tube cathodique spécial semblable à un écran de télévision. Sur ce tube, se forme une image du signal ou des ondes réfléchies.

Certains objets, comme les corps métalliques, renvoient des signaux puissants et l'image formée sur l'écran est très brillante. D'autres objets, notamment non métalliques, reflètent des signaux plus faibles et donnent une image moins brillante. Un objet volumineux renvoie davantage d'ondes qu'un objet plus petit. Avec de l'expérience, un opérateur peut reconnaître sur son écran un vol d'oiseaux ou une escadrille d'avions.

Les signaux se réfléchissent plus vite sur les objets proches que sur les objets lointains. Le temps mis par le signal pour revenir permet de calculer la distance de l'objet.

En 1940, les Britanniques mirent au point un tube émetteur spécial, appelé magnétron, qui pouvait produire des signaux très puissants sur des longueurs d'onde très courtes propres au radar. Ceci a permis de réduire la taille des antennes et d'installer des radars à bord des avions.

Les applications

Le radar est utilisé pour la navigation aérienne et maritime. Il permet de localiser les zones de mauvais temps ainsi que les autres avions ou bateaux et d'éviter des collisions. Pendant la Seconde Guerre mondiale, le radar servit à repérer les avions ennemis et à pointer des pièces d'artillerie antiaériennes. Un radar permet aussi d'observer par temps nuageux ou de nuit.

A droite La possibilité de réfléchir une émissions radar sur un objet dépend en partie de sa hauteur au-dessus du sol (altitude) et en partie de l'angle selon lequel l'antenne du radar est orientée. Un avion peut échapper à la detection en volant à très basse altitude.

A droite Le tube cathodique permet de voir les signaux radar réfléchis (écho) qui renseignent l'opérateur sur la distance de l'objet ou d'une tempête ainsi que sur sa vitesse et sa direction. La spirale en haut de l'écran est un ouragan. Les petites zones éclairées traduisent de fortes averses de pluie.

A droite L'une des plus importantes utilisations du radar reste l'assistance aux avions lors des atterrissages par mauvais temps. Deux signaux différents sont émis par le sol. L'un d'eux indique au pilote la bonne direction en approche. L'autre indique l'altitude ou la hauteur idéales de l'avion lors de sa descente. Les pilotes savent ainsi à tous moments exactement où ils se trouvent en approchant de la piste d'atterrissage.

A droite La plupart des stations radar utilisent la même antenne pour émettre et pour recevoir. Pendant un très bref instant entre chaque émission d'impulsions radar, le récepteur est connecté de manière à recevoir le signal retour grâce à un inverseur automatique. Cet inverseur change la connection avec l'antenne en passant de l'émetteur au récepteur.

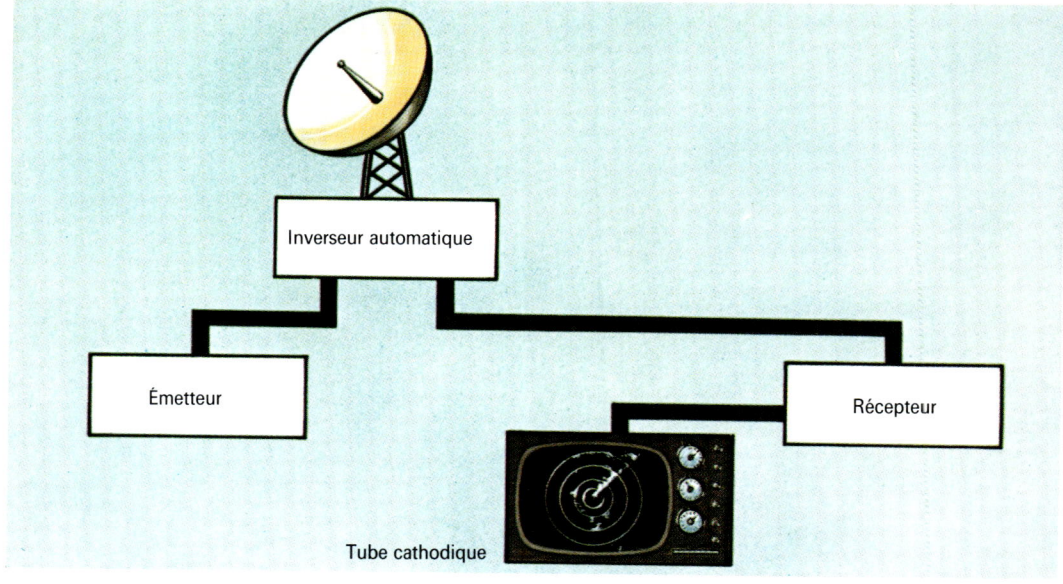

Écran radar
Radar scanner

Antenne du LOC
Piste
Radiobalises marqueurs de distance
Faisceau de radio d'alignement vers la piste (LOC)
Trajectoire correcte
Tournez à droite et descendez
Pente d'atterrissage
Écran du pilote
Tournez et descendez à gauche
Cap d'atterrissage

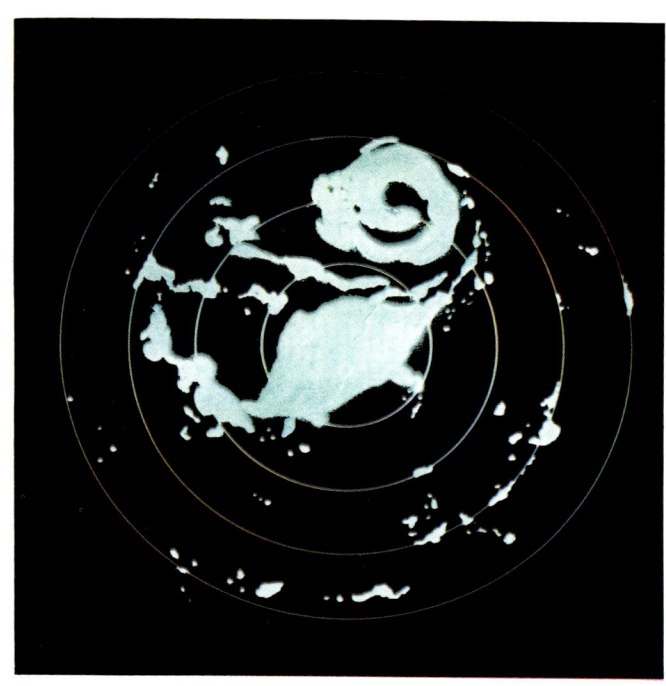

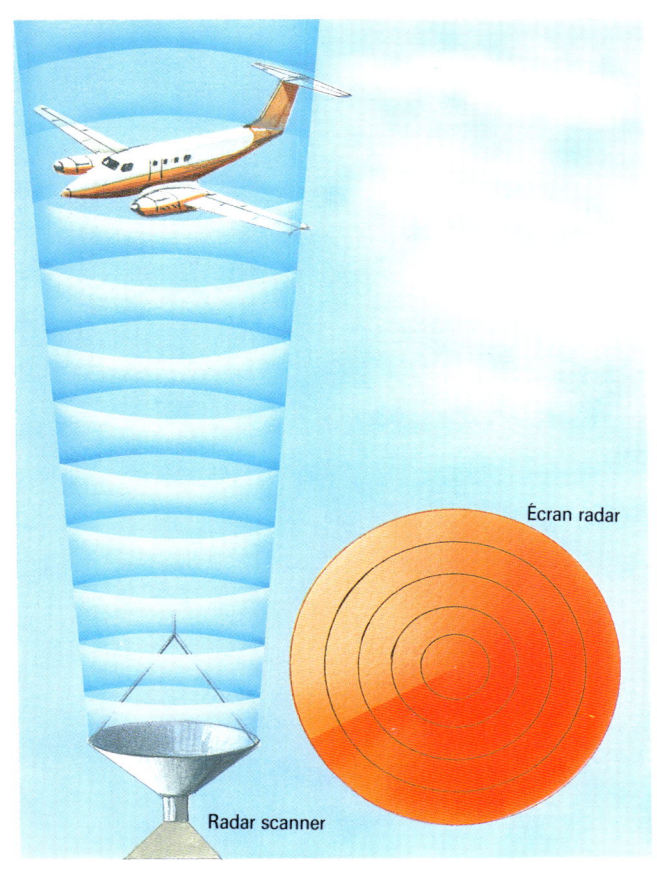

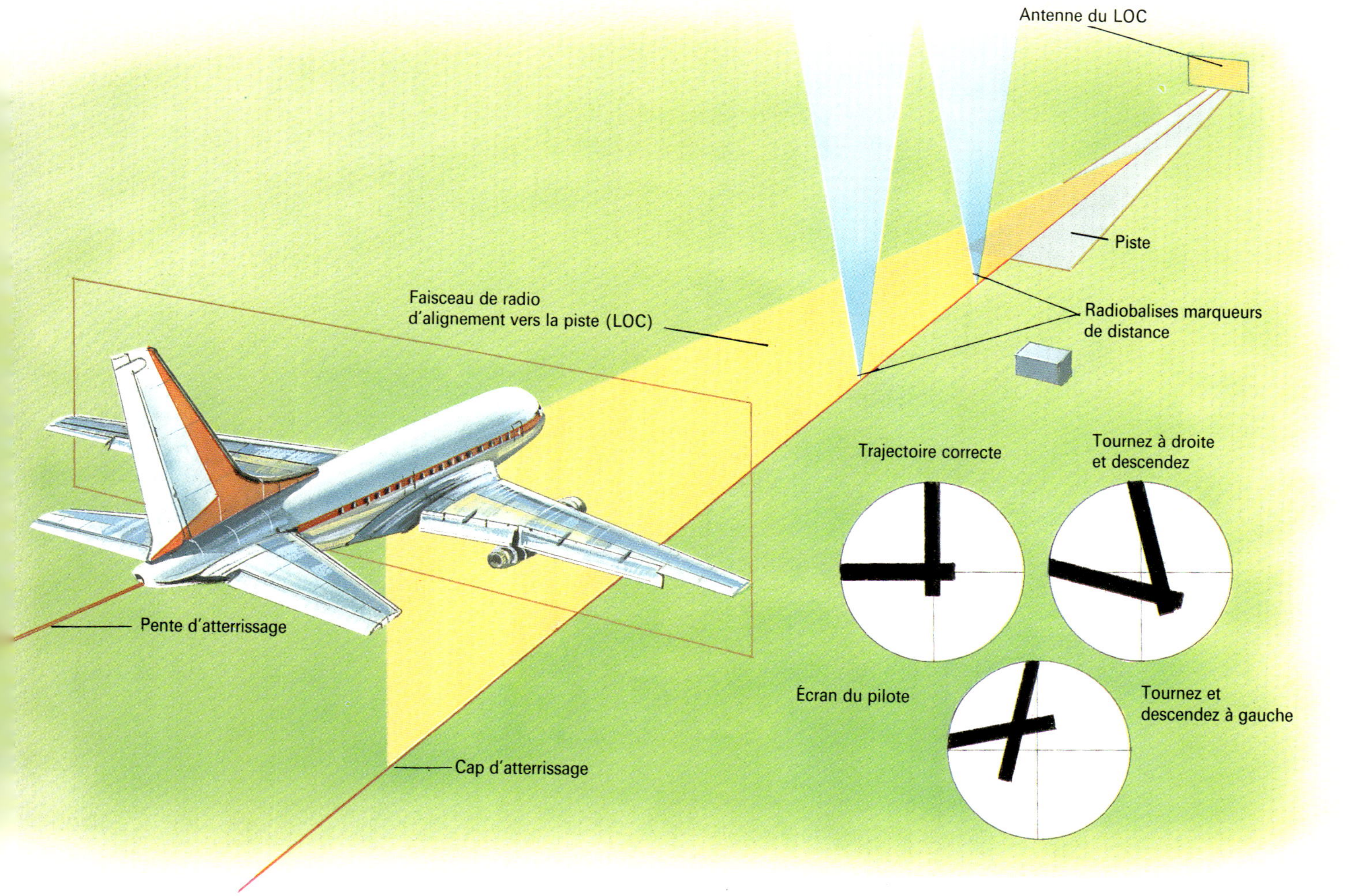

LA RADIOASTRONOMIE

Les sons que l'on entend à la radio ont traversé l'espace sous forme d'ondes radioélectriques. Ces ondes se propagent entre l'émetteur et le récepteur distants parfois de milliers de kilomètres. Les radiotélescopes captent des ondes qui traversent l'atmosphère en provenance d'étoiles situées dans différentes parties de l'univers. Elles ont voyagé pendant des millions d'années avant d'atteindre la Terre et les radiotélescopes. Les ondes radio provenant de l'espace ont été découvertes par hasard en 1931 par Karl Jansky. Manipulant un récepteur de radio équipé d'une antenne orientable, il s'aperçut qu'en la dirigeant vers la Voie lactée, il recevait des signaux des étoiles.

Les radiotélescopes

La plupart des radiotélescopes sont installés dans des endroits isolés où le risque d'être perturbé par les ondes radio émises de la Terre sont minimes. Certains radiotélescopes, comme celui de Jodrelle Bank, près de Manchester en Angleterre, sont constitués de panneaux de métal assemblés en forme de parabole. Au centre de cet énorme « bol » appelé réflecteur, se trouve l'antenne. Le réflecteur est monté sur un chariot ou support rotatif qui permet de l'orienter dans toutes les directions.

La surface du réflecteur est constituée de tôles réfléchissantes comme celle placée derrière un filament de radiateur électrique. Le fonctionnement est le même. Les résistances du radiateur rayonnent de la chaleur et les plaques la réfléchissent. Le réflecteur d'un radiotélescope capte les ondes venant du ciel et les renvoie sur l'antenne. Il existe plusieurs types de radiotélescopes utilisés en radioastronomie. Certains ressemblent à des antennes de télévision. L'antenne capte les ondes radio et les envoie par des câbles vers le récepteur qui les restitue sous forme d'image spéciale. Les radioastronomes étudient les images que les ondes radio donnent et que les ordinateurs transcrivent. D'après les courbes obtenues, ils peuvent recueillir certaines données telle que la température d'une étoile ou sa vitesse de déplacement.

A droite La constellation du Cygne est née d'une explosion de supernova qui s'est produite probablement il y a 60 000 ans. C'est une puissante source d'émission d'ondes radio et de rayons X.

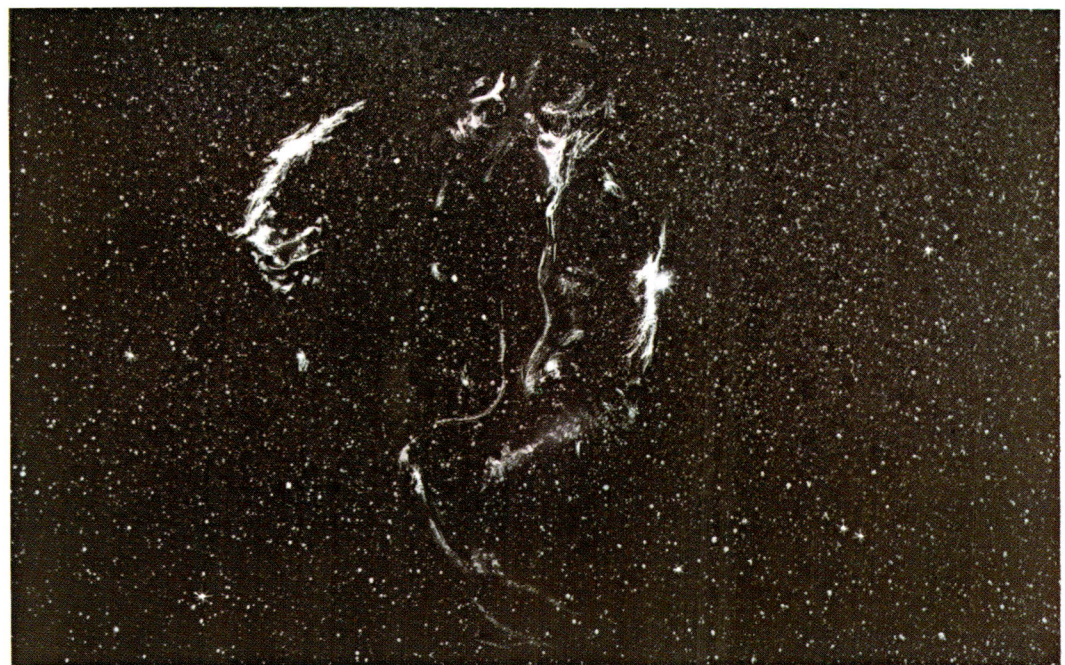

A droite Un satellite artificiel détectant les rayons X dans l'espace. Outre les ondes radio, certaines étoiles et certaines planètes émettent des rayons X, semblables aux ondes radio mais plus puissants. Les rayons X ne peuvent pas traverser l'atmosphère terrestre. On ne peut les détecter que par satellites.

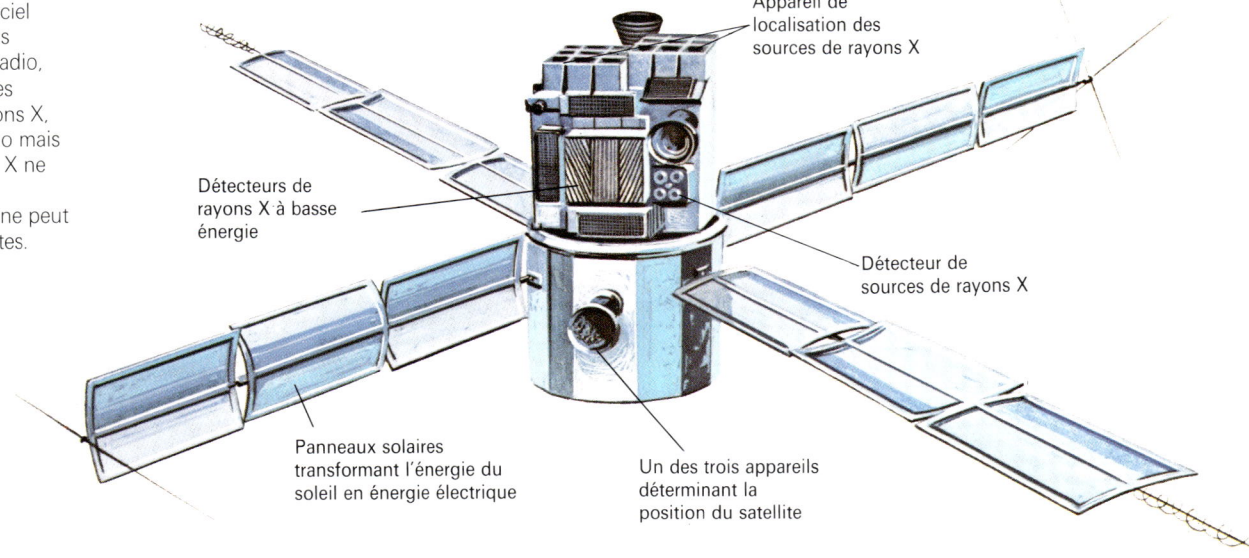

A gauche Le plus gros radiotélescope orientable est situé à Effelsberg près de Bonn en Allemagne. Les signaux radio sont captés par le réflecteur et recueillis par l'antenne rotative qui les transmet ensuite au récepteur proprement dit.

Quasars et pulsars

De nombreuses étoiles dont le Soleil émettent des ondes radio. Ces signaux sont souvent très difficiles à détecter. Il existe cependant des sources particulières d'émissions radio appelées quasars et pulsars qui émettent de puissants signaux. Les pulsars, découverts en 1967, sont de petites étoiles qui tournent très vite et très régulièrement. Ils envoient une rafale d'ondes à chaque rotation si bien que ces impulsions ont lieu à des intervalles très réguliers.

Les pulsars sont des sortes d'étoiles mortes. Les restes de l'étoile qui explosa en 1054 en donnant la nébuleuse du Crabe forment un pulsar. Son diamètre est d'environ 30 km et il accomplit une révolution en $3/100^e$ de seconde environ.

On sait peu de chose des quasars qui semblent se présenter comme des sortes d'étoiles situées à d'énormes distances de la Terre. Les signaux radio qu'ils émettent doivent être extrêmement puissants car on les capte facilement même après un très long parcours dans l'espace.

La constitution d'un atome

LES PARTICULES ÉLÉMENTAIRES

La matière est constituée de groupes d'atomes. On crut pendant fort longtemps qu'on ne pouvait diviser les atomes. On sait maintenant que c'est possible. Les atomes sont composés d'un noyau central autour duquel gravitent des électrons. Ce noyau est fait de protons et de neutrons. Les protons et les neutrons sont eux-mêmes composés de particules encore plus petites appelées quarks. Les quarks et les électrons sont des particules élémentaires, ce qui signifie qu'il est impossible de les diviser en particules plus petites. Ce sont les composants de base de la matière.

Mais si ces particules ne sont pas divisibles, certaines d'entre elles peuvent se transformer ou dégénérer sous forme d'autres particules élémentaires. Elles sont par conséquent instables et ne vivent qu'un certain temps.

Photons et neutrinos

Lorsqu'un neutron quitte un noyau, il devient instable. Il vit environ 15 minutes puis se transforme en proton, en électron et en une autre particule élémentaire appelée neutrino. Ces trois particules sont stables et ne se changent pas en une autre particule. Le neutrino est une curieuse particule. Il n'a pas de masse ni de charge électrique. C'est une minuscule charge d'énergie. Il est par conséquent extrêmement difficile à détecter et on ne l'a découvert qu'en 1956.

Le photon est une particule élémentaire. Comme le neutrino, il est stable, n'a ni masse ni charge et ne contient que de l'énergie. Les ondes radio, la lumière et les rayons X peuvent être considérés comme des flux de photons (voir page 162). Ces types de radiations ne diffèrent que par les quantités d'énergie des photons.

Il existe de nombreuses autres sortes de particules élémentaires autres que celles dont nous venons de parler. Elles sont toutes instables et certaines se transforment en quelques minuscules fractions de seconde. Les particules élémentaires peuvent réagir ensemble pour donner lieu à d'autres particules mais les réactions ne peuvent se produire que dans certaines conditions. La charge totale des particules réagissant ensemble (ou se désintégrant) doit être égale à la charge totale des particules formées. Lorsqu'un neutron se désintègre, sa charge nulle est équilibrée par la charge positive du proton et la charge égale mais négative de l'électron. C'est la loi de conservation de la charge. De nombreuses caractéristiques doivent aussi être conservées.

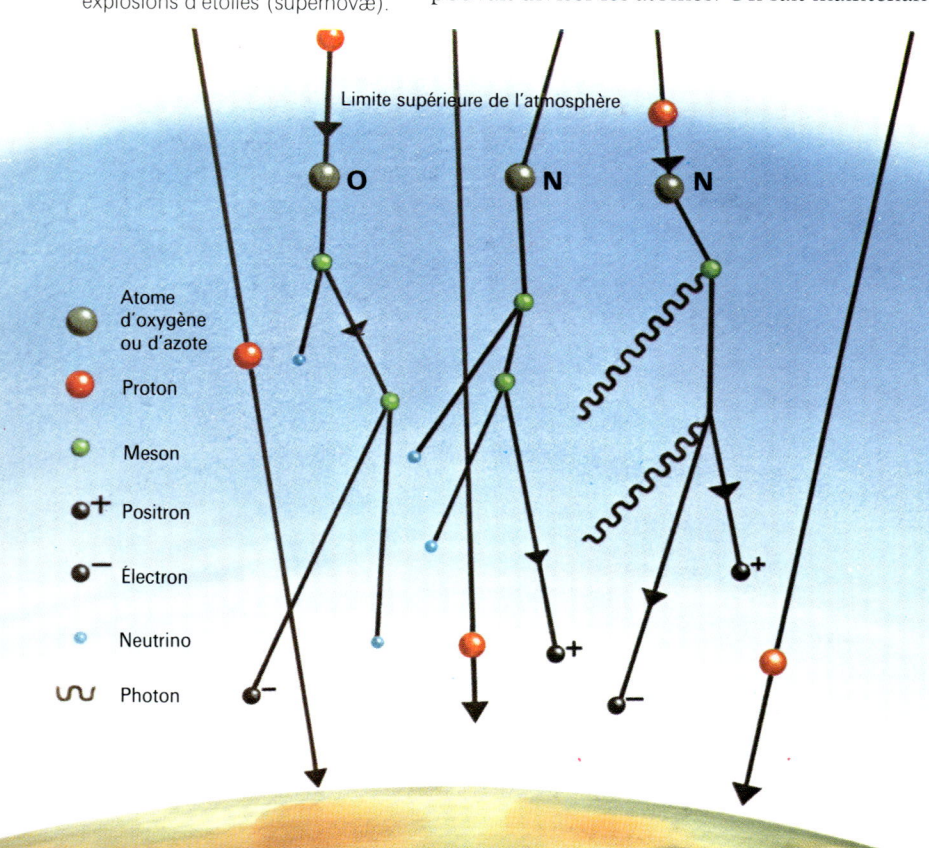

Ci-dessous Rayons cosmiques en provenance de l'espace. Ces radiations dotées d'une grande énergie sont constituées principalement de protons et de quelques particules alpha. Ces particules entrent en collision avec les molécules de l'air en libérant d'autres particules. Au niveau de la mer, il arrive environ une particule par cm^2 à chaque minute. La source des rayons cosmiques n'est pas connue avec certitude. Ils proviendraient des explosions d'étoiles (supernovæ).

A droite L'accélérateur de particules (protons) du C.E.R.N. à Genève. Pour produire des protons à haute énergie, leur vitesse initiale doit être énormément augmentée. On utilise un procédé électromagnétique. La machine ressemble à un gigantesque anneau. Des aimants servent à maintenir les protons sur leur piste circulaire en formant un faisceau étroit.

A gauche Photographie d'une chambre à bulles. Une chambre à bulles contient de l'hydrogène liquide. Lorsque des particules chargées pénètrent dans la machine, de minuscules bulles apparaissent le long de leur trajectoire et on peut les photographier. Lorsqu'elles entrent en collision avec les protons du noyau d'hydrogène, elles libèrent d'autres particules élémentaires qui forment des trajectoires supplémentaires. La forme de la trajectoire permet d'identifier la particule.

Les accélérateurs de particules

Les propriétés et le comportement des particules élémentaires sont étudiées par les physiciens nucléaires. Ils utilisent des accélérateurs de particules pour produire des faisceaux de particules à haute énergie. Les premiers accélérateurs furent construits dans les années 30. Depuis, d'autres appareils ont permis de créer des particules qui possèdent une énergie plusieurs milliers de fois supérieures à celle du premier accélérateur.

Certaines de ces installations sont vraiment très importantes. L'appareil du Fermilab près de Chicago est un anneau d'environ 6,5 km de diamètre. Ces faisceaux de particules abondamment chargées en énergie entrent en collision avec des atomes, généralement d'hydrogène. Le phénomène se produit dans une chambre à bulles. Lorsque les particules chargées traversent la chambre à bulles, elles laissent une trace. Celle-ci est photographiée et le type de trace révèlent aux physiciens quel est le type de particules en question. Ils utilisent cette information pour bâtir une image de la structure de la matière. Les particules sont groupées par leur masse. Les noms des groupes sont dérivés des mots grecs correspondant à léger, moyen et lourd. Les particules légères, appelées leptons, comprennent les électrons. Les masses moyennes sont appelées mesons. Les particules lourdes sont les baryons dont les plus notables sont le proton et le neutron.

Ci-dessous à gauche Un exemple de la chambre à gaz utilisée par Wilson pour mettre en évidence les trajectoires des particules élémentaires dans un gaz saturé de vapeur d'eau.

Ci-dessous Les particules lourdes et moyennes, comme les mesons, les protons et les neutrons, sont considérées maintenant par la plupart des scientifiques comme étant constituées d'autres particules. Ces particules appelées quarks sont classées en six types. Elle possèdent une charge égale à − 1/3 ou + 2/3 de la charge de l'électron. Elles se combinent pour former des protons ou des neutrons (voir schéma).

Charges des particules élémentaires		
●	Électron	Charge : − e
🔴	Quark	Charge : 2/3 x charge d'électron = 2/3e
🔵	Quark	Charge : 1/3 x charge d'électron = − 1/3e
🟢	Quark	Charge : 1/3 x charge d'électron = − 1/3e
Neutron	🔴🔵🔵	Charge : + 2/3e − 1/3e − 1/3e = 0
Proton	🔵🔴🔴	Charge : + 2/3e + 2/3e − 1/3e = e

À droite Les trois isotopes de l'hydrogène. Le noyau de l'atome d'hydrogène contient normalement un proton. Sur 100 000 atomes d'hydrogène, 15 atomes constituent son isotope appelé deutérium dont le noyau contient un proton et un neutron. Le tritium, qui possède un noyau à deux neutrons, est radioactif et forme un isotope rare, l'hélium, par émission d'une particule bêta (électron).

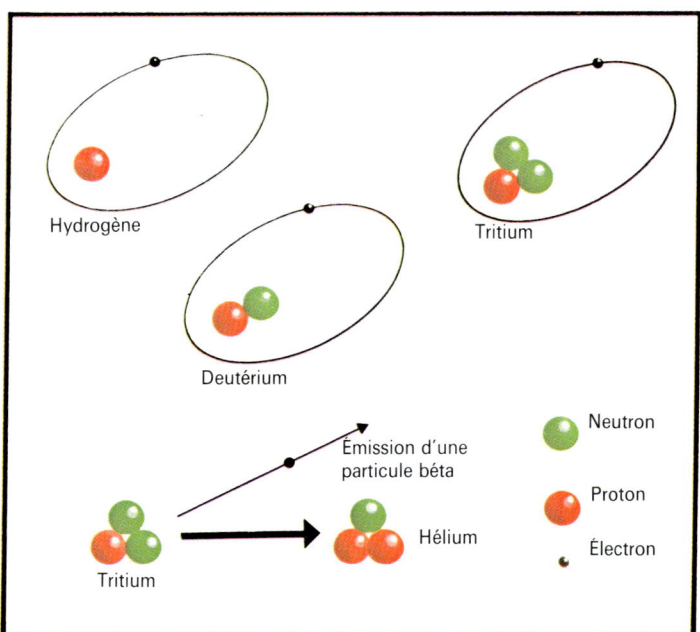

Ci-dessus Henri Becquerel (1852-1908), physicien français, découvrit que les sels d'uranium pouvaient former une image sur une plaque photographique. Il en conclut que l'uranium émettait certaines radiations. Ce furent là les débuts de l'étude de la radioactivité.

LA RADIOACTIVITÉ

Ci-dessous Marie Curie (1867-1934), physicienne et chimiste d'origine polonaise, travailla en France où elle étudia la radioactivité. Avec son mari, Pierre, elle découvrit des éléments radioactifs, le radium et le polonium. Sa fille Irène et le mari de celle-ci, Frédéric Joliot-Curie, produisirent le premier radio-isotope artificiel.

Un atome est constitué d'un certain nombre d'électrons gravitant autour d'un noyau central. Le noyau contient de petites particules appelées protons et neutrons. Les noyaux des éléments, comme le carbone par exemple, ont toujours le même nombre de protons qui est égal à celui des électrons en orbite. La charge positive des protons est ainsi équilibrée par la charge négative des électrons. Cependant, le nombre des neutrons du noyau peut varier. Les atomes d'un élément ayant le même nombre de protons dans leurs noyaux mais dont le nombre de neutrons est différent sont appelés isotopes de cet élément. Chaque élément possède plusieurs isotopes.

Les noyaux de nombreux isotopes ne changent jamais. Ce sont des isotopes stables. Les autres noyaux sont instables. A tout moment, ils peuvent émettre de l'énergie, sous forme de radiations, pour réduire cette instabilité. Ce sont les noyaux des isotopes radioactifs, en abrégé, radio-isotopes. La radioactivité a été découverte en 1896 par Henri Becquerel qui s'aperçut que les sels d'uranium émettaient une certaine forme d'énergie. On découvrit que cette émission provenait du noyau et ne concernait pas les électrons en orbite.

Les rayons alpha et bêta

Un radio-isotope peut dissiper de l'énergie de diverses manières mais les deux processus les plus importants sont l'émission d'un rayon alpha et l'émission d'un rayon bêta. Une particule d'alpha comprend deux protons et deux neutrons. C'est en fait le noyau d'un atome d'hélium. Après que son noyau a émis une onde alpha, le radio-isotope se change en isotope d'un autre élément possédant deux protons de moins. La masse du noyau est alors moins importante à cause de la perte de la particule alpha.

Une particule bêta est un électron. Or, dans un noyau, il n'y a pas d'électrons : d'où vient donc cet électron ? Il provient de la désintégration soudaine d'un neutron qui se change en proton, en électron ou en une autre particule appelée neutrino. Cette désintégration ne se produit que dans les noyaux des radio-isotopes, jamais dans les noyaux d'isotopes stables. Après l'émission d'une particule bêta, le radio-isotope est transformé en un isotope d'un autre élément possédant un proton de plus

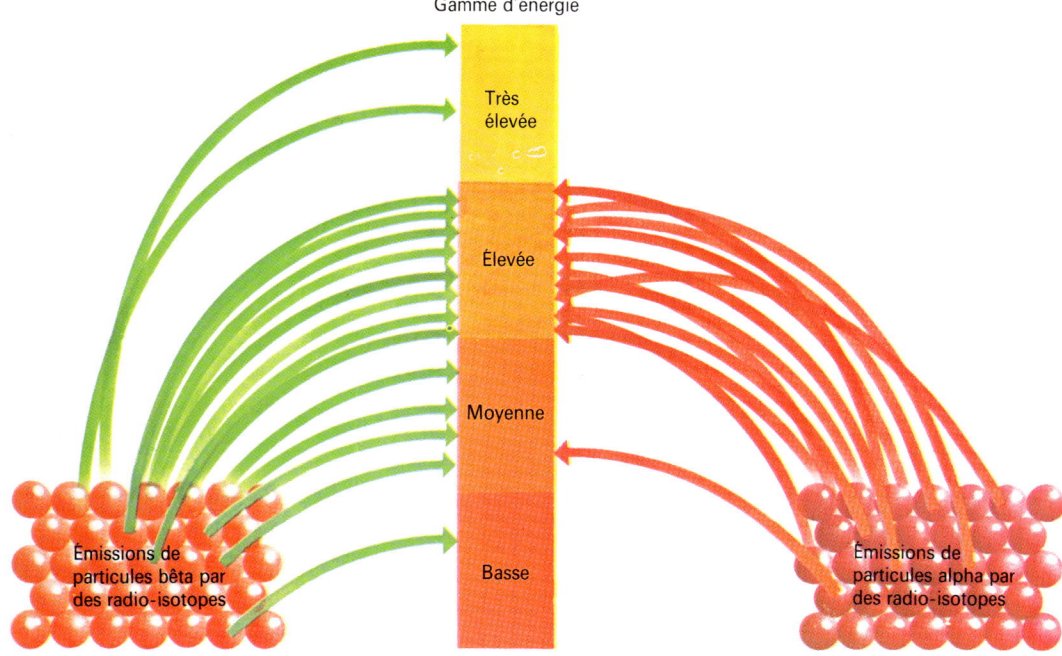

A gauche L'énergie des particules émises par différents radio-isotopes peut varier considérablement. Les particules et les radiations émises peuvent parcourir des distances très différentes. La particule bêta est arrêtée par une mince feuille de perspex tandis que la particule alpha ne peut traverser une feuille de papier. Les rayons gamma ne peuvent être arrêtés que par une forte épaisseur d'acier, de béton ou de plomb.

Ci-dessous La série radioactive de l'uranium commence par la désintégration d'un radio-isotope d'uranium contenant au total 238 protons et neutrons (dont 92 protons). Elle se termine par la constitution d'un isotope stable du plomb. Le schéma indique les demi-vies pour quelques exemples de désintégrations.

que l'original. Les masses de ces deux isotopes sont sensiblement égales du fait que le neutron et le proton ont approximativement la même masse.

Au cours de la désintégration, les radio-isotopes peuvent émettre des radiations électromagnétiques dont des rayons X et des rayons gamma plus puissants. Un radio-isotope se désintègre souvent en un isotope également radioactif. A son tour, le second isotope peut se désintégrer en un troisième radio-isotope et ainsi de suite. Le processus continuera jusqu'à ce qu'un isotope stable se forme. Les radio-isotopes concernés constituent une chaîne radioactive.

Le temps mis par la moitié des noyaux d'un radio-isotope pour se désintégrer est appelé la demi-vie. La durée de cette demi-vie varie, pour différents radio-isotopes, d'une minuscule fraction de seconde à plusieurs millions d'années. Dans une matière radioactive, le nombre de noyaux du radio-isotope présent décroît de moins en moins rapidement au fur et à mesure de la désintégration.

L'activité d'une matière radioactive se mesure au nombre de désintégrations par seconde. Elle décroît par conséquent dans le temps et le taux dépend de la demi-vie du radio-isotope.

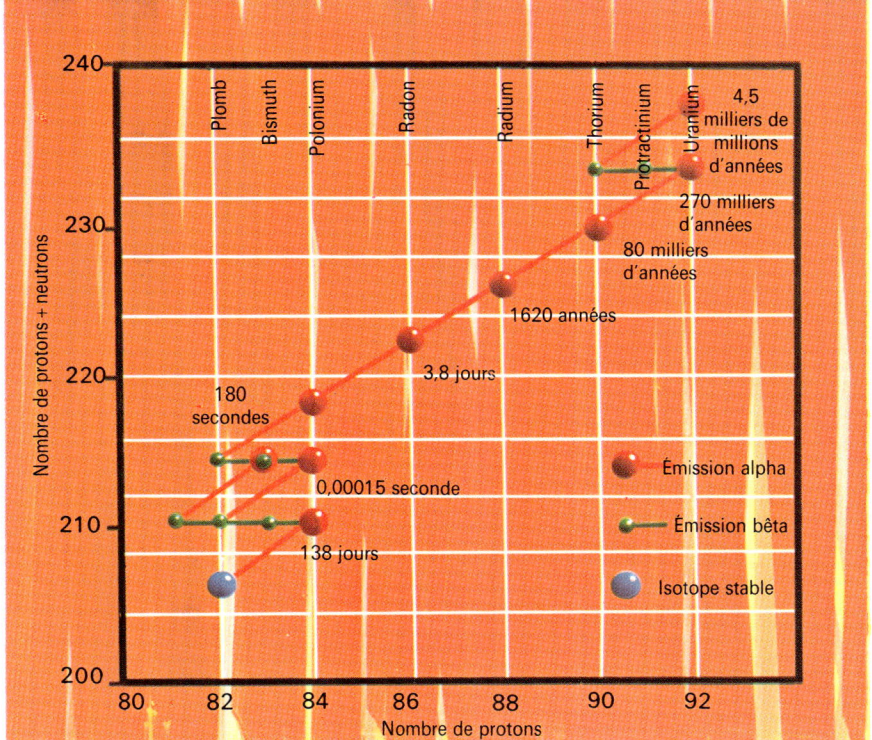

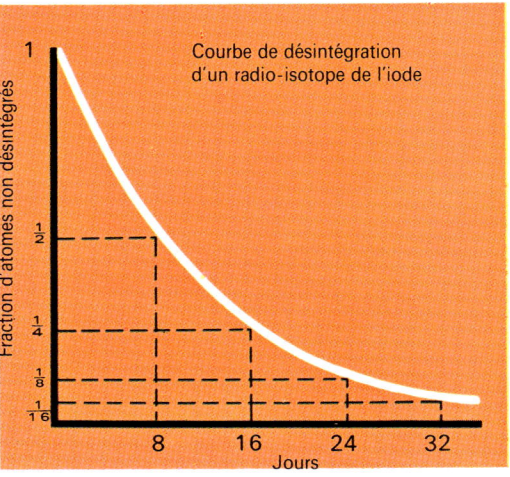

A gauche Courbe de la désintégration d'un radio-isotope de l'iodine dont la demi-vie est égale à huit jours. Après seize jours, il ne subsiste qu'un quart du nombre original de noyaux. Cette fraction tombe à 1/8 après 24 jours et à 1/16 après 32 jours.

LES RADIO-ISOTOPES

On trouve dans les roches de la surface de la Terre plusieurs isotopes naturels, ainsi le potassium dont un atome sur 100 000 est radioactif. De nombreuses roches, dont le granit, contiennent des composés du potassium. Le radio-isotope du potassium se désintègre en un isotope stable d'argon, la demi-vie étant de plus de 1 000 millions d'années. En mesurant les quantités de ces deux isotopes présents dans une roche, on peut calculer le temps qui s'est écoulé depuis le début de la désintégration de l'isotope potassium et déterminer alors l'époque où la roche s'est formée. En calculant l'âge des roches, on peut estimer l'âge de la Terre. Cette méthode appelée datation par la radioactivité donne pour la Terre un âge compris entre 4 000 et 5 000 millions d'années.

La datation au radiocarbone

La datation au radiocarbone permet de calculer l'âge de certains corps vieux de plusieurs milliers d'années, qui auraient été préalablement à l'origine une matière vivante comme le bois.

Toutes les plantes absorbent du carbone à partir du dioxyde de carbone de l'atmosphère. Ce carbone contient une très faible mais constante proportion d'un radio-isotope dont la demi-vie est de 5 730 ans. L'absorption du carbone de l'atmosphère s'interrompt lorsque la matière cesse de vivre. Cependant, le radio-isotope du carbone continue de se désintégrer. En mesurant les quantités de carbone stable et de radio-isotope contenus dans la matière, on peut calculer l'époque de sa mort.

Les radio-isotopes que l'on trouve naturellement sur Terre ont tous des demi-vies extrêmement longues. Les radio-isotopes aux demi-vies courtes ont probablement disparu de la Terre par désintégration il y a des milliers d'années.

Les isotopes à demi-vie courte

Les isotopes à demi-vie courte sont très utiles en médecine, dans l'industrie et la recherche scientifique. Les chercheurs ont pour cela créé des isotopes artificiels. La plupart sont obtenus en bombardant des éléments avec des neutrons à faible énergie.

Certains éléments, comme l'iodine, se rassemblent dans une partie du corps ou dans un organe. Si cet organe ne fonctionne pas normalement, il rassemble trop ou trop peu de cet élément. Un radio-isotope a les mêmes propriétés chimiques que les isotopes stables du

Ci-dessous Les radio-isotopes sont utilisés par les archéologues et les géologues. Ici, l'on utilise du radio-isotope sodium 24 comme source de rayons X pour radiographier l'une des pierres d'un site mégalithique afin d'en étudier la structure.

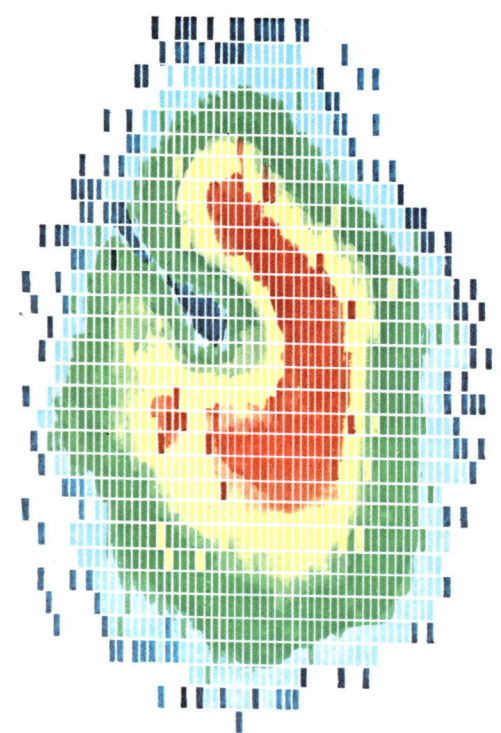

A droite Image (obtenue par balayage) des quantités de radio-isotopes présentes dans différentes parties du foie. Les couleurs foncées : bleu, vert et jusqu'au rouge représentent des quantités croissantes. La quantité maximale de radio-isotopes doit se trouver au centre du foie. La zone bleu foncé près du centre de la représentation indique la présence d'une tumeur cancéreuse.

Ci-dessous Les radio-isotopes peuvent servir à contrôler l'épaisseur d'une feuille de métal produite sous forme d'une tôle mince continue. La quantité de radiations recueillie par le compteur varie en fonction de l'épaisseur de la feuille. Un signal électrique est alors émis pour effectuer une correction au niveau de l'écartement des rouleaux.

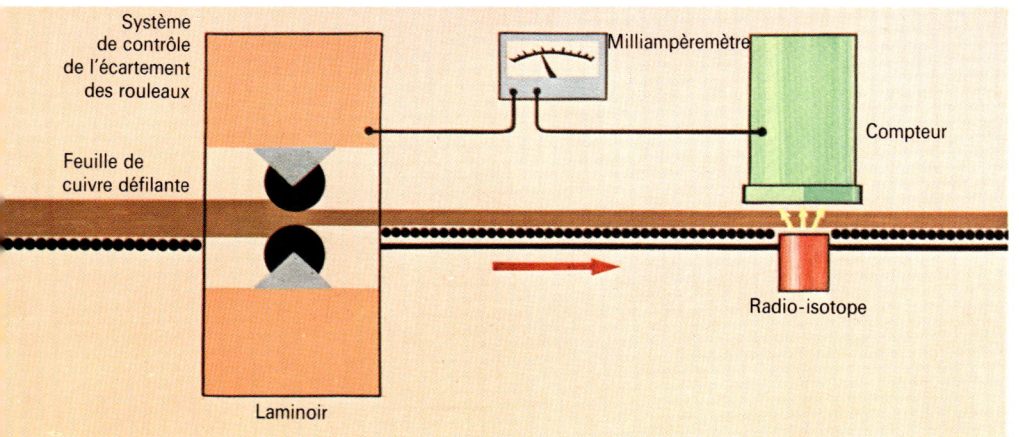

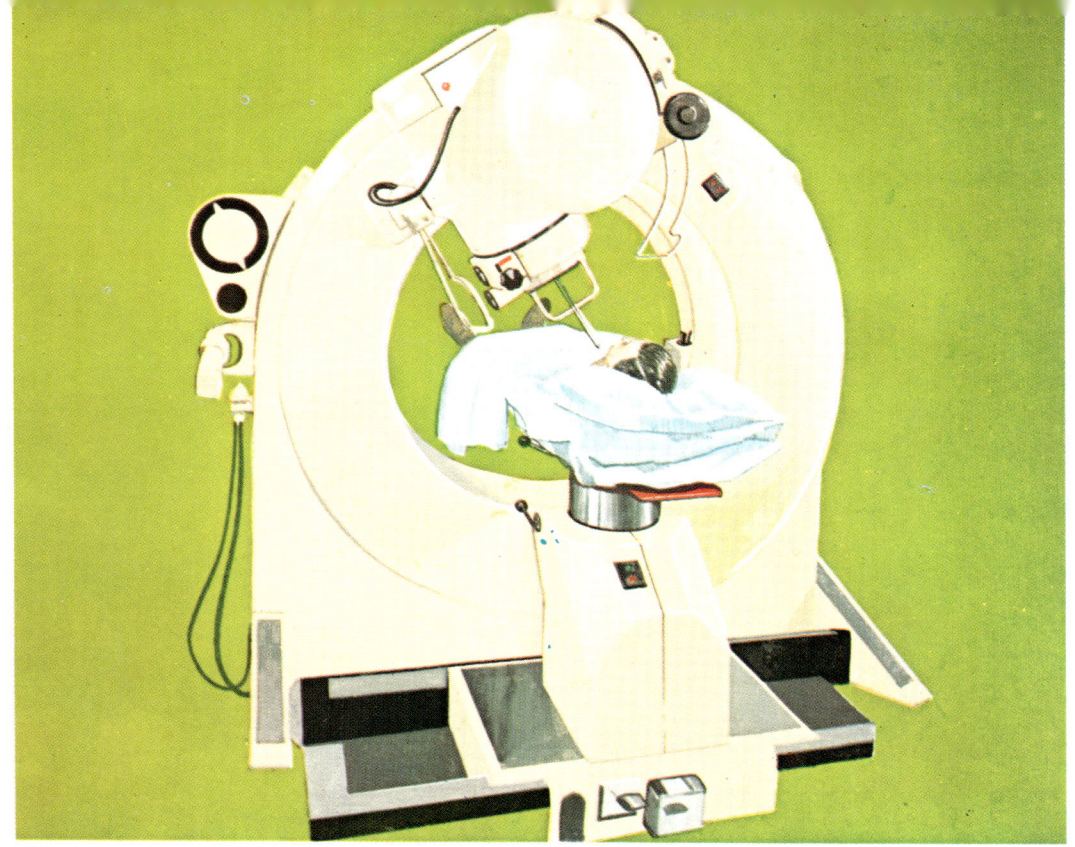

A gauche Une bombe au cobalt dans un hôpital. Certains radio-isotopes, dont celui du cobalt, émettent des rayons gamma, identiques aux rayons X mais dotés d'une énergie supérieure. La bombe émet un étroit faisceau de rayons gamma qui servent à irradier une tumeur.

même élément. Si l'on introduit un radio-isotope dans le corps humain, par injection par exemple, il suivra le même trajet que l'isotope stable du même élément.

Il est possible de mesurer la quantité de radiations émise par le radio-isotope avec une grande précision. Aussi les médecins utilisent-ils les radio-isotopes pour suivre les déplacements des éléments dans le corps, ce qui peut leur permettre de diagnostiquer une maladie comme le cancer par exemple.

Les faisceaux des rayons alpha et bêta émis par un radio-isotope chargent électriquement ou ionisent la matière qu'ils traversent. Les rayons X et ultraviolets ionisent également. Ces rayons et particules ajoutent ou retranchent des électrons aux atomes ou molécules de la matière en leur donnant une charge positive ou négative. L'action ionisante des rayons et des particules est utilisée en médecine pour traiter les tumeurs cancéreuses.

Les radiations ionisantes peuvent détruire de nombreuses cellules du corps, surtout si celles-ci sont jeunes. Elles sont dangereuses sur un corps sain mais particulièrement efficaces sur des cellules cancéreuses qui se reproduisent vite. L'irradiation ionisante est donc utile mais doit être utilisée avec précaution.

Ci-dessous Un compteur de Geiger compte le nombre de particules alpha ou bêta. Il contient un gaz à basse pression ionisé par le rayonnement qui pénètre dans l'appareil. Les ions créent une tension électrique dans le circuit électronique connecté au compteur. Chaque impulsion du voltage représente le passage d'une particule

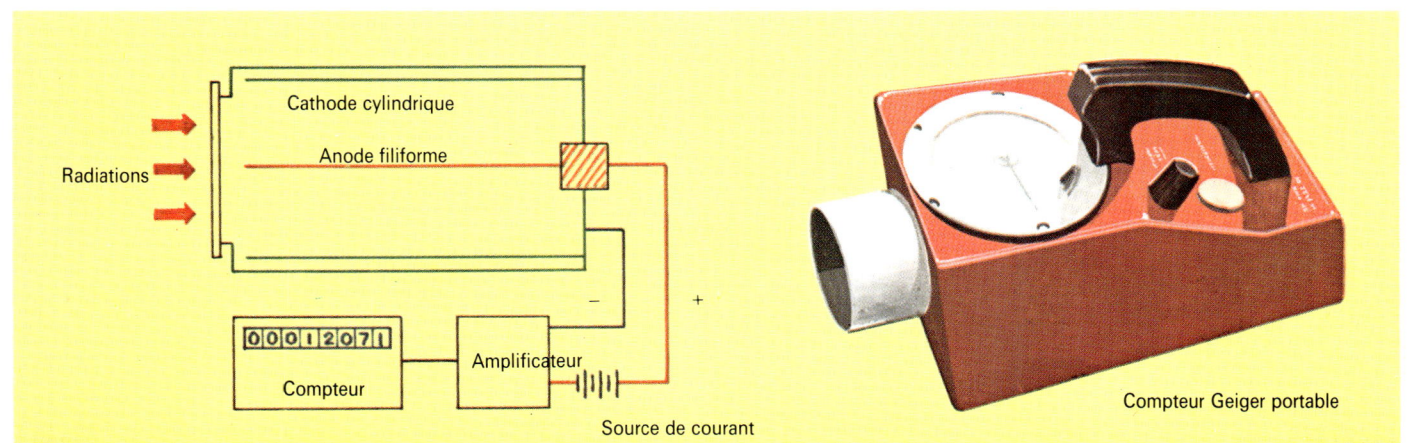

Compteur Geiger portable

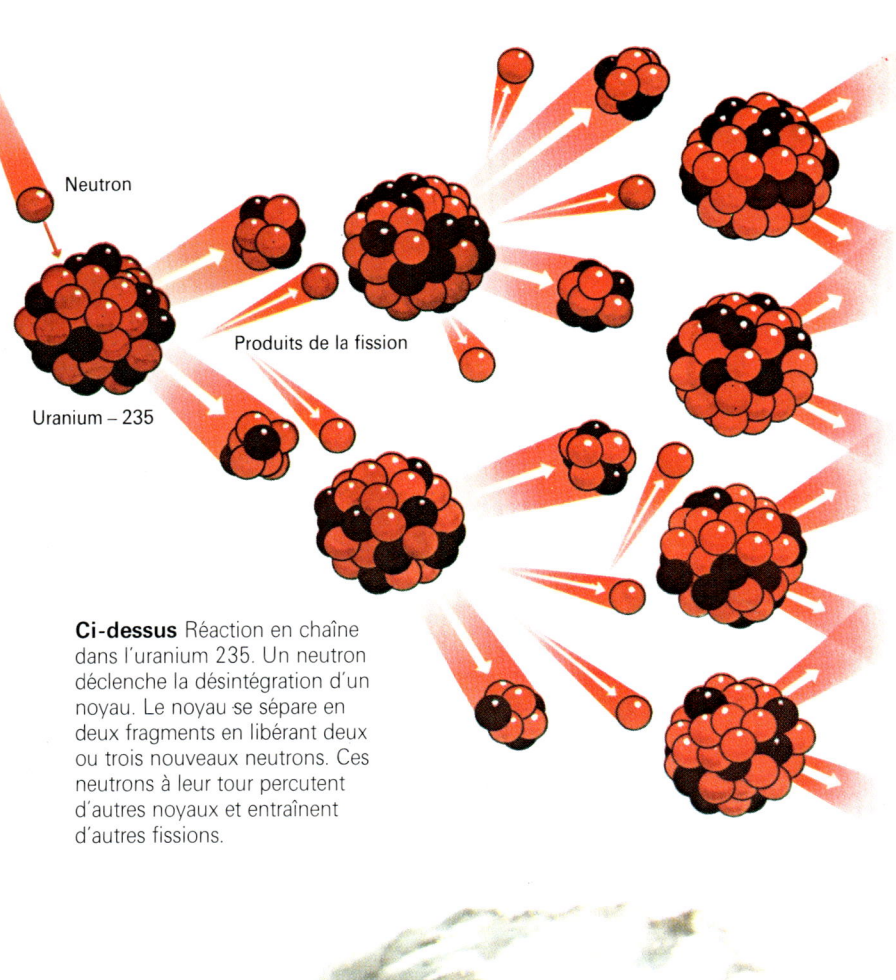

Ci-dessus Réaction en chaîne dans l'uranium 235. Un neutron déclenche la désintégration d'un noyau. Le noyau se sépare en deux fragments en libérant deux ou trois nouveaux neutrons. Ces neutrons à leur tour percutent d'autres noyaux et entraînent d'autres fissions.

A droite Il est possible de conserver de l'uranium 235 et du plutonium 239 fissibles en toute sécurité si les quantités sont faibles (quelques kilogrammes au plus). La raison en est que le nombre de neutrons libérés de la surface de la matière est supérieur au nombre de neutrons libérés à l'intérieur si bien que la réaction en chaîne ne peut pas se poursuivre. La plus petite quantité capable d'entretenir une réaction en chaîne est appelée masse critique. Au-delà de la masse critique, un nombre suffisant de neutrons sont présents dans la matière pour entretenir la réaction. Dans une bombe atomique, deux masses inférieures à la masse critique sont rapprochées pour constituer un bloc de matière supérieur à la masse critique.

LA FISSION NUCLÉAIRE

Lorsque le noyau d'un atome lourd éclate, il libère des particules qui s'en échappent à grande vitesse. L'énergie cinétique (énergie du mouvement) de ces éléments est énorme. Lorsque les particules heurtent un corps, leur énergie cinétique se transforme en énergie calorifique. Cette chaleur est utilisée dans les centrales électriques. On l'emploie aussi à des fins destructrices comme dans la bombe atomique.

La réaction en chaîne

Pour disposer de cette énergie, il est indispensable de créer une réaction en chaîne dans une matière radioactive. Une réaction en chaîne débute lorsque des particules atomiques provenant d'un noyau heurtent un autre noyau et le font éclater. Les particules de ce noyau font alors éclater d'autres noyaux et ainsi de suite.

Un noyau radioactif, comme l'uranium, est brisé par bombardement au moyen de particules atomiques. Cette rupture est appelée fission. La particule atomique généralement utilisée est un neutron car, dépourvu de charge électrique, le noyau ne le repousse pas. Lorsqu'un neutron frappe un noyau d'uranium, deux nouveaux noyaux à peu près équivalents et deux ou trois neutrons sont libérés. Ces neutrons libres vont frapper deux ou trois autres noyaux d'uranium et les font éclater. C'est ainsi que se déclenche la réaction en chaîne.

Dans une bombe atomique, toute l'énergie de cette réaction nucléaire est libérée en une fraction de seconde sous forme d'une terrifiante explosion. Pour que cela se produise, il faut que le combustible soit de l'uranium 235 ou du plutonium 239 pur, car ces deux isotopes dits fissibles se brisent sous le choc d'un neutron.

Dans un réacteur nucléaire, un système a été prévu pour freiner l'explosion destructrice qui

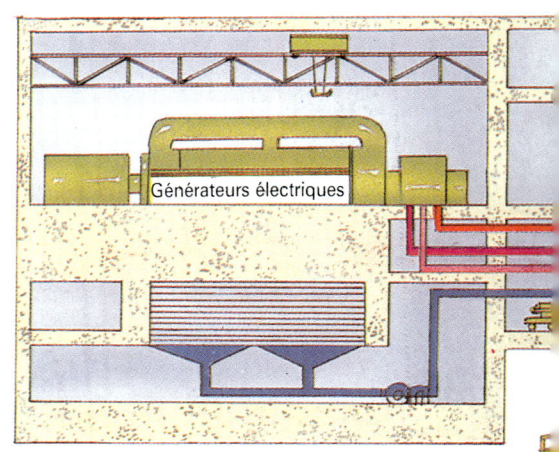

se produit dans une bombe. On y parvient en utilisant un mélange d'isotope fissible d'uranium et, en plus grande quantité, d'un isotope beaucoup plus stable, l'uranium 238.

L'uranium naturel est un des minéraux les plus chers et les plus recherchés sur la Terre. Lorsqu'il est extrait, il ne contient que 7 atomes d'uranium 235 fissibles sur 1 000, ce qui empêche de déclencher une réaction en chaîne. Pour y parvenir, il est nécessaire d'augmenter la proportion d'uranium 235 dans l'uranium naturel ou d'y ajouter du plutonium. C'est ce que l'on nomme enrichissement de l'uranium naturel.

Les réacteurs nucléaires

Il existe plusieurs types de réacteurs. Dans les centrales thermiques à réacteur, le combustible est mélangé à une matière appelée modérateur. Il s'agit d'une matière faite d'atomes légers, du carbone ou de l'eau.

Les neutrons libérés par la fission heurtent les atomes du modérateur et ces collisions freinent les neutrons afin qu'ils soient plus nombreux à déclencher la fission de l'isotope uranium 235. Ce processus dégage une énorme quantité de chaleur. Le cœur du réacteur nucléaire contient de l'uranium et du modérateur. La chaleur produite sert à chauffer un liquide, le réfrigérant. Le réfrigérant qui emmagasine de la chaleur peut porter de l'eau à ébullition. La vapeur produite est utilisée, comme dans les centrales thermiques à charbon ou à fioul, dans une turbine qui entraîne un générateur. De nombreux pays possèdent aujourd'hui des centrales nucléaires pour faire face à l'augmentation de la consommation d'électricité.

Les réacteurs rapides ou surrégénérateurs (ou surgénérateurs) exploitent l'interaction des neutrons rapides (non freinés) et des noyaux. Les surgénérateurs représentent une nouvelle étape du développement des centrales nucléaires. Ils utilisent comme combustible du plutonium 239 et de l'uranium 238. Une partie des neutrons rapides émis par la fission du plutonium 239 est absorbée par l'uranium 238 qui se transforme en plutonium 239. Ceci permet de produire de l'énergie à partir de l'uranium 238, matière beaucoup plus répandue, et donc de prolonger les réserves d'uranium.

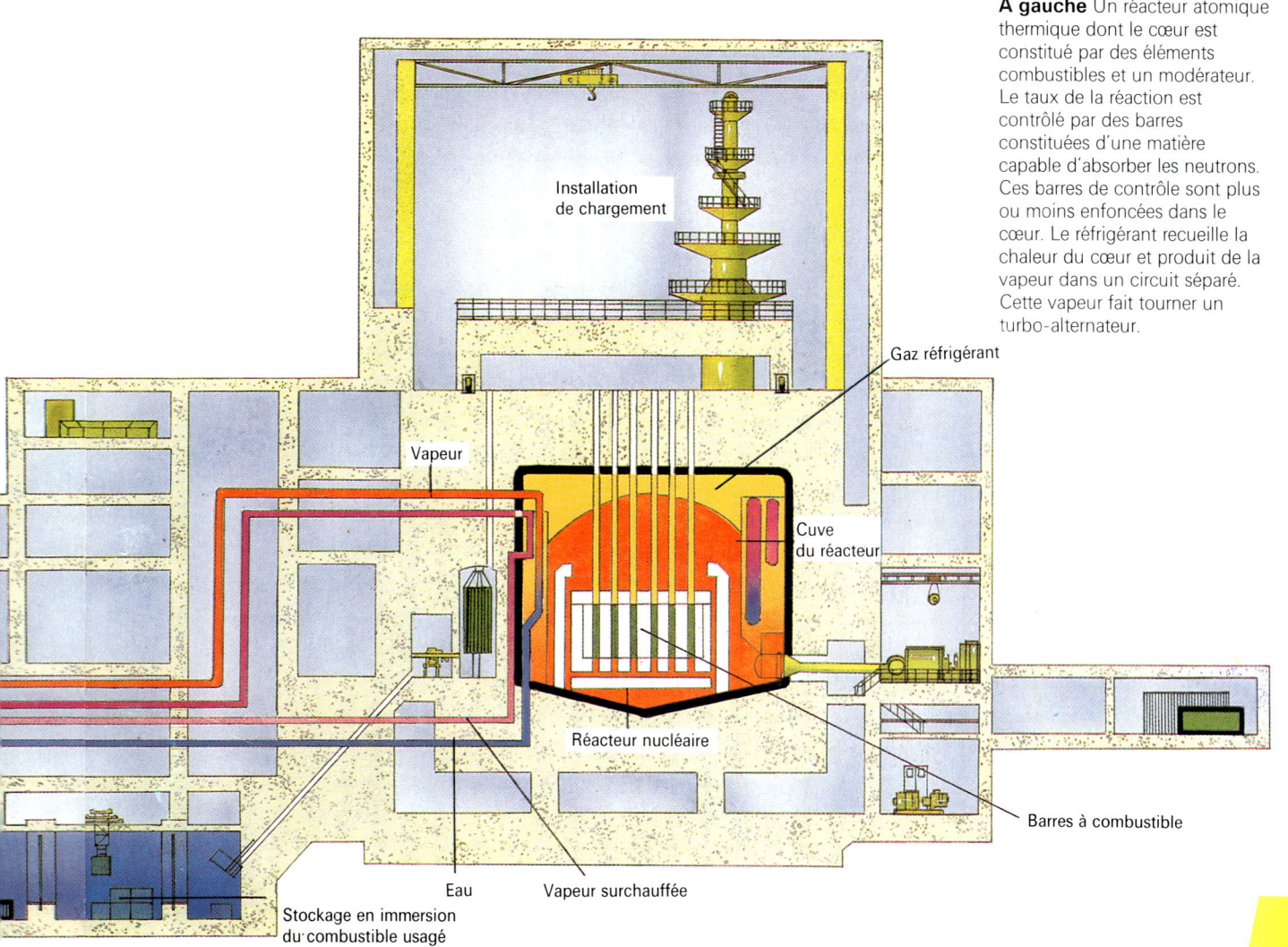

A gauche Un réacteur atomique thermique dont le cœur est constitué par des éléments combustibles et un modérateur. Le taux de la réaction est contrôlé par des barres constituées d'une matière capable d'absorber les neutrons. Ces barres de contrôle sont plus ou moins enfoncées dans le cœur. Le réfrigérant recueille la chaleur du cœur et produit de la vapeur dans un circuit séparé. Cette vapeur fait tourner un turbo-alternateur.

LA FUSION NUCLÉAIRE

La fission des noyaux lourds est une des méthodes employées pour obtenir de l'énergie nucléaire. La fusion (ou réunion) des noyaux légers est un autre moyen. Le deutérium est un isotope de l'hydrogène, appelé parfois hydrogène lourd. Deux atomes d'hydrogène peuvent se réunir pour former de l'hélium. Ce processus libère une énorme quantité d'énergie. Lorsque l'on transforme 1 kg de deutérium en hélium, l'énergie dégagée est quatre fois supérieure à celle que l'on obtient par la fission de 1 kg d'uranium.

Les réactions thermonucléaires

Ces réactions thermonucléaires ne peuvent se produire que si les atomes de deutérium se heurtent avec beaucoup d'énergie. Cela signifie qu'ils doivent se déplacer à une très grande vitesse donc qu'ils soient portés à très haute température : des millions de degrés Celsius. Or, des températures de cet ordre n'existent pas normalement sur Terre. On ne les trouve que dans les étoiles.

L'énergie du Soleil et des autres étoiles provient de réactions thermonucléaires. A l'intérieur du Soleil, l'hydrogène est transformé en deutérium et celui-ci en hélium. L'attraction gravitationnelle au centre du Soleil force les atomes d'hydrogène (protons) à se regrouper, ce qui crée les hautes pressions et les hautes températures nécessaires à la fusion. Lorsqu'un neutron heurte un proton, il se forme un noyau de deutérium. Lorsque deux noyaux de deutérium se heurtent, il en résulte une série de réactions qui mène à la formation d'hélium. La masse totale d'hélium ainsi formée est inférieure à la masse totale de deutérium. Cette différence massique, appelée défaut de masse, est transformée en énergie. Einstein a montré qu'une faible masse équivalait à une immense énergie. C'est la raison pour laquelle les réactions thermonucléaires produisent tant d'énergie.

Il est extrêmement rare que les hautes températures nécessaires aux réactions thermonucléaires soient atteintes sur la Terre. La bombe atomique (à fission) est un des moyens de produire ces températures. Elle sert à établir les conditions de la fusion dans la bombe à hydrogène.

S'il était possible de réaliser un réacteur à fusion thermonucléaire fonctionnel, cela présenterait un très grand avantage sur la réaction à fission. L'hydrogène est en effet plus facile et moins cher à obtenir que l'uranium. Deux atomes sur trois de la molécule d'eau sont de l'hydrogène et 15 atomes d'hydrogène sur 100 000 sont des atomes de deutérium. Les

Einstein

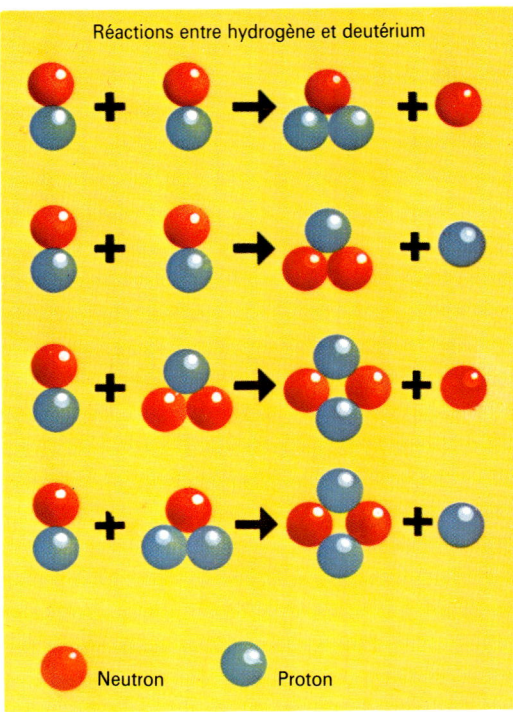

Réactions entre hydrogène et deutérium

Neutron   Proton

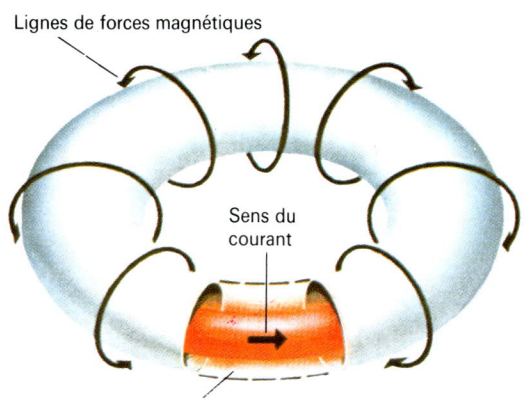

Lignes de forces magnétiques
Sens du courant
Plasma confiné

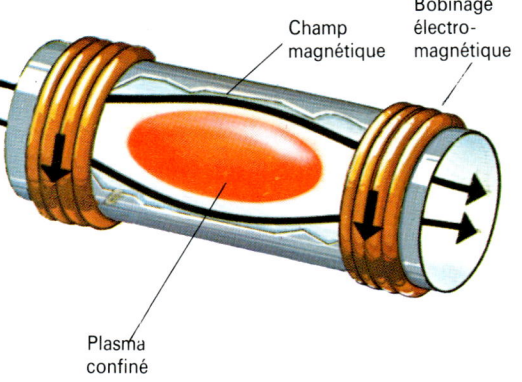

Champ magnétique
Bobinage électro-magnétique
Plasma confiné

A gauche Albert Einstein (1879-1955), grand physicien allemand émigré aux États-Unis. Sa théorie de la relativité démontra que la masse et l'énergie n'étaient que deux formes différentes d'un même concept. Dans les réactions thermonucléaires, une partie de la masse des atomes de deutérium est transformée en énergie. C'est l'origine de l'énergie du soleil comme de celle de la bombe H.

A gauche Des réactions thermonucléaires interviennent entre les noyaux de deutérium. Un noyau de deutérium est constitué par un neutron et un proton. Dans la première réaction, deux noyaux de deutérium se combinent pour donner un noyau d'hélium 3 (deux protons et un neutron) et un neutron libre. Dans la seconde réaction, qui peut également se produire, l'isotope d'hydrogène appelé tritium (un proton et deux neutrons) se forme. Dans les deux dernières réactions, le tritium et l'hélium 3 réagissent avec le deutérium pour donner de l'hélium 4.

A gauche L'un des problèmes posés par la réaction thermo-nucléaire consiste à la confiner dans un espace clos. Une solution utilise les champs magnétiques afin de tenir la réaction à l'écart des parois du tube. A la température d'une réaction thermonucléaire, les atomes libèrent leurs électrons et se transforment en un rassemblement d'électrons et de noyaux chargés positivement. Un gaz dans cet état est appelé plasma. Une chambre de réaction toroïdale (annulaire) contient le plasma formé par le passage d'un puissant courant dans le gaz. Ce courant crée aussi un puissant champ magnétique qui contracte ou confine le plasma au centre du tore en éliminant tout contact avec les parois.

A gauche Certains tubes à réaction expérimentaux sont droits. Le plasma ne peut pas toucher les extrémités à cause des miroirs magnétiques constitués par de puissants champs magnétiques qui entourent les extrémités du tube. Dans certaines expériences, la matière est transformée en plasma grâce à l'énergie d'un rayon laser.

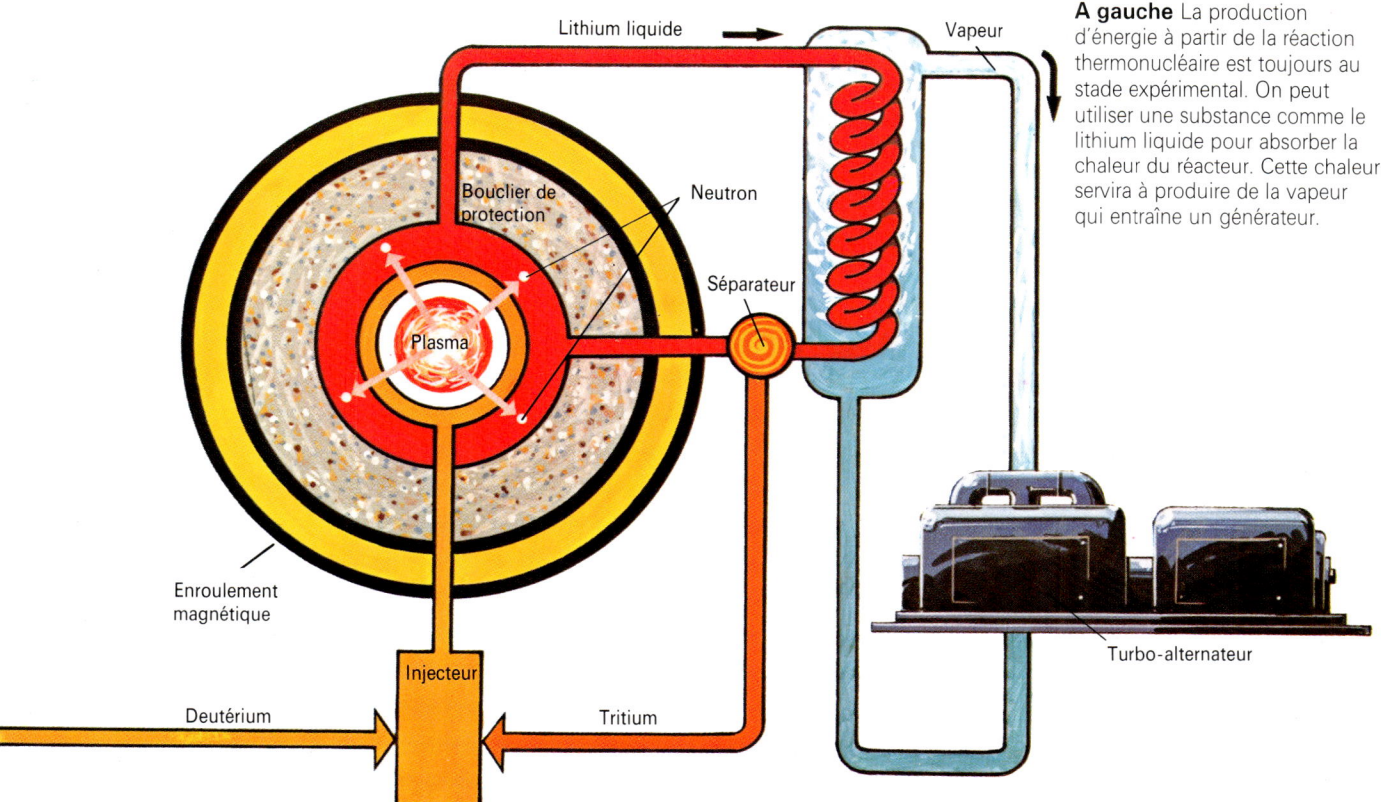

A gauche La production d'énergie à partir de la réaction thermonucléaire est toujours au stade expérimental. On peut utiliser une substance comme le lithium liquide pour absorber la chaleur du réacteur. Cette chaleur servira à produire de la vapeur qui entraîne un générateur.

mers pourraient donc constituer un énorme réservoir de combustible. Mais ce n'est pas le seul avantage. Un réacteur à fission produit de très dangereux déchets radioactifs. Ceux-ci sont stockés dans des conteneurs en attendant de découvrir un moyen définitif plus sûr. Un réacteur à fusion thermonucléaire produirait beaucoup moins de déchets radioactifs.

Des chercheurs de plusieurs pays tentent de mettre au point des réacteurs à fusion nucléaire mais le problème de la durée de fonctionnement, une fraction de seconde actuellement, reste entier. Une température d'environ 100 millions de degrés Celsius est nécessaire. A cette température, la matière est un plasma et aucune enveloppe ne pourrait résister à la vaporisation. Le problème n'est pas seulement d'atteindre cette température mais de contenir la matière.

Pour ce faire, on a tenté d'envelopper le plasma dans un champ magnétique. La plupart des réacteurs sont annulaires de type Takomak ainsi appelé d'après le premier appareil étudié en U.R.S.S.

A gauche Au cours du processus de la fusion nucléaire, des atomes d'éléments légers sont combinés et fondus pour constituer un élément plus lourd. Cette combinaison dégage de l'énergie.

Transports et industries

LES COMBUSTIBLES

Les combustibles les plus importants sont le charbon, le pétrole et le gaz naturel qui proviennent de la transformation des restes animaux et végétaux disparus il y a des millions d'années. Jusqu'au milieu du XXe siècle, on utilisait surtout le charbon. Actuellement, le pétrole et le gaz naturel prennent le relai.

La période carbonifère

L'essentiel du charbon s'est formé au cours de la période carbonifère, époque s'étendant de moins 345 à moins 280 millions d'années. Les végétaux morts des forêts tropicales furent enfouis sous des masses énormes de sédiments et de roches et se transformèrent en charbon. Le charbon se présente sous diverses formes, de la lignite, un combustible brun de formation récente, à l'anthracite, plus ancienne et plus dure.

Le pétrole qui s'est formé sous haute température et sous haute pression gît dans certains types de formations rocheuses. Les plis profonds de la croûte terrestre (géosynclinaux) comprenant des roches sédimentaires contiennent souvent du pétrole. Ces roches pleines de petits trous appelés pores, qui retiennent le pétrole comme une éponge, sont coincées entre des couches imperméables qui ne contiennent pas de liquides et qui ne permettent pas leur passage.

Le gaz naturel se trouve également dans le sous-sol, dans des poches souvent situées au-dessus d'une couche de roches pétrolifères. Le pétrole et le gaz sont extraits par forage à travers les couches rocheuses. De grandes réserves de pétrole et de gaz ont été découvertes sous le fond des mers, en mer du Nord par exemple. Les forages, effectués à partir d'un navire ou d'une plate-forme, sont plus difficiles.

Dans sa forme naturelle, le pétrole (dit brut) est inutilisable. Il doit être divisé en différents composants ou sous-produits dont la majorité est utilisable. Le procédé consiste essentiellement à le chauffer. Les composants se transforment en gaz à différentes températures et se séparent dans une tour appelée colonne de

En bas Une mine de charbon vue en coupe montrant le puits d'aérage à gauche et le puits d'extraction à droite. On distingue trois veines de charbon transversales. La veine inférieure est la plus ancienne ; la veine la plus haute est la plus récente.

Ci-dessous Un forage en mer du Nord. Les conditions climatiques en mer du Nord présentent des risques particulièrement élevés pour ceux travaillant sur ces plates-formes. Celles-ci ne peuvent être atteintes dans certaines conditions que par hélicoptère.

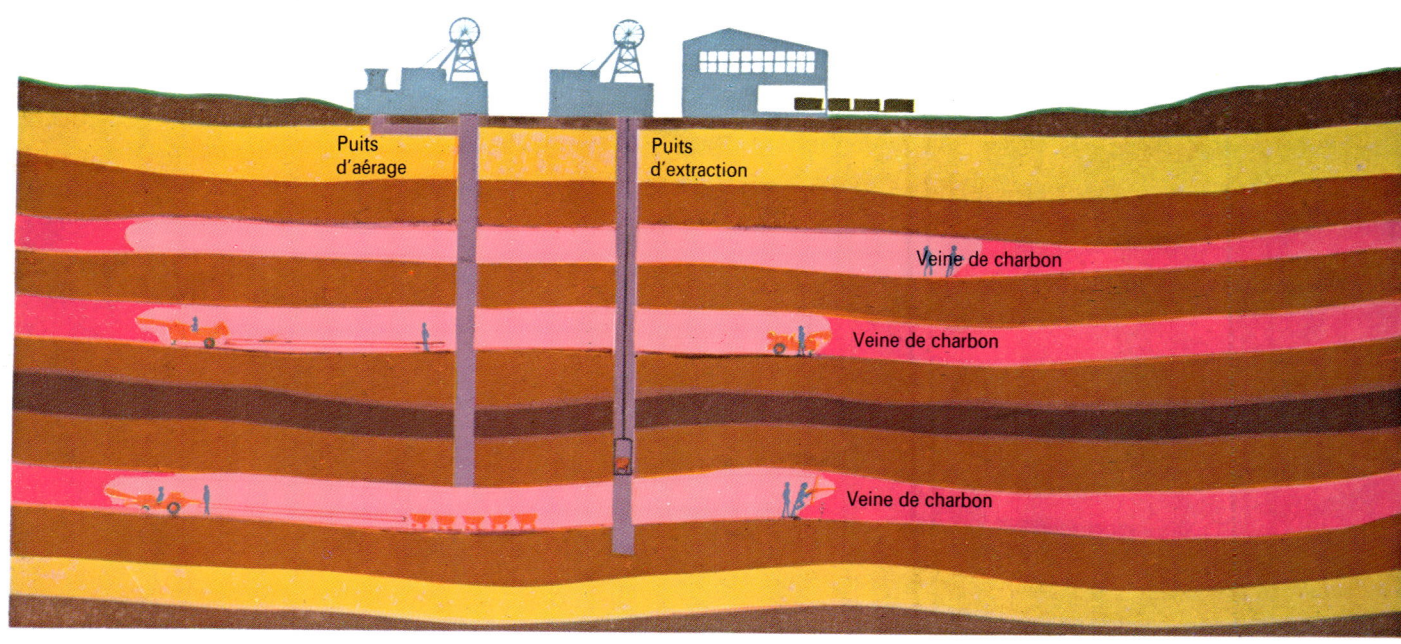

distillation fractionnée (voir page 23). Les fractions les plus légères du pétrole brut montent vers le haut de la tour et les fractions les plus lourdes restent à la partie inférieure.

L'essence automobile est un sous-produit important du pétrole, mais on peut citer aussi les bitumes et les huiles de graissage, le kérosène d'avion, le pétrole lampant, les gaz butane et propane, etc.

Le charbon, le pétrole et le gaz naturel sont tous utilisés comme combustibles pour chauffer les maisons et les installations industrielles. Le pétrole a peu à peu remplacé le charbon dans les centrales thermiques productrices d'électricité mais il fait place maintenant à un autre type de combustible, l'uranium, mis en œuvre dans les centrales nucléaires (voir page 192) et également extrait du sol.

L'industrie pétrochimique

Une nouvelle industrie s'est récemment développée à partir des sous-produits du raffinage du pétrole. C'est l'industrie pétrochimique. L'industrie chimique avait toujours été étroitement associée au charbon et au gaz car la houille est une source importante de produits chimiques. Les complexes pétrochimiques modernes ont une tout autre dimension. Ils proposent une vaste gamme de produits utilisés quotidiennement : matières plastiques, fibres artificielles (Nylon par exemple), peintures, engrais, explosifs, etc.

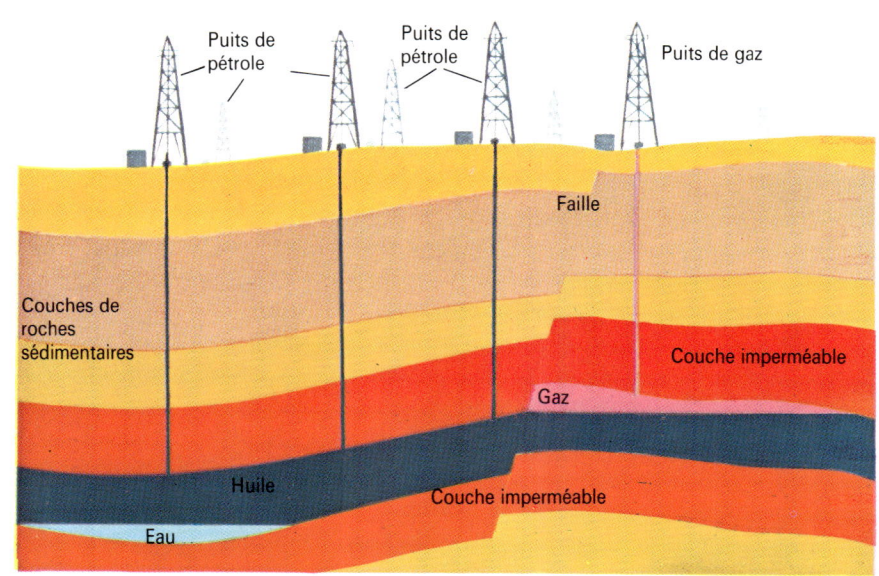

Ci-dessus Une formation rocheuse caractéristique contenant du pétrole et du gaz naturel. Lorsque le puits est foré, le pétrole peut jaillir sous pression naturellement sinon on doit le pomper.

A gauche Une tour de distillation fractionnée dans une raffinerie.

Ci-dessous L'attaque du front de taille dans une mine de charbon. Une exploitation minière moderne fait appel à des machines très compliquées.

Roue de char babylonien

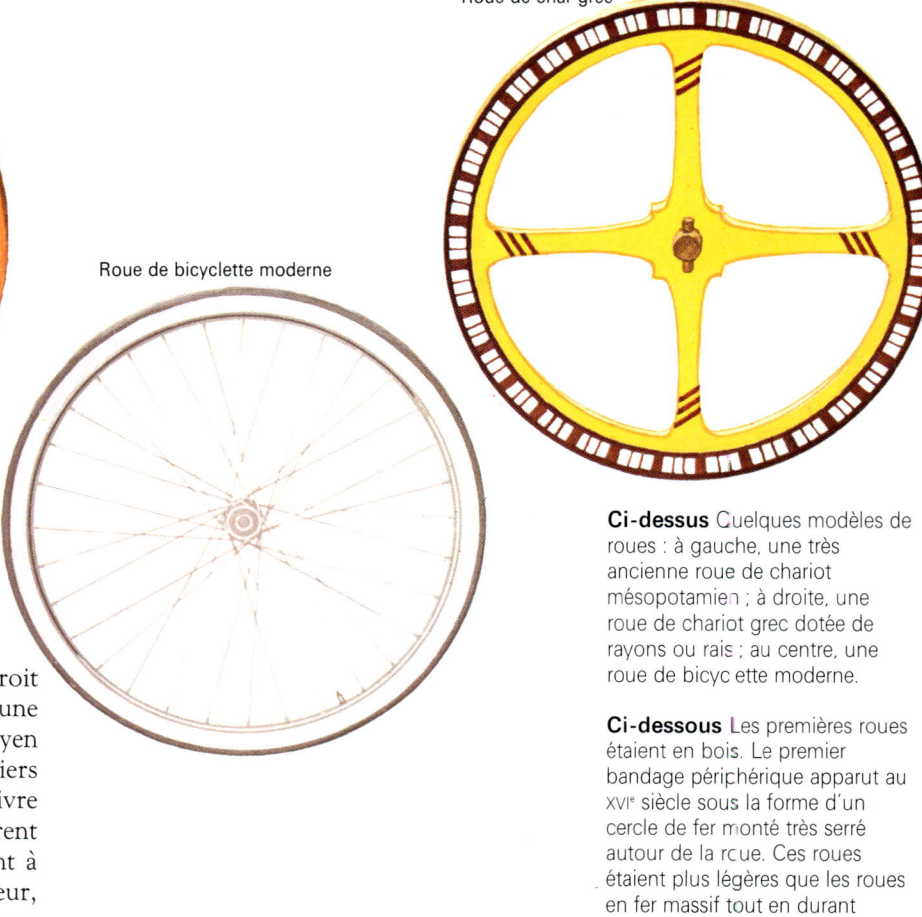

Roue de bicyclette moderne

Roue de char grec

LA ROUE

Imaginez que vous viviez dans un endroit reculé sans moyens de transport ni même une bicyclette, la marche à pied étant le seul moyen de se déplacer. Autrefois, il y a des milliers d'années, les hommes commencèrent à vivre en groupes auprès des cours d'eau. Ils bâtirent des huttes pour s'abriter et commencèrent à cultiver la terre. Devenu agriculteur et éleveur, l'homme utilisa les animaux pour assurer ses transports.

L'invention de la roue permit à l'humanité de faire un immense bond en avant, tant technique qu'économique et social. On peut se faire une idée de l'utilité de la roue en posant un gros livre sur une table et en essayant de le pousser. Placez ensuite des crayons ronds sous le livre et poussez. La différence d'effort à fournir est évidente. Il y a en effet moins de frottement lorsqu'une chose roule au lieu de glisser. Et c'est probablement ainsi que les Égyptiens ont déplacé les énormes blocs de pierre des pyramides, en utilisant des troncs d'arbres comme rouleau.

Ci-dessus Quelques modèles de roues : à gauche, une très ancienne roue de chariot mésopotamien ; à droite, une roue de chariot grec dotée de rayons ou rais ; au centre, une roue de bicyclette moderne.

Ci-dessous Les premières roues étaient en bois. Le premier bandage périphérique apparut au XVIe siècle sous la forme d'un cercle de fer monté très serré autour de la roue. Ces roues étaient plus légères que les roues en fer massif tout en durant presque aussi longtemps. On leur donna aussi une forme concave (de l'écuanteu) et du dévers (ou carrossage) par rapport à la caisse comme sur le shéma. Ces différentes inclinaisons les rendent plus résistantes aux chocs de la route.

Les premières roues

On ignore qui eut le premier la notion de roue. En Asie, environ 4 000 ans avant notre ère, il existait des chariots dont les roues étaient des disques de bois massif. Les deux roues, une de chaque côté du chariot, étaient réunies par un axe que nous appelons maintenant essieu. Cet essieu était fixé au chariot. D'abord poussés par les hommes, les chariots furent ensuite tirés par des animaux. Vers 1750 avant J.-C., les Égyptiens utilisaient des roues à rayons ou rais. Ces rais raccordaient le moyeu du centre de la roue au cercle extérieur, la jante, qui roulait sur le sol. Ces roues étaient beaucoup

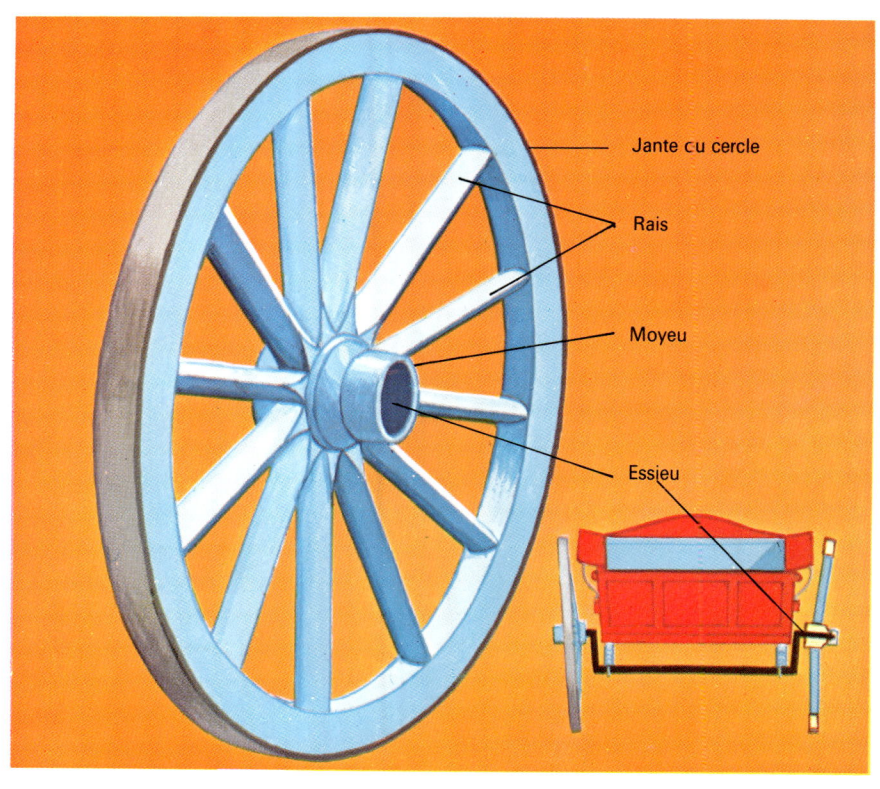

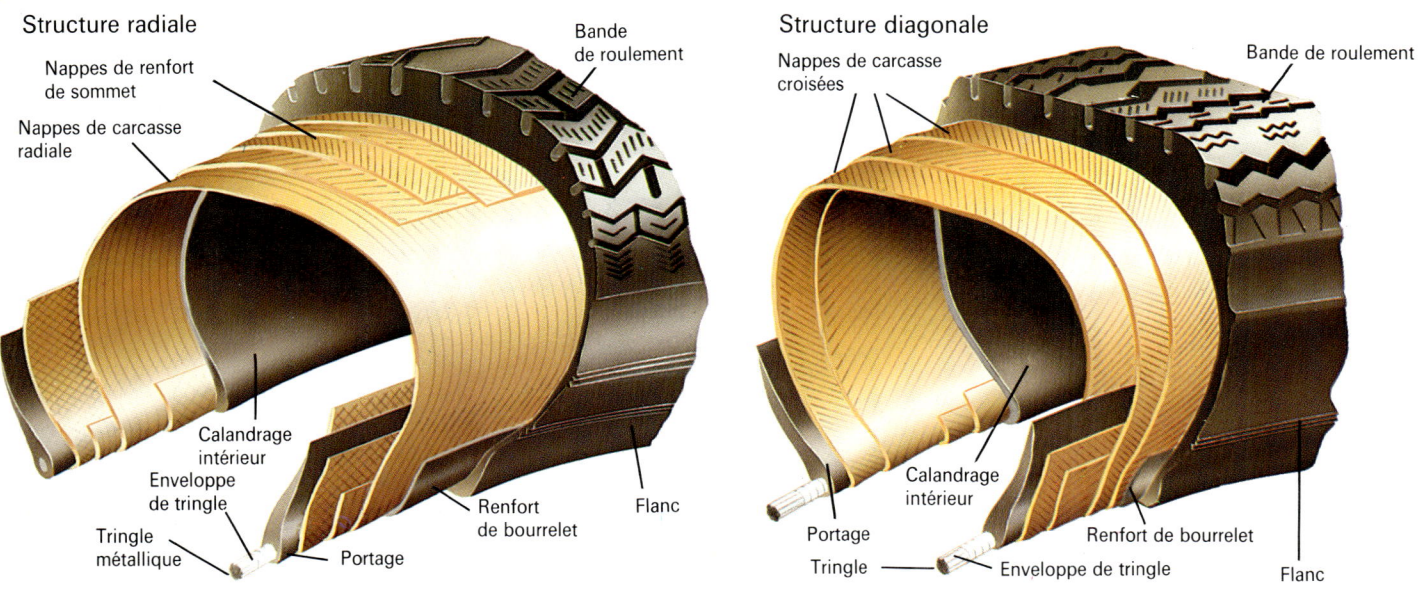

plus légères que les anciennes roues pleines, et les véhicules pouvaient se déplacer beaucoup plus vite. Les chars de guerre égyptiens à roues à rais étaient craints de leurs ennemis à cause de leur vitesse. Au lieu du bois, les Romains utilisèrent du fer pour fabriquer leurs roues à rais. Celles-ci duraient plus longtemps mais leur poids était très élevé. Les roues modernes sont beaucoup plus légères et plus souples. Elles sont chaussées de bandages pneumatiques gonflés d'air sous pression appelés couramment des pneus.

Les roulements à billes apparurent au XIXe siècle. Ils sont utilisés universellement pour les roues. Ils consistent à placer entre le moyeu et l'essieu des billes d'acier. Au lieu de glisser sur l'essieu, le moyeu « roule » sur lui comme le livre roule sur les crayons. Comme le roulement a remplacé le frottement, la roue tourne plus facilement.

Ci-dessus Les deux principaux types de pneus utilisés de nos jours. Les pneus radiaux, plus répandus, possèdent des carcasses dont les cordes (ou fils) sont disposées radialement et des nappes de renfort placées sous la bande de roulement. Les pneus croisés possèdent des toiles ou plis dont les cordes sont disposées en diagonales alternées sous la bande de roulement.

Comment fonctionne une roue

Une roue en rotation tourne sur l'essieu qui la traverse en son centre. Le point où la roue est traversée par l'essieu est la fusée. Lorsque la roue tourne, l'essieu est fixe et le moyeu de la roue frotte sur la fusée d'essieu. Ce frottement freine la rotation de la roue et cause une usure rapide des pièces. Si le moyeu tourne vite, les pièces chauffent.

Pour faciliter le glissement du moyeu sur l'essieu, on garnit le joint de graisse ou d'huile. Autrefois, les hommes utilisaient des graisses animales.

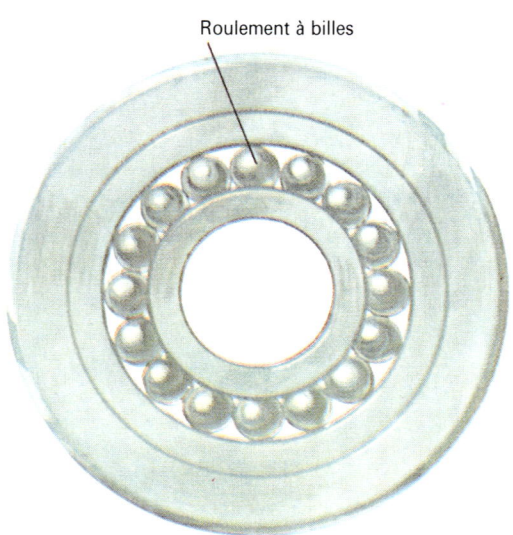

A gauche Les roulements à billes facilitent énormément la rotation de la roue sur les fusées d'essieu.

Ci-dessous Il est beaucoup plus facile de pousser un livre sur des rouleaux car les surfaces en contact roulent l'une sur l'autre au lieu de glisser en frottant. Les frottements sont donc presque éliminés.

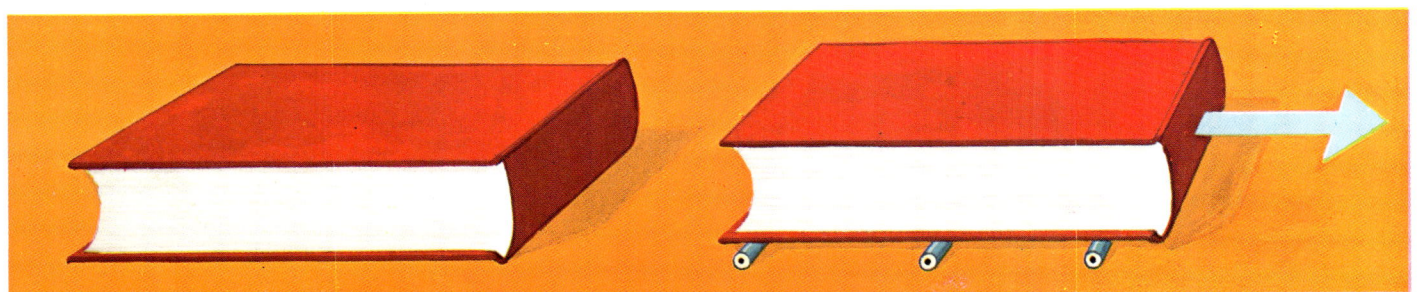

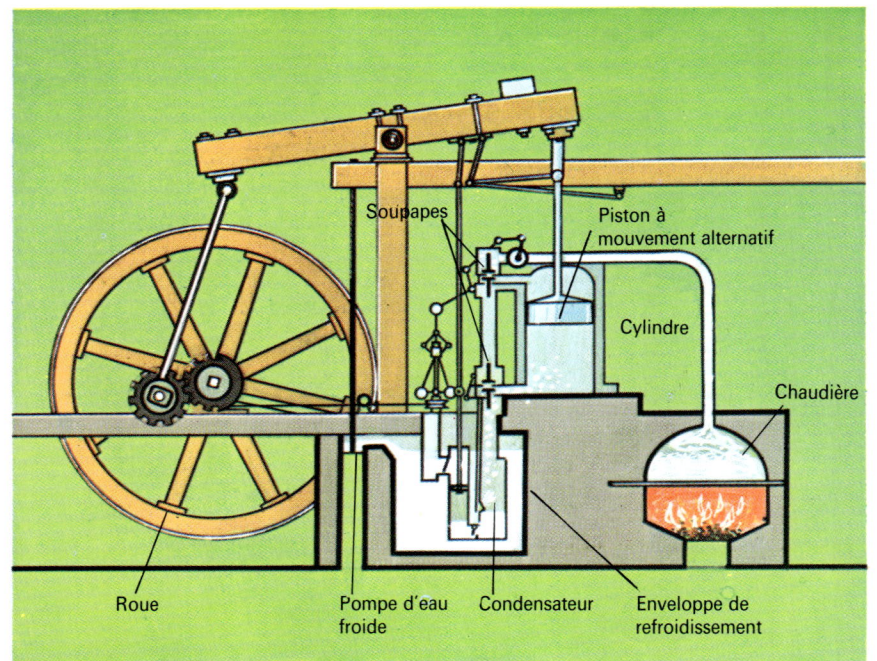

LA MOTORISATION DES TRANSPORTS

On imagine difficilement de nos jours les problèmes de transport qui se posaient autrefois. Avant l'apparition du chemin de fer, au début du XIXᵉ siècle, on utilisait pour se déplacer sur terre le cheval et sur mer les navires à voiles. L'invention d'une machine à vapeur d'un rendement correct par James Watt permit à l'homme de ne plus dépendre de l'animal ou du vent.

La machine à vapeur

Watt naquit en Écosse en 1736. Dès l'âge de dix-sept ans, il conçut des instruments scientifiques et commença sa carrière comme fabricant d'outils mathématiques auprès de l'université de Glasgow. Un jour, on lui confia la réparation d'un modèle réduit de la machine à vapeur de Newcomen. Cette machine assez inefficace servait à pomper l'eau dans les mines.

Watt améliora la machine de Newcomen en la modifiant complètement. La nouvelle machine n'utilisait plus qu'un tiers du combustible nécessaire à celle de Newcomen. Watt compléta sa machine en la dotant d'un vilebrequin et d'engrenages pour obtenir un mouvement rotatif. En 1782, son moteur actionnait jusqu'à 40 machines dans une usine. Ce fut le début de la Révolution industrielle qui remplaça une nombreuse main d'œuvre par des machines.

Les premières machines à vapeur n'étaient pas utilisées pour se déplacer. La première tentative sérieuse, après les expériences malheureuses de Denis Papin, fut celle de l'Américain John Fitch, créateur d'un bateau à vapeur. En 1850, des navires à hélice traversaient régulièrement l'Atlantique. George Stephenson réalisa en 1814 la première locomotive à vapeur utilisable. Il signa les débuts du chemin de fer.

En haut La machine à vapeur de Watt. La vapeur venant de la chaudière pénètre dans le cylindre par une soupape et pousse le piston vers le bas. Au bout de la course, une autre soupape s'ouvre et la vapeur repousse le piston vers le haut. Le mouvement alternatif du piston est transformé en mouvement rotatif par un système de balancier, de leviers et d'engrenages.

Ci-dessus Le bateau à vapeur expérimental de John Fitch, mû par une machine à vapeur et des pagaies articulées. A la suite de problèmes techniques et financiers, Fitch sollicita vainement le gouvernement français révolutionnaire. Il retourna aux États-Unis et se suicida.

A gauche La *Rocket* (fusée) locomotive de George Stephenson remporta une compétition en 1829 en couvrant une vingtaine de kilomètres en 53 minutes.

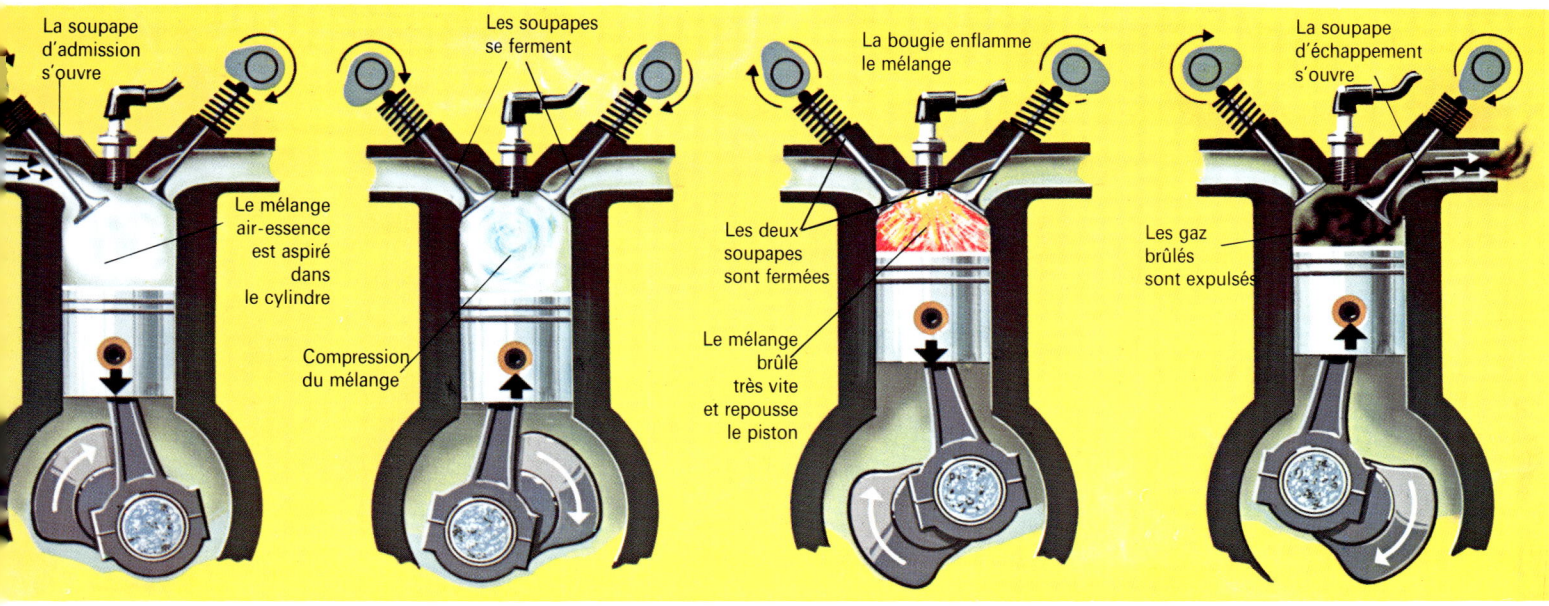

Le moteur à combustion interne

Le moteur à vapeur présentait l'inconvénient d'avoir un foyer de chaudière séparé et de consommer de grandes quantités de charbon et de bois qu'il fallait transporter. On commença à chercher des combustibles plus légers et un autre type de moteur. Cette recherche aboutit au moteur à combustion interne. Étienne Lenoir, Français d'origine belge, créa en 1860 un moteur à gaz, construit par Otto, d'un rendement médiocre mais qui servit de point de départ aux recherches sur le moteur moderne à quatre temps. Les moteurs modernes les plus courants possèdent 4, 6 ou 8 cylindres. Plus le nombre de cylindres est grand, plus le fonctionnement est doux et régulier. Les premières automobiles viables virent le jour en Allemagne vers 1885, grâce à Gottlieb Daimler et Carl Benz.

En 1892, l'ingénieur Rudolf Diesel construisit un moteur utilisant du pétrole lampant comme carburant. Ce moteur n'avait pas d'allumage électrique par bougie. L'explosion se produisait lorsque l'on injectait du pétrole dans le cylindre contenant de l'air fortement comprimé. Ces moteurs équipent les bus, les camions, les trains, les bateaux et, de plus en plus, les voitures particulières.

Les petits moteurs à essence ou certains diesels sont souvent à deux temps. Ce type de moteur n'a pas de soupape. Le piston découvre en se déplaçant des orifices (ou lumières) dans la paroi du cylindre. Les motos, les tondeuses, les groupes électrogènes ont souvent des moteurs à deux temps. Le carburant, un mélange d'essence et d'huile, sert également de lubrifiant.

Ci-dessus Le cycle du moteur à 4 temps dit cycle Otto ou Beau de Rochas. Lors de la première course du piston, celui-ci descend dans le cylindre et la soupape d'admission s'ouvre. Le mélange gazeux d'air et d'essence est aspiré. Lors de la deuxième course, le piston remonte et comprime le mélange. La bougie fournit une étincelle et le mélange brûle rapidement en repoussant le piston qui effectue sa troisième course. Lors de la quatrième course, le piston remonte et chasse les gaz brûlés par la soupape d'échappement ouverte. Le cycle se répète.

Ci-dessous à gauche Une locomotive à moteur Diesel n'a pas la souplesse de la traction électrique mais son fonctionnement est moins coûteux du fait que la voie ne requiert pas d'installation spéciale d'alimentation (troisième rail).

Ci-dessous Dans le moteur Diesel, l'air est chauffé par compression avant l'injection du carburant pulvérisé en fines gouttelettes qui s'enflamment spontanément. Dans un moteur à essence, le mélange air-carburant est enflammé par l'étincelle de la bougie. Une petite partie du mélange n'est pas brûlée.

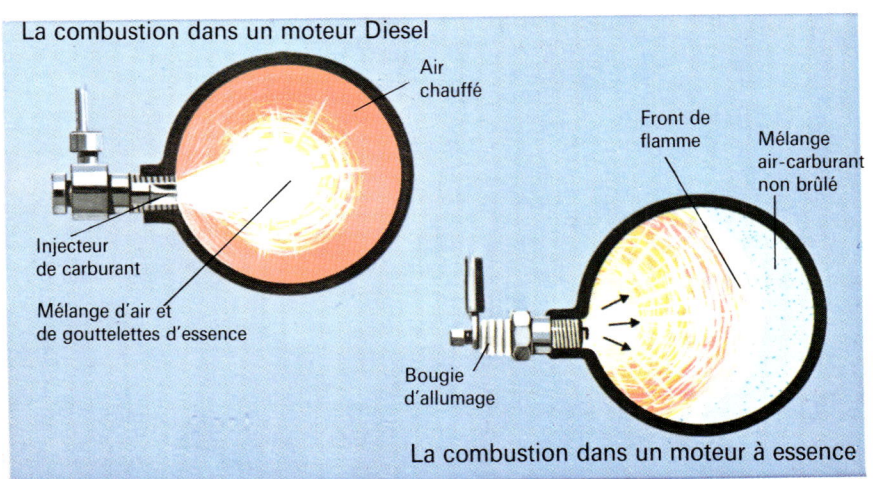

Ci-dessous Cette voiture propulsée par un moteur à essence aurait été inventée en 1874 par Siegfried Marcus, en Autriche. Lourde et difficile à contrôler, elle n'eut aucun prolongement industriel ou commercial.

En bas à gauche En 1873, l'Obéissante d'Amédée Bollée fut la première voiture dotée de roues avant pivotantes à la place d'un essieu à cheville ouvrière. Sa manœuvre en était grandement facilitée d'où son nom. Cette voiture était très perfectionnée : roues à suspensions indépendantes, direction douce, chaudière à l'arrière et moteurs au centre entre les roues, etc.

En bas à droite En 1911, la Ford Model T était la voiture la plus répandue dans le monde. Entre 1908 et 1927, Ford en fabriqua plus de 15 millions d'exemplaires.

L'AUTOMOBILE

Après l'invention de la machine à vapeur par Newcomen en 1712, diverses tentatives furent faites pour adopter ce système à une charrette et remplacer le cheval mais, seule, la nouvelle machine de Watt rendit la chose possible. La première voiture à vapeur capable de fonctionner fut conçue en France par Nicolas-Joseph Cugnot en 1769 mais elle ne fut jamais réellement mise au point.

Les voitures sans chevaux

Les premières voitures à vapeur utilisables, dites « sans chevaux », apparurent dans les années 1820. De bonnes routes avaient été créées selon le procédé McAdam pour les charrettes hippomobiles. Elles facilitèrent les évolutions des premières voitures à vapeur qui ressemblaient à des diligences, transportant à la fois passagers et marchandises. Certaines pouvaient atteindre près de 45 km/h. En Angleterre, une loi limita la vitesse à 6,5 km/h et arrêta tout progrès. En France, l'hostilité des transporteurs hippomobiles, les progrès des chemins de fer, les problèmes de fonctionnement et de conduite limitèrent le développement des voitures à vapeur. On essaya à partir de 1860 de créer des voitures légères brûlant du combustible liquide, mais l'apparition du moteur à combustion interne allait tout bouleverser.

Le premier moteur à gaz d'Étienne Lenoir apparut en 1869. Il évolua vers le moteur à quatre temps grâce à Nikolaus Otto qui réussit en 1876 à produire des moteurs fixes viables de ce type. Les premières voitures à moteur à essence furent construites vers 1885. En 1889, Panhard et Levassor, ainsi que Peugeot, choisirent le moteur Daimler exposé à Paris pour équiper les voitures de leur conception.

Au début du XXᵉ siècle, la voiture à vapeur avait cependant progressé. Serpollet en France atteignit 120 km/h en 1901. Aux États-Unis, les frères Stanley réalisèrent 203 km/h avec la Stanley Rocket en 1906. Mais dès 1895, la voiture à essence avait démontré sa supériorité sur la voiture à vapeur, lourde, encombrante et coûteuse.

La voiture à essence de Marcus

L'Obéissante

Ford Model T

Les automobiles à essence

Les automobiles à essence, constamment perfectionnées, prouvèrent leurs qualités dans les courses. En 1901, Daimler présenta à la Semaine de courses de Nice la première Mercedes qui devait avoir une grande influence sur la conception des nouvelles voitures. Le rendement des moteurs s'améliora. Les freins avant se répandirent vers 1925, les suspensions se perfectionnèrent et les boîtes de vitesses synchronisées apparurent en 1930. Les grands progrès ultérieurs portèrent sur la construction monocoque (disparition du châssis), les boîtes de vitesses automatiques, les freins à disques, les pneus radiaux et le moteur rotatif Wankel.

Les véhicules électriques

Les premières voitures électriques apparurent vers 1891 grâce à l'invention des batteries d'accumulateurs par Gaston Planté. Ces voitures ne pouvaient cependant parcourir que de courtes distances car il fallait recharger leurs batteries. L'apparition du démarreur électrique consacra le succès du moteur à essence et l'échec des voitures tout électriques. Ce type de véhicule sert toujours pour les livraisons, les manutentions, etc. Leur intérêt réapparait du fait de l'absence de pollution, tandis que la recherche s'oriente vers des batteries plus légères et des piles à combustible susceptibles de conférer aux voitures électriques une autonomie intéressante.

Ci-dessous Les moteurs Wankel (à piston rotatif) et deux temps fonctionnent un peu selon les mêmes principes. Mais le deux temps possède un piston alternatif alors que le Wankel est doté d'un piston triangulaire tournant qui comprime l'air mélangé d'essence dans un carter dont la forme spéciale permet de faire varier le volume de la chambre de combustion.

Ci-dessous Schéma en vue fantôme d'une voiture moderne.

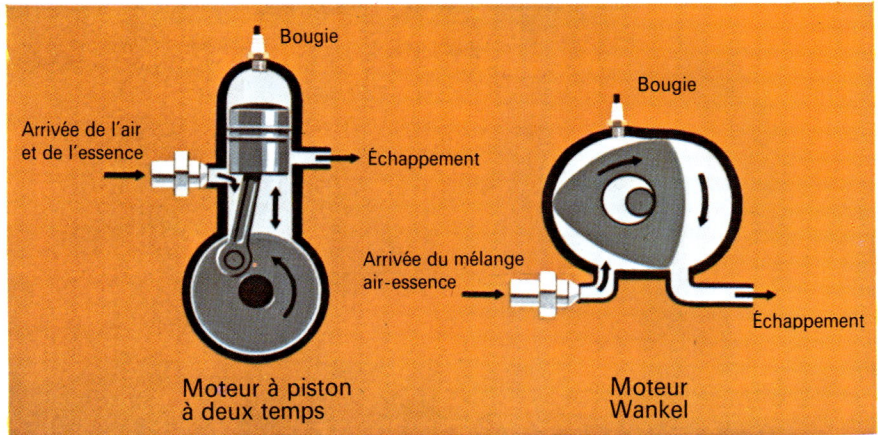

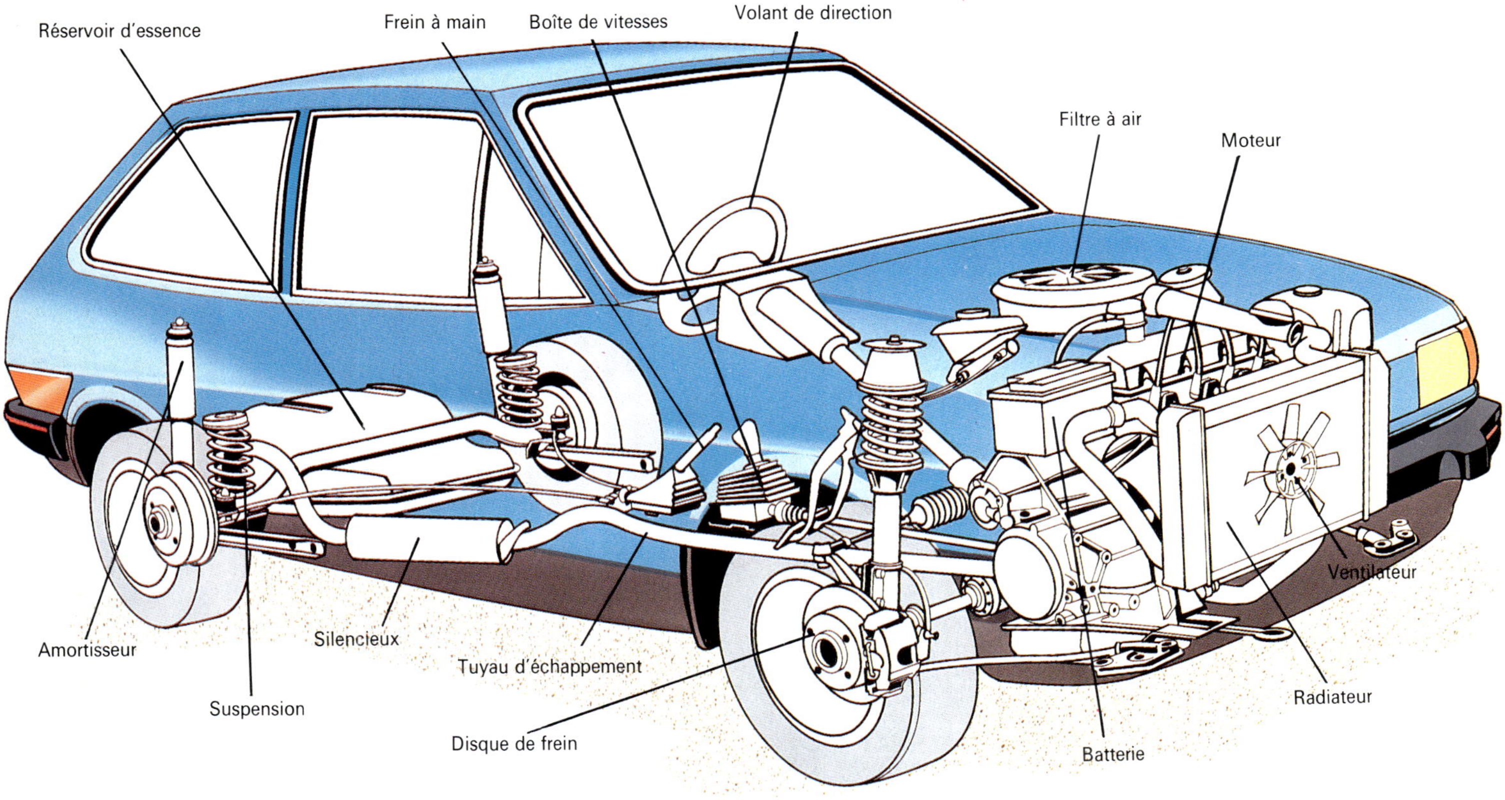

LES TRANSPORTS MARITIMES

Les premiers navigateurs qui se risquèrent sur les eaux utilisèrent probablement des troncs d'arbre comme embarcations. Chevauchant la bille de bois, ils se servaient d'une branche pour pagayer. Il y a environ 5 000 ans, les Égyptiens commencèrent à construire de véritables bateaux avec des roseaux. Plus tard, ils fabriquèrent des coques plus grosses et plus solides avec de courtes planches. Ils apprirent à utiliser la force du vent au moyen d'une voile et à diriger le bateau avec une rame fixée vers l'arrière. Avec ces navires, les anciens Égyptiens accomplirent de longs voyages.

Clippers et vapeurs

La construction se perfectionna sans cesse. On multiplia le nombre de mâts et de voiles pour gagner en vitesse. Le plus rapide des voiliers prit le nom de clipper. Étroit et allongé, il portait trois grands mâts dotés chacun de six voiles. Le Cutty Sark, le plus célèbre des clippers à la fin du XIXe siècle, relia l'Australie à l'Angleterre en 69 jours alors que la durée normale était de 100 jours.

Le navire à vapeur constitua une importante étape technologique. Dès 1786, un Américain, John Fitch, avait équipé un bateau d'une machine à vapeur. Son navire, l'*Experiment*, était muni d'avirons mus par la vapeur. Peu après, on inventa les navires à roues, qui étaient entraînés par des roues à aubes, comme celles des moulins, placées sur les côtés ou à l'arrière. Enfin, l'hélice marine permit de mieux utiliser la force des machines.

En 1894, un ingénieur britannique, Charles Parsons, démontra l'efficacité de la turbine à vapeur plus économique en combustible et autorisant des vitesses supérieures à celles des navires à hélices. Le premier navire à turbine traversa l'Atlantique en 1904 et bientôt tous les navires puissants furent équipés de turbine comme le sont aujourd'hui les navires à propulsion nucléaire. La majorité des navires sont aujourd'hui équipés d'énormes moteurs de type Diesel dont le régime lent et le bon rendement conviennent bien à la propulsion des bateaux.

Ci-dessous Une galère du temps de Rome. La propulsion en était mixte : par gréement de voiles déjà très efficace et par avirons mus par des esclaves rameurs. Ce type de bateau constituait l'essentiel de la flotte de guerre de l'Empire romain.

A droite Les clippers de la fin du XIXe siècle furent les plus beaux et les plus rapides navires à voiles de tous les temps. Étroits et allongés, ils possédaient trois mâts portant jusqu'à six voiles chacun.

L'aéroglisseur et l'hydroptère

Il existe actuellement deux types de navires fonctionnant sur des principes différents de ceux des bateaux classiques : il s'agit du navire à coussin d'air ou aéroglisseur et de l'hydroptère (ou hydrofoil). L'aéroglisseur flotte sur un coussin d'air qui le soulève au-dessus de l'eau et se propulse grâce à de grandes hélices verticales qui brassent l'air au-dessus du navire. L'aéroglisseur peut circuler sur terre et sur l'eau. L'hydroptère possède de petites ailes sous la coque. Au-delà d'une certaine vitesse, les ailes soulèvent la coque au-dessus de la surface.

Les navires classiques doivent fendre les eaux qui les supportent mais qui les ralentissent. Les aéroglisseurs et les hydroptères vont beaucoup plus vite car ils se déplacent au-dessus de la surface liquide. Toutefois, leur emploi est limité par mauvais temps car leur flottabilité est compromise par le creux des vagues.

Les sous-marins

On utilise des sous-marins pour naviguer sous la surface des mers. Le sous-marin de l'Américain David Buhsnell en 1775 fut utilisé pour tenter la première attaque sous-marine et accrocher une mine à la coque d'un navire britannique. Il naviguait grâce à une hélice à vis, dirigée manuellement à l'intérieur du navire. Les sous-marins les plus modernes sont équipés de petits réacteurs nucléaires qui utilisent comme combustible du plutonium ou de l'uranium. Les réacteurs fournissent de la vapeur d'eau qui entraîne des turbines et une hélice. Le grand avantage du réacteur nucléaire est sa très faible consommation de combustible pour produire une grande puissance. Les sous-marins nucléaires peuvent ainsi accomplir plusieurs tours du monde sans refaire surface.

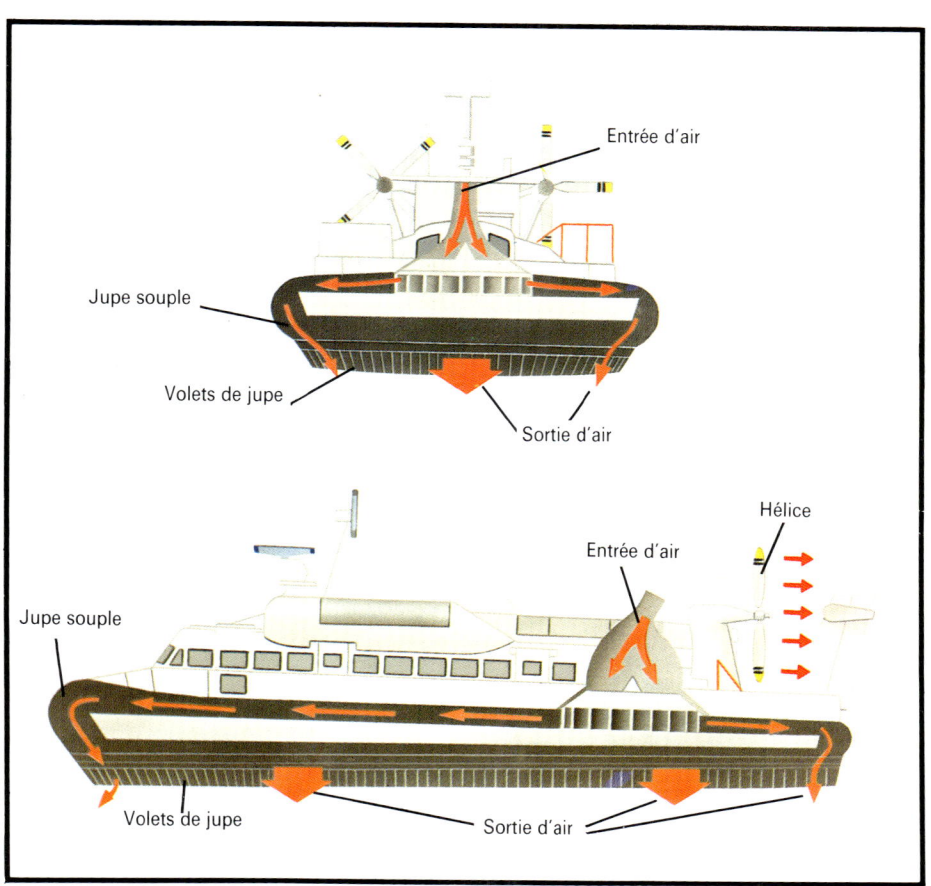

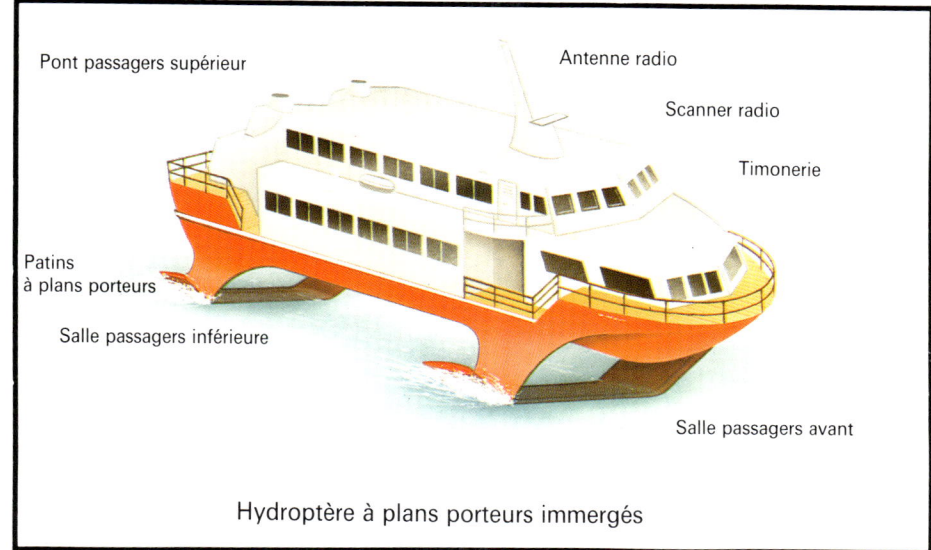

Hydroptère à plans porteurs immergés

En haut à droite Schémas montrant le trajet de l'air dans un aéroglisseur. Ce type de navire assure la traversée de la Manche entre la France et la Grande-Bretagne. La vitesse maximale peut atteindre 90 km/h et la traversée dure environ 40 minutes.

Ci-dessus à droite Un hydroptère à flotteurs immergés qui soulèvent le navire hors de l'eau à partir d'une certaine vitesse.

A droite Un sous-marin à propulsion nucléaire émerge de la banquise dans l'Arctique.

A droite Le premier vol historique des frères Wright eut lieu le 17 décembre 1903. Le même jour, ils effectuèrent quatre autres vols.

Ci-dessous Le premier vol humain sur un ballon gonflé à l'air chaud inventé par les Montgolfier eut lieu le 21 novembre 1783.

En bas En 1981, le Solar Challenger devint le premier aéroplane à énergie solaire qui traversa la Manche. La traversée de 250 km demanda 5 heures et demie.

L'AVIATION

L'homme a toujours cultivé le rêve de voler et construit à cette fin, pendant des siècles, des machines et des appareils. En vain, jusqu'au jour où le ballon des frères Montgolfier s'éleva en 1782. Gonflé d'air chaud, il devenait plus léger que l'air froid qui l'entourait pouvant ainsi quitter le sol. En 1783, un ballon de ce type emmena les premiers hommes dans les airs avant de retomber après avoir parcouru quelques kilomètres. En 1785, Blanchard et Jeffries traversèrent la Manche sur un ballon gonflé à l'hydrogène ; étant plus léger que l'air, le ballon qui le contient s'élève.

Les planeurs, imitant le vol des oiseaux, furent essayés à la fin du XIXe siècle. Les ailes d'un planeur ont une forme telle que lorsqu'elles se déplacent dans l'air, une force élévatrice appelée sustentation se crée. Une aile de ce type est dite à profil sustentateur. Les planeurs utilisent le vent pour créer une force ou poussée vers l'avant. L'invention du moteur à combustion interne rendit le vol possible.

Les frères Wright

Les frères Wright apprirent d'abord à piloter des planeurs puis mirent à profit leur expérience pour construire des aéroplanes propulsés par un moteur à essence. Leur premier vol eut lieu le 17 décembre 1903. Leur appareil vola pendant 12 secondes couvrant 40 mètres à une altitude d'environ 3 mètres. Cet aéroplane était fait d'une structure en bois recouverte de toile, construite autour d'un moteur.

A ses débuts, on considéra l'aviation comme un sport dangereux. Les avions étaient réalisés à l'intention de sportifs passionnés. Dès la Première Guerre mondiale, les avions servirent à porter des armes. Leur importance tactique et stratégique fut alors reconnue et on apporta des perfectionnements dans tous les domaines de l'aéronautique : cellules, moteurs, accessoires, matériaux, moyens radio, etc. Ce fut l'époque des grands raids intercontinentaux et des records. Dès 1919, l'Atlantique fut franchi entre Terre Neuve et l'Irlande. En 1927, Lindberg vola sans escale de New York à Paris. En 1930, Coste et Bellonte relièrent Paris à New York. L'aviation commerciale connut un premier développement à partir de 1935 et dès 1939, on inaugura les traversées transatlantiques.

L'évolution

Au cours de la Seconde Guerre mondiale, l'aviation se révéla être une arme déterminante. Pendant six années, la nécessité suscita de grands progrès et parmi les principales avancées, citons le développement des monoplans au détriment des biplans, la création de moteurs très puissants et fiables, et la naissance du moteur à réaction. A la fin de la guerre, les deux camps possédaient des appareils à réaction.

Hydravion à coque Sikorsky S42

A gauche Avant l'apparition des grands appareils de lignes internationales, les services passagers étaient souvent assurés par des hydravions.

A gauche Les hélicoptères sont soulevés et propulsés par de grands rotors horizontaux. Une petite hélice arrière les empêchent de tourner sur eux-mêmes.

Westland Lynx

Après la guerre, on appliqua tous ces progrès aux transports civils : ainsi le Boeing 707 est-il un dérivé du B29, l'appareil qui largua la bombe atomique sur le Japon.

Les avions ou appareils à voilure fixe, ont des ailes dont la forme et le mouvement permettent d'atteindre de grandes vitesses. Une hélice ou un réacteur fournit la poussée vers l'avant. Ces appareils décollent de pistes longues et possèdent des vitesses d'atterrissage élevées.

Les avions supersoniques volent plus vite que la vitesse du son (environ 1 200 km/h). Le Concorde peut voler à deux fois la vitesse du son.

Ci-dessous Concorde est un avion de ligne supersonique dont la vitesse de croisière est de 2 320 km/h.

Ci-dessous Schéma des forces principales qui s'exercent sur un avion en vol, à hélices ou à réaction.

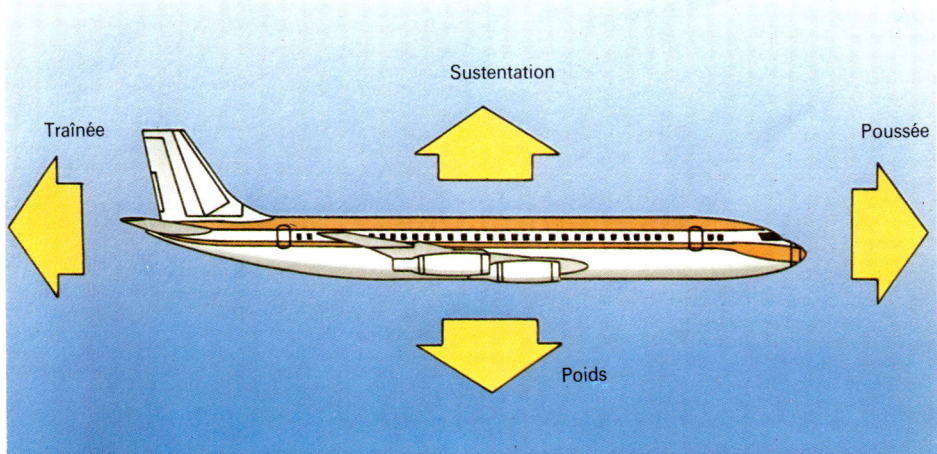

LES MOTEURS A RÉACTION

Au cours de la Seconde Guerre mondiale, il devint nécessaire d'augmenter la vitesse des avions. L'Allemagne mit en ligne des avions à réaction et le gouvernement britannique fit activer les travaux sur une turbine à réaction brevetée en 1930 par Frank Whittle. Depuis la fin de la guerre, les moteurs à réaction ont peu à peu remplacé les moteurs à pistons sur tous les grands avions.

Les avions à réaction n'ont pas d'hélice. La propulsion est obtenue par la réaction d'un jet de gaz éjecté à grande vitesse. Dans ce type de moteur, le gaz à haute pression est produit par la combustion d'un carburant tel que le pétrole lampant ou kérosène. L'air nécessaire à la combustion est aspiré à l'avant du moteur. La combustion se produit dans une série de chambres de combustion disposées autour du moteur. Les gaz brûlants sortant des chambres de combustion font tourner une turbine avant d'être éjectés par la tuyère à l'arrière.

La turbine est constituée par une série d'ailettes fixées à un arbre, lui-même relié à une autre sorte de turbine placée à l'avant qui sert à comprimer l'air admis. Ainsi, les gaz entraînent la turbine qui fait tourner le compresseur forçant l'air dans les chambres de combustion. De cette façon il est possible de brûler de très importantes quantités de carburant.

Le moteur à réaction a permis de dépasser la vitesse du son. Ainsi le Concorde est-il équipé de moteurs spéciaux qui lui permettent de voler à deux fois la vitesse du son.

Le stato-réacteur

Le type de moteur à réaction le plus simple est le stato-réacteur qui ne comporte aucune pièce mobile et se présente comme un long tube. Celui-ci a été parfois surnommé le tuyau volant. La partie centrale sert de chambre de combustion et l'arrière de tuyère. Un stato-réacteur ne peut fonctionner que si l'appareil se déplace déjà à une certaine vitesse. Lorsque le tube avance dans l'air, ce dernier est forcé par la vitesse dans la chambre de combustion et le carburant est injecté. La combustion du carburant dans l'air produit des gaz très chauds et très dilatés qui ne peuvent sortir que par la tuyère plus vite que l'air admis. Il en résulte une poussée du stato-réacteur vers l'avant.

En bas à droite Le stato-réacteur (ou le pulso-réacteur), appelé parfois tuyau de poêle volant, ne comporte aucune pièce mobile tournante. Il ne fonctionne que lorsque le tuyau pénètre dans l'air suffisamment vite pour créer une forte pression dans la partie centrale. L'air descend alors doucement et augmente la pression. Le combustible est injecté sous haute pression et brûle. Les gaz chauds sortent à l'arrière par la tuyère en repoussant le moteur vers l'avant. Des stato et pulso-réacteurs ont été utilisés sur certains missiles guidés.

Ci-dessous Une turbine à réaction. L'air est admis du côté gauche. Il est comprimé par les aubes des compresseurs avant de pénétrer dans les chambres de combustion. Le combustible (ou carburant) est brûlé dans l'air comprimé puis éjecté par la tuyère après avoir fait tourner une turbine au passage. Cette turbine entraîne le compresseur ou, sur certains moteurs, une hélice. Ces derniers sont appelés turbopropulseurs.

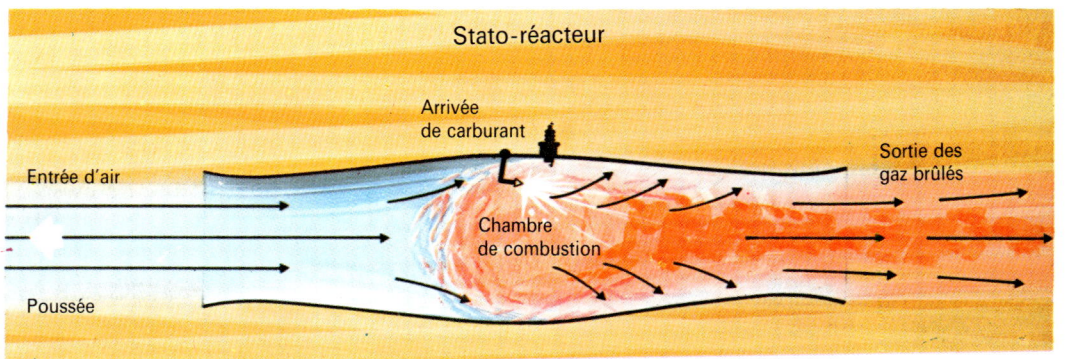

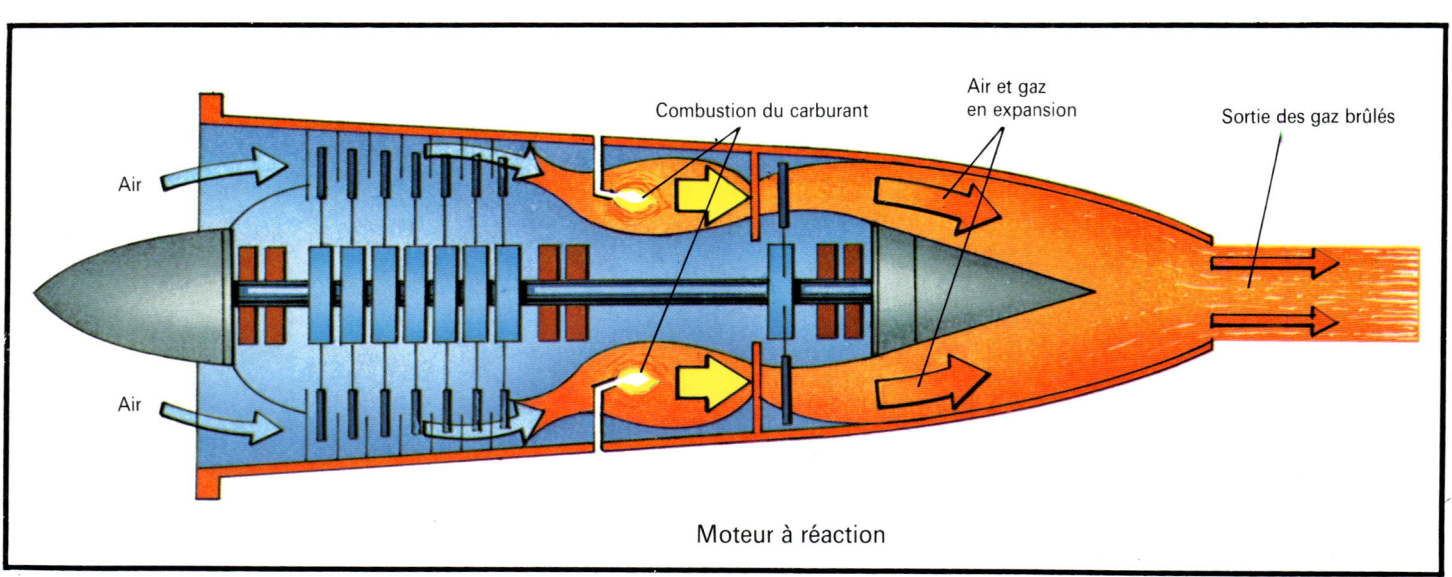

UN BATEAU A RÉACTION

Matériel nécessaire : un tube à cigare - du balsa - un clou - du fil de fer solide - une bougie

Ne réalisez pas cette expérience sans l'aide d'un adulte.

Votre bateau à réaction sera propulsé par un jet de vapeur produit par une chaudière. Pour cela, percez un petit trou dans le fond d'un tube en métal (genre tube de cigare) ou d'une petite boîte de conserve avec un clou. Découpez un morceau de bois léger en forme de coque et percez un trou à chaque coin.

Formez un support pour soutenir le tube : enroulez le fil de fer à chaque bout du tube et bloquez les extrémités dans les trous de la coque. Remplissez à moitié le tube avec de l'eau et posez le couvercle. Placez une bougie sous la boîte et allumez-la. Faites flotter le bateau. Ne touchez plus le tube qui va devenir brûlant. L'eau du tube va commencer à bouillir et un jet de vapeur va s'échapper par le trou, dirigé vers l'arrière. Le bateau va avancer jusqu'à ce qu'il n'y ait plus d'eau.

Ce bateau fonctionne selon le principe de la réaction. La force (action) de la vapeur qui s'échappe vers l'arrière crée une force égale de sens contraire (réaction) qui agit donc vers l'avant et qui propulse le bateau.

Le bateau à réaction fonctionne selon une loi physique fondamentale : action = réaction. La force (action) de la vapeur dirigée vers l'arrière s'exerce aussi vers l'avant (réaction), sens dans lequel elle pousse le bateau. Les avions à réaction et les fusées spatiales fonctionnent exactement sur le même principe.

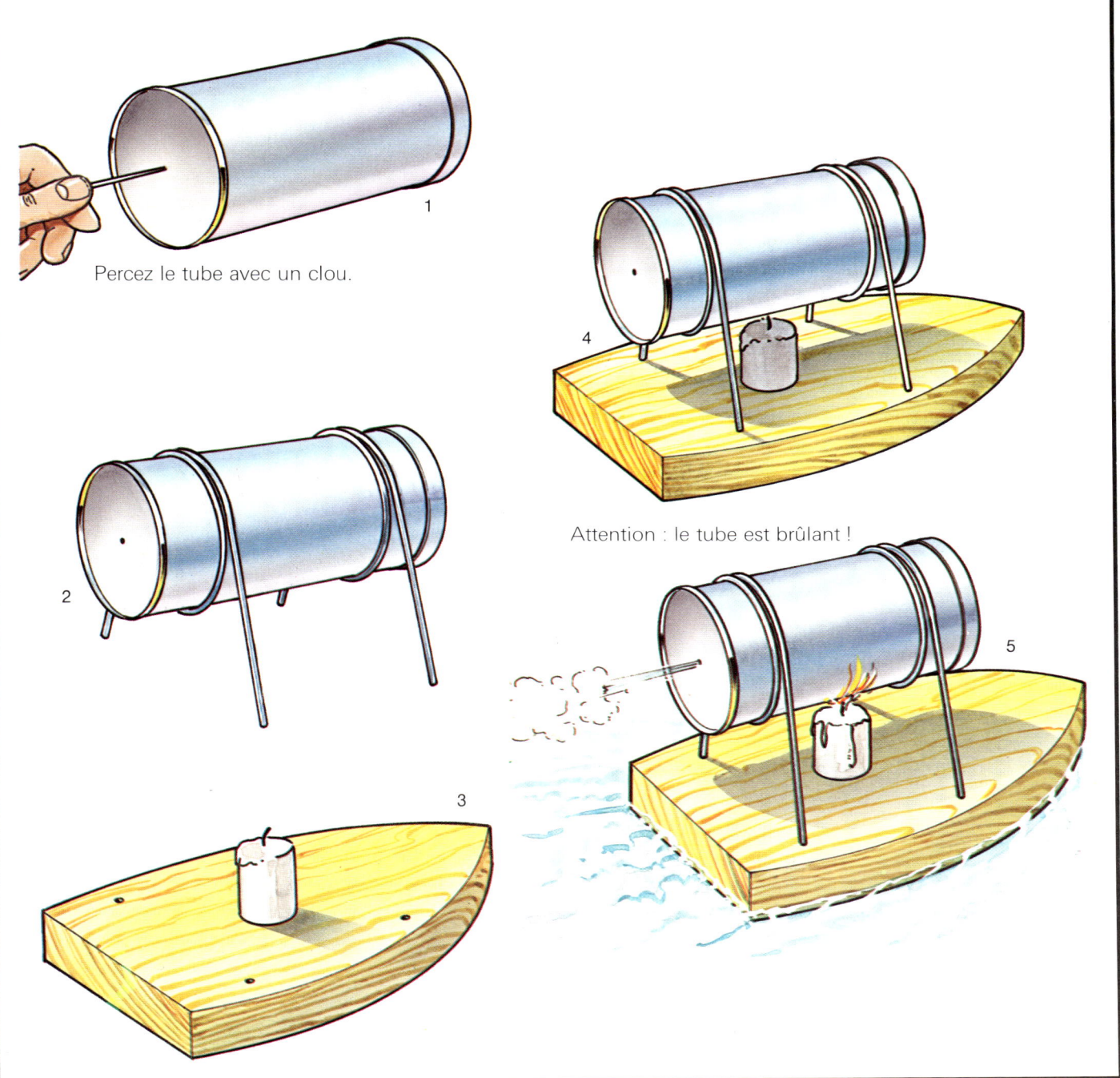

Percez le tube avec un clou.

Attention : le tube est brûlant !

Von Braun

Ci-dessus Werner Von Braun étudia la technologie et mit au point pendant la guerre les fusées type V2. Après la guerre, il travailla avec les Américains et fut responsable du lancement à Cap Kennedy en janvier 1958 du satellite Explorer.

LES FUSÉES

Dès le XIe siècle, les Chinois utilisaient des fusées de combat. Au XIXe siècle, l'emploi de fusées à des fins militaires fut étudié par l'anglais Sir William Congreve. Vers la fin de la Seconde Guerre mondiale, les Allemands lancèrent sur Londres des fusées V2 supersoniques. Après la guerre, ces fusées furent adaptées, aux États-Unis et en U.R.S.S., aux vols spatiaux.

Les fusées sont propulsées de la même manière que les avions à réaction (voir page 208). Le carburant est brûlé dans une chambre de combustion et les gaz chauds sont éjectés par une tuyère. La réaction des gaz éjectés à grande vitesse produit une poussée vers l'avant. La différence entre un avion à réaction et une fusée réside dans le fait que l'avion se sert de l'oxygène de l'air pour brûler le carburant. La fusée transporte son propre oxygène sous forme liquide afin de pouvoir voler hors de l'atmosphère terrestre. C'est actuellement le seul moyen de propulsion dans l'espace.

Pour mettre un satellite en orbite autour de la Terre, une fusée doit atteindre une vitesse d'environ 8 000 mètres par seconde. Cette vitesse est atteinte par un système de lancement fractionné ou à étages. Lorsque le moteur du premier étage a consommé son carburant, il est largué si bien que le second étage n'a plus à transporter sa masse.

Pour échapper à la gravité terrestre, la vitesse doit être portée à environ 11 200 km/h. Du fait que la gravité est moindre sur la Lune, la vitesse de lancement n'est que d'environ 2 400 m/s.

Fusée à étages multiples

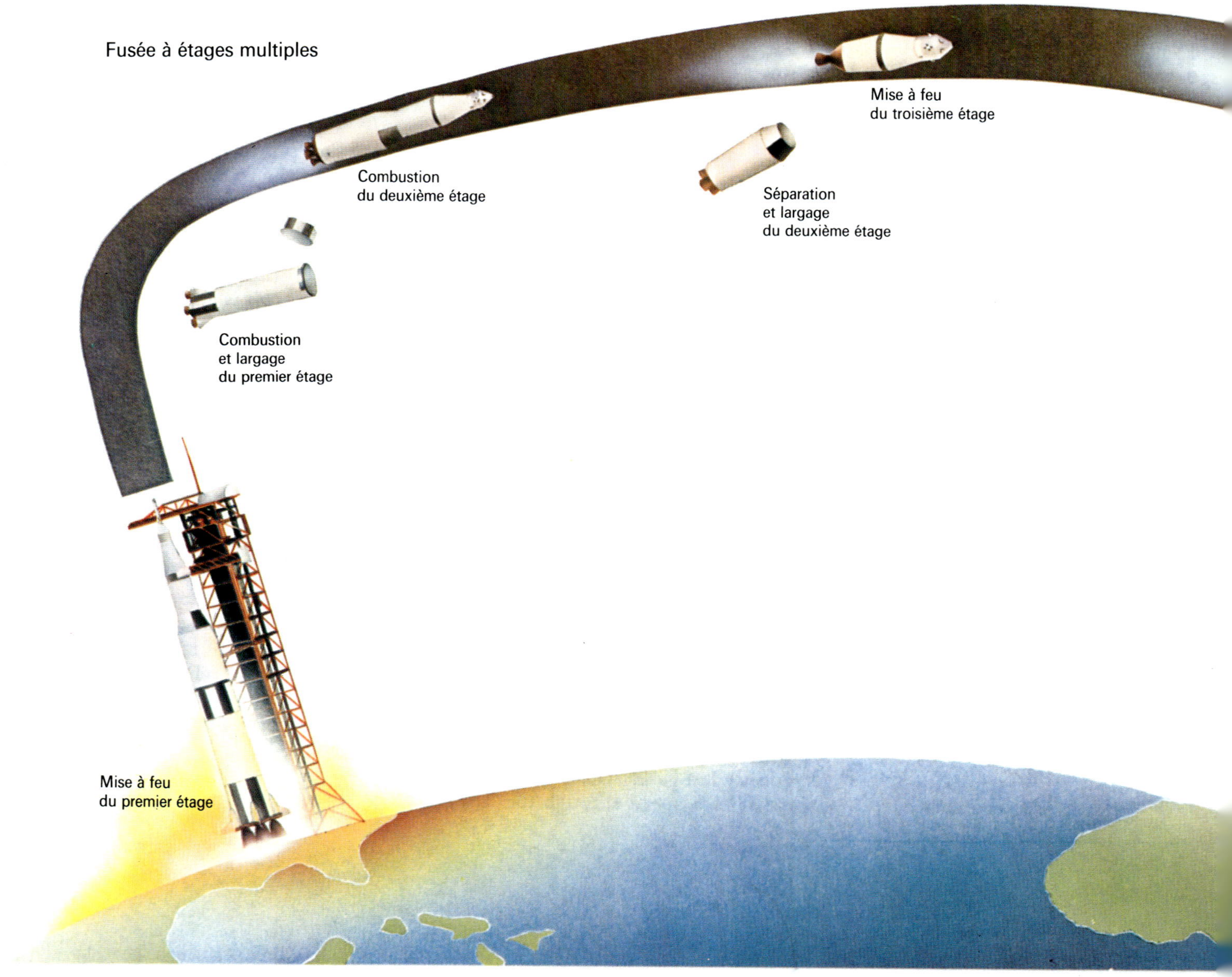

Mise à feu du troisième étage

Séparation et largage du deuxième étage

Combustion du deuxième étage

Combustion et largage du premier étage

Mise à feu du premier étage

La navette spatiale

La navette spatiale qui peut mettre des hommes et du matériel en orbite est en trois parties. Un très gros réservoir de carburant et de comburant pour les moteurs principaux brûle de l'oxygène et de l'hydrogène liquides. Deux lanceurs à propergols (carburants solides) y sont fixés. Ce sont les premiers de ce type à avoir été utilisés pour des vols habités. Ils se détachent de la fusée après épuisement de leur carburant et sont récupérés. Le troisième élément est la navette spatiale orbitale qui se manœuvre dans l'espace au moyen de petites fusées placées à l'avant et à l'arrière.

Les satellites en orbite servent à étudier l'espace et la surface de la Terre. Ils sont utiles en météorologie (prévision du temps), car, grâce à des instruments spécialisés, ils peuvent observer les formations nuageuses et envoyer des images et des données sur Terre.

Les vols spatiaux ont permis aussi d'étudier la façon dont le corps humain s'adapte à un séjour hors de l'atmosphère. Ainsi s'est-on rendu compte que les fortes accélérations, les vibrations, les bruits, les hautes températures et les radiations pouvaient avoir des effets néfastes. Des doses massives de radiations peuvent être mortelles. L'apesanteur est aussi une situation à risque.

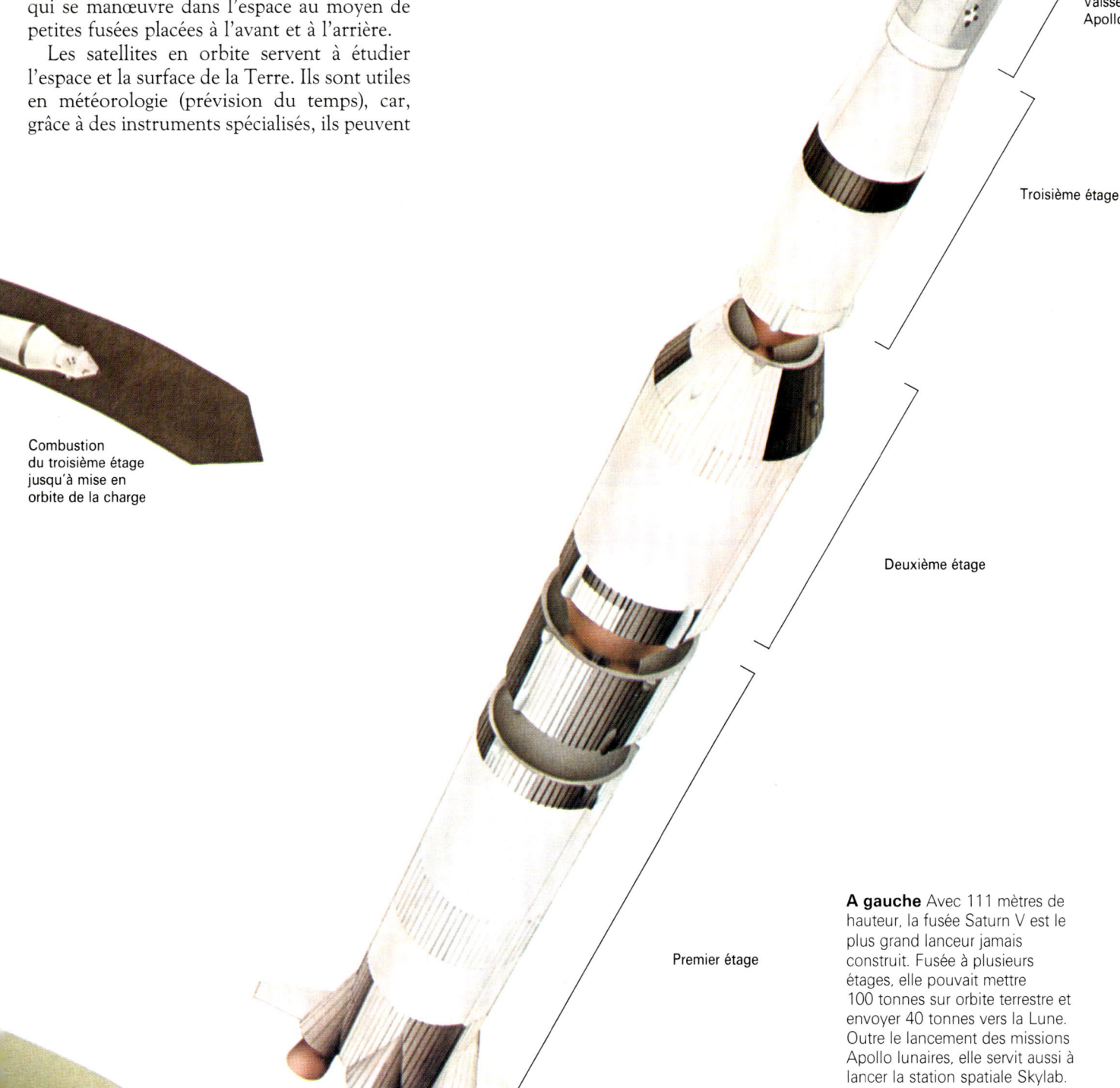

Combustion du troisième étage jusqu'à mise en orbite de la charge

Module de secours

Vaisseau Apollo

Troisième étage

Deuxième étage

Premier étage

A gauche Avec 111 mètres de hauteur, la fusée Saturn V est le plus grand lanceur jamais construit. Fusée à plusieurs étages, elle pouvait mettre 100 tonnes sur orbite terrestre et envoyer 40 tonnes vers la Lune. Outre le lancement des missions Apollo lunaires, elle servit aussi à lancer la station spatiale Skylab.

211

L'EXPLORATION SPATIALE

Il n'y a que fort peu de temps que l'on a pu réaliser le vieux rêve humain de quitter la Terre, lorsque le voyage dans l'espace est devenu réalité.

Les fusées modernes ont permis d'échapper à la gravité terrestre (voir page 210). L'exploration de l'espace a commencé lorsqu'on a mis en orbite autour de la Terre de petits objets de recherche appelés satellites artificiels. Le premier Spoutnik 1 fut lancé par l'U.R.S.S. en 1957. Ces matériels complexes servent à étudier le Soleil, les étoiles et autres éléments de l'univers, l'évolution du temps dans l'atmosphère terrestre. Ils sont aussi utilisés en communication et navigation.

Telstar 1, satellite de télécommunications lancé en 1962, permit la première retransmission télévisée entre l'Europe et l'Amérique. Actuellement les satellites Intelsat relaient des communications dans le monde entier.

Les vols habités

En 1961, le premier vol d'un homme dans l'espace fut accompli par le cosmonaute soviétique Youri Gagarine qui orbita une fois autour de la Terre. Le premier Américain mis en orbite fut John Glenn en 1962. Les Soviétiques commencèrent à étudier la Lune à l'aide d'une série de véhicules spatiaux appelés Lunik. En 1959, Lunik 3 renvoya sur la Terre des photos de la face cachée de la Lune. Au cours des années 60, l'U.R.S.S. se consacra à résoudre les problèmes que posaient les vols orbitaux tout en poursuivant l'exploration lunaire avec les engins inhabités Lunik.

De leur côté, les Américains s'intéressèrent plus particulièrement à envoyer les premiers hommes sur la Lune. Avec les engins Mercury (monoplace) et Gemini (biplace), ils étudièrent les conditions de vie dans l'espace et les problèmes, tels que l'apesanteur, que les cosmonautes pouvaient rencontrer. Les sondes exploratoires Ranger et Surveyor furent envoyés vers la Lune, préparant les missions habitées Apollo. En 1969, Neil Armstrong et Edwin Aldrin sur Apollo 11 furent les premiers hommes sur la Lune.

En 1971, l'U.R.S.S. accomplit une étape importante en lançant la station spatiale Salyut. En 1979, Skylab, station spatiale expérimentale lancée par les Américains en 1972, retomba sur terre en semant des débris dans le désert de l'Ouest australien. Les Soviétiques lancèrent leur station Mir en 1986, équipée de panneaux de chargement et de modules d'expérimentation séparés. En 1988, deux cosmonautes établirent un nouveau record en restant 365 jours en orbite dans leur station Mir.

Les vols inhabités

Les Américains comme les Soviétiques ont envoyé de nombreuses sondes spatiales expérimentales inhabitées. La sonde américaine Mariner 10 a photographié Mars avant de se diriger vers Vénus et Mercure. Viking 1 et 2 se posèrent effectivement sur Mars sans trouver de signes de vie. Les sondes américaine Pioneer et soviétique Venera ont atterri sur Vénus.

D'extraordinaires explorations de planètes lointaines ont été menées par Voyager 1 et 2. Elles montrèrent les lunes de Jupiter en 1979 et les anneaux de Saturne en 1981. Voyager 1 a envoyé environ 17 000 clichés. Voyager 2 explora Uranus en janvier 1986 et Neptune en août 1989.

Ci-dessus Un astronaute américain d'Apollo 16 sur le sol lunaire auprès du module et du véhicule lunaires. Ils utilisèrent ce dernier pour se déplacer sur la Lune et recueillir des échantillons de roches.

Ci-dessous Ce schéma montre comment des satellites en orbite géostationnaire comme Telstar et Early Bird peuvent relayer des communications téléphoniques dans le monde entier.

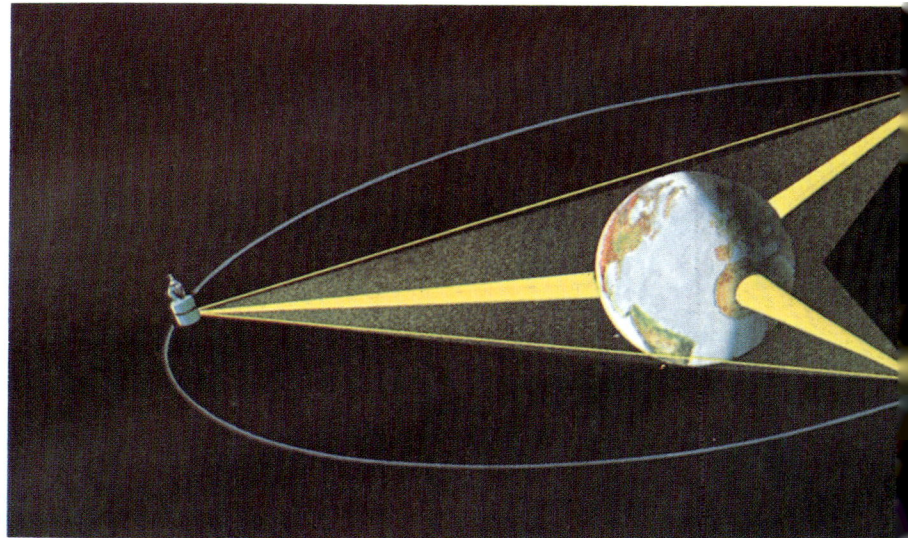

La navette spatiale fut lancée pour la première fois par les Américains en 1981. Elle est destinée à placer en orbite astronautes et satellites, et à les ramener sur la Terre. Il faut maintenant s'attacher à réparer les satellites dans l'espace et à ravitailler les stations orbitales. La sonde Giotto de l'Agence Européenne de l'Espace a envoyé en 1986 de nombreuses photos de la comète de Halley.

A droite Le satellite-télescope solaire sert à observer le Soleil.

A droite La navette spatiale effectua son premier vol en avril 1981. Lancée par une fusée d'appoint, elle peut voler en orbite comme un vaisseau spatial et revenir sur Terre comme un avion conventionnel.

Ci-dessous à droite Spacelab (laboratoire de l'espace) est conçu pour être transporté dans la soute de la navette. A son bord, quatre scientifiques au maximum peuvent effectuer une grande variété d'expériences.

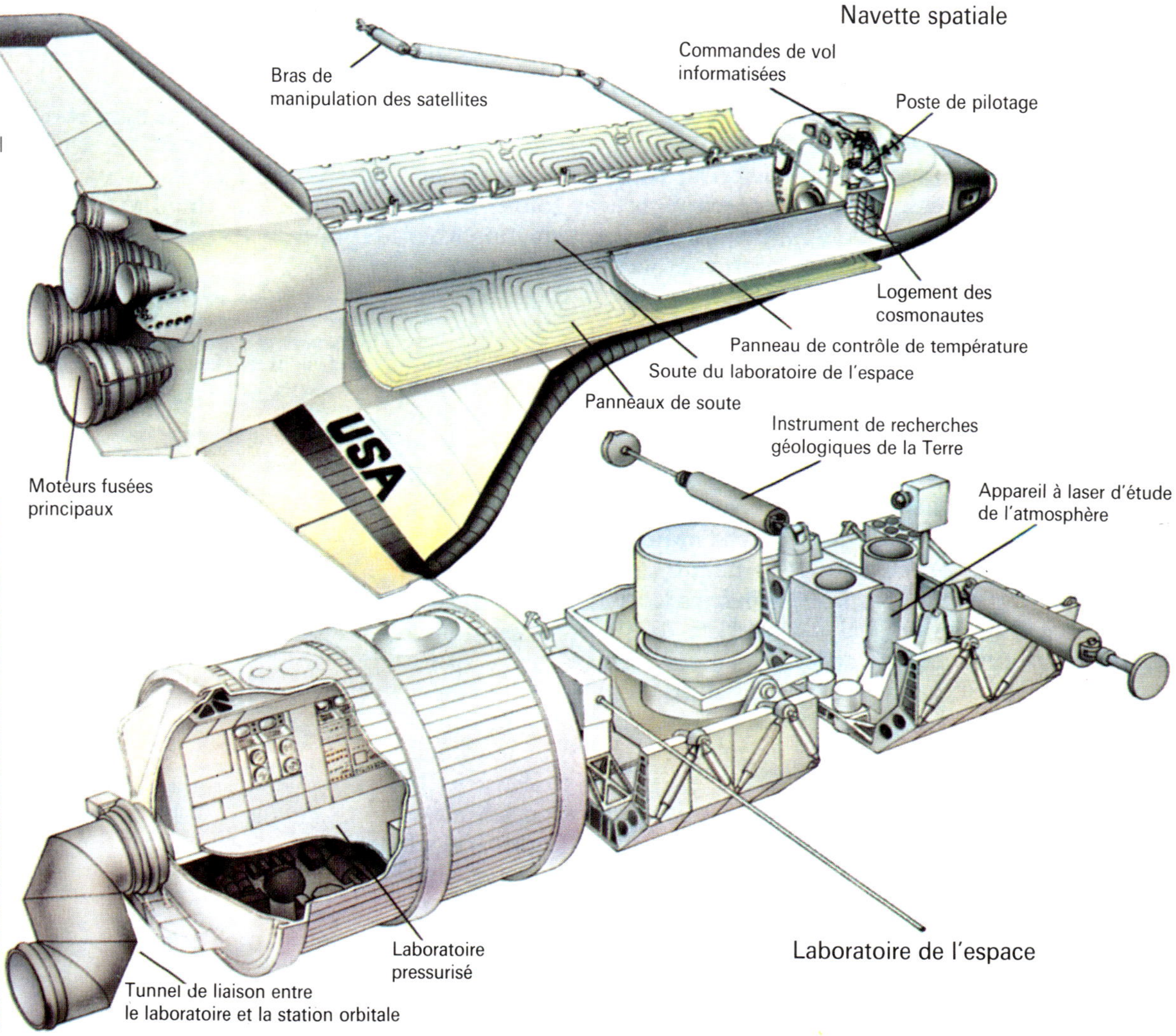

Navette spatiale

- Bras de manipulation des satellites
- Commandes de vol informatisées
- Poste de pilotage
- Logement des cosmonautes
- Panneau de contrôle de température
- Soute du laboratoire de l'espace
- Panneaux de soute
- Instrument de recherches géologiques de la Terre
- Appareil à laser d'étude de l'atmosphère
- Moteurs fusées principaux

Laboratoire de l'espace

- Tunnel de liaison entre le laboratoire et la station orbitale
- Laboratoire pressurisé

213

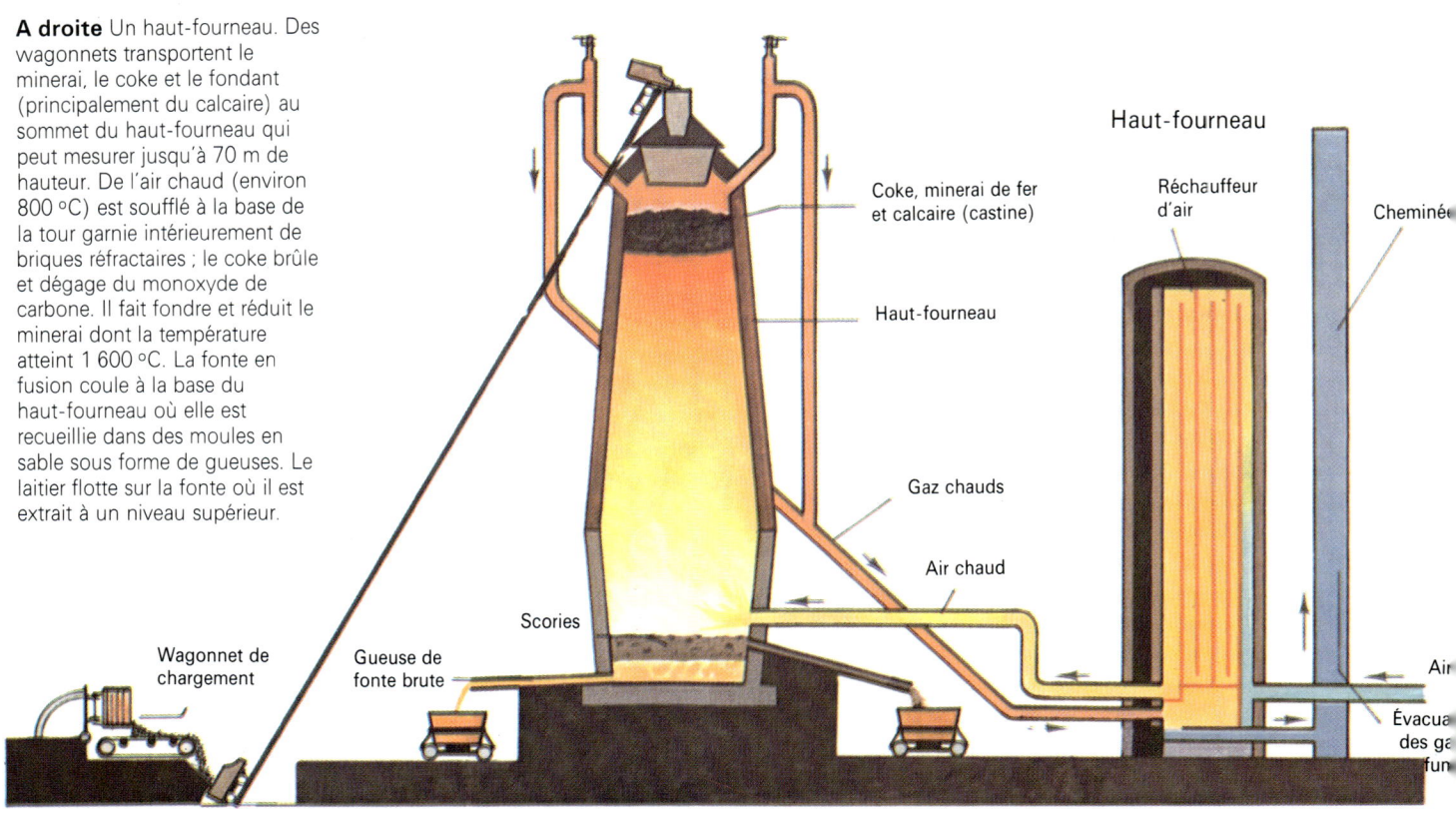

À droite Un haut-fourneau. Des wagonnets transportent le minerai, le coke et le fondant (principalement du calcaire) au sommet du haut-fourneau qui peut mesurer jusqu'à 70 m de hauteur. De l'air chaud (environ 800 °C) est soufflé à la base de la tour garnie intérieurement de briques réfractaires ; le coke brûle et dégage du monoxyde de carbone. Il fait fondre et réduit le minerai dont la température atteint 1 600 °C. La fonte en fusion coule à la base du haut-fourneau où elle est recueillie dans des moules en sable sous forme de gueuses. Le laitier flotte sur la fonte où il est extrait à un niveau supérieur.

Ci-dessous Henry Bessemer (1813-1898) mit au point son procédé de fabrication de l'acier à partir de la fonte car les boulets de canon en fonte étaient trop fragiles pour être utilisés dans les canons qu'il avait inventés.

Bessemer

LES MÉTAUX

Les premiers hommes se servirent d'outils et d'armes de pierre, d'os et de bois. Peu à peu, ils découvrirent que des métaux, petits morceaux de matière dure et brillante trouvés dans les météorites ou parfois dans des résidus de feux, pouvaient faire des outils plus durs et plus pointus. Le cuivre fut le premier métal produit en quantité importante. Il était cependant trop mou. On découvrit alors le moyen de le durcir en ajoutant de l'étain. L'alliage du cuivre et de l'étain s'appelle le bronze. Vers 3 500 avant J.-C., les Égyptiens utilisaient des outils et des armes en bronze. Ce fut le début de l'âge du Bronze.

L'âge du Fer

Le fer est connu depuis aussi longtemps que le bronze mais alors la seule source d'approvisionnement connue était constituée par de rares météorites. Vers 1 500 avant J.-C., on découvrit en Asie que certaines roches chauffées au bois jusqu'à la fusion donnaient du fer. Les Hittites furent le premier peuple à se servir d'armes en fer. Ils vainquirent rapidement les peuples équipés d'armes en bronze beaucoup plus fragiles. Ce fut le début de l'âge de Fer, période que nous vivons toujours.

La fonte et l'acier, alliages de fer et de carbone, sont les métaux les plus importants. Les automobiles, les machines industrielles et agricoles, l'armement sont fabriqués majoritairement en acier. Les grands bâtiments possèdent des structures en acier. Chaque année, des centaines de millions de tonnes d'acier et de fonte sont produites et utilisées dans le monde.

Actuellement, la plus grosse partie de l'acier est tirée de l'hématite et de la magnétite, des minerais de fer. On les trouve en de nombreux endroits du monde et leur extraction du sol est assez facile. La fonte est extraite du minerai dans un haut-fourneau. Le minerai est brûlé avec du coke et du fondant calcaire (castine) pour donner de la fonte liquide. Celle-ci, coulée dans des moules, est formée en gueuses réutilisables pour fabriquer des pièces en fonte moulée.

Pour faire 100 tonnes de fonte, il faut environ 190 tonnes de minerai, 100 tonnes de coke et 50 tonnes de castine. On obtient aussi 50 tonnes de scories ou laitier, utilisé pour fabriquer des ciments et bétons.

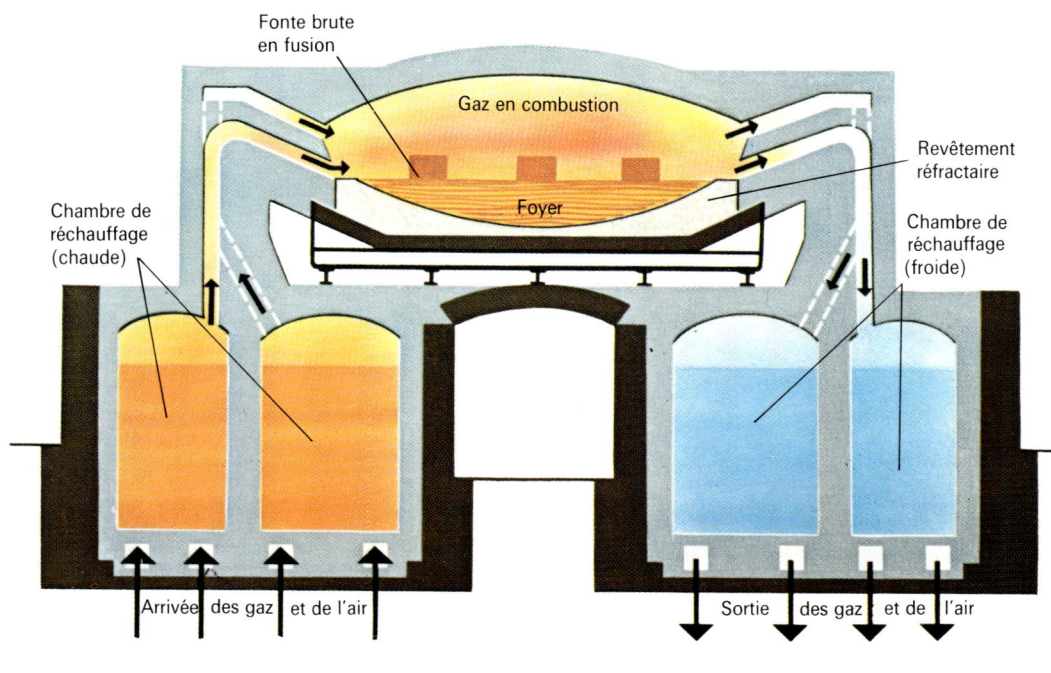

A gauche Un four à foyer ouvert pour produire de l'acier. L'air et le gaz sont chauffés sur des briques chaudes puis ils brûlent au-dessus de la fonte en fusion en éliminant le carbone et autres impuretés. Les gaz brûlés servent ensuite à chauffer les briques sur lesquelles passent l'air et le gaz à l'entrée du four. Celui-ci est garni intérieurement d'un revêtement de briques spéciales qui absorbent une partie du soufre et du phosphore contenus dans la fonte.

Ci-dessus Tous ces objets sont en acier doux : clou, fer à cheval, laine d'acier.

Le procédé Bessemer

La fonte brute n'est pas du fer pur. Elle contient 3 à 4 % de carbone qui la rendent cassante. On utilise plutôt le fer sous forme d'acier. L'acier est du fer additionné de 0,2 à 1,5 % de carbone. En 1856, Henry Bessemer découvrit un procédé économique pour produire de l'acier en soufflant un jet d'air dans une poche de fonte en fusion. Une grande partie du carbone s'allie à l'oxygène de l'air pour former du dioxyde de carbone. De nos jours, le procédé Bessemer a été remplacé par le four Martin et le procédé basique à l'oxygène.

L'acier est plus solide et plus adaptable que la fonte. En lui ajoutant d'autres éléments, on peut le durcir, le rendre inoxydable ou résistant à de hautes températures. Si l'on ajoute 13 % de manganèse, l'acier acquiert de la dureté. Le nickel et le chrome donnent l'acier inoxydable qui ne rouille pas.

A gauche Ces objets sont en acier alliés. Les aciers en manganèse servent à fabriquer des coffres-forts ; l'acier au vanadium, des pièces automobiles ; l'acier inoxydable, des couverts et des couteaux. Les acier au chrome-tungstène servent à faire des outils tels que ce ciseau à bois. Les aimants sont en acier mélangé à du tungstène, du silicium ou du cobalt.

LES TOILES ET TISSUS

La filature et le tissage sont les deux plus vieilles industries du monde. Le plus ancien morceau de tissu connu date d'environ 4 500 ans avant J.-C. Le tissage découle du tressage. Il existe de nombreux produits tressés : nattes, clôtures, paniers, etc., surtout les tissus. Le fil du tissu provient de fibres. La laine est fournie par le poil des chèvres, des moutons, des lamas, etc. Le coton provient des gousses des graines de coton et le lin des tiges d'une plante du même nom. La soie est extraite des cocons d'une chenille appelée ver à soie. Cette chenille s'enroule dans un fil qu'elle secrète pour former le cocon nécessaire à sa métamorphose. Ce sont des fibres naturelles. Il existe maintenant des fibres artificielles : la rayonne, faite à partir du bois, le Terylène, l'Acrilan et le Nylon à partir du pétrole.

Ces fils sont souvent teints. On teint facilement les fibres naturelles par immersion. Les fibres artificielles sont difficiles à teindre et leur couleur est déterminée à la fabrication au moment du filage.

Filage et tissage

En Europe, le filage fut effectué manuellement jusqu'au XIVe siècle. La fileuse prenait une poignée de poils ou de fibres dans un tas de laine ou de coton et la torsadait en tressant les extrémités de plusieurs petits fils courts pour former un long fil le plus fin possible. Ce fil était enroulé sur un bâtonnet appelé par la suite fuseau. Le procédé fut accéléré lorsque le fuseau fut mis en rotation par une pédale et un système à bielle et roue. On fabriquait ainsi un fil de diamètre beaucoup plus régulier.

Le fil est tissé, pour former une toile, à l'aide d'un métier à tisser. Les premiers métiers comprenaient deux barreaux de bois. Des fils étaient tendus entre les barreaux pour former une chaîne. Un long fil appelé la trame était enroulé sur une navette. Celle-ci était passée au-dessus d'un fil, puis sous le suivant et ainsi de suite en alternant. Le rang suivant, la navette était repassée sous les mêmes fils mais dans une position inverse. A la fin, on nouait les fils tendus sur les barreaux entre eux.

Peu à peu, ce procédé fut automatisé. Les métiers modernes mécaniques peuvent tisser des mètres et des mètres de tissu par jour et réaliser les motifs les plus compliqués grâce à des commandes informatisées.

La première machine à coudre

Les vêtements étaient autrefois assemblés et cousus à la main. En 1831, Barthélemy Thimonnier inventa une machine à coudre mais l'hostilité des tailleurs mit un terme à son projet. La machine moderne est due à l'Amé-

A droite La première machine à filer. Il fallait préparer et accrocher le premier tronçon de fil à chaque fuseau à la main. Puis, au moyen de la manivelle, on tournait la roue et le fil s'enroulait autour des fuseaux. Ce fil était assez grossier.

Ci-dessous Samuel Crompton (1753-1827) inventa la mule à filer qui représentait un grand progrès par rapport à la première machine à filer. Elle pouvait filer n'importe quel type de fil, du très fin au très grossier, révolutionnant ainsi l'industrie textile.

A droite Un antique métier à tisser utilisé au Pérou avant le XVe siècle.

Crompton

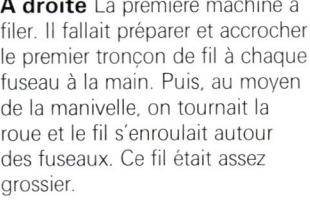

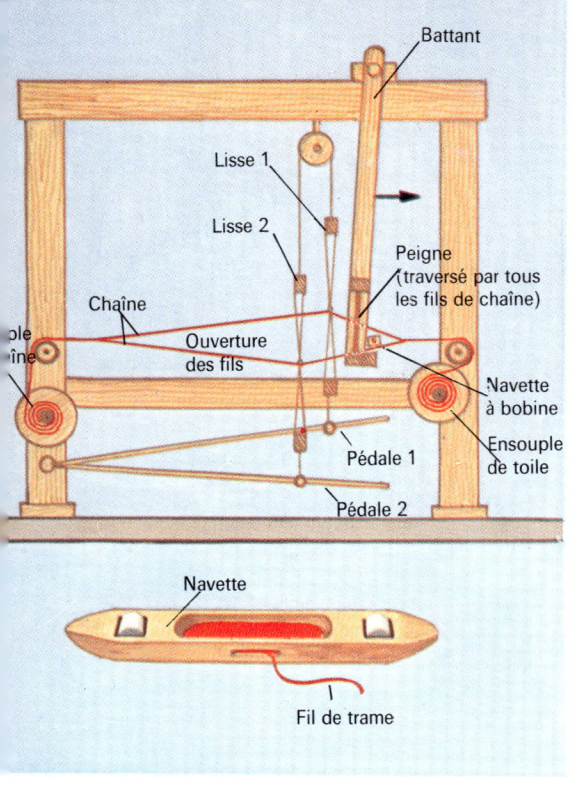
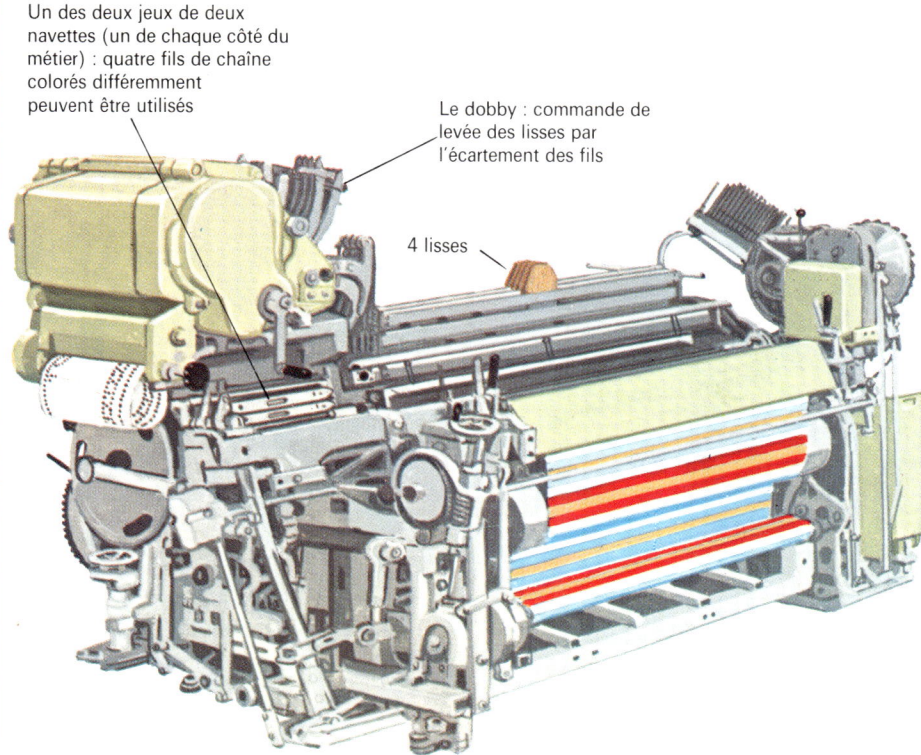

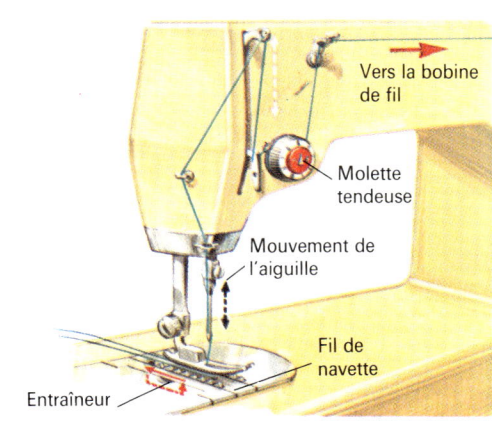
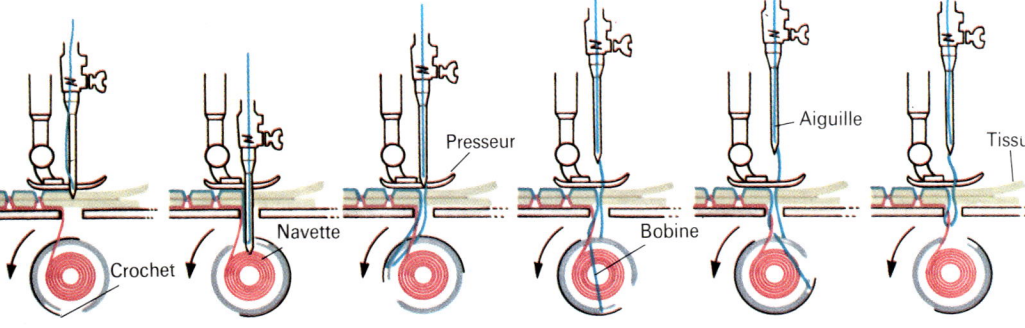

Ci-dessus Un métier à tisser moderne. Ce métier peut tisser selon des motifs très compliqués en utilisant diverses variétés de fils.

En haut à gauche Schéma de métier à tisser manuel. Les fils de chaîne régulièrement espacés sont enroulés autour de l'ensouple. L'étoffe est enroulée sur l'ensouple de devant. Une ou plusieurs pédales (ou marches) servent à écarter alternativement les fils de chaîne. La bobine de fil contenue dans la navette peut tourner avec facilité lorsque l'on tire le fil.

Ci-dessus à gauche Une machine à coudre prête à l'emploi.

A gauche Schéma montrant comment le fil supérieur et le fil inférieur sont noués pour former un point.

ricain Singer en 1851. Dans une machine à coudre, on utilise deux longueurs de fil, l'une est enroulée sur une bobine spéciale dans la machine, l'autre sur une bobine ordinaire au-dessus de la machine. Celle-ci est passée dans l'œil d'un levier articulé puis dans le chas de l'aiguille qui est proche de la pointe. On déplace alors le tissu sous l'aiguille qui monte et qui descend. En traversant le tissu, elle entraîne le fil. Celui-ci s'enroule autour de l'autre fil sous la machine et noue le point. Sous le tissu, deux rangées de dents émoussées font avancer le tissu. Les machines modernes qui peuvent effectuer des points très compliqués sont commandées par des microprocesseurs.

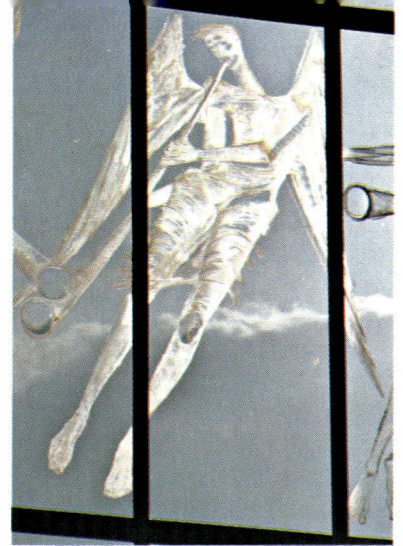

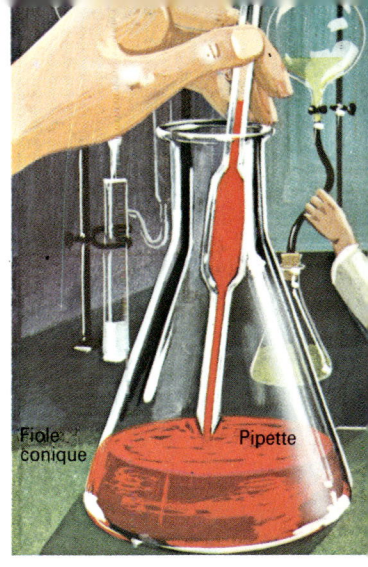

Ci-dessus Ces deux types de vitraux de cathédrale représentent deux styles différents d'ornementation par le verre. A droite, la magnifique rose de verre de la cathédrale de Chartres construite au XIIe siècle. A gauche, « L'Ange volant » gravé sur le grand panneau de verre de la cathédrale de Coventry, en Angleterre, construite en 1961.

Ci-dessus Le verre a toujours été apprécié pour sa beauté. Ce verre à vin décoré par gravure au diamant a été fait en 1686.

A droite Quelques emplois familiers du verre : glace plate ou verre à vitre, ampoule d'éclairage, bouteille, bocal à confiture, pare-brise, thermomètre...

LE VERRE

De nos jours, on utilise de nombreux matériaux tels que le Nylon, le Plexiglas (perspex) et la Bakélite qui n'existent pas à l'état naturel. Ce sont des matières artificielles. La plus ancienne matière artificielle connue est le verre, utilisé depuis environ 3 000 ans.

Le verre est un mélange de sable, de soude et de calcaire. Leur mélange est broyé et chauffé à 1 500 °C. Il en résulte une pâte translucide comme une gelée qui, en refroidissant, se fige sous forme de verre très dur et cassant. Pour fabriquer du verre coloré, on ajoute certaines substances. Le sable contient toujours un peu de fer qui, s'il n'est pas éliminé, donne au verre un reflet verdâtre.

Le verre sert à fabriquer des bocaux, des bouteilles et autres récipients. Il y a environ 2 000 ans, on découvrit qu'on pouvait former un morceau de pâte de verre placé au bout d'un tube de métal par soufflage. Actuellement le soufflage du verre est devenu mécanique. Le verre sert à faire les vitres des fenêtres. Au début, on ne savait produire que de petits carreaux que l'on assemblait au moyen de petits cadres en plomb. On fit ensuite de plus grandes vitres en soufflant largement un morceau de verre puis en l'aplatissant. Les vitres anciennes fabriquées de cette façon portent une bosse au centre, là où l'ampoule, appelée boudine, se joignait au tube du souffleur. Actuellement, bouteilles et bocaux sont produits mécaniquement par moulage. Le

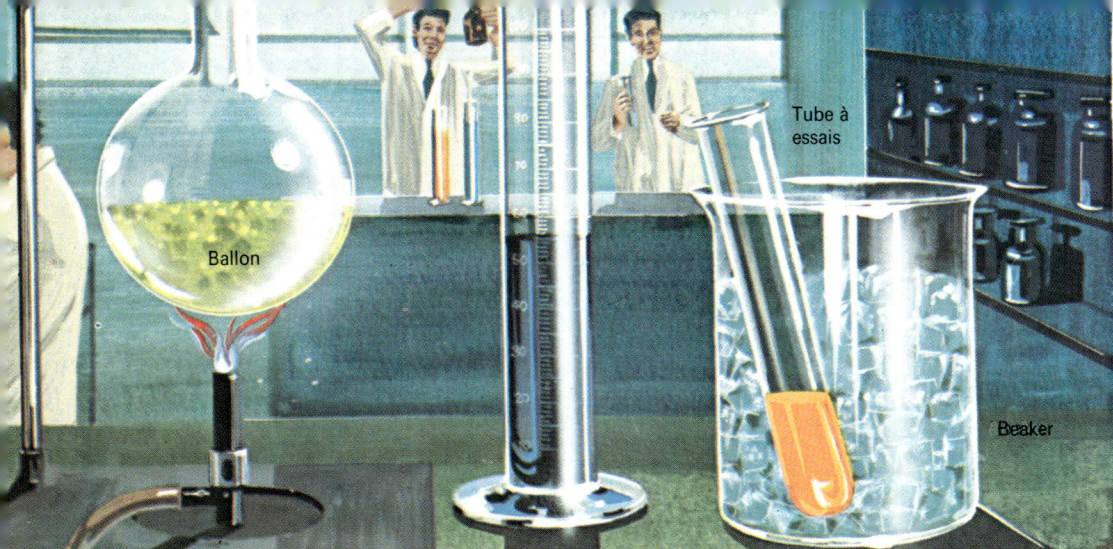

A gauche Le verre est très utilisé pour la fabrication d'instruments scientifiques, car il est très résistant à la chaleur et insensible aux attaques des produits chimiques tels que les acides.

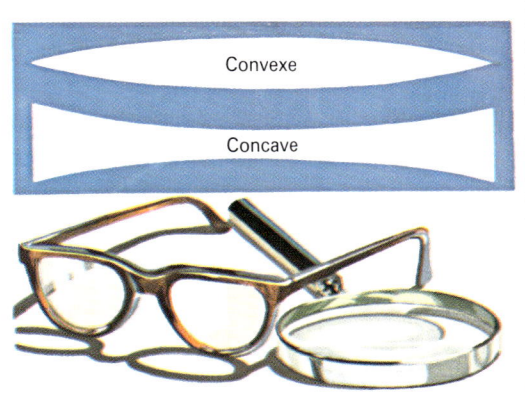

A gauche Le verre sert à fabriquer des lentilles. Lorsque la lumière traverse une lentille, elle change de direction. La valeur de cette déviation dépend du type de verre utilisé et de sa forme. Les lentilles servent à faire les lunettes, télescopes, jumelles, microscopes, appareils photo, etc. Les verres utilisés pour fabriquer ces lentilles doivent être de très haute qualité et ne présenter aucun défaut. On les appelle verres optiques.

verre à vitre ou glace utilise maintenant le procédé du flottage. Le verre en fusion est coulé sur un bain de métal fondu où il s'étale parfaitement, bien à plat, avant de refroidir (voir page 43).

Pyrex, pyrosil et fibre de verre

En ajoutant certaines substances au mélange de base, on peut obtenir différentes sortes de verre. La glace des pare-brise est très solide. Lorsqu'un pare-brise casse, il se rompt en nombreux petits fragments dépourvus d'arêtes tranchantes de manière à ne pas blesser. Le verre peut être rendu résistant à la chaleur comme le verre Pyrex. Chauffé, il ne casse pas contrairement à du verre ordinaire. On l'utilise pour cette raison pour faire des plats de cuisson. Lorsque l'on envoie des fusées et des vaisseaux dans l'espace, ceux-ci sont soumis à de très hautes températures. On les recouvre donc d'un verre spécial appelé Pyrosil également utilisé pour les plats de cuisson. On peut aussi former le verre en fils très fins. C'est la fibre de verre qui sert d'isolant sous forme de laine de verre. On peut filer cette fibre et la tisser sous forme d'une toile très résistante et incombustible. Mélangée à certaines résines plastiques, la fibre de verre donne un matériau très léger et très résistant qui ne rouille pas, ne pourrit pas et se forme très facilement. On l'utilise pour faire des coques de bateaux, des carrosseries automobiles, etc.

Il existe actuellement de nombreux substituts du verre comme le perspex (Plexiglas) et autres plastiques, plus légers que le verre et très résistants. De nombreuses bouteilles sont faites en plastique mais ces matières ne sont pas très résistantes à la chaleur et restent vulnérables aux produits chimiques.

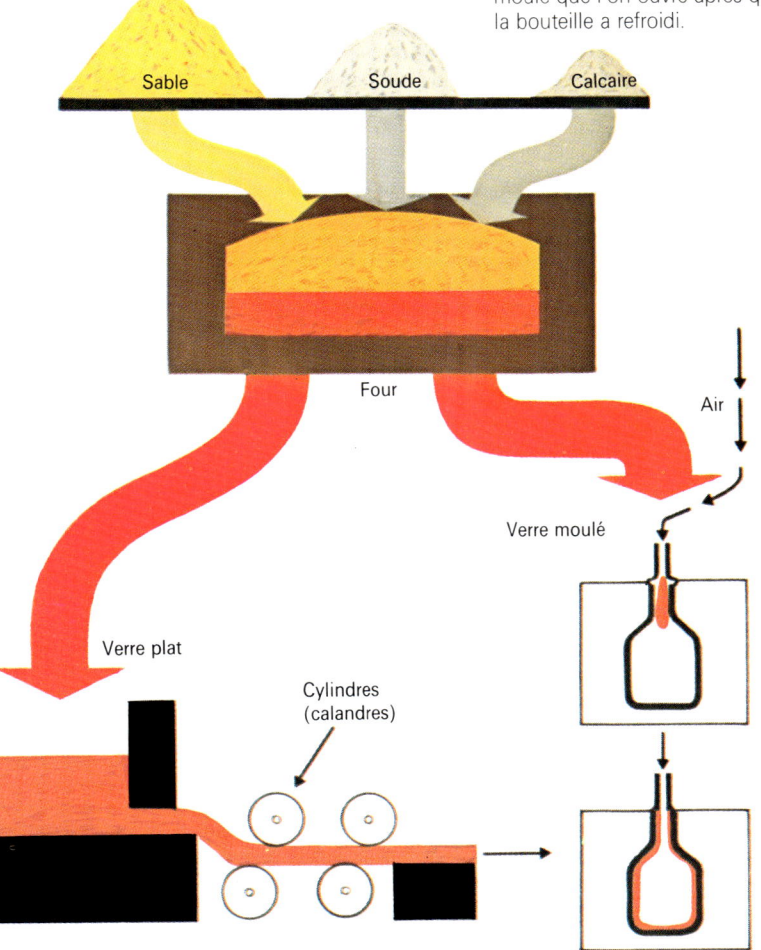

Ci-dessous Fabrication du verre plat et des bouteilles. Le verre des bouteilles est soufflé dans un moule que l'on ouvre après que la bouteille a refroidi.

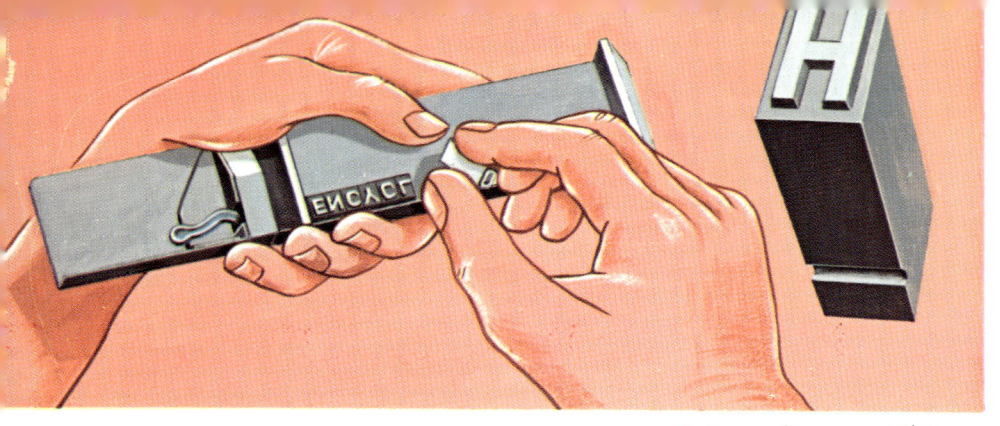

L'IMPRIMERIE

Avant l'invention de l'imprimerie, les livres étaient écrits à la main. Il fallait des mois, quelquefois des années pour produire un seul manuscrit qu'un scribe ou copiste recopiait. L'imprimerie, dans sa forme la plus simple, fut inventée en Chine il y a plus de 2 000 ans. On sculptait dans un bloc de bois les lettres ou les signes à reproduire que l'on recouvrait d'encre et appuyait sur une feuille de papier. Le procédé restait lent et coûteux.

Ci-dessus Chaque caractère était choisi et placé à la main pour composer les mots dans une sorte de règle spéciale appelée composteur.

A gauche Ancienne méthode chinoise pour imprimer avec des blocs de bois ou de pierre sculptés. Le passe-temps moderne appelé linographie s'inspire de ce procédé en utilisant des blocs de linoleum gravé.

Johann Gutenberg

Au XVᵉ siècle, un imprimeur allemand, Johann Gutenberg, trouva un procédé pour imprimer les livres plus vite et moins cher. Au lieu de sculpter une page entière dans une planche, il sculpta chaque lettre séparément dans un petit bloc de bois de même hauteur. Ces lettres appelées caractères pouvaient être composées dans l'ordre voulu pour former les mots et les phrases. Lorsque l'impression était réalisée, les caractères pouvaient être réutilisés pour recomposer de nouveaux textes. Au lieu de presser une feuille de papier à la main contre les caractères encrés, on utilisait une presse mécanique pour appuyer le papier contre la forme. Mais le procédé restait lent.

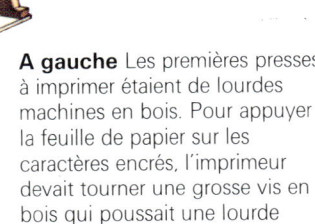

A gauche Les premières presses à imprimer étaient de lourdes machines en bois. Pour appuyer la feuille de papier sur les caractères encrés, l'imprimeur devait tourner une grosse vis en bois qui poussait une lourde platine en bois contre la feuille.

Quelques grands imprimeurs

William Caxton fut un des premiers imprimeurs anglais. Après avoir étudié l'art de l'imprimerie en Europe en 1471, il ouvrit un atelier à Westminster. En France, trois disciples de Gutenberg furent installés à la Sorbonne où la première presse fonctionna au

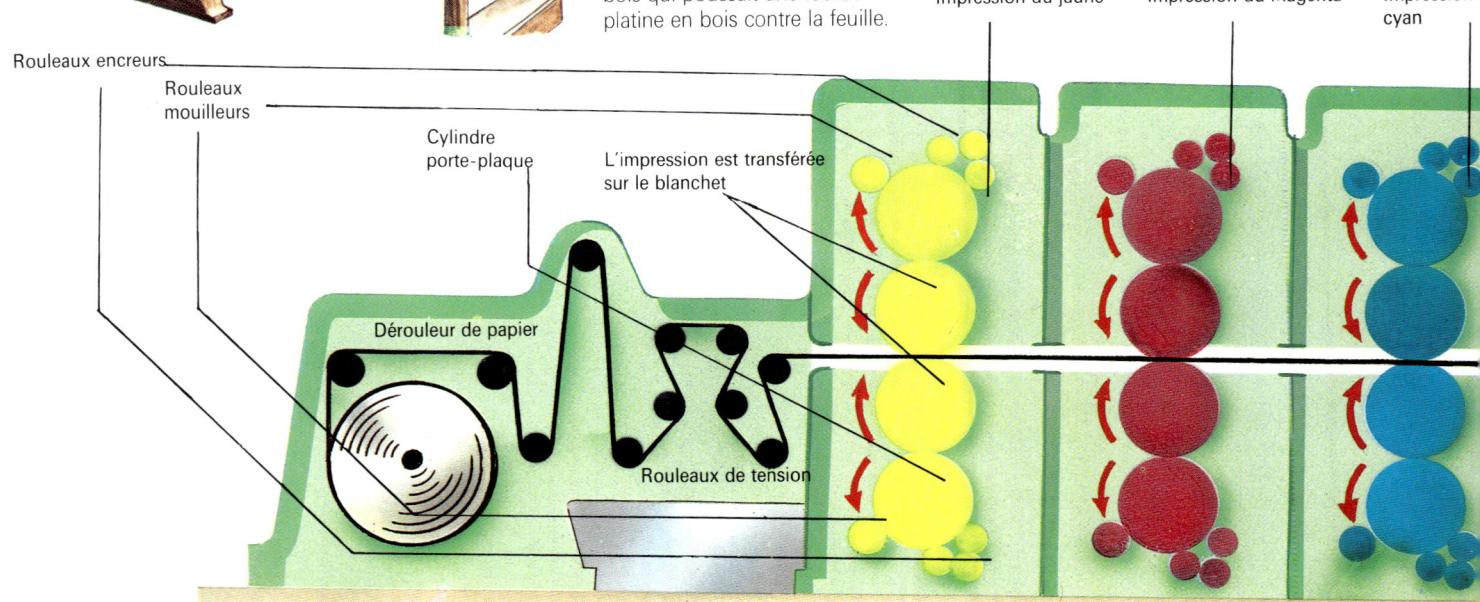

A gauche William Caxton (1422-1491) fut un des premiers imprimeurs anglais. Son premier livre sortit en 1475. Il traduisit de nombreux ouvrages en langues étrangères avant de les imprimer. On lui doit près de 100 livres différents et l'un des premiers traité du jeu d'échecs.

A gauche Dans une salle de rédaction moderne d'un journal, les journalistes écrivent directement leurs papiers (articles) sur une composeuse informatisée.

commencement de 1472. Parmi les grandes familles d'imprimeur figurent les Estienne et les Didot.

En 500 ans, l'imprimerie a connu des bouleversements et des progrès techniques prodigieux tant sur le plan de la vitesse que sur celui de la qualité.

L'imprimerie moderne

Sauf exception, la composition n'est plus manuelle. Des ordinateurs à clavier, comme des machines à écrire, composent les textes à imprimer. Les photocomposeuses produisent automatiquement des films de texte d'après lesquels on fait les plaques soit par moulage soit par procédé photographique. Les plaques sont montées sur des machines à imprimer ou presses géantes mécanisées et mues par l'électricité. Leur débit est de plusieurs milliers d'exemplaires de livres et de journaux à l'heure.

Il existe plusieurs procédés d'impression : la typographie, la photo-lithographie et l'héliogravure. La typographie utilise des caractères en relief, la photo-lithographie des plaques plates. Dans les deux cas, on obtient maintenant le transfert du texte par procédé photographique. L'héliogravure utilise des plaques gravées en creux par un procédé chimique.

Il existe deux types principaux de machines à imprimer : les machines-feuilles et les rotatives. Dans une machine-feuille, les feuilles de papier sont automatiquement engagées dans la machine par le margeur et imprimées une par une. Dans une rotative, une bobine de papier alimente la machine en continu. Les deux types de machine peuvent imprimer jusqu'à quatre couleurs sur les deux faces du papier en même temps. Le papier passe dans différents groupes d'impression, un pour chaque couleur. Certaines machines sèchent, coupent, plient, comptent et conditionnent les formes imprimées.

Ci-dessous Les machines à imprimer modernes comme cette rotative offset à alimentation continue peut imprimer, plier et rogner (couper) automatiquement les feuilles (groupes de pages). Les plaques portant les caractères ou illustrations sont encrées par de gros rouleaux ou cylindres et la presse est alimentée en papier par d'énormes bobines. Les presses les plus rapides dites rotatives peuvent imprimer les deux côtés de la feuille en même temps.

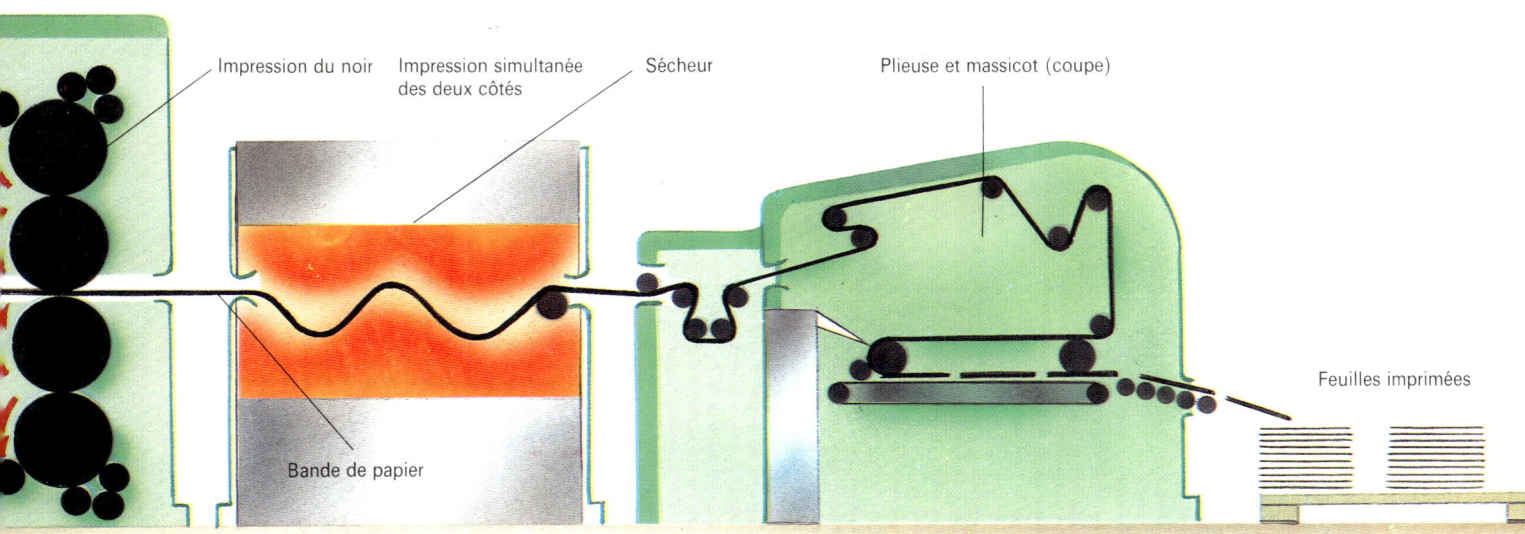

Les grandes Découvertes

env. 500 av. J.-C.	Électricité statique	Thalès de Millet, Grèce	1714	Échelle de température	Gabriel Fahrenheit, Allemagne
env. 240 av. J.-C.	Flottabilité	Archimède, Grèce	1742	Échelle centigrade	Anders Celsius, Suède
150 av. J.-C.	Terre centre de l'Univers	Claude Ptolémée, Grèce	1774	Fabrication de l'oxygène	Joseph Priestley, Angleterre
1304	Formation de l'arc en ciel	Théodore de Fribourg, Allemagne	1777	Nature de la Combustion	Antoine Lavoisier, France
1530	Système solaire	Nicolas Copernic, Pologne	1791	Système métrique	France
1600	Magnétisme terrestre	William Gilbert, Angleterre	1798	Nature de la chaleur	Benjamin Thompson (Comte Rumford), Angleterre
1604	Chute des corps	Galileo Galilei, Italie	1800	Théorie de la lumière et des couleurs	Thomas Young, Angleterre
1609	Mouvement des planètes	Johannes Kepler, Allemagne	1800	Courant électrique	Alessandro Volta, Italie
1610	Satellites de Jupiter	Galileo Galilei, Italie	1807	Découverte de nouveaux éléments grâce à l'électricité	Humphrey Davy, Angleterre
1643	Pression atmosphérique	Evangelista Torricelli, Italie	1808	Théorie atomique	John Dalton, Angleterre
1661	Définition de l'élément chimique	Robert Boyle, Irlande	1808	Loi de la dilatation des gaz	Joseph Gay-Lussac, France
1666	Nature de la lumière blanche	Isaac Newton, Angleterre	1811	Molécules des gaz	Amedeo Avogadro, Italie
1679	Compressibilité des gaz	Edme Mariotte, France	1820	Électromagnétisme	Hans Oersted, Danemark
1682	Loi de la gravitation	Isaac Newton, Angleterre	1827	Forces induites par des conducteurs	André Ampère, France
1687	Lois du Mouvement	Isaac Newton, Angleterre	1827	Lois du courant électrique	George Ohm, Allemagne
1694	Théorie ondulatoire de la lumière	Christian Huygens, Hollande	1831	Induction électromagnétique	Michael Faraday, Angleterre

Archimède

Galilée

Newton

Ampère

Année	Découverte	Auteur
1833	Lois de l'électrolyse	Michael Faraday, Angleterre
1841	Chaleur et Travail	James Joule, Angleterre
1864	Hypothèse des ondes radio	James Maxwell, Écosse
1869	Tableau périodique des éléments	Dimitri Mendeleiev, Russie
1887	Découvertes des ondes radio	Henrich Hertz, Allemagne
1887	Vitesse de la lumière	Albert Michelson, États-Unis
1894	Gaz rares	William Ramsey, Écosse
1895	Rayons X	Wilhelm Roetgen, Allemagne
1896	Radioactivité	Henri Becquerel, France
1897	Électron	Joseph John Thomson, Angleterre
1898	Radium	Pierre et Marie Curie, France
1900	Théorie des Quanta	Max Planck, Allemagne
1903	Théorie de la Radioactivité	Ernest Rutherford, Nlle Zélande
1905	Relativité	Albert Einstein, Allemagne
1905	Effet photoélectrique	Albert Einstein, Allemagne
1911	Noyau atomique	Ernest Rutherford, Nlle Zélande
1911	Supraconducteurs	Heike Kammerlingh Onnes, Hollande
1913	Structure de l'atome	Niels Bohr, Danemark
1915	Relativité générale	Albert Einstein, Allemagne
1918	Proton	Ernest Rutherford, Nlle Zélande
1926	Théorie ondulatoire de la matière	Erwin Schrödinger, Autriche
1927	Mécanique quantique	Werner Heisenberg, Allemagne
1929	Expansion de l'Univers	Edwin Hubble, États-Unis
1932	Neutron	James Chadwick, Angleterre
1938	Fission nucléaire	Otto Hahn, Allemagne
1939	Liaisons moléculaires	Linus Pauling, États-Unis
1964	Hypothèse du Quark	Murray Gell-Mann, États-Unis
1974	Théorie du trou noir	Stephen Hawking, Angleterre
1986	Supraconducteurs à haute température	Alex Muller, Suisse et Georg Bednorz, Allemagne

Ohm — Faraday — Thomson — Einstein

Les grandes Inventions

Av. J.-C.		
Env. 4000	Instruments de pesage	Mésopotamie
Env. 3500	Tour de potier	Mésopotamie
236	Vis sans fin	Archimède, Grèce
600	Fonte de fer	Chine
Ap. J.-C.		
Env. 1000	Poudre à canon	Chine
1088	Horloge à eau	Han Kung-Lien, Chine
1267	Loupe	Roger Bacon, Angleterre
1280	Lunettes	S. di Popozo, Italie
Env. 1450	Presse à imprimer	Johannes Gutenberg, Allemagne
Env. 1590	Microscope	Zacharias Janssen, Hollande
Env. 1597	Thermoscope	Galileo Galilei, Italie
Env. 1608	Lunette astronomique	Hans Lippershey, Hollande
1642	Machine à calculer	Blaise Pascal, France
1643	Baromètre à mercure	Evangelista Torricelli, Italie
1657	Horloge à balancier	Christian Huygens, Hollande
1672	Télescope	Isaac Newton, Angleterre
1674	Machine à calculer	Gottfried von Leibnitz, Allemagne
1698	Machine à vapeur	Thomas Savery, Angleterre
1712	Pompe à vapeur	Thomas Newcomen, Angleterre
1735	Navette volante	John Kay, Angleterre
1752	Paratonnerre	Benjamin Franklin, États-Unis
1764	Métier à filer	James Hargreaves, Angleterre
1767	Machine à vapeur à haute pression	James Watt, Angleterre
1769	Voiture à vapeur	Nicolas Cugnot, France
1775	Sous-marin	Davis Bushnell, États-Unis
1776	Bateau à vapeur	Jouffroy d'Abbans, France
1783	Ballon à air chaud	E. et Joseph Montgolfier, France
1786	Bateau à vapeur	John Fitch, États-Unis
1800	Pile électrique	Alessandro Volta, Italie
1803	Locomotive à vapeur	Richard Trevithick, Angleterre
1820	Électro-aimant	Hans Oersted, Danemark
1822	Photographie	Nicephore Niepce, France
1831	Transformateur	Michael Faraday, Angleterre
1831	Dynamo élémentaire	Michael Faraday, Angleterre
1831	Moteur électrique	Michael Faraday, Angleterre
1835	Négatif photographique	William Fox Talbot, Angleterre
1837	Télégraphe électrique	André Ampère, France
1837	Code Morse	Samuel Morse, États-Unis
1839	Bicycle	Kirkpatrick Macmillan, Écosse
1842	Machine à calculer analytique	Charles Babbage, Angleterre
1843	Baromètre anéroïde	Lucien Vidie, France
1848	Navires en fer à hélice	Isambard K. Brunel, Angleterre
1852	Dirigeable à moteur à vapeur	Henri Giffard, France
1856	Acier au Convertisseur	Henry Bessemer, Angleterre
1856	Teintures synthétiques	William Parkin, Angleterre
1859	Spectroscope	Gustave Kirchoff et Robert Bunsen, Allemagne
1860	Moteur à gaz	Etienne Lenoir, France/Belgique
1862	Matières plastiques	Alexander Parkes, Angleterre
1862	Théorie du moteur à 4 temps	A. Beau de Rochas, France
1866-67	Dynamite	Alfred Nobel, Suède
1868	Pile sèche	Georges Leclanché, France
1876	Téléphone	Alex. G. Bell, États-Unis
1867-76	Moteur à gaz à 4 temps	Nikolaus Otto, Allemagne
1877	Phonographe	Thomas Edison, États-Unis
1879	Éclairage électrique	Thomas Edison, États-Unis
1879	Réfrigérateur	Karl von Linde, Allemagne
1882	Machine à coudre	Walter Hunt, États-Unis

Année	Invention	Inventeur
1884	Moteur à essence	Gottlieb Daimler, Allemagne
1884	Turbine à vapeur	Charles Parsons, Angleterre
1885	Bicycle à moteur	Gottlieb Daimler, Allemagne
1885	Automobile	Benz/Daimler, Allemagne
1888	Pneumatique pour cycle	John Dunlop, Écosse
1889	Central téléphonique	Almon Stowger, États-Unis
1891	Images animées	Thomas Edison, États-Unis
1891	Accumulateurs électriques	Gaston Planté, France
1892	Moteur à huile lourde	Rudolph Diesel, Allemagne
1894	Émetteur radio	Guglielmo Marconi, Italie
1897	Tube cathodique	Ferdinand Braun, Allemagne
1898	Enregistreur sur bande	Valdemar Poulsen, Danemark
1900	Hydroptère	E. Forlenini, Italie
1903	Aéroplane	W. et O. Wright, États-Unis
1904	Lampe diode	John Ambrose Fleming, Angleterre
1907	Lampe triode	Lee de Forest, États-Unis
1907	Hélicoptère	Paul Cornu, France
1908	Compteur de Geiger	Hans Geiger, Allemagne
1918	Sonar	Paul Langevin, France
1925	Télévision	John L. Baird, Écosse
1926	Fusée à carburant liquide	Robert Goddard
1930	Turbine à réaction	Frank Whittle, Angleterre
1930	Accélérateur de particules	John Cockcroft et Ernest Walton, Irlande
1931	Microscope électronique	Max Knoll et Ernst Ruska, Allemagne
1931	Cyclotron	Ernest Lawrence, États-Unis
1932	Microscope électronique	M. Knoll, M. Von Ardenne, Russie
1935	Nylon	Wallace Carothers, États-Unis
1935	Radar	Robert Watson-Watt, Angleterre
1937	Radiotélescope	Grote Reber, États-Unis
1942	Réacteur nucléaire	Enrico Fermi, États-Unis
1947-48	Transistor	John Bardeen, William Shockley et Walter Brettain, États-Unis
1948	Première mémoire d'ordinateur	Johannes von Neumann, États-Unis
1948	Hologramme	Denis Gabor, Hongrie
1949	Moteur à piston rotatif	Felix Wankel, Allemagne
1954	Satellite de communication	Arthur Clarke, Angleterre
1955	Aéroglisseur	Christopher Cockerell, Angleterre
1955	Balayage à ultra-sons	I. Donald, Angleterre
1956	Enregistrement vidéo	A. Poniatoff, États-Unis
1957	Premier satellite artificiel	U.R.S.S.
1958	Circuit intégré	Jack Kilby, États-Unis
1960	Laser	Th. Maiman, États-Unis
1961	Premier cosmonaute	Youri Gagarine, U.R.S.S.
1962	Premier satellite de télécommunication	États-Unis
1966	Fibres optiques	K. Kao et G. Hockham, Angleterre
1969	Premiers hommes sur la lune	Neil Amstrong et Edwin Aldrin, États-Unis
1971	Microprocesseur	Ted Hoff, États-Unis
1971	Première station orbitale	U.R.S.S.
1981	Navette spatiale	États-Unis

Glossaire

Accélérateur de particules Appareil de grande dimension servant à étudier les particules (protons, électrons, etc.) constituant les atomes. Il permet de leur conférer des vitesses très élevées et de les lancer sur des cibles.

Accélération Taux d'accroissement de la vitesse en fonction du temps. L'accélération est obtenue en divisant l'augmentation de la vitesse par le temps nécessaire à cette augmentation.

Acide Substance de goût piquant qui produit des ions hydrogène après dissolution dans l'eau. Rougit la teinture de tournesol bleu et réagit avec certains métaux pour libérer de l'hydrogène.

Acoustique Science qui étudie les sons.

Aéroglisseur (hovercraft) Véhicule ou navire propulsé par hélices se déplaçant sur coussin d'air sur terre et sur l'eau.

Aimant Objet attirant le fer et repoussant ou attirant les autres aimants. La force magnétique est maximale en deux points de l'aimant appelé pôle nord et pôle sud. Un aimant libre sur un axe s'oriente de telle sorte que son pôle nord indique le nord et son pôle sud, le sud. Exemple : la boussole.

Alternatif (courant) Courant électrique dont le sens change périodiquement. Exemple : le courant fourni par le secteur.

Ampère Unité de mesure de l'intensité d'un courant. Du nom du savant français André Ampère (1775-1836).

Amplificateur Appareil électronique qui augmente la force d'un signal (signal radio par exemple).

Atmosphère Couche d'air entourant la Terre. La zone la plus haute, appelée ionosphère, est située à environ 400 km de la surface de la Terre.

Atome La plus petite partie d'un élément (voir molécule).

Archimède (Principe d') Découvert par le savant grec Archimède (287 ?-212 av. J.-C.). Tout corps plongé dans un fluide reçoit du fluide une poussée égale au poids du fluide déplacé et dirigée de bas en haut.

Banque de données Suite d'informations mises en mémoire dans un ordinateur, qui peuvent être explorées très rapidement. L'information est projetée sur l'écran.

Baromètre Instrument utilisé pour mesurer la pression atmosphérique (pression de l'air). Dans le baromètre à mercure, la hauteur de la colonne de mercure indique la pression. Dans un baromètre anéroïde, la pression est mesurée par la déformation d'un tube métallique dans laquelle on a fait le vide.

Base Corps réagissant avec un acide pour le neutraliser en donnant un sel et de l'eau.

Catalyseur Substance favorisant une réaction chimique sans transformation propre. Exemple : la platine accélère la réaction de l'ammoniac et de l'oxygène pour donner de l'acide nitrique.

Celsius (Échelle) Échelle de température dans laquelle le point de congélation de l'eau est à 0° et le point d'ébullition à 100°. Du nom du savant suédois Anders Celsius (1701-1744). L'autre appellation courante est échelle centigrade.

Centripète (Force) Force dirigée vers le centre de rotation qui retient un corps en orbite circulaire (un satellite par exemple).

Chaleur Forme d'énergie résultant du mouvement des atomes et des molécules d'un corps. La quantité de chaleur d'un corps est exprimée en joules ou en calories.

Charge (ou résistance) Masse soulevée ou déplacée par une machine.

Charge couplée (Cellule à) Instrument électronique utilisé à la place d'une plaque photographique en astronomie. Extrêmement sensible à la lumière, il détecte les étoiles très peu lumineuses.

Chimie Science qui étudie la composition des corps. La chimie organique traite des composés du carbone (surtout dans les matières vivantes), la chimie minérale, des autres corps.

Cinétique (Énergie) Énergie contenue dans un corps en mouvement : le vent, l'eau courante ou un obus possèdent de l'énergie cinétique.

Combustion Réaction chimique au cours de laquelle un corps se combine à l'oxygène en dégageant de la lumière et de la chaleur.

Complémentaires (couleurs) Couple de couleurs donnant par mélange de la lumière blanche. Exemple : jaune et bleu pâle.

Composé (corps) Substance constituée de deux ou plusieurs éléments (corps simples) en proportions fixes, dont la composition peut être exprimée par une formule : l'eau (H_2O) est un composé d'hydrogène et d'oxygène.

Concave (miroir) Dont la surface présente un creux et un renfoncement.

Conducteur (corps) Propriété d'un corps susceptible d'être parcouru par un courant électrique. Tous les métaux sont conducteurs.

Conduction Propriété permettant à la chaleur et à l'électricité de se déplacer dans un corps solide.

Continu (courant) Courant électrique se déplaçant toujours dans la même direction à l'inverse du courant alternatif. Exemple : le courant d'une pile.

Convection Manière dont la chaleur se déplace dans un gaz ou un liquide sous forme de courants chauds ou froids. Les gaz ou les liquides chauds montent, les gaz ou les liquides froids descendent.

Convexe (miroir) Courbé et saillant à l'extérieur comme le dos d'une cuillère polie.

Cristal Corps solide dont les atomes ou les molécules sont groupés selon une disposition géométriquement régulière. Un grain de sel est un cristal.

Datation au carbone radioactif Méthode permettant de déterminer l'âge d'une matière naguère vivante comme le bois en mesurant la quantité de carbone radioactif subsistante. Méthode utilisée pour dater les objets résultant des fouilles.

Décibel Unité de mesure du son. Un murmure est proche de 0 décibel, un avion à réaction au décollage de 120 décibels.

Densité Expression d'une masse de matière en fonction de son volume.

Diffraction de la lumière Déformation d'un fin rayon lumineux au bord de l'ombre portée où se forment des franges de lumière et d'ombre.

Distillation Procédé de séparation ou de purification des liquides. Le liquide est chauffé jusqu'à la vaporisation et la vapeur est condensée. On peut aussi séparer des liquides ayant des points d'ébullition différents.

Doppler (Effet) Variation de la perception de la hauteur ou de la fréquence d'un son dont la source se déplace. Exemple : une sirène de police semble plus aiguë lorsque la voiture approche et plus grave lorsqu'elle s'éloigne. Du nom du physicien autrichien Christian Doppler (1803-1853).

Ébullition (Point d') Température à laquelle un liquide bout et se transforme en gaz. Le point d'ébullition de l'eau est de 100 °C au niveau de la mer.

Effort Force nécessaire pour effectuer un travail. Dans une machine simple, comme le levier, l'effort ou puissance est amplifié par la machine de manière à vaincre une force supérieure appelée résistance.

Élasticité Propriété d'une matière de reprendre sa forme initiale après avoir subi une déformation.

Électricité Forme de l'énergie possédée par les électrons et les protons. Un élément possédant un excès d'électrons est dit négativement chargé. Un élément avec un déficit d'électrons est dit positivement chargé. Les charges électriques en équilibre sur des corps constituent l'électricité statique. Les charges électriques en déplacement forment un courant électrique.

Électrode Pièce de métal ou de carbone par laquelle passe un courant électrique pour changer de milieu. L'électrode négative est appelée cathode ; l'électrode positive, anode.

Électrolyse Décomposition d'une substance ou de sa solution par le passage du courant électrique. L'électrolyse sert à fabriquer de nombreux produits chimiques, comme le chlore, et à effectuer des dépôts de surface.

Électromagnétisme Phénomène relevant de l'électricité et du magnétisme. Les courants électriques ont des effets magnétiques et les champs magnétiques peuvent produire des courants électriques.

Électron Très petite particule tournant autour du noyau central d'un atome et porteur d'une charge électrique négative. Le courant électrique est un flux d'électrons.

Électronique Branche de la physique traitant du comportement et de l'utilisation des électrons dans la science et l'industrie.

Élément Matière ne comportant qu'un seul type d'atome. On dénombre 92 éléments ou corps simples dans la nature. Tous les autres sont des corps composés.

Énergie potentielle Énergie résultant de la position d'un corps. Une retenue d'eau possède une grande énergie potentielle libérée lorsque l'eau s'écoule.

Énergie Ce qui peut fournir un travail. L'énergie revêt de nombreuses formes : chaleur, lumière, électricité. Une forme d'énergie peut être changée mais la quantité d'énergie est immuable.

Fahrenheit (Échelle) Échelle de température dans laquelle l'eau gèle à 32° et bout à 212°. Du nom du savant allemand Gabriel Daniel Fahrenheit (1686-1736).

Fission nucléaire Mot synonyme de division. Dans la fission, le noyau d'un atome se sépare en deux parties en libérant de l'énergie.

Fluorescence Lueur produite par l'absorption d'une certaine longueur d'onde et sa restitution sous une autre longueur d'onde. Dans un tube au néon, l'ultraviolet est transformé en lumière visible par des substances fluorescentes contenues dans le tube.

Force Cause du déplacement d'un corps ou de son changement de forme ou de direction. La gravité et le magnétisme sont des forces.

Foyer Point théorique où les rayons lumineux se concentrent pour former une image nette après leur passage à travers une lentille ou leur réflexion sur un miroir courbe. Appelé aussi point focal. La distance entre le foyer et le centre de la lentille ou du miroir est appelée distance focale de la lentille ou du miroir.

Fréquence Nombre de fois où un phénomène se répète par unité de temps. Dans le cas des ondes radio, la fréquence des vibrations ou crêtes de l'onde est exprimée en hertz (nombre de cycles par seconde).

Friction (ou Frottement) Force qui ralentit un mouvement en produisant de la chaleur par l'action réciproque de deux surfaces. Les frottements sont plus importants entre des surfaces rugueuses qu'entre des surfaces polies ou lubrifiées.

Fusion nucléaire Réunion ou fusion des noyaux de deux atomes légers pour former un noyau plus lourd. Le Soleil produit son énergie en fusionnant des noyaux d'hydrogène pour donner de l'hélium.

Fusion (Point de) Température à laquelle une substance fond ou passe de l'état solide à l'état liquide.

Galvanomètre Instrument de détection et de mesure de très faibles courants électriques.

Gamma (Rayons) Radiations électromagnétiques très puissantes émises par la désintégration de certains atomes.

Gaz Matière fluide qui tend naturellement à occuper tout l'espace disponible. Un gaz ne possède pas de volume ni de forme définie.

Geiger (compteur de) Appareil servant à détecter et à mesurer la radio-activité. Ainsi appelé d'après le savant allemand qui le créa, Hans Geiger (1882-1945).

Générateur Machine qui transforme l'énergie mécanique en énergie électrique. Une dynamo produit du courant continu ; un alternateur, du courant alternatif.

Gravité Force d'attraction qui s'exerce entre deux corps. La gravité dépend de la masse. La masse importante de la Terre engendre une grande force gravitationnelle qui attire (fait tomber) les objets au sol. La gravité entre deux corps décroît lorsque les corps s'éloignent.

Gyroscope Appareil utilisé en navigation comprenant une roue de masse élevée tournant dans un support articulé. Cette roue peut conserver sa rotation dans les trois plans du support mais reste dans la même position absolue quels que soient les mouvements du navire ou de l'avion.

Hardware (litt. : le matériel ou la quincaillerie). Éléments matériels d'un système informatique : imprimante, écran et calculateur lui-même.

Hélium Gaz incolore, très léger, utilisé pour gonfler des ballons et dirigeables ainsi que dans certaines lampes fluorescentes. Il existe à l'état naturel dans le Soleil et autres étoiles.

Hologramme Image en trois dimensions obtenue par des faisceaux de lumière laser.

Hydrate de carbone Substance constituée de carbone, d'oxygène et d'hydrogène. Exemples : amidons, sucres.

Hydrocarbure Composé chimique constitué de carbone et d'hydrogène. Exemple : pétrole, gaz naturel, etc.

Hydrogène Gaz incolore inflammable. Plus léger que l'air, c'est l'élément chimique le plus simple.

Hydroptère (hydrofoil) Type de navire équipé d'ailerons ou flotteurs de forme hydrodynamique. A partir d'une certaine vitesse, ils soulèvent la coque principale et assurent seuls la flottabilité.

Image Représentation d'un objet formée par des rayons lumineux passant à travers une lentille ou réfléchis par un miroir.

Induction électromagnétique Capacité d'un champ magnétique fluctuant de créer (ou induire) un courant électrique dans un conducteur. L'induction électromagnétique est utilisée dans les générateurs et les transformateurs.

Inertie Principe selon lequel un corps tend à conserver son mouvement. Un corps immobile reste au repos, un corps en déplacement à vitesse constante en ligne droite continue son mouvement rectiligne uniforme. Pour vaincre l'inertie et modifier le mouvement, il faut l'intervention d'une force.

Informatique Ensemble des méthodes et procédés de collecte, de stockage, de traitement et d'émission d'informations par des moyens électroniques : ordinateurs, banques de données et systèmes d'interconnexion.

Infrarouges (rayons) Radiations électromagnétiques dont la longueur d'onde est juste supérieure à celle de la lumière rouge. Ses effets calorifiques sont perceptibles.

Intégré (circuit) Circuit électronique complet incorporé sur un minuscule fragment (appelé puce) de matière semi-conductrice telle que du silicium. Utilisés dans les ordinateurs, les récepteurs radio et TV, et la plupart des appareils électroniques modernes.

Intensité Valeur de la quantité de chaleur, de lumière, de son ou d'énergie électrique disponible instantanément. Une lumière brillante ou un son puissant a une grande intensité.

Interférence (lumineuse) Effet produit par deux faisceaux lumineux de longueur d'onde identique et produisant des bandes lumineuses et sombres. Cet effet résulte du décalage ou déphasage des ondes des deux faisceaux qui s'annulent réciproquement et produisent une bande sombre. Lorsque les ondes sont en phase, elles produisent une bande lumineuse.

Isolant Matière non conductrice de la chaleur et de l'électricité. De nombreux corps non métalliques comme le caoutchouc et les plastiques sont des isolants.

Isotope Atome ayant les mêmes propriétés chimiques que les atomes normaux, mais dont le nombre de neutrons du noyau est différent.

Ion Atome ou groupement d'atomes électriquement chargés. Cette charge résulte d'un déficit en électrons (donnant une charge positive) ou d'un excédent de neutrons (donnant une charge négative).

Joule Unité de mesure de la quantité d'énergie ou de travail effectué. Un joule représente le travail effectué par une force de 1 newton se déplaçant d'un mètre dans sa direction. Du nom du physicien anglais James Joule (1818-1889).

Kelvin (échelle) Échelle de température dans laquelle le point de congélation de l'eau est à 0° et le zéro absolu à – 273,16°. Un degré Kelvin est égal à un degré Celsius (ou centigrade). Du nom du savant anglais Lord Kelvin (1824-1907).

Kilogramme Unité de mesure de masse dans le système métrique. Égal à 1 000 grammes.

Kilomètre Unité de mesure de longueur dans le système métrique. Égal à 1 000 mètres.

Laser Appareil émettant un puissant faisceau de lumière concentrée. Un laser est un intensificateur de lumière qui amplifie une faible impulsion lumineuse en un brillant faisceau non diffusant. Utilisé en médecine et dans l'industrie.

Lentille Morceau de verre ou de matière transparente à surfaces courbes. La lumière qui traverse une lentille est déviée et forme une image. Utilisée dans les instruments d'optique : lunettes, jumelles, microscopes, lunettes astronomiques.

Levier Machine simple servant à soulever des masses et consistant en une robuste barre oscillant sur un point d'appui. Exemples : pince-monseigneur, pédale de remouleur.

Liquide Un des états de la matière dans lequel un volume défini prend la forme du récipient qui le contient. Exemple : eau, lait, jus de fruits.

Longueur d'onde Distance séparant deux crêtes d'ondes consécutives.

Machine Appareil servant à effectuer un travail en utilisant un minimum de force. Exemples de machines simples : levier, vis, roue et essieu, poulie et plan incliné.

Magnétique (champ) Espace dans lequel s'exerce la force magnétique d'un aimant ou d'un courant électrique.

Masse Quantité de matière contenue dans un corps. La masse est constante alors que le poids dépend de la gravité.

Mécanique (avantage) Valeur selon laquelle une machine peut amplifier une force. C'est le résultat de la division de la masse (poids levé ou déplacé par la machine) par la puissance (force nécessaire à ce déplacement).

Mélange Substance résultant de la combinaison physique de corps différents. Les composants d'un mélange qui ne subissent pas de transformation peuvent être séparés par des procédés physiques : dissolution, chauffage, centrifugation, distillation. Exemple : l'air est un mélange de gaz.

Mémoire Partie de l'ordinateur qui emmagasine les instructions (ou programme) et les informations nécessaires au fonctionnement. Il existe deux sortes de mémoires dans un ordinateur : la mémoire morte (ou ROM) qui retient des informations permanentes et la mémoire adressable (ou RAM) qui contient le programme et les informations occasionnelles. D'autres mémoires, comme les disquettes, peuvent être connectées à l'ordinateur.

Mètre Unité de mesure de longueur, base du système métrique définie pour la première fois en 1799.

Microprocesseur Circuit intégré comportant la plupart des fonctions d'un ordinateur réunis sur un petit fragment de silicium. Ils équipent les micro-ordinateurs et un grand nombre d'appareils domestiques : machines à laver, appareils photo... Dans l'industrie, ils commandent les robots et les machines automatisées.

Micro-ondes Type de radiations électromagnétiques dont la longueur d'onde est très courte. Les micro-ondes sont utilisés dans les télécommunications (radio) et en cuisine.

Microscope électronique Instrument donnant une image très agrandie de petits objets. Les microscopes électroniques utilisent un faisceau d'électrons à la place de la lumière pour « voir » les objets. L'image est formée électroniquement sur un écran de télévision.

Modem Abréviation de Modulateur-Démodulateur. Appareil électronique servant à connecter des ordinateurs par téléphone. Le modem transforme les signaux digitaux de l'ordinateur en signaux acoustiques transmissibles par le réseau téléphonique et vice versa.

Molécule La plus petite partie d'un corps pur comprenant un ou plusieurs atomes. Une molécule ne peut être divisée sans perdre les propriétés de la substance originelle.

Moment Force vive d'un corps en déplacement. Égal à la masse de l'objet multiplié par sa vitesse.

Navette spatiale Véhicule spatial récupérable et réutilisable utilisé par les Américains. Lancé par des fusées, il revient sur Terre comme un avion.

Neutrino Particule élémentaire capable de traverser des corps solides.

Neutron Particule élémentaire constituant du noyau des atomes (hydrogène excepté). A l'inverse des protons et des électrons, le neutron n'a pas de charge électrique. Un neutron possède une masse égale à celle d'un proton et environ 2 000 fois supérieure à celle d'un électron.

Nitrogène (ou Azote) Gaz incolore et inodore constituant les 4/5 de l'air de l'atmosphère.

Noyau Constituant central de l'atome fait de protons et de neutrons et positivement chargé.

Nucléaire (Énergie) Énergie produite par la fission des noyaux de certains atomes. Dans une centrale nucléaire, l'énergie est produite dans un réacteur nucléaire et transformée en électricité.

Nylon Fibre plastique artificielle dont la base est extraite du charbon ou du pétrole. Existe sous forme de fibres, fils, tissus, ...

Ohm Unité de mesure de résistance électrique. Du nom du physicien allemand G.S. Ohm (1787-1854).

Ondes Vibrations régulières émises par une source. Les ondes sonores sont des mouvements réguliers, causés par un corps vibrant, qui affectent les molécules de l'air. Les ondes électromagnétiques sont des variations régulières des champs magnétiques et électriques de l'espace.

Ondes électromagnétiques Ondes d'électricité et de magnétisme capables de transporter de l'énergie dans un espace vide. Exemples : lumière, micro-ondes, rayons ultraviolets, rayons infrarouges, rayons X, ondes radio. Ces ondes de différentes longueurs d'onde peuvent toutes voyager dans le vide à la même vitesse de 300 000 km/s.

Optique (Fibre) Fil de verre très fin et très souple susceptible de transmettre la lumière par réflexion interne. Utilisée en chirurgie et en télécommunications.

Orbite Cercle ou ellipse décrit par une planète ou un satellite autour d'un autre astre dans l'espace.

Ordinateur Appareil électronique permettant d'emmagasiner et de traiter un très grand nombre d'informations. Très utile pour sa rapidité de recherche et de calcul.

Oxygène Gaz incolore et inodore constituant de l'air ambiant. Élément chimique essentiel à la vie et à la combustion.

Ozone Forme d'oxygène possédant trois atomes au lieu de deux par molécule.

Ozone (Couche d') Couche de l'atmosphère constituée d'ozone protégeant la Terre d'un excès de radiations ultraviolettes.

Parallèle (Circuit) Circuit électrique dans lequel les composants sont connectés aux bornes de la même source de telle sorte que le courant est partagé.

Particule Très petit constituant de la matière. En physique il désigne les éléments de l'atome tels que les protons, neutrons...

Particules élémentaires Petites particules de matière et d'énergie constituant les atomes. L'électron est une particule élémentaire. Les scientifiques pensent que quelques particules élémentaires, comme le proton et le neutron, sont constituées de particules encore plus petites appelées quarks.

Pétrole Liquide épais, noirâtre et combustible, existant à l'état naturel dans certaines roches du sous-sol.

Phosphorescence Lumière froide de faible intensité émise par certaines substances. Certains êtres vivants sont phosphorescents : ver luisant, luciole, poissons, ...

Photon Particule d'énergie lumineuse. Dans certains cas, un faisceau lumineux se comporte comme s'il était constitué par un flux de minuscules particules appelées photons.

Physico-chimie Science qui étudie les transformations physiques se produisant pendant les réactions chimiques.

Physique Science qui étudie les états de la matière, les forces naturelles et les diverses formes de l'énergie : chaleur, lumière et mouvement.

Physique (changement d'état) Transformation, telle la fusion ou la vaporisation, qui n'entraîne pas de modifications chimiques de la matière.

Pile voltaïque Type de pile électrique découvert par Alessandro Volta en 1800 et consistant en deux électrodes de métaux différents trempant dans l'eau salée.

Plastiques Matières artificielles dont les molécules sont constituées en longues chaînes (ou polymères). Leur forme peut être définie par la chaleur ou la pression. Il existe de très nombreux plastiques dont les propriétés différentes permettent une multitude d'applications diverses.

Plutonium Métal lourd radioactif utilisé dans les réacteurs et les armes nucléaires. Il dérive de l'uranium.

Poids Effet de la gravité sur une masse. Force exercée sur cette masse en un lieu donné.

Point d'appui Point autour duquel pivote un levier.

Pression Action d'une force (ou d'un poids) sur une unité de surface. La pression atmosphérique est le poids de l'air qui s'exerce sur une unité donnée de la surface de la Terre.

Primaires (Couleurs) Couleur qui, au nombre de trois, peuvent être mélangées pour produire toutes les autres couleurs. En lumières colorées, les couleurs primaires sont le rouge, le vert et le bleu. En couleurs opaques, le rouge, le jaune et le bleu.

Programme En informatique, liste des instructions données à l'ordinateur et pilotant la conduite des opérations à effectuer.

Proton Particule constitutive du noyau des atomes. Il possède une charge électrique positive égale à la charge négative d'un électron.

Puce électronique Fragment de matière semi-conductrice sur lequel on peut incorporer les composants d'un circuit électronique miniaturisé.

Quanta (Théorie des) Théorie moderne servant aux scientifiques à expliquer la formation et le comportement des éléments tels que les atomes.

Quark Minuscule particule dont l'existence est hypothétique dans les protons et les neutrons. Les quarks n'ont jamais été identifiés comme tels mais les scientifiques sont convaincus de leur existence.

Radar Système de détection et de localisation d'objets lointains. Les ondes radar, ondes électromagnétiques de courte longueur d'onde, réfléchies par l'objet forment une image sur l'écran d'un tube cathodique.

Radiation Émission et transfert d'énergie par ondes électromagnétiques sous forme de lumière, radio, rayons X, etc. Les radiations calorifiques transfèrent de la chaleur au moyen d'ondes. C'est ainsi que la Terre est réchauffée par le Soleil.

Radioactivité Phénomène résultant de la désintégration du noyau instable d'éléments comme le radium et se traduisant par des rayonnements alpha ou gamma.

Réactif Substance chimique dont la couleur change en présence d'un acide ou d'une base. La teinture de tournesol rougit avec un acide et bleuit avec une base.

Réaction en chaîne Processus s'effectuant par phases successives, la fin de chaque phase déclenchant la suivante.

Réflexion Déviation des rayons lumineux et autres rayonnements rencontrant une surface.

Réfraction Déviation des rayons lumineux lorsqu'ils changent de milieu. C'est la réfraction qui déforme, en apparence, une paille plongée dans un verre d'eau.

Relativité Théorie qui traite du comportement de la matière en déplacement à des vitesses proches de celle de la lumière. Exposée par Albert Einstein en 1905.

Résistance Force qui s'oppose à la transformation d'un état ou d'un mouvement. Ainsi, l'eau oppose une résistance au bateau. La résistance électrique est ce qui s'oppose au passage du courant dans un conducteur.

Résonance Effet par lequel une faible vibration peut causer un phénomène de grande ampleur. Par exemple, un chanteur peut faire vibrer un verre en cristal en émettant fortement une note. A une certaine note, le verre vibrera violemment par résonance et cassera.

Robot Machine capable d'effectuer un travail habituellement accompli par l'homme. Les robots sont utilisés sur des chaînes d'assemblage pour effectuer des tâches répétitives.

Satellite Corps tournant autour d'un autre plus volumineux. La Lune est un satellite de la Terre.

Satellite de télécommunication Appareil tournant sur une orbite terrestre utilisé pour retransmettre des émissions et des messages.

Sel Substance formée par la réaction d'un acide et d'une base. Le sel alimentaire extrait de l'eau de mer est un chlorure de sodium. On peut le produire en mélangeant de l'acide chlorhydrique et de la soude, une base.

Semi-conducteur Corps susceptible de devenir conducteur d'électricité dans certaines conditions. Les semi-conducteurs comme le silicium servent dans les circuits intégrés et les transistors.

Série (circuit en) Circuit électrique dont les éléments sont branchés les uns à la suite des autres. Ils sont donc traversés l'un après l'autre par le courant électrique.

Serre (effet de) Phénomène d'échauffement d'une serre par la lumière du soleil. La lumière traverse les vitres d'une serre dans laquelle elle est retenue transformée en chaleur. L'effet de serre de la haute atmosphère entraîne une température de l'atmosphère supérieure à ce qu'elle devrait être normalement.

Silicium Élément non métallique servant à faire les puces électroniques utilisées notamment dans les ordinateurs. C'est le deuxième plus important élément de la croûte terrestre, constitutif de nombreux minéraux dont le sable.

Software Éléments non matériels de l'ordinateur tels que le programme (les instructions) et les données (les informations) qui lui sont fournis.

Solution Liquide contenant une substance dissoute. L'eau de mer est une solution d'eau, de sel et d'autres substances.

Sonde spatiale Vaisseau spatial non habité envoyé dans l'espace lointain. Des sondes automatiques ont été envoyées vers toutes les planètes (excepté Pluton) dont elles ont envoyé des images.

Spectre Bande de couleurs analogues à celles de l'arc-en-ciel produite par le passage de la lumière à travers un prisme. Les couleurs sont disposées en fonction de leur longueur d'onde. Le rouge a la plus grande longueur d'onde, le violet la plus courte.

Spoutnik Premier satellite artificiel de la Terre, Spoutnik I fut lancé par les Soviétiques le 4 octobre 1957.

Statique (Électricité) Charges électriques stables. La fourrure des chats se charge électriquement par frottement. Les poils se hérissent et l'on peut voir de petites étincelles.

Stationnaire (Orbite) Orbite terrestre décrite par un satellite dont la position angulaire est fixe par rapport à un point de la Terre.

Supraconducteur Substance dont la résistance électrique devient nulle à très basses températures. Les supraconducteurs sont généralement des métaux. Les chercheurs ont récemment découvert des céramiques supraconductrices à des températures moins basses.

Tension de surface Phénomène selon lequel la surface d'un liquide n'est pas plate et semble recouverte par une fine pellicule plastique. Cette tension tend à conférer une forme sphérique à certaines gouttelettes. Des insectes peuvent marcher sur l'eau grâce à la tension superficielle.

Théorie Ensemble de concepts utilisé par les scientifiques pour expliquer les phénomènes et établir les lois. La théorie des quanta, par exemple, permet de prédire le comportement des atomes et des particules élémentaires.

Thermodynamique Branche de la physique qui étudie les rapports de la chaleur et de l'énergie mécanique et leur conversion réciproque.

Transformateur Appareil servant à modifier la tension (voltage) d'un courant alternatif. Les transformateurs servent à élever la tension du courant au départ des centrales électriques pour envoyer par les lignes de force un courant plus puissant le plus loin possible.

Transformation chimique Changement donnant lieu à la formation d'une substance nouvelle. Exemple : la combustion.

Transistor Dispositifs électroniques semi-conducteurs commandant le passage du courant. Utilisés comme amplificateurs dans les récepteurs radio-TV, les ordinateurs, etc.

Travail Quantité d'énergie utilisée au déplacement d'un corps par une force. Le travail effectué est mesuré par le produit de la force par la distance parcourue.

Tube cathodique Tube-écran d'un poste de télévision qui consiste en une grande ampoule de verre en forme de cône à long col. A l'arrière du col, un canon à électrons envoie des faisceaux d'électrons sur la paroi fluorescente qui produit des points lumineux.

Ultrasons Ondes sonores à très haute fréquence non perceptibles par l'oreille humaine.

Ultraviolets (rayons) Radiation électromagnétique de longueur d'onde inférieure à celle du violet. Le rayonnement ultraviolet présent dans la lumière solaire est responsable des brûlures.

Uranium Métal gris et lourd, radioactif, utilisé comme combustible dans les réacteurs nucléaires.

Vitesse Valeur de la rapidité du déplacement d'un corps en kilomètres-heure, exprimée par la division de la distance parcourue en kilomètres par le temps écoulé en heures.

Vide Espace dépourvu de matière où, par conséquent, ne règne aucune pression.

Voltage Analogue à la pression dans un circuit électrique, c'est la différence de potentiel qui conditionne le débit de courant. Exprimé en volts. Du nom du savant italien Alessandro Volta (1745-1827).

X (rayons) Rayonnement électromagnétique de très courte longueur d'onde capable de traverser de nombreux corps et d'impressionner une pellicule photographique.

Zéro absolu Température la plus basse que l'on puisse atteindre. Elle n'est réalisable qu'en théorie mais les chercheurs ont enregistré des températures supérieures d'un millionnième de degré seulement.

Index

Les nombres en gras renvoient aux illustrations

Absolu (zéro) 71, **71**
Absorption (de lumière) 82-83, **82**, **83**
   de couleurs 86-87, **87**
   de radiations 69, **69**
   spectre d' 83, **83**
Accélérateur de particules 187
Accélération 30-31, **30**, **31**
Accumulateurs 142-143, **142**, **143**
Achromatiques (lentilles) 102
Acides 18, 19, **18**, **19**
   de batterie 140-142, **141**, **142**, **143**
Acier 21, **21**, 214-215
   alliages d' 215, **215**
   élasticité 54, 55
   fabrication 215, **215**
   magnétisme 145, 148
Acoustique 112-113, **112**, **113**
Action-réaction 209
Afrique (Instruments de musique d') **119**
Aimants **10**, **11**, 39, 144-145, **144**, **145**, 148, **148**
   électro-aimants 148-149, **149**, 150, **150**
   expériences 146-147
   d'accélérateur de particules 148, **149**
   d'enregistreur 160
   de générateur 152, **152**, 153
Air 14, 15
   coussin d' 205, **205**
   isolant 68
   liquide 70-71
   pression 37, 59
   (voir Atmosphère)
Alcock et Brown
   (vol transatlantique) 206
Aldrin, Edward 212
Alcalis (bases) 18-19, **18**, **19**
Alizés 67
Alliages 20-21, 33, **215**
Alpha Centaure 27
Alpha (particules) 188-189, **189**, 191
Alternatif (courant) 157, **157**, 158, 159
   moteurs électriques 152, 158-159
Aluminium 14, 33
   conductivité de l' **20**, 21
Ambre 124
Ammoniaque 70
   chlorure d' **164**
Ampère André-Marie **128**, **222**
Ampère 128
Amplificateur 161
Amplitude (des ondes) 162-163, **163**
Ampoule 156
Anéroïde (baromètre) **58**
Angle d'incidence 88, **88**
   de réflexion 88, **88**
Ångström Anders Jonas **83**
Animaux
   et chaîne alimentaire **17**
   et conservation d'énergie **62**
   et température 35
   et vitesse de déplacement **30**
Année bisextile 28
Anode 140, 141, **141**, 164, **164**, 168, **178**
Antenne 176, 177, 179
   radar 182-183
   radiotélescope 184, **184**
Apesanteur 40, **41**, 210
Apollo (vaisseau spatial) 212, **212**
Arc-en-ciel 80, **81**, **84**, 95
Archimède 42, **42**, **222**
Argent **141**
Argon 73
Aristote 14, **14**

et substance de la matière 14
Armstrong Neil 212
Arsenic 133
Artificiel (radio-isotopes) 190-191, **190**, **191**
   (satellite) **185**
Astronautes **40-41**, 212
Astronomie 102-105
   radio 184, **184**, **185**
Atmosphère 16-17, **16**, **17**
Atmosphériques (courants) 67
   (électricité) 126-127, **126**, **127**
Atome 15, **15**
   et basses températures 71
   et électrons 128-129, **128**, **129**, 133
   et éléments 15, **15**
   et états de la matière 8-9, **9**
   et hautes températures **193**, 195
   et ions 140-141
   (structure de l') 128, 129, 140, 187
Atomique (bombe) 192, **192**
   (horloge) 29
Atténuation du son 110
Aurore australe **145**
Aurore boréale **145**
Automobile 202-203, **202**, **203**
   batterie d' 18, 132, 142-143, **142**, **143**, 203
   boîte de vitesses 50, **51**, 203
   électrique 143, **143**, 159, **158-159**, 203
   et bruit 120-121
   de course 31, **31**
   graissage des 53, **53**
   moteurs d' 133, 201
   pare-brise d' **218**, 219
   à réaction **31**
   record **31**
   robots d'assemblage 172, **173**
   suspension d' 55, **203**
   à vapeur 202, **202**, 203, **203**
   vitesse des 30-31, **30**, **31**
Aveugle (point) 78
Avions **14**, 120, 182, **183**, 206-207, **206**, **207**
   à hélice 206, **206**, 207
   pressurisés 59
   à réaction 207, 208, **207**, **208**
   et radar 182, **183**
   supersonique 121, **121**, 207

Babbage, Charles 170, **170**
Baird John Logie 178, **178**
Ballons 43, **206**
Baromètre **58**
   fabrication d'un 36
Barrages 153
Baryons (particules) 187
Bateaux 33, **67**, 200, 204
   et flottaison 42
   et gyrocompas 46-47
   et gyropilote 47
   et gyrostabilisateurs **46**
   et radar 182
   et vapeur **200**
Bateaux (magiques) 57
Bâtiment acoustique 113, **113**
   effets climatiques **69**
Batonnet 78
Becquerel, Henri **188**
Bell, Alexander Graham, **174**
Benz Karl 201
Benzène 23
Bessemer Henry **214**, 215
   procédé 215
Bêta (particules) 188, **188**, 189, 191, **191**

Bicyclette
   dynamo 153, **153**
   pompe à 59, **59**
   rotation d'une roue 46, **46**
Big Ben (horloge) 29
Billes (roulements) 53, **199**
Binaire (système) 171
Biplane **207**
Blanchard et Jeffries
   vol en ballon 206
Bluebird
   canot de record **31**
Boeing 207, **707**
Bois **22**
   élasticité 55
   densité du 32, 33, **33**, 42
   et carbone 22, **22**
   isolant **20**, 21
Bore (en réacteur nucléaire) **193**
Bornes de batterie 136, 137, **136**, **137**
Boulier 170
Boussoles 46-47, 144-145, **145**, 146, 150
Bouteilles (orgue à) 117
Boyle, Robert 8
Bragg, Sir William Henry 129
Brahe, Tycho **105**
Bronze 21
Bruit 110, 120-121, **120**, **121**
Bulles (chambre à) **187**
Bushnell, David 205
Butane 23

Cadmium (en réacteurs nucléaires) 193
Calcaire 19, 218, **219**
   de haut-fourneau 214, **214**
Calculer (machine à) 169, 170
Calendriers et astronomie 28
Calmes tropicaux 67
Campbell, Donald 31
Cancer **190**, 191, **191**
Caoutchouc **199**
   élasticité du 54
   isolant 132
Carbone 21, **21**, 22-23, **22**, **23**
   et acier 21
   noyau atomique 128, **188**
   radioactif 190, **190**
Carbone (dioxyde de) 18, 75
Carbonifère (Période) 196
Cathode 140, 141, **141**, 142, 164, **164**, 168, **178**
Cathodiques (rayons) **178**, 179, 182, **183**
Caustique (soude) **18**
Caxton William 220, **221**
Cendre 10, **10**, 11
Centrales électriques 151, 152, **153**, **154**, 155, **156**
   nucléaires 152, 192, 193
   thermiques **63**, 154
Centigrade (Celsius) échelle 34-35, **34**
Centrifuge (force) 44, **44**, 45
   et gravité 40, **40**, 44, **45**
Centripète (force) 44, **44**, 45
CERN (accélérateur de particules) 187
Chaîne (réaction en chaîne) 192, **192**, 193
Chaleur
   conduction et isolation 20, 21
   convection 66-67
   et énergie **62**, 63
   et friction 52-53, **52**, 63
   et métaux 20-21, **20**, 21
   et rayonnement 68-69
   et réflexion-absorption 69, **69**
   et température 70-71
   solaire 74-75, **74**, **75**

Chambre noire 77
Charbon 22, **22**, 154
   énergie 61, 63
   de bois 22, **22**
   et vapeur 61, 202
   mines 66, 67, 196, 197, **196**, **197**
Charge électrique 124-125, **124**, **125**, 164, 186-187
Chariot (roue de) 198, **198**
Chimique (transformations) 10-11, **10**, **11**
   énergie 61, 63, 75
   jardin 11
   révélateurs 18, 19, **19**
Chlore 14
Chlorophylle 75
Chromatique (aberration) 102
Chrome 21, **21**, **141**, 215
Chrome-tungstène (acier au) **215**
Chrome-vanadium (acier au) **215**
CIBA (Usine) Suisse 166
Cinéma 78, **78**
Cinétique énergie 60-61, **61**, 192
Circuits électriques 128, **128**, 129, **129**, **138**, 138-139
   intégrés 169, **169**
   série et parallèle 137, 138, 139, **139**
Climats (habillement) 69, **69**
Clippers (voiliers) 204
Cloches 21, 111, **111**
Cobalt 215
   bombe au **191**
Cochlée **110**, 111
Code barres **713**
Coefficient de friction 53
Coke (de haut-fourneau) 214, **214**, 215
Combustibles
   nucléaires 192-193
   pétrole et gaz 22, 23, **23**
   pour fusées 210, **210**, 211
   source d'énergie 61, 63
Combustion 74
   Combustion (chambres de)
   et chaleur 61
   fusées 210
   moteurs à réaction 208, **208**
   transformations chimiques 10-11
Commutateur (collecteur) 158-159, **158**
Compact disque **160**, 161
Complémentaires (couleurs) 84, 85, 87
Composés (corps)
   acides, alcalis et sels 18-19, **18**, **19**
   neutres 18, 19, **19**
   organiques et inorganiques 22-23, **22**, **23**
Compression 54, **55**
   et basses températures 70, **70**, 71
   et pompes 59, **59**
Concaves (lentilles) 96-97, **96**, **97**, 102, **102**
   (miroirs) 92, **92**, 93, **93**
Concorde 121, 207, **207**
Conducteurs, conduction 20, 21, **21**, 66, 126, 129, 132-133, **132**, **133**, 144-145, 153, 158
   de paratonnerre 126-127, **127**, 132
   semi 132-133, 133
Cônes (de l'œil) 78
Congélation 10, **10**
Congreve, Sir William 210
Conservation de charge 186-187
   de l'énergie 62-63, **62**, **63**
Continu courant 159
Convection 66-67
   courants de 66-67, **66**, **67**
   forcée **66**, 67
   radiateurs à 66, 67
Convexes (lentilles) 96-97, **96**, 97, 99,

231

102, **102**, 104
Couleur 84-87
   et réflexion de lumière 82, 86-87
   et spectre 80-81, 95
   filtres **85**
   mélange des 86-87, **86**, **87**
   pellicule en 87
   télévision en 85, 179
   vision des 85
Cornée 78
Cosmiques (rayons) **186**
Coton 22, 23
Coudée 26, **26**
Coulomb, Charles **124**
   loi de **124**
Crabe (constellation du) 185
Cristallin de l'œil 78, 97, **97**
Cristallographie (rayons X) 165, **165**
Critique (angle de réflexion) 91
Crompton, Samuel 216
Cugnot, Nicolas 202
Cuivre 20, 21, 214
   conductivité et conductibilité **132**, 133
   élasticité 54
   et pile voltaïque 140-141, **141**
   sulfate de 18
Curie Marie et Pierre **188**
Cygne (constellation du) **185**
Cytochrome C 165, **165**

Daguerre, Louis 106
Daimler, Gottlieb 201
Décibels **120**
Démocrite 9
Densité 32-33, **33**, 41
   et flottaison 42-43, **42**, **43**
Désintégration (radioactive) 188-189, 189
Deutérium (isotope) 188, 194, **194**, **195**
Développement (photo) **86**, 87
Diamant 9, 21, 22, **22**
Diaphragme (de micro) 174, **174**
Diesel Rudolph 201
   locomotive 201, **201**
   moteurs 201, **201**
Diode (lampe à) 164, **164**, 168
Dirigeables 43, **43**
Doppler Christian Joyann 121
   effet 120, **120**, 121
Dynamo 152
   de bicyclette 153, **153**
   de Faraday 152

Eau 8-9, **8**, **9**, 10, **10**, 34
   conductivité 65
   chute d' **155**
   débit d' 130
   densité 42-43
   ébullition 34-35
   flottabilité 42-43
   horloge à 29
   pression 130, **130**
   réflexion 90, **90**, 91
   réfraction 94-95
   vapeur d' 70
   turbine à 154-155, **154**, **155**
   fabrication d'une 155
Ébullition 9, **9**, 65, **65**
Écho et acoustique 112-113, **112**, **113**
Échosondage 113
Éclair et paratonnerre 126-127, **126**, **127**, 132, **132**
Éclipse 77, **77**
Edison, Thomas Alva **160**
   phonographe d' **160**
Einstein, Albert **194**

Élasticité 54-55
Élastique 54, **60**
Électricité **20**, 21, 124, 159
   atmosphérique 126-127, **126**, **127**
   conducteurs et isolants 132-133
   et énergie 61, **62**, 63
Électricité (distribution d') 157
   (compteurs d') 157, **157**, 191
Électrique
   ampoule 21, **21**, **72**, 73, **73**, 77, 80, 84, 135, 138-139
Électrique (appareil) 132, **133**
   bouilloire 135
   brosse à dents 137, **137**
   fer à repasser 21, 134, 135
   fusibles 130-131, **131**
   grille-pain 62
   lumière 156
   résistances chauffantes 134-135, **134**
   sèche-cheveux 67, **134**
   véhicules **143**, **158**, **159**, 203
Électrique (courant) 21, 128-129, **128**, **129**, 132, 166
   alternatif et continu 157
   appareils 156-157, **156**
   batterie auto 142-143, **143**
   conducteurs et isolants 132-133
   et champs magnétiques 148-149, 150
   et différence de potentiel 130, **130**
   et électrolyse 140-141, **140**, **141**
   et induction 150, **151**, 152
   et réseaux 156-157, **156**
   et résistances chauffantes 134-135, **135**
   et voltage et résistance 130-131
   piles 136-137, **136**, **137**
Électrique
   décharge 126-127
   générateur 149, 150, **152**, **153**, 155, 156, 158
   radiateur 61, 63, 68-69, **134**, 135
Électriques
   composants 168-169, **168**, **169**, 170
Électriques moteurs **143**, 149, 150, 158-159, **158**, **159**
   fabrication d'un 159
Électro-aimant 139, 140-149, **149**, 159
   des générateurs **152**, **153**, 155
   des lecteurs-enregistreurs 160-161
Électrocution 132, **133**
Électrodes 140-141, 142, **142**, 164
Électrolyse 140-141, 142, **142**, 164
   expérience d' 140
Électrolyte 140, **140**, 141, 142, **143**
Électromagnétique induction 150, **150**, 151
   ondes 68, 162, **163**
   spectre 162, **163**
Électromagnétisme **128**, 148-149, **148**, **149**, 152, 158, 180-181
   lumière et chaleur 68, 69
   théorie des ondes 162, **162**
   théorie des quanta 162
Électrons 124, 128-129, **128**, **129**, 164, 167, 168, 180, 186
   et électricité 128-130
   et électrolyse 140-141
   et magnétisme 149
   et particules bêta 188
Électrons canon à 178-179, **178**
   faisceau d' 167, 178, 179, **179**
Électronique 168
Électronique microscope 164, 167, **167**
Électrolytiques dépôts 140-141
Électrostatique 124-125, **124**, **125**

expériences 125
Élémentaires
   particules 186, 187, **186**, **187**
Éléments
   chimiques 18, **24-25**
   structure atomique **129**
Émission spectre d' 83, **83**
Émulsion photo 87, 107, **107**
Énergie 155
   chimique 61, 63
   cinétique 60-61, **61**, 192
   et chaleur 61, **61**, **62**, 63
   et force 63
   et masse 194
   et ondes 162-163
   et particules élémentaires 187, 189
   laser **62**
   lumineuse 61, 63, 163
   nucléaire 63, 155, 192-195
   potentielle 55, 60, **60**
   solaire **62**, 63, 68, 74-75
   transferts d' 62-63
Enregistrements
   bande 180-181, **181**
   vidéo 181, **181**
   tube d'**182**
Enroulements 148, **149**, 150, **151**, 159, **159**, 169
Équilibre 32, 41, 48
Essence 23, **23**, 43
Essieu (roue) **198**, 199
Éthyle (chlorure d') 70
Étoiles 104
   couleurs des 73, **73**, 104
   doubles et quadruples 104
   et effet Doppler 121
   et ondes radio 184-185
   et rayons X **185**
   quasars et pulsars 185
Évaporation 9, 11
   et température 70, 71
Extincteurs 19
   fabrication d'un **19**

Fahrenheit échelle **34**, 35
Faraday Michael 152, **152**
   dynamo de 152
Fer et fonte 10, 11, 21, 22, 214-215, **214**, 215
   brute en gueuse 214, 215
   et magnétisme 149, **149**
   oxyde de 180, 181
   rouille 11
   sulfate de 18
Feu (vêtements anti-) **69**
Fibres 216-217
   artificielles 197, 218
Fibre de verre 219
Fibre optique 175
Filament d'ampoule 21, **21**, **72**, 73, 129
Film de cinéma 78
Filtres de couleur 85
Fission nucléaire 155, 192-193, **192**, **193**
Fitch John 200
Fleming, Sir John 164
Flotté (verre) **43**, 218-219
Fluorescent écran 178-179
   lumières 73
   spectre 80-81
Flûte 116, **116**, 118
Focale distance 92, 96
Force 38-39, **38**, **39**
   centrifuge **44**, **45**
   centripète 44
   de friction 52, **52**, 53
   d'inertie 38-39, **38**, **39**
   des machines 50, 51

de pression 58-59
de tension superficielle 56-57
élastique 54-55
magnétique 144-145
moment de 48-49
Ford Model T **202**
Formique acide 18
Foudre 126, 127, **126**, **127**
Foyer **92**, **93**, 96, 97
   mise au 92-93, 96-97, 99, 100, 166
   de l'œil 78
Fractionnement (tour de)
   de raffinerie 23
Franklin, Benjamin 126, **126**
Fréon (réfrigérant) 70
Fréquence (d'une onde) 82, 116, 162
   et effet Doppler **120**, 121
   et hauteur 116, 118, 119
   fondamentale 116, **116**, 118, **118**
Fresnel, Augustin **162**
Frottement 50, 52-53, **52**, **53**, 63
   d'un courant d'eau 130, **130**
   d'une roue 198, **198**, 199
Fusées 210, **210**, 211, 219
   nucléaires 211
   spatiale 210, **211**, 213, **213**
   V 2 210, **210**
Fusibles 130-131, **131**
Fusion 9
Fusion nucléaire 194, **194**, 195, **195**

Gagarine Youri 212
Galaxies 104
Galère romaine 204
Galileo Galilei 102
   et la chute des corps **102**
   et les lunes de Jupiter **102**
   et la théorie de l'univers **102**
   lunette astronomique de 39, **102**
Galvanomètre 150, **150**, 155
Gamma rayons 137, 162
Gamme musicale 118-119, **118**, **119**
Gaz combustible 23, **23**
   d'éclairage **72**, 73
   et énergie 63
   moteur à 202
Gaz 8-9, **10**
   et basses températures 70-71
   et convection 66
   et pression 58
Gauss, Karl Friedrich **153**
Geiger compteur **191**
Gemini vaisseau spatial 212
Générateur 154-155, **154**, **155**
   électrique 149, 150, 152-153, **152**, **153**, 158
   de centrale 63, 152, 153, 155, 156
   de Van der Graaf **124**
   hydro-électrique 152, 154
Germanium 133, **133**, 168
Gilbert, William 124
Gilet de sauvetage **42**
Giotto sonde spatiale 213
Glace 10, **33**, **66**
Glenn, John 212
Globules rouges 167
Gramophone **160**
Graphite 22
Gravité **39**, 40-41, **40**, **41**, **60**, 210
   et force centrifuge 40, **40**, 44, 45, **44**, **45**
   et système solaire 44
   et voyages interplanétaires 40, **40**, 210
Grossissement 99, 166-167, **166**, **167**
Grille (électrode) 164
Grue magnétique 149
Guitare 118
   fabrication d'une 115

Gutenberg, Johann 220
Gyrocompas 46-47
Gyropilote (automatique) 47
Gyroscope 46-47, **46**, **47**
Gyrostabilisateur 46

Halley Comète de 213
Harmoniques 116, **116**, 118-119, **118**
Hauteur du son 118
    et bruit 120-121
    et effet Doppler **120**, 121
Haut-fourneau 214, **214**
Haute-fidélité 161
Hélicoptère **50**, **207**
Hélium 71, 74, 188, 194, **194**
Hématite 214
Hertz, Heinrich 176
Hooke, Robert 54, 98
Horloges et montres 28, 29, **29**
    réveil 111
Hunt, Walter 216
Hydravion **207**
Hydrocarbures 23
Hydroélectriques générateurs 152, 154
    centrales **63**, 152-153, **154**
Hydrogène 18, 23, **128**, 129, **140**, 141
    chambres à bulles **187**
    et accélérateur de particules 187
    et acides 18
    et fusion nucléaire 194, **194**, 195
    et pile voltaïque 141
    et soleil 74, 194
    isotopes 194
    liquide 71, 186, 210
    lourd 194
Hydrogène ballon à 206
    bombes 195
Hygromètre **37**
Huyggens, Christan **162**

Iceberg 33
Image miroir 88, **88**, **89**, 92
Impression des couleurs 87
Imprimerie 220-221, **220**, **221**
Incliné (plan) 51
Inde instruments de musique **119**
Indium 133, 168
Inducteurs 168, **169**
Induction moteurs à **158**, 159
Inertie 38-39, **38**, **39**
    gyroscopique 46, **47**
Infrarouges radiations 74, 75, 163
Inoxydable acier 215, **215**
Insectes aiguillons 18, **18**
Intégrés circuits 169, **169**, 171, 172
Interne (moteurs à combustion) 201, 202, 203, 206
Interrupteurs 138-139, **138**, **139**
    et circuits électriques 128, **128**, 129, 138
    et isolation 132, **132**
Iode 189, **189**, 191
Ionisation (radiations) 164, 191, **191**
Ionosphère 176, **176**, 177
Ions **140**, 141, **141**
Iris de l'œil 78
Isolation, isolateurs **20**, 21, 132, 133, **132**, **133**
Isotopes 188, 189, **188**, 192, **192**, 194
Isotopes (demi-vie) 189, **189**, 190

Jodrell Bank, télescope 184, **184**
Joule, James Prescott 70
Joule-Kelvin effet 70
Jumelles **97**, **97**, 103
Jupiter Lunes de **102**

Kaléidoscope fabrication d'un 89
Kelvin échelle de 71
Kelvin Lord 70
Kepler Johannes **102**
Kilowatt-heure 157, **157**
Krypton 27

Laine 216
Laiton 20
Lampes 72
Laser rayon **62**, **194**
Latérale inversion **88**, 89, 100
Leclanché, Georges 136
Leeuwenhoek microscope de **98**
Lenoir Etienne 201, 202
Lentilles 96-97, **96**, **97**, 98-99, **98**, **99**
    d'appareil photo 97, **97**, **98**, **100**, 101
    composées **100**
    de lunette astronomique 97, **97**, 98, **98**, 102-103
    de microscope 97, **97**, 98, 166, 167, **167**
    de verre **219**
    magnétique **166-167**
Léonard de Vinci **50**
Leptons (particules) 187
Leviers et déplacements 48-49, **49**, 50, **50**
Lin 216
Linéaire moteur 159
Linge 216
Linotype composeuse **221**
Lippershey Hans 102
Liquides 8-9, **8**, **9**, 10, **10**, 90
    et basses températures 70-71
    et convexion 66, **66**
    et flottaison 42-43, **42**
    et inertie 38, **38**
    et magnétisme 145
    et tension superficielle 56, **57**
Lithium 195
Livres 220, **220**, 221, **221**
Lockheed SR-71 **121**
Locomotion 200-201, **200**, **201**
Lois du mouvement de Newton 39, **39**
Lois de la réflexion 88-89, **88**, **90**, 91
Longueur 26-27, **26**, **27**
Loupe 11, 74, 96, 98, 100, **219**
Lubrification, lubrifiants 53, **53**
Lumière 72-83
    absorption et dispersion de 82-83, **82**, **83**
    artificielle **72**, 73, **73**
    et couleur 73, **73**, 84-87
    et couleurs primaires 84-85, 86
    et effet Doppler 120, **120**
    et énergie 63
    et obscurité 72-73, **72**, **73**
    et ombre 76-77, **76**
    et radiations 68, 69
    et réflexion 88-89, **88**, **89**, 90-91
    et réfraction 94-95, **94**, **95**, 96, 99
    et théorie ondulatoire 162, **163**
    du soleil 74-75, **74**, **75**
    lunaire **72**, 73
    parallèle 92, 96, **96**
    polarisée 99, **99**
    sources de 72-73
    spectre de 80-81, **80**, **81**, 95, **95**
    vitesse de 27, 94, 95, 121, 162, **163**
Lumineuses ondes 162-163, **163**, 164
Lumineux rayons 76-77, **76**, **77**, 92-93, **92**, **96**, 97, 162
    et lentilles 96-97
    et trajet des 92, **92**, 96, 97
    et vision 78, **79**
Lunaire module 212, **212**
    véhicule 212, **212**

Lune 28, 72, 73, 102
    et force centrifuge 44, **45**
    et gravité 40, 44, **45**
    orbite 77
Lune éclipse de 77
Lunettes 97, 98, **99**, 100-105
    achromatiques 97
    à réfraction 102, **102**, **103**, 105
    astronomiques 93, **93**, 102
    correctives 97, **97**, **219**
    de Cassegrain **104-105**
    de Galilée 102, **102**
    de Newton 104, **104**

Machines 50-51, **50**, **51**, 63
    à coudre 172, **172**, 217, **217**
    à imprimer 220-221, **220**, **221**
    à microprocesseur 172, **172**
    à vapeur 61, **61**, 200-201, **200**, **201**, 202, **202**
Magnésium 73
Magnétiques
    bandes 180-181
    enroulement (télévision) 178
    champs 144-145, **144**, **145**, 149, 152, 153, 159, 180-181
    et induction 150, 151
    et réactions thermonucléaires **194**, 195
    grue (fabrication) 149
    lentilles 166, **167**
    matières 148, 149
Magnétisme
    et champs 144-150
    et électro-magnétisme 148-150
Magnétite 214
Magnetron 182
Manganèse dioxyde de 136
    aciers au 215, **215**
Marconi Guglielmo **176**
Marcus Siegfried 202
Mariner sonde spatiale 212
Mars 212
Masse 41, **41**
    et densité 32-33, **32**, **33**
    et énergie 194
    et moment 62
Matière 8-9, **8**, **9**
    atomes et molécules 32
    et masse 41, **41**
    et particules élémentaires, 186, 187
Matières synthétiques 216
Maxwell James Clark 150
Mémoires d'ordinateur 171, **171**, 172, **173**
Mendeleiev Dimitri Ivanovitch **14**
Mercure 20
    barométrique **58**
    de piles 137
    lampes au 73
    thermométrique 34, **34**
Mesons (particules) 186, **187**, **187**
Métaux 20-21, **20**, **21**, 129, 214
    et conductivité 20, 21, **129**, **131**, 132
    et dépôts électrolytiques 141
    et réflexion 88, 90
Météorologie 211
Méthane 22
Métiers à tisser 216-217
Mètre 26-27, **26**
Micromètre **27**
Micron 26
Micro-ondes (radar) 182
Microphone 175, **177**, **181**
Microprocesseurs 172, **172**, **173**
Microscopes 98, **98**, 99, 100-101, **100**, **101**, 167
    de Robert Hooke **98**
    électronique 164, 166-167, **167**

lentilles de 97, **97**, 98, 166
Mines **66**, **67**
Miroirs 88-93, 98
    courbes 92-93, **92**, **93**
    de télescopes 104-105, **104**, **105**
    image 88, **88**, 92-93
    plans 88-89, **88**, **89**, 98
Modérateur 193
Molécules 82, 140
    et basses températures 70, 71
    et conductivité 64
    et cristallographie 165, **165**
    et densité 32
    et radiations ionisantes 191, **191**
    organiques 23
    et tension superficielle 56
Moment de force 48-49, **48**, **49**
Monoplans 207
Monorail 159
Mont Everest 59
Montgolfier frères 206, **206**
Mont Palomar observatoire 104, **104**, 105, **105**
Montres **55**
Morse alphabet 176
Moteurs 200-201, **200**, **201**
    à combustion interne 201, 202, 203, 206
    à essence 159, **201**, 206
    à réaction 207, 208, 209
    à vapeur 61, **61**, 200-201, **200**, 202
    diesel 201, **201**
Muscles 129
Musicaux sons et gammes 118-119, **118**, **119**, **120**
Musique instruments de 118-119, **119**
    à percussion **110**, 111, 118

Nanomètre 26
Nautilus (sous-marin nucléaire) 205
Négatif photo **106**, 107
Néon éclairage au 73
Neptune 213
Neutrino 186, **186**
Neutrons 124, **125**, 128, 140, 186, **187**, 190, 194
    et fission nucléaire 192, **192**, 193
    et fusion nucléaire 194, **194**
    et radioactivité 188-189, **189**
Newcomen machine de 200, 202
Newton Sir Isaac **40**
    et forces 39, **39**
    et gravité 40
    et lois du mouvement 39, **39**
    et spectre 80, **80**
    télescope de 104, **104**
    théorie atomique 8
Nickel 215
Niepce Joseph **106**
Noble Richard **31**
Nœuds 116, **116**
Nord
    gaz de la mer du **22**, **196**
    magnétique et vrai 145
    pôle 144, 145, 148
Nourriture et énergie 61
Noyau atomique **128**, 129, 140
    et fission 192-193
    et fusion 194-195
    et particules élémentaires 186-187
    et radioactivité 188-189
Nucléaire
    centrales 152, 155, 192, 193
    combustibles 192-193
    énergie 63, 155, 192-195
    fission 155, 192-193, 194
    fusée 211-212, **211**, **212**
    fusion 194-195, **194**, **195**
    physique 187, **187**

réaction 192
réacteurs 192, 193, **193**, 195
sous-marin **209**

Objectif 102, 104, 166
Obscurité 72-73, **72**, **73**
Observatoire **103**, 104, **105**
Octane **22**, 23
Octave musicale **118**, 119
Oculaire 102, 166
Œil 78-79, **78**, **79**, 97, **97**
Œrsted Hans Christian 148, **148**, 150
Ohm Georg, Simon 130, **130**
  loi d' 130
Ombres 76-77, **76**
Ondes 162
  effet Doppler 120, **120**
  électromagnétiques 162, 163
  musicales (formes) 118
  nœuds et ventres 116, **116**
  radio 162, 176-177, 184-185, 186
  sonores 110-111, 116, **116**
Optique
  illusions d' 78, **79**
  instruments 100-101, **100**, **101**
  nerf 78
  verre de qualité **219**
Or 20, **20**, 21, 32
Orage 126
Ordinateurs 168, 169, 170, 171, 172, 173
  application 172, 173
  et mémoire 171, **171**, 172
  et réseaux 173
  et système binaire **170**, 171
  programmation 171
  robots **172**, **173**
Oreille 110, 111
Organiques composés 22-23, **22**, **23**
Orgues 117, **117**
  à bouteilles (fabrication) **117**
Otto, Nikolaus 201, **201**
  cycle **201**
Ouverture 107
Oxygène 22
  de l'air **59**
  et combustion **11**
  et êtres vivants 75
  et fusée spatiale 210, **210**, 211
  liquide 70, 210

Panthère **30**
Parabolique miroir 93, **93**, **104**
Parallèle circuits 136, 137, 139, **139**
Paratonnerre 126-127, **127**, **132**
Particules 192
  accélérateur de 187, **187**
  alpha et bêta 188-189, **188**, **189**, 191, **191**
  électrostatiques 124-125
  élémentaires 186-187, **187**
  stables et instables 186
  sub-atomique 187
Pendule 29, **29**, 60
Percussion 110, 111, 118
Périscope 91
  fabrication **91**
Permanent aimant 148
Perspective, lois de la 79
Pétrole 23, 154, 202
  combustible 197
  densité du 42
  énergie du 63
  localisation du **112**
  lubrifiants **53**
  raffinage 23
Phonographe 160, **160**
Phosphorescence 82, 83

écrans de télévision 83, 179
Photographie 106-107, **106**, **107**
  développement **86**, 87, 106, 107
  en couleurs 86-87
  filtres 85
  infrarouge **107**
  noir et blanc 106-107, **106**, **107**
  rayons X 107, **107**, 165, **165**
Photolithographie 220, **221**
Photons 162, **186**
Photosensibilité 106, 107
Photosynthèse 75
Physiques et chimiques
  transformations 10-11, **10**, **11**, 19
Piano 119
Picomètre **26**
Piles électriques
  et électrolyse 140-141, **140**, **142**
  sèches 136-137, **136**, 142, **143**
Pioneer sonde spatiale 213
Planck Max **162**
Planète 44
Planeurs 206
Plans miroirs 88-89, **88**, **89**, 98
Plantes 18, **18**
  et carbone 22
  et lumière solaire 62, 63, **74**, 75
  et température 35
Plasma **194**, 195, **195**
Plasticine (inélasticité) 54
Plastiques matières 23, **23**, 219
  isolants 21, **21**, 132
Plomb 33, 132, **142**, **143**, 189, 218
  sulfate de **142**
Plongeur 58
Plutonium **192**, 193, 194
Pluviomètre fabrication **36**
Pneumatiques 55, 199, **199**
Poids 40-41
  et densité **33**, **41**
  et force centrifuge **44**
  et gravité 40, **40**
  et masse 40, **41**
  et pression 58
  et travail/énergie 60-61
Point d'appui 48, **48**, 49, **49**, 50
Polarisation 99, **99**
Polaroïd verre **99**
Pôles
  des aimants 144, 145, **145**
  géographiques 144-145
  magnétiques 145
Pollution 143, 203
Polonium **188**
Pompes 58-59, **59**
Pont **21**
Porcelaine isolante 21
Potasse 18-19
Potassium datation 190
Potentiel différence de 130, **130**, 137
Potentielle énergie 55, 60, **60**
Poulie 50
Presbytie 97, **97**
Presse à copier 221
Pression 58-59
  atmosphérique 58, **58**, **59**
  et débit d'eau 130
  et température 70-71, **70**, **71**
Primaires couleurs 84-85, **84**, **85**, 86
Prismes 80, **80**, 83, 91, **91**, 95, 99
Profondeur
  et écho-sondage **113**
  et pression 58
Protons 124, **128**, 140, 141, 186, **186**, **194**
Puces électroniques 169, **169**, 172
Puissance
  et énergie 63
  et générateurs 154-155, **154**, **155**
Pulsars 185

Pupille de l'œil 78
Pylônes 127
Pyrex verre 219
Pyrosil 219

Quanta théorie des **162**
Quarks 186, 187
Quartz montres à 29, **29**
Quasars 185

Radar 182, **182**, **183**
Radiante chaleur 68-69
Radiateurs soufflants **66**, 67
Radiations 68-69, 69, **69**
  à haute énergie 186, **186**, 187
  électromagnétiques 162, **162**
  infra-rouges **74**, 75, 162
  ionisantes 165, 191, **191**
  de radio-isotopes 191
Radio 176-177, **177**
  à piles et transistors 137, **137**
  ondes 162, 176-177, **176**, 177, 184-185
Radioactivité 188-189, **188**, **189**, 192
Radioastronomie 184-185, **184**, **185**
Radio récepteur 184-185
  télescopes 184, **184**, **185**
Radioactifs (tives)
  combustibles 197
  datation 190
  déchets 195
  séries **189**
Radiocarbone datation au 190, **190**
Radio-isotopes 188-189, **188**, **189**, 190-191, **190**, **191**
Radium **188**
RAM (mémoire adressable) 172
Ranger sonde spatiale 212
Rayons X **92**, **96**, 97
Rayleigh Lord
  théorie du son de 119
Réacteurs nucléaires 192, 193, **193**, 195
Réaction
  définition de Newton 39, **39**
  moteur à 209
Réfléchissants (es)
  surfaces 90-91, **90**, **91**
Réflexion télescope à 102, 104-105, **104**, **105**
Réflexion
  de la chaleur 68, 69, **69**
  de la lumière 86-87, 88-89, **88**, **89**, 162
  interne totale 91
  lois de la 88-89, **88**, 90, **90**, 92
Réfraction télescopes à 97, **98**, 100, **100**, 101
  de la lumière 94-95, **94**, **95**, 162
  et lentilles 96, 97, 98-99
  indice de 94-95
Réfrigérant 70
Réfrigérateurs 70-71, **70**, **71**
Règle à calcul **170**
Relativité théorie d'Einstein **194**
Résistance de l'air 39
  chauffante 134-135
  de levier 49, **50**
  électrique 130-131, **130**, **131**
  mécanique 168
  variable 131
Ressorts 54-55, **54**, **55**
Rétine de l'œil 78, **78**
  et focalisation 97, **97**
Révélateurs chimiques 18, 19, **19**
Réversibles transformations 10, **10**
Road Locomotives Act (1865) 202

Robots **172**, 173, **173**
Roches et minéraux (datation) 190, **190**
Rocket locomotive à vapeur 200
Roentgen Wilhelm Konrad **164**
ROM (mémoire morte) 172
Rotation 46-47, **46**, **47**
  et force centrifuge 44, **44**, **45**
  de la Terre et des planètes 72
Rotation objets en 46-47, **46**, **47**
Rotor 153, **155**, 159
Roues 155, 198-199, **198**, **199**, 200
Rouille 11, 215
Royce, Sir Henry 203
Rubis Laser à **108**

Sablier **29**
Saisons 28
Salyout station spatiale 213
Satellites artificiels 44, **45**, 185, 210, 213
  de télécommunications **176**, **177**
  météorologiques 210
Saturne V fusée **210**, 211
Saturne 213
Savon 18, **56**, **57**, 81
Sélénium 137
Semi-conducteurs 132-133, **133**
Série circuit **136**, 137, **138-139**, **138**, **139**
Serres 74
Silicium acier au 215
  puces de 169, **169**, 172
Sismiques ondes 112
Skylab projet 213
Solaire cadran 28, **29**, 77
  chauffage 75
  fabrication 76
  lumière 62, 63, 74-75, **74**, 82, 91
  panneaux 154
  propulsion 206
  rayonnement **68**, 69
Soleil **27**, 28, 44, 72, 73, 194
  éclipses de 77, **77**
  énergie du 62, 63, 74-75, 194
  température du 34, **34**, 194
Son 110, 111, **110**, 111, 112, 120, 121
  acoustique et écho 112-113
  et instruments 114-119, **119**
  mur du 121, **121**
  musicaux 118-119, **118**, **119**
  ondes 110-113, 118-119, 120, **120**
  vitesse du 113, **113**
Soufre 14
Sous-marins 91
  nucléaires **205**
Spatial
  laboratoire 213
  navette 210, 213, **213**
  stations 213, **213**
  vaisseau 210, 213, **213**, 219
Spectre 80-81, **80**, **81**, 95, **95**
  absorption, émission 82-83, **82**, **83**
  électromagnétique 162, 163
Spectrographe **82**, 83
Spectromètre **129**
Stanley Rocket à vapeur 203
Statique électricité
  Voir électrostatique
Stato réacteur 208, **209**
Stator 155
Stephenson George 200, 201
Sud pôle 144
Sulfurique acide 18, 140-141, 142, **142**
Superficielle tension 56-57, **56**, **57**
Supernova **185**
Supersonique vol 121, **121**, 207, **207**

Takomak réacteurs 195
Talbot, Fox 106
Tambour 110, **119**, 174
Télégraphe 174
Téléphone 174-175, **174**, **175**
   fabrication d'un **114**
Télescope 97, 98, 99, 100-105
   achromat **97**
   à réflexion 102, 104-105, **104**, **105**
   astronomique 93, **93**, 102
   de Cassegrain **104**, 105
   de Galilée 102, **102**
   de Hale **105**
   de Newton 104, **104**
   équatorial **103**
Télévision 164, 177, 178, 179, **178**, **179**
   à câble 179
   en circuit fermé 179
   en couleurs 85, 86-87,. **87**, 179
   noir et blanc **178**, 179
Telstar 1 (satellite) 212
Température 34-35, **34**, **35**, 70-71, 210
   et fusion nucléaire 194, **194**, 195
   et lumière 73
   et verre 219
Temps 28-29, **28**, **29**
Terre
   âge de la 190
   et champ magnétique 144-145, **145**
   et forces centrifuges 44, **45**
   et gravité 40-41, **40**, **41**, 44, **45**
   rotation de la 72, **72**
Thermiques
   centrales **63**, 155
   réacteurs 193, **193**

Thermocouple 135, **135**
Thermomètre 34, **34**
Thermonucléaires
   dans le soleil 74, 194
   réactions 194-195, **194**, 195
Thomson Sir Joseph John **129**
Thrust 2 voiture de record **31**
Timbre électrique 149
Tissage, tissu 216, 217
Tondeuse 201
Torche lampe 128-129, **128**, 136-137, 137, 168
Trains 159
   à vapeur 200, **201**
   diesel 201, **201**
   électriques 159, **159**
Transformateurs **151**, 157
   de centrales **151**, 153, 157
Transistors 133, 137, **137**, 168-169, **169**
Transparence 76, 82, 91
Transport 200-207
Travail 50
   et énergie 60-61, **60**, **61**
Triode lampe 168
Tritium **188**
Tungstène
   ampoules 21, **21**, 72, 73
   tubes à rayons X 164, **165**
Turbine 209
   à eau 154, **154**, **155**
   à vapeur 63, 152, **153**, 154
   de centrales 63
   fabrication d'une petite 155
Turbogénérateurs 152-153, **193**
Turboréacteurs 208
Tuyau sonore 116-117, **116**, **117**

Ultraviolet 75, **75**, 82-83, 84, 191
Uranium 155, 188, 192-193, **192**
   enrichi 193
   série radioactive 189

Van der Graaf générateur **124**
V2 fusée 210, 211
VDU écran de visualisation **170**, 171, 172
Venera sonde spatiale 213
Vent, instrument à 116-117, **116**, **117**, 118
Ventilation **66**, 67
Venus sondes spatiales vers 213
Verre 22, 80, **80**, 95, 218-219, **218**, **219**
   élasticité du 54
   flotté (procédé du) **43**, 218-219
   isolant 21
   lentilles 96-97, **96**, **97**, 219
   miroirs 88-93
   prismes 80, **81**, 91, **91**
   réflection dans le 90-91, **91**
   réfraction dans le **94**, 95
Vibrations et sons 110, **110**, 116-119
Vidéo caméras 180-181, **181**
   enregistreurs 180
   jeux 180
Vidicon tube **181**
Viking sondes spatiales 213
Virtuel foyer 92, **92**, **96**
Vitamine D et lumière solaire 75
Vitesse 30-31, **30**, **31**
Voie lactée 184
Voigtlaender, J 102
Vol 206-207, **206**, **207**

Volta Comte Alessandro 130, **130**, 140
Voltage, volts **151**, 164, **191**
   câbles à hauts 157
   du secteur **156**, 157
   et isolation 132, **132**
   et piles **136-137**, **142**
   et résistance 130-131, **130**, **131**
Voltaique pile 140-141, **140**
Volume et densité 32-33, **32**, **33**, 42-43
Von Braun, Werner 210
Voyager sondes spatiales 213

Wall, William 126
Wankel moteur 203
Watt, James **61**
   machine de **61**
Whittle, Sir Franck 208
Wright, Frères 206

X rayons 164-165, **164**, **165**, **190**, 191
   cristallographie aux 165, **165**
   des étoiles **185**
   longueur d'onde 162, **162**, **163**, 164
   photographie 164, **165**
Xylophone **119**

Yerkes télescope 102

Zéro absolu 71, **71**